U0159355

第17次中国近现代建筑史学术年会文集（2022）
The Collected Papers of the 17th Academic Biennial Conference of
Chinese Modern Architectural History · 2022

第17次中国近现代建筑史学术年会·2022·呼和浩特

主办：
清华大学建筑学院
内蒙古工业大学建筑学院

承办：
内蒙古工业大学建筑学院

协办：
内蒙古工大建筑设计有限责任公司

张复合 刘亦师 主编

# 中国近现代建筑研究与保护 下

十一

STUDY AND PRESERVATION OF CHINESE MODERN ARCHITECTURE

天津出版传媒集团
天津人民出版社

近代建筑史研究的
新视角和新方法

# 近代中国留学日本建筑学生研究
## ——以赵世瑄为代表的留日建筑生与铁路有关的活动

日本名古屋大学　李芳星　[日]西泽泰彦

**摘　要**：留日建筑学生群体是中国近代留学归国的建筑师群体中不容忽视的一部分。本文以近代留日建筑学生群体为对象，在掌握了他们留学与就职的基本情况之后，以他们在铁道部门的就职角度出发，阐述了他们在归国后与铁路相关的活动内容。近代中国对铁路相关的专业人才的需求急迫，特别是在东北地区的铁路系统中，既精通日语，又接受过日本专业的建筑技术教育的留日建筑学生群体成为十分必要的人才。他们不仅在就职中参与铁路的建设、管理、运营等工作，还同时进行学术活动，传播铁路相关的知识。

**关键词**：留日建筑学生；铁路；赵世瑄；就职活动；日本建筑教育

## 一、前言

近代留学归国的建筑师群体对于中国近现代的城市建设做出了重要的贡献。其中，既有留学欧美的，也有留学日本的。我们所熟知的梁思成、杨廷宝、童寯等留美建筑师，至今仍对中国建筑界有重要的影响力。近年来，以他们为首的毕业于宾夕法尼亚大学的留美建筑师是近代建筑师群体研究的热点。而针对留日建筑师，早在1997年，徐苏斌便在《近代中国建筑学人留学日本小史》[①]的附录——近代中国建筑学人留学日本姓名录中，列出一百多位留日建筑科学生姓名，和留欧美者相比人数之多不容忽视。但目前的研究，主要针对柳士英、刘敦桢等有名的建筑师，其他大部分留日学生情况至今未明。徐苏斌在之后的博士研究[②]中，以东京高等工业学校的建筑科留学生为对象，针对他们的留学情况和归国后的活动进行了考察。笔者在既往研究的基础之上，以近代留日建筑学生群体为对象，努力发掘中日两国的文献史料，并针对个别的留学生的信息进行甄别、修改与补充，以期正确地把握近代留日建筑学生的整体情况。以下针对目前所掌握的基本情况进行简要说明。

## 二、近代留日建筑学生的基本情况

### （一）留学情况

作为基础资料，笔者主要收集了当时的东京高等工业学校等学校所发行的学校一览和校友会名单、日本建筑学会的会员名簿以及其发行的《建筑杂志》、日华学会发行的《日华学报》和留日学生名簿、日本兴亚院政务部编纂的《日本留学中华民国人名调》、日本外务省外交史料馆的史料以及《清末各省官自费留日学生姓名表》等有关资料。同时，参考了《近代哲匠录·中国近代重要建筑师·建筑事务所名录》[③]等既往研究，尽可能全面地整理留学日本的建筑学生的信息。根据这些资料，目前所能确认：最初的日本留学建筑的时间是从1906年至1945年，期间有254名留学生就读建筑（学）科。表1是笔者所整理的日本的各个学校的建筑（学）科接收中国留学生的情况。其中，共有26所学校接收过中国建筑留学生入

---

① 徐苏斌：《近代中国建筑学人留学日本小史》，《建筑师》1997年。

② 徐苏斌：《中国における都市·建築の近代化と日本》，东京大学，2005年。

③ 赖德霖：《近代哲匠录：中国近代重要建筑师、建筑事务所名录》，中国水利水电出版社，2006年。

学,其中,在东京高等工业学校留学的人数最多,这与当时中日之间所缔结的"五校特约"官费政策,以及东京高等工业学校本身的制度都有关系。从人数和时间上看,进入日本各大学的建筑学科留学的时间相对较晚,人数也比高等工业学校要少,这主要是由于大学的入学要求较高,对中国留学生来说比较难。总体来说,到日本留学建筑的还是以高等教育程度为主。根据各个学校的接收留学生的规定不同,他们的入学身份有选科生、(特别/特设)预科生、(特别)本科生、听讲生和研究生。其中,作为本科生的留学才是主要的留学目的,但是由于当时留学生的日语以及学力较低的问题,他们中很大一部分人还需要先进入预科学习。以上是近代中国留学日本建筑学生简要的留学情况。①

表1　近代留学日本各学校·各身份的中国建筑学生人数[1)]

| 教育机构 分类 | | 建筑学科成立时间 | 最早的入学时间[2)] | 选科生 | (特别/特设)预科生 | (特别)本科生 | 听讲生 | 研究生 | 总数[3)] | |
|---|---|---|---|---|---|---|---|---|---|---|
| 大学 | 东京帝国大学 | 1886 | 1942 | 0 | — | 1 | 0 | 0 | 1 | |
| | 京都帝国大学 | 1920 | 1937 | 2 | — | 7 | 0 | 0 | 8 | 83 |
| | 东京工业学校 | 1929 | 1929 | 0 | 52 | 35 | 0 | 2 | 59 | |
| | 早稻田大学 | 1910 | 1913 | — | 0 | 10 | 2 | 0 | 12 | |
| | 日本大学 | 1928 | 1938 | 0 | 0 | 3 | 0 | 0 | 3 | |
| 专门学校 | 东京高等工业学校（东京工业大学附属工学专门部[4)]） | 1902 | 1906 | 2 | 103 | 93(10) | 0 | 1(2) | 108 | |
| | 名古屋高等工业学校 | 1905 | 1908 | 0 | — | 10 | — | 0 | 10 | |
| | 仙台高等工业学校 | 1930 | 1934 | 0 | — | 7 | — | 0 | 7 | |
| | 神户高等工业学校 | 1922 | 1940 | 1 | — | 3 | — | 0 | 4 | |
| | 横滨高等工业学校 | 1925 | 1928 | 0 | — | 3 | — | 0 | 3 | 157 |
| | 福井高等工业学校 | 1924 | 1935 | 0 | — | 5 | 0 | 0 | 5 | |
| | 东京美术学校 | 1923 | 1936 | 0 | 1 | 1 | 0 | 0 | 1 | |
| | 东京高等工学校 | 1927 | 1934 | | 1 | 6 | | | 6 | |
| | 关西高等工学校 | 1922 | 1940 | — | — | 1 | | | 1 | |
| | 武藏高等工科学校 | 1929 | 1935 | | | 4 | | | 4 | |
| | 日本大学高等工学校 | 1920 | 1927 | 0 | — | 1 | 0 | — | 1 | |
| | 日本大学专门部 | 1929 | 1932 | | — | 7 | — | | 7 | |
| | 早稻田高等工学院 | 1928 | 1935 | — | — | 1 | 0 | — | 1 | |
| 中等教育机构 | 工手学校[5)] | 1887 | 1906 | — | 0 | 1 | | | 1 | |
| | 东京工业专修学校 | | | | | 1 | | | 1 | |
| | 福冈县立福冈工业学校 | 1901 | 1907 | | | 1 | | | 1 | |
| | 神奈川县立工业学校 | 1912 | 1914 | — | | 1 | | | 1 | 21 |
| | 早稻田工手学校 | 1911 | 1919 | 0 | 0 | 6 | — | — | 6 | |
| | 东京工科学校 | 1907 | 1924 | — | 0 | 5 | — | | 5 | |
| | 北海道厅立札幌工业学校 | 1924 | 1939 | | | 1 | | | 1 | |
| | 北海道厅立函馆工业学校 | 1924 | 1940 | | | 5 | | | 5 | |
| 总计 | 26校 | | | 5 | 153 | 211 | 2 | 5 | 254 | |

---

① 见李芳星、[日]西泽泰彦:《20世紀前半に来日した中国人建築学生の留学実態に関する研究》,《日本建築学会計画系論文集》,2021年。

| 教育机构<br>分类 | 建筑学科<br>成立时间 | 最早的入学<br>时间 2) | 选科生 | (特别/特设)<br>预科生 | (特别)<br>本科生 | 听讲生 | 研究生 | 总数 3) |
|---|---|---|---|---|---|---|---|---|

出处:笔者根据文中所述的中日史料整理做成;转引自笔者发表的日语论文《20世纪前半に来日した中国人建筑学生の留学実態に関する研究》中的Table1翻译而来。

注:1)表中数字表示的是在校人数,而非毕业人数。2)工手学校、东京工科学校、东京帝国大学、日本大学、日本大学高等工学校、日本大学专门部、早稻田大学、早稻田高等工学院、神奈川县立工业学校、神户高等工业学校的建筑科中第一位中国留学生的入学时间是由他们的毕业时间及学校的修学年限推测。3)存在学生在预科修了后升入本科的情况,因而各学校的学生总数并非是各身份学生数相加,而是实际就读的总人数。4)东京高等工业学校于1929年升格为东京工业大学,当时原东京高等工业学校变为附属工学专门部,仍执行原校的规则。括号内表示的是附属工学专门部的人数。5)工手学校在1900年修改了本科的入学条件,需要具有中学校毕业程度的学力,但修业年限为一年半,比一般高等工业学校少一半,因此仍被分类为中等教育机构。

#### (二)归国后的就职情况

在掌握了以上近代留日建筑学生的留学名单之后,继而主要围绕他们毕业后的去向,对中国第一历史档案馆、中国第二历史档案馆、北京市档案馆、辽宁省档案馆所藏的清末及中华民国时期的公文史料进行了调查,同时结合中国国家图书馆及中国近代报刊数据库所收录的报纸、杂志等资料进行整理。最终254名留日建筑学生中,掌握了148名留学生毕业后的去向。① 目前,可以确定这些学生中141名即约95%的留学生最终都选择归国。其中包括少部分留学生选择先在日本进行实习,之后再回国者。在这141名留学生中,已经掌握了137名留学生归国后的工作单位、职业等相关信息,可以发现他们归国后的就职机构。

主要有政府机关(95名)、建筑事务所(40名)、营造厂(39名)和各类学校(43名)。可以看出,留日建筑学生在归国后,曾在政府机关工作者人数最多。他们大部分是在中央政府(28名)和地方政府(70名)工作,也有在特殊时期的华北政务委员会、满洲国(14名)等组织工作过。当时,他们多是在中央政府的内务部、教育部等土木工程处工作,负责各部新建工程的建设。除此外,在交通部工作者也有很多,当时交通部负责全国的铁道、道路、电话、电报、邮政、水运、航运的计划、建设、管理、经营等工作。另外,根据统计,当时他们在江西、山西等17个省份及北京、天津、重庆等城市的建设厅、工务局、水利局、公路局、市政公所工作,主要的工作内容是城市的道路、水利建设等。其中,曾有不少留日建筑学生还担任过局长、厅长等职位。由此可见,在政府机关工作是留日建筑学生群体归国后的一个重要的就职去向。而在这些政府工作部门中,铁道部、铁路局是一个比较特殊且重要的部门。铁路建设关系着交通运输、地区发展,是近代中国发展重要的一环。根据徐苏斌的研究,中国最早的工业留学为解决当时中国的当务之急,向日本输送进行铁道留学也是早期的主流,而铁道学校的建设科与建筑科有相似的内容。此外,中国近代铁路建设与经营中也受到包括日本在内的外国影响。因而,基于以上情况,本文从近代中国留日建筑学生在铁道部门的就职角度出发,阐述留日建筑学生在归国后与铁路有关的活动,并考察日本近代建筑教育对中国的影响。

#### (三)近代中国留日建筑学生毕业后在铁道部门的就职情况

近代中国留日建筑学生就职的铁道部分主要是指中华民国中央政府下设的铁道部及各地的铁路工程局或铁路管理局。根据目前的调查整理,如表2,在铁道部门工作过的留日建筑学生共有25名。根据1922年的奉天省训令,当时如果有国内外学校毕业的铁路专门人才,各地教育厅应随时函知全国道路建设协会,以便该会列表登载供献全国而促进交通实业的进步。① 由此可见,当时全国正在提倡铁路建设,而建筑科毕业者也是铁路专门人才之一。表2中大多数为东京高等工业学校毕业者。当时东京高等工业学校的建筑科课程科目中,除了建筑制图、建筑沿革、建筑材料、建筑构造等科目外,还有施工法、

---

① 见辽宁省档案馆馆藏档案《奉天省长公署为嗣后如有关于留学国内外之专门毕业工程技师随时告知全国道路建设协会以便列表登载请遵办具报事给奉天教育厅的训令》,档号:JC011-02-043588-000025。

"现场实修"①、测量等与施工相关的科目。特别是"现场实修"课程,其内容是以实地研究建筑相关知识为目的,在校外的工厂进行施工方法、材料的性质等研究实习。因而,日本留学的建筑科学生不仅可以进行设计制图,也精通实际的施工技术、管理,对于铁道部门来说是重要的人才。

如表2,留日建筑学生工作的铁道部门范围很广,涉及张绥、南浔、汉粤川、汉宜、京绥、沪宁、同蒲、津浦、京沪、九江、平津、四洮、北宁、吉敦、洮昂、齐齐哈尔等铁路。其中,在四洮、洮昂、吉长、吉敦、齐克铁路等中国东北地区的铁路部门就职过的留日建筑学生就有16名。这些路线都是中日合资建设或实质上由日本管理的路线,有许多日本技术人员在此工作。如四洮铁路(四平街—洮南)和洮昂铁路(洮南—昂昂溪)均是日本投资修筑的铁路。日本与中国于1913年签订《满蒙五路借款修路预约办法大纲》,之后北洋政府与日本按照此条约进一步签订《四郑铁路借款合同》,开始动工建设。条约中规定该路的总工程师、会计主任、行车总管和养路工程师均由日本人担任。而洮昂铁路最初也是由张作霖1924年与满铁签订《承修洮昂铁路合同》,满铁垫款建设,用日本人担任顾问。②因而,在这样的铁路部门中,精通日语,并且在日本接受过专门的高等教育的留日建筑学生,可以说是十分必要的人才。

表2　留日建筑学生在铁道部门的就职情况

| 毕业学校 | 姓名 | 原籍 | 毕业年 | 任职部门 |
|---|---|---|---|---|
| 工手学校 | 张含英 | 云南 | 1908 | 铁路公司总稽查 |
| 东京高等工业学校 | 金其堡 | 江苏 | 肄业 | 铁道部专员、秘书厅机要室主任 |
| | 赵世瑄 | 江西 | 1910 | 张绥铁路工程司、南浔铁路协理兼建筑所长代理、汉粤川铁路总公所考工科科长兼汉宜宜铁两段工程局考工科科长、四洮、株钦、周襄各铁路工程局局长、京绥铁路管理局副局长、交通部铁路局局长、沪宁铁路总办、九江铁路公司协理兼技师、华关线路考工科科长 |
| | 林绍楷 | 浙江 | 1912 | 四洮铁路工程局工务处建设课工程司兼保线课工程司、洮昂铁路工程局工务科员、奉天四郑铁路局 |
| | 刘鑑塘 | 直隶 | 1915 | 四洮铁路工程局工务处建设课 |
| | 邱鸿邁 | 湖北 | 1916 | 吉林长春吉长铁路局 |
| | 蒋骥 | 江苏 | 1918 | 四洮铁路工程局工务处 |
| | 余伯傑 | 湖南 | 1920 | 长沙粤汉铁路株韶局 |
| | 李骐 | 四川 | 1920 | 四洮铁路工程司兼考工课课长 |
| | 禹澄 | 湖南 | 1922 | 吉长铁路管理局工程处建筑系工程师、交通部齐齐哈尔区铁路管理局工务处营缮科长、铁道部新建铁路工程总局建厂工程公司第一工程处工程师 |
| | 梁上桐 | 山西 | 1922 | 晋绥兵工筑路总指挥部设计室帮工程师、平绥铁路管理局帮工程司、同蒲铁路课课长 |
| | 于皞民 | 山东 | 1923 | 津浦路局工务处建筑课课长 |
| | 周兆新 | 山东 | 1923 | 洮昂铁路工程局工务科工程司、洮昂齐支、齐齐哈尔铁路局工程司、锦州铁路局正工程师考工课课长、铁道部工务局建筑课正工程师 |
| | 毛守封 | 山东 | 1923 | 洮昂铁路局工务处工程课 |
| | 黄祖森 | 浙江 | 1925 | 洮昂铁路工程局工务科、齐克铁路工程局工程司 |
| | 申克明 | 山西 | 1926 | 吉林长春吉敦铁 |
| | 张準 | 辽宁 | 1927 | 奉铁工务处 |
| | 姜学唐 | 辽宁 | 1928 | 锦州铁道局建筑系工务课、铁道部工务局付工程师 |
| | 王国瑞 | 河北 | 1929 | 北宁铁路局工程师、平津铁路局正工程师 |
| | 王立士 | 辽宁 | 1929 | 辽宁洮南齐克路局 |
| | 潘振德 | 山东 | 1930 | 洮昂铁路局工务课、洮南洮昂铁路局工程课工务员、洮南铁路局工务处工务科、齐齐哈尔铁道局工务课 |
| | 高凤仪 | 辽宁 | 1930 | 天津北宁路局技术员 |

---

① "现场实修"科目前身是1908年的"实修",在1911年分为"现场实修"和"测量"。"现场实修"的具体内容根据《东京高等工业学校一览(明治四十一年至四十二年)》当时所刊登的"实修"的授课内容推测。

② 见吉林省地方志编纂委员会编:《吉林省志·卷26·交通志·铁道》,吉林人民出版社,1994年。

| 毕业学校 | 姓名 | 原籍 | 毕业年 | 任职部门 |
|---|---|---|---|---|
| | 龙庆忠 | 江西 | 1931 | 四洮铁路管理局 |
| 早稻田大学 | 陈鲛 | 广东 | 1941 | 华中铁道会社建筑课、京沪铁路局工务处帮工程师、上海铁路局设计课二等工程师、铁道部设计总局工厂设计事务所代付总工程师 |
| 京都大学 | 阮志大 | 江苏 | 1944 | 铁道部建筑工程处设计组长 |

出处：基于辽宁省档案馆、北京市档案馆、《中華留日東京工業大學同學録》《工大同学録》等李芳星整理。

如表3是根据史料档案整理的，目前所知四洮铁路和洮昂铁路的相关部门任职过的留日建筑学生。关于部门，以四洮铁路工程局为例，根据1920年编制章程[①]，四洮铁路工程局设总务处、工务处、车务处、会计处。现在已知的留日中国建筑学生几乎都就职于工务科。工务处包括文书科、建设科、保线科、材料科、庶务科。其中建设科负责设计制图和施工事项，几乎所有的建筑系留学生都在建设科工作。此外，当时洮昂铁路工程局呈报周兆新履历给奉天省长公署的公函中，聘用为工务科科员的理由为"又现届解冻时期联路沿线建筑房间一切事宜正在着手进行关于建筑工程之监督因非有专门学识者殊难胜任从前迄未物色得人"[②]。由此可知，当时缺乏监督铁路沿线的建筑工程的专业人才。同样，聘用林绍楷、黄祖森等人作为工务科科员的工作同样是办理监督建筑工程事宜[③]。由此可见，当时留日建筑学生的主要工作是监督铁路局及其沿线房屋的施工现场。

表3　在四洮铁路和洮昂铁路相关部门任职的留日建筑学生

| 铁路局 | 任职时间 | 部门职称 | 姓名 |
|---|---|---|---|
| 四郑铁路（工程）局·四洮铁路（工程）局 | 1918.09—1921.06— | 工务处建设課、保线課 工程司 | 林绍楷 |
| | ？ | 建筑股主任工程司 | |
| | 1920.08—1921.12 | 局长 | 赵世瑄 |
| | 1921.02— | 工务处郑白第一分段第三工区 学习工程司 | 蒋骥 |
| | 1921.03— | 工务处建设课学习工程司 | 刘鑑塘 |
| 洮昂铁路管理局 | 1926.04—1929.03— | 工务科科员、工程司 | 周兆新 |
| | 1926.06— | 工务科员 | 林绍楷 |
| | 1926.07—1928.06— | 工务科科员、工程司 | 黄祖森 |
| | 1927.01—12 | 工务科工程课工务员 | 毛守封 |
| | 1928.01—12 | 学习工程司 | |
| | 1929.01—1930.04 | 工程司 | |
| | 1930.04—1930.01 | 工务处工程课长 | |
| | 1931.01— | 材料课长 | |

出处：基于辽宁省档案馆的史料档案李芳星整理。

## 三、赵世瑄与铁路有关的活动

在所有在铁路部门任职过的留日建筑学生中，地位最高的人物是赵世瑄[④]（图1）。赵世瑄，字幼梅，江西南丰人，1887年出生于扬州。1903年到日本，曾就读于宏文学校，1907年东京高等工业学校建筑科特别本科入学，1910年6月5日毕业，毕业即归国，是我国较早从建筑科毕业的留学生。其归国后的履历见附录。[⑤]由其履历可见，其归国后至1937年病逝，期间从事的工作大部分都与铁路有关。赵世瑄从

① 见《铁路协会会报》1920年第96期。

② 见辽宁省档案馆馆藏档案《洮昂铁路工程局为报遴委徐永泰周兆新为洮昂铁路工程局总务工务科员并缮具履历请备案事给奉天省长公署的呈（附履历2份）》，档号：JC010-01-003837-000007。

③ 关于林绍楷和黄祖森的聘用理由，分别引自辽宁省档案馆馆藏档案《洮昂铁路工程局为报遴委林绍楷为洮昂铁路工程局工务科员事给奉天省长公署的呈（附履历）》，档号：JC010-01-003837-000023；《洮昂铁路工程局为报遴委黄祖森为洮昂铁路工程局工务科员高承恩为总务科员事给奉天省长公署的呈（附履历2份）》，档号：JC010-01-003837-000051。

④ 根据1924年日本外务省情报部出版的《现代支那人名鑑》，当时赵世瑄的英文名：Chao Shih-hsuan，日文名：チョウ　セイ　セン。为了便于现在的理解，本文中赵世瑄的英文名是使用现有汉语读音 Zhao Shixuan。

⑤ 关于赵世瑄的履历，主要以《山居忆语》为资料源，并利用档案馆等史料补充。

事铁路工作,除了其本身建筑科具有相关知识以外,还与我国"铁路之父"詹天佑有很大的关系。清末,清政府取消了科举制度,同时为了奖励海外留学于1903年制定了《奖励游学毕业生章程》,举行相应的考试,根据成绩给予留学生出身及授予官职。詹天佑在1909年京张铁路建成后,获宣统赐工科进士,任留学生主试。而赵世瑄在毕业归国安顿好家人后,便北上应部试,正值詹天佑为主试。赵世瑄部试取列最优等第十六名,并被派至京张铁路实习。而在1911年应保和殿试取列一等后授职翰林院检讨,经邮传部调用后仍返工派管大同府周士庄段工程。1912年时逢武昌起义,命赴江西省,任命为工业学校校长、交通司司长、南浔铁路协理,主持工务。而在之后癸丑二次革命时,携妻女避居汉口,得到詹天佑的帮助,并派遣到汉粤川铁路工作。之后,1913年至1919年期间,深得詹天佑信赖,始终追随其后。在詹天佑去世后,代为料理身后事,并为詹天佑建立铜像,举行盛大典礼。其后,历任四洮、株钦、周襄各路工程局长、京绥路管理局副局长等职。在战争期间,他还曾任湘鄂临时政务委员会委员、战地政务委员会委员,也从事与铁路、交通相关的工作。

作为身居高位者,赵世瑄并非简单地从事如前章所述那样的监督建筑工程等工作,要从事铁路交通的管理、经营、决策等工作。其在追随詹天佑的过程中,1916年与其一同参加交通会议,担任会员,参与统一路政等决策案(图2);1917年任交通部铁路技术委员会会员及交通研究会会员、审订铁路法规委员会会员、运输会议会员,参与铁路法规的审订等。1919年,跟随詹天佑往海参崴(今符拉迪沃斯托克)、哈尔滨赴会,作为西伯利亚铁路技术部中国代表,与英美日意法诸国代表折衡,争取对中东铁路和西伯利亚铁路的监管。[①]之后,赵世瑄在1920年至1921年,任职四洮铁路工程局局长时,负责主持郑家屯至通辽支线的修建,区间共有十个车站的建设,同时在管理铁道的运营,既有旅客、货物的运输,也有电务与邮政的管理。除此外,铁路工程局的人事管理也经由局长管理。根据1921年交通部训令第一五一号[②],当时同为东京高等工业学校建筑科毕业生的蒋骥在毕业后,经学部考试合格后派往四洮铁路工程局,其具体的任用薪水等由赵世瑄审查学历后酌定。最终,蒋骥被派遣至郑家屯至白市间的第一分段工作。作为同一学校的毕业生,对其所学内容相对熟悉,派遣与任用上具有优势。这也可能是到四洮铁路工程局工作的留日建筑学生中几乎都是东京高等工业学校的毕业生的原因之一。1922年,因京绥路积弊待清理,调任为京绥路副局长,展修绥远至包头一段工程。

图1　赵世瑄(来源:《南浔铁路月刊》,1931)

图2　1916年冬赵世瑄参与交通会议合影[③]
前排中立者为詹天佑,后排右起第三人为赵世瑄

1928年6月19日的《新闻报》中曾写道:"交通部路政司长赵世瑄、办理路政二十余年、于各国有铁路均甚熟悉……"[④]赵世瑄任交通部路政司长达20余年,路政司负责管理铁路与道路的建设与运营。由

① 见1927年6月6日《申报》上发表的《沪宁路将设督办》。
② 见《政府公报》1921年第1770期。
③ 见赵世瑄:《山居忆语》,载沈云龙编:《近代中国史料丛刊》第86辑857册,文海出版社,1981年。
④ 见1928年6月19日《新闻报》上发表的《赵世瑄呈报处理战地交通事宜》。

于其业务能力的优秀,在北伐战争中任战地政事委员会会员兼交通处长。其亲赴战场,随军出发,在兖州、徐州等处调排车辆,恢复各处铁路交通,运输材料,并在战争过程中派电务员工、工匠携带材料,随军前进恢复电线线路等工作。这也是赵世瑄最后一个与铁路相关的工作任职。

除了铁路工作之外,他还追随詹天佑,参加了中华工程师学会与中华全国铁路协会。中华工程师学会于1912年成立,发起人为詹天佑,当时名为广东中华工程师学会,1913年与上海工学会和铁路同人共济会合并,改名中华工程师学会。起初成立是在当时铁路交通的重要影响下组织起来的,但之后逐渐扩大至整个中国近代工程事业。凡是涉及工程的土木、建筑、机械、化学、电机等各个方面均可以参加。对于成为一名优秀的铁路工作者来说,不能单单掌握建筑一门知识,与其相关的其他知识都应该掌握。因而参加中华工程师学会也有利于拓展知识面。20世纪初的铁路建设是综合工学,铁路工程师是工学工程师的核心。1915年赵世瑄曾在中华工程师学会担任理事员[①],1921年还被推举为副会长。中华全国铁路协会也于1912年成立,由梁士诒、詹天佑、陈策、叶恭绰、朱启钤等发起创办,以联络有志铁路实业者、研究铁路学术并协助铁路事业之发展为宗旨。赵世瑄曾于1929年担任执行委员,之后也多次候补执行委员。[②]两会分别出版会报《中华工程师会报》和《铁路协会会报》。如表4,是赵世瑄在两会的会报上发表论文的整理。其中,内容大多数均与铁路有关,设计钢轨、电车、铁路事业的经营及调查报告等。其中还有关于美国、法国等各国车站符号标志的外文文章的介绍,可见其具有一定的英文水平及国际视野。赵世瑄虽然是留学日本东京高等工业学校,但在当时的科目中也有英语的教学。根据当时的赵世瑄的成绩表,其在第二学年英语科目的平均成绩为丁,至第三学年平均成绩则努力提高到了乙[③],可见其对于英文学习的努力。这也与之前新闻报所属,其对于各国铁路均熟悉所相符。此外,赵世瑄还曾在1913年出版图书《道路工学》。

表4　赵世瑄发表的论文

| 杂志名 | 年份 | 卷·期号 | 论文名 |
|---|---|---|---|
| 中华工程师会报 | 1914 | 第1卷第3期 | 《河道改良论》《择译美国纽约市工程试验问题》《试验钢轨法》《江西南萍路线调查事项报告、汉粤川酌定工程人员升转年限薪费表(续第二期)》 |
| | | 第1卷第4期 | 《实用曲线测设法(续)(附表)》《经四年间试验混合土在海水中之结果(译美国工程学报)》《河道改良论(续前)》《摘译美国纽约市工程试验问题(续前)》 |
| | | 第1卷第5期 | 《电车一斑论》《摘译美国纽约市工程试验问题(承前)》《烟筒计算法》 |
| | | 第1卷第7期 | 《商场建筑论》 |
| | | 第2卷第2期 | 《商场建筑论(续第七期)》 |
| | 1918 | 第5卷第4期 | 《各国车站内号志表示法之一斑:美国式号志形状及表示法图(一)》《各国车站内号志表示法之一斑:美国式号志形状及表示法图(三)》《各国车站内号志表示法之一斑:法国式号志形状及表示法图(五)》《各国车站内号志表示法之一斑:德国式号志形状及表示法图(六)》 |
| | | 第5卷第5期 | 《中华工程师学会会所设计图》 |
| | | 第5卷第6期 | 《汉宜铁路汉口至浑段客货调查报告》 |
| | | 第5卷第7期 | 《论铁路事业之经营(附表)》 |
| | | 第5卷第9期 | 《屋宇建筑模范图解(附图)》《汽车停止长距之试验:那西汽车公司汽车停止试验》 |
| | | 第5卷第10期 | 《论技术家之养成必注重实习》《机车概说(附图表)》 |
| | 1919 | 第6卷第9期 | 《铁筋混合土与木材并用之轻枕(附图)》《机车动力使用电气之沿革》 |
| 铁路协会会报 | 1918 | 第72期 | 《论铁路事业之经营(附表)》 |
| | 1919 | 第76期 | 《机车概说(附图表)》 |
| | | 第84期 | 《机车动力使用电气之沿革》 |

① 见中国第二历史档案馆馆藏档案《中华工程师学会章程及职员表》,全宗号:一〇〇一(2),案卷号:1800。

② 见中国第二历史档案馆馆藏档案《中华全国联路协会规章汇览》,全宗号:一一,案卷号:7284。

③ 留学生监督处出版的《官报》第三十一期和第四十四期分别刊登了赵世瑄第二学年和第三学年的成绩表。

# 四、总结

　　本文以近代留日建筑学生群体为对象,在尽可能全面地掌握了他们的留学与就职的基本情况之后,以他们在铁道部门的就职为视角出发,整理了他们在归国后与铁路有关的活动。就目前所掌握的资料,整理出25名近代留日建筑学生毕业归国后在相关的铁路部门任职过。近代中国对于铁路相关的专业技术人才的需求是他们从事铁路工作的原因之一。留日建筑学生,尤其是东京高等工业学校建筑科的毕业生,他们在日本所受的建筑教育内容,不仅涉及建筑历史、设计、材料、构造等专业知识,还有施工及"现场实修"等具体施工现场学习的科目。尤其在中国东北地区,由于日本的影响,使得当时既精通日语,又接受了日本专业技术教育的建筑留学生成为十分必要的人才。他们可以更快更容易地掌握当时建筑施工现场的实际工作。他们大多数是在铁路局的建设科工作,主要负责建筑工程监督工作。在这些留日建筑学生中,赵世瑄长期从事铁路工作,且业务能力优秀,可以说在"中国铁路之父"詹天佑的影响下进行了铁路的建设、管理、经营,以及铁路相关法规的审订等一系列工作。而且除工作外,还进行了与铁路相关的学术活动,参加中华工程师学会与中华全国铁路协会,在两学会会报上发表相关论文,传播与铁路相关的知识。可以说,以其为代表的近代留日建筑学生群体,在归国后从事的与铁路相关的活动是十分丰富的,其中也可窥见日本建筑教育的影响,在中国铁路的建设与相关的学术发展中发挥了作用。

### 附录　赵世瑄的履历

| 时间 | 主要经历与工作任职 | 备注 |
| --- | --- | --- |
| 1887 | ● 正月出生于扬州 | |
| 1903 | ● 出国到日本 | |
| ?(1907前) | ● 曾入振武学校习陆军 | |
| ?(1907前) | ● 江西工业学校校长、江西省交通司司长 | |
| 1907 | ● 10月东京高等工业学校建筑科特别本科入学 | 官费 |
| 1908 | ● 9月14日日本建筑学会准员入会 | 介绍人:滋贺重烈 |
| 1910 | ● 6月5日东京高等工业学校毕业<br>● 学部分科大学工程处技师<br>● 8月北上参加留学生归国考试的部试,取列最优等第十六名<br>● 京张张绥铁路工程司实习 | 获工科进士称号 |
| 1911 | ● 留学生归国考试保和殿试取列一等,授职翰林院检讨<br>● 经邮传部调用,返工派管大同府周士庄段工程 | |
| 1912 | ● 九江铁路公司协理兼技师<br>● 江西工业学校校长、江西省交通司司长 | |
| 1912.06—1913.09 | ● 南浔铁路协理兼建筑所长代理 | 主持工务 |
| 1913 | ● 汉粤川铁路督办公署 | |
| 1914 | ● 华关线路考工科科长 | |
| 1915 | ● 中华工程师学会理事员<br>● 5月汉粤川铁路总工所考工科科长兼汉宜宜铁两段工程局考工科科长 | |
| 1916 | ● 12月交通会议会员 | |
| 1917 | ● 审订铁路法规委员会会员<br>● 交通部铁路技术委员会会员<br>● 铁路运输会议代表会员 | |
| 1919 | ● 2月西比利亚铁路技术部中国代表<br>● 调部工作兼任交通大学教员<br>● 4月21日转格为日本建筑学会的特别员 | 介绍人:土居松市、前田松韵 |
| ?(1920前) | ● 交通部汉粤川铁路案保管处保管员兼劝办 | |
| ?(1920前) | ● 全国实业专使总公所咨议 | |
| 1920 | ● 11月交通部铁路财政筹议会普通会员 | |

| 时间 | 主要经历与工作任职 | 备注 |
|---|---|---|
| 1920.08.22—1921.12.08 | ● 四洮铁路工程局局长 | |
| 1921 | ● 2月铁路卫生联合会会员<br>● 12月株钦铁路工程局局长兼周襄铁路工程局局长<br>● 中华工程师学会副会长 | |
| 1922—1922.05 | ● 京绥铁路管理局副局长 | |
| 1922 | ● 鲁案善后交通委员会工程股专门委员 | |
| 1924 | ● 交通部参事上任事 | |
| 1926 | ● 京绥铁路局局长 | |
| 1927 | ● 5月路政司司长兼邮政司司长<br>● 6月沪宁铁路督办<br>● 7月胶济铁路局局长<br>● 12月湘鄂临时政务委员会委员兼交通处主任 | |
| 1928 | ● 3月北伐军战地政务委员会委员兼交通处处长<br>● 5月代济南交涉员 | |
| 1928.03—1931 | ● 扬子江水道整理委员会技术主任 | |
| 1929 | ● 3月11日日本建筑学会除名 | |
| 1929—1930 | ● 中华全国铁路协会执行委员兼交际部副主任 | |
| 1930 | ● 5月30日工商部建筑科工业技师登记 | 核准登记号:工字12号 |
| 1935—1936 | ● 国防设计委员会会员 | |
| 1937 | ● 病逝 | |
| 注:? 表示目前无具体年份,但可以判断在( )中的年份之前。 | | |

# 近代三条外资铁路遗产现状梳理与比较研究

北方工业大学　李海霞

　　**摘　要**：近代外资铁路是指完全由外国资本强行建造的铁路，是帝国主义于中国政府之外独立经营的，其建筑多数直接由外国设计师根据该国样式建造，铁路建筑受外来文化影响巨大，从完全西式特征到中国传统建筑形态上夹杂西方装饰，建筑形态不拘一格，风格变化多样，具有重要的遗产价值。本文以中东铁路、胶济铁路和滇越铁路三条外资铁路为研究对象，对三条同期铁路修建的历史背景、研究现状、价值、遗产资源进行关联性比较，最后对铁路遗产线路申遗及全域保护利用的前景进行展望。

　　**关键词**：近代外资铁路；中东铁路；胶济铁路；滇越铁路；铁路遗产

　　中国铁路的演化发展是中国近代历史的缩影。从1876年中国的第一条营业性铁路——吴淞铁路通车算起，中国铁路迄今已有一百四十多年的历史。作为一种历史文化遗存的近代中国铁路，尤其是被废弃不用的老旧铁路，它的文化价值与历史意义是无与伦比的，它不仅仅被认为是一条单纯的客流货流运输通道，更应该被看作极具历史魅力的独一无二的文化遗产加以保护。近代铁路在清末和民国时期的近代化遗产中具有代表性和先驱性。

## 一、历史概述：近代铁路建设

　　1865年，英国商人杜兰德在北京宣武门外建造了一条小铁路，大概五百米长，现在被大家称作"中国的第一条小铁路"。但当时清政府得知此事后，认为火车是洋人带来的怪物，会动摇大清的根基，遂以"观音骇怪"为由，下令将小铁路拆毁。1876年，英国人擅自修造并正式运营吴淞至上海的淞沪铁路，这段铁路大概十几千米。但该铁路运行不久就轧死了一名中国人，由此引起市民的强烈抗议，导致铁路最终还是由清政府按照原价买了下来，并把铁轨、机车、土方工程等破坏掉，废弃了放置到台湾。[①]淞沪铁路一般被认为是中国第一条铁路。

　　国内第一条实用性铁路是唐山至胥各庄的铁路。1880年直隶唐山煤矿开始出煤。为了运煤，清政府迫不得已向英国华英公司借款修建从唐山至胥各庄的铁路。该铁路全长9.7千米，1881年1月通车，是我国自己修筑的第一条铁路。由于邻近清东陵，清政府以震动危及皇家园林为由，不许用机车牵引，而改用骡马牵拉，后来才使用了由中国工人用旧锅炉改制的一台被称为"龙号"的机车做动力。此后这条铁路不断向两端延伸，成为北京至山海关铁路的前身。清王朝在1894年的中日甲午战争中战败后，割地赔款，国力大损。英、俄、法、日、德、比、美等帝国主义国家乘机对清王朝施加压力，攫取中国的铁路权益。1900年前后，英、法、美、德、日、比、沙俄等帝国主义国家在共所霸占的"势力范围"内掀起"筑路高潮"。如沙俄建中东铁路，德国建胶济铁路，英国建沪宁、沪杭甬，广九铁路，法国建滇越铁路，日本建安奉铁路，英德合建津浦铁路等。1903年，商部颁布《铁路简明章程》二十四条，准许华商兴办，并对办铁路实有成效者给予奖励。于是，使国内出现了收回路权和兴办铁路的高潮。1903—1907年，全国有十五个省先后创设省铁路公司，以"自保利权"为宗旨，集资商办铁路，反对外国列强掠夺中国路权。但

---

　　① 见董增刚编著：《从老式车马舟桥到新式交通工具》，四川人民出版社，2003年。

由于外受列强挤压、内遭清政府摧残,新兴的中国民族资产阶级本身力量十分薄弱,实际建成的、连同开行工程列车的铁路在内,仅900多千米。主要有:潮汕铁路、沪杭甬铁路、新宁铁路、粤汉铁路广韶段、漳厦铁路、南浔铁路等。

清末自光绪七年(1881)修筑唐胥铁路始,到宣统三年(1911)清朝覆亡止的30年中,建成以北京为枢纽的京奉、京汉、京张、津浦四条铁路干线,以及与之相连的正太、汴洛、道清、胶济四线初步构成华北铁路网,江南则有沪宁、沪杭、萍株、株长四线,以及华南的广九、广三、潮汕、漳厦短线,在西南有滇越线等,总长约达9292千米。

## 二、研究对象:三条外资铁路

1908年,一位法国的铁路工程师在写给法国政府的奏程上写道,中国有三类铁路,其中第一种是外国资本强行建造的,以征服手段强行建造的铁路,代表实例为中东铁路、胶济铁路、滇越铁路;第二种则分属两个国家,名义上它属于中国政府,但实际上铁路的经营管理则是由外国资本全权控制,通过条约或合同来约束,代表案例为京汉铁路;第三种则是由中国政府全权负责建设、施工、管理及其营运,外国介入的空间及其狭窄,甚至根本无法参与,例如沪杭甬铁路、广九铁路等(表1)。上述铁路的修建,或多或少都受到了外国文化的注入,其中第一类,即完全由外资建造的铁路,是帝国主义于中国政府之外独立经营的,其建筑多数直接由外国设计师根据该国样式建造,是本论文的研究对象。第一种、第二种铁路建筑受外来文化影响巨大,从完全西式特征到中国传统建筑形态上夹杂西方装饰,建筑形态不拘一格,风格变化多样,具有重要的遗产价值。在中国近代铁路史上,由外资参与的铁路有:沙俄建中东铁路,德国建胶济铁路,英国建沪宁、沪杭甬,广九铁路,法国建滇越铁路,日本建安奉铁路,英德合建津浦铁路等。其中,完全由外资主持的铁路有:中东铁路、胶济铁路和滇越铁路,三者都是在19世纪末到20世纪初,由外国列强(一国)以掠夺铁路沿线矿产资源为目的在中国境内修建的铁路线,修建时间和性质类似,沿线铁路建筑具有重要的遗产价值。(表2)

表1　晚清建成的主要铁路线一览表

| 铁路名称 | 起止地点 | 开工时间 | 通车时间 | 里程数 |
|---|---|---|---|---|
| 吴淞铁路 | 上海—吴淞 | 1876年 | 1876年 | 15千米 |
| 京奉铁路 | 北京—奉天 | 1881年 | 1912年 | 845千米 |
| 台湾铁路 | 基隆—台北—新竹 | 1887年 | 1893年 | 107千米 |
| 南满铁路 | 长春—大连 | 1893年 | 1903年 | 705千米 |
| 中东铁路 | 满洲里—绥芬河 | 1897年 | 1903年 | 1529千米 |
| 京汉铁路 | 北京—汉口 | 1898年 | 1906年 | 1214千米 |
| 胶济铁路 | 青岛—济南 | 1899年 | 1904年 | 394千米 |
| 东省铁路长滨线 | 长春—哈尔滨 | 1903年 | | 240千米 |
| 安奉铁路 | 安东—奉天 | 1904年 | 1905年 | 304千米 |
| 正太铁路 | 石家庄—太原 | 1904年 | 1907年 | 243千米 |
| 汴洛铁路 | 开封—洛阳 | 1904年10月 | 1909年12月 | 183千米 |
| 滇越铁路 | 昆明—河口 | 1904年 | 1910年 | 465千米 |
| 沪宁铁路 | 上海—南京 | 1905年4月 | 1908年7月 | 311千米 |
| 道清铁路 | 道口—清华 | 1902年7月 | 1907年 | 150千米 |
| 京张铁路 | 北京—张家口 | 1905年10月 | 1909年9月 | 201千米 |
| 沪杭铁路 | 上海—杭州 | 1906年 | 1908年 | 186千米 |
| 广九铁路 | 广州—深圳—九龙 | 1907年 | 1911年 | 179千米 |
| 津浦铁路 | 天津—浦口(南京) | 1908年 | 1911年 | 1010千米 |
| 粤汉铁路广韶段 | 广州—韶关 | 1908年 | 1911年8月 | 106千米 |
| 吉长铁路 | 吉林—长春 | 1910年6月 | 1912年10月 | 128千米 |

表2　1898年近代外资参与修建中国铁路一览表

| 列强在华建铁路 | 国家 | 区间 | 长度 |
| --- | --- | --- | --- |
| 列强在华建铁路 | 英国 | 上海—南京 | 327千米 |
| 列强在华建铁路 | 英国 | 上海—宁波 | 364千米 |
| 列强在华建铁路 | 英国 | 广州—九龙 | 143千米 |
| 列强在华建铁路 | 俄国 | 哈尔滨—大连 | 1007千米 |
| 列强在华建铁路 | 俄国 | 正定—太原 | 243千米 |
| 列强在华建铁路 | 法国 | 河内—昆明 | 465千米 |
| 列强在华建铁路 | 法国 | 凉山—南宁 | 289千米 |
| 列强在华建铁路 | 德国 | 青岛—济南 | 445千米 |
| 列强在华建铁路 | 德国 | 支线 | 470千米 |
| 列强在华建铁路 | 比利时 | 北京—汉口 | 1214千米 |
| 列强在华建铁路 | 美国 | 汉口—广州 | 1100千米 |

### （一）中东铁路

中东铁路是沙俄在中国东北修筑的一条"丁"字形的宽轨铁路，全长2400千米。19世纪末20世纪初，沙俄开始修建西伯利亚大铁路，通向海参崴的港口。为避免绕行，降低难度和造价，同时向中国的东北扩展势力范围。于是，沙俄开始为西伯利亚大铁路中国区段的修建做准备。并分别在1896、1898两年，通过不平等的条约——《中俄密约》《旅大租地条约》，强迫清政府签订，从而以修造铁路为借口，名正言顺地掠夺中国东北的矿产资源。1897年，酝酿已久的中东铁路由沙俄开始建造，直到6年之后铁路线才全部建成通车。俄国人最初勘测设计的西端起点在今天内蒙古的满洲里，中间重要的节点为黑龙江省的哈尔滨，东端终点是黑龙江的绥芬河。另外，还修造了一条支线，从中部的站点哈尔滨向南，末端到达辽宁大连附近的旅顺。为了管理经营中国东北的铁路线路，沙俄还设置了为铁路服务的管理办公及军事建筑，如中东铁路局就是出于此目的应运而生。日俄战争后，俄国战败，遂将长春至旅顺口的铁路让给日本，称"南满铁路"。中东铁路先后经历了沙俄管控全线、日俄战争后南北分治、中国临时接管、中苏共管、日本借伪满管控全线，以及收归国有等多个历史时期。

### （二）胶济铁路

1897年11月1日，"巨野教案"①发生，德国以此为借口，占领胶州湾。并与清政府签订了《中德胶澳租界条约》，条约的第二部分为铁路矿务等事，称允许德国于山东境内建造铁路及其沿线15千米范围内的矿藏开采权。胶济铁路即由山东铁路公司负责建设，德国人锡乐巴②设计，于1899年6月开始勘测，9月23日正式开工修建。1904年6月1日（按照德国政府特许令规定的5年限期）修至济南，全线通车。干线全长394.06千米。在修建胶济铁路干线的同时，德国为了掠夺山东的矿产资源，还修建了两条支线，一条由张店至博山，长38.87千米；一条由淄川至洪山，长6.5千米。③胶济铁路地修建采取建成一段通车一段的方法。

一战爆发后，英、法、俄、德等国忙于欧战，无暇东顾。日本趁机入侵山东，抢占青岛和胶济铁路。德建胶济铁路时，全线设有55个站。1914年日本强占后，撤销了5个车站，1923年中国收回后，增至54个车站。1945年8月，中国重新接管胶济铁路。胶济铁路共历经了德建（1897—1914）、日建（1914.11—1922.12）、北洋军阀和国民党统治（1923.1—1937.7）、抗日战争（1931—1945）和解放战争（1945—），其间经历了国家主权的争夺、国内政权的变更以及抗日战争，影响了胶济铁路的发展，使其营运一直断断续续。

### （三）滇越铁路

法国唯恐英国独占中国西南，多次向清政府提议在云南境内修筑铁路。1880年法国占领越南为殖

---

① 1897年11月两名德籍传教士在山东曹州巨野县被当地农民杀死，史称"巨野教案"。
② 全名海因里希·锡乐巴，德国铁路设计师，任山东铁路公司经理和首席工程师。在1900年1月开始主持设计并建造青岛火车站。后来，锡乐巴又先后设计了沪宁、京汉、汉渝等铁路的方案。
③ 中工青岛铁路地区工作委员会等：《胶济铁路史》，1961年09月第1版。

民地,在东京(今越南河内)建立法国驻印度支那殖民政府;之后几年,清政府与法国先后签订《中法简明条约》、中法《越南条约》①,承认法国对越南的殖民统治;法国得到了在云南、广西的通商特权;1897年,法属印度支那总督杜梅派邦勒甘以考察云南地理为名,偷测红河至内蒙古线路。法方委派了桥梁和公路工程师为主的考察团,对云南的地理人文、人口、降雨量及商贸情况进行了详细考察,认为"云南首先是得天独厚的矿藏宝地,其次这里的气候条件舒适宜人,高原利于增强人体体质,是一个理想的避暑地;从世界角度看云南,这是一个待开发、无比优异的工业产地和商品销售地",以此观点形成了一份《云南铁路》的报告,此报告精准地预见了云南的出海口在越南海防方向,从而奠定了云南与越南的地理和文化链接。

1903年,中法两国正式签订《中法滇越铁路章程》,法国因此获得了在云南修筑和管理铁路的权限,并在没有中方参与的情况下,组建了涉及中国利益的滇越铁路公司。滇越铁路中国段于1903年动工,1909年碧色寨至河口段率先通车,1910年全线通车。

# 三、研究梳理:成果、现状、动态

## (一)整体研究

中国对铁路建筑遗产的研究,较早的系统研究开始于清华大学董晓晶的硕士论文,该论文较为全面地概括了中国近代铁路站房建筑的发展演变和主要建筑特征,但仅涉及铁路建筑遗产中站房这一种建筑类型的保护和再利用。关于各地区城市的铁路建筑历史研究,多散见于张复合先生主编的《中国近代建筑总览》,其中有十六个城市做过近代建筑的调查研究,包括铁路建筑这一重要类型。通过中国知网可检索近代铁路遗产主题的相关研究成果颇丰,研究类别包括铁路历史文化、沿线城市发展、工业发展、遗产价值、建筑景观等方面,已有一些学者对铁路遗产的价值评价、遗产资源和保护利用进行了研究,虽然研究类别覆盖领域较为全面,但是绝大部分属于个案及区域性研究。

## (二)区域研究

中国近代同期修建的三条外资铁路的研究,在铁路沿线区域主要站点城市的研究较为集中。其中对中东铁路的研究成果主要集中在东北各大院校、科研机构,如哈尔滨为核心的区域关注中东铁路的主要干线,长春、大连、沈阳节点区域更关注于中东铁路的南满支线;胶济铁路位于山东境内,相应的研究团体也集中于山东高校及研究机构,主要是青岛和济南。滇越铁路则更多出现在西南腹地的研究团队,以昆明为代表。这体现出铁路遗产研究的地缘优势。无论是理论成果还是实践项目,区域性的研究成果及活跃度都很高。同类型铁路遗产的研究成果为论文研究对象提供了可对比、可借鉴的样本案例。

## (三)个案研究

### 1.价值评价

对铁路遗产的价值研究,目前国内学界尚未形成统一的认识视角和评价标准,现有的研究一类是对近代铁路的价值进行综合性梳理,一类是对近代铁路的价值进行专题性研究。在综合性研究方面,有学者从线性文化遗产的角度评价了铁路的价值,认为包括民族价值、文化价值、旅游价值、遗产价值四个方面;有学者从铁路的现状入手,对铁路的历史价值、文化价值、旅游价值、经济价值进行了分析;崔卫华、杨成林(2018)从中国近代铁路遗产的角度,对铁路的历史价值和技术价值进行了重点评价。

在专题性研究方面,三条外资铁路都有相当程度的研究聚焦,如孙灿(2005)强调了滇越铁路沿线历史文化景观的价值,提出以滇越铁路为纽带,整合滇南地区丰富独特的人文资源和自然景观;如《中东铁路近代建筑技术价值解析》(司道光、刘大平)根据近代建筑技术的历史价值、应用价值和技术与艺术统一这三个角度,较全面地解析了中东铁路近代建筑的技术价值,使人们了解到保温节能技术、构造技术及屋架技术等内容。雷家玥对满铁附属地的历史建筑形式、特征、建造技艺进行研究,胥琳、刘威和孙赫然分别对沈阳、长春、公主岭三个城市的近代建筑文化进行了研究等。

---

① 1884年(清光绪十年)五月,中法在天津签订《中法简明条约》;次年(1885)六月在天津签订《中法会订越南条约十款》(《越南条约》),又称《李巴条约》及《中法新约》,共十款。

## 2.遗产资源

对铁路遗产资源的研究,离不开对铁路历史的梳理,很多这方面的研究成果不同程度地涉及对遗产资源的考察。目前国内学者对近代铁路遗产资源的研究主要集中在铁路及其附属设施方面,重点关注了车站、站房和轨道、桥梁的遗产资源状况,并对线路周边的矿业工业生产空间附带进行了研究。在遗产资源的整体性研究方面,国内现有的研究主要在框架梳理层面,尚未对各类遗产资源进行深入研究。尤其是跨国铁路滇越铁路,仅进行过滇段(云南境内)的遗产资源梳理,未从全域视角,对越南境内的铁路遗产进行汇总、分析及比较研究,缺少对整个线路跨境—跨文化整体性关照。

## 3.保护利用

国内目前对近代铁路的保护利用尚未进行整体性研究,已有的一些研究成果主要集中在局部站点周边或个别城市。以滇越铁路为例,保护利用是结合申遗准备工作展开的。如陈光毅(2013)对滇越铁路线上重要站点碧色寨的现状及利用情况进行了研究,孙俊桥等(2014)对滇越铁路沿线个旧市的工业建筑遗产保护更新进行了研究,陈思竹(2017)从文化线路遗产视角对碧色寨的景观规划设计进行了探讨,陈浩对"建水小火车"项目的建设运营情况进行了介绍,杨晓(2019)对昆明站改造为铁路博物馆的保护利用实践进行了探讨。滇越铁路遗产的整体保护利用目前存在不少困难,尤其是部分铁路线停运和车站停业带来的资源闲置和管理空缺。中东铁路这方面不论理论层面,还是保护实践都积累颇丰,如对扎兰屯、昂昂溪、横道河子镇、哈尔滨等历史遗存比较丰富的地区、地段进行重点规划设计实践及保护利用方法探讨,也有学者提出中东铁路整体保护理念,但由于中东铁路线路长、跨度广,目前还没有形成系统的成果,处在理论设想层面。

### (四)研究趋势与不足

综上所述,当下对近代外资铁路不同线路区域化、个案研究大多从个体视角出发认识遗产价值,研究范围大多选取个别站点或某一区间,这些点和区间有的从空间坐标来定位,如建筑单体、站点城市、铁路附属地;有的则从时间范围来界定,选取铁路建设过程中一个特定或较短的时期。对近代铁路作为大型线性文化遗产尚缺乏整体性认识和全时空体系研究,尚未从全域视角构建完整的遗产价值认知体系,尚未突破行政界限及国别,对整个线路跨国境进行全时空体系的研究。近代外资铁路作为一种特殊的历史文化资源,我们应该以整体性的思维来进行全面多维地分析。这不仅为实现铁路遗产的整体性保护提供新的理论解析、有效的保护途径和方法依据,也有助于遗产本身与其所处自然环境和文化生态等层面的协同共生。

三条外资铁路因很多档案资料、技术图纸都在国外,如滇越铁路尚有很多建设时期的文件、照片和资料还存留在法国的公立或私人档案馆,从未翻译成中文,而这些照片和资料是还原铁路昔日原貌、保护遗址的非常重要的原始资料。中东铁路对俄国文献的获取渠道,尤其是国外铁路建设者后人私藏资料方面相对受限,支线南满铁路日文资料较充实,且中日合作早已打下研究基础。满洲建筑学会发行的《满洲建筑杂志》有对中东铁路历史建筑有大量文字和图纸资料。胶济铁路的此前研究对德国文献已有过分类汇总和整理,并有学者着手多重史源文献的研究整理。保护和利用近代铁路必须忠实于历史遗产的真实性,应该不仅关注铁路的建设史,而且同时关注铁路建设之前、之中甚至之后与铁路相关的外国工程师的历史。三条外资铁路在国内资料方面已取得重大积累,但仍需要开展跨国合作,铁路遗产保护工作,不应该只是地方性的,更应该是国家层面甚至是国际层面的。

# 四、比较研究:遗产、资源、价值

虽然三条外资铁路主导建设的国别不同,但三条铁路基本属于同期建造(20世纪初),在线路长度、站点数量、疏密程度、建筑风格、轨道技术标准,具有差异性(表3)。从遗产资源存量来看,三条铁路沿线资源都相对完整,类型多元。线路基本没有改动,铁路设施、车站建筑等均有很大比例的保存,较少地受到后期城市建设的影响。其中,滇越铁路是唯一一条国际铁路,地理分布上跨越了两国,涉及法、中、越三国参与,沿线涉及十多个民族,是世界上米轨、寸轨、准轨并存的唯一铁路线,这是其他铁路线路所不具备的。胶济铁路线路最短,只有400多千米,但400千米却设置了55个车站,区域资源价值显著,沿线建筑历史价值丰富、艺术造诣深，建筑实物现存丰富，并体现了同时代德、日两国的建筑造诣。中东铁路尺度巨大，跨越了三个省域，相对来说遗产资源存量更丰富、类型更多元，如铁路附属地以带状及面状分布，体系完整，这也是其他铁路遗产不具备的独特性。

就现状来说，由于城市化快速发展、铁路工业升级改造、自然力侵蚀等原因，三条外资铁路建筑文化遗产集群的总体数量大大减少，除了部分列级铁路文物建筑外，散落在铁路沿线的铁路历史建筑，尤其散落在郊区、乡村地带的铁路设施和构筑物普遍出现了自然老化、破损的情况，许多建筑甚至成为危房。如"中东铁路沿线中心城市（如哈尔滨、长春、沈阳、大连）的一些重要历史建筑已经被列为重点保护对象，但更多的历史建筑和建筑聚落（城镇、站点）并没有受到足够关注，有的甚至完全不为人所知，长年处于荒废状态。"（李国友，2013）中东铁路建成初期原有火车站点104个，按照级别分为一等站、二等站、三等站、四等站、五等站。滇越铁路滇越铁路技术价值更为突出，以人字桥为代表的法国技术输入以及应对险恶的高原地貌做出的技术解决方案是滇越铁路价值相对核心的部分。后来，随着铁路交通的发展，一些新的站点陆续增补建设，原有站点也出现了级别变化。就价值来讲，每一条铁路都呈现不同的侧重点。中东铁路遗产类型及存量上，护路军事及警署建筑较其他两条铁路多且特色鲜明，带有强烈的殖民国军事属性，司令部、兵营、马厩、弹药库等建筑大量出现，成为铁路附属建筑中独特的类型。

表3　近代三条外资铁路比较（1890—1910）

| 铁路线路名称 | | 修建时间 | 修建国别 | 线路长度 | 站点数量 | 途径地区 | 现状 | 轨道 | 价值 | 站房建筑 |
|---|---|---|---|---|---|---|---|---|---|---|
| 滇越铁路 | | 1903—1910 | 法国 | 共854千米，云南段465千米 | 云南段共34个 | 云南、越南 | 部分货运 | 米轨 | 中国第一条高山窄轨国际联运铁路 | 法式建筑、云南本地传统民居 |
| 胶济铁路 | | 1899—1904 | 德国 | 干线394千米；支线51千米 | 共55个 | 山东 | 仍在使用 | 标准轨 | 联结沿海与内陆的德国人建造的铁路干线 | 德式风格为主 |
| 中东铁路 | 俄建时期 | 1896—1903 | 沙俄 | 2437千米 | 共104个 | 黑龙江、吉林、辽宁、内蒙古 | 仍在使用 | 宽轨改为标准轨 | 第一条国际宽轨联运铁路，中国最长的近代铁路 | 俄罗斯传统风格、新艺术运动、折中风格 |
| | 南满支线 | 1905— | 日本 | 854千米 | 38个 | 吉林、辽宁 | 仍在使用 | 宽轨改为标准轨 | | 俄罗斯传统风格、新艺术运动、折中风格、日本和风风格 |

## 五、前景展望：申遗+全域+保护利用

目前《世界遗产名录》中成功列入的铁路遗产只有三项：塞默灵铁路（奥地利，1998）、印度山区铁路（印度，1999、2005、2008）和里希厄铁路（瑞士和意大利，2008）。另外有四项与铁路相关的工业遗产。其中铁路线路遗产全部以标准ⅱ和标准ⅳ列入。[①]印度的山区铁路是以20世纪初的高难度越岭铁轨设计被列入《世界遗产名录》。塞默灵铁路和里希厄铁路除了地处山区筑建困难以外，因为还具有优美的沿途风景和和谐的人文景观而成功申遗。

近代外资铁路，位于不同线路、不同区域的铁路站点具有重要的历史人文价值，共同构成线性遗产的整体价值。近年来铁路遗产旅游渐趋火热，但由于缺乏对外资铁路整体性、全域性、对比性的研究，旅游开发的水平鳞次栉比，部分开发建设行为对铁路遗产的真实性、完整性造成了不可逆的破坏。加之铁

---

① 指《实施〈保护世界文化和自然遗产公约〉的操作指南》中遗产入选标注。

路遗产景点如今同质化较为严重。希望未来中国的滇越铁路、中东铁路和胶济铁路这三条同期修建的外资铁路,能立足区域特色,立足遗产保护和城乡建设共谋发展的理念,在全域文旅融合背景下进一步整合、挖掘沿线资源,有针对性地提出保护与利用的合理化建议,归纳适合铁路遗产再生的方法和途径,构建完整全面的遗产体系,并与其他规划进行多规合一的协调,推动遗产进行全域范围内的更有成效的资源统筹,以申遗的高度来统筹解决发展瓶颈,按照世界遗产公约要求管理遗产。

# 近代法规影响下的青岛城市街道空间基因探寻

## ——以中山路为例

青岛理工大学　吴廷金　赵琳

**摘　要:**历史街道作为感知历史区域整体意象与风貌特征的重要空间载体,其与历史建筑、历史区域共同构成历史文化遗产体系。文章选取青岛市中山路这一代表性历史街道作为案例,将建筑法规作为时间线索,以不同时期城市规划与建成图纸为技术依托,结合文献、照片等史料,还原法规引导下城市街道自德占时期至20世纪30年代的空间特征、风貌特征,以及功能特征的形成与拓展过程。近代青岛不同历史时期的建筑法规对于街道空间形态的指标控制具有较好的延续性,并直接作用于空间在1897—1914年初创与1922—1937年转型的两个核心发展时期,从而奠定街道空间的历史风貌特质。聚焦近代城市法规对街道空间品质营建的关联影响,探寻显性形态特征背后的内在秩序与制度成因,以期对近现代城市街道的保护与更新导则的制定提供历史法规依据。

**关键词:**建筑法规;历史街道;空间基因;青岛中山路

## 一、引言

"20世纪新城的早期规划和营造实践"成为青岛城市申请世界文化遗产的主攻方向,滨海山地的自然地景与"红瓦绿树"的人工之景共同构建出近代青岛城市的意象名片。城市空间形态基因是自然环境、历史文化与城市空间互动契合与演化的产物,奠定城市风貌的在地性特征。[①]历史街道[②]作为感知历史区域整体意象与风貌特征的重要空间载体,其与历史建筑、历史区域共同构成"点—线—面"历史文化遗产体系。[③]青岛28平方千米历史城区内独具特色与品质的街道网络构建出历史城区的空间肌理,彰显自然地理与多元文化的双重特征。国内外在历史建筑、历史区域的保护更新领域均已有较为丰富的理论研究与案例参考,但对于历史街道的规划与管控研究相对较少,其风貌特征、历史景观特征及遗产价值等正逐渐得到重视。

在中西方历史语境中,公共空间及其管控历来都是公共与私人利益间的斗争焦点,具体表现在公共街道和沿街地块建筑界面的进退影响公共空间的形态,而城市建设管理机构通过区划等法规引导公共空间发展是近代才出现的一项技术。法规作为塑造城市空间形态的重要手段已成为当今学术界研究热点,Emily Talen[④]、丁沃沃[⑤]等学者在城市空间形态量化管控方面已有多年的研究积累,相关研究成果对城市新区的建设具有较强的适用性。在近代城市与建筑技术史维度的历史研究,多集中在上海、南京等

---

① 见段进、邵润青、兰文龙、刘晋华、姜莹:《空间基因》,《城市规划》2019年第43卷第2期。

② 国内外对于历史街道暂未有共识性的学术概念,但在实践中其与各地《历史文化名城保护规划》中的"历史风貌道路(青岛)""风貌保护道路(上海)"等法定概念有着密切的联系。

③ 见伍江、沙永杰:《历史街道精细化规划研究:上海城市有机更新的探索与实践》,同济大学出版社,2019年。

④ Talen Emily,*City Rules:How Regulations Affect Urban Form*,London:Island Press,2011.

⑤ 唐莲、丁沃沃:《城市建筑与城市法规》,《建筑学报》2015年增刊1;高彩霞、丁沃沃:《南京城市街廓界面形态特征与建筑退让道路规定的关联性》,《现代城市研究》2018年第12期。

城市[1],有关青岛城市的既往研究主要是对不同历史时期或某一时期的城市法规文本、机构制度等方面基础性梳理。[2]作为建筑营造依据的建筑法规在青岛历史街道空间的生成与拓展过程中起到重要管控作用,同时法规中的不同规定也是空间差异性的制度来源。以青岛中山路为例,将1897—1914年(德占时期)和1922—1937年(北洋与民国时期)两个近代关键发展期作为时间参考,聚焦法规在城市街道空间演进过程中的关联性及其效能,剖析法规影响下的青岛历史街道空间形态的制度基因。

## 二、近代青岛城市街道空间的制度基因

城市规划、建筑法规与城市建设管理机制是法规层面影响城市空间形态的核心要素[3],西方先进的城市管理制度直接介入青岛新城市的建设,有效地保证城市化的进程。近代青岛城市建设管理制度是以现代城市规划思想为依托制定,采用公共干预的方式,对土地和建筑的公共利益进行空间管控。不同历史时期和管理制度下形成的多样街道空间在同一个城市结构中共存,共同建构出完整的城市空间意象。[4]

### (一)近代青岛城市建设管理制度

近代青岛历届政府均注重建立专业的城市建设管理部门,分工明确,保证其在城市建设中的独立自主性。1897—1914年间,青岛城市的规划与建设管理由民政部负责,"以海军将佐任之……其职权甚为广泛。胶抚之下分军政、民政、经理、工务四部……工务部分建筑、筑港二课"[5]。1914—1922年间,初期由青岛日本守备军司令部军政署土木课负责城市建设管理,1917年9月改由隶属民政部的土木部管理。1922年12月成立工程部,隶属胶澳商埠督办公署。1924年8月,工程部改组为工程事务所,成为独立机构,负责土地的利用规划、建筑法规的制定及营建活动的管控等。[6]1929年设立的工务局成为1930年代推动城市建设的主要部门,以高品质城市空间环境为设计管控目标,介入私人建设活动的方案设计,平衡公共与私人之间的利益诉求。[7]同时,为工务局与其他政府部门之间搭建平台,成立工程设计委员会(1931)以协调城市建设。[8]1937—1938年间,总务部工务科负责青岛市工务、公用两项业务。1939—1945年间,青岛特别市公署内设建设局,承担原总务部工务科的业务。1947年5月,城市职能部门按核准修正的《青岛市政府组织规程》进行改组,继续保留工务局,主要负责建筑工程的营造与设计、执照办理等事项。[9]

近代青岛城市建设管理制度以建设审批管理来保障法规的实施,在不同时期的建筑法规中对此均有明确且详细的要求,审批所需的文件材料[10]基本类似。制度组织的先进与科学之处更体现在以具体建筑法规为框架更加全面有效地作用于建筑与街道等公共空间的生成与发展,也是近代青岛城市街道风貌特征营造的制度基础。

---

① 见孙倩:《上海近代城市规划及其制度背景与城市空间形态特征》,《城市规划学刊》2006年第6期;唐方:《都市建筑控制:近代上海公共租界建筑法规研究(1845—1943)》,同济大学2006年博士学位论文;汪晓茜、张崇霞:《近代上海戏院建筑的安全性控制——关于消防规则和管理制度》,《新建筑》2016年第5期。

② 见张瑶:《近代青岛都市建筑控制中的制度研究——以管理机构和营建法规为例》,东南大学2014年硕士学位论文;韩倩男:《青岛近代建筑规则演变过程研究(1897—1937)》,青岛理工大学2018年硕士学位论文;张啸:《德占青岛初期城市区划及其建筑工程相关法定规范性文献研究》,《中国文化遗产》2021年第2期。

③ 见高彩霞、丁沃沃:《南京城市街廓界面形态特征与建筑退让道路规定的关联性》,《现代城市研究》2018年第12期。

④ 见伍江、沙永杰:《历史街道精细化规划研究——上海城市有机更新的探索与实践》,同济大学出版社,2019年。

⑤ 赵琪修、袁荣叟纂:《胶澳志》(青岛市档案馆重刊版),青岛出版社,2011年。

⑥ 见《胶澳商埠现行法令汇纂》(1926)管制篇。

⑦ 见金山:《青岛近代城市建筑(1922—1937)》,同济大学出版社,2015年。

⑧ 见金山:《1930年代青岛城市建设模式浅析(1929—1937)》,载中国城市规划学会编:《城市时代 协同规划——2013中国城市规划年会论文集》,青岛出版社,2013年。

⑨ 见《青岛市志·市政工程志》《青岛市志·城市规划建筑志》组织机构篇等资料。

⑩ 《临时性建设监察法规(1897—1914)》规定所有建筑的新建、改翻建都需要经过建筑主管部门的批准,并以书面形式向建筑管理局提交申请执照,主要须提供的书面文件如下:一张1∶100比例的建筑平面图,其与必要的剖面图应清楚表达各房间的结构类型和使用功能,以及建筑与相邻街道的标高关系。如有必要,应计算说明建筑的承重力;一张1∶500比例的总平面图,从该位置图可以看到该地段与相邻街道和相邻地段的相对位置。《青岛家屋建筑规则》(1914—1922)中有了较为详细的规定:布置图、立面图、剖面图及工事样式概要等。《青岛市暂行建筑规则》(1932—1937)基本与此类似,申请营造执照时需提供"设计图样及工事说明书各四份,暨土地证明文件(如租地凭照或地契等),如遇重要工程须附呈计算书一份"。

## (二)建筑法规与街道空间的关联能效

城市形态的生成受到自然与人工双重作用的影响,形态生成基因对其特征起到决定性作用。城市规划、土地制度和建筑法规等构成的制度体系为青岛城市发展奠定了技术框架。近代城市管理制度中,大到区域规划、土地划分,小到高度限制等都对街道空间形成、发展过程产生了不同程度的影响。青岛城市基本按照1899年10月的第2版德制规划进行建设,规划的实施奠定了城市形态和街道空间发展的基础,对后续不同历史时期的街道建设都有一定的指导意义。在建筑法规的限制下,结合滨海山地的自然地理特性,地势较为平坦的地区一般作为紧凑的核心城区,采用毗邻式建造方式,而山丘周围及海滨一带则作为宽松的外围地区,采用独立式建造方式,同时在过渡区域形成多种混合肌理的街区。建筑与公共空间的图底关系明晰,相关规划思想与建筑法规都在此后不同历史发展时期得到较好的延续,奠定了街道形态的历史特质。

德国人在青岛新城市空间营造过程中追求街道景观艺术化的效果,建筑与街道空间以及自然景观共同形成富有特色的空间节点场所,并通过视觉轴线彼此联系。德占时期青岛曲折、不规则的街道形态规划设计也得到此后不同历史时期规划师的认同,《青岛市街图》(1915)、《大青岛市发展计图》(1935)等技术规划图纸都可看到相关设计思想的延续。从1898年10月11日《临时性建设监察法规》到1932年12月21日《青岛市暂行建筑规则》,法规的层次越来越清晰,针对不同类型、不同区域的规定也更加细致,建筑的边界、高度被自上而下的城市规划、土地划分与建筑法规加以限制,相关技术指标与前期的规定基本保持一致(表1)。具体的建筑法规使得城市建筑管理科学高效,也成为街道空间形态管控与品质提升的重要技术手段。1922—1937年间,新建筑之间及与原有建筑均相和谐,形成了统一且富有变化的街道界面,是对原建成城区的一次良好更新实践。

**表1　近代青岛不同时期的城市规划方案与建筑法规①**

| 历史时期 | 城市规划方案 | 建筑法规 |
|---|---|---|
| 1897—1914年 | 《拟于青岛湾畔新建城市的总体规划》(1898年9月) | 《临时性建设监察法规》(1898年10月11日) |
| | 《青岛城市建设总体规划图》(1899年10月) | |
| | 《青岛城市扩张计划》(1910) | |
| 1914—1922年 | 《青岛市街图》(1915) | 《青岛家屋建筑规则》(1915年8月28日) |
| 1922—1937年 | 《大青岛市发展计图》(1935) | 《胶澳商埠暂行建筑规则》(1923年10月3日) |
| | | 《青岛特别市暂行建筑规则》(1929年11月7日) |
| | | 《青岛市建筑规则》(1931年4月25日) |
| | | 《青岛市暂行建筑规则》(1932年12月21日) |
| 1937—1945年 | 《青岛母市计划图》(1941) | 《青岛特别市暂行建筑规则》(1939) |

# 三、法规引导下的中山路历史街道空间演进

"中央之山东街(今中山路),在青岛最为繁盛,与上海之黄浦江畔、济南之西门大街同占重要之位置。"②中山路是德占时期青岛新城市首批规划建设的道路之一,南起栈桥码头,北至大窑沟、小港区域,是城市重要的南北向交通线路。道路多处微折以顺地势,视线轴线融入街道景观。初期,中山路分南北两段,南段欧式建筑群与北段合院式商住建筑群使其成为中西方建筑文化碰撞与融合的先锋区域。

## (一)德占时期法规引导下的空间初生(1897—1914)

### 1.法规溯源

18世纪后期《建筑红线条例》《分级建筑法令》标志着德国区域规划的诞生,其目的是尽可能产生适应其所在城市区域的结构与类型。德占时期青岛新城市的建设以德国本土城市外围地区—郊区为范本③,相关规划与建筑法规也以此为基准,对青岛街道形态的塑造起到积极管控作用。分区规划作为德

---

① 根据《胶澳志》《青岛市志·城市规划建筑志》等相关资料整理绘制。

② 叶春墀:《青岛概要》,商务印书馆,1922年。

③ 见王华刚:《德占时期青岛建筑与规划思想探源》,同济大学2003年硕士学位论文。

制青岛规划的核心内容之一,也是受到《分级建筑法令》的影响。城市的不同区域应有不同的意象、特征等,法规部分具有强制性。《临时性建设监察法规》以相对简洁精炼的文字内容对不同分区内的城市建设活动行为进行控制与监管[1],此法规的实施在1907年3月16日[2]总督于官报的公告中得以证实。建筑法规中的不同规定也是德占时期中山路南北段街道界面差异性的制度来源。

德占时期青岛新城市按分区理论规划建设并形成组团式的城市空间结构,不同组团区域边界明晰,街道也成为跨越城市区域边界的重要物质空间要素之一,中山路正是这一类型街道的典型案例。德占时期,中山路南段(弗里德希大街)与北段(山东大街)作为连通欧洲人城区、中国人城区等核心城区内组团的街道,跨越边界的特性也赋予街道风貌的多样性。在1898年第1版和1899年第2版德制规划中,中山路南段(弗里德希大街)是串联沿海三条街道重要的南北向街道之一,《德属之境分为内外两界章程》(1900年6月14日)也将其划定为欧洲人城区西侧边界道路。与前述三条街道明确的功能定位相比,中山路南段则相对模糊。北段是中国人城区街道空间网络的主轴,是区域内最宽的街道,华人商业集中于此。

2.空间生成

青岛中山路商业空间的形成受德占时期城市"华洋分区"空间布局的直接影响,南北段不等宽。南段街道宽25米,街廓尺度大,建筑空间开敞;北段街道宽20米,街廓尺度较小,密路网也利于促进商业氛围的形成(图1)。得益于港口、铁路等交通优位效益,作为栈桥与小港之间的重要联系通道,中山路街道空间的商业走廊价值在这一时期也得以被挖掘。德占中后期华洋分区限制的取消,使得商业业态匀质地扩展到整条中山路街道。

图1　1897—1914年弗里德希大街(今中山路南段)—山东大街(今中山路北段)示意图[3]

位于欧洲人城区的南段是在西方现代制度影响下的空间营建,《临时性建设监察法规》规定临街建筑高度限制在18米以内,街道南段的常态宽高比(D/H)控制在1.5左右。2—3层德式建筑混合采用独立式与毗邻式建造方式,在朝向路口的位置常设置塔楼,但直到德占末期南段商业空间也并不紧凑与完整。北段采用毗邻式方式建造至多两层的商住建筑、建筑密度最高限值为75%,建筑法规对北段的规定不仅有利于形成宽窄适中、连续有序的街道空间形态,同时也满足私人业主的个性识别与丰富街道视觉内容的需要。北段街道的常态宽高比(D/H)一般在2.5左右,内聚的空间是产生浓厚生活气氛的空间基础,这也可从中国人城区活跃的营建活动和商业氛围得到进一步验证。1914—1922年间,中山路鲜有建设活动,仅胶澳电器公司在北端建成一高5层的塔楼建筑[4],因道路轻微转折使其正当街道对景,也成为当时中山路的终点标志物。

**(二)北洋与民国时期法规引导下的空间转型(1922—1937)**

1.街道空间整合

1922年后,商业环境与街道空间演变互为作用,交通银行大楼、明华银行大楼、银行建筑群(原第四公园)等新一批时代感的商业建筑,整合与补充中山路既有的商业空间,促进其形成以银行业为代表的商业环境与业态空间影响力。

① 见[德]托尔斯滕·华纳:《近代青岛的城市规划与建设》,青岛市档案馆编译,东南大学出版社,2011年。
② 托尔斯滕·华纳写为3月17日,谋乐《胶澳保护区手册》写为3月14日,查阅《青岛官报》原文,应为3月16日。
③ 1914年《青岛中心区域地图》与德占时期青岛明信片。
④ 在1926年申请扩建塔楼北边和西边的3层建筑,详见青岛市城建档案馆案卷编号:1926-0113、1929-0482、1933-0592。

利用中山路中段原第四公园建造银行区是 20 世纪 30 年代青岛规模最大、最重要的建设活动之一。[①]原第四公园这一区域的路网格局形成于德占时期,通过规划设计突出公园在城市空间的核心地位。周边道路在与公园交汇时发生轻微转折,并使得公园成为中山路北段等街道的对景。位于城市中心中山路银行区的建设极大地改变了中山路功能格局,为中资银行的发展提供空间基础(图2)。

1934 年银行大楼陆续建成,新建筑彼此之间及与中山路原有建筑相和谐,并与带有起伏的道路走向相结合,形成整体和谐统一中且局部富有变化的城市界面。建筑形体及立面设计各具特色,但统一采用庄重大气的天然石材立面,3—4 层,并通过山墙与塔楼等设计加强了街道界面的节奏(图3)。

图2　中山路原第四公园向银行区的空间转型(来源:德占时期　图3　银行区建筑沿中山路立面[②]
历史明信片)

2. 街道界面更新

与德占时期的坡屋顶相比,此时青岛新建筑逐渐广泛使用平屋顶以赋予城市大都市的气息。1914 年以后的建筑法规中也允许建造更高的建筑,不再采用德占时期 2—3 层、18 米等限制,运用建筑高度与街道宽度的比值(H/D)来更为科学地管控街道的建设。同时改变此前将坡屋顶、塔楼等作为街道界面控制要素,在建筑更新实践中采用悬挑阳台、平屋顶等现代建筑元素,使得街道界面在高度方面的突破尤为突出。位于中山路与曲阜路路口的亚当斯大厦 1931 年建成,最初为 4 层,约 1935 年加建至 6 层。[③]建筑窄面朝向中山路,是南段重要的地标建筑和城市天际线的构图重点,高 23.5 米,远超周边 2—3 层建筑,成为当时中山路最高的建筑[④](图4),这一纪录一直保持到 20 世纪 80 年代,中山路与湖北路东南角高 33.5 米的办公楼(主体 6 层、局部 8 层)的建成。

德占时期,位于道路对景或路口的建筑常以塔楼作为设计要素以形成街道景观和城市天际线的构图中心。这一时期则常采取古典山墙或局部拔高等设计手法,如明华银行大楼。[⑤]建筑采用平屋顶设计,主体高 3 层,在路口设计 5 层高的塔楼,平顶塔楼塑造出极具标识性的城市形象(图5)。而地理位置不具优势的建筑则通过退界、体量和立面设计等使其成为城市地标,如 1931 年建成的交通银行大楼。[⑥]该项目位于中山路东侧,既不临路口,也不处于道路对景,建筑师庄俊将建筑后退道路红线 5 米,并借助庞大的体量和壮丽的立面以提升建筑在街道形象中的定位。[⑦]建筑地上 4 层,平屋顶,立面比例协调,显得庄严气派(图6)。

① 见青岛市城建档案馆。案卷编号:K1005。

② 上图青岛市城建档案馆,案卷编号 K1005。下图姚鹏拍摄。

③ 见青岛市城建档案馆。案卷编号:K7009。

④ 见金山:《青岛近代城市建筑(1922—1937)》,同济大学出版社,2015,第72页。

⑤ 见青岛市城建档案馆。案卷编号:K7019,1935—0266。

⑥ 见青岛市城建档案馆。案卷编号:K1004。

⑦ 见《青岛交通银行建筑始末记》,《中国建筑》1934 年第 2 卷第 3 期。

图4 20世纪50年代中山路南段:原亚当斯大 图5 明华银行大楼(来源:姚 图6 交通银行大楼①
厦转型为中国百货公司青岛分公司(来源:姚 鹏收藏提供)
鹏收藏提供)

3.街道拓宽计划

20世纪30年代青岛城市经济发展迅猛,中山路南北段不等宽的现状成为城市空间发展的制约。在
1935年《大青岛市发展计划图——干道系统图》中,中山路街道被定义为城市主干道,道路拓宽计划也
势在必行,具体方案为北段街道两侧新建筑退原道路红线2.5米,以使南北等宽为25米。城市建设管理
部门这一举措并非针对现状建筑的强制性改造,而是带有一定的弹性,给予私人业主10年左右的过渡
期,至迟于1947年前完成即可,过渡期内仅针对新建筑执行此项规定。同时在《青岛市暂行建筑规则》
(1932)第三节第49条做出如下规定,"两公路转角处沿公路之建筑物临路一面须以两路之较窄者宽之
半数为半径作弧形"②,此举意在增加十字路口的交通空间,避免视线盲区,在《青岛市建筑规则》(1931)
还未见相关规定。

较早执行这些规定的是北段21号与胶州路丁字路口东南角的两个地块。北段21号地块位于中山
路北段西侧、非路口区域,1933年1月16日,吴干庭、刘师涤等业主申请翻造四层楼房,沿中山路建筑为
3层,高度11.25米,建筑后退道路红线2.5米。③新建的明华银行大楼位于中山路与胶州路丁字路口东南
角的地块④,建筑主体高度12.05米,3层,局部塔楼为5层,后退中山路道路红线2.5米、胶州路4.5米,转
角圆弧半径为12米。这些规定使得地块损失了近30%的建设用地面积,作为补偿,地块所剩用地均可
来建筑。

第三个案例地块位于中山路北段与李村路东南角,沿中山路原为1层平房。1935年12月李树堂先
生增筑楼房工事设计图⑤,建筑方案为2层,建筑高度为9.45米,但沿中山路增加楼房部分未考虑退界问
题,在城市建设管理部门的第一次方案审查中被驳回。1936年4月13日,业主还为此与城市建设管理
部门进行申诉,具体结果可见当年工务局的第249号通知:"据呈请在中山路李村路角翻造房屋等,着照
面内黄线所示,临中山路一面,应按照规定路线退让二公尺五公寸,拐角改为弧形,另以设计。"为此,
1936年6月李树堂先生将相关建筑设计方案变更为3层,高11.4米,后退中山路道路红线2.5米,转角圆弧
弧半径7.5米。

这一时期道路扩计划更多的是对城市交通发展具有一定的科学前瞻性的规划,但城市建筑管理部
门所设想的沿街建筑大规模翻建活动并未发生。中山路北段仅有三处发生翻建,并按照规划进行退界。
在1971年,中山路北段21号地相邻地块上新建5层的旅馆饭店(高15.4米)⑥,也执行后退中山路道路
红线2.5米的规定。但位于中山路北段与海泊路东南角原属于希姆森院落的一部分的天真照相馆,在
1960年左右重建为4层,高15.5米,后退道路红线1.5米,可以推断20世纪60年代后对于中山路北段拓

①《中国建筑》1934年第2卷第3期。

②《青岛市市政法规汇编》(1936年版本)第五编工务部分《青岛市暂行建筑规则》(1932年12月21日第61号令公布第166次市政会
议修正通过)。

③见青岛市城建档案馆。案卷编号:1931-0470。

④见青岛市城建档案馆。案卷编号:K7019,1935-0266。

⑤见青岛市城建档案馆。案卷编号:1936-0354。

⑥见青岛市城建档案馆。案卷编号:1971-0048。

宽并无系统、完整的计划。时至今日,中山路北段的拓宽计划都未能实现,2011年建成通车的胶宁高架路三期从中山路北侧区域擦过,给区域的历史空间带来较为严重的破坏。

**(三)历史发展与现实困境**

中山路街道连续封闭的界面到开敞的街角空间,空间尺度宜人。街角建筑多采用塔楼等元素,以建筑为主的街道界面收放适宜与韵律起伏,利于步行商业的空间体验。德占时期3层、18米的建筑限制在之后的城市发展时期也得到较好的延续,仅有南段1931年5层亚当斯大厦的高度突破。1954年,在与广西路东北角新建的三层办公楼(今广西路47号),高12米,转角圆弧半径为12.5米①,与20世纪30年代的建筑法规的相关要求一致。但在20世纪90年代城市建设活跃时期,中山路出现众多高层新建筑,南段如第一百盛商厦(1996年,42层,213米)、发达大厦—交电大厦(1995年,24层,99.2米)、山东省检验检疫局综合办公楼(2001年,28层,113.7米)等;北段胶州路口的国货公司商业综合楼(1990年,13层,59米)及其对面图书大厦(2008年,27层,100米)等。新建筑的高度、形态、材料等均以一种反文脉的设计存在,与中山路街道的历史环境不契合,商业街道界面轮廓线也因此被破坏。20世纪90年代随着城市空间向东部拓展、街道的定位客观改变等现实发展问题,中山路也逐渐失去了城市商业中心的地位,其商业活力的复兴仍是当下值得持续探讨研究与实践的现实问题。

# 四、结语

稳定的城市街道空间形态是城市建设管理部门在公共与私人业主利益间进行平衡与协同的结果。街道形态、消防安全、健康卫生等方面构成的空间秩序与活跃的工商业贸易所带代表的活力是历任政府城市空间管控的核心,空间秩序主要由建筑法规来显性规定。而私人业主更加关心经济效益与生活品质,除建筑法规的基础性要求外,他们的营建活动也有较大的自由度,为建筑改扩建、功能转型等预留空间,在兼顾自身利益的同时也可激发城市可持续发展的活力。②

建筑法规等显性规定和自然地理气候、文化等隐性规则共同促进城市街道空间形态的形成与演进。将中山路这一青岛城市代表性的商业街道作为案例,以街道界面核心要素之一建筑的相关法规为线索,聚焦法规在城市街道空间演进过程中的关联性及其效能,认为近代青岛不同时期法规在街道空间管控上有一定的延续性,对街道的相关建筑活动有着较为严格的管控,奠定街道空间形态的生成与发展的制度基础。历史街道的长效化规划管控模式,是当代青岛以品质提升为导向的历史城区公共空间有机更新的研究焦点。以法规作为近现代城市街道形态历史研究的切入点,探寻显性形态特征背后的内在秩序与制度成因,以期对近现代城市街道的保护与更新导则的制定提供历史法规依据。

---

① 见青岛市房产管理局档案室。案卷编号:1954-001。

② 见金山:《青岛近代城市建筑(1922—1937)》,同济大学出版社,2015年。

# 基于历史图像叠合技术的黄河打渔张灌溉工程遗产与空间肌理演变研究*

同济大学　崔燕宇　徐优　朱晓明　孙梦薇

**摘　要:**打渔张灌溉工程是新中国成立初期,为治理黄河水患、解决灌溉问题开展的一场声势浩大的黄河口水利工程。本研究首先基于ArcGIS配准技术,将收集的多尺度、多主题的历史图像叠合,辅以田野调查和文献研究,定位历史上打渔张灌区的渠系分布情况。同时,通过历史图像的叠合生成城市道路的演变情况,建立以水网、道路两个景观要素为主的演变数据库。进而在此基础上,分析打渔张引黄灌溉工程在城市演变中的地位和意义的变化。

**关键词:**黄河打渔张灌溉工程;灌渠;历史图像;历史景观演变;GIS

## 一、引言

新中国成立后,为了保障黄河下游人民的生命财产安全,新中国在第一个五年计划时期,号召25万当地民众开展了一系列声势浩大的黄河口水利工程建设。这些水利工程包括打渔张灌溉工程项目、黄河人工改道、水库、海堤项目等。水利工程的建设实现了黄河间口在半个世纪内的稳定,促进了当地农业发展,为国家石油资源的开发和国防战略提供了保障。同时,这些水利工程对20世纪在黄河口成立的矿业城市东营市也有着极其重要的空间组构作用,是黄河口历史城镇景观特征重要的构成要素,应作为凸显城乡地域特色的历史风貌特征进行保护。

2020年1月,自然资源部发布《省级国土空间规划编制指南(试行版)》,将"量水而行,以水定城,以水定地,以水定人,以水定产"作为规划的基础准备。①2021年10月,黄河流域生态保护和高质量发展上升为国家战略。结合目前国土空间规划体系在市级层面的要求"结合市域生态网络,完善蓝绿开敞空间系统"②。黄河口的水利工程作为重要的基础设施和历史人文资源,是蓝绿网络重要的构成部分。因此,这些工程自建造至今发生了怎样的变化,与现状城市空间的关系是怎样的?这一问题在城镇化加速的今天,是亟待解答的问题。本研究旨在通过研究黄河口打渔张灌溉工程项目的历史文献,收集东营区片区的历史图像和档案,调研水利工程的现状,结合GIS叠合技术建立空间模型,描述这些演变,阐释水利工程遗产对未来城市空间发展的意义。

## 二、研究背景

### (一)黄河口地貌成因、特征与移民

距今1万年左右,黄河逐步发育成熟。当其汇聚融水,切山越岭,从黄土高原奔涌而出便开始了它在黄淮海平原的不断造陆过程。这一过程中黄河两次长时间从东营境内入海,分别营造了古代黄河三

---

* 国家十三五"绿色宜居村镇技术创新"重点专项课题:特色村镇综合价值评定和保护技术方法(2019YFD1100702)。

① 见自然资源部办公厅:省级国土空间总体规划编制指南(试行)[EB/OL],(2020-01-20)[2021-10-28]. http://gi.mnr.gov.cn/202001/t20200120_2498397.html。

② 自然资源部办公厅:市级国土空间总体规划编制指南(试行)[EB/OL],(2020-09-22)[2021-10-28]. http://gi.mnr.gov.cn/202009/t20200924_2561550.html。

角洲和近现代黄河三角洲。

黄河不断的造陆活动吸引了拓荒人口的涌入。据史书记载,该地区自元朝开始就有三类移民活动:一为煮盐的盐户(官府强征);二为"请住户"垦户;三为外迁户。元末明初,明政府为推行"移民就宽乡"政策,移入山西洪洞大槐树和河北枣强人口。[①]明代共计在黄河口新立900多个村,初期规模最大,主要位于今东营市南的广饶、利津二县,东、北方向地区新淤地相对较少。清初因战乱灾害,政务再次推行招民垦荒政策,移民到达黄河新淤地的利津建起村落开垦荒地。1935年受黄河决口影响,国民党政府安置4200人至"利津洼(今垦利区)"垦荒落户。每200户为一个大组分荒地一块,如今垦利永安镇"八大组"即为这一事件留下的地名。1941年抗日民主政府对垦区土地进行整理,1942年垦区耕地增长了四倍,为抗战胜利和解放战争做出了重要贡献。[②]新中国成立后,新淤地以今垦利地区移民人口最多。至20世纪60年代,因石油开发,大量石油职工及其家属迁入东营。至2017年,油田家属区共计199个,人口达50万人。这次因石油开发活动的移民加快了地方的城镇化。

可以看出,聚落布局和人口增长在元明时期位于广饶县地区,清代位于利津县,近代位于垦利地区,当代是在更加沿海的地区。聚落分布方向与黄河冲积扇生成的方向一致。因此,元明至近代的移民拓垦,以及当代的石油开发是黄河口城市和乡村聚落形成的人为动因,同时,黄河冲积扇新淤地的生成则是聚落分布和发展的基础和前提。

**(二)黄河口空间肌理的形成**

1949年以前,黄河口的垦区已成为抗日根据地的粮仓和大后方。新中国成立后,国营农、林、牧场,如孤岛林场、五一农场、黄河农场、广北农场等相继建立。中国人民解放军农建二师、济南军区部队和生产基地等先后在境内进行军垦活动。1953年起,为适应黄河口地区工农业发展需要,国家兴建了打渔张灌溉工程。

由于1963年在灌区地下发现石油储藏,为了油田开发需要,1966年垦利县窝头寺建成胜利引黄闸,使灌溉工程的六干渠独立引水。因支持了油田开发,六干渠又被称为胜利灌渠。[③]除此以外,在黄河口地区前后三次对黄河采取人工改道措施。

这些水利工程措施限制了河道的摆动范围,扇形面积达2400平方千米,极大地保证了当地的工农业发展,也塑造了黄河口地区的城乡肌理。

1.打渔张灌溉工程

黄河流域有悠久的灌溉历史。黄河下游从桃花峪到入海口,河道长786千米,由于河床高出地面,成为下游农业生产理想的输水总干渠。

打渔张灌溉工程,全称打渔张引黄灌溉工程,是我国第一个五年计划时期的限额以上工程之一,采用了苏联的水利经验和方法。[④]中苏两国专家于1956年1月考察设计,4月开工,1958年8月工程基本完成,动员当地民众25万余人参与工程建设,设计灌溉面积达324万亩(2160平方千米),实际灌溉512万亩(3413平方千米),是山东省在新中国成立后最早兴建的大型灌溉工程。[⑤]工程包括渠首工程和灌区工程两部分。渠首工程是在黄河大堤上修建涵闸,灌区工程包括灌溉和排水两套系统。由于黄河含水量大,引水必然引沙,为了防止河道淤塞,两套系统在布置和运用上都采取了防沙和处理泥沙的措施。1956—1958年三年施工期间,完成大小建筑物5万余座,共修建大中型建筑物3千余座,总干渠1条,干渠8条,支渠72条,渠道总长度达12800千米。

问题也同时并存,下游引黄工程线路长、面积大、引水口多、引水能力大。但黄河水量不均,水资源的利用仍需要更好的规划控制。

①② 见中国国家人文地理编委会编:《东营》,中国地图出版社,2019年。

③ 见东营市文史资料研究委员会编:《东营市文史资料》第二辑,1986年。

④ 见山东省水利厅编:《山东打渔张引黄灌溉工程资料汇编(上)》,水利电力出版社,1983年。

⑤ 见袁长极:《建国后山东水利的恢复和发展》,《春秋》1998年第5期。

1958—1961年，在"大跃进"的思想影响下，引黄力度加大而忽视了排水，加之配套和管理的滞后造成地下水位急剧上升，土地发生大面积盐碱化，粮食产量迅速下降。1962年大面积停灌。1965年后，除涝治碱工程初见成效，引黄工程渐渐恢复。1961年小清河以南灌区停灌后废除。①

灌溉工程修建目的主要用于农业灌溉（表1），1962年以后为胜利油田开发及城市供水提供了水源，改变和塑造了黄河口地区的空间肌理和生态景观，并在不同尺度上影响着人们的感知（图1）。

表1 打渔张灌区各灌渠作物比数及面积统计表（单位：万亩）②

表2-3 打渔张灌区各干渠作物比数及面积统计表　比数单位：%　面积单位：万亩

| 干渠别 | 面积 | 小麦 | | 棉花 | | 春谷 | | 复种玉米 | | 复种大豆及绿肥 | | 水稻 | | 总计 | |
|---|---|---|---|---|---|---|---|---|---|---|---|---|---|---|---|
| | | 比数 | 面积 | 比数 | 面积 | 比数 | 面积 | 比数 | 面积 | 比数 | 面积 | 比数 | 面积 | | |
| 1 | 108 | 35.3% | 38 | 24.7 | 26.5 | 10.0 | 10.8 | 15.6 | 16.8 | 14.8 | 16.0 | 30 | 32.4 | | |
| 2,3 | 81 | 41.1 | 33 | 34.7 | 28.4 | 14.2 | 11.5 | 13.1 | 10.6 | 28.1 | 23.0 | 10 | 8.1 | | |
| 4 | 46 | 39.5 | 18.2 | 36.4 | 16.8 | 14.2 | 6.5 | 11.4 | 5.2 | 28.1 | 13.0 | 10 | 4.6 | | |
| 5 | 50 | 38.9 | 19.5 | 32.8 | 16.4 | 13.2 | 6.6 | 12.8 | 6.5 | 26.1 | 13.0 | 15 | 7.5 | | |
| 6 | 33 | 29.2 | 9.6 | 40.0 | 13.2 | 10.9 | 3.6 | 7.5 | 2.5 | 21.7 | 7.0 | 20 | 6.6 | | |
| 7 | 62 | 39.6 | 24.6 | 38.6 | 24.0 | 11.8 | 7.4 | 16.1 | 10.0 | 23.6 | 15.0 | 10.0 | 6.2 | | |
| 8 | 87 | 51.4 | 45 | 25.6 | 22.0 | 13.0 | 11.3 | 25.6 | 22.0 | 25.6 | 22.0 | 10.0 | 8.7 | | |
| 9 | 29 | 33.7 | 9.8 | 45.0 | 13.0 | 11.2 | 3.3 | 11.2 | 3.4 | 22.5 | 6.7 | 10 | 2.9 | | |
| 乔庄支渠 | 1 | 33.3 | 0.3 | 50.0 | 0.5 | 16.7 | 0.2 | — | | 33.3 | 0.3 | — | | | |
| 总干四 | 15 | 33.3 | 5.0 | 50 | 7.5 | 16.7 | 2.5 | — | | 33.3 | 5.0 | — | | | |
| 合计 | 512 | (39.6%) | 203.0 | (33.0%) | 168.3 | (12.4%) | 63.7 | (15%) | 77.0 | (25%) | 121.0 | 15.0% | 77.0 | 512}198} | 710 |

〔复种指数139%〕

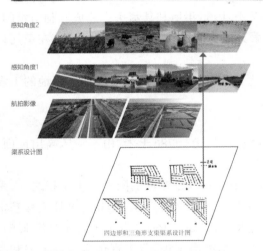
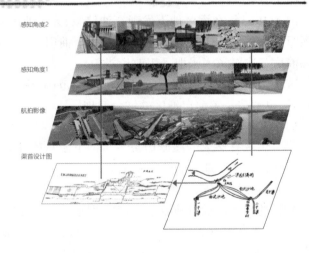

图1　渠首工程、灌区工程渠系设计图和现状感知

2. 石油工矿城市空间的变化

由于渤海湾盆地经历了燕山晚期和喜山期多期块段的升降运动，形成了三个生油旋回期和两个油气运移聚集时间。辖区有许多富集高产区，形成不同层系、不同圈闭类型的复式油气聚集带。已开发的油田包括胜利油田的胜坨、孤东油田等。③黄河的第三次人工改道便是为了油田开发，是根据1968年国务院关于"将入海河道改至清水河沟，把这一地区垫高，为油田开发创造条件"的指示进行的。

黄河口地区发现石油后，由于"地下决定地上"的石油开采规律和"生产决定生活"的工业发展原则，当地并没有系统的城市规划工作，主要是依据矿区规划将居民点采取"随矿建点"的方针。民用建筑主要是"地窝子""干打垒"的形式，职工生活非常艰苦。但配合生产的油气集输、供水供电、通讯、交通工程、

① 见山东省水利厅编：《山东打渔张引黄灌溉工程资料汇编（上）》，水利电力出版社，1983年。
② 山东省水利厅：《山东打渔张引黄灌溉工程规划设计》，水利电力出版社，1959年。
③ 见叶青超：《黄河口孤东油田灾害环境评价》，《自然资源学报》1988年第4期。

水库堤坝等油田系统工程已经建设起来。①为一个城市在黄河口的形成提供了完善的基础设施。

1980年后,职工家属陆续随迁,大会战的职工人口从1964年的7千余人突破10万人,胜利油田进入储量产量增长高峰期。随后,"生产兼顾生活"理念深入人心,职工家属分批在东营安家落户,人口总数达19.6万。②1983年底,胜利油田"随矿设点"的职工住区已形成"百里矿区,星罗棋布"的格局。由同济大学师生团队完成的《仙河镇总体规划》获建设部城市规划金质奖和科技进步一等奖。1986年,根据地下油藏特点,石油会战指挥部将胜利采油厂分成了采油、东辛和仙河三个采油厂。各采油厂新建各自的材料供应站、职工住区和教育、医疗单位。胜利采油厂、钻井、老试采等单位的人口密度大大降低。这是一次因生产活动改变城市格局的重要事件,中心城区向东南方向发展。1989年,长达26年的石油会战体制结束,西城空间基本成型。黄河口形成了具有明显的石油矿区特色的城镇聚落。③

1991年8月山东省政府批复了《东营市城市总体规划(1989—2010)》,意在加强东西城建设。2005年,东营市④完成了第三轮《东营市城市总体规划(2005—2020)》,东西双城逐渐对接。但此次规划中并没有将油田最早的胜坨矿区划入中心城的管控范围,在一定程度上加速了油城旧城片区边缘化的程度。

石油工业城市扩张是自然和人类活动相互作用的体现,是塑造当今黄河口景观特征和城市肌理的另一个重要历史因素。

# 三、研究方法

本研究基于ArcGIS配准技术,将收集的多尺度、多主题的历史图像叠合,定位历史上打渔张灌溉工程的渠系分布情况。同时,通过历史图像的叠合还生成了城市道路骨架的演变情况。将二者叠合建立以水网、道路两个肌理要素为主的演变数据库。进而分析打渔张灌溉工程在城市演变中的地位和意义的变化。此外,研究还通过大量的田野调查和文献整理对历史地图和档案中不确切的记录进行了落实(图2)。

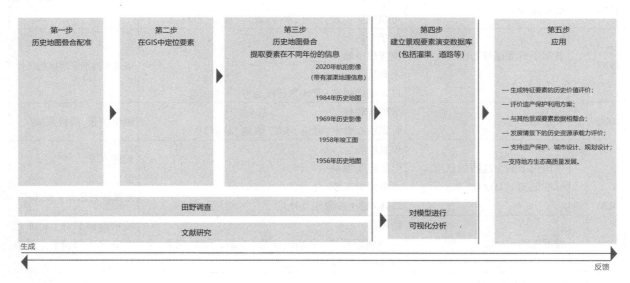

图2 研究技术路线

## (一)数据支撑

历史图像一直是历史特征信息的重要来源。本研究用到的历史图像包括历史地图、历史航拍图、卫星影像等,包括美国地质勘探局(United States Geological Survey,简称USGS)提供的卫星影像图,1957年美国陆军制图局的1:25万地图,中国国家测绘地图信息局提供的2020年的标准地图,以及文献资料中的专题图,例如灌区专题图、胜利油田地面建设图册等。(表2)

---

① 见胜利油田采油处汇编:《胜利油田地面建设图册》,1980年。

② 见胜利油田大事记编委会:《胜利油田大事记》,石油大学出版社,2003年。

③ 见崔燕宇:《胜利油田旧城片区工业遗产调查与研究》,重庆大学2017年硕士学位论文。

④ 国务院在1982年批准当地成立东营市。

美国USGS解密的卫星影像图以1961—1972年的卫星图为主。以黄河三角洲为例，扫描并非每年都覆盖每一寸土地，在重要矿产资源地段，会同一天多次扫描拍摄，例如1969年后卫片质量很高，可以到识别建筑布局、肌理、农地、大小道路、铁路、水体等的级别。分析1957年美国陆军制图局1∶25万的地图，可以形成10年左右间隔、微观视角的用地解读。

通过以上地图的解译和叠合，结合访谈调研的印证，可以形成不同时间片段下的地理特征信息，如街道数据、人工渠数据等。从而对不同特征的关系演变进行探讨。

表2　历史图像数据

| 时间 | 来源 | 精度和完整性 | 分析 |
|---|---|---|---|
| 1956 | 美国联邦调查局地图拼合图 | 档案资料少,需要口述辅助,完整 | 没有人工渠<br>村落之间只有泥泞的车马路 |
| 1969 | 美国地质勘探局 | 精度高,<br>可识别面要素:采油机位置、道路、水渠、河道、乡村、城区、矿区、建筑、院落 | 水渠早于石油会战 |
| 1972 | 美国地质勘探局 | 清晰度高、但仅有局部<br>可识别面要素:道路、水渠、河道、乡村、城区、矿区、建筑、院落 | 水渠 服务 工业;<br>聚落 依据 工业布局 |
| 1980 | 胜利油田采油处 | 属于专题图<br>位置较准确<br>但数据类型单一<br>志书侧重工业、图纸内容仅限水利布局<br>口述+照片影像相互补足 | 新生聚落根据油藏分布,原胜利采油厂拆分为胜利、东辛、现河三地,并逐渐形成聚落 |
| 1984 | 谷歌地图 | 清晰度低<br>可识别面要素:河流、水库、农地、城市、乡村 | |
| 1989 | 黄河下游灌区分布图 | 属于专题图<br>位置较准确<br>宏观尺度<br>可识别面要素:灌区和行政边界 | 展现了打渔张灌区的区位 |
| 2000 | 谷歌地图 | 清晰度较好<br>可识别面要素:河流、水库、农地、城市、乡村 | 城市扩张,两极发展 |
| 2020 | 中国国家测绘地图信息局<br>标准地图1∶180000 | 位置准确<br>但数据类型单一<br>志书侧重工业<br>口述+照片影像相互补足 | 兴建水库、<br>湿地公园<br>主城区兴建人工渠步道 |
| | 谷歌地图 | 精度高,<br>可识别面要素:采油机位置、道路、水渠、河道、乡村、城区、矿区、建筑、院落 | 城市继续扩张,北部老工业区人口降低,划至垦利县 |

**（二）历史地图的配准**

由于历史图像的拍摄角度、坐标系、绘制时期、绘制方法的不同，其历史地理信息难以准确对应。本研究总结了配准历史图像时需要注意的几点：①统一底图、统一坐标系。底图为最新的标准地图，并结合shapefile格式的路网、水系数据以便于配准和参考。使用与国土空间规划一致的投影坐标系CGCS2000坐标系，并选择合适的条带。例如，参考2021年水网数据配准可以将1958年竣工图、1969年航摄图、1989年黄河灌区地图的地理信息相比对。②针对不同绘制方法和格式的地图，配准方法和难度不同（表3）。③不同图纸档案中对同一要素的记述可能不同或存在错误，因此需要通过更准确资料的比对更正。比如通过1980年地面建设图册更正1958年打渔张水渠竣工图。但有些不同也可能是发展演变造成的，因此在GIS绘制时，同时期高清航拍或卫星影像的比对可以为地理要素的位置和方向的准确度再增加一层保障。④航拍和卫星影像缺少地名信息，所以一个历史要素历史信息的完善过程需要尽可能综合多种来源的数据。⑤通过不同深度的实地调研增加配准速度和准确度。在英格兰曾经有过旋风评估、快速评估，借助开车和小型无人机航拍，对地区建立宏观的认知，这些概略调查方法有助于快速对历史地图建立一个宏观的认知，弥补航空影像和人的感知中间的尺度空缺。

表3　各类型历史影像的配准方式

| 类型 | 来源 | 案例 | 常用方法 |
|---|---|---|---|
| 手绘图 | 志书、档案 | 郚吴村日军地图、黄河口美军地图、打渔张竣工图 | 1.图史结合<br>2.多种数据对照，尤其是现状图层，如OSM数据和影像图<br>3.理解绘图者的侧重点 |
| 标准地图照片 | 书籍翻拍 | 1989黄河流域图书照片、2020年行政地图、全国贫困地区地图 | 1.通过ps拼合<br>2.切换观察尺度，联多个地理要素<br>3.根据研究对象分片配准<br>4.更改坐标系 |
| 航摄照片、卫星影像 | 美国地质调查局、谷歌、百度、高德等下载 | 高庄、郚吴、东营区 | 1.通过ps拼合<br>2.切换观察尺度，联系多个地理要素<br>3.根据研究对象分片配准 |
| Shapefile文件（栅格和矢量数据） | 开源网站的研究成果 | 黄河口OSM数据 | 1.更改坐标系<br>2.仿射变换、橡皮页变换、边匹配等校正方法 |

# 四、研究分析

## （一）基于ArcGIS软件解译灌渠建造前聚落的布局特征

黄河口移民起于元明时期，时空上按照广饶、利津、垦利的顺序分布开来。通过结合1956年历史地图和1969年的航空影像，解译美军地图中的村庄地理信息，分析灌渠建造前的村落分布情况。可以看出，灌渠建造前村落在黄河西岸的分布密度高于东岸，南部密度高于北部。这与黄河口历史上移民情况的记载相吻合。也说明，在1958年灌渠建造前，聚落分布方向与黄河冲积扇生成的方向一致。

## （二）基于空间句法的灌渠与城市路网的时空关系模型

研究地块是东营市的中心城区，位于黄河口新生土地，也是全国第二大油田——胜利油田所在地。地块东部和北部临海，西部为黄河，地势平坦，城市建设初期与其他城市联系的道路不多。因此，关系模型的建立基于空间句法软件来分析打渔张灌渠与城市中心城区的关系。

空间句法软件由英国建筑师比尔·希利尔（Bill Hillier）在1960年研发，是为探索战后新建住区活力缺失问题，基于社会网络分析理论和拓扑理论研发的空间分析软件。该软件通过街道和空间活力进行可视化呈现，从而为城市设计、街道更新提供依据。

首先将2020年的9倍于研究范围的OSM街道数据改绘为空间句法轴线图。然后，结合历史图像和调研情况，分析1984、1994、2000、2010、2020五个年份的街道网络在步行、骑行、车行和全域（N）情景下的连接度。计算过程中需要设置800米、1500米、6600米和n四个变量，分别对应10分钟800米步行距离、1500米骑行距离、机动车速（每小时40千米）10分钟6600米和全域四种情形，进而生成20张连接度地图。通过对比发现，35年间城市空间布局、出行方式都发生了变化，城市从慢性交通为主的交通方式向以机动车为主的快速交通转变。六干河灌渠在时间、空间的演变中，对空间和人的作用和意义也发生了改变。

通过之前的梳理可知，历史图像处在城市历史沿革几个关键时期：1984年是"地下决定地上"，矿区向南分散布局的关键年份；1994年是油田稳产、住区大规模建造的代表性年份；2000年东城开始建设，城市扩张；2010年中心城区进入双城发展时期；2020年城市向外的联系加强，六干河灌渠地区活力降低。

步行连接度较高的地区，一是油田80年代后建设的职工住区，例如胜利采油厂、东辛采油厂和油田基地，二是华东石油大学（现中国石油大学）校区。2005年东西双城建设后，东城步行连接度有少量增加，对西城影响较小。六干河灌渠邻近步行连接度较高的胜利采油厂矿区和职工住区。

骑行连接度较高的地区普遍位于西城次干道和支路,自2005年"东西双城"建设以来,东城骑行连接度高的地区有少量增加,对西城影响较小。六干河邻近骑行连接度较高的胜利采油厂矿区和职工住区。

1985年至今,西城一直是车行连接度整体较高的区域。2005年东西双城建设以来,车行连接度高的地区由西城路网向东城扩张,东城主干路连接度在2000年后有所提升。六干河与南北主干道交接的地方车行连接度较高。

全局连接度在35年间发生了转折性变化,主要受到在2005年前后东城道路网络建成的影响。双城建设形成的主干道网络改变了过去仅一条南北出城道路的情况,提高了中心城区与其他地区的连接度。六干河一侧干道的交通活力持续降低。

通过分析可知,六干河沿岸作为最早进行石油开发的地区面临着活力降低的问题,并且随着城市扩张,处在了东营市中心城区的边缘。片区亟待通过有效的城市设计提升活力。

所幸的是,六干河邻近步行、骑行连接度较高的胜利采油厂矿区和职工住区,且东城的建设对住区尺度的步行、骑行连接度基本没有影响。一直以来,六干河兼具工业供水、灌溉和景观功能。这样的肌理优势,为结合街道和蓝绿网络的绿道系统设计创造了条件。再者,由于六干河与干道交接处车行连接度较高,在未来规划设计中,可作为老城区绿道系统的入口节点,提升连接度。

# 五、结语

黄河打渔张灌溉工程建成于1958年,是在中央《关于根治黄河水害和开发黄河水利的综合规划的报告》的方针下,以"防治水、旱灾,利用黄河的水利资源进行灌溉,改造自然条件和经济面貌"为目标,与苏联专家联合研究,由当地广泛调动民众在盐碱滩上完成的一项恢宏的水利工程。时隔60余年,该项目依旧在黄河枯水期、汛期发挥关键作用,为保障黄河安澜入海,保障工业、农业运转发挥了重要作用。随着石油工业城市的崛起,灌渠的渠系网络渐渐变为城市肌理,成为影响聚落布局、农业发展的重要因素。

1958年至1960年山东省水利厅对黄河打渔张灌溉工程的规划设计、施工管理、灌溉管理和试验研究四方面进行了技术总结,编写出版了《山东打渔张引黄灌溉工程资料汇编》。1983年,这套丛书再版,为后续灌区水利工程的建设提供了借鉴,是水利工程技术发展史中不可忽视的关键一环。

如今黄河灌渠系统形成的历史景观应被更广泛的认知。2020年自然资源部发布了《市级国土空间总体规划编制指南(试行)》,提出"完善公共服务功能,结合街道和蓝绿网络构建城市和城郊的绿道系统,建设步行友好城市"。灌渠来自于民,蓝绿步道系统将为渠系历史景观回归普通公众生活提供机遇。同时,打渔张渠系网络历史景观意义的发掘将极大丰富当地文化的多样性,提升旧城片区活力,为优秀文化的传承带来积极意义。

# 建筑光学在中国的缘起初探

## ——以《光照学》的形成脉络为例

东南大学　张婷婷　李海清

**摘　要**：建筑物理学在现今建筑教育、科研中日益重要，然而中国建筑物理学科史研究近乎于零，且时间范围多集中在20世纪50年代后期及以后，具体关于建筑光学在20世纪50年代以前的状况并未涉及。本文以沈梅叶在1943年编写完成的《光照学》书稿为直接线索，并结合其生平主要经历进行综合分析，以梳理和考证《光照学》的形成脉络，同时据此补充20世纪50年代以前建筑光学在中国的缘起与零星发展的有关信息。

**关键词**：中国建筑教育；建筑光学；脉络；考证

## 一、引言

自20世纪70年代可持续发展重要思想提出后，建筑物理学的发展为实现建筑"既满足当代人的需求，又不危及后代人生存及发展的环境"[①]这一目标提供了必要的学理和技术支撑，其重要意义也在绿色建筑与可持续发展的研究热潮下被逐渐发掘与关注。然而不研究其学科史，则难以对该学科发展的宏观图景与脉络达到更加客观和深刻的认识，也难以更真切和具体地考察中国近代建筑技术史研究在环境调控方面的进展。

目前有关建筑物理学在中国的引入及其发展的研究极为不足，其中建筑光学的研究成果更是稀缺且零散，主要都是以1958年左右视为建筑光学的缘起[②]，但目前已有资料显示在20世纪40年代即有相对成熟的理论探讨，即本文所要考察的沈梅叶编写的书稿《光照学》（图1—图3）。

图1 《光照学》封面

图2 《光照学》上篇"日照论"

图3 《光照学》下篇"昼光论"

---

① 国际环境与发展研究所：《我们共同的未来》，世界知识出版社，1990年。

② 见肖辉乾：《我国建筑光学的发展与走向》，载中国建筑学会建筑物理分会、华南理工大学建筑学院、亚热带建筑科学国家重点实验室编：《城市化进程中的建筑与城市物理环境：第十届全国建筑物理学术会议论文集》，华南理工大学出版社，2008年。

通过该书序言可知,它是沈梅叶在湖南省立工业专科学校任教期间,为授课而草写的提要。全书共114页,分两大篇:上篇"日照论",有12节,其主要内容为"日照与地点之数学关系,次述日影之计算,然后就日影之日周现象室内受照时数及日照面积等项略做考察,用示日照在设计计划上基本应用之一例。";下篇"昼光论",有20节,其主要内容为"日光之照射现象"以及"日光对于室内表面之照射强度"。即该书稿已包含了有关建筑光学的理论基础,以及相关的国内外案例说明。可见,探究有关建筑光学在中国的缘起与发展,亟须扩大其研究的时间范围,从而对其形成背景、动力机制及其发展脉络等进行深入挖掘。因此,本文主要以《光照学》内容以及作者背景两大线索展开研究,试图为该书稿的形成建立较为清晰的脉络,并据此补充建筑光学20世纪50年代以前在中国的缘起与零星发展的有关信息。

## 二、湖南省立工业专科学校设置"光照学"课程之缘由

湖南省立工业专科学校的建筑科是在1938年由湖南长沙高级工业学校升格后设立的,之后在1947年与其他两所农、商专科学校合并组建省立克强学院。[①]为探究湖南省立工业专科学校建筑科当时为何会设置"光照学"这一"冷门"课程,可以从以下几方面进行分析:

(一)师资条件

1934年,柳士英受聘于湖南大学土木系任系主任,而后创设建筑组,被称为"湖南现代建筑教育之始"[②]。并且,他也曾先后兼任长沙楚怡工业学校、公输学校,以及湖南省立克强学院等单位的教学工作。其中楚怡工业学校由于有柳士英与湖大一批教师任教,在20世纪30年代后期达到该校全盛时期;公输学校由于柳士英等人义务执教,成为湖南著名的土建学校。[③]同时,"湖南大学、楚怡高工、长沙高工三校师资交流,对充分发挥教师的作用以及教学经验和学术交流的开展,都是十分有利的"[④]。长沙楚怡工业学校对当时师资情况的描述表明湖南大学与楚怡高工及长沙高工三校之间联系密切,教师资源互享。其中柳士英以及所建立的建筑组在湖南建筑教育中具有一定影响力。

(二)专业、课程设置

在民国时期,职业教育专业设置大多是以本省物产与社会需要为依据[⑤],但在具体课程设置上并没有统一标准,对于屡有兴废的建筑、道路(土木)专业,其课程设置更不稳定。同时,教材选用也主要由教师自行选择。[⑥]由此可见,在这一时期,建筑科具体课程体系设置较大程度上取决于教师的选择。因此,根据上述对当时湖南各校师资共享情况来看,湖南省立工业专科学校的建筑科应该是以湖南大学建筑组和楚怡高工相关课程为参照,但将湖南大学建筑组、楚怡高工土木科,以及湖南省立工业专科学校建筑科相关课程进行对比后,发现并非如此:1941年湖南大学建筑组的课程设置已较为全面,且与1924年苏州工专建筑科的课表极为相似[⑦];楚怡高工由于设立的是土木科,所以仅包含部分建筑类主要课程,其中"市政工程学"应该是沿用湖南大学建筑组的"市政工程"课程,而该课程实际上是柳士英沿用了中华职业学校土木系的市政工程教学门类[⑧];尽管在沈梅叶的任教证明上标明的课程暂时不能确定是否为当时湖南省立工业专科学校建筑科的所有课程,但就现有课程进行对比,亦可发现其与楚怡高工土木科以及湖南大学建筑组的课程设置有较大不同,其课程名称更为精确,且涉及"建筑音响""光照学"这类偏向物理技术方面的课程。

① 见湖南省地方志编纂委员会编:《湖南省志·第十七卷·教育志》(上册),湖南教育出版社,1995年。
② 张书志:《湖南建筑教育的先行者——记爱国民主人士柳士英》,《湘潮》2009年第3期。
③ 见张书志:《湖南建筑教育的先行者——记爱国民主人士柳士英》,《湘潮》2009年第3期。
④ 楚工校史编辑委员会:《湖南楚怡高级工业学校校史集成》,2001年。
⑤⑥ 见湖南省地方志编纂委员会编:《湖南省志·第十七卷·教育志》(上册),湖南教育出版社,1995年。
⑦⑧ 见陈思桦:《柳士英教育与规划思想研究》,湖南大学2020年硕士学位论文。

于是，笔者将其与沈梅叶早年在国立中山大学建筑工程学系求学时期的课程进行对比（图4），发现其在湖南省立工业专科学校所讲授课程基本包含其中，课程名称基本一致，且沈梅叶在校期间，学习过与"光照学""建筑音响"类似的"声音及日照学"课程，并取得较高成绩。由此推测，沈梅叶在湖南省立工业专科学校所讲授的课程包含"光照学"大致是沿用其在国立中山大学建筑工程学系时所学的课程。

（三）教材情况

沈梅叶是在1942年7月于国立中山大学毕业后到湖南省立工业专科学校任教，当时正处于战乱时期，致使学校不断疏散搬迁，图书、资料毁坏、丢失，损失惨重。在《光照学》书稿序言中，沈梅叶也无奈感叹："三十二年度行将告终之际，湘战突发，学校沦陷，著者应数省流云之苦，稿件凡三百余万言，损失殆三之二。"再加上当时学校经费也一再打折，困难极大。[①] 所以在这一艰苦而复杂的环境条件下，教材图书供应更为困难。沈梅叶之所以能够讲授该课程且编写讲义，较大可能是因为其本身具有一定的基础条件，即推测该书稿的编写基础是源于沈梅叶在国立中山大学建筑工程学系求学时积累的笔记资料等。

综上，湖南省立工业专科学校建筑科之所以设置"光照学"这一"冷门"课程，主要是受客观现实条件的影响：一方面，抗战时期学校运行状况极不稳定，被迫频繁迁徙，致使师资流失严重，图书、资料也损失惨重；另一方面，当时国内缺少统一、正规的建筑类专业教材，而有关工程技术的书籍更是难得。因此，湖南省立工业专科学校建筑科"光照学"课程的设置，包括沈梅叶所讲授的其他课程，应该都是以早年他在国立中山大学建筑工程学系学习的课程内容为参照，所积累相关笔记资料也就可能为其编写《光照学》这一书稿提供相应的理论依据。

## 三、《光照学》内容与日本专著及课程关联之推测

将《光照学》书稿内容与我国20世纪50年代及以后建筑光学相关书籍对比可发现，《光照学》使用了"辉度"[②] 一词，而其他书籍则用的是"亮度"。经查阅获知，"辉度"为日语照明术语，而"亮度"则是中国学者直接翻译"Brightness"而来。由此引发笔者对该书稿内容是否从日本引入，且如何被引入等问题的思考。笔者就此对日本建筑教育中与"日照""光照"或"采光"等有关的课程做了初步考察。

目前，日本的"建筑环境工学"课程"包括声（噪声、音响）、光、热、通风、保温、防寒、卫生、照明、设备等所有与建筑室内、室外、自然环境相关的科学"[③]。而该课程是1940年改编独立的，在这之前是被涵盖在"建筑计划"讲座中。因此，关于"建筑环境工学"的内容最早可追溯至大正时代的后半期到昭和时代初期，是日本建筑界在受到西方近现代建筑及其科学方法论显著发展的影响后，建筑计划方面开始出现新动向，其中就包括"进行了关于采光、通风、传热等的室内环境的研究，使其成果作为建筑设计的基础资料发挥作用"[④]。1932年到1935年日本出版的《高等建筑学》，被认为是当时日本建筑研究之集大成，而其中就有一卷名为《计划原论》（图5），包含了气候、换气、传热、日照、声等内容，之后该部分内容发展成偏重于研究建筑物理、设备方面的"建筑计划原论"[⑤]，进而随着专业领域不断分化和明确，最终形成如今独立的"建筑环境工学"。

由此看来，日本建筑教育中有关建筑光学的内容早于我国，且在20世纪30年代后期该方向已发展至相对成形。因此，笔者推测《光照学》中所记录的专业理论知识，有较大可能是从日本方面引入的。结合上文推测沈梅叶开设"光照学"课程并编写书稿是基于在国立中山大学建筑工程学系求学时的经历来看，"中大"有可能在其中发挥了媒介作用。

① 见湖南省地方志编纂委员会编：《湖南省志·第十七卷·教育志》（上册），湖南教育出版社，1995年。

② 本处参考百度说明，https://baike.baidu.com/item/%E8%BE%89%E5%BA%A6/4733632?fr=aladdin，并结合日本方面有关照明、采光的文献，确定"辉度"一词为日本惯用的照明术语。

③ [日]加藤耕一：《日本建筑教育史概略：从东京大学建筑学科体系创建谈起》，唐聪译，《建筑师》2020年第6期。

④ 邹广天：《建筑计划学》，中国建筑工业出版社，2010年。

⑤ 见邹广天：《建筑计划学》，中国建筑工业出版社，2010年。

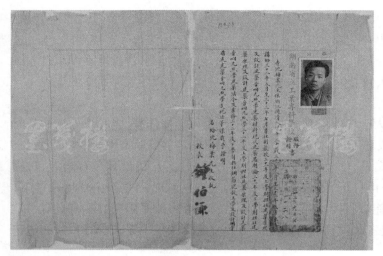

图4 《服务证明书》

图5 《计划原论》出版时间

## 四、国立中山大学建筑工程学系媒介作用之分析

分析国立中山大学建筑工程学系的有关信息媒介作用,换言之,即要关注其为何引入以及如何引入有关建筑光学知识的问题。与20世纪50年代国家倡导全面向苏联学习的情况不同,民国时期,由于长期战乱,北洋政府统治力孱弱,建筑教育发展和体系建设缺乏来自顶层设计的统一掌控。对各校包括国立中山大学建筑工程学系而言,在发展过程中,对课程建设的设想和选择都具有一定的自主性。有鉴于此,下文将对沈梅叶求学期间即1939年6月至1942年7月这一阶段,国立中山大学建筑工程学系的办学情况展开分析,进而推知其可能如何发挥媒介作用。

### (一)教育理念

国立中山大学建筑工程学系是1938年在胡德元带领下,将教学体系成熟、教学经验丰富且教学特点鲜明的勷勤大学建筑工程学系整体并入后形成的。[①]由于战乱频发,国立中山大学建筑工程学系之后多次迁徙,直至1945年返回广州后,其发展才得以相对稳定。因此,沈梅叶在"中大"学习期间正处于其建筑工程学系初创期。而要探究其与日本建筑教育的关联,就势必要追溯至其前身——勷勤大学建筑工程学系。

事实上,与国内多地情况相近,广东的专业教育早在"广东工艺局"时期[②]就已受到日本教育体系的影响,其直接表现是对工业技术极为注重。并且,在发展成为广东省立工专学校以及之后升格为勷勤大学时,其课程设置依然实践性较强,重视工业技术。正如彭长歆教授指出:"考察省立工专的发展历史与教学传统,其教学模式无一例外指向日本工业教育。"[③]而1932年林克明就是在这种重视工业技术的整体背景下,创办了广东省立工专学校建筑工程班,成为岭南地区建筑教育的先行者。次年广东省立工专学校建筑工程班升格为勷勤大学建筑工程学系。在林克明初创建筑工程班时,即结合当时岭南地区的现实需求,明确提出了教学方针:"作为一个新创立的系,不能全盘采用法国那套纯建筑的教学方法,必须要适合我国当时的实际情况。不能单考虑纯美术的建筑师,要培养较全面的人才,结构方面也一定要兼学。"[④]而这正与毕业于东京工业大学建筑科的胡德元的教学理念相契合,都强调结构和工学技术的重要性,继而在岭南地区开创了一条非"鲍扎"模式而注重技术和工程实践的现代建筑教育之路。"勷大"建筑工程学系在课程设置上,表现出对技术方面包括构造、结构、实验等相关课程的偏重,与以"鲍扎"模

---

① 见彭长歆:《岭南建筑的近代化历程研究》,华南理工大学2004年博士学位论文。

② 广东工业专科学校前身为广东工艺局,1910年8月由清政府广东劝业道改组旧广州增步制造厂而成,教习均由东京高等工业学校(东京工业大学前身)毕业生所担任,极为注重工业技术。

③ 彭长歆:《中国近代建筑教育一个非"鲍扎"个案的形成:勷勤大学建筑工程学系的现代主义教育与探索》,《建筑师》2010年第2期。

④ 施瑛:《华南建筑教育早期发展历程研究(1932—1966)》,华南理工大学2014年博士学位论文。

式为代表的中央大学建筑系"技艺并重"教学体系存在显著差异,体现了与日本建筑教育模式的联系。因此,国立中山大学建筑工程学系作为"勷大"建筑工程学系的承继者,其初创时期的教育理念自然从"勷大"建筑工程学系延传而来。

**(二)师资组成**

1937年中广州沦陷,"勷大"建筑工程学系被迫迁往云浮县,仅少数学生和教师没有随校撤离。因此,1938年"勷大"建筑工程学系整体并入国立中山大学工学院时,其主要师资力量变动不大。[①]

由此可看出,国立中山大学建筑工程学系基本延续了"勷大"教学体系。应是受到系主任胡德元留学经历影响,此时教师队伍中以东京工业大学毕业者为最多,且东京工业大学相较于东京大学更侧重工业技术方面的教育[②],意在培养全面型的建筑人才,这使得国立中山大学建筑工程学系在初创期更强化了对建筑技术和工程实践的课程设置。然而在1940年国立中山大学迁回粤北坪石时,师资队伍受到较大影响,由于战乱等原因,多数教授因故辞聘。[③]师资队伍变动致使建筑工程学系教学计划不得不随之改变,而取消了部分课程。1942年后这一情况得以改善,卫梓松接任系主任后,又聘请多位教授和助教,取消的部分课程遂得以恢复。[④]不仅如此,还增开了一些新课程。由沈梅叶在"中大"学习期间的成绩表可知:1942年上半年所学"声音及日照学"课程,是此前"勷大"(1935)和"中大"(1938、1939)的课表中未曾出现过的。

**(三)课程设置和教材来源**

关于课程设置和教材来源,应是在上述两方面因素影响下的结果,即体现了"教学体系的制定深受创立者或主要师资背景的影响,是中国大学建筑系在创办过程中的普遍现象。"[⑤]根据沈梅叶的学业成绩表以及在校时间可知,他是在1942年上半年学习过"声音及日照学"这一课程,再结合对比1943年、1946年和1948年的国立中山大学建筑工程学系教师任课表可知,在1943年和1946年该课程均由毕业于东京工业大学[⑥]的刘英智讲授,且基本是以讲授建筑设备类课程为主。由此推测,1942年该课程大概率也是由刘英智讲授。

在明确课程出现的时间以及任课教师后,试从以下几方面探讨当时国立中山大学建筑工程学系设置该课程的动机、条件和问题:

(1)现代建筑关注实用性的同时要求经济性,对建筑品质包括采光、通风以及卫生等要求显著提高,促使对设计人员的技术知识背景要求更为全面。从广东省立工专建筑工程班至勷勤大学建筑工程学系,有关现代建筑的研究已获发展,"勷大"建筑工程学系师生还通过创办刊物、开展实践、举办展览等宣传"现代主义",并在国内建筑教育界形成一定影响。因此,对和勷勤大学建筑教育理念一脉相承的国立中山大学建筑工程学系而言,在课程设置上,尽管如"声音及日照学"这类建筑物理类课程在当时中国建筑教育发展中较为"冷门",但其实质符合现代主义建筑发展的要求。在20世纪50年代及以后,建筑物理学在中国的不断发展,可见早先国立中山大学建筑工程学系设置此课程的先进性。

(2)师资条件与日本影响。国立中山大学建筑工程学系初创时,其主要教师以东京工业大学毕业者为最多,通过他们对日本有关建筑采光、日照等知识的学习、引入和传播,自然成为国立中山大学建筑工程学系得以开设这类课程的有利条件。

(3)战时课程设置状况。战乱之中学校被迫搬迁,难以避免师资和财产损失,导致课程体系需要根据师资重新调整,且教材供应困难,大多只能依靠授课教师自编或翻译——课程设置及教材使用受客观条件所限,任课教师只能根据自身情况相继开设课程,自然要以其学习经历中已掌握的知识为主要参照。

---

① ③ ④ 见施瑛:《华南建筑教育早期发展历程研究(1932—1966)》,华南理工大学2014年博士学位论文。

② 见[日]奥山信一、平辉:《日本东工大建筑学设计教育体系》,《建筑学报》2015年第10期。

⑤ 彭长歆:《中国近代建筑教育一个非"鲍扎"个案的形成:勷勤大学建筑工程学系的现代主义教育与探索》,《建筑师》2010年第2期。

⑥ 广东工业专科学校前身为广东工艺局,1910年8月由清政府广东劝业道改组旧广州增步制造厂而成,教习均由东京高等工业学校(东京工业大学前身)毕业生所担任,极为注重工业技术。

所以，国立中山大学建筑工程学系抗战时期设置"声音及日照学"课程，一方面是基于现代建筑发展要求，课程内容符合现代主义建筑教育理念，且受到具有示范性的日本建筑教育体系影响；另一方面则与师资条件和教材情况相关。前者是该课程设置的动力，而后者则是课程开设的条件。

关于该课程教材来源，也就是之后沈梅叶编写《光照学》的基础，拟从勷大和刘英智个人两个层面的背景因素出发进行如下分析：

（1）有关教材应是早先即保存在勷勤大学建筑工程学系，之后一同并入国立中山大学建筑工程学系图书馆。勷大建筑工程学系创办初期，其图书馆内关于建筑的书籍、杂志期刊大多是日本学者撰写的[1]，而后在1935年林克明和胡德元考察日本时又亲自购置相关专业书籍。通过对比1935年9月新修订的课表和1933年的课表，大多数学者关注到其中对材料、构造、实验以及结构设计课程的比重增加[2]，但忽略了新增设的一门必修课"应用物理学"。该课程很有可能涉及有关建筑声学、光学等物理学在建筑上的应用；即使未涉及，也能从一个侧面反映课程体系建设者、课表制订者对于普通物理学在工程技术领域的应用给予了相当的关注。"时间上的偶合加强了事件的关联性"[3]，有理由推测，有关建筑光学内容的专著可能就是此时为课程设置而引入的，并且在之后被一同并入国立中山大学建筑工程学系图书馆。

（2）最初的课程讲稿应是刘英智依托自身学习经历，翻译留学时期所学相关课程日文笔记或讲义而形成。由于战时辗转迁徙，国立中山大学建筑工程学系图书资料损失严重，使得当时教学活动大多只能依靠教师利用手头存留资料自行编撰"讲义"，学生则是上课听讲、记笔记，且描书、抄书较多[4]——"输入"属性较为显著。

目前，有关国立中山大学建筑工程学系初创期教材使用情况的资料较稀缺，其中对胡德元编写的《房屋建筑》有较详细记载[5]。通过查阅多位学者之前完成的访谈记录[6]，其内容也较少涉及教材使用情况，且被访人在校时间多为20世纪50年代及以后。因此，在既有研究尚未确证相关教材与参考书目的前提下，只能暂以如上方式分析推测其知识来源。

## 五、结语：早期中国建筑光学的源起

综上，通过梳理沈梅叶《光照学》书稿形成之背景，推知日本建筑教育有关日照、采光等相应课程的知识，可能由在勷勤大学建筑工程学系任教、毕业于东京工业大学的刘英智引入，从而促成国立中山大学建筑工程学系开设"声音及日照学"课程。之后，沈梅叶通过在国立中山大学建筑工程学系学习这一课程，为后来他在湖南省立工业专科学校讲授"光照学"课程以及编写《光照学》书稿奠定了基础。

对沈梅叶《光照学》书稿尝试追本溯源。一方面补充了20世纪50年代以前建筑光学在中国的缘起和零星发展；另一方面也试图探讨建筑光学在近代中国引入与发展的环境条件和动力机制：从勷勤大学建筑工程学系至后来的国立中山大学建筑工程学系，在那一时期之所以能在中国建筑教育体系中自成一家，与其能结合国情设置人才培养目标密切相关——注重将建筑形式追求与人自身的实用需求相结合，为满足人对建筑物理环境品质的需求，而引入建筑光学、声学方面的知识。相信，随着后续研究的展开，特别是对早期日本"建筑环境工学"课程及相关书目内容的进一步深入挖掘，通过对比沈梅叶书稿与日本书目的文本结构、写作体例、专业术语等，可为考察《光照学》的写作基础乃至中国建筑光学的缘起与早期发展提供更多佐证。

①④⑥ 见施瑛：《华南建筑教育早期发展历程研究(1932—1966)》，华南理工大学2014年博士学位论文。

② 见彭长歆：《中国近代建筑教育一个非"鲍扎"个案的形成：勷勤大学建筑工程学系的现代主义教育与探索》，《建筑师》2010年第2期。

③ 彭长歆：《中国近代建筑教育一个非"鲍扎"个案的形成：勷勤大学建筑工程学系的现代主义教育与探索》，《建筑师》2010年第2期。

⑤ 见赵冬梅：《中国建筑教育中的西方建筑史教科书研究(1918—1980s)》，2013年第五届世界建筑史教学与研究国际研讨会，重庆大学，2013年。

# 烽火淬炼

## ——本土建筑师参与国民政府资源委员会的实践及其启示*

同济大学　吴杨杰　朱晓明

**摘　要：**全面抗日战争期间，国民政府资源委员会在西南后方主导国营工业建设，逐步与后方建筑师建立联络。研究基于机构史和企业史视角，视野聚焦在1937—1945年的西南四省，以亲历者的口述文集为线索，通过梳理海峡两岸史料文献、设计图档、技术合同和通讯原件，辅以现场调研，描绘后方建筑师与资源委员会的协作全貌，战时工业建筑实践中的技术贡献和应对策略。本文是对建筑师群体活动的全新探索，也是对早期工业建筑历史研究的重要补充，对扩充战时建筑研究具有重要指导意义。

**关键词：**资源委员会；建筑师群体；基泰工程司；工业建筑；技术协作

# 一、引言

## （一）研究缘起：战时工业建筑研究的缺位

无论是何种近代建筑历史分期，1937—1945年都几乎被认为是建筑活动的凋零期，旷日持久的中日战争是造成城市建设停滞的主因。在工业建筑遗产研究领域，与成果丰硕的"156项目"和"三线建设"等议题相比，针对抗战时期工业建筑的研究成果寥寥无几，部分由于习惯性忽视，最大的研究难点是无从找寻"临时工厂"的遗存实物。但战争对工业化而言，一面是破坏，一面是建设。[①]纵然沿海地区工厂生产陷入滞碍，伴随国民政府迁都，以川渝为中心的西南各省逐渐成为战时工业的后援基地。那么，在西南地区涌现出的建设实例中，有与后方建筑师的关联吗？他们又是如何参与的？探讨、研究这些问题，为本文的研究缘起。

寻找在战时建设的工厂名录和生产主体是深入遗产田野调查的前序工作。史海钩沉，国民政府资源委员会（以下简称资委会）进入课题组的研究视野，作为国民政府下的重要经济机构，它主管国营重工业的经营与发展，其在后方领导的沿海工厂内迁和国防工业建设，在战时发挥了无可替代的作用。资委会引领了后方工厂建设浪潮，在外籍事务所因战时环境和项目保密性而无法参与的情况下，本土建筑师是否有机会参与其工厂设计业务？

## （二）既有研究与研究重点

在资委会在册运行的近二十年里，先后历经国营工业的战前备战、战时动员和战后重建三大阶段，在民国经济史、行业史和企业史的研究中占据重要地位，是大后方历史研究的"利器"[②]。自20世纪80年代，相关研究在近代史领域率先展开，档案汇编、发展总览和口述文集等成果纷至沓来[③]，其工业活动逐步廓清。建筑史学中，碍于史料与实物难于相互印证，围绕战时实践研究屈指可数——仅有研究侧重

---

* 国家自然科学基金资助项目（51978471）。

① 见严鹏：《战争与工业：抗日战争时期装备制造业的演化》，浙江大学出版社，2018年。

② 曹必：《深化抗战大后方历史研究的"利器"：资源委员会档案资源的开发及研究前景》，《史学月刊》2021年第8期。

③ 见程玉凤：《资源委员会档案史料初编》，中国台湾"历史馆"，1984年；薛毅：《国民政府资源委员会研究》，社会科学文献出版社，2005年；钱昌照：《钱昌照回忆录》，东方出版社，2011年。

于少量公共、教育、民用建筑实践与专业教育上①，看似与资委会毫无交集，但却能在回忆文集与作品辑录中寻找到相关痕迹②。

中国台湾"历史馆"内有关资委会的两万余份官方原稿，不仅填补了前人研究中海外档案的空缺，而且尘封数十年的工程图档更是首次公之于众。换言之，若想厘清后方建筑师群体的工业建筑实践经历，不妨将资委会作为研究媒介，借助丰富的档案资源，另辟蹊径缕析出历史细节。

随着研究的逐步深入，档案中众多近代建筑师频现于各处设计合同、工程图纸和沟通文书中，与资委会的互动渐趋明朗。按合作频次排列，依次为基泰工程司（以下简称基泰）的关颂声与杨廷宝、童寯、薛次莘、虞炳烈、裘燮钧、陆谦受和阮达祖。这八位建筑师受资委会邀约，不仅在后方完成了一线工厂及其配套建筑的设计任务，也为工业建筑建造提供技术辅助，甚至延续至战后。

由此，本研究基于机构史与企业史的研究视角，时空范围限定于战时西南后方，以文献梳理、图档查阅、信息比选和田野调查为综合研究方法，探察相关历史信息碎片，拼贴出建筑师群体与资委会协作全貌；揭示后方建筑师在设计实践中的技术贡献，重构后方建筑师围绕资委会的社会群体网络，弥补国内学界对抗战时建筑及其工业遗产研究的不足。

## 二、战时资委会的筹建、备战与内迁

1931年"九一八事变"后，国民政府随即开始的对日国防备战，是以资委会为中心展开。③1932年2月，经发起人钱昌照向蒋介石建议，资委会前身——"国防设计委员会"成立，意在筹拟未来国防事业计划，吸纳国民党党外技术精英，开展各项资源调查，实现"工业救国"运动。④1935年，国防设计委员会与兵工署资源司改组合并，易名资委会，建设国防工业开始了实质性的推动（图1）。

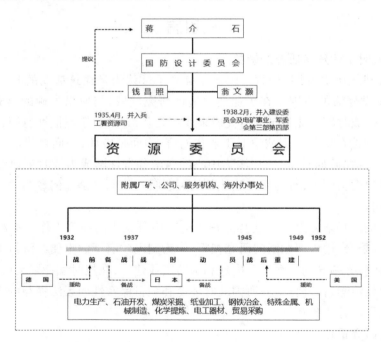

图1　组织机构图解

① 见郭瑞：《1937—1945年抗战期间中国近代建筑师虞炳烈的创作实践》，东南大学2019年硕士学位论文；李海清、敬登虎：《全球流动背景下技术改进与选择案例研究——抗战后方"战时建筑"设计混合策略初探》，《建筑师》2020年第1期；龙彬、屈仰：《抗战时期重庆建筑发展研究初探》，《南方建筑》2011年第2期；龙灏、李世燨：《"抗战时期的中国建筑教育"初探：一场同名学术研讨会的记录与述评》，《时代建筑》2018年第5期。

② 恽震在回忆录中提及1944年12月同建筑专家杨廷宝一同组成工业技术考察团；同时，杨廷宝在战后在南京设计资源委员会办公大楼。见全国政协文化文史和学习委员会：《回忆国民党政府资源委员会》，中国文史出版社，2015年。

③ 见严鹏：《战争与工业：抗日战争时期装备制造业的演化》，浙江大学出版社，2018年。

④ 见刘超：《出山要比在山清？——现代中国的"学者从政"与"专家治国"》，《清华大学学报（哲学社会科学版）》2020年第35卷第4期。

自此至"七七事变"前夕,资委会通过与德国合作,利用德方提供的资金、设备和设计图纸,倚靠内陆交通和空间防御上的优势,立足水路重镇——湖南湘潭下摄司举办钢铁厂、电工器材厂和机器厂,并协同鄂赣两省,逐步实施其谋划的重工业建设蓝图。七月淞沪会战的枪声并未打乱既定建设计划,抗战开始后的半年多时间内,外部港运受到波及,湘潭地区的重点工程推进顺利,器材厂部分产品试制成功。①

华东地区烽烟四起,国民政府宣布迁都重庆。1937年8月,资委会率先响应,工矿内迁负责人林继庸在上海奔走呼号,组织沿海146家民营工厂经长江水道转移至武汉和宜昌一带,作临时安置等待后续复工复产。②1937年底,安庆保卫战打响,一旦大别山东面陷落于敌手,武汉聚集的工厂和设备将直面日军敌机的轰炸,林继庸等人迫于时局不得不再次考虑西迁。1938年1月,资委会进一步吸纳实业部、经济委员会与建设委员会的既有事业和核心骨干,从军事委员会转入经济部管辖,正式对外宣告全面接管国内工业建设。国家进入战时体制,未受直接波及的西南后方战略地位凸显,资委会面临的两个急切问题便是转移既有工厂和投资军需产业。域外建筑设计公司沟通阻断,聚集在后方的建筑师借助深入现场的便利,依托在勘察测绘地形、组织功能空间和结构造价优化的专业优势,促使资委会把目光转向本土,为工厂建造提供关键技术支撑。

## 三、基泰参与的技术咨询及实践

### (一)机构双方交流寻迹

资委会与基泰的首次联络缘于一次全国范围内的专业人才调查。资委会成立初期,除了对煤铁资源进行普查外,针对工业技术人才储备也开展了全域性的搜集。掌舵人翁文灏认为"建设事业之基础,最重要者为资源与人才;而人才尤为推进一切事业之动力"③。人才调查活动肇始于1934年,在1937年8月上海告急后中止,共计收集八万余份调查表。1941年由商务印书馆出版,题名为《中国工程人名录》。目录按照姓氏笔画数排列,在被调查人名后标明其出生年、籍贯、学历和从业经历,号称包含工程人20000余名,经统计实为15800名左右。④《名录》将建筑师与其他职业进行了区分,通过筛选比对,基泰五位合伙人可在书中觅得,之外的五位基泰在职的建筑师登记详细,同时期的梁思成、童寯、徐敬直和林克明也都收录进书(表1)。

表1 《中国工程人名录》中的建筑师信息摘录表

| 姓名 | 出生时间及籍贯 | 学历 | 工作经历 |
| --- | --- | --- | --- |
| 书中基泰工程司的建筑师 | | | |
| 关颂声 | 1890,广东 | 美,MIT,建筑 | 1937,上海基泰工程司事务所工程师 |
| 朱彬 | 1900,广东 | 美,Penn U,建筑硕士 | 1937,基泰建筑工程司建筑师 |
| 杨廷宝 | 1903,河南(出生年有误) | 1925,美,Penn U,建筑硕士 | 1937,基泰工程司事务所建筑师 |
| 关颂坚 | 广东 | 美,Cleveland U,建筑 | 1937,南京基泰工程司事务所建筑师 |
| 杨宽麟 | 1892,江苏青浦 | 1937,美,Michigan U,土木硕士 | 1937,南京基泰工程司工程师 |
| 张镈 | 1912,山东无棣 | 1934,中央大学建筑 | 1937,天津基泰工程司建筑师 |
| 初毓梅 | 1905,山东莱阳 | 1929,北洋大学土木 | 1937,南京基泰工程司工程师 |
| 马增新 | 1911,河北深县 | 1923,清华大学土木 | 1935,北平基泰工程事务所 |
| 阮展帆 | | 1934,天津工商学院土木 | 1937,上海基泰建造公司工程师 |
| 孙增蕃 | 1912,浙江杭县 | 1935,中央大学建筑 | 南京基泰工程处服务 |
| 萨本远 | 1911,福建闽侯 | 美,MIT,建筑硕士 | 1937,京赣铁路路帮工程司兼段长 |
| 郑翰西 | 1894,河北丰润 | 1920,北洋大学土木 | 1936,上海华启公司工程师 |

---

① 见《电力电工专家恽震自述(一)》,《中国科技史料》2000年第3期。

② 见林泉纪录:《林继庸先生访问纪录》,台湾"中研院"近代史研究所,1984年。

③ 资源委员会编:《中国工程人名录》,商务印书馆,1941年。

④ 见李学通:《近代中国工程专业人才统计与计量分析——以〈中国工程人名录〉为核心的考察》,《中国科技史杂志》2018年第39卷第2期。

| 姓名 | 出生时间及籍贯 | 学历 | 工作经历 |
|---|---|---|---|
| 书中其他部分建筑师 | | | |
| 梁思成 | 1905,广东 | 1927,美,Harvard U,建筑硕士 | 1937,中国营造学社法式组主任 |
| 童寯 | 1920,辽宁 | 1928,美,Penn U,建筑硕士 | 华盖建筑事务所建筑师 |
| 徐敬直 | 1908,广东 | 1931,美,Michigan U,建筑 | 1937,上海兴业建筑师事务所建筑师 |
| 林克明 | 广东东莞 | 法,Lyon U,建筑 | 汕头市政府工程科科长<br>广州工务局建筑顾主任,技士<br>1937,勤勤大学教授,建筑系主任 |

可以发现,表内工作经历一栏,登记时间都止于1937年,与前文介绍的调查活动停止时间相近,且1938年之后入职基泰的员工都未出现在名录中。这是目前文字记录里资委会与基泰交流的最早时间点,考虑到1938年3月资委会才正式对外公告,推测双方联络的时间大致在1937年上半年。资委会通过此次秘密调查,最大限度地汇聚了一大批国内工程专家,为日后工业建设提供了一手资料及人才名单。

**(二)工程技术咨询**

1. 内迁用地选址协作

战事逼近武汉,为了继续保留沿海工业火种,华中滞留的工厂开始筹谋西迁。同时,四川省府主席刘湘对于工厂入川积极欢迎,1937年12月18日,特派川籍工业专家胡光麃赴汉力邀林继庸协助工厂迁川事宜。[①]川渝工厂的搬迁工作需要解决长江货物运输,建设土地测绘以及市政基础能源供应三大问题。其中运输以卢作孚的民生船运公司为主,基础能源供应以实地勘察情形为准。1938年初,基泰重庆总所开业,与胡光麃在美同窗数年的关颂声在后方为承揽项目而奔走。此契机促成了基泰与资委会的首次正式合作,林继庸遂将土地测绘业务交由基泰代办,并称"查其所开费用尚称合宜"[②]。为保证工厂前期选址顺利,刘湘还特地成立"迁川用地评价委员会",由林继庸牵头重庆及下辖各县负责人,胡光麃提供工艺支持,关颂声负责测绘。[③]

随后,关颂声率基泰技术中坚深入迁渝工厂的土地筹备工作,力保工厂顺利转移复工。工业建设用地选定后,由地方部门直接通知产权所有者保留土地,不得另转流出市场,等价格审定后,双方即可签订契约。通过便捷的战时土地流转机制,民营工厂能够快速购办土地。土地的计价以"石"为准,每石基准价格为40元,通过评定土地内特征要素和场地资源优劣程度,合理控制土地溢价。基泰建筑师按照评价标准快速计算地价,提交的测绘地形图清楚表达出房屋、道路、树木等场地信息,图样缩放比例以1:200至1:1000为准,等高线以0.5米至2米为准,另记录地产面积数目、水田亩数、旱田亩数。另外,场地需要标明四个方向至最近水陆交通的千米数,特别对于内部有无电力设备、坟墓情况和植物环境需要单独列表说明,完成后提交给工矿调整处和建设厅备案。[④]

2. 电化冶炼厂设计审查

通过比对历史档案发现,电化冶炼厂为基泰最早介入资委会建设活动的工业建筑项目,该厂是在1941年7月由重庆化龙桥的炼铜厂、綦江纯铁炼厂和炼锌厂统一合并而成。新厂选址綦江区三溪镇,是战时全国唯一的钢铁铜锌冶炼基地,产品专供兵器工厂和电工厂(图2)。

项目主事者为1933年加入资委会的菲律宾华裔叶诸沛,他早年求学宾夕法尼亚州立大学,是我国化学冶金行业的奠基人。1939年,退至重庆的叶诸沛开始筹办冶炼工业,时间紧迫,加之前期合作最为紧密的建筑师童寯待完成綦江纯铁炼厂规划后,已于1939年冬季离渝返沪[⑤]。1941年叶向杨廷宝寻求

① 据胡光麃口述,1937年7月,四川民国实业家刘航琛曾介绍同学林继庸与胡协办工业内迁,胡进而联系四川省府主席刘湘。见胡光麃:《大世纪观变集·第1册·波逐六十年》,1992年。

② 见中国第二历史档案馆编:《国民政府抗战时期厂企内迁档案选辑》下,重庆出版社,2016年。

③ 见林泉纪录:《林继庸先生访问纪录》,台湾"中研院"近代史研究所,1984年。

④ 见中国第二历史档案馆编:《国民政府抗战时期厂企内迁档案选辑》中,重庆出版社,2016年。

⑤ 1939年童寯完成纯铁炼厂方案后,于1939年冬季离开重庆。见张琴:《烽火中的华盖建筑师》,同济大学出版社,2021年。

帮助,聘请基泰为常年建筑顾问,求助外部技术团队解决内部建造问题。[①]同年9月,双方达成意向签订合约,由基泰负责"各项建筑设计之房基设计、计算及外表样式之设计部分"[②]。

不久,叶诸沛亲嘱基泰派员至厂内视察工程状况,建筑师萧子言应邀前往。现场视察后完成的维修报告陈述了厂内各建筑潜在的结构问题,并配合绘制图解,提出结构加固和构造维护的修缮意见。以最核心功能的炼铜厂为例,由于屋架之间未设横向支撑,整体屋面已向山墙侧倾斜6寸,坍塌随时发生。为了不影响正常生产,降低额外造价,萧子言提出三点整改意见:倾斜侧外部加设木桁架施加反向作用力,若兼顾立面美观,可附加办公用房一间,将支架藏于墙内;替换A处主厂房屋面并在屋架间加设横带梁,保证整体刚度;B处阁楼部位重做砖柱,增加自重提升稳度(图3)。[③]

图2 电化冶炼厂现状

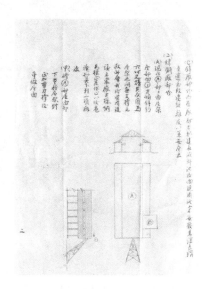

图3 炼铜厂结构修缮原稿(来源:重庆市档案馆)

1942年11月,冶炼厂与大中华建筑公司签订新厂建设合约,杨廷宝以合同证明人身份参与。合同是业主和营造商缔结契约的体现,再加上具有丰富工程经验的专家见证,更是能够合理保障双方缔结条款有效实施,这一点在建筑施工限期上可以看出端倪。战时工厂建设虽然紧迫,但房屋质量不容马虎,冶炼厂的建设采用是"同时开工,分期建成"的策略:即关键工艺的电流厂房完工限期在90天之内,最为紧急;部分工厂和宿舍期限为半年;非紧急使用的厂房和福利设施则是安排在7个月内完成(图4)。[④]

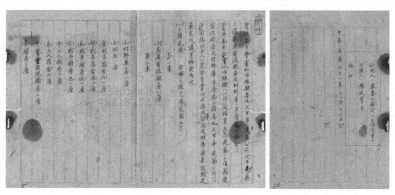

图4 《资源委员会电化冶炼厂委托大中华建筑公司代办建筑三溪高度电流厂房及材料库等房屋工厂合同》[⑤]

① 见重庆市档案馆,《资源委员会电化冶炼厂关于聘任杨廷宝为基泰工程司建筑顾问及告知支给顾问费数额等的函》,档案号:01970004003130000024000。
② 重庆市档案馆,《资源委员会电化冶炼厂与基泰工程聘任合约》,档案号:01970004003130000017000。
③ 见《资源委员会电化冶炼厂、基泰工程司关于检送资源委员会电化冶炼厂三溪办事处视察基泰工程司及介绍制造厂、承包商洽包工程等的函》,档案号:01970004003130000028000。
④ 见中国台湾"历史馆",《电化冶炼厂营缮工厂合同暨图表》,档案号:0030103040018。
⑤ 来源:中国台湾"历史馆"。

### 3.杨廷宝受聘驻美技术团成员

1944年伊始,资委会开始对外吸纳国内工业技术专家,与本会职员一同赴美国、加拿大和英国进行交流,以图筹划战后中国工业重建。资委会在纽约成立驻美技术团,团内组织技术委员会,囊括本会厂矿主持人和外会各行业专家,共计40余人(图5)。

**图5　杨廷宝美国考察合影①**

鉴于前期业务联系紧密,同为中国建筑学会首届会员的杨廷宝和薛次莘,受聘为技术团建筑工程组成员,负责审查美国工厂技术引进工作中涉及房屋建造的专业议题,同时实地考察国外工厂运营实况,思考国内未来工业建筑发展方向。②

杨廷宝出国始于1944年3月,1945年12月回到重庆。此时正逢抗战结束后的南京建设浪潮,杨廷宝也被钱昌照盛情邀请组建资委会建筑咨询部门③,参与资委会的战后重建(图6)。

### (三)项目设计实践

桂林锡业管理处的工厂配套用房,是基泰首次在资委会完整设计建造的工程项目。锡矿是重要军用物资,国民政府经由资委会管控粗锡的探采炼销所有环节,管理处由地质学家徐韦曼负责。他是农商部地质研究所培养的第一批地质科学家,与建筑师董大酉有过交集。④

配套工程包含办公厅与防空室两处,由基泰桂林办事处进行建筑设计,复兴土木建筑公司营建。受制于投资预算和土地面积,设计方案从三层民族固有式风格降低标准至单层临时砖木建筑。⑤防空室位于邻近空地,整体呈一字型下沉布置,顶板采用混凝土绑扎钢筋现浇,周边覆土2.4米。建筑两侧出入口收紧,中部掩蔽空间加宽,在保证室内坚固安全的前提下,设计师缩小入口通道增大内部使用面积,最终实现1.98米的室内净高度。尾部的圆柱形旋转楼梯是一举多得的精巧处理,既是功能性入口,拔高体量后又可作为通风竖井为室内带来自然通风(图7)。

---

① 来源:中国台湾"历史馆";见《杨廷宝全集·影志卷》,中国建筑工业出版社,2021年。

② 见吴杨杰、朱晓明:《从机构到个人——抗战后期杨廷宝受资源委员会派遣出国考察述评》,《建筑学报》2020年增刊2。

③ 中国台湾"历史馆",《资源委员会驻美技术团杨廷宝来往函件及电报》,档案号:0030103040018。

④⑤ 办公厅首轮方案为三层中国固有式建筑,但在后续因土地手续与建造预算的问题,改为单层临时性办公用房,面积大为缩减。
见中国台湾"历史馆",《锡业管理处办公厅等工程案》,档案号:0030102020155。

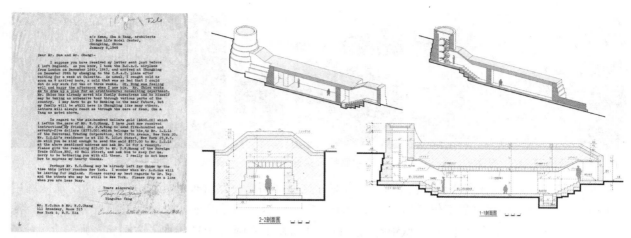

图6 杨廷宝回国后回复驻美技 图7 防空室剖面图(来源:中国台湾"历史馆")
术团办公室的函件(来源:中国台
湾"历史馆")

### (四)其他建筑师参与的设计实践

1. 童寯设计资中酒精厂

在资委会尚处保密筹备阶段时,童寯就已完成了不少委托项目,包括南京办公厅、地质馆与图书办公楼等。1938年春,童寯跟随叶诸沛赴重庆,完成了化龙桥炼铜厂和綦江冶炼厂的规划方案。遗憾的是,以上资料无法展现童寯工厂设计之精妙。

幸而在技术图档中找到了其他工厂的设计线索。位于四川资中银山镇的酒精厂是全国酒精提炼工业的翘楚,蒸馏出的高浓度无水酒精供给军需,是用以替代汽油的新型燃料,1943年4月英国生物学家、汉学家李约瑟也曾亲临到访。1939年童寯完成了厂区规划方案①(图8),鸟瞰效果图缺少具体场地信息。若将其与1943年的厂区布置详图互为对照②,可以分析规划策略与评价建设实效。

现状用地东西窄南北长,西侧为成渝公路,地势平坦沿路绿树环绕,东面与南面朝向沱江水岸。厂区南北分置生产区和生活区,主出入口位于厂区中部,建筑师将入口广场尺度拉伸放大后,巧妙化解了从生产区直冲而来的斜向轴线。不同于生活区中与公路的正交坐标体系,这条斜向轴线来自东西水岸山体视线和传统南北向布置厂房的相互冲突,为了兼顾景观与日照,童寯将主要厂房旋转45°,尽可能将东面山水渗透入场地。单体建筑设计上,面积最大的总厂房斜向横铺,遮挡背面杂乱的锅炉房与烟囱,配合拔高的中央塔楼、对称而立的装箱房与规律排布的竖向窗件,在内广场形成极具仪式感的空间体验。

布置详图和历史照片完整呈现建成实景(图9)。③

实施方案中用地虽向南扩增一倍有余,内部厂房数量也增加不少,但总体还是保留了原方案的设计亮点:厂区南北功能关系保持不变;内部规划结构、入口广场和主厂房空间轴线与初稿一致;列柱式的开窗设计与建成实景完全对应。难能可贵,在战火纷飞的后方和严苛预算的控制下,童寯依然能保持美学的思考,将理性的工业建筑融入山水环境中演化成一座"园林式"工厂。

2. 薛次莘参与后方建设活动

在部分近代建筑史和工程行业学会史中,薛次莘堪称跨土木与建筑的"双栖人才"。1919年从麻省理工学院土木工程系毕业,1922年回沪后,加入以工业建筑设计闻名的慎昌洋行工作,之后辗转至上海特别市工务局等政府部门任职(图10)。④

---

① 见童寯:《童寯文集》第2卷,中国建筑工业出版社,2001年。

② 中国台湾"历史馆",《资源委员会所属个工厂房舍布置调查》,档案号:0030103060257。

③ 见蔡全周:《战时资源委员会资中酒精厂照片一组》,《民国档案》2016年第3期。

④ 见赖德霖:《近代哲匠录》,中国水利水电出版社、知识产权出版社,2006年。

图8　资中酒精厂鸟瞰效果图①　　　　图9　资中酒精厂实景②　　　　图10　清华时期的薛次莘(右一)③

1937年后,薛次莘任资委会专门委员,同时兼任交通部西南公路管理处处长,在改善西南地区军用公路中立功甚伟。④薛次莘不仅活跃在工程领域,撰写出版建造手册,同时与建筑师群体联络紧密。1925年,他同建筑师庄俊合作,在金城银行的项目中任监造工程师⑤,1931年加入中国建筑师学会。

除了同杨廷宝赴外考察工厂外,薛次莘还参与资委会下属工厂的营建工程管理。为扩大炼钢产能,1942年资委会在嘉陵江西岸甘家碑,投资兴建资渝炼钢厂。1942年1月15日,钢厂筹备处与中国工程公司签订工程委托合同,工程紧急,互相约定1942年7月1日完成所有厂房工程和基础设施。⑥薛次莘此刻履任中国工程公司总经理,亲自上阵监造,保证工程的顺利进行。同年度与资委会签订的其他工程还有另外两处,江北县(今渝北区)黑石子镇的耐火材料厂⑦和九龙坡的购料室仓库工程⑧,其中仓库工程的建筑蓝图会签栏显示,薛次莘负责本次工程的图纸审定。

### 3.桂林虞炳烈的工厂更新方案

1941年9月,虞炳烈完成粤北坪石中山大学项目后,举家迁往桂林,于10月个人创办"国际建筑师事务所",继续在后方开展实践。⑨在桂三年内,虞炳烈完成了资委会下属工厂的数个委托项目。

战时撤退时,中央电工器材厂湘潭总厂分拆至昆明、桂林和重庆三地。初期建筑均系临时性,竹筋泥墙,极其简陋。⑩受桂林四分厂厂长许应期之邀,虞炳烈重新调整厂区规划并设计单体建筑。设计前期,1941年的布置现状图显示,厂区内部建筑围绕东北侧斗鸡山分布,生产厂房摆放随意,周边工人住宅、职员宿舍散落,缺少统筹布局。1942年10月,虞炳烈完成厂区更新方案,规划重点突出厂区南侧主入口,连接的中央大道两侧疏落布置建筑。厂区道路和建筑环绕山体布置,最大程度保留东北侧既有厂房。

主办公楼靠近厂区入口,采用三层退台式的建筑体量,尽可能利用场地,底层倚靠现状地势高差设置部分半地下室,主入口设置在二层南侧,内部门厅和交通梯分隔两侧功能。左侧为大会议室和餐厅,右侧为大空间办公室,二层平面服务公共活动,布置大型会议厅、图书厅与招待大厅。不同于传统坡屋面造型,粉刷和拉毛的外墙、错落式的形体、规律分割的竖向壁柱、标准化外窗和侧向突出的壁炉交相辉映,极具现代风格(图11、图12)。

①　见童寯:《童寯文集》第2卷,中国建筑工业出版社,2001年。

②　来源:《民国档案》;剑桥大学数字图书馆。

③　见《交通部上海工业专门学校学生杂志》。

④　据近代史研究所档案的建筑合同显示,徐韦曼曾作为见证人参与董大酉的棉纺织染试验馆的建筑合同拟定。见台湾"中研院"近代史研究所,《棉纺织实验馆建筑师合同》,档案号:263100903。

⑤　1942年4月,蒋介石为薛次莘特向军事委员会申请颁发光华甲种一等奖章。见中国台湾"历史馆",《服务成绩优良人员勋奖(一)》,档案号:00103510000114062。

⑥　见中国台湾"历史馆",《资渝炼钢厂筹备处承办建筑工程各项契约案》,档案号:0030102010012。

⑦　中国台湾"历史馆",《重庆耐火材料厂厂房建筑工程合同及验收案》,档案号:0030102020035。

⑧　中国台湾"历史馆",《重庆租地建筑仓库》,档案号:0030105010003。

⑨　见侯幼彬、李婉贞:《虞炳烈》,中国建筑工业出版社,2012年。

⑩　见《电力电工专家恽震自述(一)》,《中国科技史料》2000年第3期。

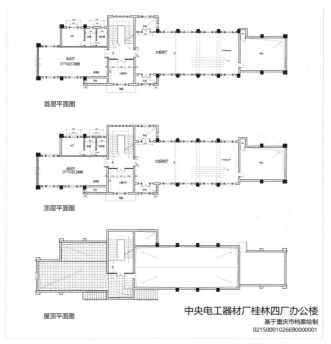

图11 桂林四厂办公楼平面图（来源：整理自重庆市档案馆）

图12 桂林四厂办公楼实景与轴测示意图[①]

4. 其余建筑师与资委会的合作

裴燮钧于1917年由清华官费留美，1918年从康奈尔大学土木工程系毕业，回国后在东南建筑公司、彦记和李锦沛建筑事务所任职。1931年加入中国建筑师学会，后任中国工程学会正会员。裴燮钧主要参与资委会下属水力发电站的土建施工。1938年6月，裴燮钧加入资委会龙溪河水力发电工程筹备处，负责下洞水电站的厂房土木工程实施[②]，该系统工程也是国内首次对单一河流开展的全梯级水力开发。1943年8月，裴燮钧调往贵阳参与修文河（今阳明河）水力发电厂工程，任工程处主任，负责工程图纸技术审核和施工监造。[③]

陆谦受以设计银行大楼而闻名，工业建筑项目甚少，战时与同乡留英建筑师阮达祖一同在重庆登记执业。据史馆档案显示，1941年12月资委会资渝钢铁厂筹备处与陆谦受阮达祖建筑师事务所订立设计合同，项目包含资渝钢铁厂的生产厂房、办公室和住宅，同时负责现场施工监造，工程实施交由薛次莘主持的中国工程公司建造。[④]

部分建筑师在重庆也与资委会的工厂有过短暂交流。抗战后期，资委会资助后方高校开展科研合作，以期解决工厂的生产技术问题，院校涉及清华大学、中央大学、同济大学和西南联大。1943年12月，资委会与中央大学建筑系合作开展名为"战后工厂建筑之研究"的课题，在系主任鲍鼎与会内职员初步商讨后，决定选择重庆附近的工厂进行实地调研与访谈。不久，资委会安排资渝炼钢厂、动力油料厂和资和钢铁冶炼公司三家下属企业，作为中央大学师生的实地调研工厂。[⑤]翌年1月12日，刘敦桢和汪坦赶赴资渝炼钢厂参与调查工作，并在工厂借宿。[⑥]

## 五、讨论：围绕资委会的建筑师社群网络及影响

通过追溯整理上述历史档案信息，植入其余机构与行业学会，以资委会为中心构建社会群体网络关系图（图13）。

---

① 模型自绘，实景来自侯幼彬、李婉贞：《虞炳烈》，中国建筑工业出版社，2012年。
② 见赖德霖：《近代哲匠录》，中国水利水电出版社，知识产权出版社，2006年。
③ 见中国台湾"历史馆"，《修文河水力发电工程计划图书》，档案号：0030102010132。
④ 见中国台湾"历史馆"，《资渝钢铁厂筹备处承办建筑工程各项契约案》，档案号：0030102010012。
⑤ 见中国台湾"历史馆"，《资源委员会委请各学校研究技术专题》，档案号：0030103060001。
⑥ 见重庆市档案馆，《国立中央大学建筑工程系关于招待刘敦桢、汪坦先生致资源委员会资渝钢铁厂的函》，档案号：0196000100083000009600。

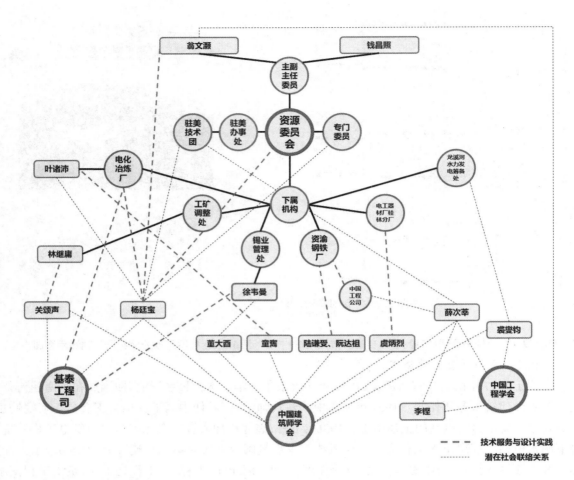

图13 资委会社会群体网络关系图

从图可知:从联络网络上看,受后方战时统制经济的影响,重工业中涌入的国家资本也带动了近代建筑师的实践转向,纷纷加入资委会的建设活动;从协作关系看,中国建筑师学会与资委会的下属工厂有着最为紧密的联系,为挽救后方工业命脉提供了急需的专业技术人员;从合作频次看,以基泰与资委会的联络最为密切,业务遍及会内高层和下属厂矿。

若回顾资委会的发展史,它与国内建筑师的合作分为三个阶段。抗战前夕,大型专业工厂设计业务依赖国外专业团队完成,例如西门子公司和克虏伯钢铁厂,国内建筑师尚无法介入;抗战焦灼期,中外沟通阻断,大量"简易"工厂被迫独立发展,资委会开始与后方聚集的建筑师群体接触,在民族存亡之际,他们不畏艰难,调整改进技术路径,以低造价高质量完成工厂建造快速实现复产;抗战结束后,战后重建成为社会主旋律,资委会升格为部会级政府机构,工业项目也在全国范围内铺开,既往的合作经历使基泰成为资委会首选的设计机构。

中日战争引发的战时自主工业化是促使职业群体与政府机构之间相互协作的最大动力。20世纪20年代,受海外专业训练的第一代建筑师陆续归国开展实践,对于承揽工业建筑项目,国内建筑师相比外籍事务所,无论在技术服务、设备渠道和代理特权上都毫无优势。战时社会正常的运转秩序被打乱,后方亟待建设的国营工厂,是他们展现自身技术实力的最佳契机。这里缺乏现代化交通,建材和原料无法及时供给,他们冒着工厂随时被轰炸的危险,不顾个人安危多次亲赴生产一线,为早日竣工奉献热血。战后,随着杨廷宝和薛次莘海外考察归国,国内建筑师在工业建筑设计中的技术地位被正式确立。

国既不国,家何能存?这段遗忘的建设实录,既是长期国弱民贫影响下建筑师科学救国的抗争史,也是军、政、民坚忍奋斗共御外侮的爱国赞歌,更是1949年后国内社会主义工业化的预演和前奏。

# 北洋政府时期北京的市政卫生工程建设
## ——以沟渠整理为中心*

清华大学　邓可

**摘　要**：民国初期，在城市建设现实需要以及在西方公共卫生观念的持续输入下，政府对北京的城市环境与卫生工程高度重视，为北京的市政建设做出了较大贡献。以城市卫生工程之首的沟渠整理工程为切入点，通过梳理北洋政府时期官方对沟渠整理的认识与实施情况，结合沟渠整理中的代表工程，对工程的技术手段、实施经过等方面进行关注和研究，进而洞悉北京市政卫生建设的特点和成效。民国初期北京的沟渠整理工程，体现了北洋政府对城市和社会进行现代化改良的决心和能力，相关理念地不断普及和延续，为后世北京的城市规划与建设奠定了一定基础。

**关键词**：北洋政府；北京；市政建设；卫生工程；沟渠

北京的沟渠系统作为古代最重要的城市卫生设施和"生命线"，经历了数百年的使用，到清末民初，淤塞坍塌者为数过半，这给近代北京的城市卫生和交通都带来了极大的负面影响。清末开始，政府已开始重视并加强对北京沟渠的整理和疏浚工作，使其"稍稍改良，渐加疏濬"，但由于城市范围广阔，财力拮据，以致"根本计划，未遑筹及"。

1914年，在内务部的主导下，北京成立了具有地方自治性质与建设职能的机构——京都市政公所（图1）。内务部与市政公所始终十分重视城市公共卫生的提升，并将沟渠整理作为卫生事业的核心。几年时间里，在京师警察厅等机构的密切配合下，其沟渠计划取得了显著成果，新建或改造、疏浚全市沟渠上百条，使古老的沟渠系统为现代所用，全面改善了北京的城市卫生状况。市政公所还以西方做法为范式，开创了北京的城市公园建设及行道树种植事业，初步构建起一套现代的、多元化的城市环境和绿化系统，进一步改善了

**图1　京都市政公所**①

北京的环境状况。此外，市政公所还积极改良或筹建一些现代公共卫生设施，包括自来水、公立市场、公立屠兽场、公立浴场等，领现代卫生风气之先。

## 一、近代北京城市卫生的基本状况

北京城在营建之初就考虑到了依靠重力作用对雨水和污水进行有组织的排放，并结合西北高、东南低的自然地势特点，建立了先进的城市沟渠系统，修建规模之巨，密度之大，堪称精密。城中沟渠之水主要发源于西郊玉泉山，经玉河引至西直门附近并分支形成护城河；在松林闸处再次分支，引入城内，形成

---

\* 国家自然科学基金资助项目（51778318）。

① 京都市政公所：《京都市政汇览》，京华印书局，1919年。

三海,并向南注入前三门护城河;在东便门附近,前三门护城河与城外护城河汇成通惠河后东流。

但是随着时代的变迁,既有设施逐渐老化,加之政府缺乏现代城市管理的理念及人力财力的短缺,对沟渠的维护和清理工作严重滞后,以致"顾此失彼,渐多壅遏","于市政卫生殊多妨碍"[1]。"京师河道,环绕都城,源流本自清澈,徒以淤塞日久,侵占日多","各段不能衔接,已由地沟为地窖,由流通性质变为储蓄性质"。造成这种状况的原因,一方面在于旧式沟渠多以大砖筑成,"既无适当之方法","较之欧美新式沟渠,其构造方法及宣泄坡度尚欠妥善";另一方面在于"近年安设自来水管及电杆多处,往往漫不经意,随地穿凿,使沟砖毁坏",因而造成"积塞既久,容量愈小,以致消纳无从"[2]。除了糟糕的沟渠维护状况以外,因城市街面清扫不力所产生的卫生问题也十分突出,加剧了沟渠的排污压力。

## 二、沟渠整理的计划与准备工作

沟渠的畅通直接决定了水质和空气质量,"兴作若仍枝枝节节为之,不由根本上着手,非特难壮观瞻,且恐妨害卫生,实为经营都城市政之一大障碍"[3]。同时,一条街道沟渠的状况还关乎这条街的商业繁荣,一些道路的明沟,"泥水堵满,不能流动,一直淹到路中间来,以致行人稀少,生意萧条,不但有害卫生,简直妨害商务"[4]。官方密切注意到西方国家和日本城市在上下水方面管理的先进理念并意图进行学习。

市内居民,于卫生上之方法,殊无讲求,坐俟衰息,而不自觉。任此以往,若不急为救济之方,窃恐市内人口,难期其繁衍矣……近世纪以来,各国对于都市救济政策,在上者,则以讲求保健行政为要图;在下者,则以健康自卫相警觉。甚欲等市场于郊野,列阛阓于山林,而倡所谓"田园都市"之制者,近虽未见风行,然欲为有益卫生上之设施,已自可见。故吾人欲希望市政之发达,不可不注意人生之健康,欲保持人生之健康,则卫生上之讲求,又乌可一日缓。[5]

### (一)沟渠整理的基本原则

由于北京城内既有的沟渠贯通纵横,具备较好的利用基础,因此市政当局打算以整理和改造为沟渠建设的主要手段,而在一些新开辟的街道或有必要的地方才另筑新渠。同时由于沟渠具有连通性的特点,牵一发而动全身,"一假有阻,则附近各沟,均失其宣泄之效"[6],因此沟渠整理工程需要从全市层面进行全盘计划,并且在城市各项建设工程中居于优先地位:

外国工程师常常议论,都说"水"之一字,是工程上一个大问题。未造路的时候,就得先筹水的去路……因为地沟一定,以后修筑马路,建造房屋,不过表面上的事情,放手做去,不要再顾虑什么了。若先后倒置,必至造成的马路,受了水害,想不出有挽救的法子,所以本公所对于这种市政根本的问题,早有个实地改良的主意。[7]

然而,由于北京的沟渠历经数百年,许多暗沟上面甚至已经建起了房屋和商铺,加之财力短缺,给调查和改造工作带来极大困难。因此整理沟渠只能"先从测定水平入手,当将大小各沟渠一律勘测,并按照水平方向择其繁要各区,或修濬旋沟涵洞,或填筑暗沟沟路,务期毛罗贯通,高下有序",使北京"市街之沟渠可免淤塞浸溢之患也"[8]。

对于沟渠工程的要点,市政公所总结为三点:一是"创端宜审慎","下水改良,关系全市,必察形势之异,考气候之变,度高下之趣,通盘筹划,与全市污水之量为比例";二是"宜计雨量之大小",以容量大为标准;三是"终局之处置",采用灌溉法,在城市外划定灌溉区域,先对下水进行沉淀,然后将水导入灌溉地,再经地下水管排入河海。[9]

①⑧ 京都市政公所:《京都市政汇览》,京华印书局,1919年。

②③《内务部呈筹办疏浚京师前三门护城河工程计画并测量水平、改良沟渠、厘定管理河道办法各情形文并批令》,《市政通告(旬刊)》1915年第23期。

④《市政整理之次序与工程之筹备》,《市政通告(旬刊)》1914年第3期。

⑤ 见《陈列卫生所成立与市政卫生上之关系》,《市政通告(旬刊)》1915年第28期。

⑥《整理全市沟渠水道》,《市政通告(季刊)》1921年第3期。

⑦ 见《市政整理之次序与工程之筹备》,《市政通告(旬刊)》1914年第3期。

⑨ 见《论下水事业》,载京都市政公所:《市政通告(合订本)》,1918年。

在市政公所的干沟整理计划中,最亟待解决的依次是前三门护城河、西城的大明壕、外城的龙须沟。特别是前三门护城河,"实为全市卫生之第一障害"①。同时,沟渠工程具有与其他市政工程高度关联的特点,因此在政府的计划中,往往与城市改造和道路建设等工程相结合,这样做既能减少工程量、节约经费,又便于与其他工程产生良好的配合度。如在整理前三门护城河工程中,就计划结合修改正阳门工程,铺设宽深的新式暗沟,使城内之水通过暗沟"直趋城河,以期宣泄";又如拟结合展修由西长安街经化石桥至虎坊桥新辟电车干路之际,"一律修筑新式大沟,总以足敷消纳水量为度"②。

### (二)测量全城水平

全城水平(即海拔高度)测量是各项沟渠工程的基础,目的是清晰呈现全城各处的相对水平高度,确定不同区域的水流方向,以此作为全城沟渠线路及断面设计的标准和参照。不仅如此,水平测量还关系到更大范围、更多类别的市政工程,包括道路与城市规划、房屋建筑、沟渠整理、电车坡度的确定、地图绘制等。因此,北洋政府对此十分重视,"苟非先期测定,则建设时必生困难",固"以测量国境为内务行政之一端","以为改良建筑工程之基础",并"做一个一劳永逸的打算"。

测量工程正式开始于1914年7月,由内务部下属测绘专科负责,"偕同中西技师测绘员等分队实测,寒暑无间"。测量工程水平基点的选取参照外国以海平面为基准的做法,在北京和天津大沽口之间为勘定原点,以京奉、京汉铁路工程所采用的大沽口海平面为零标高,"更加详加比较,实行展测"。测量工作先从内城开始,逐步推广到外城,以正阳门洞将军石为测量起点,采用三角测法,用精密仪器分别对基点的平面和高程进行测量,并分别以法尺③和中尺④为单位记录数值。"测得非常仔细,中间的距离,也量得极其认真","遇有疑义,校对覆勘,务求确数"。至1916年9月,测工全部告竣,共完成对北京城内81处点位的水准测量,同时"仿照各国办法",在相应位置分别设置长方体汉白玉石标并"将测出数目镌于石上,以垂永久"(图2)。

从水平石标分布的点位来看,顾及了在全城分布的均衡度,且大多位于城门等大型建筑物以及重要道路交汇处,具有较强的标识度。此外,市政公所还利用水平数据绘制了多边形水平大幅

**图2　北京水平石标⑤**

详图、1:1000中西文街道及水平曲线图、1:8500水平曲线及石标点位图等图纸,作为全市工程设计的基础数据,"使各处高低地点之实数了如指掌"⑥。

### (三)勘查全城水系并制定沟渠整理计划

整理沟渠的核心前提是勘查全城水系并制订相应计划。1916年9月,"拟为一劳永逸之图,作通盘筹画之计",测绘专科会同京师警察厅沟工队及步军统领衙门,分派"熟悉沟道人员",对全城沟渠进行了逐段详细测勘,"随沟测图,随地记载"。1917年3月,历时半年的勘查告竣,制成沟线分图18张、履勘表20册、全市沟线系统图2大张,对各区域沟渠的形制、尺寸、水流方向、汇入河道、沟眼数量,以及沟渠的淤塞、通畅、坍塌等状况进行了详细记录,以作为沟渠整理的规划依据。⑦

①《整理全市沟渠水道》,《市政通告(季刊)》1921年第3期。

②《内务部呈筹办疏浚京师前三门护城河工程计画并测量水平、改良沟渠、厘定管理河道办法各情形文并批令》,《市政通告(旬刊)》1915年第23期。

③即国际标准度量单位,米。

④即中国传统度量单位,尺。

⑤见《京都市水平石标》,《市政通告(月刊)》1917年第2期。

⑥京都市政公所:《京都市政汇览》,京华印书局,1919年;《测量北京全城水平》,《市政通告(月刊)》1917年第2期;《改良市政经过之事实与进行之准备:(三)测量之进行》,《市政通告(旬刊)》1915年第13期。

⑦见京都市政公所:《京都市政汇览》,京华印书局,1919年。

同时,根据各沟渠的实际状况及其应对办法,当局按照"新制履勘图表及地沟系统图"分别登记为甲、乙两册。其中,甲册是计划整理的全部沟渠名册,乙册是计划优先整理的沟渠名册。沟渠整理的方式分为掏挖淤泥和修缮坍塌部位两类,市政公所为此分别制定了预算单价。甲册整理计划包含沟渠261处,总长度超过120千米,共需资金8.3万元,其中掏淤5万余元,修缮3万余元;乙册整理计划包含沟渠66处,总长度50余千米,共需资金3万余元,其中掏淤2万余元,修缮9500余元。在这两份整理计划中,位于内城的沟渠占绝大多数,而优先实施的部分占到总计划的近4成(表1)。[①]

表1　京都市政公所沟渠整理计划及预算一览表[②]

| 册别 | 整理方式 | 区域 | 数量(处) | 总长度(千米) | 预算金额(元) |
|---|---|---|---|---|---|
| 甲册<br>(全部沟渠) | 掏淤 | 内城 | 205 | 105.96 | 51929 |
| | | 外城 | 23 | 9.44 | |
| | 修缮 | 内城 | 26 | 10.36 | 31140 |
| | | 外城 | 7 | 2.84 | |
| 合计 | | | 261 | 128.60 | 83069 |
| 乙册<br>(计划优先整理的<br>沟渠) | 掏淤 | 内城 | 46 | 39.23 | 20606 |
| | | 外城 | 12 | 6.56 | |
| | 修缮 | 内城 | 8 | 4.26 | 9581 |
| | | 外城 | 0 | 0 | |
| 合计 | | | 66 | 50.05 | 30187 |

## 三、沟渠整理与建设的实施概况

按照计划,市政公所打算对全市旧有沟渠开展大规模的疏浚整理工作。不过由于工程庞大,财力有限,加之勘查工作在前,因而未能及时兴办,直至1917年起,才"由警察厅组织沟工队择要掏修,由各干沟入手,以次及于支沟"。为此,市政公所每年从市政经费里拨出7000元补助警察厅的沟渠整理工作开支(至少持续至1925年)。这项任务启动以后,京师警察厅沟工队的工作力度空前,至1918年底的两年时间内,累计调用工人近12万人次,共完成了对136处、70余千米沟渠的治理工作,进展超过了市政公所先前制订的"甲册"计划中的一半,效率十分可观(表2)。由此足见警察在民国初期市政建设事务中的重要性。

表2　1917—1918年北京沟渠整理情况一览表[③]

| 年度 | 数量(处) | 总长度(千米) | 总工数(人次) |
|---|---|---|---|
| 1917 | 59 | 43.02 | 63332 |
| 1918 | 77 | 32.75 | 55880 |
| 合计 | 136 | 75.77 | 119212 |

为了不断完善北京的沟渠系统,除了对旧有沟渠进行整理之外,市政公所还规划并实施了一系列新建沟渠工程,成果斐然。从1914年至1918年间,市政公所按照重要性的先后,共新建沟渠20余处,总长度接近7千米,耗资共计约3.4万元。包括景山东街大暗沟、北新华街大暗沟、香厂仁民路暗沟、华严路暗沟等重点项目,均得到了优先实施,其中单项工程最大者为1917年修筑的长达1880米的府右街暗沟,耗资1.8万余元,投资额度远超其他沟渠,足见总统府在首都市政建设中地位的重要性。1918年开始,市政公所新建沟渠的效率明显提升,这得益于当年市政公所职能的扩大,以及相关工程技术队伍的壮大(表3)。

---

① 见京都市政公所:《京都市政汇览》,京华印书局,1919年。
②③ 京都市政公所:《京都市政汇览》,京华印书局,1919年。

表3  1914—1918年北京沟渠建设一览表①

| 年度 | 沟渠名称 | 总长度(米) | 总造价(元) |
|---|---|---|---|
| 1914 | 新华门东栅栏—南府口内暗沟 | 500 | 2893 |
| 1915 | □坛、景山河桶东、西长安门外过街沟 南海流水音—社稷坛南门外涵洞河桶 | 1128 | 946 |
| 1916 | 香厂万明路大旋暗沟 香厂仁寿路大旋暗沟 户部街南口—东方门大暗沟 | 1412 | 7468 |
| 1917 | 马神庙北京大学西墙外暗沟 府右街暗沟 | 2090 | 18880 |
| 1918 | 朝阳门内南北水关沟墙 南长街过街沟 南长街泄水沟 宣武门瓮城—护城河暗沟 麒麟碑胡同过街沟 北新华街双洞暗沟 西总布胡同过街沟 总统府东门外暗沟2段 东、西长安街过街沟 菖蒲河涵洞 城南公园北门龙须沟暗沟2段 香厂华严路暗沟 香厂仁民路暗沟 | 1756 | 3772 |
| 合计 | / | 6886 | 33959 |

　　市政当局还对社会集资或独资治理沟渠的活动进行了规范,1914年7月由京师警察厅颁布《公修沟渠简章》,规定发起人需事先向京师警察厅申报;施工过程中,如所雇劳动力不足时,由警察厅酌情派沟工队人员或"挑选贫民若干以助工作",但贫民所需工食需从社会赞助费用中支取;同时,该管警察署负责在工程进行中"指挥车马,弹压工人及窄小胡同应行禁交通等事",还提供一定数量的清理器具;工程结束后,由发起人将收支明细造册并送警察厅备案,同时向社会张贴公布;对于修筑沟渠的发起人、赞助人及其所捐资金数额,由警察厅详细刊登于《内务公报》及《市政通告》上予以表彰,其中独资500元以上者,"由厅详请市政公所,特开市民公会赠予纪念物品,以彰荣誉",如有巨资赞助并"与褒扬条例相符"者,则呈明大总统给予特别奖励。②

## 四、沟渠整理的代表工程

### (一)整理前三门护城河工程

　　前三门护城河为环绕北京内城南墙的河道,从东便门依次经崇文门、正阳门、宣武门至西便门,全长约8千米。其虽名为护城河,然则处于外城的包围之内,属于划分内外城且横穿城市中心的水道,同时也是全城南北各沟渠汇水的大通道。同时,因该河道穿越闹市,沿线街道房屋稠密,固其整洁状况关乎城市内部环境与公共卫生,重要性位居全城河道之首。清末民初,随着河道年久失修,河床逐渐淤塞,加之沿河居民任意倾倒污水甚至生活垃圾,更加剧了其环境的恶化,"雨则漫溢为患,旱则浊流停滞","凡入国门观光者,见此污秽狼藉之象,每引为诟病"③;更严重的是,每逢雨季,河水从城外倒灌入城,以至于"熏蒸秽气四溢",有损于美观尚且事小,于卫生"殊多妨碍"事大④。

　　鉴于此番情形,朱启钤代表内务部向大总统呈送了关于疏浚前三门护城河的方案,"以修浚河道为经,以疏通沟渠为纬",列陈其重要性,并为全城之先导。此项建议很快得到了大总统"该部所拟各项办法规划周妥,应准照办,即责成该部次第整理,切实进行,以重要政"的批示。⑤工程由内务部下属的土木工程处具体负责,1915年4月开工。1917年土木工程处改组为京都市营造局并划归市政公所,工程随即由市政公所接管,并于1917年12月完工,共耗银5.4万余元。工程的主要内容及其特点如下:

　　1.分段设计与施工

　　工程以三座城门为界,由西向东将河道分为四个区段并分别计划、依次施工。对河身进行了加宽,河面宽度为20—30米不等。其中,东、西端两段因为"河流来源及会归之所",考虑其需要承载较强的泄

---

　　① 京都市政公所:《京都市政汇览》,京华印书局,1919年。

　　② 见《京师警察厅公修沟渠简章》,《市政通告(日刊)》1914年8月17日。

　　③《内务部呈筹办疏浚京师前三门护城河工程计画并测量水平、改良沟渠、厘定管理河道办法各情形文并批令》,《市政通告(旬刊)》1915年第23期。

　　④ 见京都市政公所:《京都市政汇览》,京华印书局,1919年。

　　⑤ 见《内务部呈筹办疏浚京师前三门护城河工程计画并测量水平、改良沟渠、厘定管理河道办法各情形文并批令》,《市政通告(旬刊)》1915年第23期。

洪能力,定宽度为10丈(约33米);中间两段水势较平,定宽度为6丈(20米)。考虑到接纳支沟来水之需,还需对护城河床进行挖深,使其低于各支沟的水平高度,设计河道中心水深为6尺(2米),以"备枯水流通放闸洗刷之用",两边近岸处水深则不低于4—5尺(约1.3—1.7米)。[①]同时,加高了护坡,将原先的土坡改砌为块石;另外还添建或修理涵洞4道、秽水池12座、铅丝栏若干长度、沟咀3座、暗沟8道等设施,迁建官厅房9间(图3,表4)。[②]

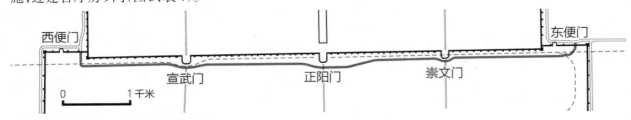

图3 前三门护城河线路总平面示意图

表4 整理前三门护城河工程表[③]

| 区段 | 长度(千米) | 上均宽(米) | 下均宽(米) | 坡高(米) | 深度(米) | 添建设施 | 修理/迁移设施 | 造价(元) |
|---|---|---|---|---|---|---|---|---|
| 西便门—宣武门 | 1.89 | 30.4 | 22.7 | 6.5 | 14.2 | 涵洞4 | 沟咀3 | 12875 |
| 宣武门—正阳门 | 2.23 | 22.4 | 10.6 | 7.7 | 10.7 | 秽水池5 | 暗沟8 | 14645 |
| 正阳门—崇文门 | 1.94 | 23.8 | 10.0 | 8.2 | 6.7 | 秽水池7 铅丝栏 | 移建官厅房9 | 16016 |
| 崇文门—东便门 | 2.18 | 30.7 | 19.5 | 17.2 | 17.2 | / | / | 11071 |
| 合计 | 8.24 | / | / | / | / | / | / | 54607 |

2.拆迁民房并绿化

前三门护城河因位于人口稠密区域,南北两岸民房侵占现象十分严重,"近市场者,房屋占及河身中溜;稍僻远者,则在河岸晒粪洗皮,污垢之气熏烁都市,凡入国门观光者见此芜秽狼藉之象,每引为诟病"。但是,由于经费有限,如果按照较高标准对沿河民房进行拆迁,则"拆不胜拆,迁不胜迁",因此当局只能"就占得最甚之各房屋,按照画定界线,分别饬拆令让",并根据房屋面积给予相应拆迁费,"以示体恤"。收用房屋的工作分为三段进行。同时,"酌培堤岸,种植树木,藉饰外观"[④]。

**(二)卫生与交通的结合:明沟改暗**

沟渠与道路系统高度结合的特点决定了沟渠与道路工程的关系十分密切。因此,在市政公所开展的沟渠整理工程中,常采用在明沟的上方盖板形成暗沟,并在其上铺设马路的形式,使之成为一项集卫生和交通工程于一体的综合工程,以达到改善卫生和以利交通的双重目的。针对不同道路和沟渠的关系及特征,改建做法不一:对于道路两旁的较窄的明沟,盖板后使其成为人行便道,从而实现对原有路面宽度的拓展,同时酌量添建过街支沟,便于路面雨水顺其流入两侧暗沟,如较早实施的司法部街、朝阳门大街、东四北大街、猪市大街、王府井大街、宣武门外大街等[⑤];对于较宽的独立干沟,利用其线性通道的特征,进行整体盖板,使之成为一条新的道路,这其中以大明濠、龙须沟等的明改暗工程较具代表性,由于工程量大、当局经费有限,这类工程往往分段进行并持续数年时间。

①见《内务部呈筹办疏浚京师前三门护城河工程计画并测量水平、改良沟渠、厘定管理河道办法各情形文并批令》,《市政通告(旬刊)》1915年第23期。

②见京都市政公所:《京都市政汇览》,京华印书局,1919年。

③京都市政公所:《京都市政汇览》,京华印书局,1919年。

④《内务部呈筹办疏浚京师前三门护城河工程计画并测量水平、改良沟渠、厘定管理河道办法各情形文并批令》,《市政通告(旬刊)》1915年第23期。

⑤见《整理内外城马路计划》,《市政通告(季刊)》1921年第3期。

### 1. 大明濠工程

大明濠为纵贯北京内城西部的明沟,为西城各暗沟之总渠,北起西直门大街横桥,经马市桥、太平桥,于象坊桥水闸处汇入前三门护城河,全长约5.6千米。1919年,市政公所拟将其全线改为圆形砖质暗沟,并在其上盖筑马路。市政公所先期绘制了供施工使用的总平面及纵断面图纸,同时计划分期推进,从最北端的横桥至马市桥约2千米的区段开始,约需费用8.2万元,并商请内务部补助所需费用的三分之二[①]。当年底及次年即相继修筑了祖家街至石老娘胡同一小段以及祖家街至横桥段。但由于河道过长,加之经费有限,其余大部分区段的工程进展迟缓。

1921年,工程改由下游象坊桥至辟才胡同长约2.2千米的区段动工,并逐段向北修筑。经过招商,初由协成建筑公司中标承揽,标价共计6.9万元,于6月20日正式开工,以6个月为期。但因该公司擅自将工程以低价转包给其他公司,导致发生劳务纠葛,致使工程停滞2个月。[②]垒砌暗沟所使用的砖块是从皇城墙上拆下来的城砖,并灌注水泥砂浆,过街沟、漏井均照新式修砌,沟上马路宽度约13米。随后,工程进展较为迟缓,直到1926年,才开始修筑辟才胡同至马市桥段。1927年,接修马市桥至石老娘胡同西口段,土方灰土由众兴木厂承做,并全部铺成马路。石老娘胡同以北所剩段计划于一两年时间内完工。修筑过程中,市政公所与京师警察厅密切配合,涉及前期房屋征收、建筑拆除、积土清运等事宜,均由警察厅负责(图4)。[③]

大明濠工程全部完工已至1929年底。改建后的大明濠上部马路共分为六段,从南至北分别命名为南沟沿和北沟沿(各包含若干段),合称沟沿大街[④]。1925年至1936年间,沟沿大街被逐段改为石渣路(表5)。各段道路长度系根据现代地图实际量取。

(a)完工处　　　　　　　　(b)动工处　　　　　　　　(c)未动工处

图4　大明濠工程进行场景[⑤]

表5　大明濠工程情况分段统计表[⑥]

| 序号 | 区段 | 起讫点 | 沟渠竣工时间 | 改石渣路时间 | 道路长度(千米) | 道路面积(平方米) |
|---|---|---|---|---|---|---|
| 1 | 南沟沿南段 | 国会街(象坊桥)—辟才胡同 | 1921.06 | 1925.10 | 2.2 | 24182 |
| 2 | 南沟沿中段 | 辟才胡同—丰盛胡同 | 1926 | 1935.03 | 0.5 | 4032 |
| 3 | 南沟沿北一段 | 丰盛胡同—大麻线胡同 | 1926 | 1927.07 | 0.3 | 4462 |
| 4 | 南沟沿北二段 | 大麻线胡同—阜成门大街(马市桥) | 1926 | 1935.04 | 0.3 | 1617 |
| 5 | 北沟沿南段 | 阜成门大街(马市桥)—祖家街 | 1926,1929.12 | 1936.01 | 0.8 | 6069 |
| 6 | 北沟沿北段 | 祖家街—西直门大街(横桥) | 1920.10 | 1936.11 | 1.1 | 7423 |
| 合计 | | | | | 5.2 | 47785 |

①　见京都市政公所:《京都市政汇览》,京华印书局,1919年。
②　见《修建大明濠暗沟工程经过情形》,《市政季刊》1921年第4期。
③　见《修筑大明濠暗沟》,《市政月刊》1927年第17期。
④　该条道路今由南至北分别为闹市口北街、太平桥大街和佟麟阁路。
⑤　见《大明濠已动工、大明濠已完工、阜成门大街马市桥北大明濠未动工处》,《市政月刊》1926年第7期。
⑥　吴廷燮等:《北京市志稿:(一)前事志·建置志》,燕山出版社,1997年。

2.龙须沟工程

龙须沟为流经北京外城中东部的人工沟渠,凿建于明永乐年间,最初为天坛和先农坛的排水之需而建,其重要性位居南城之首,北起虎坊桥迤东,经永安桥、天桥、红桥,并与正阳门外三里河在金鱼池附近汇流,绕天坛北墙后折向东南,汇入外城南护城河,全长约6.3千米。龙须沟的养护及环境状况比大明濠有过之无不及,尤其在外城"商况日盛,居民日繁"的情况下,亟待整修疏浚。为此,市政公所遴派熟悉沟渠的技术人员进行了实地测量,并计划同样采用全线改砌暗沟的做法。经初步核算,该工程工料所需共计约20万元。由于经费不足所限,只能拟定先从较为繁华的西段,即接近香厂的永安桥至仁寿寺南的一段着手进行,"藉资局部之疏通,余俟逐渐改修或另辟适当新尾闾,以谋永逸"①。

经过市政公所的计算,龙须沟需挖土约"四千二百四十二万方",采取招募短夫并由工兵带领工作的模式。1919年,龙须沟改筑暗沟工程进行了招标,并由警察厅沟工队先行掏挖先农坛北门外沟内淤泥。②尽管如此,改筑暗沟工程一直未见进行。

1925年5月,为了敷设电车轨道之便,北京电车公司曾请求京都市政公所对龙须沟进行局部改道。工程由市政公所牵头,经过招商投标,由新兴木厂承揽施工作业任务。工程款项共计9400余元,其中市政公所补助2000元,其余7000余元由电车公司与龙须沟沿线居民共同承担,其中电车公司认捐5000元,居民出资不足部分再由电车公司额外补足。但该工程因故停工,在市政公所的要求下,电车公司对包工商进行了赔偿。③总体来看,北洋政府时期龙须沟改暗工程的计划较早,但并未取得实质性进展。

# 五、结语

民国初期,随着现代卫生科学知识在国内的不断普及,城市环境与卫生工程受到官方的高度重视并成为市政建设的重要方面,充分体现了官方对城市整体环境卫生与市民个体卫生之间的关系及其重要性的认识。作为来源于西方国家的先进做法及经验,城市卫生工程与近代西方社会形成的公共卫生观念与运动密切相关。同时,作为现代城市规划理论形成与实践的直接推动力,公共卫生运动也对中国近代城市规划的起步起到了间接作用。

在这些工程中,基于对旧有基础设施改造的沟渠整理工程,为城市卫生工程之首,并与其他市政工程具有较大的交叉程度。在沟渠工程启动之前,需要对全市沟渠及水平进行基本的调查及测量,这项基础工作需要耗费大量时间及人力财力,同时又可以为其他工程提供参考;工程进行过程中,又往往与道路改造工程相重叠,最典型的方式即为明沟改暗,这种方式既解决了沟渠的排水问题,又解决了城市交通问题,因而得到广泛应用,并逐渐与现代化道路基础设施融为一体。沟渠工程的计划及其实施,体现了北洋政府对城市和社会进行现代化改良的决心和能力。尽管受到资金短缺、政局起伏等因素的限制,一些计划未能实施,但城市卫生相关理念的不断普及和延续,为近代及后世北京的城市规划与市政建设奠定了一定基础。

---

① 见京都市政公所:《京都市政汇览》,京华印书局,1919年。

② 见《市政公所第四处函警察厅卫生处为修理龙须沟拟请饬派沟工队陶挖淤泥以便兴工由》,《市政通告(月刊)》1919年第21期;《本公所第四处函警察厅卫生处为修理城南公园龙须沟拟请饬派沟工队淘挖淤泥以便兴工由》,《市政通告(月刊)》1919年第23期。

③ 见《函北京电车公司为函催龙须沟改道工程用款该公司担任五千元之款迅即送所由》,《市政季刊》1925年第1期;《函电车公司为南城龙须沟改道函请迅将担任之款并附近居民捐款送所以便兴修由》,《市政季刊》1925年第1期。

# 近代早期皇家建筑中的西洋形式受容与发展

## ——以西苑三海为例

北京建筑大学　　王子鑫　　杨一帆　　于亿

**摘　要**：清末皇家建筑中，西洋风格和形式的受容与传播是北京近代建筑发展的源头之一，这种产生于特殊社会背景下的风格式样，随着统治阶层审美意趣和态度看法的变化，自身演变的同时也对中国近代建筑的早期发展产生了影响。本文通过西苑三海的历史资料、样式雷图档的分析比较，梳理西洋风格形式在清末皇家建筑中的演变过程，总结其发展规律和对北京近代建筑发展的影响。

**关键词**：皇家洋风建筑；西苑；集灵囿；巴洛克

## 一、引言

西方建筑文化在中国的输入与转译过程是中国近代建筑史研究的重要环节，相较于多数中国城市在近代表现出的"西方建筑文化输入—传统社会回应"的模式，北京近代早期在特殊社会背景下出现了"西方建筑文化输入—皇家二次加工—传统社会探索"的发展模式。其中间环节，即"皇家二次加工"，有两次集中的较大规模体现：首次是乾隆朝时期圆明园西洋楼建筑群的建设活动；第二次是清末光绪朝统治者对于西苑三海，尤其是集灵囿地区的一系列洋风建筑的建设。

迄今相关研究多以圆明园西洋楼建筑群的建设活动为中心展开。张复合在《圆明园"西洋楼"与中国近代建筑史》中提出"西洋楼式"的概念①及其向民间传播传统社会积极探索的行为，其在之后的著作《北京近代建筑史》中又分析了民间的典型案例。朱永春在《巴洛克对中国近代建筑的影响》中，讨论了近代早期洋风建筑形式的发展规律。贾珺《圆明园西洋楼以外景区所反映的西方影响》、周乾《雍正父子"发明"的机械风扇》、耿威《清代的西洋门》等，进行了此方面案例的研究。针对圆明园西洋楼本体建设的研究成果相对集中，如童寯《北京长春园西洋建筑》、郭奥林《清代乾隆朝营建活动研究》等。

当前对于"皇家二次加工"环节的另一次重要活动，即清末光绪朝三海地区西洋建筑的研究，多侧重于史料发掘，比较典型的如张威在《同治光绪朝西苑与颐和园工程设计研究》中全面梳理了该地区的建设历程，重点是工程设计过程史料的挖掘与讨论。杨乃济《西苑铁路与光绪初年的修路大论战》《清宫第一盏电灯安装在仪鸾殿》，涉及西苑铁路与电灯公所的建设。《摄政王载沣府第修建始末》梳理了摄政王府的建设历程。

西苑三海的西洋建筑形式受容与应用，在洋风建筑与本土民间建筑语言的转译中具有较大影响，但既有研究尚缺乏对西苑三海建筑样式及其发展特征规律的研究讨论。鉴于此，本文依据史料与样式雷图档中留存建筑图纸，重点梳理清末西苑三海地区西洋元素相关的建设活动，通过对比乾隆朝西洋楼建筑群的建设，总结清末此类建筑的发展规律。为方便论述，下文将此类建筑概述为"皇家洋风建筑"。

---

① 见张复合：《北京近代建筑史》，清华大学出版社，2004年："专指中国工匠和营造者对圆明园西洋楼建筑进行模仿和发挥，并掺杂进北京古代传统建筑装饰的样式。"

## 二、清末西苑三海地区的西洋风格元素

### (一)早期零星运用的西洋风格元素

从"康乾盛世"到"同光中兴",三海地区出现西洋建筑元素的时间跨度较大,清康熙至乾隆朝,西洋建筑元素只是零星出现,但其做法影响了同时期及此后西郊诸园的建设。

三海又称太液池,自金代始有北海及中海,明永乐年间开挖南海。西洋风格建筑得以在西苑三海地区呈现,很大程度上得益于其紧邻紫禁城,是京城内唯一的大面积水系,清初在西郊各园修建前,一直作为统治者避暑与处理政务之用,自顺治朝起至乾隆朝均有修缮。早期在西苑三海地区出现的具有代表性的西洋风格元素,是翔鸾阁二层两侧梢间悬挂西洋钟,上刻罗马数字及指针,屋脊设有相风金凤。据史料考证西洋钟应是设于康熙后期,后在圆明园慈云普度景区及清漪园文昌阁中也曾出现。[①]此后乾隆十五年的丰泽园静谷门,以西方建筑造型配合中国传统建筑尺度,通体汉白玉,洞口呈正八边形,极具雕塑感,门洞上方有匾书"静谷"二字,左右两侧白石上刻对联,周边刻浮雕。有关西洋门的设计,学界现有研究认为受到西洋钟表设计式样的影响。[②]此种式样后在西郊的养云轩、万寿寺的门中均有相似做法(图1)。

**图1　翔鸾阁、静谷门及其对西郊诸园之影响[③]**

### (二)皇家洋风建筑的风格定型——集灵囿工程的改造与设计

光绪朝西洋风格细部和装饰在三海地区多有应用,如丰泽园、监古堂、宝月楼等。中国第一历史档案馆编纂的《清代中南海档案》中留有光绪朝相关建设活动的记载(表1)。其中,皇家洋风建筑集中大规模出现在三海地区以西的"集灵囿"地块中。此地块的隶属变迁频繁[④],清末进行了地块规划设计[⑤],并对集灵囿西所房屋进行了大规模的"洋风"改造。在设计方案中,皇家洋风建筑的风格式样逐渐定型。

①　见贾珺:《圆明园西洋楼以外景区所反映的西方影响》,《建筑史》2006年第22辑。

②　见耿威:《清代的西洋门》,《建筑学报》2010年增刊2。

③　作者改绘,底图来自法国图书馆藏圆明园四十景图及网络:http://blog.sina.com.cn/s/blog_931273830102vxry.html;https://tieba.baidu.com/p/6087960048?red_tag=2824623545。

④　康熙年间,为答谢法国传教士以西药治愈康熙帝之疟疾,以中海西畔蚕池口之地赐之并命工部营建教堂(称"北堂")。北堂命运多舛,曾被拆毁重建,重建后的教堂钟楼过高以致可直接俯瞰禁苑,同治年间多次提出迁建未果。光绪年间西苑大修,以太后住址狭隘为由赎买此处地皮并将北堂迁移,进一步扩充了西苑边界并圈建围墙,将此地命名为集灵囿。宣统年间又将集灵囿划出西苑地区外,修建摄政王府。

⑤　见吴空:《中南海史迹》,紫禁城出版社,1998年。

表1 《清代中南海档案》中光绪朝西洋建筑活动一览①

| 序号 | 时间 | 西洋建筑活动档案 |
| --- | --- | --- |
| 1 | 光绪十二年十二月初六日 | 《湧德泉商人具呈承修丰泽园等洋座钟清册》 |
| 2 | 光绪十二年十二月初六日 | 《涌德泉商人恭修宝月楼西洋线法等清册》 |
| 3 | 光绪十三年三月二十五日 | 《光绪关于监古堂等殿添安鸡腿罩和洋玻璃的旨意》 |
| 4 | 光绪十四年二月二十二日 | 《光绪关于南海惇叙殿撤去隔扇改换窗户等的谕旨》 |
| 5 | 光绪十四年二月二十三日 | 《光绪关于春藕斋改安玻璃安挂灯圈的谕旨》 |
| 6 | 光绪十四年六月初九日 | 《光绪关于澄怀堂菊香书屋仪鸾殿等处装移纱厨改安玻璃的谕旨》 |
| 7 | 光绪十四年八月二十二日 | 《光绪关于春藕斋添安玻璃窝风隔断的谕旨》 |
| 8 | 光绪十五年三月初四日 | 《光绪关于照南海仪凤舸尺寸再排大船一只中海宝座船改安玻璃的谕旨》 |
| 9 | 光绪十六年四月二十二日 | 《光绪关于集灵囿宫门改安洋花式隔扇等的谕旨》 |
| 10 | 光绪十六年十月十六日 | 《光绪关于仪鸾殿添安洋玻璃的谕旨》 |
| 11 | 光绪二十八年七月二十日 | 《慈禧关于硬木桌张椅凳并西式木器安设颐年殿等处的懿旨》 |
| 12 | 光绪二十八年九月十三日 | 《慈禧关于海内新建田字洋楼在北面改建大洋楼海晏堂移此在南边建盖的懿旨》 |
| 13 | 光绪三十四年正月二十三日 | 《奉宸苑工程处传恒德厂成做涵元殿内洋琴座式的帖文》 |

由建设档案总结看,光绪朝将洋风式样集中运用在室内陈设与添安立面窗户上,多为满足使用者意趣的小规模改造。而其中《光绪关于集灵囿宫门改安洋花式隔扇等的谕旨》中,记载了一次集灵囿地区大规模的"洋风"改建工程:

光绪十六年四月二十二日总管阮进寿口传,奉旨:集灵囿宫门三间明间前后檐改安洋花式隔扇两槽……前后檐改做洋花式大窗户,东西改换洋花式窗户……西所北正房十五间,前后檐改换洋花式大窗户……明间前后檐改安洋花式大门口;东西配房各十七间前后檐改安洋花式大窗户。以上房间内檐装修,均照洋花式样成做……西所前院抱厦房七间,前后檐改换洋花式大窗户,明间前后檐改安洋花式垂头云门口。两傍添盖平台游廊,其后檐墙要洋花式砖两面透墙身……接连东西配房廊门,其前院东西房十间,改换洋花式大窗户……东南角门改安大洋式门一座。②

这次活动是此后慈禧太后西洋建筑群规划的先导,在《慈禧关于海内新建田字洋楼移在北面改建大洋楼海晏堂移此在南边建盖的懿旨》中,又记载了海晏堂及包含北侧田字仿俄馆在内的一系列洋风建设活动。现存的样式雷图档中,在集灵囿地区也出现了海晏堂及仿圆明园西洋楼的建筑做法图样,推测是受原先此地北堂的建筑风格影响,并且计划在此地兴建包括海晏堂在内的仿圆明园西洋楼式的建筑群但未得实施。③此后八国联军攻占北京,主帅瓦德西进驻西苑仪鸾殿,次年四月仪鸾殿起火烧毁,慈禧遂有机会将海晏堂修筑于仪鸾殿旧址④,海晏堂修建后也作为接见、宴请外国女宾的场所。

**(三)清末皇家洋风建筑的没落**

随着封建社会的土崩瓦解,皇家洋风建筑走向没落。摄政王府中,西洋装饰元素的出现是西苑三海地区皇家洋风建筑的尾声。

光绪三十四年溥仪继位,其父载沣被封为摄政王,十一月二十日,内阁等衙门遵旨会奏"摄政王礼节总目十六条",其中第十五条曰"邸第,拟请于中海迤西集灵囿地方,建监国摄政王府第"当即奏准。⑤次

① 中国第一历史档案馆编:《清代中南海档案》(修建篇·上),西苑出版社,2004年。

② 学界认为,此项工程据推测也是为慈禧拟在集灵囿地区建设海晏堂的前奏建筑活动。见中国第一历史档案馆:《清代中南海档案》(修建篇·上),西苑出版社,2004年。

③ 见张威:《海晏堂四题》,《圆明园》学刊第23期,2018年。

④ 有关海晏堂的修建初衷,学界意见尚不统一。普遍有两大观点:一是野史所记载慈禧太后主观意愿,怀念"太后每见此地,辄为心酸,且有现用之大殿太隘,不足以容留新年朝贺之外宾……前此宫内各殿尽中国式,西安之殿则专用西制。始定海晏堂三字而兴土木矣。"二是为敷衍讨好西方国家:"指日回銮,各国必请觐见,此次宜早定义为安,鸿章前游欧美各国,宫殿虽极崇隆,皆由小门出入,外臣皆直抵门前降舆,中朝规制宏阔,故以为不便,有一国使宣称,若将仪鸾殿已毁基址改建洋房,一切照西式办理,专为接见外臣各使,必无争论,所言亦甚有见,姑备一说,俟采择"。而从现存海晏堂的建设华丽程度似为蓄谋已久。实际上不仅建造了海晏堂一幢建筑,而是建造时,周围加建点景洋式楼与仿俄馆。抑或是几元素综合,但不会是单单地政治需求。见张威:《同治光绪朝西苑与颐和园工程设计研究》,天津大学2005年博士学位论文。

⑤ 见李鹏年:《摄政王载沣府第修建始末》,《故宫博物院院刊》1985年第3期。

年集灵囿划出西苑外,摄政王府于正月二十六日正式动工兴建。后为迎接德国皇太子来此下榻,在十洲尘静(原集灵囿西所)中新建诸多西式结构建筑,并将原有的支摘窗、隔扇、墙板替换为西洋玻璃窗,并有诸多西洋门的设计方案。西洋建筑细部装饰式样奢华,中式装饰元素与西洋花饰融合手法纯熟(图2)。即使如此,无法掩盖皇家洋风建筑没落的事实,在摄政王府建设中,实际的施工质量极其粗糙,且多出现偷工减料现象。①后由于工期与经费原因未能完全竣工,交由奉宸苑管理,民国初年改为国务院所在地。

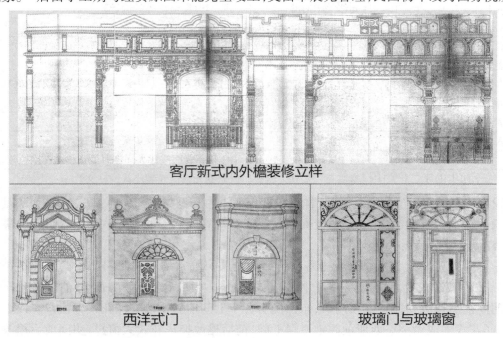

图2　样式雷图纸中部分摄政王府装修及门窗样式②

　　皇家洋风建筑的没落,并不意味着此类建筑发展的停滞。民间洋风建筑活动已然兴起,开始了本土对于西式建筑转译过程探索的新阶段。

## 三、思想与技术发展特点:乾隆朝的影响与发展

### (一)思想的转化——从猎奇、炫耀到矛盾心态

　　对于皇家洋风建筑思想转化的研究具有特殊性,不同于社会思想转化,主要源于统治者个人的意趣,极具主观性。从具体的表现上看,最早皇家以学习与尝试的态度接触,至乾隆朝,呈现出一种炫耀心态。而后由于嘉庆帝自身对西方器物的反感③,此类猎奇意义的建筑在嘉庆朝时并未得到发扬而是呈停滞状态。直至光绪朝,慈禧太后等统治阶层的个人意趣,与面对西方事物的矛盾自卑心态交织,这种心理也是当时社会对西洋事物的普遍态度。

　　统治者个人意趣以及对西洋建筑思想的态度,决定了皇家洋风建筑的设计初衷。从乾隆朝的"好大喜功"到光绪朝的"矛盾自卑",皇家洋风建筑的设计初衷呈现由"炫耀"到"模仿"的转化。论对西洋物事的喜好,以乾隆皇帝为最,但西洋建筑元素对其仅为附加装饰元素,服务于中国传统建筑体系,采取纳之而不替之的态度,无意将其发展为主流。圆明园西洋楼建筑群的建成在满足自己的喜好之余,也旨在向世界展示一个无所不能的大清国。慈禧对于外来文化的态度则较矛盾,相较乾隆皇帝对于西洋事物的猎奇心态,多有模仿之欲而无意创造。在中海建成的海晏堂,包括仿俄馆之"仿"字,本带有学习模仿的意味。究其原因,慈禧更着重青睐于西洋装饰之华美,遂将"拿来主义"结合本人意趣喜好加以实施。乾隆与慈禧的不同态度,均是西洋风格建筑以"门面性"为核心特征的思想起源。

---

　　① 20世纪70年代末,中南海曾进行过大规模修建。当时还想保留原王府中路建筑的原貌。然而房屋落架后竟发现,基础非常松散,和清代前中期夯土基础的做法相去甚远。有些柱子裂缝很大,竟用碎砖填充,用灰抹齐。

　　② 作者改绘,底图来自国家图书馆藏《样式雷图档·王公府第卷》。

　　③ 嘉庆皇帝曾有自述:"朕从来不贵珍奇,不爱玩好,乃天性所禀,非矫情虚饰。"

基于这种初衷的转变，影响了皇家洋风建筑中对于设计者的选择。乾隆朝西洋楼的规划与建筑设计是由郎世宁、王致诚、艾启蒙等西洋传教士完成，参照了西方透视画法与喷泉设计，具有纯粹的西洋巴洛克味道；在以海晏堂为核心的西苑三海西洋建筑工程中，设计则主要由样式雷家族完成。参考对象为西洋楼建筑群完成后留下的一系列洋式建筑做法，称"西洋拨浪"。

当新奇的建筑元素转化为"样式做法"而流传，便已失去其猎奇的意义，成为诸多建筑做法的选择之一。这种转化看似倒退，实际上在中国传统社会为此类建筑的传播带来了正面影响，中国的工匠开始将西洋建筑语言逐步向本土化演变并进行探索。将圆明园束之高阁的建筑样式做法得以被传统社会所接受，实现了由"阳春白雪"向"下里巴人"的受众转化。

### （二）技术接纳态度的转变——从西洋玩物到西洋设施

基于统治者对西方思想态度的转变，西方科技在清朝的接纳过程中也有差异性发展。对于西洋科技的态度经历了由康熙朝的谦逊学习至乾隆朝赏玩猎奇，发展至清末光绪朝注重实用性的过程。具体体现为乾隆朝以喷泉、风扇、钟表为核心的奇巧机械，转化为铁路、电灯、玻璃等实用设施。这些设施的发展依旧以皇家统治者的意趣为发源与导向。

西苑三海地区比较典型的相关建设活动是西苑铁路的铺设。该铁路建于光绪十四年，起点位于紫光阁以东，中海瀛秀园门，铁路穿福华门至北海，沿北海西岸直抵镜清斋，总长2.3千米。铁路所用火车车厢长约10米，空间较为狭长，容量较小，制作工艺却十分精良华丽。车厢前后各设出入口，有三级台阶，栏杆饰以西洋花装饰，车厢头部还饰以装饰性的雀替。西苑铁路的通车显然是为满足慈禧太后的个人意趣，并不承担主要的交通运输功能（图3）。[①]但西苑铁路的修建也多少是社会背景下的时代产物，实则为以李鸿章为主的"修路派"讨好慈禧的手段[②]。

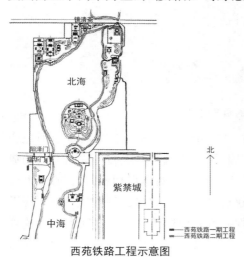

西苑铁路工程示意图　　　　　　　　　　　西苑火轮车车厢

**图3　西苑铁路工程及火车车厢**[③]
来源：此外在西苑三海地区出现的西方先进设施还有电灯与玻璃的大规模使用。在三海地区建有电灯公所，据《奉宸苑记事簿》载："南海安设电灯锅炉宜安在仪銮殿西围墙外。"电灯纯属为慈禧享用而设。后电灯公所因占据新仪銮殿选址范围，于光绪二十八年搬迁。[④]电灯一经流入颇受皇家器重，此后在集灵圃摄政王府的建造中，运用电灯达五百八十七盏。
这些先进西方科技设施的呈现体现出了晚清西方科技融入皇家意趣的趋势，但在清末这种融合还是仅仅停留在皇家。从社会阶层整体上分析，由上至下对其兴趣依次减弱乃至产生厌恶情绪。如《翁同龢记》中对西洋科技的描述中有"火轮驰鹜于昆湖，铁轨纵横于西苑，电灯照耀于禁林……历观时局，忧心忡忡"也是社会对于西洋事物矛盾心理的真实写照。

① 见杨乃济：《西苑铁路与光绪初年的修路大论战》，《故宫博物院院刊》1982年第4期。

② 朝野反对修路的人非常多，称为顽固派。积极主张修路的李鸿章看到慈禧太后犹豫不决，以西苑铁路示之。此后慈禧太后便转向修路派。

③ 作者改绘，底图来自网络：http://blog.sina.com.cn/s/blog_824e693901031iqk.html。见杨乃济：《西苑铁路与光绪初年的修路大论战》，《故宫博物院院刊》1982年第4期。

④ 杨乃济：《清宫第一盏电灯安装在仪銮殿》，《紫禁城》1983年第1期。

## 四、形式发展特点：巴洛克建筑的门面化发展

### (一)西方意趣尝试至巴洛克风格选择

早在西洋楼建筑群前，西方建筑早以哥特教堂的形式在北京传播，但并未对传统社会产生影响，在巴洛克风格呈现后，住宅、商铺方掀起大规模的模仿之风。可见在建筑设计层面，尤其是装饰的选择上，巴洛克风格是当时自上而下都易于接受的形式和式样。

圆明园西洋楼建筑群的样式风格，并不能反映乾隆皇帝对于西方建筑的风格偏好。其产生仅源于对喷泉的猎奇，建筑设计主要由郎世宁完成，乾隆本人未曾深入参与，只求做法新奇，足以彰显国力即可。实际上乾隆帝对于西方样式呈多元接纳的态度。这点反映在乾隆帝为其母将此成就绘于崇庆皇太后六旬《万寿图》及乾隆《八旬万寿盛典图》中临时搭建的西洋建筑布景上(图4)。既有西方建筑体系中古典主义的延续发展，又有哥特式教堂及透视画的影响。

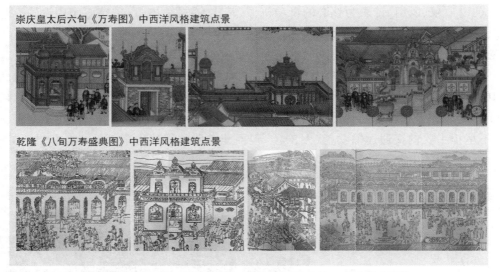

图4　崇庆皇太后六旬《万寿图》及乾隆《八旬万寿盛典图》中的西洋建筑点景①

直至光绪朝皇家统治者真正有意将其纳入中国传统体系时，才开始面对风格选择的考量。但也毫无犹疑地接纳了巴洛克风格。这种选择背后有着较为深刻的原因，哥特建筑所追求的高耸向上的动势向来不是中国传统社会所好，且在结构上既不与中国已经十分完善的传统建筑体系相容，又在施工上极具困难。况且哥特风格在北京市井的呈现形式单一，仅为宗教建筑，使得社会对其兴趣并不浓厚，而巴洛克式建筑无论是在理念还是在建筑形态上，均有很强的包容性。且与中国传统建筑之间存在某些观念形态上的暗合，如曲线的动势。②

### (二)门面化发展及多层次的装饰特点

在巴洛克形式的本土化转译中，呈现出"门面式"的发展趋向，而当时工匠们未对西方建筑空间形态进行系统的研究。在具体的装饰做法上则呈现出"多层次"。从集灵囿的洋风改造到中海海晏堂的设计方案，体现了皇家洋风建筑门面化发展由开端到成熟的过程。

在集灵囿的改造工程中，主要是在西洋门窗上大做文章。多以玻璃窗配以"洋花式"装饰。后在中海海晏堂的设计中，整幢建筑仍旧为中国传统抬梁式木构架，虽然由青砖砌筑的墙体较厚，但也仅是檐柱间的填充和木构架的"外皮"。③从立面装饰来看，是对圆明园海晏堂的立面装饰进行移植与简化(图5)。而其中较为重要的几项改变：如立面的采光分隔的明显加强；书写"海晏堂"三字之牌匾以及主入口由长春园的喷泉调整为装饰桥的做法明显反映了对于功能及实用性的考量。

---

① 作者改绘，底图来自清《八旬万寿庆典》第六卷及崇庆皇太后六旬《万寿图》。

② 见朱永春：《巴洛克对中国近代建筑的影响》，《建筑学报》2000年第3期。

③ 见梁思成：《中国建筑史》，载吴良镛主编：《梁思成全集》第四卷，中国建筑工业出版社，2001年。

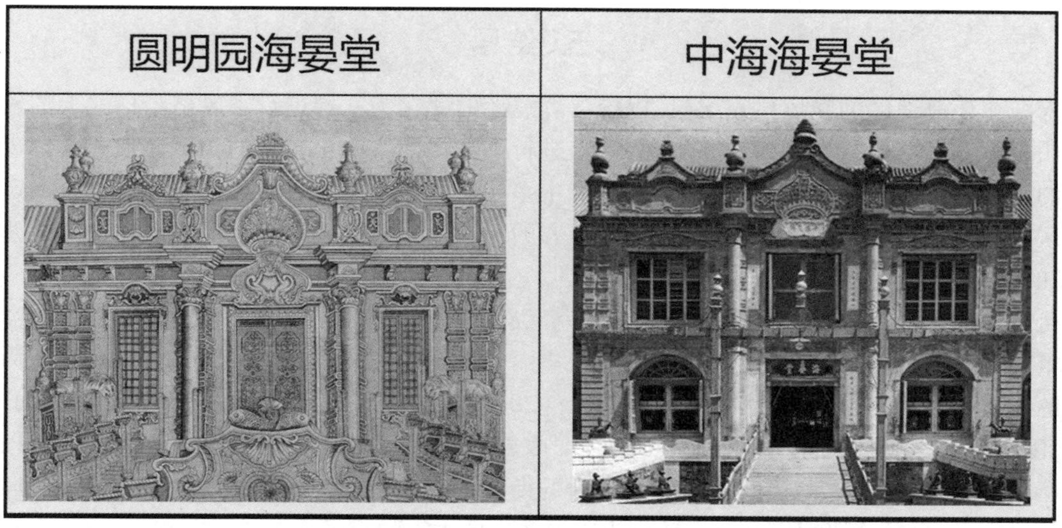

| 圆明园海晏堂 | 中海海晏堂 |
|---|---|

图5　圆明园海晏堂与中海海晏堂之立面比较①

对于门面性，皇家洋风建筑最显著的装饰特点就是多层次的表现：在中国传统建筑体系下，采用巴洛克式的立面装饰手法，又在最细微处饰以基于主人意趣的中国传统装饰元素。中国工匠能驾轻就熟地在巴洛克中揉入传统建筑细部纹饰。这点在乾隆朝西洋楼的建设中已见端倪，西苑三海的建设活动中融合地更为成熟。如摄政王府栏杆的设计图样中，整体采取洋式铁栏杆的做法，但在上方分隔中采取如"寿字纹"和象征多福的"蝙蝠"图案相间的做法。在客厅内外檐的装修设计中，断裂的山花是巴洛克建筑的典型特征，而又在立柱与檐枋的设计中饰以中国传统花卉及貔貅的装饰（图6）。

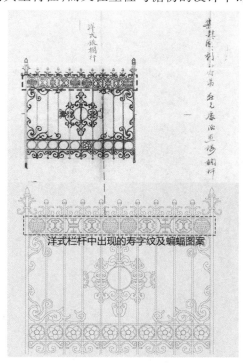

洋式栏杆中出现的寿字纹及蝙蝠图案

客厅外檐装饰中出现的中式花卉及貔貅的装饰图案

图6　摄政王府中多层次的装饰手法②

这种分层次的建筑装饰手法也完美地符合了民间房屋主人的审美需求，既对巴洛克新奇的建筑造型青睐，又可在最细微之处表达个人的审美喜好，成为市井中商铺招揽顾客，住宅追求新奇的最佳选择。主要体现在巴洛克门坊中融入繁缛的中国传统装饰纹样，典型案例如大栅栏瑞蚨祥绸布庄、农事试验场大门等。

---

① 作者改绘，底图来自圆明园西洋楼透视图铜版画及网络：https://xw.qq.com/cmsid/20210107A0GEXC00?f=newdc。
② 作者改绘，底图来自国家图书馆藏《样式雷图档·王公府第卷》。

# 五、结语

清末西苑三海地区的洋风皇家建筑,以统治者意趣的变化为主导进行了风格与样式上的发展。以模仿圆明园西洋楼的样式做法为核心思想,并且进行了大规模本土化转译的尝试。形式上体现为立面设计中的巴洛克式门面化转变,以及在细部装饰中多层次的与本土建筑元素融合。这种特征定型于集灵囿地区西洋建筑群的改造,以及以海晏堂为核心的西洋建筑群的设计中,骨子里带有"中体西用""中道西器"的遗传基因。①

西苑三海地区西洋风格建筑之所以具有研究意义,在于其较为完整地体现出了圆明园西洋楼建筑在国人审美意趣中的形式转化过程,将圆明园中华丽的西洋楼建筑群设计由"空中楼阁"发展为可供人们使用的物质空间形态,自上而下为大众接受。自20世纪末,北京地区"洋式楼房","洋式门面"如雨后春笋,酝酿出光宣以来建筑界的大混乱的局面。②由于三海地区皇家洋风建筑的门面化发展,以致其虽然是由皇家主导,实际上在与民间洋风建筑行为的衔接上毫无困难。尤其体现在商业建筑的店面与富有人家的住宅中,只是慈禧太后的意趣转化为店铺及房屋主人的意趣。

梳理出西苑三海西洋建筑发展的脉络可以为其民间传播提供线索与依据。将"西方建筑文化输入—皇家二次加工—传统社会探索"的独特一脉中的关键环节切入研究探讨。本文有待在进一步的研究中探讨近代早期民间市井典型的洋风建筑,以及其主人的审美意趣,从而完善近代早期洋风建筑的民间传播环节。在相对复杂庞大的中国近代建筑史研究体系中,由建筑形态把握发展脉络,从而找寻发展过程中的缺失环节,并以此切入的研究方法也可为厘清该类别建筑发展规律提供参考,为中国近代建筑价值评估中的历史价值与艺术价值提供依据。

---

① 见侯幼彬:《文化碰撞与"中西建筑交融"》,《华中建筑》1988年第3期。

② 见张复合:《北京近代建筑史》,清华大学出版社,2004年。

# 20世纪上半叶中国建筑设计的现代性变迁*

山东建筑大学 张炜

摘 要：19、20世纪之交，以木构架为基础、承载着旧礼制文化的中国传统建筑体系在西方建筑艺术理念的冲击下发生了巨大改变，中西两大建筑体系以中国建筑艺术全面向西方靠近作为"现代性"实践语境，先后经历了冲突、融合与语言演变的几个阶段。通过研究解读20世纪上半叶西方艺术思潮影响下中国建筑语言变化的特点，整理出特定时期中国建筑艺术演变的历史文化成因和实践价值诉求，对理清现代中国建筑语言发展的脉络，勾勒中国民族建筑文化的现代转型轨迹，在21世纪新语境下重新思考中国建筑文化传统的特点与历史价值，具有重要意义。

**关键词**：20世纪上半叶；中西文化；碰撞；建筑设计；现代性；变迁

自19世纪中叶以来，在西方工业发达国家高速发展的工业生产力与技术进步节奏中，设计师们在建筑领域不断探索着材料、结构的新形式、新趣味，随着对钢铁、混凝土和玻璃应用的日益频繁，古典建筑美学的"永恒比例"受到质疑，进入20世纪，欧洲的"新艺术运动"、美国的"芝加哥学派"，以及法德设计师对新材料的应用，使建筑的观念与形式全面摆脱了与手工业时代砖石结构相依为命的古典形式与比例，踏上了全新的"现代建筑"道路。

中国传统建筑是一套拥有五千多年历史积淀的、连续完整而又相对独立的建筑体系。19、20世纪之交，随着以变革旧文化为主题的思想文化运动大兴和西方观念与技术的大量输入，以传统抬梁式、穿斗式、井干式木构架结构为基础、承载等级旧礼制文化的中国传统建筑体系受到全面冲击。历史学家高瑞泉认为"20世纪中国出现过一个文化'断裂'，即产生了许多性质与古代文化有鲜明差别的文化现象和思想观念"[1]。与此同时，面对西方文化的冲击，中国建筑作为一个历史文化符号，也开始被极力主张保护民族文化的人们，视为与绘画、雕塑、音乐、舞蹈、文学这些精英文化品类同样的艺术样式，一改以往建筑技术被视为是工匠之术的文化成见。"我国建筑，既不如埃及式之阔大，亦不类峨特式（哥特式）之高骞，而秩序谨严，配置精巧，为吾族数千年来守礼法尚实际之精神所表示焉。"[2]这一被质疑（作为旧文化）和被重新认识（作为人文符号）的双面效应，使建筑在世纪之交的中国文化现代性追求中，成为一个深具时代敏感性的审美创作领域。

20世纪上半叶中国建筑在工程实践方面，逐渐摆脱了传统营造技术的桎梏，开始接受并使用现代材料与技术，出现了新一代建筑整合不同文脉、不同体系的异质要素而合成为适合当时现实需要的新技术形态。从建筑观念变化与建筑工程实践两条平行的既相互动、又相龃龉的演变进程看，如何把握中西建筑文化交汇中的历史情境解读与核心问题提炼，就不仅是一个关于建筑史的资料解读或现象整理课题，而是一个需要多学科、跨领域思想参与交汇、讨论的文化现代性问题研究课题。

---

* 教育部人文社会科学研究项目：20世纪上半叶中西文化碰撞下的中国建筑设计审美演变（14YJA760053）。

[1] 见高瑞泉：《中国现代精神传统》，东方出版中心，1999年。

[2] 陈池瑜：《中国现代美术学史》，黑龙江美术出版社，2000年。

539

# 一、文化冲撞中的建筑理念变革与工程实践

　　自鸦片战争及《中英南京条约》签署，外国资本主义势力相继入侵广州、上海等东南沿海城市，领事馆、教堂、银行、学校等西方建筑紧随殖民者步伐迅速遍布沿海沿江地区口岸城市并逐渐向内地传播(图1)。又由于中国传统建筑功用与现代城市新生活需求的不适应，西方的建筑学理论受到推崇。《建筑新法》《建筑图案》两部著作以及柳士英对中国传统建筑的否定，成为那个时期崇尚新风的代表作。一时间许多求变的中国学者将本国度的传统文明与西方外来的现代文明本能地放在"优胜劣汰"进化论语境中进行权衡，保守派无知的自尊和改革派盲目的崇外均成为传统建筑理念与技术步步失落的推力。19世纪60年代清政府推行"新政"，提倡"振兴工商、奖励实业"，举国上下学习西学而成风尚。1900年庚子事变之后，许多政府工程(如各地部院)皆拆掉旧有建筑营造新形象，北京新建的官方建筑几乎全盘西化，新建的校园建筑也几乎全部选择西方古典主义及带有殖民主义色彩的"券廊式"、折中主义形式风格。西式建筑在结构、功能、形式、技术等方面作为"现代"符号，成为时尚的载体。一时间大城市街面上的私家店铺兴起西洋式建筑或装饰；民宅中也添加西式细部……"人民仿佛受一种刺激，官民一心，力事改良，官工如各处部院，皆拆旧建新，私工如商铺之房有将大赤金门面拆去，改建洋式者。"①建筑行业中，几乎所有曾经接触过西方建筑学学理的人都会直言我国旧有建筑的落后以及与现实不适应性，而绝少谈论其生于斯长于斯的历史人文价值，却总检出"非科学"的方面去否定之而后快。

　　很快，当目睹第一次世界大战给欧洲带来的巨大破坏后，中国的改革者们开始冷静下来重新反思他们曾经视为追摹对象的西方文明和曾经弃若敝屣的中国传统。1919年亲历战后欧洲"惨淡凄凉"的梁启超感叹"科学万能破产"，提出用东方文化救世论改造中国，呼吁"拿西洋的文明来扩充我的文明，又拿我的文明去补助西洋的文明，叫它化合来成一种新文明。"②掀起"中西互补"中重新理解中国传统文化的思想新潮。此时，五卅惨案、"九一八事变"发生，空前的民族危机激起了中国人的忧患意识，国难当头之时能否维系中华民族的生存与文化根脉，成为高于一切的价值关怀。"普遍呼唤统一的民族精神，迅速重建价值信仰权威。"③而建筑作为民族生活的纪念碑自然是民族记忆的形象表征。"一个民族之不亡，全赖着一个民族固有艺术的不亡，所以我们要竭力把大中华的东方艺术来发扬，当今建筑师，应该负荷着这个使命。"④1915年后，民族文化反省之潮达到新高度，大批接受过西学教育的中国建筑师在作品中力求表现出中国的建筑审美品格。建筑师刘既漂曾说："模仿祖宗的遗迹虽然没有艺术价值可言，算是可以挂住保存国粹的牌子。现在强把他人的肥股当作自己的脸孔，未免太把古代文明的架子弄糟了。"⑤1931年2月，"上海市建筑协会成立大会宣言"道："赓续东方建筑技术之余荫，以新的学理，参融于旧有建筑方法，以西洋物质文明，发扬我国固有文艺之真精神，以创造适应时代要求之建筑形式。"⑥在西风东渐之"现代"强风中，又始终有一种力求即接纳西方物质文明又保持中国文化延续的强烈诉求。这其中，各种社会文化、政治力量在动荡时局中的博弈关系，繁杂而交错。而梳理并分类体现在建筑审美形式中的新现象，无疑是通过建筑审美而把握这一时段的时代潮流特征与民族文化心态的一个具体视角(图2)。

　　① 张复合：《北京近代建筑营造业》，载汪坦、张复合主编：《第四次中国近代建筑史研究谈论会论文集》，中国建筑工业出版社，1993年，第168页。

　　② 见罗荣渠：《从"西化"到现代化》，北京大学出版社，1997年。

　　③ 许纪霖：《现代文化史上的"五四怪圈"》，《文化报》1989年3月21日。

　　④ 沈麋鸣：《建筑师新论》，《时事新报》1932年11月23日。

　　⑤ 刘既漂：《中国美术建筑之过去及其未来》，《东方杂志》1930年第27卷第2期。

　　⑥《上海市建筑协会成立大会宣言(1931年2月)》，《建筑月刊》1934年4月第2期。

图1　清末上海南京路街区(来源:石砚无田城市影像)

图2　中国建筑师学会1933年年会合影①

## 二、嫁接的探索:"西式模仿式"与"符号拼合式"

建筑审美,在历史语境中往往是特定的社会形态与政治意义的象征。1901年以来,清政府在内忧外患中推行的"清末新政"和"预备立宪",提出"中学为体,西学为用",加之外国资本对中国这一巨大市场的追逐产生的资金流入及民族资本的借机兴起,都推动了中国近代建筑的发展。1907年清王朝下令建立资政院,筹建北京资政院大厦并旨意筹立地方咨议局,且要求"宜仿各国议院建筑,取用圆式,以全厅中人能彼此互见共闻为主,所有议席、演说台、速记席暨列于上层之旁听席等,皆须预备"②,1910年德国建筑师罗克格模仿柏林德国国会大厦式样设计了北京资政院大厦,我国近代建筑师孙支厦效仿法国文艺复兴时期的宫殿式建筑特点建造了清末第一个咨议局——江苏咨议局大楼。很快,这股从政府"资政"的社会政治姿态而演变出的带有鲜明西方色彩的资政建筑"西化"风,从官方建筑波及民居和商业建筑,其与租界地中的西式建筑一起,成就了中国建筑的西式模仿式。

1906年清政府在北京建造了一批如陆军部、大理院等新式官厅建筑,同时一些社会商业建筑如电灯公司大楼、工艺局陈列所、农事实验场、京师劝工陈列所、大清银行等新建筑也相继落成。在著名实业家张謇倡导下,南通从1895年到1926年间兴建了一批以新建筑理念设计的厂房、学校、博物馆、图书馆、剧场、银行等公共建筑和部分私人别墅。③尽管由于设计、施工等原因这些作品的西化风格并不纯正,但基本立足于模仿西方复古主义、折中主义建筑风格,建筑审美追求西方古典特征:注重比例尺度,讲求韵律秩序,运用西式古典柱子、严整平面、立面布局等。建筑装饰材料常选用花岗岩等石材作贴面及面层处理,门窗则直接采用西方进口式样。沈琪设计的陆军部主楼,建筑立面采用半圆券、椭圆券和尖券的西方结构造型,屋顶女儿墙和钟楼的造型采用维多利亚哥特式建筑城堡式雉堞,墙头的石狮装饰则是哥特式建筑怪兽装饰的替代品,而整座陆军部主楼的建筑局部如拱券、拱伏、拱心石、柱头、柱身、檐口等部位,却又饰以中式传统卷草、花篮、万字等砖雕,典型体现了那一时期中国新建筑相对生硬的西式模仿式特点(图3)。梁思成曾对这一时期的建筑西化风批评到:"自清末季,外侮凌夷,民气沮丧,国人鄙视国粹,万事以洋式为尚,其影响遂立即反映于建筑。"④

与引进西方建筑同时发生的另一现象,伴随引进西方现代建筑的功能主义和现实的建筑造价问题的求解指导,中西建筑手法的拼合设计流行一时。1932—1933年,随着杨廷宝拟以"中国仿古式"手法设计的国民政府外交部办公大楼改由华盖建筑事务所赵深、童寯、陈植以"经济、实用又具有中国固有形式"的所谓"现代化的中国建筑"方案所取代,中国建筑师出于将"中国古典变式"建筑形式在经济、功能和现代技术的挑战下进行净化处理的目标,逐步产生了采取局部符号拼接而形成具有现代感的简朴实用式的中国新建筑样式(图4)。

---

①《中国建筑》1993年第1卷1期。

②张复合:《中国第一代大会堂建筑》,《建筑学报》1999年第5期。

③见陈伯冲:《近代南通建筑及城市研究(1840—1947)》,清华大学1989年硕士学位论文。

④梁思成:《中国建筑史》,百花文艺出版社,1998年,第353页。

图 3　陆军部衙署主楼　沈琪设计[1]　　　　　　图 4　原南京国民政府外交部办公大楼外景　华盖建筑事务所赵深、童寯设计　1934 年[2]

　　20 世纪 30 年代中国建筑的现代化实践以及思想文化的广泛传送已达到了前所未有的高度。面临工程造价高、建造工期长等经济因素以及民众对建筑功能的新诉求等现实问题,中国第一代建筑师逐渐开始创作"现代建筑与中国建筑符号拼接的混合样式"——西方形体组合设计方法形成的现代建筑形体基础上,局部增添中国传统的建筑构件形式要素,如门楼、亭子或屋顶等局部符号拼接样式,既展现了其不同于西式建筑的风格特征,又节省了资金与工期,随之形成一种逐步兴起的实用主义设计路径。局部符号拼接式设计实例以上海市图书馆、博物馆、南京中山陵音乐台、中央体育馆(图 5)等优秀作品较为典型。随着现代建筑运动先驱对旧形式模仿的批判,建筑创新和时代精神表达成为新的主旋律。"反抗现存因袭的建筑样式;创造适合于机能性、目的性的新建筑"[3]为节省资本,既强调建筑的实用功能又能凸显其所代表的民族、民生的情怀,中国第一代建筑师再次对传统建筑装饰构件和图案加以简化,将旧有建筑的某些传统形式从建筑物载体上离析出来,作为现代建筑体量上的装饰,形成采用西方现代技术和材料、简洁造型、实用内部空间的所谓"西方的比例,中国的细部"[4]的符号拼接建筑新美学。这些建筑多为简洁的平式屋顶,立面基本采用三段式西方古典构图法则,局部添加中国传统建筑装饰元素如檐口、花格、纹饰等,以求解决实现形式追求与经济费用的矛盾。在上海,简化符号拼接的中国民族形式建筑式样甚至还应用于高层建筑设计,陆谦受与公和洋行一起合作设计的中国银行大厦成为当时外滩仅有的中国民族形式高层建筑。"一个房子既然建筑在中国,就应该多少表现点中国色彩。我们所希望的,是离开瓦顶斗拱须弥座而仍能使人一见便认为是中国的公共建筑。一般来讲,建筑师在公共建筑物外表上,能施展才能的地方,恐只在压顶墙基正门附近,或藉雕饰或藉彩色,多少点出一些中国风味。教会大学建筑式样,本系西人所创。他们喜爱中国建筑,又不知其精粹之点何在,只得认定最显著的部分——屋顶——为中国建筑美的代表。然后再把这屋顶移植在西式堆栈上。便觉得中国建筑,已步入'文艺复兴'时代。居然风行一时。这种式样,在今后中国公共建筑上,毫无疑义的应当成为过去。"[5]

---

① 赖德霖:《寻找沈琪》,https://www.sohu.com/a/198196996_696174。

② 张魁:《作为符号的斗栱》,南京艺术学院 2005 年硕士学位论文。

③ 赖德霖:《"科学性"与"民族性"——近代中国的建筑价值观》,《建筑师》第 63 期。

④ 张燕主编:《南京民国建筑艺术》,江苏科学技术出版社,2000 年,第 148 页。

⑤ 童寯:《我国公共建筑外观的检讨》,《建筑师》第 95 期。

图 5-1  杨廷宝设计 1931 年　　　　　　　图 5-2  杨廷宝设计 1931 年
图 5　南京中央体育场①

## 三、风格的转换："古典变式"与"风格演绎式"

　　20 世纪初在轰轰烈烈西学传播的同时，以梁启超、邓实、章太炎等国粹主义者主张维护传统文化地位，敦促文化救亡。这种思想成为建筑领域的"中国古典变式"兴起的重要社会基础。而耐人寻味的是，最早出现的"古典变式"建筑是由西方建筑师在中国进行的中国传统建筑形式与西方建筑文化相融合的尝试，其语境是：西方传教士在遭遇"教难"打击和"五四运动"后的非基督教运动的冲击下，所推行的天主教"中国化"和基督教的"本色化"运动。

　　无论天主教"中国化"还是基督教的"本色化"，其核心都是实现西方宗教文化与中国文化体验尽可能衔接以实现融入的用心。在此背景下，具有中国传统建筑基因特征的"宫殿式"教堂，自然而然成为西方建筑师的新宠。但真正把中国古典建筑的现代式呈现推进为一种相对成熟模式的，则是西方教会资助的大学建筑群。以加拿大何士（Shattuck & Hussey）、美国亨利·墨菲（Henry Killam Murphy）、比利时格里森（Dom Adelbert Grenight）为代表的西方科班建筑师，建造了以故宫太和殿为模仿原型的协和医院、"宫殿化定型作品"的金陵女子大学（图 6）、中国皇宫式城堡的辅仁大学等，这些建筑除了在形式上力求体现中国传统建筑的基本特征，还进行了在总体布局上结合中国传统院落和园林空间手法的尝试。客观上，这些成果为其后中国建筑师融合中西建筑的设计实践产生了深远影响，某种意义上可以说，正是这些建筑把古典变式的探索推向了定型化。其中以墨菲的贡献较为突出，他选取中国传统建筑构件——斗拱为设计媒介，把中国其他古典建筑元素巧妙糅合进西式建筑的墙体。1928 年，墨菲在《中国建筑的一次文艺复兴——在现代公共建筑中使用过去之伟大式样》一文中首度提出积极使用中国古典建筑元素于新建筑的理念，并提炼出中国古典建筑的五大要素：反曲屋顶、有序的布局、真率的构造、华丽的彩饰以及建筑各构件间的完美比例。②提出定型化的设计规范：以宫殿式歇山顶为最高型制，其次是庑殿顶；硬山顶、攒尖顶和卷棚顶则可视需要灵活运用于各类建筑；用钢筋混凝土仿制中国古典建筑的木质斗拱形态；作为西方设计师，他将中国建筑的古典式红柱按西方比例逻辑归纳为墙面处理格式；在放弃中国古典建筑入口的抱厦处理方式的同时，用西式方框架来突出建筑的主要形象，配合中国古典建筑装饰的符号运用，使建筑外轮廓与中国古典建筑风格取得视觉一致；他同时主张大量采用中国古典建筑的檐下彩画和雀替彩画等色彩手法，突出墙面外装修的中国特点……在建筑结构、构图变化中，立足以中国官式建筑为蓝本，在外部形象上尽量淡化西方建筑的视觉特征而突出中国建筑符号的视觉表征。③这些理论设计与相关建筑案例，成为后来"古典变式"建筑的教科书。

---

　　① 南京工学院建筑研究所编：《杨廷宝建筑设计作品集》，中国建筑工业出版社，1983 年。

　　② 见傅朝卿：《中国古典式样新建筑；二十世纪中国新建筑官制化的历史研究》，台北南天书局有限公司，1993 年。

　　③ 见董黎：《中国近代教会大学建筑史研究》，科学出版社，2010 年。

图6　金陵女子大学亨利·墨菲(Henry　Killam　Murphy)1923年①

　　而所谓"风格演绎式",与纪念性公共建筑、大学、教堂等的古典变式不同,是在商业化建筑中所体现的中西融合设计现象。20世纪二三十年代,中国城市建筑的商业化带来建筑文化世俗化和多元化走向,富有时代感的形式和功能、花费合理且经济适用,是这类建筑得以受欢迎的要点。正如丰子恺在《西洋建筑对话》中所言:"黄金之力与商业之道支配了资本主义社会的人心,只要从建筑上看,即可明知这变迁。前代的建筑主题是宫室,现代的建筑主题已变成商店。"②在激烈的市场竞争中,业主希望建筑表达自己对于时尚与个性的追求,要求建筑师的设计推陈出新但又不能花费太高。1930年是上海商业建筑最"蓬勃有为"③的一年,上海租界的建筑呈现出"摩天"化、"摩登"化新趋势。经济效益好、适合市场需要、外观新奇使得摩天建筑、摩登建筑成了市场上的热门货。安利公司的华懋公寓、公和洋行的汉弥尔登大厦、峻岭公寓,邬达克的四行储蓄会(图7)、上海大光明电影院,哈沙德洋行的永安公司新厦、西侨青年会,满德森的百福大楼,慕乐的渤海大楼、利华大楼等均体现出整体简洁、装饰精炼的效果,改变了城市的天际线。李欧梵在回忆旧上海风情的文章中曾描述"虽然上海的摩天大楼不及纽约的高,但它们与纽约的大楼非常相像……装饰艺术和摩天大楼的结合导致了一个古怪的美学风潮,这与城市现代性有关,因为它们所包含的精神是'又新又不同,激动人心又背离正统,以享受生活为特色,表现在色彩、高度、装饰或三者合一上'……它更意味着金钱和财富。"④

　　针对20世纪30年代盛行"摩天""摩登"的建筑商品化发展新潮,借用"三十年河东,三十年河西"这句民间谚语阐述中国建筑潮流的更替是契合历史发展现象的,当简朴实用的国际风格替代了繁缛陈旧的传统式样,"国际式"的简洁、直线构成的"现代感",一时间又成为中国建筑师追赶现代潮流的流行语。由于中国的建筑师迅速普遍接受了国际化现代建筑风格时尚、经济实用的优越性,20世纪二三十年代活跃在设计界的主要建筑师几乎都设计过所谓"国际化"的现代风格作品,如庄俊的大陆商场、孙克基妇产医院,奚福泉的浦东大厦、上海四明银行,陆谦受的虹口中国银行,华盖建筑师事务所的上海恒利银行、大上海电影院、首都饭店,沈理源的天津新华信托银行,杨廷宝的重庆美丰银行、大新百货大楼(图8),范文照的协发公寓、上海美琪大戏院,李锦沛的华业公寓、上海广东银行大楼、南京新都大戏院,等等。这一代建筑师普遍把现代建筑元素仅仅视为时尚新颖的表现形式去接纳,却很少去深入探究其背后的革命意义。1931年国华银行大厦设计师李鸿儒说:"该行新屋,为古式体,在新建之巨厦久不引用,而最普遍之垂直线为主体之式样,在欧美各国,亦采用已久……而现在欧美最新式,以平行线为主体式,适在风行,取其光线充足,及支柱易于支配……"⑤新建筑在他的理解中只是横竖线的变化。由于缺乏对现代主义建筑理论的深刻认识,在建筑师的创作中也缺乏坚定的主张,更多地表现为依照业主的不同要求提供各种不同式样的折中方案。这就导致了一个现象:尽管那一时期中国出现过不少时尚的现代建筑,但真正能称谓现代建筑师的却寥寥无几。

---

　　① Meng Collection,*Mansfield Fredman Center for East, Asian Studies*,Wesleyan University,CT;见李若水:《墨菲"适应性建筑"中的明清官式建筑元素》,《中国文化遗产》2020年第1期。

　　② 丰子恺:《西洋建筑讲话》,开明书店,1935年,第24页。

　　③ 赖德霖:《中国近代建筑史研究》,清华大学出版社,2007年,第204页。

　　④ 李欧梵:《重绘上海文化地图》,《万象》1999年。

　　⑤《国华银行兴建新屋》,《时事新报》1931年2月10日。

图7　四行储蓄会大楼　邬达克设计　1926年①

图8　大新公司　基泰工程司1936②

　　1937年日本侵华战争全面爆发,迫于战乱,西方投资者纷纷停止在华业务,抛售地产、抽撤资金,外国建筑师纷纷归国,正处勃兴期的中国建筑业除相对远离东部战乱地区的西南地区及东部的个别租界区外,基本中断了建筑业的发展。建筑师们不得不离开理想中的艺术象牙塔,投入到建造临时防空洞、军器工厂等建筑中。1945年抗战胜利后,现代主义建筑样式在欧美已成为潮流,百废待兴的中国在战后建造的有限几个主要建筑也都是外形简洁、以功能主义为原则的现代主义设计手法。如华盖建筑师事务所的美国顾问团公寓AB大楼(1945,图9)、浙江第一商业银行(1948)、上海杨树浦电业学校方案(1951)、基泰工程司的南京国际联欢社扩建(1946)、南京新生俱乐部(1947)、北京和平宾馆(1953,图10)、孙科公馆(1948),协泰洋行的上海淮阴路姚有德住宅等。与此同时,面对战争造成的民众苦难现状,中国建筑界不再停滞于现代建筑思想与民族传统建筑文化间的抉择中,期间中国建筑学界的相关人士开始注重关心民生问题,主要关注点多集中在战后重建、现代居住和城市规划问题等方面,而探讨现代住宅成为这一时期建筑界关注的焦点。建筑师的社会关怀从战前空泛的文化精神层面转入到真实的社会现实任务。梁思成提出"住者有其屋","一人一床"的理想,主张"建筑是为了大众的福利,踏三轮车的人也不应该露宿街头,必须有自己的家"。③建筑师从普世的现实需求入手,主动承担起战争结束后的国家重建,以及民众住宅建设的大量理论积累和设计实践工作。尽管这些对于饱受内战忧患的中国时局来说实施较为困难,但对中华人民共和国成立后的建筑持续发展却具有重要的指导意义。在一清二白现实国情的建筑实践中,以使用功能为出发点,追求经济合理的现代主义建筑原则彰显出其强大的生命力,从而形成了1949年以后中国现代建筑的稳步自我延续。

---

①《当上海遇上邬达克》,界面新闻影像,2017年12月14日,范剑磊摄。

② 见《对话丨看林徽因陈植等毕业于美国宾大的第一批建筑师所留下的》,澎湃新闻2018年8月20日,张崇霞供图。

③ 清华大学校史编写组:《清华大学校史稿》,中华书局,1981年。

图9　南京AB大楼　1946年①　　　　　　　　图10　北京和平宾馆杨廷宝设计　1953年②

## 四、结语

　　面对外来文化的冲击、单一地"引进西学"的兴奋之后，在国难与现代化发生龃龉的复杂心态下发生的"中体西用""中西会通""新旧调和""中国本位"等思潮，实际上骨子里都自觉或不自觉地带着"中道西器"的立场。然而，这种"道"的内涵在具体的实践语境中，又是随不同实践者的个人文化心态和社会语境变换而产生巨大的仁智差异……折中主义，往往成为对立的两种建筑观念下建筑实践话语的共同特征——因精神立场的踌躇而形成表达形式的混杂，以及徘徊于符号拼合的专业性中西冲突之中的折中。这可能是中国现代化进程中一个有相当代表性的，不仅在建筑领域才出现的文化症候。

　　① 见童明：《世界与个人——童寯先生的文化建筑观》，《建筑师》2020年。
　　② 见顾大庆：《我们今天有机会成为杨廷宝吗？一个关于当今中国建筑教育的质疑》，《时代建筑》2017年第3期。

近代建筑师、建筑机构、建筑教育与新见史料

# 天津近代建筑师事务所的运营模式和业务范围探查*

山东建筑大学 刘清越

北京建筑大学 孙艳晨

天津大学 宋昆

**摘　要**：1860年,天津开埠,西方文明随之引入。在西方城市建筑管理模式的影响下,我国近代建筑设计行业内部发生了深刻变革,建筑师和专业的建筑师事务所由此产生。本文以相关历史档案为佐证,从建筑师事务所运营模式和业务范围两个方面对天津近代建筑师事务所的情况进行探讨,明确指出了天津近代建筑师事务所在实际工程建设中所担负的职责和扮演的角色。

**关键词**：天津；近代；建筑师事务所；运营模式；业务范围

1860年第二次鸦片战争后,天津开埠,九国租界的开发建设吸引了众多西方建筑师到此从业,同时将西方现代的建筑思想、建筑技术、建筑制度等引入天津,也为天津近代建筑设计行业的转型和本土建筑师的职业化发展带来了契机。外国职业建筑师通过成立建筑师事务所,开展各类工程建设业务,率先占领了天津的建筑设计市场。直至20世纪二三十年代,中国本土第一代建筑师留学归国,最早在天津成立了独立执业的本土建筑师事务所,如华信工程司、天津基泰工程司等。中外建筑师和建筑师事务所合力推动了近代天津建筑设计行业的发展。

## 一、天津近代建筑师事务所的运营模式

天津近代的建筑师事务所的类型,按照业务范围,可以分为"设计专营型"和"地产综合型"两类；按照经营方式,又可分为"合伙经营型"和"独立经营型"两种。

### (一)"设计专营型"与"地产综合型"建筑师事务所

"设计专营型"建筑师事务所承接的业务类型单一,局限于方案设计、施工监督、测绘制图等工程建设类业务。因此,对事务所创办初期启动资金的要求较低,但对创办人员的专业程度要求较高。事务所成立后,内部雇员均围绕上述单一业务开展日常工作,无须再细分不同的业务部门。例如天津基泰工程司采用"图房"机制,按照工程设计步骤将员工划分为"设计—结构—绘图—监工"等几个工种,进行流水线作业。[①]

"地产综合型"建筑师事务所附属于更大的投资公司或开发公司,除了承担设计施工类业务以外,一般还协助承担一些母公司的地产管理类业务,如土地买卖、房屋租赁、契证托管,以及资金经营类业务,如抵押放款、信托投资和保险代理等,实现了投资开发—方案设计—施工监督—运营管理的一条龙服务。因为土地买卖获利最大,是公司的主要利润来源,因此下属的设计部门并不是公司中的核心单位。如由美国人丁家立等人创办的先农股份有限公司(Tientsin Land Investment, CO., LTD)[②]。公司最初的

---

* 国家自然科学基金资助项目(52108003)济南市哲学社会科学重点项目(JNSK21B04)。

① 见刘清越：《天津近代建筑师的职业化进程研究》,天津大学2019年博士学位论文。

② 1903年3月22日,由丁家立联合六位(胡佛、田夏礼、林德、狄更生、克森士、德瑞克)天津较有影响力的外国人士,在天津法租界紫竹林(今吉林路和承德道一带)高林洋行内创立,是天津开埠后第一家股份制房地产公司。

运作资金一是来自创始股东们原始积累的土地资源,低价购入后高价卖出①;二是发行债券②,利用资金循环的方式聚集资金,共同推动公司其他方面业务的开展。

这类公司一般下设专门的设计(工程)部,或购并专营的建筑师事务所,作为公司内部分管建筑设计类的业务部门,承接本公司或社会上的建筑设计业务。如先农公司下设的工程部(图1)雇用了两位英国建筑师——奈尔(D. Lyle)和雷德(Redd)。此外还与当时天津著名的永固工程司(Cook & Anderson Architects)、景明工程司(Hemmings & Parkin, Ltd.)、意大利籍建筑师鲍乃第(P. Bonetti)等进行联合设计。天津义品公司设计部中,除了法国建筑师门德尔松(L. Mendelssohn)和比利时建筑师沃卡特(Gustave Volckaert)外,于1909年将沙得利工程司(Charrey & Conversy Architectes)并入,成为其设计部的主体。③由于义品公司政策开明,沙得利工程司在完成公司设计项目外,仍可以本公司的名义独立对外承揽业务(图2)。④

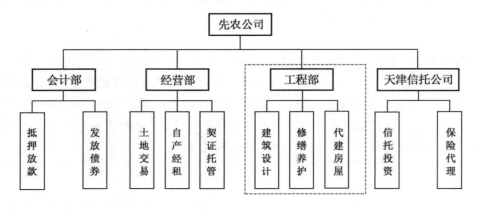

图1　先农公司部门结构图

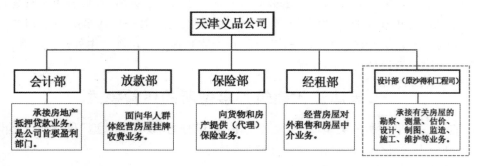

图2　天津义品公司部门结构图

### (二)"独立经营型"与"合伙经营型"建筑师事务所

"独立经营型"建筑师事务所,采取个人独资方式,公司中的少量职员皆为雇佣关系。工作关系简单,人员分级不明显,并且一人身兼多职。如盖苓美术建筑事务所(Rolf Geyling Architect & Engineer Tientsin)中,盖苓一个人几乎包揽了事务所的所有工作,从承揽业务到设计绘图。盖苓"每天几乎工作12个小时……独自完成全部图纸的绘制"⑤。中国工程司的工作情况亦如此:"那时候不分建筑和结构,什么都干,主要干土建。水、暖、电没有,谁接一个任务全部完成就成了。就是一个人从方案到施

① 如丁家立在庚子事变之前以嘉立堂名义在英、法租界等共购买了至大小土地20余块。1928年,先农公司将其中位于法租界21号路一处5亩2分的地皮(今业业场)以每亩2万两银子的高价卖给井陉煤矿买办高星桥,共收益10.4万银两的巨额利润。见尚克强、刘海岩主编:《天津租界社会研究》,天津人民出版社,1996年;周俊旗:《民国天津社会史》,天津人民出版社,2002年。

② 公司先用自身土地和房产做抵押,通过洋行向社会发行债券,从而获得资金进行土地投资,然后再将新的资产进行抵押,再次发行债券来购置土地。见赵津:《旧中国房地产业的从业人员与经营方式》,《南开经济研究》1992年第6期。

③ 见杜小辉:《天津义品公司研究》,天津大学2014年硕士学位论文。

④ 见宋昆、孙艳晨、汪江华:《亨利·查理、迈克尔·康沃西和沙得利工程司》,载张复合主编:《中国近代建筑研究与保护(十)》,清华大学出版社,2016年。

⑤ 根据2005年天津电视台对盖苓儿子弗朗西斯·盖苓的采访整理。

工图全部完成,有时候工地开工了,我们也还得照顾照顾。"①早年间本土的建筑师事务所规模相对都较小,以独立经营型居多,如在天津较负盛名的华信工程司、中国工程司都是以沈理源、阎子亨为主独立经营。

与"独立经营型"建筑师事务所相对照,"合伙经营型"建筑师事务所在组织形式上实行"合伙人制"。尤以天津基泰工程司最具现代企业运营方式和规模,由四位主要合伙人和四位初级合伙人组成。②他们分别占有不同股份,其他职员均为普通雇佣关系。

在业务分工方面,"合伙经营型"建筑师事务所分工相对比较明确。在天津基泰工程司中,关颂声、关颂坚兄弟二人利用自己深厚的社会关系和广泛的人脉,主管对外业务,即从事承揽业务、社会活动;二把手朱彬主管公司内部事务,包括财务核算、人事管理;杨廷宝和杨宽麟,作为总建筑师和总结构师,负责公司最主要的建筑设计业务和结构设计、计算,参与具体施工。

在人员管理方面,"合伙经营型"建筑师事务所采用分级管理的方式。天津基泰工程司采用四级管理模式,分为"总建筑师(主持图房)——执行建筑师(项目负责人)——普通建筑师或绘图员——监工员"。并对合伙人均采用"薪金+分红"的制度,即固定月薪和年终分红两部分。③

外国人开办的建筑师事务所多为合伙经营,一般由两个合伙人组成,或是两名建筑师,或是一名建筑师、一名结构工程师。如永固工程司的库克(Samuel Edwin Cook)和安德森(H. McClure Anderson)、景明工程司的海明斯(H. McClure Anderson)和帕克(W. G. Parkin),以及沙得利工程司的查理(Henry Charrey)和康沃西(Marcel Conversy)等。盖苓(Rolf Gelying)最初也与德籍建筑师魏迪西(Wittig. Erich)合伙承担建筑设计工作,后因魏迪西归国,盖苓才独自经营自己的事务所。

## 二、天津近代建筑师事务所的业务范围

随着天津近代建筑设计行业的发展,政府对建筑活动和建筑师执业的法制化监管日益加强,建筑师逐渐成为"包工的监督者、业主的代表人、业主的顾问和业主权利之保障者"④。在实际工程建设的每个阶段中,建筑师事务所需要履行多重职责。

### (一)主营建筑设计

近代建筑师事务所的首要职责就是为业主提供方案设计和图纸绘制。其中以建筑设计为主,兼做规划设计⑤、土木工程设计⑥、建筑测绘⑦等相关业务。在接到工程项目委托后,建筑师事务所首先委派建筑师,依照业主提出的使用要求、投资金额等对项目基地进行实地踏勘,记录相关数据。根据建筑控制线绘制地段图、地形图(图3)、方案设计图(图4、图5),编制工程预算表(图6)等工作。经过反复讨论、修改,待业主同意初步方案和工程预估价后,进行施工图的绘制(图7),并会配套制作仿真建筑模型⑧供业主参照。

---

① 赵春婷:《阎子亨与中国工程司研究》,天津大学2010年硕士学位论文。

② 初期为五位合伙人,关颂坚退出基泰工程司后,四位主要合伙人及其股份:关颂声占30%、朱彬占22%、杨廷宝占20%、杨宽麟占10%。四位初级合伙人及其股份:张镈占6%、初毓梅占5%、肖子言占4%、郭锦文占3%。见张镈:《我的建筑创作道路》,建筑工业出版社,1994年。

③ 见张镈:《我的建筑创作道路》,建筑工业出版社,1994年。

④ 梁思成:《祝东北大学建筑系第一班毕业生》,《中国建筑》1932年创刊卷。

⑤ 如1928年,华信工程司沈理源设计的北京万安公墓的规划方案。次年十月,沈理源参与了"上海市中心区域计划"社会公开征集,获得"附奖"。见沈振森:《中国近代建筑的先驱者——建筑师沈理源研究》,天津大学2000年硕士学位论文。

⑥ 如1931年,由中国工程司阎子亨设计,并承揽修建京塘公路第二座钢筋混凝土大桥——引河桥。见天津市市政工程局公路交通史编委会主编:《天津公路史略第一册(建国前部分)》,内部发行,1984年。

⑦ 如1935年,基泰工程司杨廷宝对故宫东南角楼和天坛祈年殿进行修缮、加固。1941年,基泰工程司张镈对故宫中轴线及外围文物建筑(左祖、右社、天坛、先农坛等)进行实测。见武玉华:《天津基泰工程司与华北基泰工程司研究》,天津大学2010年硕士学位论文。

⑧ 据1932年《北辰杂志》报道:在第二届中国工程师年会中,全体会员赴基泰建筑公司参观建筑模型,对于制作之精致,无不同声赞美。唯每种均附有泥人数个,其意尽欲使观者借建筑物与人体之比例,而得知实物之大小。见心:《最近在天津举行之中国工程师学会》,《北辰杂志》1932年第7期。

图3 天津树德堂平房地形图和地段图，
众成工程司①

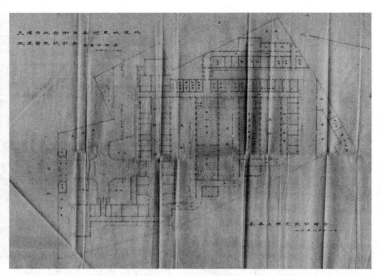

图4 天津市河东地道外医院门诊大楼方案设计图（首层平面图），基泰工程司②

图5 天津市河东地道外医院门诊大楼方案设计图（透视图），基泰工程司③

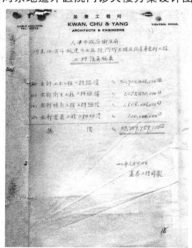

图6 天津市河东地道外医院门诊大
楼等工程供料预算总表，基泰工程司④

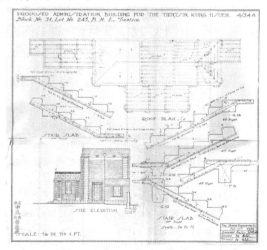

图7 天津耀华中学办公处建筑施工图（部分），中
国工程司⑤

① 天津市档案馆藏，卷号：401206800-J0090-1-003003-043-00265。
② 天津市档案馆藏，卷号：401206800-J0002-3-003034-004-00032。
③ 天津市档案馆藏，卷号：401206800-J0002-3-003034-004-00024。
④ 天津市档案馆藏，卷号：401206800-J0002-3-003034-004-00018。
⑤ 阎洗公提供，天津大学档案馆收藏。

## (二)协助施工招标

在完成业主委托的方案设计、图纸绘制后,建筑师事务所还要继续协助业主完成施工招标等后续工作。

建筑师事务所委派的建筑师将事先拟定好《工程投标(领标)须知》,包括工程种类、营造厂资质、投标要求、领标地址、开标日期等各项内容,通过多种途径进行对外宣传。有意投标的营造厂在领标后,对基地进行实地考察,提交各自对工程承包价的预估标单,建筑师便择日组织业主和各位投标人进行公开开标。开标后,依据厂商提供的工程预估价格,建筑师协助业主一同选出最终中标的营造厂。[①]

在招标过程中,建筑师事务所有时会向业主推荐自己熟悉的营造厂商。例如在1919年的天津市电话分局新建筑投标中,共有高盛泰、盛记、祥大、泰兴、协顺、宝顺隆等六家营造厂投标,设计方乐利工程师以"协顺一家承揽本处所绘之工程建筑尤多,并在天津有年,对于洋灰工艺甚有心得"为由,向交通部电政司直言"力荐此人"[②]。虽然最终投标结果暂未可知,但显而易见,在施工招标的过程建筑师事务所对营造厂的态度,对业主最终的选择有极大的影响。

## (三)代理申请许可

按照政府规定[③],在工程正式开工之前,业主必须向工务局申领营造执照。通常情况下,业主会委托建筑师事务所代替其填具申报表(图8),将图纸、委托书等相关文件一并提交于天津市工务局请领营造执照(图9),获批后方可开工。

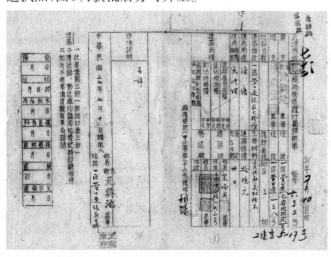

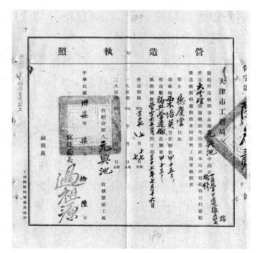

图8　天津德兴堂房屋修理营造工程请照单,幸福工程司[④]　　　图9　天津德兴堂房屋修理营造执照,幸福工程司[⑤]

## (四)进行施工监督

在施工正式开始前,建筑师事务所代替业主将起草好的《工程合同》《工程规则》《施工说明书》等相关的工程说明性文件交于施工方。在业主、建筑师事务所与营造厂对工程合同、工程规则、图纸、施工说明书等所有与工程有关的文件均无异议后,即签订正式的三方合同[⑥]后,方可开工(图10)。

---

① 一般决标方式有两种,一种为"最低标",即选择标单价格最低的营造厂;另一种为"合理标",即以建筑师给出的工程估价为底标参照,以投标人的标单价格在不高于底标价格的10%,到不低于底标的20%这一范围之内的投标价最低者为最终得标者。见徐明哲:《天津近代营造厂的转型发展和管理运营机制研究》,天津大学2018年硕士学位论文。

② 天津市档案馆藏,卷号:J0090-1-002950-013-00070。

③ 在天津华界中,申请建设许可的制度始于1903年袁世凯在开发河北新区时颁布的《开发河北新市场章程十三条》。其中第十一条规定:"该界内凡建造房屋、栈房、机器房,均须禀准工程总局,违者充公重罚。"之后,天津特别市政府于1929年2月和1930年4月,先后颁布了《天津特别市工务局给发建筑执照暂行规则》和《天津市暂行建筑规则》,将施工许可申请正式纳入官方的法律法规之中。最终,在1947年国民政府重新接管天津后,颁布了《天津市建筑规则》。其中第二章中共十七条,规定了建筑请照、查验、变革、验收等全过程内容,从而形成了一个完整、清晰的建设、使用许可申请的流程。

④ 天津市档案馆藏,卷号:401206800-J0090-1-003263-047-00173。

⑤ 天津市档案馆藏,卷号:401206800-J0090-1-003263-047-00190。

⑥ 合同条款一般由负责项目设计的建筑师拟定。具体内容通常包括工作范围、施工规则、工程造价、图样及做法说明书、注意事项、规章制度、保固责任、领款方式、设计变更问题等方面的内容,此外还需要有设计图纸、估价单、保证人的保证书等作为合同附件。见刘清越:《天津近代建筑师的职业化进程研究》,天津大学2019年博士学位论文。

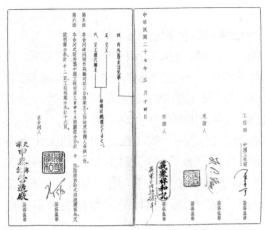

图10 天津耀华学校办公处工程合同（签字页），中国工程司①

开工后，建筑师事务所委派的建筑师或监工员前往施工现场，对施工过程进行监督、指导。②如果发现业主或营造厂在施工过程中违反建筑设计规范，擅自更改图纸计划，或施工过程中遇到突发情况，建筑师应及时指出并处理。如果对方不接受忠告，建筑师有责任如实向上级主管部门呈报，以便依法取缔、处罚。③若"建筑师疏于监督，亦属有违职守，除饬查人员，严加取缔"④，"对于承办之建筑师，轻则惩戒，重则予以取消登记证处分"⑤。

例如，"那时候（中国）工程司有大玻璃瓶子装着不同的用料，什么石料啊，都有标签。还有木料也都有标签什么的，也都有样品……到时候用什么料你必须按着这个标准，施工的时候就过去查去了，你不符合这个要求就重弄"⑥。

### （五）参与项目协调

在施工过程中，建筑师事务所还要担当业主和营造厂之间的"协调员"。"虽得业主金银上之酬劳，然不能以此而轻重其趋向，当判决一切问题之际，须秉公无私，保持高尚之地位，且不能以其个人利益使他方受重大之损失。"⑦

如在1928年基泰工程司承接的中国银行仓库项目中，因承包商顾兰记营造厂拖延工期，业主中国银行通过基泰工程司与顾兰记营造厂进行沟通。最终搞清了其拖延工期的原委，避免了双方产生不必要的误会，保证了工程的顺利进行。⑧

### （六）主持工程验收

在竣工后的验收过程中，建筑师事务所会根据合同要求，除了实际测评完成的工程量以外，还要查验实体建筑是否符合施工说明书和图纸上的规定，包括施工材料的品质、大小、数量等内容。并在之后的验收报告上详细注明，作为施工方领取工程款项的依据。

如1948年基泰工程司为新泰营造厂和天津市政府卫生局就增设市里医院拟定的合同第十六条就指出："乙方应按照本合同规定，付款期限、缮具工程进度表交由监工人签字证明，正式函请建筑师查核相符即行签发领款。"⑨

## 三、结语

20世纪初，在天津近代城市开发建设的过程中，外国商人、建筑师和土木工程师等率先开展了一系列开拓性的实践。外国人开办的建筑师事务所无论是在运营模式、组织架构，还是在建筑设计的结构形

① 阎洗公提供，天津大学档案馆收藏。

② 依照1947年颁布的《天津市建筑规则》中第二十二条规定的建筑师除应负"设计上之完全责任"外，还要"监督营造厂或业主所雇用之工人，对工作及材料应遵照图说办理。"见天津市档案馆，卷号：J0090-1-003105-034-00038。

③ 天津市档案馆藏，卷号：J0090-1-002950-039-000186。

④ 天津市档案馆藏，卷号：J0090-1-002950-039-000187。

⑤ 天津市档案馆藏，卷号：J0090-1-002950-018-000103。

⑥ 赵春婷：《阎子亨与中国工程司研究》，天津大学2010年硕士学位论文。

⑦ 中国建筑师学会：《中国建筑师学会公守戒约》，1928年，全国图书馆文献微缩中心，馆藏号：00M029586。

⑧ 顾兰记营造厂回复信函中提及造成工期延误的原因"完全是因为缺少水泥和沙子。水泥的供货商启新洋灰公司，在过去的两个月中非常不符合我们的工作要求。虽然我们安装了两台混凝土搅拌机，但期间我们仅有三天有足够的水泥来同时运作这两台搅拌器，并且在许多天内不得不停止工作。十月中旬，我们甚至派出一名工作人员去往唐山，试图自己来安排铁路以运输我们所需的水泥，但由于铁路车辆的缺乏，他无功而返……除此之外，海河的淤积对我方的沙子供应也起到了很大的阻力。没有装载轮船可以到达天津，所有货物都必须被转运到大沽当地的驳船上，这导致了许多不必要的耽搁和不方便的费用。"见天津市档案馆藏，卷号：J0161-2-000695-00082。

⑨ 天津市档案馆藏，卷号：J0002-3-003356-00001。

式、施工工艺、功能风格上，都对天津近代的建筑设计行业产生了深远的影响，为华人开设建筑师事务所提供了可效仿的模板。同时，还培养出一批熟悉西方建筑设计理念、掌握先进建造工艺的本土设计、施工人员，为天津近代建筑设计行业的快速发展提供了人才保障。

20世纪20年代，第一批本土留洋建筑师陆续学成归国，天津近代的华人建筑师正式登上历史舞台。从最初的艰难创业，多方拓展业务，到独立运营，稳健发展，再到涉足政府管理、建筑教育等多个领域，逐步引领了天津近代建筑设计行业的发展潮流。

天津近代的建筑师事务所，与同一时期国内其他开埠较早的城市，如上海和南京等地的建筑师事务所相比，虽然在整体数量、个体规模上，都有一定差距①，但是在运营模式方面，抑或业务范围方面则毫不逊色。建筑师们以建筑师事务所为载体，在艰苦实践中提升职业技能，在努力学习中完善职业素养，实现了自我的职业化成长与转变，成为新中国成立后京津乃至华北地区城市建设的主要设计力量。②

---

① 1930年至1935年，在上海市工务局登记开业的建筑师、工程师共299人。1947年至1948年间上海有349位甲等建筑师登记申请书（其中249份已核实，另100份没有查到）。见赖德霖：《中国近代建筑史研究》，清华大学出版社，2007年。

② 1949年5月，天津市人民政府工务局对全市建筑师重新开展登记注册。在申请登记开业的60多家建筑师事务所中，就有很多新中国成立前曾在天津几个大型建筑师事务所中工作过的员工。例如前基泰工程司的几名员工，虞福京等人开办了唯思奇工程司，徐延中开办了徐延中事务所，邓万雄开办了安泰工程司，关颂坚开办了关颂坚建筑师事务所等。见宋昆、刘清越、冯琳：《1949—1953年间京津地区建筑设计单位与从业建筑师》，《新建筑》2016年第5期。

# 基泰工程司战时建筑设计实践案例调查报告*

东南大学　朱镇宇　李海清

**摘　要**：本文评介了基泰工程司抗战时期设计实践的新史料——国立女子师范学院、国立贵阳医学院、昆明中央防疫处，以及军政部陆军卫生用品建造厂，初步呈现其在抗战后方基于简易建筑技术进行快速搭建的设计实践图景。通过初步的比较与分析，认为其研究价值主要体现在对建造模式影响因素——经济、交通、物产、工艺等的综合考量上。这些因素影响并制约了建筑设计的主要决策方向。

**关键词**：基泰工程司；战时建筑；建造模式；环境因素

## 一、引言

　　基泰工程司是民国时期首屈一指的大型事务所，无论是人员规模，还是完成项目的数量和质量，均无出其右，因而备受研究者关注。既往研究已对基泰工程司在华北、沪、宁、港，以及西南等地的项目多有记述，对部分重要项目展开了较深入的研究。然而，其主要研究的时间跨度为基泰工程司自 1921 年创立至 1937 年全面抗日战争爆发之前，以及 1945 年抗战结束后。至于战争期间的项目，则较少研究。如《天津基泰工程司和华北基泰工程司研究》记述 1920 年至 1937 年共计 17 年 38 个项目，以及战后共计 4 年 18 个项目，但是抗战期间仅记述了 7 个项目。如果说战时基泰在华北的项目数量受到战争，以及基泰总部内迁重庆后带走大批技术人员的影响，那么在《近代哲匠录》一书中，记述战前 17 年共 32 个项目，战时 8 年共 19 个项目，战后至 60 年代共 60 个项目。其战时项目的记述也不算丰富。而实际情况却并非如此——战争期间，后方的建筑实践活动由于大量单位和人口内迁而出现爆发性增长，只是战时建筑设计实践历来难获重视而已。这种状况随着 2016 年五卷本《中国近代建筑史》的出版而得以在一定程度上改善。

　　目前已找到基泰工程司战时在西南地区完成的四个项目的档案资料，包含建筑图纸、建筑合同、施工说明及政府公文与信函等较为翔实的资料。这四个项目分别是国立女子师范学院（以下简称"女师"）、国立贵阳医学院（以下简称"贵医"）、昆明中央防疫处（以下简称"防疫处"）、军政部陆军卫生用品建造厂（以下简称"军品厂"）。女师项目的混合设计策略研究已见刊。[1]其余三个项目中，仅贵医项目在《近代哲匠录》一书中有记载："贵阳鸡扒坎国立贵阳医学院教室、教职员宿舍、大食堂（1943.9、1944.8，关颂声设计，裕记营造厂承造）。"[2]本次调查所发掘的图纸资料是贵医的一座实验室与教室工程，另两个项目史料则是第一次较为完整地呈现在研究者面前。上述四个项目史料的建筑数据统计见表 1—表 3。

---

　　* 国家社科基金资助项目（15BZS089）。

　　① Haiqing Li & Denghu Jing. "Structural Design Innovation and Building Technology Progress Represented by a Hybrid Strategy: Case Study of the 'Wartime Architecture' in China's Rear Area during World War II", *International Journal of Architectural Heritage*, Vol.14, No.5, May 2020, pp.711-728.

　　② 赖德霖主编，王浩娱、袁雪平、司春娟编：《近代哲匠录——中国近代重要建筑师、建筑事务所名录》，中国水利水电出版社、知识产权出版社，2006 年。

表1　基泰西南战时项目:建筑结构数据①

**建筑结构数据**

| 项目 | 建筑编号 | 屋顶坡度 | 屋架 | 屋架材料 | 屋架构件间节点连接（单位:英寸） | 屋架与柱子间连接 | 屋架跨度（单位:英尺） | 中心竖杆（单位:英寸） | 上弦杆（单位:英寸） | 下弦杆（单位:英寸） | 柱子尺寸（单位:英寸） | 横向连接 |
|---|---|---|---|---|---|---|---|---|---|---|---|---|
| 贵阳国立贵阳医学院 | 教室 | 28° | 豪式 | 杉木 | 大尺寸杆件:2.5铁络子+0.5螺丝 小尺寸构件:0.5铁搭钩两面盖钉 屋架与墙柱连接:0.625螺丝 | 螺栓 | 30 | 7 | 7 | 7 | 15 | 剪刀撑+檩条 |
|  | 实验室 | 28° | 豪式 | 杉木 | 大尺寸杆件:2.5铁络子+0.5螺丝 小尺寸构件:0.5铁搭钩两面盖钉 屋架与墙柱连接:0.625螺丝 | 螺栓 | 30 | 7 | 7 | 7 | 15 | 剪刀撑+檩条 |
| 重庆国立女子师范学院 | 宿舍 | 30° | 穿斗 | 木 | 开榫穿插 | 穿插 | 21 | 均为3、4、5英寸 |  |  | 5 | 剪刀撑+檩条 |
|  | 小学教室 | 45° | 非制式人字屋架 | 楠竹 | 绑扎 | 绑扎 | 16 | 6 | 6 | 6 | 6 | 剪刀撑+横撑+檩条 |
|  | 诊疗室 | 30° | 穿斗 | 木 | 开榫穿插 | 穿斗 | 18 | 均为3、4、5英寸 |  |  | 5 | 剪刀撑+檩条 |
|  | 图书馆 | 30° | 穿斗 | 木 | 开榫穿插 | — | 16 | — | — | — | 5 | 檩条 |
|  |  |  | 豪式 | 木 | 铁件+螺丝 | 长螺栓 | 16 | 5.5 | 5.5 | 5 | 5 | 檩条 |
|  | 教室 | 30° | 穿斗 | 木 | 开榫穿插 | — | 20 | 5 | — | — | 6 | 剪刀撑+檩条 |
|  |  |  | 豪式 | 木 | 大尺寸杆件:铁络子+螺丝 小尺寸构件:扒钉 | 长螺栓 | 20 | 6.5 | 6.5 | 6.5 | 6 | 剪刀撑+檩条 |
|  | 礼堂\食堂 | 40° | 桁架 | 楠竹 | 绑扎 | — | 40 | 6 | 6 | 6 | 6 | 剪刀撑+横撑+檩条 |
| 昆明中央防疫处 | 总实验室 | 30° | 豪式变体 | 木 | 扒钉 | 推测是扒钉 | 43 | 4 | 6 | 6 | 8 | 檩条 |
|  | 血清制造所 | 30° | 豪式 | 木 | — | — | 15 | — | — | — | — | 檩条 |
|  | 手术室 | 30° | 豪式 | 木 | — | — | 24 |  |  |  |  | 檩条 |
|  | 工人宿舍 | 30° | 豪式 | 木 | — | — | 12 |  |  |  |  | 檩条 |

---

① 建筑数据根据二档馆馆藏相应建筑图纸及文字档案整理得出,经济数据经计算得出。相关档案号如下:教育部五—5399(1)、五—5399(2)、五—5381(1)、五—5381(2);内政部:一二(6)—19144、一二(6)—5710。

| 项目 | 建筑编号 | 屋顶坡度 | 屋架 | 屋架材料 | 屋架构件间节点连接（单位：英寸） | 屋架与柱子间连接 | 屋架跨度（单位：英尺） | 中心竖杆（单位：英寸） | 上弦杆（单位：英寸） | 下弦杆（单位：英寸） | 柱子尺寸（单位：英寸） | 横向连接 |
|---|---|---|---|---|---|---|---|---|---|---|---|---|
| 重庆陆军卫生用品建造厂 | 4号厂房 | 30° | 豪式 | 木 | 扒钉、长钉 | 长钉 | 30 | 5 | 5 | 5 | 5 | 剪刀撑+檩条 |
| | 5号厂房 | 30° | 豪式 | 木 | 扒钉、长钉 | 长钉 | 30 | 5 | 5 | 5 | 5 | 剪刀撑+檩条 |
| | 6号厂房 | 30° | 豪式变体 | 木 | 扒钉、长钉 | — | 18 | 5 | 5 | 5 | 5 | 檩条 |
| | 7号厂房（厕所） | — | 豪式变体 | 木 | 扒钉、长钉 | — | 11.5 | 5 | 5 | 5 | 5 | 檩条 |

注：屋架主要构件尺寸（圆形断面取直径，方形断面取短边长度）

表2　基泰西南战时项目：建筑材料与构造数据

| 建筑材料与构造数据 | | | | | | | | | |
|---|---|---|---|---|---|---|---|---|---|
| 项目 | 建筑编号 | 基础形式 | 立面围护 | 外围护厚度（单位：英寸） | 屋顶围护 | 室内地面 | 吊顶 | 室内隔断 | 窗户做法 |
| 贵阳国立贵阳医学院 | 教室 | 地基：素土夯实+灰土地<br>墙基：毛块石墙基<br>柱基：白灰三合土 | 窗台以上：5英寸厚青砖墙、抹灰沙<br>窗台以下：10英寸厚土砖墙抹灰沙<br>墙基：毛石 | 10—20 | 青瓦屋面杉木橡皮 | 门厅：灰沙地<br>教室：灰土地 | 无 | — | 木格栅窗 |
| | 实验室 | 地基：素土夯实+灰土地<br>墙基：毛块石墙基<br>柱基：白灰三合土 | 清水砖墙<br>墙基：毛石 | 10—20 | 青瓦屋面杉木橡皮 | 门厅：灰沙地<br>教室：灰土地 | 无 | 0.625英寸厚杉板墙 | 木格栅窗 |
| 重庆国立女子师范学院 | 宿舍 | 砖砌墙脚、块石柱脚 | 单竹笆抹灰墙 | — | 青瓦顶 | 白灰煤渣地 | 竹席 | 单竹笆抹灰隔墙 | 棂格糊纸窗 |
| | 小学教室 | 白灰三合土，木柱直接插入 | 单竹笆抹灰墙 | — | 草压脊、草顶 | 白灰煤渣地 | 竹席 | — | 棂格糊纸窗 |
| | 诊疗室 | —— | 单竹笆抹灰墙 | — | 抹青灰压脊、青片瓦顶 | 白灰煤渣地 | 竹席 | 单竹笆抹灰隔墙 | 棂格糊纸窗 |

| 项目 | 建筑编号 | 基础形式 | 立面围护 | 外围护厚度(单位:英寸) | 屋顶围护 | 室内地面 | 吊顶 | 室内隔断 | 窗户做法 |
|---|---|---|---|---|---|---|---|---|---|
| 昆明中央防疫处 | 图书馆 | 砖砌墙脚、块石柱脚 | 南北:双竹笆抹灰墙 山墙:单竹笆抹灰墙 | — | 青片瓦顶 | 白灰煤渣地 | 竹席 | — | 棂格糊纸窗 |
| | 教室 | 砖砌墙脚、块石柱脚 | 单竹笆抹灰墙 | — | 抹青灰压脊、青片瓦顶 | 白灰煤渣三合土地 | 竹席 | 双竹笆抹灰隔墙 | 棂格糊纸窗 |
| | 礼堂\食堂 | 条石底脚+厚石灰三合土 木柱直接埋入 | 竹席墙 | — | 草顶+草顶压脊 | 素土打实地面 | 无 | 竹席墙 | 竹窗格 |
| | 总实验室 | 碎石三合土+毛石 | 一层窗台以下为毛石墙,其上为板条墙二层窗台以上为企口板墙,墙基处有通气孔和竹篦子(冷库使用土砖墙、冷库和分装室之间为青砖墙,建筑西段使用几片10英寸厚青砖墙承托水箱、门口使用毛石墙,其他均为板条墙) | 6 | 本地筒瓦 | 木梁+木楼板(全部4英寸厚企口柯松地板,柯松踢脚) | 板条抹灰吊顶 | 板条墙 | 玻璃窗+纱窗 |
| | 血清制造所 | — | 土砖墙抹灰,本山石砌墙脚(外墙角包条石) | 12 | 本地筒瓦 | 消毒室:灰泥地 其他:4英寸厚企口柯松地板 | 抹白灰平顶 | 板条墙 | — |
| | 手术室 | — | 土砖墙抹灰,本山石砌墙脚(外墙角包条石) | 12 | 黑瓦片 | 抹洋灰地 | 抹白灰平顶 | 板条墙 | 玻璃窗 |
| | 工人宿舍 | — | 土砖墙抹灰,本山石砌墙脚(外墙角包条石) | 12 | 黑瓦片 | 灰沙地 | — | 板条墙 | 玻璃窗 |
| 重庆陆军卫生用品建造厂 | 4号厂房 | — | 单竹笆抹灰外墙 | — | 青挂瓦顶洋脊瓦杉木博风板 | 3英寸厚白灰素土地面 | 无 | 无 | 棂格糊纸窗 |
| | 5号厂房 | — | 双竹笆抹灰外墙 | — | 青挂瓦顶洋脊瓦杉木博风板 | 1英寸厚松木搭口地板 | 竹笆抹灰吊顶 | 双竹笆抹灰墙 | 棂格糊纸窗 |
| | 6号厂房 | — | 单竹笆抹灰墙 | — | 青挂瓦顶洋脊瓦杉木博风板 | 3英寸厚白灰素土地面 | 竹席吊顶 | 单竹笆抹灰墙 | 棂格糊纸窗 |
| | 7号厂房(厕所) | — | 单竹笆抹灰墙 | — | 青挂瓦顶洋脊瓦 | — | — | — | — |

表3　基泰西南战时项目：建筑经济数据

| 建筑经济数据 | | | | | | | | | | | |
|---|---|---|---|---|---|---|---|---|---|---|---|
| 项目 | 建筑编号 | 估价（单位：元） | 估价时间 | 换算系数 | 按社会购买力指数换算至1937年6月 | 建筑面积（平方英尺） | 建筑面积(㎡) | 单方造价(元\㎡) | 总造价(元) | 总建筑面积(㎡) | 项目单方造价(元\㎡) |
| 贵阳国立贵阳医学院 | 实验室 | 171011.55 | 1942.09.02 | 60.61 | 2821.74 | 2520 | 234.12 | 12.05 | 5094.93 | 468.23 | 10.88 |
| | 教室 | 377163 | 1943.09.12 | 165.92 | 2273.19 | 2520 | 234.12 | 9.71 | | | |
| 重庆国立女子师范学院 | 宿舍 | 46048 | 1941.06.20 | 15.77 | 2920.9 | 3240 | 301.01 | 9.7 | 7412.83 | 1167.61 | 6.35 |
| | 小学教室 | 14195 | | | 900.41 | 2480 | 230.4 | 3.91 | | | |
| | 诊疗室 | 9689.5 | | | 614.62 | 648 | 60.2 | 10.21 | | | |
| | 图书馆 | 17223.6 | | | 1092.52 | 1560 | 144.93 | 7.54 | | | |
| | 教室 | 13918.2 | | | 882.85 | 1280 | 118.92 | 7.42 | | | |
| | 礼堂/食堂 | 15789 | | | 1001.52 | 3360 | 312.15 | 3.21 | | | |
| 昆明中央防疫处 | 总实验室 | 55928 | 1939.03.08 | 1.86 | 30020.40 | 12900 | 1198.45 | 25.05 | 38567.90 | 1551.02 | 24.87 |
| | 血清制造所 | 13779 | | | 7396.14 | 2850 | 264.77 | 27.93 | | | |
| | 工人宿舍 | 2145 | | | 1151.37 | 945 | 87.79 | 13.11 | | | |
| 重庆陆军卫生用品建造厂 | 4号厂房 | 293870.12 | 1942.12.17 | 79.07 | 3716.58 | 3000 | 278.71 | 13.33 | 10530.68 | 565.22 | 18.63 |
| | 5号厂房 | 342433.06 | | | 4330.76 | 1875 | 174.19 | 24.86 | | | |
| | 6号厂房 | 118436.75 | | | 1497.87 | 864 | 80.27 | 18.66 | | | |
| | 7号厂房（厕所） | 77921.15 | | | 985.47 | 345 | 32.05 | 30.75 | | | |

注：估价÷换算系数＝按社会购买力指数换算至1937年6月的估价。

这批新史料显示，基泰工程司在战时亦利用简易建筑技术设计完成了多个快速搭建项目。也正是由于这批建筑的简易性和临时性，导致其实物遗存较少，几无世人关注，但这并不真的意味着它们没有研究和鉴今的价值。

## 二、基泰工程司四个项目介绍

### （一）国立女子师范学院

国立女子师范学院位于重庆经济文化比较发达的江津县（今江津市）白沙镇。"女师"于1940年5月开始筹备建校，1940年9月20日正式成立，成为国统区最高女子学府。[1]战后与四川省立教育学院合并为西南师范大学，发展至今日的西南大学。本次发掘的史料对应的项目时间为1941年，为初建以后的

---

① 见彭泳菲：《抗战时期四川江津国立女子师范学院研究》，《沧桑》2011年第2期。

扩建工程[①]，包含建筑图纸、施工说明、估价单、施工承包合同及相关政府文件等。图纸内容包含大礼堂（兼做食堂）、教室、附属小学教室、图书馆、诊疗室、宿舍、教职工浴室及厕所等。在结构方面，附属小学教室和大礼堂采用楠竹作为主要结构用材，节点以铁丝绑扎而成。大礼堂结构跨度达40英尺，为四个项目中最大者。其余建筑均以杉木为主要结构用材。其中尤为引人注意的是，作为主要教学场所的教室和图书馆，均采用混合设计策略。首先，在进深方向上，主要跨度部分采用豪式屋架，而外廊采用中国传统的穿斗式屋架的一个步架；其次，在开间方向上，室内隔墙和山墙采用了穿斗屋架，不需要隔墙的使用空间采用豪式屋架，形成较大的无柱空间；再者，屋架之间在纵深方向上使用西式剪刀撑，这也意味着部分剪刀撑的两端连接的屋架分别是穿斗式屋架和豪式屋架[②]。这不得不说是一种混合与杂糅，是近代西方技术传播进中国以后，基于地域性的传统建造技术而发生的一种适应性的技术改进。构造方面也大量使用较为简易的地域性做法，如单（双）竹笆抹灰墙、棂格糊纸窗、白灰煤渣地面等。

**（二）国立贵阳医学院**

贵医于1938年3月1日正式成立，隶属于教育部，系我国最早的9所国立高等医学院之一。本次发掘史料的项目地点位于贵阳市鸡扒坎，时间是1942—1943年，为贵医建立以后的扩建工程。[③]包含建筑图纸、施工说明、估价单、施工承包合同、相关政府文件等内容。图纸内容包含两座建筑，分别是实验室（1942年9月）和教室（1943年9月）。实验室图纸设计者署名潦草难以辨认，疑为关颂声；校正者署名亦潦草，疑为毕业于中央大学的龙希玉；而教室图纸无签名。两座建筑前后时隔一年，从形式到做法几乎如出一辙，不同处体现在教室构造做法略逊于实验室，如教室外墙为清水砖墙，而实验室外墙下部土砖有抹灰处理。实验室结构主要采用标准的豪式屋架，跨度为30英尺。屋架构件直径多为7英寸，屋架间设有剪刀撑。其构件节点连接使用了扒钉与螺栓，屋架与砖柱之间连接采用长螺栓，螺栓插入柱端并分叉，加强连接可靠性。总体上看，其材料与构造做法优于上述女师。建筑外墙的墙基为毛石砌筑，窗台以下用土砖砌筑，窗台以上用青砖。屋顶用杉木椽皮、青瓦屋面。窗户为木格栅窗户，全部门窗均用上好杉木做成盖口，地面采用灰沙地和灰土地。值得关注的是，贵医虽地处偏远[④]，却使用青砖砌筑的柱子，而其余三个项目均大量使用木柱或楠竹。

**（三）军政部陆军卫生用品建造厂**

军品厂隶属于军政部，厂址位于重庆杨公桥桥东，建筑依山而建。[⑤]项目东边为南开中学，西边为紧邻杨公河的重庆铸币厂。本次发掘到的图纸为扩建工程，包含建筑图纸、估价单、施工说明、相关政府文件等。其中图纸内容包含第四、五、六、七号这四座厂房（第七座厂房实为厂区内公共厕所），另有标注主要建筑位置的厂址地形图一张，比例为1:1000，测绘者署名为重庆大学建筑系社会服务部测量组。结构方面，军品厂建筑主要采用豪式屋架及其变体，屋架间采用剪刀撑。第四、五号厂房屋架跨度达30英尺，第六号、七号跨度分别为18英尺和11.5英尺；屋架主要构件直径为5英寸，包括上、下弦杆在内的杆件直径均如此。屋架杆件的构造连接用扒钉和长钉，屋架与柱子之间的连接用长钉；建筑外墙均采用竹笆抹灰，第四、六、七号厂房用单竹笆抹灰墙和白灰素土地面；第六号厂房外墙和内墙做法均采用双竹笆抹灰，一英寸厚松木搭口地板和棂格糊纸窗；青瓦顶，屋脊覆洋脊瓦，山墙使用杉木博风板。值得关注

① 中国第二历史档案馆藏:《国立女子师范学院校舍建筑及校舍建筑委员会拟聘委员名单》等文书，档号:五—5399(1);中国第二历史档案馆藏:国立女子师范学院校舍建筑、验收的文件图纸，档号:五—5399(2)。

② Haiqing Li & Denghu Jing. "Structural Design Innovation and Building Technology Progress Represented by a Hybrid Strategy: Case Study of the 'Wartime Architecture' in China's Rear Area during World War II", *International Journal of Architectural Heritage*, Vol.14, No.5, May 2020, pp.711–728.

③ 见中国第二历史档案馆藏:国立贵阳医学院征地建筑校舍的有关文件，档号:五—5381(1);中国第二历史档案馆藏:贵阳医学院征地建筑校舍的有关文件、工程合同图纸，档号:五—5381(2)。

④ 贵医所在地鸡扒坎，在高德地图上搜索显示在贵阳市往北70千米的息烽县境内，属于距离市区较远的地区。然彼时的"鸡扒坎"和现如今的"鸡扒坎"是否属同一个地方，还需进一步考证。而女师所在的白沙镇是川东经济文化十分发达的地区，战时物价一度高于重庆市区;防疫处所在地为滇池边，西山脚下，距离昆明火车站15千米;军品厂所在地杨公桥距离沙坪坝火车站仅1.8千米。因此，至少已经可以确认，除贵医外的其余三个项目均处于今天的城市建成区范围内，或建成区边缘地带。

⑤ 见中国第二历史档案馆藏:陆军卫生用品建造厂建筑房屋案 附预算书、预算表单、单图、蓝图、地形图，档号:一二(6)—19144。

的是,山墙屋架为豪式屋架,其下部竹笆抹灰墙须另建骨架,且采用斜撑。而女师建筑山墙则用穿斗屋架,可直接做竹笆抹灰墙,无须另立骨架。就此而言,女师的做法要更高明一些——更易于快速搭建。

### (四)中央防疫处

中央防疫处成立于1919年3月,地址位于北京天坛神乐署旧址,是我国第一个国家级防疫机构。1935年12月迁至南京,继续以生产各种生物制品为主。[①]全面抗战爆发后辗转长沙、武汉,后迁至昆明。起先借用昆华医院部分建筑,后于1939年在昆明湖(今滇池)傍西山普贤寺附近环湖公路旁,建设自用研发与生产建筑。[②]战时中央防疫处隶属于内政部卫生署,处长汤飞凡。该处于1944年制得可用于临床的青霉素制剂,对我国抗生素事业发展有深远影响。[③]值得一提的是,研制过程中受到了旅美微生物学家童村的帮助,"彼时童村大夫在美国专事青霉素之研究,恒常互相通信,获益之处,亦复不少"[④]。此童村即为近代建筑四杰之一童寯的三弟,而童寯的挚友杨廷宝为战时基泰工程司重庆总部的主持建筑师。

本次发掘史料包含建筑图纸、估价单、施工说明及相关政府文件等。图纸内容主要是总实验室、血清制造所、手术室和工人宿舍四座建筑图及总图一份。图纸右下角均有基泰工程司图签,署名潦草难以辨认,其人工号为"滇\1901",日期为1939年2月20日。总实验室为该项目中体量最大、最为重要的一座建筑(图6):一进机构大门,便可看到两层高的总实验室立于轴线端部中央,其底盘尺寸为150×43英尺。换算成米制,则占地面积约为600平方米。整体结构为石木混合结构:首层为石墙,密肋木梁楼板,上部为西式屋架置于木柱之上。屋架是由扒钉连接的豪式屋架变体,推测是专为屋顶空间通行、使用便利而设。实验室屋顶西端设有蓄水池,池下墙体用青砖砌筑,从地基开始,贯穿两层、直达顶部,承托蓄水池——蓄水池及所蓄之水的重量不由屋架及木柱承托。一层及二层的楼板均为木梁承托4英寸厚企口柯松地板。外墙部分,二层窗台以上为企口板墙,一层窗台以上为板条墙,以下则为毛石墙。由于一层楼板架空,因而墙基处设有通气孔,内置竹笆。内墙部分,实验室冷库使用土砖墙,冷库和分装室之间为青砖墙,建筑西端使用几片10英寸厚青砖墙承托蓄水池,门口使用毛石墙,其余内墙皆为板条墙。总体来看,建材组成相对同为生产建筑的军品厂来说也更为高级,如屋面用本地筒瓦、板条抹灰吊顶、玻璃窗加纱窗等。

防疫处的另两座建筑——血清制造所与战伤细菌实验所,其建筑形式、材料、结构、构造与总实验室基本相同。手术室与工人宿舍的建筑形制与工法简陋,不复赘述。

## 三、基于经济、交通、物产和工艺因素的初步研究

同一事务所,在同一时期——前后不过三四年时间内,在西南地区的三座城市所做项目,居然存在明显差异,与战前项目相比更有天壤之别,自然值得比较研究。本文试从影响建造模式的四个因素——经济、交通、物产和工艺入手,展开初步的比较分析。

### (一)地区经济发展水平对建筑设计的影响

战时国民政府为维持庞大的战争支出,大量发行法币,加剧了通货膨胀。加之西南地区涌入大量人口、机构,导致物价飞涨。自1937年6月至1945年6月,重庆零售物价指数上涨了2159倍。[⑤]因此,即便上述四个项目的实施前后不过三四年,其估价单上的数据亦不能直接比较,而须按物价指数抑或社会购买力指数换算方可比较。本研究按战时国统区社会购买力指数[⑥]将各项目单方造价换算至1937年6月的水平,则可得单方造价如下:女师6.35元,贵医10.88元,军品厂18.63元,防疫处24.87元。首先值得关

---

① 见奚霞:《民国时期的国家防疫机构——中央防疫处》,《民国档案》2003年第4期。

② 见中国第二历史档案馆藏:卫生署中央防疫处一九三九年度昆明建筑房屋临时费概算书及有关文书(内有图纸),档号:一二(6)—5710。

③ 见徐丁丁:《抗日战争时期中央防疫处的青霉素试制工作》,《中国科技史杂志》2013年第3期。

④ 见汤飞凡:《吾国自制青霉素的回顾与前瞻》,《科学世界》1949年第18卷第1—2期。

⑤ 见周春芽、蒋和胜:《中国抗日战争时期物价史》,四川大学出版社,2004年。

⑥ 本处参考《中国抗日战争时期物价史》表3—13国统区通货膨胀与物价上涨情况。但是抗战后方各地区的物价数据呈现出极大的地域差异性和时间差异性。因此本处无法进行精确计算,所得数据仅供参考。见周春芽、蒋和胜:《中国抗日战争时期物价史》,四川大学出版社,2004年。

注的是造价与地区经济发展水平的错位——女师和军品厂位于重庆,陪都经济发展水平在三座城市中首屈一指,但女师和军品厂单方造价却低于昆明和贵阳的两个项目。这是一个反常现象,只能诉诸所在地区的物产、交通、工艺等其他因素,甚至包括战争破坏烈度(如空袭强度与频度)等这类战争因素的影响;然而因样本量太少,目前尚无法排除数据的偶然性。

其次值得关注的是女师极低的单方造价:6.35元,其中体量最大的大礼堂,单方造价仅3.21元。1938年重庆建筑工人日薪在0.8—1.1元之间[1],3.21元仅够支付工人3天工资。这与当今在大城市建学校动辄接近万元的单方造价相比,简直少得可怜。而且战时白沙镇物价一度高于重庆主城区。[2]当然,更值得关注的是竹构之类的简易建筑技术做法,除去利于快速搭建之外,在经济性方面也表现出巨大潜能,可为现今自然灾害和战事频发地区应对恢复建设需求提供借鉴和参考。

**(二)地区交通运输业状况对建筑设计的影响**

战时西南地区交通受多方面因素影响。首先是地理因素,6500万年前印度洋板块与欧亚板块碰撞引起地质构造变化,将青藏与云贵地区的海拔抬升几千米;撞击同时将大陆地表挤压出一道道褶子,而西南地区便处于这些褶子之间——"蜀道难"并非空穴来风。前现代时期远程交通本就困难,如伊东忠太于1902—1905年间考察中国,认为"中国道路难行是世界闻名,道路从来不加养护……进入雨季,道路尽是泥泞"[3]。而他骑马出行,"至成都次日,此马终于呜呼哀哉"[4],可见西南地区交通困难程度,直接限制运送建材等大宗工程物资。除受自然地理条件限制之外,后方交通运输业还受战时经济统制的影响。如1940年8月经济部发文,"查目前汽车油料来源极感恐慌,关于后方用油自应极力樽节以供抗战之用。命令禁止使用汽车运送建材,一经查处,汽车扣留、物品充公"[5]。民间使用汽车运输建材竟属于违规操作,就近使用本地土产建材便是明智之举。贵阳市盛产的杉木、橡皮等材料产销两地直线距离不过数千米至数十千米间,是为就近产销,且战时建材运输主要采用板车、马驮、人力挑运等方法。[6]又如战时西康省建设大升航水力发电厂,其器材购自美国,海陆空运并举,花费18个月才运到康定,建厂费用的百分之一为采购费,其余大部为运输费。[7]可见顺应战时经济政策,考量本地区极其有限的运输条件进而使用本地建材的做法,是极合理的明智之举。例如,贵医使用大量青砖、小瓦确是基于本地较强的生产能力,而且受制于当时贵阳地区"挑、抬"等极为有限的运输能力。[8]其他几个项目是否存在类似情况有待进一步考证。

**(三)地区物产对建筑设计的影响**

本次发掘史料有趣之处在于:地处偏远的贵阳医学院大量使用青砖、青瓦这种"高级别"建材,按理说贵阳经济发展水平不及另两座城市,本不应如此,应与地区物产相关。战时贵阳年均产青砖290万块,青瓦290万片,远高于战前年均100万的产量。本地产青砖、青瓦主要销售于当地,且供应略多于市场需求。[9]这至少说明战时贵阳并不缺乏青砖、青瓦,使得贵医大量使用青砖、青瓦具备了地区物产条件支持。可见,地区物产对建筑选材的影响是存在的,甚至在交通困难的条件下说成是决定性的也不为过。

就目前掌握史料而言,除贵阳外,战时西南地区还有不少其他城市建材产量远超战前。事实上,战时西南地区建材的生产并未因受战争影响而萎缩,反而产销均大幅上涨。究其原因,主要有以下几点:①人口、机构大量内迁,导致后方建设需求量较大;②战争封锁,导致进口建材数量锐减;③空袭频发,大量城市人口疏散到附近城镇和乡村,导致基层建设量剧增[10];④政策影响,其时有实业、铁道两部会同拟

---

① 见中国第二历史档案馆藏:《战时物价特辑、战时工资问题之检讨、重庆政府战时经济之现状》,档号:四—34794。

② 见彭泳菲:《抗战时期四川江津国立女子师范学院研究》,《沧桑》2011第2期。

③ [日]伊东忠太:《中国纪行:伊东忠太建筑学考察手记》,中国画报出版社,2017年,第44页。

④ [日]伊东忠太:《中国纪行:伊东忠太建筑学考察手记》,中国画报出版社,2017年,第162页。

⑤ 中国第二历史档案馆藏:军事委员会代电经济部关于建筑材料等物品不得以汽车装运等有关文书,档号:四—13032。

⑥ 见中国第二历史档案馆藏:《贵州省各县国产建筑材料调查表》,档号:一二(6)—18723。

⑦ 见孙明经、孙健三:《定格西康:科考摄影家镜头里的抗战后方》,广西师范大学出版社,2010年。

⑧ 见中国第二历史档案馆藏:军事委员会代电经济部关于建筑材料等物品不得以汽车装运等有关文书,档号:四—13032。

⑨ 见中国第二历史档案馆藏:《贵州省各县国产建筑材料调查表》,档号:一二(6)—18723。

⑩ 见中国第二历史档案馆藏:《战时物价特辑、战时工资问题之检讨、重庆政府战时经济之现状》,档号:四—34794。

具"提倡国产材料意见案"①,国民政府亦对全国各地国产建材进行广泛调查,涉及四川、贵州、甘肃、湖南、河南、山西等省各县市②。这也从侧面反映一个事实:抗战时期的建筑活动并未萎缩,至少在位于大后方的西南地区反倒逆势上扬。

### (四)地域性工艺对建筑设计的影响

地域性工艺究竟在多大程度上发挥了影响、在多大程度上发挥了作用? 近代化的建筑设计与生产主体在多大程度上和地域性做法达成妥协? 要搞明白这两个问题,战时基泰工程司在西南的项目堪称佳例。基泰的主要合伙人与主创建筑师多毕业于宾夕法尼亚大学,接受过"布扎"体系的建筑教育。在战前华东、华北地区的建筑设计实践也多为大型公建项目,使用近代化的技术模式进行设计,使用近代化的工程模式进行施工。战时辗转千里内迁西南地区,面对这完全不同的地理、气候、物产、交通与经济条件,面对全面落后于东部沿海地区的近代化水平,以及甚至近乎处于前现代时期的客观环境。这些是否会让基泰工程司这样顶级机构的建筑师们束手无策? 而彼时发轫于刘敦桢与营造学社的、对于中国传统民居的研究才刚刚起步,建筑师们几无可能对中国传统民间营建技术获得一种全景式认知。此外,相当一批东部地区的营造厂也内迁至西南,如著名的馥记营造厂便内迁到了重庆。他们此前在东部地区使用近代化的工程模式开展建筑施工,此刻也不得不面临着和基泰工程司类似的问题了。这仿佛是瞬间穿越回清末民初:试问设计与施工该怎么进行? 答案是向当地的、传统的、民间建筑学习——这在图纸上几乎是确凿的事实了。特别是在女师项目中,采用穿斗与豪式屋架相结合等中西混合的做法即为典型例证。还有诸如女师和军品厂项目中大量采用的竹笆抹灰墙,在西南地区是常见的传统做法。又如女师大礼堂及附属小学教室,采用楠竹绑扎结构,以及大量采用的竹席吊顶、棂格糊纸窗的做法亦未见出现于业已近代化的东部沿海城市的公共建筑中。

# 四、结语

本文通过对以上四个项目档案资料的搜集与整理,初步呈现出基泰工程司战时在后方地区基于简易建筑技术进行快速搭建的设计实践图景。从地区经济、交通、物产和工艺四个角度对其建造模式选择动因进行了分析,同时借助这脱胎于传统"布扎"建筑教育背景的建筑事务所却在战时褪去一切"风格"外衣的四个实践项目,确证了经济、交通、物产、工艺等客观环境因素不可忽视的影响力,也初步揭示出近代化的建筑技术在进入后发地区时,并非只有生硬移植一种可能,而是往往基于混合策略做出本土化的调适,呈现出一种"嫁接"的状态。当然,对于这类案例和史料的研究还处于初级阶段,未来的深入研究或可产生更大意义和价值。

---

① 中国第二历史档案馆藏:《实业、铁道两部会同拟具提倡国产材料意见案(内有国产建筑工业矿业木材材料表)》,档号:一二(6)—16213。

② 见中国第二历史档案馆藏:《四川省各县国产建筑材料调查表》,档号:一二—262。

# 梁思成与1947年联合国总部大厦设计*

清华大学　王睿智

**摘　要**：梁思成于1946年致信梅贻琦校长创办清华大学建筑系，1946—1947年赴美考察西方建筑教育，并参加联合国总部大厦设计和在普林斯顿大学举办的"人类体形环境规划会议"。1949年梁思成回国后提出"体形环境"学说作为清华大学建筑系的核心建筑教育理念，这对中国近现代的建筑教育发展具有重大意义和深远影响。此前有学者对梁思成访美期间的经历有过论述，但对梁思成在联合国总部大厦设计方面的工作内容和起到的具体作用论述不详。本文聚焦梁思成1946—1947年访美期间参与联合国总部大厦设计的过程经历。结合梁思成的工作笔记与国外学者的回忆录及专著，对梁思成参与联合国总部大厦的设计过程和与西方建筑师的合作交流做了整理和论述，旨在继续深入挖掘梁思成的建筑教育思想的体系形成和近代建筑活动特征。

**关键词**：梁思成；赴美交流；联合国总部；现代建筑；建筑思想

## 一、国际环境

### （一）梁思成赴美背景

1943年10月30日，中美英苏四国在莫斯科签署决定成立普遍性的国际安全组织，这一宣言确定了成立联合国的基本原则。1947年有54个成员国委托设立联合国总部，第一任联合国秘书长特里格韦·赖伊[①]（Trygve Lie）决定任命一个国际设计委员会，任命华莱士·哈里森[②]（Wallace Harrison）作为主席和规划总监，负责组织设计一座适合联合国总部的建筑。初步设想联合国有四个主要部门：政府代表、秘书处、新闻界和公众处。[③]

1945年第二次世界大战结束，日本宣布战败投降后，南京国民政府开始收复中国主权。1946年7月31日梁思成一家结束了重庆李庄的漂泊生活[④]，乘坐飞机重新返回北平[⑤]。战后胜利带来的短暂蜜月期，使中美外交关系处在良好阶段，美国政府对中国国民政府提供了援助。联合国总部委员会向中国政府发出了邀请，希望派遣优秀建筑师来参加总部大厦的设计，梁思成接受南京国民政府教育部的委托，赴美参与联合国大厦设计以及考察"战后美国建筑教育"，研究美国大学建筑教学和城市规划等最新趋势，考察西方建筑教学的方法，并受耶鲁大学委托，讲授中国建筑和艺术。除宣扬中国传统建筑的艺术性和历史性外，梁思成还肩负着将当时欧美最新建筑理念和建筑教育模式的信息资料带回中国的重任，这些讯息将对未来中国的战后建设和建筑人才培养起到重要的参考借鉴作用。1946年10月梁思成从

---

* 本研究受国家自然科学基金（51778318）、清华大学院史研究工程资助。

① 特里格韦·赖伊（1896—1968），挪威人，联合国第一任秘书长，领导兴建了联合国大厦。

② 华莱士·哈里森（1895—1981），美国建筑师，曾任纽约联合国总部大厦设计组的总建筑师，曾设计洛克菲勒中心。

③ DUDLEY G A, *A Workshop for Peace：Designing the United Nations Headquarters*, New York, N.Y.：Cambridge, Mass.：Architectural History Foundation, MIT Press, 1994.

④ 见梁再冰、庞凌波、潘奕：《梁思成与林徽因 我的父亲母亲》，中国建筑工业出版社，2021年。

⑤ 《梁思成与林徽因 我的父亲母亲》第199页，梁再冰回忆："我们全家五人在1946年7月31日飞回阔别九年的北平……飞机在西郊机场落地时，陈岱孙先生在机场安排好了车辆接我们。"

北平途径南京前往上海,从上海乘坐达勒姆胜利号(Durham Victory)前往美国,并于1946年11月21日抵达耶鲁校园。

(二)国际设计顾问委员会的成立

1947年1月华莱士·哈里森作为主要的召集人,选择建筑师主要考虑来自不同国家和地区,代表不同的建筑文化和领域,来一起完成这个代表世界的国际性建筑。初步拟定了设计委员会需要的建筑师名单主要包括10人(表1)。

表1　联合国国际设计顾问委员会10位成员名单

| 国籍 | 建筑师 |
| --- | --- |
| 澳大利亚 Australia | 盖尔·苏勒 Gyle Soilleux |
| 比利时 Belgium | 古斯塔夫·布伦法特 Gustave Brunfaut |
| 巴西 Brazil | 奥斯卡·尼迈耶 Oscar Niemeyer |
| 中国 China | 梁思成 Liang Ssu cheng |
| 法国 France | 勒·科布西耶 Le Corbusier |
| 瑞典 Sweden | 斯文·马凯利乌斯 Sven Markelius |
| 英国 United Kingdom | 霍华德·罗伯逊 Howard Robertson |
| 乌拉圭 Uruguay | 朱利奥·维拉马约 Julio Vilamajo |
| 苏联 U.S.S.R | 尼古拉·巴索夫 Nikola Bassov |

1946年2月13日,联合国总部咨询委员会接受秘书长华莱士·哈里森的建议,将提议十人的设计委员会成员中的五人,作为首批成员进行了正式任命。分别是:尼古拉·巴索夫、勒·科布西耶、霍华德·罗伯逊、梁思成、奥斯卡·尼迈耶。

从2月17日至6月9日设计委员会共召开会议45次,整体设计周期持续长达4个月。整个会议的进程可以分为4个阶段,梁思成除中间前往耶鲁大学进行演讲和参加在普林斯顿大学举行的"人类体形环境规划"会议外,基本参与了设计的全过程,并在设计周期中与多位西方建筑师一起参与项目调研、方案讨论、设计优化、最终决议全部过程,并且适时发表自己的看法,协同多位建筑师、工程师、技术人员一起完成了这一人类近代史上标志和平的重大设计。

# 二、全过程参与联合国总部大厦的设计

(一)建设地址的选择

1945年8月16日,在日本宣布无条件投降的第二天,联合国执行委员会在伦敦威斯敏斯特教堂附近的教堂大厦召开会议,讨论选择联合国总部设立的国家地点,包括瑞士的日内瓦在内的多个地点获得了提名。但当时的历史背景下,未来世界的新重心是在美国。多个城市,如芝加哥、纽约、旧金山、丹佛、圣路易斯、迈阿密都在选择的考虑范围之内。

1945年9月联合国执行委员会经过投票在美国设点,选择气候适宜,以英语和法语为主要官方语言,具有良好的生活环境,卫生、教育和娱乐设施,经过讨论,委员会确立在美国东部,距离波士顿50—60英里内进行地段的选择。11月14日,委员会投票决定考虑在纽约、威彻斯特、费尔菲尔德、波士顿、费城和旧金山湾附近选址。

在委员会的评估选址过程中,勒·科布西耶作为法国代表委员会的一员向组委会了提交了一份《附加报告》,对委员会的评估选址很有价值(表2),并且附图建议提供了5个建设地点(图1)。

**表2　勒·科布西耶向选址组委会提交的附加报告中的建议内容**

| | 永久居民 | 临时人员 |
|---|---|---|
| 1 | 建立自然条件：阳光、空间、绿色植物 | 改善住宿的条件住宿，用公寓替换临时简单的房间 |
| 2 | 取消在住所、工作场所、娱乐场所之间的日常长途交通 | 设立俱乐部，以利于临时访客的会面 |
| 3 | 组织家庭生活，将家庭主妇从烦人的劳作中解放出来：创造卫生服务、托儿所、幼儿园、学校 | 在近距离的范围内设置体育设施 |
| 4 | 提供体育教育计划和体育设施 | 瞬间接触到一个大都市 |
| 5 | 确保房间独立隔音和独立的视野 | 最有利的全球运输 |
| 6 | 让所有人能获得知识发展 | 减少时间的损失：设想一个城市，在高度上集中，在广阔的空间里播出，眼睛和肺部将受益于自然美景和资源，在这里，头脑中的时间被掌握，掌握它，减少它，把它用起来 |
| 7 | 排除利己主义，提出个人和社区的价值观有效利用附近大都市的巨大资源 | |

后来在牵扯多方的土地购买、用地面积大小，以及财政预算等方面问题一直困扰着委员会，无法落实联合总部大厦的选址问题，甚至出现了更换纽约另选他城的提议。但是之前华莱士·哈里森设计洛克菲勒中心的业主之一纳尔逊·洛克菲勒[2]（Nelson·Rockefeller）站了出来，并提供了有效的帮助，纳尔逊·洛克菲勒在从父亲小约翰·洛克菲勒[3]（John Davison Rockefeller）得到授权情况下，将纽约东河岸第一侧大道42号至43号，43—44街区和44—45号第一大道至东河和46—47号街区东北角47号和第一大道100×100北侧47号联合车库以850万美元的价格购买下，并捐赠给联合国。这样建设用地的问题就得到了妥善的解决。

**（二）与西方建筑师的初步接触**

在设计地段确定下来后，方案的前期基本准则，例如，建筑的朝向，各使用部分建筑的面积规模，讨论成为会议初期的主要内容。梁思成在这阶段虽然发表看法意见不多，但也是按照实际情况，针对具体问题来和其他建筑师辩证讨论。

2月17日在华莱士·哈里森的主持下，设计委员会的第一次会议召开。五人设计委员会中梁思成、尼古拉·巴索夫、勒·科布西耶出席参加。

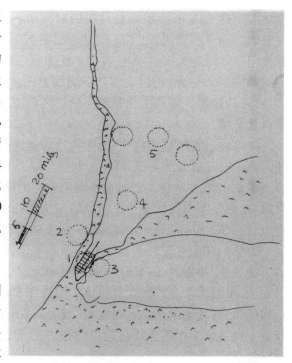

图1　勒·科布西耶提交草图给寻址委员会的建议地点[1]：1.Manhattan 曼哈顿；2.The Palisades 帕里塞兹；3.Flushing Meadow 法拉盛；4.Westchester 韦斯切斯特；5.Outlying sites 其他外围场地。

勒·科布西耶提出在开展讨论设计之前应当收集和获取建设地段相关的基本数据七项，经过讨论和协商，最终在华莱士·哈里森建议下调整收集基本信息项目为五项，内容见表3。

① DUDLEY G A, *A Workshop for Peace: Designing the United Nations Headquarters*, New York, N.Y.: Cambridge, Mass.: Architectural History Foundation, MIT Press, 1994.

② 纳尔逊·洛克菲勒（1908—1979），美国慈善家、商人、政治家，1959—1973年任纽约州州长，1974—1977年任41届美国副总统。

③ 小约翰·洛克菲勒（1874—1960），美国慈善家，标准石油公司继承人，洛克菲勒五兄弟的父亲。

表3　基本信息收集项目表

| 序号 | 勒·柯布西耶建议收集的基本信息项目 | 调整后收集基本信息项目 |
|---|---|---|
| 1 | 实地调查现场条件<br>Site conditions | 曼哈顿及其周围的城市化进程<br>urbanism of Manhattan around this site |
| 2 | 方案 program | 现场条件 Site conditions |
| 3 | 循环 circulation | 方案的需求 Program of requirements |
| 4 | 曼哈顿、东河、皇后区的城市化进程<br>urbanism of Manhattan, the East River, Queens | 循环 circulation |
| 5 | 结构,横向或纵向<br>structure-horizontal or vertical | 建筑的各项元素,他们的结构和构成<br>elements of architecture, their structure compositons |
| 6 | 建筑 details of each 元素,每一个元素的细节 architec-tural elements——with the | |
| 7 | 构成 compositons | |

　　勒·科布西耶和尼古拉·巴索夫是会议中最活跃的发言者。在勒·科布西耶发言之后,尼古拉·巴索夫也发表了自己的看法。尼古拉·巴索夫认为首先是把握住地块。地块规模是有限的,因此必须最大限度地利用这个地方。第一,让建筑的层数往上走,因此一个高层的建筑是必要的。第二,这个计划是不完整的。当下不知道,也不能指望知道一个确切的方案,因为联合国正在改变和扩大。但是这个地方,整个项目必须是美丽的,即使我们不使用整个地块。第三,来自东河的风景效果是第一位的。必须研究建筑物的阴影位置;它们应该落在周围地区,落在其他地区,而不是落在联合国。河的东边,如果好的话,可以是住房。场地南北和西边的地区必须反击。因此,最令人印象深刻的景色是来自河边,而不是来自曼哈顿。

　　梁思成也赞同尼古拉·巴索夫提到的建筑遮挡阴影的问题。梁先生谈道:"确定建筑朝向是最重要的问题冬天有最大的日照,但夏天没有。夏天下午西晒是不好的,但总的来说场地的方向是好的。主要房间应面向南方和东方。"而在谈到图书馆的建筑面积规模时,梁思成认为针对图书馆每年增长35000册藏书,应将图书馆作为一个单独的建筑来处理,便于日后规模的扩大。这和巴索夫提到的第二点,联合国会不断改变和扩大,方案不会一成不变的看法是基本一致的。

　　委员们在前几天的会议中对几项基本设计基本原则达成了一致:第一,基于其办公空间的效率和狭小的场地,秘书处必须采用高层的建筑形式。第二,最大程度的利用场地,即便不能把所有场地都使用完全,也要综合考虑场地的整体协调性和未来的弹性发展。第三,秘书处楼板的南北方向,窗墙是朝东和朝西,与场地的南北方向性一致,与东河的边界保持平行。此后就建筑内部的一些细节,委员会开始了长达数十次的会议讨论,直到3月15日的第15次会议上达成了八项设计任务指标(图2)。主要内容包括:

　　1.秘书处必须与大会、理事会会议厅和委员会会议厅密切联系;

　　2.将公众处与代表处分开设立;

　　3.新闻部在一个层面上,有一个大的公共房间,便于进入会议区;

　　4.将第42街作为入口位置,在北部,第47街设置场地入口;

　　5.秘书处的方向是南北向的,而不是东西向的;

　　6.第47街的入口必须是非常开放的感觉,要有纪念意义;

　　7.必须避开海龟湾地区;那里的基岩不是一个严重的问题,但造价会很昂贵;

　　8.所有的建筑都集中在一起是不好的,应用庭院式的分散布局。

　　在会议期间梁思成先生去参加了在普林斯顿大学举办的远东国际会议,并在耶鲁大学发表演讲。在3月7日重新回到设计委员会中,奥斯卡·尼迈耶也解决了签证问题,携夫人从巴西来到了纽约,加入了设计委员会。

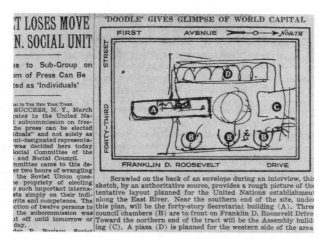

图2 纽约时报对联合国总部大厦的报道1947年3月24日①

A.40层高的秘书处；B.面向东河大道的三个理事会会议厅；C.面向北端的大会大楼；D.以及计划在该地区西侧的广场。

从3月12号的第16次会议开始，进入了初步草案阶段，在阿布拉·莫维茨、尼茨克和梁思成三人的主持协助下，设计委员会出了六个基本方案，这些方案并不归属于任何一个设计师，而是供大家作为讨论基础。随后设计师团队，就建筑角度规划、出入口、车库位置、会议厅的功能及其在建筑中的位置等问题进行分析讨论。联合国的规划人员随后确定了五个基本单位的位置，包括：秘书处大楼、大会大楼、三个理事会会议厅、代表团大楼、特别事务大楼。在此期间，梁思成还参观了摩西的建筑作品和洛克菲勒家族的慈善事业，参观了法拉盛公园和1939年纽约世博会旧址。

（三）共同开展方案创作

3月20日第22次会议开始，各个建筑师开始了个人的创作，将之前的综合研究和自己理念结合，将概念设计逐步深入到详细设计。每个人会向委员会提供一个甚至多个方案，并且被赋予一个号码，梁思成的方案被命名为24号方案（图3）。方案中梁思成并没有将秘书处大楼沿南北向布置，而是将主要立面朝向地块的内部，希望以此来为总部的内部庭院提供一定的遮阳（图4）。

图3 从东北方向看梁思成24号方案的模型②

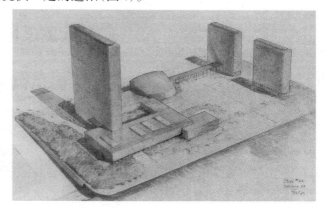

图4 梁思成24号方案的东南方向鸟瞰效果图③

从效果图中可以看出，梁思成的方案中包含了两个内院式的广场，结合低矮的裙房，被称为两院方案，在南面的中心区域包括了一个巨大的休息区。内部的法院被秘书处高大的体量所遮挡。整体布局呈现出的回廊式形态和封闭庭院空间的形态，体现了梁思成对中国传统建筑的坚持与延续。而梁思成先生也对秘书处东西朝向的布置做出了解释，出于经济预算方面的考虑，东西向的热量和阳光相对的减少，相较于南北朝向的布置，建筑的空调费用将预计减少750000美元。

---

① *New York Times*, 1947.3.24.

② DUDLEY G A, *A Workshop for Peace : Designing the United Nations Headquarters*, New York, N.Y.: Cambridge, Mass.: Architectural History Foundation, MIT Press, 1994.

③ DUDLEY G A, *A Workshop for Peace : Designing the United Nations Headquarters*, New York, N.Y.: Cambridge, Mass.: Architectural History Foundation, MIT Press, 1994.

其他建筑师也对梁思成的24号方案做出了评析。华莱士·哈里森却认为梁思成方案的问题是对秘书处大楼的定位，斯金德摩尔更是直接提出梁思成方案的东西走向，向后方的整个地段投下了阴影。尼古拉·巴索夫提出了三点设计意见，他一直在思考梁和他的祖先提出的方位问题。长条形建筑应该面向场地的长线，而不是纵向垂直切割它。从河边看到的风景应该是最有纪念意义的。南北走向更好，它将切断从河边看其他城市的景色，然后重点放在联合国上。梁思成对于在西边的43号街道的出入口设计和行人的流线设计得到了肯定。

### （四）社会对联合国大厦设计的关注

1947年4月18日，第30次会议上，《*life*》生活杂志的工作人员来到设计委员会，对总部规划办公室组织的方案审议会进行了报道和记录，梁思成多次出镜与世界各国的建筑师做着方案的深化审议。勒·科布西耶作为代表，发表了声明，向外界表达了在座的世界建筑师们会团结一致，为全人类完成这一国际标志性建筑的设计工作。在次期间纽约时报和华盛顿邮报等美国主流媒体也对此次大厦设计做了报道（图5—7）。

图5　委员会听勒·科布西耶演　图6　委员会听勒·科布西耶演讲，右3　图7　设计委员会讨论[3]
讲，前排右2为梁思成[1]　　　　为梁思成[2]

图7中从左起：斯文·马凯利乌斯、勒·科布西耶、博迪安斯基、梁思成、华莱士·哈里森、奥斯卡·尼迈耶、索尔勒、巴索夫、阿布拉莫维茨（在后）、魏斯曼、科米尔、安-托尼亚兹、诺维茨基。

# 三、大厦设计方案的诞生

## （一）筛选阶段

1947年4月21日，第31次会议上，在华莱士·哈里森的组织下，设计委员会将之前各建筑师署名编号的三十个建筑方案进行了一轮筛选淘汰。方案4—尼兹克、方案9—霍华德·罗伯逊、方案17—奥斯卡·尼迈耶、方案23—勒·科布西耶、方案27A—尼兹克、方案29—尼古拉·巴索夫、方案30—诺维茨基暂时被保留了下来，其他方案被淘汰了。4月25日，第32会议中又有建筑师提出了新的方案，分别是方案31—尼兹克、方案32—奥斯卡·尼迈耶、方案33—朱利奥·维拉马约、方案34—盖尔·苏勒、方案35—诺维茨基、方案32—奥斯卡·尼迈耶。方案中看到从第一大道到东河的简单平面保持宽阔，上面只有三个建筑，自由地站立着，第四个建筑在它们后面沿着河边低矮地躺着。

奥斯卡·尼迈耶在五天内想出的解决方案是，用他自己的话说："保持方案所要求的高大建筑；然后将议会和大会完全分开，议会在河边，大会在该地区的南边缘。这样就形成了一个巨大的联合国广场：一个大型的公民广场，这将使该地块具有必要的重要性尼迈耶在介绍方案时候表示希望是给人一种良好的感觉。"我们的想法是给整个场地一个良好的视野，以及更远的地方，尽量把建筑物放在一起，让进来的人可以看到几座建筑物，并得到它们之间的对比。把会议室和理事会会议厅放在低处，以便你可以使用一个简易的斜坡。秘书处的流通层就在停车场的上方，在它和会议厅层之间；然后是门厅层；然后是新闻部，有一个斜坡从代表或公共区域和展览室上去；你再上去一层就是餐厅。在计划中，它是简单的，与所有的会议厅都有快速的连接，并在河上开放。你想让它完成计划——把会议室放在河边，但你又想让它具有河滨公园的美感。

①②③ DUDLEY G A，*A Workshop for Peace：Designing the United Nations Headquarters*，New York，N.Y.：Cambridge，Mass.：Architectural History Foundation，MIT Press，1994.

奥斯卡·尼迈耶曾描述他的方法是首先研究一个场地空间,直到他感觉到它的性质;然后他研究在其中的建筑。他还说:"美将来自于建筑在正确的空间里!"他发现的空间是一个开放的,但又统一的,对整个场地的平扫,从第一大道和它的背景都市的悬崖干净地延伸到东河,东河将同一个平面带到长岛的海岸。有三座建筑通过他的平面升入由它清理出来的宽敞场地。两个是干净的、垂直的板块,呈直角设置,拥抱着巨大的空间。第三座是抛物线型的大会堂,在其南端独自矗立。其他会议厅的长而平的板块沿着河边低垂,就在秘书处之外,给它一个外部基线,为大会提供背景。四个简单的体量,组成一个整体,巧妙地放置在他的"正确的空间"中,场地和河流连接在一起,每个都加强了对方,实现了尊严和潜在的纪念性。

随后在多次讨论后,奥斯卡·尼迈耶的32号方案(图8)得到了大家的支持,最终和勒·科布西耶的23号方案(图9)被最终保留下来。

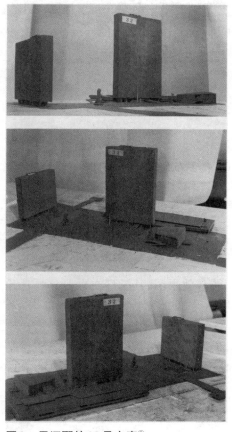

图8　尼迈耶的32号方案①　　　　　　　　　图9　勒·科布西耶的23号方案②

5月7日的第37次会议上,建筑师们已经分成了两组。一组以勒·科布西耶和奥斯卡·尼迈耶为中心,有博迪安斯基和魏斯曼;另一组是安–托尼亚兹、苏勒和哈夫里切克,由他们的前辈和发言人维拉马约领导。每次讨论都导致了对平面图和剖面图的修改,这些草图凝聚成两个新的关键方案:第一个,编号为23/32,勒·科布西耶/奥斯卡·尼迈耶小组将这两个方案合并在一起;第二个,编号为43,朱利奥·维拉马约小组将41和42这两个层面的方案融合在一起,进一步集中了设计的演变。梁思成提出应该重视联合国大楼,我们可以对方案23/32与方案43进行折中处理。这种处理方式更好的处理了高层建筑与周围低层建筑之前的关系。

(二)评审阶段

5月8日的第38次会议上,设计委员会对42号和43号方案做了最后的讨论评审。在会上多方比较了各种优劣,大家仍旧不能得到统一的意见。梁思成在谈论自己的看法时候表示"长期以来,我一直觉得42A

①② DUDLEY G A, *A Workshop for Peace：Designing the United Nations Headquarters*, New York, N.Y.: Cambridge, Mass.: Architectural History Foundation, MIT Press, 1994.

型方案是最好的。但是,我们正在重新选择该地块的北半部分,没有给代表楼足够的研究;它看起来像一个事后的想法。在这一点上,我提出了一个我可能会被杀死的话题,但是,是否有必要接受秘书处作为一个板块,我们能不能把平面图做成十字形,降低其高度和宽度,获得更好的水平和垂直流通,帮助风向支撑。并且,作为对这一点的回应,使代表楼更低。但是,我担心现在提出这个问题已经晚了"。①

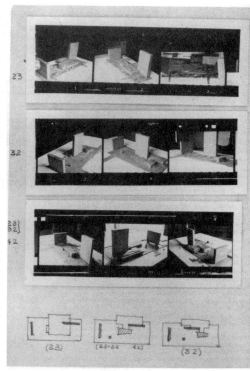

图10　勒·科布西耶的23号方案和奥斯卡·尼迈耶的32号方案被挂在了墙上,以及二者结合之后的42号方案都被挂在了设计委员会会议室的墙上①

5月14日的第41次会议中,设计委员会将方案42扩展出了42A、42B、42C等方案,重点对一些建筑的细部进行了讨论。在谈论方案时,梁思成表示:"请原谅我的坦率,但42B和42C不是同一方案的解决方案。42C方案有额外的大型第五会议室和电影院。一个或另一个是正确的。另外,42B的外观的断裂线并不快乐,有不快乐的歪斜和犄角。42C是否更令人满意?"

5月15日第42次会议。博迪安斯基的主张下新的42E方案被提出新的方案,42E沿着河边画了两层,在会议室上面有理事会;休息室在它们之间的半层,从河边向后延伸,在大会和第五会议室/电影院之间。勒·科布西耶和奥斯卡·尼迈耶等多数建筑师表达了对此方案的赞成。随后在委员会对细节的敲定之后,改进得到的42F方案获得大家的通过。

5月20日第44次会议上,在近一周的努力之后,42G方案(图11)最终呈现在设计委员的众人面前。这一最终的决议,代表了来自不同国家的建筑师们和各工程专业的人员达成了一致的结果。

设计委员会就42G方案达成一致意见;墙上挂着该方案的平面图和效果图,其模型在桌上。顺时针方向,从华莱士·哈里森开始:尼古拉·巴索夫、沃尔夫、朱利奥·维拉马约、魏斯曼、奥斯卡·尼迈耶、科米尔、诺维茨基、安-东尼亚斯、梁思成、乔治·杜德利(做记录)。

建筑师们在最后一次会议上看到的效果图给人一种对比鲜明的建筑群的感觉:大会堂、低矮的会议厅、秘书处的垂直度,一个伟大城市中心的秩序的地标。都市计划的秩序在此确立,为实现世界和平与进步的共同目标而设计的高效、健康和愉快的工作。

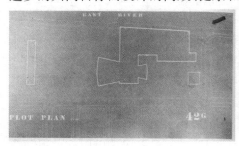
图11　42G方案总平面图②

图12　第44次会议③

图13　1954年建成的联合国总部鸟瞰图④

### (三)联合国总部大厦的设计回顾

总部的设计从早期对基本用户群的功能要求中获得了需求:代表、秘书处、新闻界和公众。适合这些用户的具体活动和角色的空间被定位为私人或联合活动,它们之间有明确的、可控的流通,为整个建筑群形成一个成功的框架。这在其组成形式的位置和体量中得到了明确的表达。

①②③ DUDLEY G A,*A Workshop for Peace:Designing the United Nations Headquarters*,New York,N.Y.:Cambridge,Mass.:Architectural History Foundation,MIT Press,1994.

④[美]斯托勒、刘宇光、郭建青:《联合国总部大厦》,中国建筑工业出版社,2001年。

奥斯卡·尼迈耶在本次设计中的表现是令人深刻的。他与其他人一样,为该建筑群的功能部件的清晰表达开辟了道路。其简洁的体量和赋予大会的独特的位置和形式,以及其对正式场地构成的自由,都使其成为当时现代建筑的一个好例子。秘书处的薄板形式是超越其最重要的高层建筑前身洛克菲勒中心的矩形形式的一个重要步骤。板式建筑也抛开了以前的摩天大楼沉重的砖石护套和穿透式围墙的做法。另一个引人注目的进步是三种形式之间的鲜明对比:板块的高效垂直,沿河的会议委员会大楼的静态水平,以及站在其他两个大楼前面的动态、雕塑般的大会堂,面向城市。该设计还违背了公认的纪念碑概念,因为它没有宏伟的方法,而且比我们预期的世界首都更非正式的开放。

实现这一初步设计的过程也是设计过程的一个最好的例子。它展示了建筑师必须经历的高度复杂的过程,从经验和先例、当前的知识和技术以及创造性的新解决方案的角度来剖析和研究客户的方案,从而形成一个新的综合设计。

梁思成也是在此次设计中与尼迈耶认识,二者互相表达了对对方的欣赏,在1963年10月,梁思成跟随建协组织的代表团抵达巴西,与正在生病的奥斯卡·尼迈耶会见了两次,"想见尚热情",奥斯卡·尼迈耶认为巴西和中国"在政治和建筑这两条战线上同在一边"。同时"在莫斯科和北京之间,我们(指巴西)站在中间,而倾向于北京",并表达了想去中国看看的意愿。①

1947年6月9日,联合国设计顾问委员会最后一次会议召开,梁思成在联合国设计委员会担任顾问的任务也就此结束。尽管梁思成在会议中提出的方案并未被采纳,但他所表现出来的丰富的专业知识、独到的眼光,如秘书处的朝向应坐北朝南,利用河上的景色引导大众视线从而突出联合国大厦,结合第43街最为西侧重要的人行入口等都让与会人员触动颇深,得到了与会人员的一致认同。美国建筑师乔治·杜德利在对梁先生的回忆中写道:"他的加入对联合国大厦设计委员会是一件大好事,尽管我们很少有人知道他或他的成就。他给我们的会议带来的比任何人更多的历史感。"

## 四、对梁思成建筑思想的影响

梁思成的二次赴美访学未能按时间计划进行到最后,因为林徽因的病情恶化,梁思成在1947年夏天离开美国返回北平。在美期间梁思成十分重视这次与欧美建筑师业务合作与交流的机会,这也与未来清华大学的建筑教育有关。这次访问尽可能多了解到当时西方建筑设计的发展和建筑教学方面的情况,以使新建立的清华建筑系的教学能有一个较高的起点,跟上世界发展的潮流。

在联合国大厦的整个设计周期中,建筑师们不仅仅是设计和讨论交流传统建筑学的美学和工程技术问题,西方建筑师更多的是从自然环境、城市与街道、使用人群的观感与尺度、经济运作等方面开始讨论建筑方案的设计。建筑师的研究领域从传统美学和工程营造,向外延伸到了政治、社会、经济、文化、宗教等领域。

1945年3月在梁思成先生赴美之前,梁思成满怀对和平和未来祖国建设的憧憬。就已经致信梅贻琦校长,建议在清华大学开设建筑系,并且梁先生选择了哈佛大学采用的包豪斯(Bauhaus)教学体系②实施在日后设立的建筑学院中,预想下设:"建筑、建筑工程、都市计划、庭园、户内装饰"等多个学科的可能性。③抗战胜利后不久,梅贻琦校长同意成立建筑系,由梁思成先生担任系主任一职。成立之初名为清华大学建筑工程学系。在致梅贻琦信中,梁思成谈道:"最近十年间,欧美生活方式又臻更高度之专门化、组织化、机械化。今后之居室将成为一种居住之机械,整个城市将成为一个有组织之Working mechanism,此将来营建方面不可避免之趋向也"。梁先生所谈的"居住用之机械"是受到了勒科布西耶的现

---

① 见《梁思成工作笔记》,1963年11月7日,清华大学档案馆藏。

② "在课程方面,生以为国内数大学现在所用教学方法(即英美曾沿用数十年之法国Ecole des Beaux-Arts式之教学法)颇嫌陈旧,过于着重派别形式,不近实际。今后课程宜参照德国Prof. Walter Gropius所创之Bauhaus方法,着重于实际方面,以工程地为实习场,设计与实施并重,以养成富有创造力之人才。Gropius教授即避居美国,任教于哈佛,哈佛建筑学院课程,即按G.教授Bauhaus方法改变者,为现代美国建筑学教育之最前进者,良足供我借鉴。"见梁思成:《致梅贻琦信》,载《梁思成全集》第五卷,中国建筑工业出版社,2001年。

③ 见[美]费慰梅:《林徽因与梁思成》,成寒译,法律出版社,2010年。

代主义思想的影响。①

在美国与勒·柯布西耶、华莱士·哈里森、奥斯卡·尼迈耶等西方现代主义建筑师的共同工作的经历，让梁思成对欧美的城市设计、建筑设计、工程建设有了最直观的接触。勒·柯布西耶和华莱士·哈里森都对建筑设计过程中的基本研究框架提出了相应的信息收集项目，也就是后来人所提倡的有效的设计必须从综合的研究开始入手。从广泛的城市化进程到具体的街道内场地状况，再到方案需求的具体要素，到实现建筑的各项具体细节，结构和构造要素。华莱士·哈里森和勒·科布西耶提出的解决设计问题的核心要义。西方现代主义建筑师对项目的分析与理解，对建筑相关的信息收集和调研，这种从城市规划到街道现状再到建筑的具体需求的方式，与梁思成长期在中国建筑的研究领域中，有着较大的差别和理论更新，这对梁先生是产生了触动和学术改观的。

1944年前后梁思成就已经阅读过美国建筑师伊利尔·沙里宁（Eliel Saarinen）《城市：它的发展，衰败与未来》（*The City: Its Growth, Its Decay, Its Future*②）。1945年梁思成发表《市镇的体系秩序》更是标志着梁思成开始关注城市与社会对建筑的需求。"所以市镇之形成程序中，必须时时刻刻顾虑到每个建筑单位之特征或个性；顾虑到每个建筑单位与其他单位间之相互关系，务使市镇成为一个有机的秩序组织体"③赴美的经历强化了梁思成从沙里宁的思想中领悟的"有机整体"的观念，国际事务的参与以及与勒·柯布西耶、奥斯卡·尼迈耶、斯坦因等知名建筑师、规划师的深度交流研讨扩大了梁思成的视野，从狭义的单体建筑扩展到更广范围的建筑及其环境，最终形成了他的建筑核心观点—体形环境论，并且以体型环境论为基础，梁思成将其应用于教育、规划、建筑等各个方面。

在参与联合国大厦设计期间梁思成对西方建筑师的工作模式和设计流程有了清晰的认识，逐步明确了适合战后中国恢复建设后的建筑师培养方向。在梁思成回国之后将"体形环境"的概念带回中国，并作为清华大学建筑学科建设的核心理念。1948年5月27日梁思成在清华同方部发表演讲"理工与人文"，呼吁强调教育要将理工与人文相结合。④1949年梁思成制定了《清华大学营建学系（建筑工程学系）学制及学程计划草案》⑤。草案中除强调坚持学习学院派的艺术美学训练外，将专业课内容包含领域扩展到（国文、英文、社会学、经济学、体形环境与社会、欧美建筑史、中国建筑史、欧美绘塑史），强调对人才的训练进行多领域的理工类和人文类的交叉学习。1949年梁思成曾建议将建筑系改名为营建学系，设立建筑组、市镇体型规划组。1988年，在原建筑系基础上成立清华大学建筑学院，沿用至今。

二战之后，美国成为世界的中心，现代主义建筑作为近代工业革命地产物，它的发展外在需要殷实的经济基础和安定的社会环境，内在需要长期的学术底蕴和完善的教育体系支持。梁思成怀着对祖国未来发展的殷切之心前往美国，带回了西方建筑理念和教育模式的讯息以及大量建筑资料和城市规划书籍，至今部分仍保存于清华大学建筑学院。在联合国大厦设计中展现出的身后建筑历史底蕴和谦逊的演讲风度，给委员会成员留下深刻印象，树立了中国建筑在国际范围的形象。现今，梁思成后半生的建筑事迹与学术思想仍具有时代意义，值得继续深入挖掘与探讨。

本文得到清华大学建筑学院刘亦师老师指导，特此感谢。

① 见庄惟敏：《中国语境下梁思成建筑教育思想的国际范式——"体形环境"建筑思想与清华筑学院的发展》，《建筑学报》2021年第9期。

② 1943年，此书在美国出版。1944年，费正清托美国副总统华莱士访华将此书代入中国，梁思成得以阅读。见窦忠如：《梁思成传》，百花文艺出版社，2007年。

③ 梁思成：《市镇的体系秩序》，载《梁思成全集》第四卷，中国建筑工业出版社，2001年，第303—306页。

④ 见清华大学建筑学院编：《匠人营国：清华大学建筑学院60年》，清华大学出版社，2006年。

⑤ 梁思成：《清华大学营建学系（现称建筑工程学系）学制及学程计划草案》，载《梁思成全集》第五卷，中国建筑工业出版社，2001年，第46—54页。

附表 梁思成参与联合国总部大厦设计会议发言记录

| 阶段 | 时间 | 会议次序 | 发言内容 | 备注 |
|---|---|---|---|---|
| 调研探讨阶段 | 2月17日 | 1 | 1.建筑阴影的遮挡问题<br>2.图书馆的建设规模和未来发展扩建 | |
| | 2月19日 | 2 | | |
| | 2月20日 | 3 | 1.国家代表团和相关专门机构的办公空间的使用面积<br>2.秘书处大楼是否要面对河流,并且入口安置在什么位置 | |
| | 2月21日 | 4 | | |
| | 2月24日 | 5 | | |
| | 2月25日 | 6 | | 作为特邀成员,参观了联合国办公 |
| | 2月26日 | 7 | | |
| | 2月27日 | 8 | | |
| | 2月28日 | 9 | 新闻厅中的布局形式,是让公众看到发言者的脸买还是让发言代表面对面和公众交谈 | |
| | 3月3日 | 10 | | 暂时离会参加远东国际会议 |
| | 3月4日 | 11 | | |
| | 3与6日 | 12 | | |
| | 3月7日 | 13 | | 从耶鲁大学讲课归来 |
| | 3月10日 | 14 | 1.对场地内房管局大楼的保留问题发表看法,认为此建筑会是一个碍眼的东西<br>2.认为在不了解公众的意见前提下,可以调整秘书处大楼的位置,向东南方移动。以此来解决房管局大楼的问题 | |
| | 3月11日 | 15 | | 与其他建筑师就前期的基本设计原则和元素达成一致,一共8项 |
| 初期阶段 | 3月12日 | 16 | | 和阿布拉莫维茨、尼兹克一同协助委员会出了2—6号基本方案 |
| | 3月13日 | 17 | | |
| | 3月14日 | 18 | | |
| | | 19 | | |
| 方案阶段 | 3月18日 | 20 | | 参观了摩西的建筑作品和洛克菲勒家族的慈善事业,参观了法拉盛公园和1939世博会旧址 |
| | 3月20日 | 21 | | |
| | 3月21日 | 22 | 认为在第一大道上为议会提供一个较高的建筑群,可以有更好的照明 | |
| | 3月24日 | 23 | | |
| | 3月25日 | 21 | | |
| | 3月28日 | 25 | | |
| | 4月3日 | 26 | | |
| | 4月7日 | 27 | 1.在方案讨论现场,对17号方案进行了探讨<br>2.对霍华德·罗伯逊的5号方案做了评论,认为该方案应该将建筑集中在一起,不必设立独立的建筑,是否需要通过低矮的连廊来实现并不是十分必要<br>3.对与室外的坡道,应当注意冬季的防滑问题。公众在直接进入建筑过程中,避免受伤<br>4.赞同勒·科布西耶的观点,应当有适当设计来引导公众进入 | |

| 阶段 | 时间 | 会议次序 | 发言内容 | 备注 |
|---|---|---|---|---|
| | 4月10日 | 28 | | |
| | 4月14日 | 29 | 肯定了办公楼的建筑形式,板式建筑最适合采光和办公人员使用 | |
| | 4月18日 | 30 | 1.应该多面考虑不同建筑师的多层次想法<br>2.对斯文·马凯利乌斯方案中礼堂的圆顶形式引发的,建筑的纪念性问题中,认为公众舆论是需要建筑具有一定纪念性 | 《生活》杂志在设计委员会会议室内对建筑现场得到方案评审进行了报道和记录。梁思成有多处出镜 |
| 筛选阶段 | 4月21日 | 31 | 1.自称是一个历史学家而不是一个创造性的建筑师<br>2.认为简单永远是一种美德。这组建筑不仅应该是国际性的,而且是无国界的,不表达任何国家的额特点,而是表达整个世界的特点 | 会议结束后,前往纽黑文继续讲课 |
| | 4月25日 | 32 | 1.对奥斯卡·尼迈耶的32号方案表达了赞赏 | |
| | 4月28日 | 33 | | |
| | 4月30日 | 34 | 与奥斯卡·尼迈耶同乘电梯,并且表示"今天我将和你站在一起",感觉今天将会是选定结果的日子 | |
| | 5月1日 | 35 | 1.在投票秘书处大楼的立面朝向时,梁思成表示既然Syska的报告显示差异不大,我同意南北走向<br>2.在联合国图书馆使用问题讨论时,梁思成表示:图书馆是一个会成长的建筑,需求是和其他建筑不一样的 | |
| | 5月2日 | 36 | | |
| | 5月7日 | 37 | 认为大会应该被放在突出的位置,建议在23/32和43之间合并。走一个折中的路线 | |
| 评审阶段 | 5月8日 | 38 | | |
| | 5月9日 | 39 | 在设计委员会对42和43讨论之时,表态"长期以来,我一直觉得42A型方案是最好的。但是,我们正在重新选择该地块的北半部分,没有给代表楼足够的研究;它看起来像一个事后的想法。在这一点上,我提出了一个我可能会被杀死的话题,但是——是否有必要接受秘书处作为一个板块?我们能不能把平面图做成十字形,降低其高度和宽度,获得更好的水平和垂直流通,帮助风向支撑;并且,作为对这一点的回应,使代表楼更低?但是,我担心现在提出这个问题已经晚了" | |
| | 5月10日 | 40 | | 参加组委会组织的曼哈顿岛的游览船之旅 |
| | 5月14日 | 41 | 1.方案42C时,质疑新闻处和秘书处共用一个入口是否可行<br>2."请原谅我的坦率,但42B和42C不是同一方案的解决方案。42C方案有额外的大型第五会议室和电影院。一个或另一个是正确的。另外,42B的外观的断裂线并不快乐;有不快乐的歪斜和犄角。42C是否更令人满意?" | |
| | 5月15日 | 42 | | 不在 |
| | 5月19日 | 43 | | |
| | 5月20日 | 44 | | 会场参与了最后42G方案的比选 |
| | 6月9日 | 45 | | |

# 20世纪上半叶庄俊设计作品审美演变探析

山东建筑大学 张炜 樊迪 王一博

**摘 要:**建筑师庄俊一生的建筑设计思想是"古今兼采,奇正互用",尤为推重"能普及而又切实用"的现代建筑,其设计生涯大致经历三个阶段,早期赴美留学、成立建筑师事务所以及现代主义阶段,走出了一条从"古典复兴"到"现代主义"的设计风格之路。本文从设计审美的角度,通过对庄俊设计历程的三个阶段进行分析,来探讨中西文化交融的大背景下建筑师庄俊的审美演变。

**关键词:**庄俊;西方古典主义;现代主义;折中主义;矛盾

## 一、庄俊早期设计思想之源——西方古典主义风格(1914—1923)

### (一)建筑学习经历

1910年,庄俊考取公费留学于美国伊利诺伊大学建筑工程系。期间曾担任伊利诺伊大学总工程处绘图员及美国中国学生联合会工程委员会主席,负责建筑图书的审阅工作,他在工作中奉行的严谨的工作态度,为其古典主义建筑风格的开展打下基础。当时的美国盛行学院风格,注重基本功的训练,同时十分重视古典构图原理。学成归国的建筑师,救国心切,想用自己学到的知识来改变中国贫穷落后的现状,而当时我国传统建筑方式已经落伍,解决不了现代问题。且清朝统治阶级因"排外政策"敌不过侵略者的军事武器,无论是经济还是文化都受限于西方的影响,官方为了标榜开明、力图积极向西方学习,从而建筑设计风格也推行全盘西化,所以建筑师不得不从头摸索中国的建筑道路,只有以西洋式为主体,进行各种探索和实验。这样的背景下,庄俊作为刚回国的新生代建筑师,也是把西方古典主义奉为建筑艺术设计的起点。

### (二)早期清华园建筑实践

1914年,庄俊毕业回国且任清华学校讲师兼住校建筑师,恰逢美国用清政府的庚子赔款在中国办西方教育学校,因此作为墨菲的助手参与设计"1916—1920国立清华学校四大建筑"(图书馆东部,科学馆,体育馆前部和大礼堂)的部分规划和绘图。大礼堂坐落在一个一米多高的平台上,饰以花岗岩勒脚。平台南侧较大,上有旗杆、立灯,加之宽阔平缓的大台阶。大礼堂建筑面积190平方米,地下1层,地上2层,总长约44米,宽30米,建筑高度25.86米,建筑平面呈希腊十字型布局,大厅上方升起八角形鼓座,覆盖原型穹顶,由12颗不等高的钢筋混凝土小立柱支撑钢筋混凝土圈梁。增加使用面积的同时减少不必要的建筑面积。大礼堂南立面采用中轴对称,横、竖三段式划分。入口处有两层通高的黛色大理石门廊,这与红色砖墙形成鲜明的对比,其檐口处还有细腻的雕刻装饰带。门廊外侧有四根通高的汉白玉爱奥尼柱及罗马式山墙,工艺精美。内侧入口汉白玉的三孔券门与红砖墙交相辉映,大门上方为窗,窗下墙突出,形成阳台效果。

清华大学是美国用清政府的庚子赔款在中国办的西方教育学校,西方古典式建筑成为清华的标志。而墨菲是融汇中国古典与西方古典主义建筑风格的代表性的大师,而作为墨菲的助手,继承了其西方建筑的古典艺术风格,加上留美的学习经历,以及当时中国建筑设计的时代背景,决定了西方古典主义成为庄俊踏入实践后所操作的设计方向,这在以后的建筑中也多体现,比如唐山交通大学的校舍设计,其风格也是西方古典主义的体现。

## 二、庄俊设计作品成熟期审美转变
### ——新古典与折中主义兼容（1924—1931）

**（一）二次留学期间思想的转变**

庄俊第二次欧美学习期间，正值现代主义建筑风格在欧美盛行，庄俊除了接触"古典""折中"的建筑外，也接触到"现代主义"早期的酝酿阶段建筑。对于传统建筑烦琐的装饰及功能的弊端，也有所思考。所以，经过此次的考察，更加奠定了庄俊后来的建筑方向。

**（二）归国后的社会环境影响**

鸦片战争以来，西学东渐的过程中，新文化运动及五四运动的情绪高涨，"中西互补"和"中西调和"的社会风气使各行各业都在寻求自己的表达方式，建筑学界也是如此，中国建筑师开始在物质技术层面和精神层面上重新审视东西方建筑文化。虽现代主义思潮已波及中国，但作为向现代主义建筑过渡阶段的折中主义是20世纪二三十年代中国有着深刻社会文化背景的建筑现象。当时的中国大多数建筑只要经过观察不难会发现它们不仅融合了西方的常见特征，同时还加入了独特的中国元素——云纹、古钱、八卦等，有时候还会加上闪电的图案。

**（三）设计中坚持创新的建筑实践**

第二次留美回国后，庄俊辞去学校职务创办事务所。1928年建成的上海金城银行是庄俊建筑事务所承接建成的第一个项目，"西方古典主义"成为该项目的主要设计方向。金城银行是钢筋混凝土框架结构，原为四层，抗战时期增建二层，新中国成立后又升高一层，占地面积1775平方米，加层后建筑面积9783平方米，高25.9米，建筑正立面采用对称处理，6根方柱组成3块墙面，凹凸起伏富于变化。入口为对希腊多立克柱式，顶部凿有一些装饰性的图案，外围墙上局部还有巴洛克的装饰，讲究细部的雕球。大门由两根圆柱支撑，上架三角形花岗岩横梁，梁上雕龙、凤、斧头等圆形图案，大门设外门，装置活络门内门两侧是拉门，中间是四叶式旋转门，四层中间还挑出阳台。建筑整体选取苏州的金山石与意大利的云石相互匹配，体现出一种庄重的西方古典主义风格，用料讲究，设计手法娴熟，可以与当时西方一流学院派建筑师相媲美。（图1）

从庄俊早期作品来看虽以西方古典主义建筑为主，但也不乏创新之处，比如上海金城银行，其室内过道、营业厅等都是西方古典的装饰风格。但会客厅却是"中国古典"的装饰样式，这反映出中华传统文化对庄俊根深蒂固的影响，也是其内心潜藏的民族自豪感和使命感，使他在设计时力图表现本民族的文化的创新精神，所以就出现了采用西洋古典柱式构图，通过局部的台基、檐口和纹样等细部特征体现民族形式的折中主义建筑形式。虽然庄俊此后的银行建筑的风格依然秉承了西方古典的实际风格与理念，折中主义建筑风格可以说是庄俊建筑设计的过渡阶段，后期作品已除去了多余的装饰元素，凸显立面规矩的分割比例，设计趋于简洁端庄，可见其设计风格正一步步向现代主义转变。

## 三、现代主义时期庄俊设计主张——简约与实用并举（1933—1945）

**（一）传统建筑形式与时代的矛盾**

1933年以后，现代主义建筑盛行。从当时国际上同时期举办的几次大型世博会上均能看到传统建筑设计风格向现代设计风格的转变。而在中国，五四运动为我们提供了一个新的思考维度。从反思现代性思潮入手，文化的意义延伸到建筑文化领域，现代主义作为20世纪一种全新的建筑文化已经开始为中国社会所接受。恰好"中国第一代建筑师处于对西方高度开放和文化相对多元化的中国社会中，置身于一浪高过一浪的现代化潮流中，他们的思想不可能脱离时代，他们思想的转变是不可避免"。中国建筑师开始不断对这种现代建筑形式进行探索设计。而庄俊作为"中国建筑师学会"会长，职业建筑师，身在广大的建筑奥论宣传中，自然会受到"现代主义"思潮的影响，并反应在其作品中。

**（二）传统建筑形式与实用、经济的矛盾**

除了古典主义建筑暴露的传统形式与时代的矛盾之外，其与功能、经济之间的矛盾也给第一代中国建筑师留下了深刻的印象。所以这一时期现代主义建筑在中国盛行，不仅仅因时代的影响，实用与经济这两点也是主要原因。至20世纪30年代,建筑师逐渐意识到传统建筑注重繁装饰却忽略了实用性功能,转而强调设计的社会性功能,提出了早期的功能主义设计原则立场"实用性"目的。建筑逐渐强调以功能为主体,建筑外部形态必须由内部空间和功能决定。另外,在房地产业主导下的建筑活动中,地价上涨,而场地的限制往往令学院派古典主义的手法捉襟见肘,而从功能经济的合理性出发,非对称构图的现代主义手法游刃有余,挥洒自如。

### (三)能普及而又切实用的现代主义建筑实践

1935年庄俊设计的孙克坚妇产科医院是其现代主义风格建筑的代表作。建筑面积5600平方米,6层高,局部4层,建筑为钢筋混凝土结构,为了满足医院的内部功能需要庄俊将建筑形体给予工序化,方正的外形风格符合现代主义要求。正立面分为三部分,中间部分是楼梯间与局部空间比两侧较为突出。建筑的主墙材料为红砖,白色的水平线条贯穿其中,楼梯的外墙也因级高而砌出层次分明的开窗面。建筑没有任何西方古典主义的手法,整体呈现给人简洁、干净的现代建筑艺术风格(图2)。

图1　上海金城银行大楼(现交通银行)　　图2　孙克坚妇产科医院(今上海市长宁区幼保健院)

此时中国的现代建筑凭借其时尚、经济、实用已经广为建筑师们所接受,从而占据主导地位。而1935年9月庄俊在《中国建筑》刊物上发表"建筑之样式"一文,认为"摩登式之建筑犹白话体之文也,能普及而又切用"是"顺时代需要这趋势而成功者也"。无疑是推崇"能普及而又切实用"的现代建筑思想的力证。

## 四、结语

庄俊在20世纪上半叶的建筑设计审美的演变过程,其实可以说是中国近代建筑设计的缩影。从开始的移植西方古典主义到最后借鉴国际流行的现代主义,庄俊总能立足我国文化,完成一座座让人津津乐道的建筑作品,尤其是提出了"能普及而又切实用"的设计美学观。他是中国近现代最有影响力的建筑设计师之一,为中国现代建筑设计打下了良好的基础。

# 卢毓骏对"建筑"相关论点的延伸与辩证
## ——基于"三十年来中国之建筑工程"一文之解析

ADA研究中心中国现代建筑历史研究所　黄元炤

摘　要：在风雨飘摇的20世纪40年代，卢毓骏系统地总结了1911年至1941年中国建筑界的发展情况，并成文为《三十年来中国之建筑工程》刊登在由中国工程师学会编著的《三十年来之中国工程》一书之中。文中，卢毓骏以"五大篇幅"累牍论述了对于建筑的相关论点——既谦虚地表达写作既有条件的不足，也提示中国建筑的广大与包容，认同古代建筑与折中主义的贡献，且支持现代建筑的创造与建立，更体察到时代变局动荡下的辩证与批判语境的生成，同时在面对现实的考量之下探讨战争之于"建筑"的意义，以及说明相关"设计"的应对，寻求策略的解决与"建筑"事业的完善，最后在迎向世界潮流时思考中国建筑的前途与未来，与直面建筑的技术与艺术、统一性与民族性的本质关系的思辨，乃至在成文之后能以此文进行世界交流，让中国以外的地区因而了解中国建筑。总之，这是一篇在中国近代时期难得一见、屈指可数的兼具汇整、综述与评论性质的文章，尤其在中国近代建筑界，全文洋洋洒洒2万多字，值得琢磨与推敲，并借此来反思中国近代时期的"建筑"之种种。

关键词：卢毓骏；中国之建筑工程；兼容并蓄；古代与折中；现代；战时与抗战中的建筑；中国建筑的前途；本质关系的思辨；世界的交流

卢毓骏曾于1933年在《时事新报》杂志与1934年在《中国建筑》杂志用翻译方式连载刊登了勒·科布西耶于1930年在俄国真理学院的演讲稿《建筑的新曙光》一文（图1），较完整地把勒·科布西耶及其现代建筑理论、思想介绍给国人，还于1936年翻译出版勒·科布西耶著的《明日之城市》（*The City of Tomorrow*）一书（图2），到了1946年，他于中国工程师学会编著的《三十年来之中国工程》一书中（图3），发表一篇名为"三十年来中国之建筑工程"的文章，重点提到了现代建筑思想，加上他后来于1953年出版的一本名为《现代建筑》的专著（图4），此一系列有计划似的翻译、撰写与出版，说明着卢毓骏内心对现代建筑思潮的向往不言而喻。而卢毓骏撰写《三十年来中国之建筑工程》这篇文章与中国工程界有莫大的关系，其中的关键人物是中国近代著名化学家和学会工作活动家吴承洛。

吴承洛（图5），1892年生，福建人，1912年考入（北京）清华学校，后赴美留学，1915年在里海大学工学院学习，后到哥伦比亚大学研究院深造，主攻化学工程，以理论化学为辅；1920年回国，在多所大学任教，1927年任（南京）国民政府大学院秘书，1928年后任实业部度量衡局局长兼度量衡检定人员养成所所长、中央工业试验所所长、经济部工业司司长、商标局局长等职；抗日战争期间，吴承洛任经济部工业司司长，并组织学术团体（如：中国化学会），开展学术活动，还兼任中国工程师学会总干事和总编辑。1941年，中国工程师学会成立三十周年（1911—1941），在贵阳开会，大会推请吴承洛负责主编《三十年来之中国工程》一书，用来介绍学会成立三十年来各项工程的总结与贡献，吴承洛积极投入，筹集刊印费与招登广告，以完成出版任务，受当时的工程界推崇。而《三十年来之中国工程》一书被吴承洛划分为"上、中、下"三大编：上编为工程，介绍三十年来各项工程的学术贡献、技术成就，以及经验分享；中编为工业（或事业），介绍三十年来各项工业或事业在经营方面的施行、沿革，及其发展现况；下编为行政，介绍三十年来各项工程或事业在政府管理方面的沿革制度与行政组织等；另外，有续编为技术，介绍有关试验、检验、专利、训练等方面的内容。全书共70篇，1131页，是一部巨著，于1946年8月出版。而吴承洛就在出版期间向卢毓骏邀稿,由卢毓骏(图6)负责撰写建筑方面工程的介绍,一篇名为"三十年来中国之建筑工程"的文章就因此诞生了。

图1 《中国建筑》杂志的《建筑的新曙光》一文①

图2 [法]勒·科布西耶著的《明日之城市》一书②

图3 中国工程师学会编著的《三十年来之中国工程》一书③

图4 卢毓骏著《现代建筑》一书④

图5 吴承洛,中国近代著名化学家⑤

图6 卢毓骏,中国近代著名建筑师⑥

《三十年来中国之建筑工程》一文,系统地总结了1911年至1941年间,三十年来中国近代建筑界的发展情况,是倾向于汇整、综述与评论性质的文章。在文中,卢毓骏编写了五章,依序是"第一章引言,第二章中国古代建筑之回顾与折中主义,第三章立体式建筑思潮输入后之中国建筑,第四章战时建筑问题与抗战中之建筑工程,第五章结论"。

# 一、引言的声明与提示

## (一)写作的判断与不吝赐教

首先,在"第一章引言"部分,卢毓骏写道:撰写此篇文章,"诚属不易",而对于写作上所遇到的困难共有四点声明,分别是:"一则,参考资料战时均多散佚。二则,建筑为艺术与技术之综合科学,建筑工程亦即表现此综合科学之成果,艺术为载美之工具,而美的问题……未得一致之解答……各家所见亦不相同,可见建筑之不易谈。三则,未来之中国建筑……现代化? 国际化? 中国本位化? 自张之洞至今,议论纷歧莫衷一是。四则,艺术作品之高下,不能离美而独立……美之唯美,含普遍性与共感性……兼具主观与客观,如余孤陋寡闻,欲有所叙述,岂能毫无偏见存乎其中,故未敢率尔操觚。"可以观察到,以上四点声明中,卢毓骏在"一则"中提出了现实的问题,即当时的战乱,致使参考资料之不全与遗失,提示较

① 见[法]勒·科布西耶演讲:《"新时代的新建筑;建筑的新曙光,科学——诗境"》,卢毓骏赠稿,《中国建筑》,1934年2卷2期。
② 见[法]勒·科布西耶:《明日之城市》,卢毓骏译,商务印书馆,1936年。
③ 见中国工程师学会:《三十年来之中国工程》,中国工程师学会,1946年。
④ 见卢毓骏:《现代建筑》,(台湾)华岗出版有限公司,1953年。
⑤ https://baike.baidu.com/item/吴承洛/4695600?fr=aladdin.
⑥ 台湾地区"考试院"网站。

难完整地撰写；"二则"提出了综合科学、美学的见解问题，各家观点不同，以致"建筑"不易论述；"三则"提出了定位问题，即中国建筑的传统与现代之争论始终存在，思考何谓未来的中国建筑；"四则"提出了个人的价值观的认定问题，即审视一件作品有普世与共有的价值认定的标准，同时写作也常存有主观的定论，所以卢毓骏不敢未经慎重考虑，就随意落笔。卢毓骏用以上四点声明，是希望读者在阅读此文时，若有"不周之处"，能给予指教，提出意见，以待"异日之补正"。

### （二）"建筑"之于战争前后的差异与古今中外之于"建筑意义"的延伸

　　表明态度之后，在"第一章引言"部分，卢毓骏开始进入正文，用了一大段篇幅概述了三十年来（1911—1941）中国近代时期的建筑工程状况与愿望。首先，他提到现代建筑在第一次世界大战后的兴起，写道："……战后更达其高潮，而传播于各国，使立体式建筑（即指现代建筑）之创作……实为文艺复兴后之最大革新"，到了第二次世界大战期间，因"艺术与技术"方面受战事影响，现代建筑有了新的趋势，也造成在战争前后关于现代建筑有了不同观念的理解，在中国近代时期尤其明显。卢毓骏是这样认为的，于是他再用"事件对比"的方式加以说明：①全面抗战爆发前的中国现代建筑设计采用实用与经济的观念，"从提高行政效率着眼，适应合署办公之需要"，而抗战爆发后，因"空防之经验"，实用与经济"非尽适切"，而以防空与安全的观念为主；②全面抗战爆发前，有"几个新计划都市毅然划定政治区、工业区等"，而全面抗战爆发后，卢毓骏对此计划"抱怀疑与谨慎之态度"，因都市计划分区的明显，易成为"好识别"的空袭目标；③所以，卢毓骏认为全面抗战爆发后"一切建设应注意及国防"。由以上可以观察到，战争后关于"建筑、城市"的本身与使用定义不同于战争前，卢毓骏认为除了中国人，连遭受"第一次欧战空袭滋味之欧洲人"也早已感受体悟过。于是，承以上的论述，卢毓骏接着举出现代建筑发展中的玻璃建筑的案例来说明其在战争爆发前后的适用性，以此来说明为何"欧洲人"早已感受体悟过：他认为玻璃建筑出现在钢筋混凝土发明使用之后，以柱梁框架承重为主，而导致"房子之墙壁"仅为"幕遮"，不负载重，得到了解放（图7），玻璃只是取代砖石成为房子四周围合的墙壁材料；而这样的墙壁仅为"幕遮"，相似于中国传统建筑的墙壁作用——不受"载重之承托"、只为"幕遮"，故才有"墙倒房不倒"的说法（图8）。而玻璃建筑的相对的透明性，让人可以接近"大自然怀抱"，在战争爆发前十分适用。另外，卢毓骏认为这样的玻璃建筑与自然之间的联结触及了建筑之透明性的探讨，在中国古代早已出现过，即"中国房屋多行三面之墙，其一面墙则全改为门窗（即属透明或半透明），入睡时，则当以屏风（属'幕遮'作用），所以，在诗词上有云屏与梦之联用"，如"梦觉云屏依旧空，杜鹃声咽隔帘笼"，而"一面墙则全改为门窗"的意义，即是让房子与自然联结，接近自然的怀抱；那这样玻璃建筑作为现代建筑中的一项新形态，其普遍的适用性，在战争爆发前可以得到发展，但战争爆发后，在"居安思危"的观念影响下，玻璃建筑已不适用，因其易产生在遭遇空袭后的结构不稳、安全顾虑等问题，卢毓骏觉得这点甚为重要，必须先提出。而从以上可以观察到，卢毓骏以现代建筑为其论述的主要框架，围绕这一框架，或谈战争爆发前后之对比，或谈古今中外之于"建筑意义"的延伸。

图7　现代建筑的结构体系，墙壁仅为"幕遮"，不负载重① 　　图8　中国传统建筑的结构体系，墙壁仅为"幕遮"，不负载重②

---

　　① [英]弗兰普顿，K.：《近代建筑史》，贺陈词译，（台湾）茂荣图书有限公司，1984年。
　　② http://www.92to.com/wenhua/2016/04-21/3541184.html.

接着，卢毓骏以中国传统建筑为论述的主要框架，提出了对中国传统建筑的不要复古、要复兴的个人要求。他写道："吾国有数千年之历史，其文化表征于艺术方面者，早具独立发展之确证"，这部分，连西方世界的人都"备致推崇"，故有一说称亚洲"只有印度文化与中国文化"。所以，对于中国文化抑或中国传统建筑卢毓骏是持肯定的态度。但是，他也听到了一些批判的声音，质疑中国传统建筑"过于对称，致乏兴趣"。他对此也有所感悟，写道："若泥于古法，实不足以适应现代生活、现代事业与现代精神。"这句话的意思是中国传统建筑是好的，但在当时较不符合时代潮流，建筑需要与时俱进。而即使这样，在当时的中国建筑界，卢毓骏认为有一点是可取的，且至为重要，即"有一部人士努力于中国古代建筑之科学的研究"，指的就是中国营造学社的朱启钤、梁思成、刘敦桢等人，卢毓骏说他们"操心自非憧憬于过去之文化，而在寻觅古人所遗留于后代之精华"，并且思考中国传统建筑的"技术改进与生活改进"，他们提倡中国传统建筑的不要复古，而是要复兴，这也是卢毓骏认同的观点。

### （三）中国建筑的广大与包容以及面临时代的巨大冲击

以上两段，卢毓骏分别论述了对于中国现代建筑与中国传统建筑的观点。接下来，他就把上述两者引申到彼此之间的辩证，并提出了一项议题，即"中国建筑的辩证于传统与现代之间"，也是他前文提到的"中国建筑的定位问题"。首先，卢毓骏还是极力推崇了中国传统建筑，并批判了日本建筑，指其"民族性之褊狭"的特性，以此来彰显中国传统建筑的"泱泱大风"的气度。卢毓骏指出日本其古建筑"源自我国"，但因"民族性之关系"，在中土文明被日本吸收消化后，"尚不免有逾准为识之感"，而"逾准为识之感"是说明着日本人善于盗取原有而说（据）为己有的意思。其次，卢毓骏提到中国传统建筑受"佛教与千年专制政体"的影响，遗留下"宫殿建筑、寝庙建筑、寺观建筑、饰景建筑（如亭榭楼台园囿等），以及碑、坊、华表建筑之范本为多"，坟墓建筑"则比较自由，闽粤颇有讲究"。再次，卢毓骏特别提到"古代民居"，指其"遗留资料缺乏……甚为模糊"，卢毓骏的这个观点极为特别，可以推测，他所提到的"古代民居"指的是更为广大意义的民居建筑，如村落、聚落（图9），而这些建筑，在战乱年代里，由于地处偏远的原因，是卢毓骏很难触及的研究范畴，但也由此可知，卢毓骏对于中国传统建筑的界定是一个更为广大与包容的内容，他认为中国传统建筑可以是宫殿建筑、寝庙建筑，也可以是村落、聚落的房子（图10），亦可是园林，所以他对中国传统建筑是存开放的尊敬之心。最后，卢毓骏就要说明中国传统建筑在当时所面临的问题，首要的挑战是"时代"，他写道："时代一经推移，生活方式即随之嬗递"，即说明中国传统建筑的样式与生活方式在面临时代演进的挑战下，就只能代表"过去之时代精神，而不足适应于今日之时代"，在此，卢毓骏直接把中国传统建筑盖棺论定是属于过去的经典。其次，卢毓骏写道因"国际交流频繁，文化交流日易，留学于国外者亦日多"（图11），进而影响到中国建筑之种种发展，尤其在"力求革新与进步"的社会风气下，建筑工程多能"迎接世界潮流"，建筑作风趋近"国际化"（图12），"应用新材料、采取新技术、容纳新思潮"成为是一个理所当然、自然而然的事，这些都对中国传统建筑造成了巨大的冲击，但也焕发中国建筑发展的新气象，作品趋向多样，出现了"提倡立体式建筑（即指现代建筑）"的言论和融合"中西作风"的谬论，进而掀起"抨击古代建筑"或"有与今不如古之叹"的争论，所以，卢毓骏认为当时的中国近代建筑界在思想上"辩证于传统与现代之间"，处于一个有言论、谬论与争论的"批判的时代"，尚未步入有"组织的时代"，这是反映现实的状态。

图9　中国的聚落①

图10　中国的聚落②

---

①② 见王昀：《向世界聚落学习》，（台湾）积木文化，2010年。

图11　1933年中国建筑学会会员合影,会员多数有　图12　上海董大酉自宅,1935年建成②
国外留学背景①

### (四)处于一个辩证与批判的时代

论述完了以上"中国建筑的辩证于传统与现代"的现实状态,卢毓骏开始介绍中国近代建筑的大致发展情况,分了"抗战前与抗战中"两个阶段,他指出三十年来(1911—1941)中国近代建筑的发展,在"抗战前",以"民国十六年(1927)政府定都南京以后,新建筑工程最为活跃,公私建筑增多、建筑题材多样化,新艺术之介绍亦日趋丰富。中国建筑师学会应运成立,民国十六年市组织法公布,民国十九年五月二十一日(1930年5月21日)中国工程师学会组织增强,此后土木等各专门学会相继成立,各重要都市先后公布建筑取缔规则,大学中增设建筑工程系,刊物方面有《中国建筑》杂志,中国建筑师学会主办,有《建筑月刊》,上海营造厂方面联合出版,可谓"建筑艺术各方面均在迅速进展中",由这一段文字可以发现,卢毓骏阐述了从1927年到1937年(经过十年的发展)中国建筑界的建设兴起、建筑增多、机构成立、法规订立、教育稳定、媒体报道的欣欣向荣的景象(图13—图16),同时也可以发现在介绍媒体部分,卢毓骏未提及以"高呼着现代主义口号并倡导其先进性"为办刊宗旨的《新建筑》杂志,他把关于《新建筑》杂志的介绍放在"第三章……"的文末才提到。而依照第三章论述的主意——"立体式建筑(即现代建筑)思潮输入后之中国建筑",显然卢毓骏也认为《新建筑》杂志也应该放在第三章来论述,与《中国建筑》杂志(图17)和《建筑月刊》杂志(图18)区别开来,这是因为《新建筑》是一本"高呼现代主义口号"的杂志(图19—图20),旗帜鲜明,与"第三章"主意契合。接着,当1937年全面抗日战争爆发,在抗战中,因"人力物力之缺乏",建筑事业受到冲击,发展趋缓,卢毓骏认为"对于建筑之进步不无阻碍",但另一方面,发展趋缓后,反倒有时间让人停下来去思考一些事情。卢毓骏认为有了"检讨与刺激之机会",就像他前面提到的中国近代建筑界在思想上处于一个"辩证于传统与现代之间",以及有言论、谬论与争论的"批判的时代",所以不管是"抗战前"或"抗战中","吾国建筑应走之道路"尚未明晰,正好发展趋缓而有时间去思考"未来之中国建筑……是现代化? 还是国际化? 亦是中国本位化?",这对"抗战后之建设,当更有裨益",所以,卢毓骏认为"思考"是抗战时该有的对应"建筑"的态度。

图13　建设兴起,起重机　图14　建设兴起,施工情形④　图15　1931年(南京)中央大　图16　1931年(沈阳)东北大学
联合吊装组件之起吊作业③　　　　　　　　　　　　　　　学建筑工程科师生合影⑤　　建筑工程系师生合影⑥

①③④⑤⑥ 见黄元炤:《中国近代建筑纲要(1840—1949年)》,中国建筑工业出版社,2015年。
② 见黄元炤:《现代建筑在中国的实践(1920—1960)》,中国建筑工业出版社,2017年。

图17 《中国建筑》杂志①

图18 《建筑月刊》杂志②

图19 《新建筑》是一本"高呼现代主义口号"的杂志③

图20 《新建筑》杂志介绍勒·科布西耶的文章④

在"第一章引言"部分的最后,卢毓骏总结出"建筑"在中国近代时期发展的三大流向:"一为纯粹古典式,二为国际式(即现代建筑),三为古典折中式。"他比喻此三大流向就像中国三大江河之黄河、长江、珠江,"其汇于新文化之大海,可期而待"。至于建筑事业发展方面,卢毓骏认为必须区分出"全面抗战前与抗战中",因两者的社会支持条件不同而造就出不同形态的分野,故应以此分述之,但卢毓骏并未提及"抗战后",因他当时写作还在抗战期间(1941年以后)。而在阐述完三十年来(1911—1941)中国近代时期的建筑工程状况与愿望后,卢毓骏进入了"第二章中国古代建筑之回顾与折中主义"部分。

## 二、古典与折中的既有先述与论证

### (一)兼容并蓄的态度以及持续发掘与补充的重要性

卢毓骏认为在论述中国现代建筑(即"第三章立体式建筑思潮输入后之中国建筑")之前,"不得不略述中国古代建筑(即中国传统建筑)",才能接续提到中国折中主义在各地的发展状况故而写作"第二章中国古代建筑之回顾与折中主义",卢毓骏在此章兼论中国的古典与折中,同时,也以他作为一位中国人在论述中国古代建筑时所产生的情感因素,声明了他"持乐观态度"叙述了这一段内容,即代表他不批判。在第一段,首先,卢毓骏想起国外学者的一句话:"城市有老年、壮年、幼年等时期",而这三种时期卢毓骏认为皆在中国近代城市体现过,同时也发现一种现象,即中国城市由"最新式钢筋混凝土平屋顶(立体式建筑)宫殿式屋顶,乃至普通之中西屋顶"组成,彼此"望衡对宇,纷然杂陈",卢毓骏把此"纷然杂陈"现象定义成是中国近代城市缺乏"中心思想"的依据,但也提出这一现象体现一种"兼容并蓄"态度,而"兼容并蓄"这词似乎也是暗示此章的论述重点——折中。虽然,卢毓骏未明说。

其次,卢毓骏开始"略述中国古代建筑(即中国传统建筑)"。在第二段,卢毓骏提出中国古代建筑在殷周时代"已甚发达","砖瓦房屋"开始应用,但最终,盖房子还是以"木材"为主要材料,而卢毓骏认为就是"木材"不持久的特性,导致古代"建筑之遗传于今者甚少",而他又认为在西方,"罗马人之早知应用水泥",遗迹可循,是因为石头与水泥的耐久特性。所以,卢毓骏在此认为建筑是否遗留许久,取决于材料之特性,并对比了东西方;而他又提到在美术层面,建筑是不受到重视的,有两个原因:①中国古人"论美术,以书画雕刻为多,而鲜谈建筑";②文人"常视土木匠为末艺,卑不足道"。这就导致在殷周建筑制度中只遗留几个名词,如"五门,三轩,六寝,六宫,九室而已",这些文献记载,卢毓骏认为都不足以说明中国古代建筑之浩瀚,在卢毓骏的观念里中国古代建筑是广大与包容的。即使这样,卢毓骏还是大概介绍中国古代建筑,有明堂("祀天地神祇之所,最所习闻")、最古之栱("属于周末之韩君墓门")、阿房宫("疑若可信,似秦代中国建筑已极为进步"),以及"汉代之未央、建章、明光、许昌等宫",他说以上皆为中国古代之宏大建筑,还说这些工程之伟大,可从两点得知:①游西安者可至当地发掘汉瓦,"观其瓦当尺寸之大";②南京中山大道土方工程进行时,发现"庞大之御道石板及宫殿柱基"。同时,卢毓骏还发现中国古

---

①②③④ 见黄元炤:《中国近代建筑纲要(1840—1949年)》,中国建筑工业出版社,2015年。

代建筑之演进情形，"文字记载多嫌简略"，这些都有赖考古学家深入发掘与补充，当时"三十年来中央研究院及其他研究机关之考古学家等，已展开此项工作"。因此，这段的论述重点是，卢毓骏希望有志者持续地发掘与补充中国古代建筑的资料。

**(二)中国古代建筑在技术上的辉煌**

接下来四段，卢毓骏继续介绍中国古代建筑。他提到汉以后佛教输入中国，导致寺庙增多的现象，写道："据《洛阳伽蓝记》(北魏抚军府司马的杨炫之所著，以记述洛阳佛教寺院为主要内容)所载，在后魏(即北魏)时代，洛阳大小寺庙达一千余。"即代表后魏洛阳城平均每百户人家，就有一座属于自己的寺庙，显示出洛阳城当时是全国佛寺最多的城市，其佛教中心地位举世瞩目，而后魏时期也成了是中国古代"宗教建筑最为极盛的时期"，其中以"永宁寺之塔"最具有代表性，其塔为木结构，"高百丈(即147米)"，等同于巴黎铁塔的高度，是中国古代最伟大的佛塔，而其竣工于"太和十七年，约当西历二二七年(数据有误，实际上是493年)"，卢毓骏写道其只比"希腊之巴登农(即帕特农神庙)晚六百余年"，体现的是中国古代建筑在技术上的辉煌，但现已不存。卢毓骏接着写道："晋南北朝以来佛教建筑之寺院遍于各地"，以及"印度宗教建筑输入中国"等情况，但因为相互混杂，宗教建筑已"失其本来面目"，卢毓骏觉得应该注意之。建筑之外卢毓骏还介绍了古代的桥，他写道："河北省赵县安济桥(图21)为隋代李春所造……跨度达一一二尺，宽为二七尺，在此石造大桥栱之背，开若干小栱，以减轻桥身之静载重，并可节省建筑材料"，他认为此种巧法结构为中国之独有，即使因钢筋混凝土发明，在近代时，拱桥的计算更为精密，用料更省，但都不能"淹没吾国建筑工程有独立发展之事实"。除了安济桥，卢毓骏从"西文石造桥梁学"中知道宋代所造之泉州洛阳桥(图22)也是中国古代工程中杰作之一，与讲究技巧的兰州木造旱桥，他觉得都应该被进一步关注，并试问"不知近人已有研究否？"。卢毓骏提到《营造法式》与《营造汇刊》都是中国古代建筑研究的重要著作，但他觉得研究"石作部分……过少"，尚待补足。

图21 河北省赵县安济桥[①]　　　　　　　　图22 福建泉州洛阳桥[②]

以上几段，是卢毓骏依自己的视角略述了中国古代建筑，最后，他总结出几点："①中国古建筑之独立发展，在世界上占有地位；②宋以前中国建筑似已登峰造极，宋以后似小进步；③中华民族创造力之卓越，善于陶熔外来之文明，而另有创作；④中国古代建筑演进之资料，颇感缺乏，有待考古学家与现代建筑家工程家加以科学整理。"

**(三)研究工作之始与基调以及现代科学研究的创造力之应用**

接着，卢毓骏提到在三十年来(1911—1941)于中国近代时期从事中国古代建筑研究的学术团体，即中国营造学社，"由朱启钤先生提倡……分法式(梁思成先生主持)文献(刘士能先生主持)二组，社址设于北平(即北京)中山公园"，中国营造学社"定期出版《营造汇刊》及其他出版物，如梁思成著《清代营造则例》等"。卢毓骏认为以上出版物是"国人以新工具研究古作品之始"(图23、图24)，内容相当丰富，测量绘图正确，并刊登清晰之照片说明，重要建筑物更有专文研究，让外人知晓其演变过程，在中国古代建筑研究工作上，厥功甚伟。关于中国古代建筑之研究，除了本国专著外，卢毓骏提到还有外文(德、法、日)专著，这些都成为卢毓骏研究古代建筑的参考资料。而中国营造学社于全面抗日战争爆发后转入大

① https://baike.baidu.com/item/赵州桥/32450?fr=aladdin.

② www.tuxi.com.cn.

后方,由中央研究院支持其工作。这时,卢毓骏发现在西南、西北各省,还有"许多未经前人挖掘与整理之中国古代文明",他举例桥梁,因其深处内地,"未受西洋新文明之影响",其工程上必有"匠心独运之处",值得中国营造学社研究。

图23 《营造法式》①

图24 《营造汇刊》②

我们都知道,勒·柯布西耶(图25)不反对古典主义(classicism),曾在欧洲大陆长途旅行,深为古典建筑之严正的规范所迷。同时,他以其尖锐眼光和对艺术的感觉,发现古典建筑陈腐、无目的性,以及因袭之弱点,便从中创造出新的建筑,即立体式建筑(即现代建筑),而这样的过程是倾向于一种现代的科学研究工作,称之为"创造力之应用"(图26);卢毓骏在此写道勒·科布西耶对于"创造力之应用"的他的见解:"北欧野蛮民族日与罗马古代文明相映对,欲仿罗马古人之作品,顾于其中之真理莫明,仅能就其所见,依样画葫芦,其愚诚可悯,羡巴登农(即帕特农神庙)之美而不知罗马水泥为何物,亦无精良之工具。至第十世纪遂灰心一切,誓不复有所事事,静待世界末日之来临;但此末日永不见降,于是不得不继续努力。历多数世纪遂发明实用工具,复加以不断努力之结果,一切技术问题均获解决,一旦豁然贯通,遂尽弃模仿与传统之可型素(Elemenls Plastigues)而另创一新型,遂有1300年大教堂之创作,虽尚不足以表征文化之成熟,然不得谓不追求秩序。"卢毓骏认为从勒·科布西耶见解中可以得知,"创造力之应用"是一种自然而然的创造与应用的过程,需要进行豁然贯通,才能创造出一种新形态的事物,而并非是模仿或剽窃,因为模仿或剽窃取得的永远都不是你自己的东西,况且你永远无法理解你欲模仿或剽窃的事物的真理。因此,"创造力之应用"就像人类文明演变一样,是自由、自然发生的(图26)。

图25 勒·科布西耶③

图26 "创造力之应用"就像人类文明演变一样,是自由、自然发生的④

---

① https://sh.qihoo.com/pc/95e1330f7da7b46f1?sign=360_e39369d1.

② http://www.calib.org.cn/index.php?m=content&c=index&a=show&catid=8&id=176.

③ http://www.shejitoutiao.top/news/21427.html.

④ http://www.calib.org.cn/index.php?m=content&c=index&a=show&catid=8&id=17.

### (四)中西文化之对比与差异以及现代建筑之突破

接下来,卢毓骏对比了中国式建筑与西洋式建筑之不同,举了《艺术与人生》一书中的一段话:"就实用说,中国式建筑宽舒而幽深,宜于游憩,西洋式建筑精致而明爽,宜于工作。就形式(美术)说,中国式建筑构造公开,质料毕露,任人观览,毫无隐存及虚饰,故富有自然之美;西洋式建筑,形状精确,处处如几何形体,部署巧妙,处处适于住居新奇,故富有规则的美"。在中西对比之下,身为中国人的卢毓骏认同了此书"中国古建筑之不若西洋建筑之宜于今日工作"的观点,而这样的中西对比不同,卢毓骏还认为与东西文化之差异有关,他写道:"西方以工作,活动,实践,紧张之情绪见称;东方则以安逸无事见长",而西方之优点"在于变迁,进步,有效率",东方之艺术则"致力于谐和的配称"。所以,东西方文化在本质上的差异造就了在思想、观念与形态上的分歧,并影响到在空间艺术的表现。但由于中国近代的处于现代的社会生活,是需要勤奋工作的,所以,卢毓骏认为东方的"安逸无事见长"的观念在讲求工作与效率的现代生活中较不适合,因此,应该取法学习于西方的工作观念。在此,卢毓骏的立意很清楚,即是学习西方以补己之不足。这也是他接下来几段要论述的重点,并以此带出他所认为的折中状态。

卢毓骏先指出,"中国建筑自宋以来……曲线与体积方面似无多大变化,但对于色彩方面之精巧,图案构图之周密,似可谓登峰造极",同时西方也因"近世纪建筑术进步之迅速",其成就早不可同日而语,中西两方,各擅所长。接着,卢毓骏提到了现代建筑因机械的影响而产生,他写道:"因科学发达,而工商业发达,而机械发达……自第一次欧战后,机械化思潮更影响于欧洲现代建筑。"于是,产生了一些关于现代建筑的说法,如:"房屋是住的机械""营造需标准化,国际化,大量生产化"等,以及产生立体化建筑(即现代建筑)、合拢式建筑(即指建筑各部分可从工厂中购现成者)等不同类型。以上关于现代建筑的一切,卢毓骏都亲眼所见,亲耳所闻,并惊叹着,因他早年留法期间(1920—1928),正是现代建筑逐渐加温、鼎盛的时期。另外,卢毓骏认为中国古代建筑因材料(即木材,少数用石料)的局限性,以及"力学,化学等不发达",即使斗拱为所独有之木材应用(伸臂梁之作用),但在形式上还是无法有所突破。所以,卢毓骏认为必须在项目进行时,使用现代建筑所构筑的新式材料,来突破中国建筑在形式上的困窘。进而,他"鼓励以新式材料作帐篷式之屋顶,或倡易不变形之西洋式屋架(合于静力学的)造法,而代之易于变形之中国式五品架梁六品架梁",借此来复兴中国建筑。因此,取法现代,学习现代,正是卢毓骏这几段想表达的观点。卢毓骏认为在三十年来(1911—1941)的近代建筑界,中国建筑师也确实做到这一点,在公共建筑部分,学习现代,多不拘泥于旧法,用新式材料与构造工法,所有一切力求现代化,设计要求实用与合乎功能,材料也避免浪费,这些建筑大部分都体现一种折中形态。由此也可知,卢毓骏所要说明的折中是用现代的材料、构造工法来表现中国古代建筑之形式,或更明确地说,是倾向于一种中式折中的试验。但我们知道,折中还包括西式折中(即用现代的材料、构造工法来表现西方古典建筑之形式),这方面卢毓骏甚少提及。

### (五)古典与折中在各区域的实践情况

在"第二章中国古代建筑之回顾与折中主义"部分的最后,卢毓骏一一阐述各区域的实践情况。

在北京部分:①卢毓骏提到北京协和医院(图27),其总平面之布局,"不失为纯粹中国风格",并在"屋檐下废止斗栱",虽引起争议,但卢毓骏认为却能减少浪费与避免"违反美术上之真字意义"。卢毓骏还认为防空建筑的无梁式楼板"最经济与最坚固",室内净空高度大,采光、通风条件好,可获得较大的内部空间使用,适用于楼面荷载较大的公共建筑(商店、仓库、展览馆等)和多层工业厂房;②提到燕京大学(今北京大学)校舍,其"位于北平(今北京)西郊,兴工于民国十三年(1924)",其校园布置是卢毓骏最为欣赏的,"姐妹堂等建筑,均可称华美",而卢毓骏认为最成功的校景是"未名湖及其水塔之一角风景"(图28),他说此水塔为"现代水塔之建造,在我国城市中,如此作风者当以此为首见……塔影倒映湖中,与其四周风景相掩拂,至为清幽";③提到北平图书馆,其"式样为中国宫殿式,所用材料为钢筋混凝土",卢毓骏认为是三十年来(1911—1941)公共图书馆最成功的案例,但有个缺点,其地下室"光线不足",正面"粉色嫌重"等;④提到前门,卢毓骏认为是"改造旧建筑图案之最成功者";⑤同时,"民国二十二年(1933)北平市政府成立北平文物整理委员会,从事北平旧有中国建筑之培修",卢毓骏觉得必须提出来。

图27　北京协和医院　　　　　　　　　　　　　　　图28　未名湖及其水塔之一角风景

在南京部分：①卢毓骏提到《首都计划》，为了复兴中华传统文化，南京国民政府对《首都计划》中的建筑形式与风格做了规定——企盼以"中华固有之形式"为原则，"以发扬光大中华固有之文化，以观外人之耳目，以策国民之兴奋也，其中政府建筑以突出古代宫殿为优，商业建筑亦应具备中华特色，色彩需最悦目，光线、空气需充足，建筑须有弹性、伸缩的特性，以利后续分期建造"。其中，卢毓骏不认同"光线、空气需充足"此项，因他觉得中国固有形式之建筑若设计不良，常感日光空气之不足，所以他认为此点不成立；②卢毓骏提到当时第一个建成的中国宫殿式公共建筑为南京铁道部（图29），"完工于民国十九年范文照建筑师设计（实际上是范文照与赵深共同设计）"，其次为交通部，"俄国建筑师亚龙设计，民国二十三年完工"，再来是南京党史史料馆（图30），"成于民国二十四年"与中央研究院，"成于民国二十五年"。这里，卢毓骏只是重点提到几栋中国宫殿式公共建筑，当然还有其他，如南京华侨招待所（1933年，范文照设计，图31）等，而这当中，卢毓骏觉得交通部的设计较不好，其"采用外国传统之公共建筑平面"，导致内部空间"光线不足"，设计者殊不知欧洲在房屋设计时，早已"废除内天井"很久，"该设计仍沿用之"，卢毓骏觉得很遗憾；③卢毓骏接着提到南京中央医院（图32），"动工于民国二十一年，基泰工程司设计"、南京外交部（图33），"建筑师赵深（实际上是华盖建筑的赵深、陈植与童寯共同设计），成于民国二十四年"、南京国民大会堂与南京美术陈列馆（图34、图35），"建筑师奚福泉、李宗侃成于民国二十二年"，以上卢毓骏认为皆是"立体式……带有点中国气韵之装饰，蔚为风尚"，属于"过渡时代之作风，尚有待建筑家之研究与改进"；④在此，卢毓骏提出另一个观察，即中国建筑之平屋顶的运用，其实存在已久，体现在部分建筑中，如：热河之行宫，青海之塔尔寺，以及"其他西北边陲之喇嘛庙宇"等。因此，有人称平屋顶之运用是中国之固有，并非取法现代，而卢毓骏还是认为是折中，是"中国建筑之受立体式建筑（即现代建筑）影响"，那就符合有人说是"西装而戴小帽"的论点；⑤提到南京中央博物馆（图36），于"民国二十四年，政府筹建……以现代化条件之下采用中国固有风格为原则"，聘梁思成为顾问，采"公共竞争设计图案"，"兴业建筑师徐敬直、李惠伯"最终获选，"民国二十五年开工，惜以抗战军兴未克观成"，实际上，它于抗战胜利后的1947年完工；⑥卢毓骏觉得在南京最重要之建筑首推南京中山陵（图37），其所有材料为钢筋混凝土与花岗岩，吕彦直为陵墓总建筑师，平面布局呈警钟形，祭堂形式有庄严肃穆之感，卢毓骏认为"其道路之开辟，花木之栽植，亭树之布置，处处宜人，可谓东方之最大陵墓公园"，而谭故主席之陵墓在中山陵园中，也是"中国固有建筑风格"，以及"用现代材料与现代技术处理"的设计；⑦最后，卢毓骏提到南京中央运动场，是20世纪30年代远东地区最大的体育场之一，建筑群包括有田径场、游泳池、棒球场、篮球场（与排球场合用）、国术场、网球场、跑马场、足球场（在田径场内）及其附属设施，是个功能齐全的综合性体育场（图38），也是个"新时代、新生活之公共建筑"，"时有表现东方色彩之处"，如：仿中国传统牌楼建筑的门楼、仿中国传统的牌坊。"民国二十二年秋全国运动大会举行于此。"

图29　南京铁道部

图30　南京党史史料陈列馆①

图31　南京华侨招待所

图32　南京中央医院

图33　南京外交部②

图34　南京国民大会堂

图35　南京美术陈列馆

图36　南京中央博物馆

图37　南京中山陵③

图38　南京中央运动场建筑群

　　在上海部分：①卢毓骏提到1927年上海特别市成立时,上海市中心大部分区域皆为租界区(公共租界、法租界),而上海特别市政府在远离市中心的偏远地区,市政府为了与市内租界相抗衡,以华界的统一为契机,有意改变偏远地区城市建设的落后,提出《大上海计划》,借由市府的搬迁有效连接闸北、上海县城等华界区域,并通过都市计划的推进,解决华界所面临的种种城市落后与衰败的问题。当时上海市中心区域建设委员会聘请董大酉为该会顾问兼建筑师、办事处主任建筑师,并发行公债和出售土地来筹集资金,建造了一批建筑,包括有上海特别市政府大楼(图39)、上海市图书馆、上海市博物馆(图40)、上海市立医院(图41)、上海卫生试验所、上海中国航空协会陈列馆(图42),以上皆由董大酉设计;②还提到上海北车站办公大厦,其"属于京沪铁路,为钢筋混凝土造之十层楼房,采中西混合之式样"。全面抗日战争爆发后,办公大厦历经三个月的炮火,"弹痕历历,而尚矗立,外人曾拍其劫后照片",证明了钢筋混凝土构架其耐炸之能力。

图39　上海特别市政府大楼

图40　上海市博物馆

图41　上海市立医院

42　上海中国航空协会陈列馆

　　在广州部分：①卢毓骏提到广州中山堂(图43),由吕彦直设计,"动工于民国十八年,完工于民国二十三年;②提到广东省政府合署办公楼,"采取公开征求,设计图样以范文照、李惠伯两建筑师合作之设计活选";③中山大学占地极广,在广州一带有其代表性意义,卢毓骏举出中山大学是"唯一有天文台"(图44)的高校。"民国二十三年复在石牌建新校舍",规模相当宏大,校园规划总设计师有杨锡宗、林克明、余清江等人。

　　①②③ 见黄元炤：《中国近代建筑纲要(1840—1949年)》,中国建筑工业出版社,2015年。

图43 广州中山堂　　　　　　　　　图44 广州中山大学天文台

其他地区部分：①在湖北，卢毓骏肯定提到了武汉大学，其位于武昌珞珈山，"民国十七年"，国民政府大学院聘李四光、王星拱、张难先、石瑛、叶雅各、麦焕章为武汉大学新校舍建筑设备委员会委员，李四光和叶雅各赴上海邀请凯尔斯担任新校舍建筑工程师，还聘阿伯拉罕·列文斯比尔（A.Leverspiel）和石格斯（R.Sachse）为他的助手，工程由汉协盛营造厂、袁瑞泰营造厂、永茂隆营造厂及上海六合公司承建。而缪恩钊则被聘为武汉大学建筑工程处新校舍监造工程师、工程处负责人，负责施工技术监督及部分结构、水暖设计。武汉大学新校舍于"民国十九年三月开工，直至二十五年二月完工"，属"中国固有建筑作风……图案则更以中国城楼为基调"，但卢毓骏觉得其外观虽美，但就设计内容，"失败之成分居多"，且中国建筑师刘既漂也曾批评过，"颇中肯要"；②在成都，卢毓骏指出主要公共建筑采宫殿式者为励志社，"动工于民国二十五年基泰工程司所设计"。还提到四川大学新校舍，也于"民国二十九年基泰工程司设计（实际上，由杨廷宝领着张镈一同设计）"，其"中国固有风格之建筑，规模颇大"，属于西部大学校舍之冠。还有华西大学，校舍最可取是"到处表现工程之不浪费与发展之有余地"，卢毓骏认为这也是教会学校一贯的作风；③在甘肃兰州，卢毓骏提到"在抗战中所完成之西北国际大厦与澄清阁规模均较大"，由兴业建筑师李惠伯设计，"前者是立体式建筑（即现代建筑），而后者则为中国固有作风"。卢毓骏阐述完中国古代建筑之回顾与折中主义后，随即进入到"第三章立体式建筑（即现代建筑）思潮输入后之中国建筑"部分，此章内容，卢毓骏极为看重，也是他这篇文章的重磅论述。

## 三、现代的生成、需要与深思

### （一）中国之极需现代以及适应于现代生活之精神

在"第三章立体式建筑（即现代建筑）思潮输入后之中国建筑"部分，现代化与国际化是本章论述的主题。一开始，卢毓骏开门见山的提出传统与现代在中国近代的辩证关系，他写道："自西风东渐（即意指19世纪中叶后现代化的文化、技术等逐渐流入东方），笼罩于吾国学术思想界者，一为倡导中国之现代化，一为墨守中国旧有成规"，在这两者辩证关系中，卢毓骏始终认为"中国之极需现代化"，若仍"故步自封，即将永远落伍矣"，而就像前文提到的，卢毓骏认为中国人有一项优点，即"善于取舍"，且学习能力很强，常"以人之长，补己之短"，所以，在建筑方面，也可做到学习现代化之"结构与布置"，因为"现代化尤为迫切需要"。20世纪二三十年代的立体式建筑运动（即现代建筑运动），卢毓骏认为其目的"更在让现代建筑之国际化"，而这样的运动也因种种原因引进中国，并影响了中国近代建筑界，那么，是否也就阻碍了"固有民族性之发展"？科学的兴盛而造就了现代建筑，是否也将建筑艺术带进到一个"求进于大同"的领域？这样的话题，卢毓骏经常思考着，但他始终还是认为"中国之极需现代化"。

所谓的中国式建筑逐渐式微，而被现代建筑所取代，卢毓骏是亲身经历过的，他常在游历"南洋一带，以及安南等地"时见到此情景，而式微的原因则是中国固有建筑之构图不能适应于现代生活的精神。他写道："中国室宇，旧日习惯，房间喜高，认为爽垲"，但天冷时，"现代之暖气设备需费较多"，是一缺失。相反，卢毓骏认为现代建筑在暖气设备方面较节省，因"每层尚低"，同时还可增加楼层，"有利于防炸（当时处于战乱的年代）"，更能节省材料，所以利弊显而易见。

### (二)住居生活之现代化以及与时俱进的迎接新潮流

卢毓骏说"最近十五六年来,立体建筑思潮(即现代建筑思潮)输入,更为国人所崇尚",他在此细述之。卢毓骏认为在谈现代建筑输入中国前,得先来谈谈现代艺术的输入,这方面得从"立体式(即现代)家具"说起,卢毓骏提到在"民国十五六年间(即1926年前后)",在上海,有位姓钟的人自欧洲返国,创建"艺林公司设厂制作新式家具,并为人设计室内装潢(Inner Decoration)",而在文中,卢毓骏指的姓钟的人,即是钟熀,那就先来看看钟熀的经历。钟熀,不是一位建筑师,也非建筑教师,是一位工艺美术家兼美术教授,曾于1919年赴法国研究工艺美术先后十年,于1925年获巴黎万国建筑装饰工艺美术展览会特奖,之后又获得巴黎各工艺美术展览会奖牌与证书(1926—1927),1928年冬回国。钟熀在法国的时间(1919—1928)与卢毓骏(1920—1928)是重叠的,两人一同经历了现代建筑在欧洲大陆逐渐加温与鼎盛的阶段,并在同一年(1928)回国。而卢毓骏前文说到的"民国十五六年间(即1926年前后),在上海,有位姓钟的人自欧洲返国",显然卢毓骏记错了钟熀回国的时间。

钟熀回国后任北平大学艺术院实用美术系教授,于1929年7月受到《上海漫画》的报道,其法国室内设计作品也刊登出来,而《上海漫画》(1928年春创刊,是漫画会创办的大型漫画刊物,内容有政治漫画、风俗漫画、肖像漫画、连环漫画,以及新闻照片、名媛照片、人体照片、古今名画等,主要编辑者有叶浅予、张正宇)当时也正关注着国外美术思潮、现代装饰艺术和现代设计等热点,常以图文并茂的方式介绍,引导大众对新艺术趋势的关注,以推动现代艺术在中国近代的发展。之后,钟熀于1933年在《中国建筑》第1卷第2期发表《谈谈住的问题》(图45)一文及《内部装饰设计二帖》一文,阐述了其关于现代建筑与艺术装饰的观点。

以上种种的信息,让卢毓骏关注到了钟熀。在《谈谈住的问题》一文中,钟熀首先提及他在参加巴黎万国建筑装饰工艺美术展览会时所观察到的现象,即各国人士无不用资力研究现代的建筑装饰,并彼此交流,促成无国界的新式建筑装饰的进步;其次,他说到中国的建筑装饰有数千年的历史,精巧别致为欧美各国所称道,但后来的人只知模仿古化,无改进思想,值得警惕。钟熀认为到了近代,有志之士远渡重洋,学习现代化的建筑装饰,更能贡献本国,并提出他的观点,即"认为建筑与装饰,虽时常连用,但各有区别,却缺一不可",还放了两张室内装饰图片(图46),来说明客厅与餐室、卧室该有的不同装饰,从色彩、光线、面积、家具、软饰等角度,分析如何设计出富有现代性装饰艺术的室内布置。卢毓骏阅读此篇文章,观察了钟熀的设计,发现其室内家具"式样均尚低矮",一切以仿"法国新兴之立体式建筑之内部装潢"为主,故归结出钟熀所秉持的设计观点为"自由运用几何形体——强调点、线、角、平行线之运用,或重复运用之真美——而违抗过去各民族艺术之重视转向曲线(Reverse Curve),与植物外形之模仿"。卢毓骏认为钟熀的目的是要让室内家具"所投之阴影减至最小限度,且坐或卧之椅凳,其整个外形常有生理研究之依据"。其实,钟熀就是用一种现代的人体工学的概念来设计种种。卢毓骏说当时钟熀的家具,其简洁利落的线条与符合人体工学的设计,大受欢迎,"利市十倍"。在这一段,卢毓骏所要表达的是现代装饰艺术与家具已深入影响当时人们的住居生活,也说明了现代化的影响是方方面面的。

所以,卢毓骏在论述现代时,先从现代装饰艺术与家具方面谈起,接着,他直接将视点转移到建筑实践方面。他先说明一个现实的情况,即自1927年国民政府定都南京后进行大规模的建设,"公私之新工程如雨后春笋"般的出现,而中国建筑师在其中担任不少工程的要角,执行重要的项目设计。卢毓骏认为他们多能"迎接新潮流",与时俱进,即使多元论争,也百花齐放,较"民国十六年前之盲从与混沌"的现象,在路线上,走得更为地坚定与积极,这样的情景,卢毓骏称值得赞许。但其中一点较可惜,即中国近代建筑师在进行项目设计时,未能未雨绸缪,"均未作防空之考虑",虽然有人提醒,但较多人未注意,而导致战争发生时,房子的防空能力较弱。接着,卢毓骏提到现代建筑在上海、南京两地的情形:上海是中国近代第一大城市,也是资金密集与物流频繁的"国际商场",在接收外来信息时较内地早一两年,"立体式建筑(即现代建筑)"风潮便在上海如火如荼地展开;至于南京,卢毓骏说"立体式建筑(即现代建筑)"体现在"民国十九年后"的私人住宅部分,分布在"南京新住宅区及总理陵园中之郊外别墅"。但其中部分住宅,卢毓骏认为并非是"立体式建筑(即现代建筑)"精神,以及"未曾贴合立体式(即现代)之基本理论",只是"依样画葫芦,得其形似",仿效其风格,而非取其思想,他觉得这种现象"不应效法"。

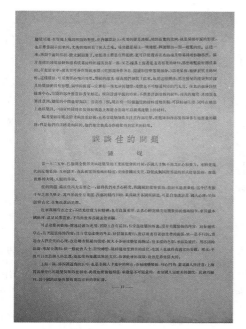

图45 《中国建筑》第1卷第2期的《谈谈住的问题》一文

图46 两张室内装饰图片(设计:钟煜,装饰者:艺林公司)

图47 上海中国银行公寓,1934年建成

图48 上海沙发花园,1938年建成

### (三)微差的存在与因地制宜的思考

卢毓骏阐述了他对现代建筑的观点,先关注到了"立体式建筑(即现代建筑)之横长窗",卢毓骏认为其理论基础是新材料的发明衍生出"钢铁与钢筋混凝土时代的到来",进而造就了"横长窗"。其功能不只通风,也做"透光之用",但是,中国疆域之大,"各地气候之悬殊","横长窗"是否适用于各地或者需"因地修改",卢毓骏认为是一项值得研究的课题。卢毓骏还提到了现代建筑的精神,他写道:现代建筑是"新时代材料之产物",其形态焕发出一种"几何形体之真美",其"表面可以自由形成,线条清晰,内容真确",房间之"隔法得以曲直自如,切于实用",设计者可以依照实际需求来布置空间,借以"自由表现其天才与创作",所以设计出的形体可以每次不一,而得到"不因袭前人"之创造力,作品达到"自然美与永久美之价值"。卢毓骏认为现代建筑还有一项优点,即"省去一切繁文缛节,免除一切易于存垢纳尘之虚饰",这是一项卫生干净的观念,更关系到一个人的健康……

总体来说,卢毓骏认同现代建筑的理念,但他同时也辩证地考量了现代建筑,着眼于"门窗尺寸标准化"的是否合理的问题上,因为这跟气候有很大的关系。首先,卢毓骏提到他游历全国,发现许多旧时建筑的形态与规格"千篇一律",几乎相似,但实际上,他细心考察,还是发现各建筑会依其"地方特性"而有不同的展现,"以求适应其自然环境",也就是在共性当中存在着"微差"的个性。其次,他就一一举例:①卢毓骏以徐州为一转折点,称徐州北上可见到一些"平民茅屋",屋顶上覆盖着菱形之网,其"索纲"为菱形网之准备工作,卢毓骏称若往徐州南方而行,因"刮风频烈",就无此"平民茅屋"样式的出现;②卢毓骏又说在滨海地区,房屋较低矮,窗孔较小,那是为了防海风吹袭;③在闽粤地区,夏季酷热,卢毓骏说旧式住宅常"四面不开窗",而仅"开天窗",这样的天窗俗称"风斗",专为通风与透光之用;④而有些私家花园,为了纳凉,设有"假山雪洞",有着千变万化的结构,卢毓骏认为这也属于是一种中国式建筑。所以,基于以上各地不同的地理、气候特性而造就出不同的房屋形态,因此,若这些地方要设计一栋现代建筑的房子,卢毓骏认为就必须"因地制宜"的去思考其所需属性,并在现代建筑的原则上加以修改与考虑。他写道:"式样尽可谭(即谈)国际化,但仍须顾及适应地方性",或者"今日科学发达,保温御热均有办法"。那为何要这样做? 就是为人民谋求幸福的用意,他引用戴季陶在其译作《明日之城市》一书中的一段话说明:"吾人之要求其为代表十分之一之住民谋幸福乎? 抑为十分之九住民谋幸福乎? 若为十分之一,乃至百分之一,千分万分之一之人谋幸福,则吾人之劳心劳力为多事,盖彼等各自有其不同之所好,与满足其所好之能力。"

### (四)现代在各区域的实践情况

总之,卢毓骏是认同现代建筑的,但也用了一段检讨了"最近十五六年来立体式建筑(即现代建筑)之输入情形"。接着,他就介绍分布在各地"公私建筑属立体式(即现代)者":①在南京方面,卢毓骏提到在"民国十九年后",先后完成一些倾向于"立体式(即现代)"建筑,有"中山文化教育馆、国立编译馆、南京国际联欢社(图49)、首都电厂、首都饭店、南京大华影戏院(图50)、国际广播电台、首都地方法院新厦等"。至于中央医院,虽在装饰上带有点中国风格与元素,实际上,卢毓骏认为其形态倾向于"立体式(即现代)"。而工厂建筑往往也较能体现出现代建筑的原则,卢毓骏提到了卸甲甸(即今南京市六合区南部)硫酸铵厂,其设计倾向于现代建筑,在当时是重要的工厂建筑,"规模颇大,可值一书";②在上海方面,卢毓骏提到了"国际饭店、中国银行大厦、贝润生住宅、华联大戏院等",皆倾向于现代建筑,且"均为一时重大建筑工程";③在北京方面,提到"靓生生物调查所,成于民国二十三年,北宁路之正阳门车站,成于民国初年",但以上较不倾向现代建筑。言此,可以观察到,卢毓骏只是重点式的介绍,实际上,分布在南京、上海以及其他各地(天津、广州、昆明、贵阳等)的现代建筑还有很多,且都相当精彩与重要,他在文中并未提及。

图49  南京国际联欢社

图50  南京大华影戏院

三十年来(1911—1941)的建筑发展,有些事情,卢毓骏做了"补述"。首先,他提到了在南京的金陵房屋合作社,指其是"中国房屋合作之先锋",开创了建筑之合作事业。另外,卢毓骏提到抗战后的一个房屋现象,即抗战后,西南大后方重要城市人口激增,不时遭到敌机轰炸,房屋毁损,造成"屋荒",各地方政府曾有"银行贷款鼓励疏建之措施"。软实力在中国近代是非常受重视的,而《新建筑》作为一本"高呼着现代主义口号并倡导其先进性"为办刊宗旨的杂志,正好符合"第三章立体式建筑(即现代建筑)思潮输入后之中国建筑"的立意,故卢毓骏在此把"它"提出,其"发行于广州,颇热衷于提倡新建筑",值得介绍。

## 四、战时建筑的细究与完善

### (一)"建筑"之于战争前后的考量

在"第四章战时建筑问题与抗战中之建筑工程"部分,卢毓骏关注的重点有两项:"战时建筑问题"与"抗战中之建筑工程",这两项他都希望引起建筑界与当局的注意。首先,他提到英国于"二战"开战后的最初九个月里,在"科学与军事"方面尚未有妥善的联系,并引述了英国25位科学工作者合著的《科学与战争》一书中提到的"关于战时建筑问题":"战争使多数建筑之研究与应用问题变得重要而迫切,因在战时吾人之工作效率有赖于建筑之进步较诸常人所想象者加多。士兵之健康与其营房有关,疗伤之速率及复原之程度恰与医院之病房有关;军火之质与量又与军火厂房有关。在恶劣之屋内工作较诸在良好者困难。但一切与房屋良恶有关于图样、结构、设备及座落,莫不可以科学眼光分析而加以抉择,此并非谓科学之应用于建筑为新颖,亦非谓科学可占建筑之全部,不过有感于科学可以应用于建筑之处正多,迄今吾人尚未达广予应用也",卢毓骏觉得在上段文字中在探讨战时建筑问题时的重要性,而英国也正视此战时建筑问题,于"科学与工业研究部下设营建研究所",并在此研究所下"设选材与构造方法研究组,及土壤力学研究组等"。接着,卢毓骏继续引述《科学与战争》一书中提到的"关于战时建筑"的实际问题:"近年来不乏医院之良好设计图案,以适应医疗上之需要,其效率颇高。吾人应知战时所遇到之困难问题,只有较承平者为多,前线医生对伤兵未进医院之前,绷带之包扎,只得马马虎虎……而在于粗劣设计与简单设计之建筑物内,外科医生之诊治十个病人其所花之时间,或可供其他医生诊治十二人,可知建筑物之不合式,深影响于工作效率……结构问题与材料来源有密切关系。战时许多材料均感缺乏。然在战前并无人研究材料问题,亦无人思及材料之应预储,更无人发出工业界材料将感缺乏之警语。而所有材料均操于商人之掌握中,驯至一切材料上之浪费,所急待于吾人之用斗争方式从事节省者多。"所以,就以上问题,卢毓骏认为钢条重量与建筑物跨度相关,"应有最适当之比数研究",以节省战时的钢条用量。而关于此点,卢毓骏建议,战时的工厂建筑应"废止喜用长跨度之屋架",对于屋架材料的木材与钢条应研究其"代用品",卢毓骏又提到由于战时因木料价格激涨,竹材作为主要材料,逐渐广泛性的用于建造简单的房子上,但是,非常重要的是竹材之强度是否可以作为"防空避难室之内部支撑",还尚待研究。

**(二)结构的伪装与抵抗破坏以及城乡并重的发展**

接着,卢毓骏提到了战时建筑中结构"伪装与抵抗破坏"的问题。他提及,在战时有些建筑的式样根本无法伪装,所以,"伪装遂成为设计者及打样者所必须考虑之问题",而一般人总缺乏伪装之科学常识,有些伪装之法则,如"反影法,杂色法,同型法,反射法等",也常被遗忘或误用。卢毓骏还认为伪装不能过分"依赖颜色之涂漆,应当理会外形之改变,因颜色甚难隐瞒露天之载重车,房屋,及其他立体之投影"。卢毓骏还提及建筑物座落的选择很重要,必须在兴建前听从地质学家与土壤力学家的建议,才能动工。而在撰写此文时,对日抗战已进入第八年(即1945年左右),而前文所提的问题,皆在中国发生过。所以,卢毓骏认为"战时建筑问题"至为重要,尤其当时又属"空军发达时代",关于结构"伪装与抵抗破坏"的问题更不能马虎,必须严正关切与研究,这些,卢毓骏希望国人能多加关注。

谈完"战时建筑问题"后,卢毓骏接着谈及"抗战中之建筑工程",他先声明,或因战争的原因,"许多工程尚未达到可以尽情发表之时期"。所以,"仅能就思潮,技术,事业与法令方面"予以概述。在思潮部分,卢毓骏提到在抗战前,建筑工程"随市政事业之建设"而蓬勃发展,若要加以检讨,则也是"抗战前之市政建设",因主政者与执行者一味地"循欧美建设",鲜少注意与参照"德法苏联建筑家都市计划家新兴之思潮"的建议,而导致工业区仅就客观条件,如"销场,金融,劳工等之方便",设立在"沿海沿江之城市",且多集中在市区,未分散或备用设于其他地区,致使全面抗战爆发后,工业区因其目标鲜明与在城市中的集中而遭到炸毁,损失惨重"……卢毓骏认为这是缺乏在区域中就城市与乡村的市政定位与功能的整体考量,而导致的一种失衡的市政建设,最终造成战争后不好的后果。这个失衡的市政观念,到了全面抗战爆发后,卢毓骏认为有了很大的转变,因战争后大量工业区的损失,决策者与执行者开始注意到在"市区改造"方面,必须就城市与乡村共同考量,城市与乡村并重,这样才会让"空袭目标大为疏散"。这样的"市区改造"即表现在西南大后方的新兴工业,当时它们皆"广播于乡野",而不是完全"集中于城市"。卢毓骏提及在"一·二八"事变后,政府在南京曾一度强调要求新建的房子"须有防空避难地下室",而当政府迁往西南后,更要求"广造公共避难室,与开凿防空山洞",以做避难防弹之用……所以,此类"防空工程之设施"成为当时"抗战中之建筑工程"一大特色,亦是一项工程成就,卢毓骏认为此项成就应归功于"防空当局之领导",以及各国工程师与建筑师参与其中的建设(图51、图52)。

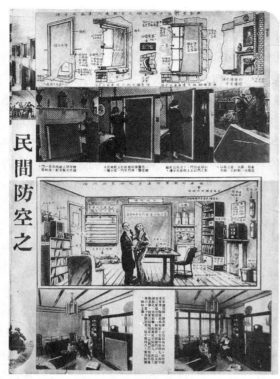

图51 《世界军情画报》上的民间防空知识①

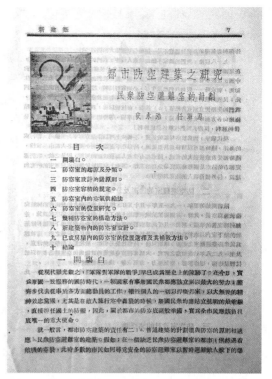

图52 《新建筑》杂志上的都市防空建筑文章②

### (三)技术、事业、法令方面的建设

在技术部分,卢毓骏提到由于战争艰苦的环境,全国的工程师与建筑师多能"就地取材,因地制宜"的进行设计与施工,但因战时的"时间,金钱与人力所限",卢毓骏认为能有此设计与工程之建设者尤其珍贵,并举了两个例子说明:①卢毓骏提及他曾参观某防空大隧道,在工程进行时,因材料有限,其运出"土石之之轨道,均为木造",而其他"工具与设备,亦多能推陈出新,独出心裁",这些都是"就地取材,因地制宜"的结果;②他又提及某地水泥厂"筹设于民国二十九年(1940),费二年之时光,以凿穿二百余尺厚之山顶,孔径为八九尺以安洞内锅炉烟囱",其工程相当之艰巨。完工后,工厂可以抵抗空袭的破坏,安全可靠,其所"凿下之岩土,亦节原料",卢毓骏认为非常符合经济原则。以上两个例子皆符合"就地取材,因地制宜"的设计思维,能体认战时的艰苦现状,并在建设上做出适当的调整,而其珍贵之技术与成就,卢毓骏认为必须提出"大书特书者"。

在事业部分,卢毓骏提到抗战后,"沿江沿海工厂"随着政府内迁至西南大后方,迅速复工,"于二十八年(1939)至三十年(1941)之短时期中",建立各个抗战中复兴的工业与企业,有:①军需工业,以补充战时之消耗,此部分以"兵工署贡献最多";②其他轻重工业亦加速发展,此部分以"资源委员会最为得力";③飞机的修理厂与飞机库也迅速修建完成,此部分以"航空委员会之力居多";④多数的工厂,不论是军用或民用,多建于岩石洞中,以掩护战时生产,而各地也建粮食仓库,以储备民食与军粮,此部分以"粮食部与财政部用力最深"。而以上"各项工程之经始",卢毓骏写道皆由"无数之工程师、建筑师经几许之设计,绘图与施工等工作而成"。除了以上工厂与仓库,抗战中还有一些"建筑事业"的产生,如"战时儿童保育院,育幼院,平民住宅,抗属工厂,荣誉军人住宅等"……卢毓骏认为这些建筑事业若从"纯艺术观点"点评,尚有不尽如人意之处,可是,若就其成形于抗战中的背景因素而言,大部分以"军事与经济"为首要考量,此方面是值得被提出嘉许的。

在法令部分,卢毓骏提到在"民国二十八年六月(即1939年6月)"国民政府公布的"都市计划法"中关于防空的部分,有三条:①在第三条中写道:"聚居人口在十万以上或其他经国民政府认为本法拟定都市计划之地方者应尽先拟定都市计划";②在第四条中写道:"……因军事,地震,火灾,水灾,或其他重大事变致受损毁时地方政府认为有改定都市计划之必要者,应于事变后六个月内重为都市计划之拟定";

---

① ② http://history.m4.cn/2011-07/1117757_10.shtml.

③在第二十二条中写道:"……防空消防设备等公用地之设置地点,应依居民居住分布情形适当配置"。卢毓骏认为以上条文应修正,并加入各方意见修改。而卢毓骏也认为迄今为止法令之"最为澈底与有研究者",当为"民国二十九年九月(即1940年9月)",由国民政府军事委员会指令核准之"都市营建计划纲要",其可算是中国近代关于都市计划之"南针"。

# 五、结论的企盼与思辨

## (一)纵向分析的时期与结论以及中国建筑的前途

在"第五章结论"部分,卢毓骏一开始就指出在前四章他是以横向来分析三十年来(1911—1941)中国之建筑工程,而若以纵向分析的话,三十年来(1911—1941)中国之建筑工程可分三个时期,分别是:"①民国元年至民国十六年(1911—1927),世事多艰,人才有限,建筑工程处于滞留时期;②民国十六年至抗战前夕(1927—1937),各大城市均进行建设,人才辈出是为建筑之工程之蓬勃时期;③抗战后以至今日(1937—),人力物力十分困难,但建筑工程普及于大后方之乡野,一反过去欧美文明之偏重城市建设,而工业建筑,且获到时代之迅速发展,吾称之为进步时期。"然后,卢毓骏列出三条结论:"①此后全国建筑师、工程师之中心任务问题;②国父实业计划中之民居问题;③高等教育之应有防空工程课目,与防空城市计划之研究问题。"以上都是卢毓骏经办建筑工程多年来的心得。接着,他在下一段以自问自答的方式点出中国建筑在"处于艺术世界性运动之大潮流中,将以何种态度参预之"。卢毓骏先声明他并非故意要"袭取国际间盛行之立体式建筑(即现代建筑)",而是他认为贴近于"国际化"在当时是一项"合于潮流"之事,若不贴近,在思想上即是落伍的。他在"第三章立体式建筑(即现代建筑)思潮输入后之中国建筑"部分也是如此认为,"中国之极需现代化,若仍故步自封,即将永远落伍矣"……因此,"现代化尤为迫切需要"的观念一直贯穿在卢毓骏个人的中心思想中,丝毫没有任何偏移。卢毓骏也质疑了部分外国建筑师在中国实践的作为,即"提倡中国固有建筑"与"眩于东方艺术之另一情调",卢毓骏认为他们都别有用心,只为了能在中国取得成果,并进而获得关注度与项目来源。毕竟,在他们的国度里,"立体式建筑(即现代建筑)"与"国际化"更"合于潮流"的兴盛发展着,卢毓骏话中的意思,即指他们逆潮流而行不合常理,"国际化之潮流为不可压制,事实如此"。

## (二)技术与艺术的关系以及统一性与民族性

接着,卢毓骏提到了技术与艺术的相对关系,他写道:"无技术决不能发生艺术,技术之诞生,亦即所以促进艺术之诞生,美国之摩天楼为新技术产生之新艺术。唯技术进步,方可使艺术自由表现,亦惟技术进步,而缩地有方,文化易于交流。"卢毓骏还认为艺术可由"个性"进展到"民族"与"国际"的表现,最终成为"人类共通"的表现语言。从这样的观点出发,那全世界各民族的现代建筑该如何在艺术中得到体现? 卢毓骏认为应创造出"合于时代、合于公共利益之艺术优美,以平等亲爱之精神陶熔于现代建筑之型中",以此来完成"国际式建筑"。言止,可以观察到,卢毓骏认为的现代建筑是倾向于在共性中存在些许个性的不同,即允许微差的变化,于是他写道:"所谓国际化运动者,全世界建筑师、工程师在统一战线上,努力于实现含有各民族贡献,而可包括现代建筑的特征之一总称也。"他还观察到,各国(法国、苏联、英国、美国等)在其相关杂志上谈及国际式建筑时,在同一标题(即现代建筑)的内容中,会强调其追求与实现"现代要素的统一性",但是作品中仍"尚含有其民族特性"。因此,卢毓骏认为,中国参与到"国际式建筑运动",其内容可多少"含有中国艺术之成分与其体位",以此形塑出"具特别色彩之艺术"的中国现代建筑,继而"打出国界",吸引外国的关注。不然,会被人批评为抄袭"国际式","用夷变夏",或无创造力。卢毓骏认为,不应"沉溺于历史渣宰倚赖古人遗产之享受为已足",以及"不醉心西洋文明,而一味盲从,失却其新创作之信念,是为必要"。

# 六、结语

## (一)重视批评的呼吁与专业的评论及其渠道

在中国近代建筑界,关于"建筑"的专业评论,批评是凤毛麟角,或者这个问题未被重视过。刘福泰曾在《中国建筑》杂志发表一篇名为"建筑师应当批评吗"的文章,提出"建筑师"应当被批评抑或"建筑"

应当被批评,他认为"严厉的批评是建筑界所需,且是中国传统的治学中缺少的,唯有批评才能求取进步",这是重视批评的"最早"的呼吁。

在中国近代媒体领域,报纸(《申报》《时事新报》《大公报》)除了信息的介绍,也有部分简短的评论(短评),但碍于篇幅所限,难有深入之论述,而专业的评论则见于专业的杂志与期刊(《中国建筑》《建筑月刊》《新建筑》),在其中,体现的是文字的力量、思辨与传播;策划《建筑月刊》杂志、担任主编的杜彦耿,常在刊物上发表文章,有信息的介绍与局部的评论;而同样也作为主编、负责《中国建筑》杂志编辑工作的石麟炳,曾执笔不少文章,是一名写手,而从发表文章的内容观察,既有史论概述(《中国建筑》)、作品解析(《对于上海金城银行建筑之我见》《北平仁立公司增建铺面》),也有连载文章(《建筑正轨》)、翻译文章(《建筑几何》)。因此,石麟炳就是一位"专职"的建筑评论者(家),在中国近代建筑界甚难可见。而中国近代建筑师群体中,除了实践,有部分人(范文照、辜其一、董大酉、赵深、梁思成、林徽因、张锐、童寯、刘既漂、钟煜、张镛森、唐璞、戴至昂、王进、徐鑫堂、杨锡镠、何立蒸、过元熙、陆谦受、吴景奇、杨大金、林克明、胡德元、霍云鹤、郑祖良、黎抡杰)也或多或少会发表文章以论述自己对于"建筑"的观点,卢毓骏就是其中之一。

### (二)物质的古典与精神的现代以及研究语境下的精读

从卢毓骏发表的文章与译、著作不难发现,他是崇尚现代主义建筑思想的,他对勒·柯布西耶的关注始终强烈,翻译勒·科布西耶的演讲稿(《建筑的新曙光》)与著作(《明日之城市》),还在《三十年来中国之建筑工程》一文中重点论述了勒·科布西耶及其现代主义建筑思想(《创造力之应用》等)。而多年后,卢毓骏编撰成书,出版个人专著,取名为《现代建筑》,书名和其中积累的内容都是他对于现代主义建筑思想集大成的表现。所以,从这些论证可以有理由相信,卢毓骏是"高呼现代主义建筑思想"的旗手,角色明确,也或者可以说他的精神层面的信仰是"现代建筑"的"现代"。然而,卢毓骏在国民政府考试院任职时负责设计的官署建筑,以及1949年后,在台湾办学时负责设计的校园建筑,皆体现大屋顶式的中华古典风格的设计倾向。在物质层面的实践,他是"古典建筑"的"古典",与他的精神层面的信仰——"现代",南辕北辙。这样的拉扯,对于一位建筑师是值得玩味的。

而《三十年来中国之建筑工程》这篇文章的通篇大论,有效总结、论述了1911年至1941年三十年来中国建筑界的发展情况,"每一篇幅"都能成为一项对于"建筑"相关思考的延伸与辩证,而汇整、综述与评论是这篇文章的最大价值所在,它是一篇美文,也是一份珍贵的史料,站在历史研究意识的语境之下,后人必须精读它。

# 古典中的坚守与突破
## ——日丹诺夫建筑作品简析

哈尔滨工业大学　杜嘉豪　王岩

**摘　要:** 日丹诺夫是哈尔滨近代俄籍建筑师中非常有代表性的一位。本文尝试对其作品中的古典特色进行深入剖析,揭示其建筑创作中坚守古典特色的同时又努力寻求突破等特征,以及影响其设计的背后的个体与环境因素。

**关键词:** 日丹诺夫;哈尔滨;俄籍建筑师;古典建筑

## 一、引言

随着近代俄国西伯利亚大铁路的修筑,哈尔滨的城市建设与发展随之展开,各个新建站点的建设量极其庞大,因此俄国派遣了诸多本国的工程师和建筑师到东北地区。虽然众多建筑师有着不同的从业背景,但是这些人后来都成为建设哈尔滨乃至整个东北地区的中坚力量。建筑师日丹诺夫就是诸多被派遣到哈尔滨的建筑师之一,他将自己的一生都留在了哈尔滨,也留下了大量的建筑作品,这些作品是构成哈尔滨城市建筑文化的重要组成部分。日丹诺夫参与了大量城市和建设工程的管理工作,所设计的建筑大多表现出浓厚的古典主义倾向,但在立面和平面构图等方面却又没有严格遵从古典的形式法则,体现出一定程度的突破和创新。

## 二、日丹诺夫的生平

尤里·彼得洛维奇·日丹诺夫(Yuri Petrovic Zhdanov,图1),1877年11月21日生于俄罗斯库班州的克拉斯诺达尔市,他先后毕业于实科学校和圣彼得堡民用工程师学院(现圣彼得堡国立建筑大学)。因为日丹诺夫为家中独子,故免去兵役,1903年大学毕业后他被外交部录取派往了中东铁路地区。日丹诺夫主要是在中东铁路的哈尔滨地区工作,并且在这里一直生活到1940年病逝,与妻子一同被安葬在了他所设计的圣母帡幪教堂旁。

日丹诺夫到哈尔滨最初的三年是他职业的开端,在中东铁路机务段的技术处工作。期间他参与了很多民用建筑的审核工作和成本核算工作,并且负责了中东铁路管理局大楼和哈尔滨输水管道等工程的修建。1906年后,他作为哈尔滨市开发建设处的第一副处长和施工责

图1　日丹诺夫照片①

任人,直接领导哈尔滨建筑工程的设计与建造。1914年,日丹诺夫被中东铁路局任命为哈尔滨市的领导,直至1921年哈尔滨市所有的建设项目都是在他的手下完成的,在此期间日丹诺夫还获得了日本天皇所授予的特殊价值贡献四级勋章。之后日丹诺夫辞去了在铁路局的任职,开始了在哈尔滨村镇管理局的工作。多年的辛勤工作使得日丹诺夫留下了大量的优秀建筑(表1),并且在民众之中威望颇高,哈

---

① https://www.sohu.com/a/389691814_350855.

尔滨的俄文报纸《霞光报》曾评价他像一位久经战场的老将军,可以同时纵横于各个建设项目之间。①

表1 日丹诺夫作品年表

| 建筑原名称 | 建设时间 | 结构 | 备注 | 地址 | 建筑风格 |
|---|---|---|---|---|---|
| 契斯恰科夫茶庄 | 1912年 | 砖木结构 | 西安汇丰照相机商行 | 红军街124号 | 折中主义 |
| 日本总领事官邸 | 1920年 | 砖木结构 | 现黑龙江省外事办公室 | 果戈里大街298号 | 文艺复兴 |
| 日本桃山小学 | 1921年 | 砖木结构 | 现兆麟小学校 | 地段街198号 | 折中主义 |
| 梅耶洛维奇大楼 | 1921年 | 砖木结构 | 现哈尔滨市少年宫 | 东大直街366号 | 文艺复兴 |
| 鞑靼清真寺 | 1922年 | 砖木结构 | 空置 | 通江路108号 | 伊斯兰 |
| 日本驻哈尔滨总领事馆 | 1924年 | 砖木结构 | 现哈尔滨铁路局外经贸公司 | 红军街108号 | 巴洛克 |
| 东省图书馆 | 1928年 | 砖混结构 | 现东北烈士馆 | 一曼街241号 | 新古典主义 |
| 圣母帡幪教堂 | 1930年 | 砖石结构 | 现中华东正教会哈尔滨教堂 | 东大直街268号 | 拜占庭 |
| 日满文化中心 | 1933年 | 砖木结构 | 现哈尔滨市群众艺术馆 | 一曼街247号 | 巴洛克 |

# 三、建筑作品中的古典情结

事实上,1898年中东铁路通车后,在哈尔滨建成的第一批大型的公共建筑(如火车站、宾馆、铁路管理局)和重要的居住建筑(如铁路局高级职员住宅)都采用了非常现代的新艺术风格,但日丹诺夫在哈尔滨所设计的建筑却大多呈现古典建筑风格,除宗教建筑作品外,无论是折中意味很浓厚的原契斯恰科夫茶庄,还是新古典主义的原东省图书馆,他的建筑中并没有表现出明显的对新的现代形式的特别兴趣,而是始终坚守着古典建筑形式,同时通过折中的手法,进一步丰富自己的形式创作。

## (一)对古典形式语汇的坚守

日丹诺夫的作品中,古典的柱式、山花、穹顶、涡卷等是不可或缺的经典的建筑语汇,是建筑外观造型上最为显著的特征。

在柱式的运用上,日丹诺夫偏爱使用罗马科林斯柱式和罗马爱奥尼柱式,或组成列柱廊配以三角形山花,或以壁柱的形式出现。如原东省图书馆正立面(图2)的科林斯柱廊与山花一起将立面划分为三个部分,依靠空间层次强化体量效果;东西立面的两组科林斯柱式同样起到了划分立面的作用,并与檐部和基座联动来强化凸出于墙面的体量。原日满文化中心(图3)的立面构图是西侧宽东侧窄,为了平衡西侧的体量,以爱奥尼双柱成列来增加立面层次感。爱奥尼柱式给简单的形体带来了视觉的焦点,并展示其古典风格的倾向。

图2 原东省图书馆正立面　　　图3 原日满文化中心　　　图4 原日本桃山小学

日丹诺夫在运用古典柱式作为一个装饰母题的时候,多以巨柱的形式去表现柱式宏伟的效果或平衡其立面。原日本桃山小学(图4)街角的弧形体量就是运用贯穿三层的科林斯巨柱进行强化,巨柱托起上部的檐口,下部形成门廊作为建筑入口空间。侧面紧接弧形体量部分屋顶的三角形山花下,同样运用两层高的科林斯巨柱作为壁柱。原东省图书馆、原梅耶洛维奇大楼、原日本驻哈尔滨总领事馆和原日满文化中心的壁柱都是两层高的古典巨柱式,以突显其壮丽的形体或协调建筑的立面表现,而且多层高的巨柱组合更能体现从出面状的效果。

---

① 见[俄]克拉金:《哈尔滨——俄罗斯人心中的理想城市》,张琦、路立新译,哈尔滨出版社,2007年。

日丹诺夫将帕拉迪奥母题作为装饰元素应用在原东省图书馆的侧立面(图5),丰富建筑侧立面的虚实效果。原东省图书馆侧面构图为横五纵三的划分,建筑侧立面由两侧的帕拉迪奥母题和科林斯柱式组成,帕拉迪奥母题在建筑二层两端的开间内,作为整个开间的填充装饰元素,帕拉迪奥母题拱形窗下部是三角形的山花与壁柱。侧立面对称中心有突出的阳台,整个立面既丰富又均衡,在通体白色的建筑中,帕拉迪奥母题以更好的虚实效果与科林斯的柱式相协调。

此外,文艺复兴式的穹顶、巴洛克的涡卷和断山花在他的作品中也是重要的造型要素。如原日本桃山小学、原契斯恰科夫茶庄、原梅耶洛维奇大楼等,均以穹顶作为立面上的构图中心,并且这些穹顶的造型虽细部各异但是都呈略向上提升的抛物线型,原日本驻哈尔滨总领事官邸则在立面中央做出了方底穹窿。原日本驻哈尔滨总领事馆则以巴洛克式的涡卷与断山花组合突出立面上的重点部位。

日丹诺夫建筑中古典语言几乎囊括各个时期的代表性语汇,但并非只是单纯地堆砌。日丹诺夫并没有被古典语汇所束缚,而是通过多种折中的手法进一步丰富自己的设计。

图5 原东省图书馆的侧立面　　　　　图6 原契斯恰科夫茶庄

图7 原东省图书馆和原日本驻哈尔滨总领事官邸室内

**(二)折中的设计手法**

近代哈尔滨的建筑风格多样,除了俄罗斯传统风格、新艺术风格和拜占庭风格的建筑外,几乎绝大多数建筑都呈现折中的特色,既有不同时期古典语言之间的折中,也有古典和现代建筑语言的折中,这在日丹诺夫的建筑作品中都有充分的体现。

日丹诺夫的作品中,以文艺复兴风格为主的折中主义建筑最为多见,原日本桃山小学是一个典型的案例。建筑东立面的整体构图横向三段划分,运用仿石缝与拱形门廊的手法进行装饰,街角体量使用柱式和抛物线形穹顶,北立面以横五纵三的手法进行划分,彰显了文艺复兴风格的基调。同时建筑使用断山花、立体灰塑和椭圆形窗等这些巴洛克风格的语言,表现了不同时期古典语言的折中。

日丹诺夫早期所设计的原契斯恰科夫茶庄更是达到了将多种形式语汇进行多层次折中的巅峰。原契斯恰科夫茶庄(图6)的整体造型呈现多中心、多角度和多侧面的特征,为折中主义提供了便利,建筑语言的基调仍为古典形式,但是集合了多个时期不同风格的建筑语言,更有现代的新艺术风格的装饰细节。建筑中央转角处形体顶端是抛物线形的穹顶,立面一端的屋顶为孟莎的陡坡屋顶,其中还穿插着中世纪的圆锥顶和尖券顶;墙身突出部分的窗户是联排尖券窗并附有窗柱,底层是尖券形的门楣。除此之外,新艺术风格的细部设计使得建筑立面更显灵动,如女儿墙所用的是昆虫样式的铸铁栏杆,建筑二层的窗户是方额圆角窗,阳台的曲线铸铁栏杆,入口处的雨棚同样为新艺术风格的人字形木制雨棚。日丹诺夫将现代的建筑语言与古典的和中世纪的语言非常巧妙地融合在了一起,不仅在装饰上协调,而且功能上也十分合理。

除此之外,原东省图书馆和原日本驻哈尔滨总领事官邸(图7)等的建筑内部,大量的门窗和楼梯栏杆等构件都有新艺术风格的曲线形式和铸铁材料。可以看出,日丹诺夫在外立面使用古典建筑语汇作主要造型的同时,内部与一些细节部分也会用新材料和新形式去适应功能的需求。

# 四、古典中的突破

## (一)更自由的平面布局

日丹诺夫的建筑立面上虽然多用古典建筑语言,但建筑的平面与造型却并不完全拘泥于古典的形式法则,在很多方面进行了新的尝试,做出了相应的突破,比如平面的功能布置中充分考虑实际需求和功能流线。

原东省图书馆平面(图8-a)是对称的集中体量的构图,并为了满足采光设计成"日"字形的平面。室内空间的焦点是中间的开放楼梯,辅助用房紧靠楼梯形成核心筒,阅览空间围绕核心筒布置在建筑外围,既满足了功能流线又保证了阅览空间的采光需求。中庭的上方覆以玻璃顶以应对哈尔滨严寒的天气,同时也可作为室内活动空间。建造之初的中庭玻璃顶效仿中世纪教堂采用的彩色玻璃,日光的照耀下有着丰富的光影效果,烘托神圣的氛围,后因为损毁而更换为现今的白玻璃。原梅耶洛维奇大楼平面(图8-b)也是集中的体量,处于圆形广场与东大直街相交的一角。建筑形体应对广场圆形的边界时,从建筑的端部伸出一个斜向体量,使整体面对广场部分略微凹进没有阳角,完美回应基地;建筑内部的空间也依据具体的功能进行合理的排布。

原日本驻哈尔滨总领事官邸(图8-c)和原日满文化中心(图9)的平面都为非对称的体量和布局。原日满文化中心的基地在一个坡地上,体量分布并不对称,平面的布局已经颇有现代功能主义的特征,而非只是满足于古典形式的表达。建筑外立面的构成对应建筑内部不同的空间,面积较大的内部空间对应大开窗,办公空间则对应较小开窗。沿街立面的外部装饰丰富,后院立面(图10)装饰简单,并没有多余的装饰构件。

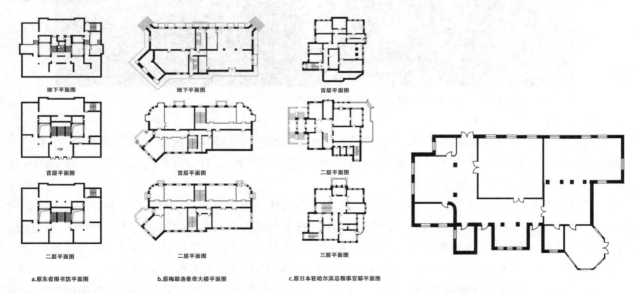

图8 日丹诺夫建筑平面图①　　　　　　　　　　　　图9 原日满文化中心平面图

原日本桃山小学和原契斯恰科夫茶庄都是位于街角的L型体量代表。原契斯恰科夫茶庄场地两面沿街,建筑的L型体量将基地内的沿街面铺满,并且在沿红军街立面开大玻璃窗以提升其商业性。原日本桃山小学建筑体量更加细长,细长的曲尺形体可以使得建筑在内围合出一片操场,并且任何位置的教室到达操场或室外的距离都大致相同。作为学校建筑,沿街两面都是大面宽浅进深的形体,可以确保每

———————
① 文中测绘图均由哈尔滨工业大学中国建筑史与文化遗产保护研究所提供。

一个教室都会有充足的采光,教学活动的正常进行。

可见,在日丹诺夫古典形式的建筑外表之下,内部空间的组织已经打破了古典法则的束缚,运用更现代的设计手法,同时针对不同的情况因地制宜。

**(二)更富变化的立面构图**

在建筑平面的突破之外,日丹诺夫的建筑立面看似依循了古典建筑的构图原理,但是其中已经有了些许现代性的突破。现存的作品中,除原日本驻哈尔滨总领事官邸和原东省图书馆外,其余建筑作品的立面或者采用突出两端而非中心的构图,或者采用非对称的形体取代古典的中心对称形式。

建于1921年的原梅耶洛维奇大楼(图11)就是突出立面两端的一个典型。沿东大直街的主立面呈对称的横五纵三划分,两侧与中间的体量仅靠墙垛而非壁柱微凸出于墙面,相间两部分的墙面采用了爱奥尼式壁柱控制构图。中央部分仅设由墙垛支撑的较小的三角形山花,而立面两端则是带有曲面的双阳台的弧形转角配以高耸的两个穹顶。整个立面构图重点并非位于建筑立面的中心,而是偏重于两侧弧形转角部分。体量虽然对称,但是两侧的穹顶却是视线的焦点,相间的墙体通过爱奥尼式巨柱、变化的开窗和优美的线脚等平衡了整个立面的构图。

原日本驻哈尔滨总领事馆(图12)则是非对称立面的典型。建筑的主要沿街立面划分为横三纵三,两端的部分凸出于本体,南端的体量大于北端的体量,并且装饰丰富。爱奥尼式巨柱和涡卷型的断山花等古典语言搭配铸铁阳台栏杆等新艺术语言都强化了两端的表现效果。半圆形窗与壁柱的组合构图使整个立面在变化的同时保持了整体的统一和协调。现存的日丹诺夫的其他建筑,如原日本桃山小学、契斯恰科夫茶庄、日满文化中心等,也都采用了非对称的平面和立面构图。

可以说,日丹诺夫的作品从立面构图上来看并没有完全遵守古典建筑的构图法则,相反多的是运用现代的非对称而均衡构图。看似日丹诺夫运用了古典建筑语言来塑造古典风格特征,实则已经在构图方面做出了现代性的突破。

图10　原日满文化中心后院立面　　　图11　原梅耶洛维奇大楼正立面　　　图12　原日本驻哈尔滨总领事馆正立面

## 五、坚守古典的背后动因

日丹诺夫的作品无疑具有鲜明的古典建筑特征,尽管尝试了一些突破,但是对古典的坚守贯穿了他的整个建筑生涯,其背后的缘由与他自身的教育背景以及所处的环境特征有着密不可分的关系。

**(一)俄国19世纪建筑教育的特点**

19世纪的俄罗斯建筑教育并没有明确的建筑学分科,社会的职业分工亦没有今天细致,所以在建筑师和工程师的培养中更强调通用性。大量的建筑师都是毕业于工科学校,如圣彼得堡民用工程师学院;但由于设计类的学科也偏重于美术的修养,所以也有少部分的建筑师毕业于美术院校,如圣彼得堡皇家美术学院。[①]

日丹诺夫毕业于圣彼得堡民用工程师学院,属于移民前就接受了高等教育的建筑师,学校位于当时俄罗斯学习西欧新建筑思想的前沿阵地圣彼得堡。19世纪俄国亟须人才进行国家的工业化建设,所以尼古拉皇帝将学院改组成为重点培养全能型人才的建筑学校,毕业生大多具有完成建筑设计、工程结构、建筑运行管理一整套流程的能力。圣彼得堡民用工程师学院的建筑课程主要包括了建筑细部、暖通

---

① 见刘伦希:《十九世纪末至二十世纪中叶哈尔滨俄籍建筑师研究》,哈尔滨工业大学2010年硕士学位论文。

工程、乡村建设、建筑材料和建筑勘测设计等。学生的假期有很多实习项目,其中大多数学生在校期间还直接参与了很多的实际项目。①

圣彼得堡民用工程师学院重视实践的教育模式,使得日丹诺夫在圣彼得堡参与大量的建筑勘测和许多的实际项目。这些都提升了日丹诺夫的古典建筑素养,以致日丹诺夫可以熟练运用任何时期的古典语言,并且其中的暖通工程与乡村建设等课程也使日丹诺夫具备了领导哈尔滨市建设的能力。

### (二)生活环境中的古典文化

#### 1. 圣彼得堡的古典文化根基

日丹诺夫接受教育与早期生活都是在圣彼得堡,所以圣彼得堡的城市文化对他的建筑思想产生了深厚的影响。圣彼得堡建城时期的建筑师都是接受的西方古典建筑教育,且很多建筑师就是来自西欧,所以圣彼得堡具有大量古典主义和巴洛克风格的传统建筑。19世纪末,俄罗斯与西欧同步盛行新艺术之风,但圣彼得堡的新艺术建筑却不同于俄国的其他地区。因为有崇尚古典文化的传统,所以衍生出所谓"帝国新艺术"的建筑风格,具体是在新古典主义和巴洛克形式语言的基础上加入西欧的新艺术造型语言,可以说圣彼得堡同时具有古典与现代的建筑气息。②

#### 2. 20世纪初哈尔滨白俄移民的文化特点

1898年中东铁路正式开通,大量的俄国国家资本和民间资本涌入哈尔滨。早期建设时期的新艺术风潮也为哈尔滨培育了现代建筑设计思想的土壤,使得哈尔滨的建筑文化自起步阶段就是先进的。

然而20世纪20年代俄国十月革命之后,大批旧俄贵族、工商业者、官员、知识分子和白军逃至哈尔滨地区。这一批移民的数量大于修建铁路之初的移民数量(表2),成为当时哈尔滨俄侨的主要构成。这一部分移民中还有相当数量的建筑师,这些建筑师在移民之前多为官方的建筑工程人员,渗透于俄罗斯建筑界的各个角落。作为旧俄的拥护者,他们偏爱古典建筑形式以对抗当时苏联兴起的构成主义风格③,从而推动了哈尔滨古典复兴和折中风格建筑的流行,使得近代哈尔滨建筑中的古典风格占有相当比重④。

表2　哈尔滨近代俄侨人口统计年表⑤

| 时间 | 俄国籍人数 | 苏联籍人数 | 无国籍人数 |
| --- | --- | --- | --- |
| 1902 | 12000 | | |
| 1912 | 43091 | | |
| 1916 | 34115 | | |
| 1920 | 131073 | | |
| 1922 | 155402 | | |
| 1925 | 92852 | | |
| 1927 | | 25637 | 30322 |
| 1930 | | 27633 | 30044 |

### (三)日本投资方对于西方古典建筑的追捧

日丹诺夫现存的建筑中半数皆为日本官方委托设计,如日本总领事馆、日本总领事馆官邸、日满文化中心等。建设方的需求与审美取向也是其建筑设计的影响因素,日本自1853年被迫打开国门之后,经过几十年的发展,日本国内社会对于西方古典建筑样式推崇备至,并在中国东北地区也修建了许多西方古典样式的建筑,尤其是官方建筑,如东洋拓殖银行与大连横滨正金银行。

日本的资本力量在哈尔滨期间,曾多次邀请日丹诺夫为其设计建筑,这也影响了日丹诺夫的建筑设计风格向古典主义靠拢。日丹诺夫作为哈尔滨的优秀俄籍建筑师,还获得过日本天皇所颁发的四级特

---

① 见陈颖、孙贺、程世卓:《哈尔滨工业大学早期"俄式"建筑教育研究》,《新建筑》2015年第6期。

② 见刘大平、王岩:《哈尔滨新艺术建筑》,哈尔滨工业大学出版社,2016年。

③ 见徐化、由郦:《浅析俄罗斯历史变迁对建筑风格的影响》,《城市建设理论研究(电子版)》2017年第25期。

④ 见林大伟:《20世纪初哈尔滨俄国资本研究》,黑龙江省社会科学院2015年硕士学位论文。

⑤ 林大伟:《20世纪初哈尔滨俄国资本研究》,黑龙江省社会科学院2015年硕士学位论文。

殊价值贡献功勋奖章,足以说明日丹诺夫所设计的建筑十分受日本投资方的青睐。

## 六、结语

日丹诺夫的建筑思想启蒙于学生时代在圣彼得堡所受到的建筑教育与实践活动,为日丹诺夫日后建筑设计中熟练运用古典建筑语汇奠定了扎实的基础。日丹诺夫在哈尔滨的建筑创作中一直坚守古典建筑的特色,但同时也尝试了某些现代设计思想进行平面和立面设计,可见其本人十分希望在古典建筑的基础上进行突破。并且据他当时的一位同事回忆,日丹诺夫非常了解当时最新的建筑技术发展,并参与了很多相关的学术会议。日丹诺夫在外部环境对古典要素的需求和自身对新建筑的向往中,选择了在满足功能与空间合理的条件下,采用在坚守古典中寻求突破的方法,深刻影响了哈尔滨近代建筑的特色。

# 现代主义与装饰艺术

## ——鸿达在近代中国的剧场设计*

汕头大学　郑红彬

**摘　要:**奥匈帝国建筑师鸿达是20世纪20年代至40年代上海有名的现代建筑倡导者,在剧场设计方面取得了令时人瞩目的成就,但目前学界对其关注较少。本文在现有研究的基础上,结合新史料,重新梳理鸿达的生平,考证总结鸿达在华剧场设计实践,并结合文本、图像与实物,分析鸿达剧场设计中的现代主义理念和装饰艺术手法。

**关键词:**鸿达;剧场;现代主义;装饰艺术

中国近代建筑史的本质是在外来影响下突破传统营造方式进而在建筑生产的各方面走向近代化的过程,而作为该过程中外来影响最主要的施加主体之一的外籍建筑师,以及外来影响最明确的表现客体之一的新建筑类型,均为中国近代建筑史研究的重点。近代上海作为"现代中国门户",是一个外籍建筑师集中的"国际建筑社区"。当前,学界对近代上海外籍建筑师已经在基础调查、群体研究、个案研究等方面取得了较大进展,但仍有拓展余地。而作为近代建筑类型发展最为完善的上海,当前有关建筑类型学的研究成果也很丰硕,涉及教堂、百货公司、花园住宅、里弄、公寓、菜市场、巡捕房、航空站、体育建筑、剧场等。本文秉承建筑师史和建筑类型学的学术脉络,主要关注在沪奥匈帝国建筑师鸿达(Charles Henry Gonda, 1889—1969)的剧场[①]设计。选题原因有二:一则鸿达是当时公认的现代建筑倡导者;二则其在剧场建筑方面取得了时人瞩目的成就。

当前,相关的研究主要有:Eszter对鸿达的生平进行了深入挖掘并对其上海现存包括光陆、国泰、平安和融光大戏院在内的10个作品进行了简要介绍[②];蒲仪军对光陆大楼进行了偏重设备方面的个案研

---

* 广东省哲学社会科学规划项目(GD21CYS12);国家自然科学基金资助项目(51708367)。

① 关于鸿达生平,目前主要有五个版本:首先是1922年刊登在《申报》上的中文略历(佚名:《西国建筑家之略历》,《申报》1922年4月13日第15版);第二是1924年刊登在 *Leaders of Commerce Industry and Thought in China* 上的鸿达中英文简介(S. Ezekiel, *Leaders of Commerce Industry and Thought in China*, Geo. T. Lloyd,1924:153);第三是1926年刊登在《大陆报》上的简介(A Rising Architect, The China Press, 1926.1.24);第四是 Eszter Baldavari 编写的 Gonda 书中的介绍(Eszter Baldavari. *Gonda, Shanghai's Ultramodern Hungarian Architect*, 2019);第五是家谱网有关鸿达的介绍(https://www.ancestry.com/family-tree/person/tree/27085578/person/12745390261/facts. [ZOL],访问日期:2020年1月13日)。五个简介各有详略且稍有冲突,尤其是关于其教育背景和来华前专业实践:版本一说"鸿达氏由维也纳专门学校毕业后,在该城各大学校专事考究建筑业二年,后往法国巴黎爱哥美术会研究美术二年,旋回维也纳又费三载之苦功在维也纳大学得有文学学士学位,鸿达氏于三年中曾游历意、德两国以资精益求精,既得学位又往英国实习建筑,归国后在世界最著名建筑学校担任教授二年";版本二说"毕业于维也纳及巴黎两学校后。屡往意大利研习建筑学。返维也纳于1913年任建造维也纳美术展览会建筑工程师。此工程竣毕后,乃自营建筑业于维也纳。";版本三说"鸿达曾研究欧洲古典建筑,任1913年维也纳美术展览会建筑工程师,工程结束后在维也纳自办建筑事务所";版本四说"鸿达1908年进入维也纳技术学院建筑学院,但他于1914年夏季学期结束后中途退学。此后,他前往巴黎,在那里他可能从著名学府巴黎高等美术学院取得了文凭,后来他也许在伦敦工作了一年光景";版本五说其于1908年至1914年在维也纳技术大学学习,1914年应征入伍。

② Eszter Baldavari, *Gonda, Shanghai's Ultramodern Hungarian Architect*, 2019.

究①；王方②和章明③分析了光陆大楼的历史与现状；钱宗灏关注了光陆大楼和东亚银行塔楼风格的演进④；黄德泉⑤、路云亭⑥等梳理了鸿达设计的部分戏院的沿革。在上述研究的基础上，结合新史料，重新梳理鸿达的生平，总结鸿达在华剧场设计实践，并结合文本、图像与实物分析鸿达剧场设计的现代主义理念和装饰艺术手法。

# 一、鸿达及鸿达洋行

鸿达于1889年6月22日出生在匈牙利珍珠市（Gyongyos）⑦，原名Karoly Goldstein，1902年改名Karoly Gonda，后名Charles Henry Gonda⑧（图1）。有关鸿达的教育背景以及来华前的专业实践，目前已知材料大多语焉不详。大致可以确定的是鸿达于1908年进入维也纳帝国高等学校⑨学习建筑学，后曾前往巴黎美术学院（the Ecole des Beaux Arts at Paris）学习，并曾到德国和意大利研学（古典）建筑，1913年在维也纳负责美术展览会（Adria-Exhibition）建造，工程竣工后在维也纳自营事务所。从巴黎回国后也可能在维也纳大学（University of Vienna）攻读三年获得文学学士学位（Bachelor of Arts，BA），后可能曾到英国伦敦实习一年，自营事务所期间也可能在大学兼职教授建筑学。

1914年一战爆发后应召入伍，1917年获二等勇士银奖，后被俘囚禁在符拉迪沃斯托克附近的西伯利亚战俘营。在战俘营期间，他被离异女士、俄罗斯著名建筑师季米特里耶夫（Nikolay Vsevolodovich Dmitriev）的女儿埃夫多基娅（Evdokia/Eudoxie Nikolayevna Dmitriev，1889—1968）聘为家庭教师。后来二人相爱并于1919年1月19日结婚。此后两人于1920年9月15日抵达上海⑩。到上海后，鸿达先在英商公平洋行（Probst，Hanbury & Co.）地产部主任英国建筑师James Ambrose（1851—1932）手下任职；后于1922年4月在上海新康路四号自办鸿达建筑工程师（Gonda，C. H. Architect）⑪（图2）。1923年鸿达当选厦门大学荣誉建筑师⑫。1926年7月至次年1月兼任上海文明寿器公司（Shanghai Funeral Directors，Inc.）主管。⑬1928年1月事务所已经搬至博物馆路（今虎丘路）21号由其设计的光陆大楼；1928年7月至1929年7月德国建筑师E. Busch任合伙人，改名为鸿宝洋行（Gonda & Busch）；1934年7月迁至博物馆路142号；1937年7月迁至四川路410号其改建设计的惠罗洋行；1938年1月在爱多亚路（今延安东路）160号时代大厦420室（图3）；1938年7月至1939年1月在海格路（今华山路）433号；1939年7月后又迁回时代大厦。鸿达洋行常年保持在3到5人，通常下设助理建筑师1—2名，建筑监造1—2名，绘图员1名。成员多为奥匈帝国、俄国和中国籍，流动性较大。⑭1949年5月14日，鸿达抵达美国旧金山。⑮1969年4月在新泽西去世。⑯

① 见蒲仪军：《从光陆大楼看上海近代建筑设备的演进》，《建筑学报》2014年第2期。

② 王方：《"外滩源"研究》，东南大学出版社，2011年，第134—137页。

③ 章明：《上海外滩源历史建筑 一期》，上海远东出版社，2007年，第185—191页。

④ 见钱宗灏：《上海，Art Deco的传入和流行》，载中国建筑学会建筑史学分会：《营造》第四辑，2007年。

⑤ 黄德泉：《民国上海影院概观》，中国电影出版社，2014年。

⑥ 路云亭、乔冉：《浮世梦影 上海剧场往事》，文汇出版社，2015年。

⑦⑩ Eszter Baldavari, *Gonda, Shanghai's Ultramodern Hungarian Architect*, 2019, p.28.

⑧ https://www.ancestry.com/family-tree/person/tree/27085578/person/12745390261/facts.[ZOL]，访问日期：2020年1月13日。

⑨ Technische Hochschule Wien，即 Royal and Imperial High School Vienna，今维也纳技术大学（Vienna University of Technology）前身。

⑪ S. Ezekiel, *Leaders of Commerce Industry and Thought in China*, Geo. T. Lloyd, 1924, p.153.

⑫ "A Rising Architect", *The China Press*, 1926.1.24.

⑬ 见相关年份《字林西报行名簿》（*The North China Desk Hong List*）中的上海文明寿器公司条目。

⑭ 见相关年份《字林西报行名簿》中的鸿达洋行条目。

⑮ The National Archives at Washington, D.C.; Washington, D.C.; Passenger Lists of Vessels Arriving at San Francisco, California; NAI Number: Record Group Title: Records of the Immigration and Naturalization Service, 1787-2004; Record Group Number: 85.

⑯ Ancestry.com. New Jersey, Death Index, 1901-2017 [ZOL], Lehi, UT, USA: Ancestry.com Operations, Inc., 2016.

鸿达精通多国语言,在上海期间热心公益、爱好绘画、交际广泛(图4),在当时的上海建筑界享有较高声誉,被当时中外主流媒体称为"上海著名建筑师"①"上海领军建筑师"②"名倾一时的建筑师"③"上海建筑业中最卓著者"④"建筑业中之铮铮者"⑤,并入选1924年《中国工业、商业、思想领袖名录》⑥。

图1 鸿达肖像　图2 鸿达在新康路时的签章　　　图3 鸿达在时代大厦时的名片　　图4 聚会中的鸿达(中间)

## 二、鸿达在华剧场设计实践概况

鸿达在上海近三十年(1920—1949)的设计生涯中,在剧场建筑创作方面投入精力最多,他也以剧场设计闻名于当时的上海建筑界,被当时上海的中外主流媒体贴上"剧场建筑师"⑦的标签。其剧场创作也被认为是"东方纽约"上海可以真正和纽约媲美的代表性明证⑧。鸿达是已知近代在华中外建筑师中设计剧场建筑最多的一位,其参与设计的剧场共有15座:其中上海12座,北京、天津和烟台各1座(表1,图5—图12)。除大光明影剧院、和平大戏院为旧有建筑改建,在大华大戏院设计中任技术顾问外,其余12座均为其主持的新建设计。新建的12座按照功能可大致划分为商业综合体中的剧场、剧场综合体和独立剧场三类。其中商业综合体中的剧场仅有新声大剧场1座,位于其设计的新新百货大楼六层屋顶花园,是鸿达在华设计的第一个剧场(图5);剧场综合体是指以剧场为功能主体,在剧场之上或两侧布置商业、办公或住宅等功能,计有光陆、上海、大都会、天津维多利亚共4座;独立剧场是指设置剧场的独栋建筑,捎带布置一些咖啡厅、弹子房等辅助休闲娱乐功能,计有国泰、普庆、融光、皇后、杜美、北京光陆和烟台光陆7座。剧场综合体和独立剧场最多,也是本文关注重点。

表1　鸿达在华剧场建筑一览表⑨

| | 设计/建成 | 建筑名称 | 剧场概况 | 今址 | 现状 |
|---|---|---|---|---|---|
| 1. | 1923/1926 | 新新百货大楼新声大剧场 Sun Sun Building | 位于新建新新百货6层屋顶花园,单层1000座 | 南京东路720号第一食品商店 | 新新百货尚在,戏院已无存 |
| 2. | 1926/1928.02 | 光陆大戏院 Capitol Theater | 位于新建8层光陆大楼底部,2层1000座,上为办公及公寓 | 虎丘路146号 | 光陆大楼尚存,戏院改建舞厅 |
| 3. | 1928.10 / 1928.12 | 大光明影剧院 The Grand Theater | 原卡尔顿跳舞场内部改建,单层约1200座 | 南京西路216号 | 现存为邬达克于1933年设计 |
| 4. | 1930/1931.12 | 国泰大戏院 Cathay Theater | 新建,外观3层,剧场部分单层1100座 | 淮海中路870号国泰电影院 | 外观保存较好,内部改建 |

---

① "News Brevities", *The China Press*, 1923.7.8: 3.

② Mr. C. H. Gonda, *The North-China Sunday News Magazine Supplement*, 1931.8.2: 2.

③ 佚名:《大华大戏院落成有日》,《申报》1939年9月3日第14版。

④ 来:《异突起之大光明戏院》,《申报》1928年12月13日第17版。

⑤ 佚名:《光陆大戏院落成》,《申报》1928年2月8日第15版。

⑥ S. Ezekiel, *Leaders of Commerce Industry and Thought in China*, Geo. T. Lloyd,1924, p.153.

⑦《大陆报》一文称其为"well known cinema architect"("Uptown Theater To Present Musical For Premiere Today", *The China Press*, 1939.2.9, p.7.);《申报》一文称其为"有名的外籍戏院建筑师"(秋声:《三百万金新建筑 皇后大戏院行将落成》,《申报》1941年9月18日,第12版。)

⑧ "ELLES", Just Chin Chinning, *The China Press*, 1932.1.28: A1.

⑨ 据 *Shanghai's Ultramodern Hungarian Architect*、《从光陆大楼看上海近代建筑设备的演进》《"外滩源"研究》《上海外滩源历史建筑一期》《Art Deco的传入和流行》《民国上海影院概观》《浮世梦影 上海剧场往事》及近代报刊检索资料整理而成。

| | 设计/建成 | 建筑名称 | 剧场概况 | 今址 | 现状 |
|---|---|---|---|---|---|
| 5. | 1930/1931 | 普庆大戏院 Cosmopolitan Theater | 新建,外观3层,剧场部分2层875座 | 长治路永定路口 | 现已无存 |
| 6. | 1930/1932.11 | 融光大戏院 Ritz Theater | 新建,外观4层,剧场部分单层约2000座 | 海宁路330号星美国际影城 | 立面细部改动较大 |
| 7. | 1934 | 大都会大戏院 Cosmopolitan Theater | 新建7层大厦底部两层1100座,其上2层办公3层公寓 | 人民路、江西南路交口 | 现已无存,当年否建成待考 |
| 8. | 1934 | 维多利亚大戏院 Victoria Theater | 新建,位于转角底部,2层900座,两侧底商、上3层公寓 | 天津和平区解放北路 | 现已无存,当年否建成待考 |
| 9. | 1934/1936 | 光陆电影院 Capitol Theater | 新建,2层800座 | 北京东单北大街82号 | 原貌尽失 |
| 10. | 1938/1941 | 光陆戏楼 Capitol Theater | 新建,规模不详 | 烟台,具体位置不详 | 现已无存 |
| 11. | 1938/1939 | 平安大戏院 Uptown Theatre | 利用7层大厦底部安凯第商场改建,单层500座 | 南京西路1193号平安大楼 | 现已改做商场,原貌尽失 |
| 12. | 1939.06 | 杜美大戏院 Doumer Theater | 新建,外观两层,剧场内单层813座 | 东湖路9号 | 现为东湖电影院,原貌尽失 |
| 13. | 1939.03 / 1939.11 | 大华大戏院 Roxy Theater | 由夏令配克戏院旧址重建,2层1200座 | 南京西路758号 | 现已无存 |
| 14. | 1941/1942.02 | 皇后大戏院 Queen's Theater | 新建,外观4层,剧场在底部,单层1450座,邻转角设咖啡厅 | 西藏中路290号汉口路口 | 现已无存 |
| 15. | 1941/1943.07 | 上海大戏院 Royal Theater | 位于新建6层楼底部,单层950座 | 复兴中路1186号 | 现为上海电影院,原貌尽失 |

图5 新新百货设计图

图6 光陆大戏院设计图

图7 国泰大戏院设计效果图

图8 普庆大戏院设计效果图

图9 融光大戏院设计效果图

图10 北京光陆电影院旧影

图11 皇后大戏院设计图

图12 上海大戏院设计效果图

## 三、鸿达剧场设计的现代主义理念

建筑师的设计思想和建筑理念是其从事建筑创作的原动力和其建筑作品的基因。对于近代在华外籍建筑师设计思想和建筑理念的解读，当前的研究过多倚重建筑作品，难免偏于主观。所幸鸿达除了丰富的建筑实践外，还在当时的报刊中留下了"只言片语"，从而使得我们可以透过其作品和话语，探寻其设计思想和建筑理念。1929年鸿达化名为"ADNOG"（Gonda逆序），为《上海星期泰晤士报》"工业版·圣诞特刊"专门撰写了一篇名为《本地建筑中的现代和古代形式》[①]的文章，较为系统的阐释了自己的建筑理念，可谓上海版的"现代建筑宣言"。结合此文以及其他介绍其作品的报刊文章中的话语，可以总结出其主要观点有三：

1. 建筑应该与时俱进，体现时代精神

鸿达认为当今已经进入一个技术狂飙发展的机器时代，交通、商业和工业已经不同于往，建筑材料与建造方法也日新月异。当今的建筑应该与时俱进，用新风格回应我们的新建筑材料和建造方法，并表现我们的新精神，而不应该抄袭古代的风格。建筑师应该像工程师会拒绝设计一架哥特或文艺复兴风格的飞机一样，拒绝将一栋现代银行或一栋公寓设计成文艺复兴或哥特风格。

2. 现代住宅是生活的机器，赋予其仿古风格既不符合伦理也不符合逻辑

鸿达认为我们居住在机器时代，住宅是生活的机器。"将一个体现现代工程进步、并装备有柴油发电机、空调和通风系统、快速电梯和现代卫浴设施的建筑整体赋予一个哥特教堂的外观既不符合伦理也不符合逻辑，并且非常荒谬。同样荒谬但更加不科学、不经济的是将用钢结构建造的建筑覆以毫无意义的希腊或哥特装饰。住宅同样如此。"[②]没有人会向汽车销售人员要意大利文艺复兴的汽车，但是很多人要这样风格的住宅，这是不符合伦理和逻辑的。当今豪宅室内设计中最时髦的路易十四、路易十五和路易十六风格与现代人和现代生活格格不入。

3. 现代建筑是机器时代的逻辑产物

鸿达认为"诞生于我们机器时代的一座新建筑，不论标记为'现代主义'是否正确，都是我们生活中、建造方法中，以及我们需求和品位方面所发生巨大社会变迁的逻辑结果"[③]。"现代风格的建筑是现代建筑史所面临问题的一个必要且最符合逻辑的答案……冷静推理人的大脑能够建造承载我们飞跃大洋的飞机，也必定能为我们建造现代建筑——在其中建造元素会得到骄傲并公正的重视。新建筑形式是简洁的，并表达真实建造；新建筑形式是庄重的；只有这些建筑形式才能真正表达我们时代精神。"[④]

从其中不难看出，鸿达的建筑理念受到现代建筑的先驱者奥地利建筑师阿道夫·路斯（Adolf Loos，1870—1933）和法国建筑师勒·柯布西耶（Le Corbusier，1887—1965）的影响。

## 四、鸿达剧场设计的装饰艺术手法

纵观鸿达在华的剧院设计实践，可以发现其无论在立面设计还是在室内设计中，都自始至终坚持使用装饰艺术（Art Deco）手法来表达其现代主义理念，并塑造其"现代主义风格"。

### （一）立面设计

鸿达的"立面设计闻名上海并具有其他建筑师不具备的个性"[⑤]。庄严简洁与笔直纯粹贯穿于其立面设计始终（图5—图12）。通过对现代建造方式的忠实表达，"建筑的外观自然避免任何多余的装饰，并且通过其严肃的建造线条获得严肃的庄严，同时获得所有剧院建筑立面应有的原创性"[⑥]。他认为"建筑是一门有明确服务目的的艺术……建筑物的外观可以立即把旁观者的思想融入建筑物的性质和建筑的目的中。电影院应该非常清楚、有力地给路人说明它的业务，在没有过度装饰的情况下引起人们的注意。

---

①②③ ADNOG, *Modern and Ancient Forms in Local Architecture*, The Shanghai Sunday Times Industrial Section, Supplement to Special Xmas Issue, 1929: 17.

④⑤ "Ritz Theatre Opens Today with 'Hell Divers'", *The China Press*, 1932.11.2: 9–10.

⑥ "Apartment, Office Building, Theater Near Completion", *The China Press*, 1932.1.28: 1–2.

电影院的立面就像留声机或无线设备的柜子,应该设计成'适合使用'而非其他"①。他认为"真实"和"目前正在上映什么电影"是电影院建筑外观需要表达的两个要点,而任何精心设计的装饰都会减损这两点。②"真实"即表达真实的建造及其建筑属性,后者是通过将其名称融入立面设计之中来实现;而"目前正在上映什么电影"是通过在立面设计中为电影招贴预留空间,其在融光大戏院入口雨棚上部预留广告牌位置的设计不仅在当时被广为称道③且沿用至今,其现代性和前瞻性可见一斑(图15、图16)。

立面设计的另外一个要点是电灯的应用。鸿达认为"作为电影建筑交响乐中的主旋律"的电灯应该设计成立面的一个组成部分,以凸显明暗对比,并比拟电影播放时的光影对比。而电灯在设计时通常采用间接照明,为了见光而不见光源必须在立面设计之初就预留布置灯泡的位置,同时考虑立面夜景照明效果要凸显立面的线条。灯光、建筑以及招贴结合使鸿达设计的剧场在晚上更能取得令人瞩目的效果,如时人认为皇后大戏院的特点"是在院的最高点,装一个巨磐塔,置以所映片名,下面射以强烈灯光,在晚上夜色中,实为一理想之奇观"④。

鸿达在剧场建筑立面设计中惯用装饰艺术元素与手法有:入口(转角)处顶部设置塔楼,竖向矩形长窗形成向上动势,横向矩形长窗突出横向划分,适应场地做弧形转角或直线切角处理,善用简洁的几何装饰,利用面砖、混凝土、玻璃和金属等材质形成色彩与质感的对比等。而后期设计的上海大戏院及皇后大戏院立面几乎没有装饰,风格转向国际主义。现代机械通风装置和照明系统也使其在设计立面时不必考虑开窗通风与采光,以通过大面积的墙面来营造特殊的效果,如在国泰大戏院立面就通过中部比例良好、未开窗的体量感来营造出纪念碑的效果⑤(图15)。

图13 明信片中的国泰大戏院　图14 国泰大戏院现立面　图15 融光大戏院原立面　图16 融光大戏院现立面

### (二)室内设计

鸿达在剧场室内设计中同样秉持现代主义理念、专用装饰艺术手法。常用的装饰元素有穹顶、几何图案、艺术玻璃、金属格栅和间接或半直接照明、大胆的颜色。

鸿达在剧场门厅及大厅等观众厅前部空间的设计中往往为了吸引观众追求新奇的效果:光陆大戏院门厅顶部穹顶采用几何纹饰,并以晶蓝和金黄两色装饰为主(图17);融光大戏院入口两侧设置玻璃灯柱引人注目,售票大厅为八角形,大堂为椭圆形并带有圆顶天花板,其尺寸简洁和设计的庄严令人印象非常深刻⑥(图18);国泰大戏院的大厅设计走向保守极端的现代主义,采用八角形平面,形式"类似于泰姬陵和德尔蒙特斯的结合",墙壁、天花板、各种配件和装饰物上大胆喷绘甚至泼洒青铜色、橙色和金黄色,天花板采用不透明玻璃使得间接采光的光线更加柔和,大厅到门厅通道有一个艺术玻璃柱支撑的装饰性拱门⑦(图19)。

① "Two Theatre under Construction", *The Shanghai Time s, Special Industrial Supplement*, 1941.12.17:7.

②⑥ "Apartment, Office Building, Theater Near Completion", *The China Press*, 1932.1.28:1-2.

③⑤ "Ritz Theatre Opens Today with 'Hell Divers'", *The China Press*, 1932.11.2:9-10.

④ 凯壮:《皇后大戏院将于圣诞节开幕》,《电影新闻》1941年第184期。

⑦ "New Theatre Opening", *The North-China Herald and Supreme Court & Consular Gazette*, 1932.1.5:12.

在观众厅室内设计中,鸿达更注重功能主义和人本主义。功能主义主要是根据剧场建筑的功能,在观众厅以提供良好的视线和声效为出发点,有节制地进行装饰:在视线方面,鸿达设计的所有剧场均充分利用钢筋混凝土这一现代建筑材料与建造技术来营造观众厅内无柱大空间,并结合坡度及座位的精心布置,来保证观众的良好视线;在声效方面,观众厅通常采用长方形的平顶或略微弯曲的天花板,在进行建筑细节设计时经过仔细的声学计算,并适当采用吸声板、软包等声学校正材料,以获得最佳的声学效果;在装饰上,均与现代建造方式相协调,避免过度装饰,并使装饰不至于影响视线和声效。人本主义是以观众的安全、舒适为出发点,在照明设计中采用间接照明消除眩光,在座位的布置和设计中充分考虑其宽度、间距、高度及角度;此外采暖、新风、空调以及防火自动喷淋系统融入室内设计之中也保证了观众的安全与舒适。

光陆大戏院观众厅中部穹顶的天花采用有节制的现代装饰,并饰以大胆的颜色和铜格栅,观众座位均为蓝皮软椅[1];"所有灯管都藏在天花飞檐和舞台拱门之下,其取得的照明效果非常完美,是上海首次在一个观众厅如此大的规模上采用这种照明设计"[2];天花反射的灯光与观众厅和包厢蓝黄相间的墙壁交相辉映,舞台开口顶部沿着建造线条布置四排隐藏的灯光和两侧各两排灯形成魔幻又极具装饰性的效果。融光大戏院整个观众厅将管形灯隐藏在普通电灯泡的檐口或檐口中,与隐藏在天花板的装饰玻璃板后面的间接照明系统共同营造出光线均匀、充足但不引人注目的光照,创造出最愉悦、最尊贵的效果,同时将灯光效果融入建筑装饰方案中[3]。国泰大戏院观众厅采用蓝色、橙色、三文鱼色、苍绿和青铜色,形成一个和谐的色彩系统,在间接采光的照射下呈现出令人惊艳的效果;平顶棚用装有2000个灯泡的玻璃带均匀划分,辅以玻璃柱和非常现代的灯架,以避免强光刺眼,是"远东首次将照明系统设计成观众厅总体装修的完美建筑组成元素"[4]。平安大戏院的观众厅采用了弧形天花和间接照明设计,几乎没有任何多余的装饰(图20)。基于人本主义,鸿达还将座椅的重要性提到最高,精心设计制作模型,确定舒适的坡度、高度及外观,并由家具制造商定制,成为上海独一无二的现代座椅,以保证顾客能够在沉浸于银幕的同时坐得舒服。[5]

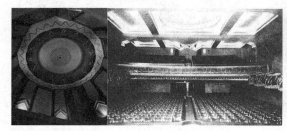

图17 光陆大戏院门厅顶部穹顶和观众厅

图18 融光大戏院门厅和观众厅

图19 国泰大戏院门厅和观众厅

图20 平安大戏院观众厅

# 五、结语

① 见佚名:《光陆大戏院之形形色色》,《新闻报·本埠副刊》1928年2月8日第2版。

② "New Capitol Theater", *The China Press*. 1928.2.8, p. 1, 7.

③ "Ritz Theatre Opens Today with 'Hell Divers'", *The China Press*, 1932.11.2, pp. 9–10.

④ 佚名:《光陆大戏院之形形色色》,《新闻报·本埠副刊》1928年2月8日第2版。

⑤ "Gonda Makes Novel Chair for Theater", *The China Press*, 1931.9.10, p.17.

作为20世纪20年代至40年代"中国最重要的现代建筑倡导者之一"①,鸿达以坚定的现代主义理念和娴熟的装饰艺术手法,在上海、厦门、杭州、北京、天津、烟台等地进行了大量现代建筑实践,并取得了令时人瞩目的成绩,尤其是在剧场建筑方面:他设计的光陆大楼被认为"毫无疑问是远东建造的建筑中最能体现现代趋势也是成就最显著者"②;国泰大戏院"遵循超现代主义的路径建造","赢得现代主义的胜利"③;融光大戏院"以所谓的'现代主义风格'"④建造;光陆大戏院是"北京第一栋现代剧院建筑"⑤;维多利亚大戏院是"天津首次尝试建造一栋与时俱进的剧院建筑"⑥。鸿达与同时代且同是奥匈帝国建筑师的邬达克共同书写了上海近代建筑史乃至中国近代建筑史辉煌的篇章,但是目前却未受到学界同等的重视。对鸿达的研究有待进一步深入,而对近代上海外籍建筑师的研究也有待进一步拓展。

① New Theatre Opening, *The North-China Herald and Supreme Court & Consular Gazette*, 1932-01-05:12.

② "New Capitol Theater", *The China Press*, 1928-02-08:1, 7.

③ "Ritz Theatre Opens Today with 'Hell Divers'", *The China Press*, 1932.11.2, pp.9-10.

④ "Apartment, Office Building, Theater Near Completion", *The China Press*, 1932.1.28, pp.1-2.

⑤⑥ "3 Theaters Planned in West Area", *The China Press*, 1938.6.26, p.1.

# 美国工程师詹美生在华活动始末(1895—1918)

天津城建大学　吴琛

北京市颐和园管理处　秦雷

天津大学　张龙

**摘　要**：本文以詹美生参与颐和园清外务部公所大堂营建档案的发现为契机,通过对美国布朗大学图书馆藏美国工程师詹美生档案(*Charles Davis Jameson Papers, 1900—1911*)中的书信、日记、稿件,以及其公开发表论文、著作的搜集与系统整理。厘清了1895—1918年其在华活从事铁路选线、矿业开发、建筑设计营造、水利工程调查规划的背景与历程,弥补了近代建筑史研究中关于詹美生及其作品外交部迎宾馆认知的缺环,也为中国近代铁路、矿业、水利工程史的研究提供了丰富的研究材料。

**关键词**：近代铁路；外务部迎宾馆；福公司；淮河治理；美国红十字会

## 一、研究缘起

　　2005年笔者在王其亨教授的指导下做《颐和园清外务部公所修缮设计方案》。其核心建筑公所大堂,中西合璧的外观(图1)、带有钢拉杆的人字屋架(图2),是负责颐和园重修工程的样式雷家族设计,还是西洋建筑师设计? 由于当时缺少一手档案材料,考虑到样式雷家藏图档中也有大量西洋式样的建筑及屋架设计画样,笔者推测公所大堂应为样式雷家族设计。2017年10月,颐和园副园长秦雷在颐和园微览上发表《颐和园清外务部公所建筑考》,文中披露了中国第一历史档案馆藏《詹美生至司员恩厚函》(图3)[①],不仅确定了外务部公所大堂准确的修建年代,也确认了其设计师应为美国工程师詹美生。

图1　颐和园清外务部公所大堂(吴晓冬摄)

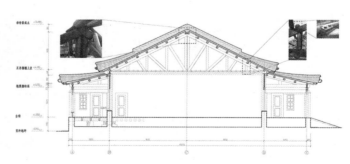

图2　颐和园清外务部公所剖面及人字屋架节点(自绘)

---

① https://mp.weixin.qq.com/s/SCr4nMajKrqZ9axzexSa4A,2017年10月11日。

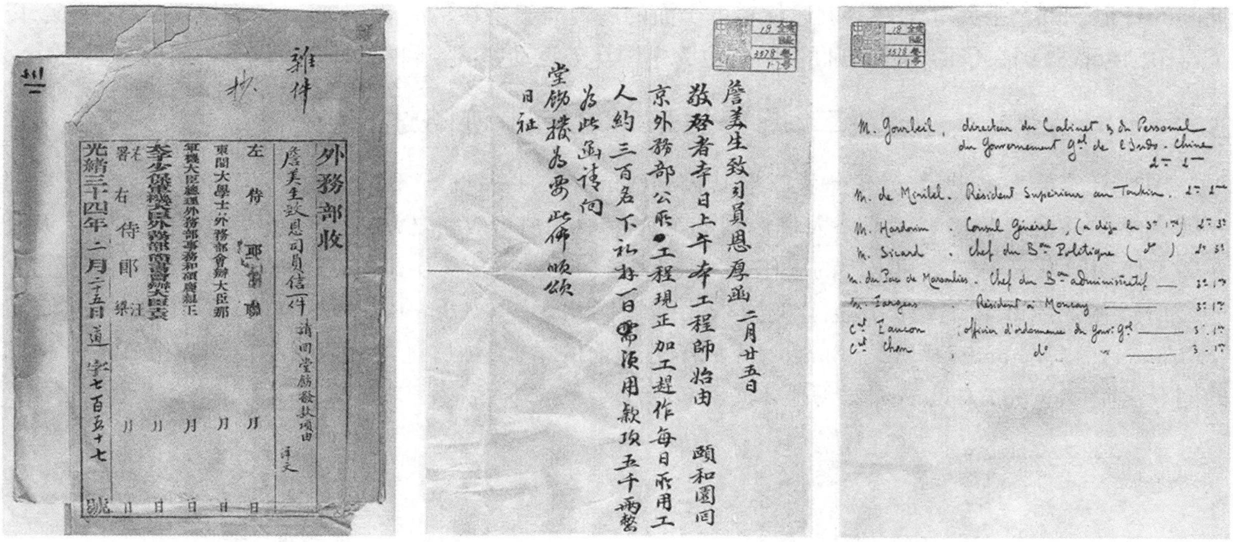
詹美生致司員恩厚函 二月廿五日
敬啓者本日上午本工程師始由 頤和園回
京外務部公所●工程現正加工趕作每日所用工
人約三百名下礼拜一日需須用款項五千兩整
為此函請伺
堂飭撥為要此佈順頌
日祉

**图3 光绪三十四年詹美生至司员恩厚函(来源:中国第一历史档案馆藏)**

詹美生是何许人?天津城市建设学院建学系(现为天津城建大学建筑学院)黄遐在其父中国近代史研究所研究员黄光裕的指导下,根据当时商行名簿,撰写了《晚晴寓华西洋建筑师述录》①一文,其中有关詹美生的记载如下:

詹美生(Charles Davis Jameson),美国土木工程师学会会员。20世纪初来华,在北京开业,设詹美生洋行。1908年前任外务部监理工程师和建筑师,外务部迎宾馆(东楼)即其杰作(图4)。

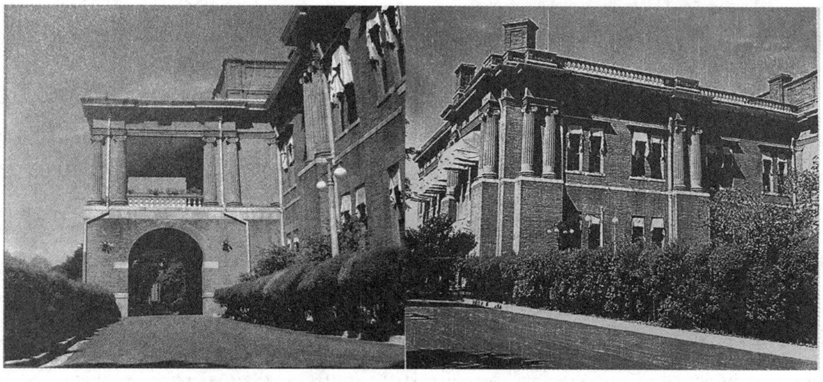

**图4 清外务部迎宾馆东楼(左:主入口东侧,右:西南角)**

这篇文章得到了近代建筑史学家张复合先生认同,外务部迎宾馆(东楼)的相关研究也以张复合先生最为翔实。

迎宾馆有东、西两座楼。詹美生所建为东楼,高两层,底层做基座处理,二层用爱奥尼双柱装饰。中部突出,下面为门廊,上面是覆有三角山花的大阳台。建筑造型雄伟,但尺度不当,立面比例也欠妥。同时建成东西两座大门,东大门为"洋风",西大门则为中式。②

如果不算颐和园清外务部公所大堂,上述信息也是目前中国近代建筑史研究关于詹美生生平及其在华建筑作品的全部信息。看到《詹美生至司员恩厚函》时,笔者正在美国访学,借地利之便,先后找到了其在美国发表的相关论文、著作;与其曾就读的鲍登学院(Bowdoin College),曾任教的麻省理工学院、爱荷华大学(University of Iowa,当年曾称为the State University of Iowa)图书馆取得联系;最为重要的是找到了藏于布朗大学图书馆的詹美生档案(Charles Davis Jameson Papers,1900—1911),其中有大量其在中国工作

① 见黄遐:《晚清寓华西洋建筑师述录》,载《第五次中国近代建筑史研究讨论会议论文集》,中国建筑工业出版社,1998年。据张复合先生博士研究生,北京交通大学建筑与艺术学院教师刘珊珊回忆,黄遐最初提交论文将Jameson翻译为坚利逊,后来论文正式刊出时改为詹美生,应是张先生的建议。坚利逊的译法,最早见林克光:《孙中山在京史迹》,载《近代京华史迹》,中国人民大学出版社,1985年。

② 见张复合:《20世纪初在京活动的外国建筑师及其作品》,载《建筑史论文集》,清华大学出版社,2000年。

期间的日记、书信、手稿等文件。上述材料可全面的展现詹美生在华活动,现将其详细梳理,结成此文,以丰富中国近代外国在华活动建筑师的研究,也为中国洋务运动、晚清新政的研究提供一手研究材料。

## 二、詹美生来华之前事迹略述

1927年詹美生去世后,爱荷华大学在其校刊(The Iowa Transit)上刊载了詹美生的生平事迹。[①]对照布朗大学图书馆藏詹美生以第一人称撰写的个人生平(*RECORD of CHARLES DAVIS JAMESON*)[②],及其在美工作期间发表的文章和出版的著作,可以较为全面的了解詹美生来华之前的学习与工作情况。

1855年7月2日詹美生出生于美国东北部缅因州班戈(Maine Bangor),在缅因州的斯蒂尔沃特(Stillwater)、巴斯(Bath)和班戈(Bangor)完成了大学前的学业,然后进入缅因州不伦瑞克市(Brunswick)的鲍登学院(Bowdoin College),学习土木工程(图5)。

图5 大学期间的詹美生(Bowdoin College 提供)　　图6 爱荷华大学任教期间的詹美生

1876年大学毕业后,他留在了家乡工作,参与了班戈大坝(Bangor Dam)的建设工作,随后被派往加拿大圣约翰工作。1887年他成为田纳西州孟菲斯(Memphis)到亚拉巴马州亨茨维尔(Huntsville)段铁路工程师,负责建筑、桥梁以及铁路维护工作。1881年担任了墨西哥中央铁路工程的主管工程师和工程监理。1883年7月,前往巴拿马海峡,被聘为美国承包和疏浚公司的助理工程师,9月升任总工程师和总监。1884年4月因病返回家乡修养。

1885年詹美生为欧洲和北美铁路公司制定了木结构的标准图,并接受麻省理工学院工程系系主任George L.Vose的邀请,出任助理教授,负责铁路定线的课堂与野外实践课程。

1887年在麻省理工学院院长的推荐下,詹美生出任爱荷华大学工程系主任、教授(图6)[③],1888年3月7日当选为美国土木工程师学会会员,此后一直在爱荷华工作到1895年来华前夕。在爱荷华大学工作期间,他发表了《现代铁路桥梁的演变》[④]、《木材在铁路结构中的应用》(30章连载)[⑤]等论文,出版了专注《波特兰水泥》[⑥]。

这些铁路、水利、建筑工程及木材、水泥等材料的研究与实践经验,为其随后参与中国的铁路选线规划、煤矿开发管理、住宅与公共建筑的设计建造,以及水利调查规划等工作奠定了坚实基础。

## 三、詹美生来华的时代背景

第二次鸦片战争以后,西方列强瓜分中国之意日益强烈,唯美国力主"合作政策",让大清在最为痛苦和孤独的时候感到一丝温暖。力推"合作政策"的美国驻华公使蒲安臣,在1867年卸任后,被邀请"充

① In Memoriam Charles Davis Jameson, *The Iowa Transit*, Published by the UI Engineering students, Vol. XXXII: No. 2. Nov. 1927, p.45.

② Charles Davis Jameson Papers, 1900–1911, Box2, Collected at The library of Brown University.

③ An Index of Photographs of Individuals Appearing in the University of Iowa Hawkeye, 1893–1942.

④ Charles Davis Jameson, The Evolution of Modern Railway Bridge, *Popular science monthly*, Vol. XXXVI. No.36.1890(2):461–481.

⑤ Charles Davis Jameson, The Evolution of Modern Railway Bridge, *railroad and engineering journal*. Vol.LXIII,No.2 to Vol.LXV.No1.1889.

⑥ Charles Davis Jameson, *Portland Cement*, Iowa City: Republican Printing Company. 1895.

办各国中外交涉事务大臣"，代表清政府与列强进行"战略对话"，于1868年7月28日代表中国与美国签订了《天津条约续增条约》，史称"蒲安臣条约"。该条约坚持维护中国主权与领土完整，被梁启超称为"最自由、最平等之条约"，受到清廷朝野的高度评价，奠定了随后近一个世纪中美关系的基调。这也使得美国成为晚清政府最重要，也是最信赖的国际友邦。[①]

该条约的第八条：凡无故干预代谋别国内治之事，美国向不以为然，至于中国之内治，美国声明并无干预之权及催问之意，即如通机、铁路各等机法，于何时，照何法，因何情欲行制造，总由中国皇帝自主，酌度办理。此意预已言明，将来中国自欲制造各项机法，向美国以及泰西各国借助襄理，美国自愿指准精练工师前往，并愿劝别国一体相助，中国自必妥为保护其身家，公平酬劳。[②]这也是27年后詹美生来华的法律依据。

早在19世纪70年代，以李鸿章为代表的洋务派就倡议修建铁路，受顽固派阻挠，步伐缓慢，直到1881年用于运输开平煤矿煤炭的唐胥铁路才建成通车。1894年甲午战争失利，铁路强国的观念开始占据朝野主流。维新派代表康有为也主张"选派通于铁路工程者，划定各省、县官路"[③]。清政府也以京汉铁路的兴建为契机着手筹建中国铁路总公司，盛宣怀任督办大臣，着手规划全国铁路建设事宜，总公司于1897年1月在上海正式成立。[④]延聘海内外专业人才进行选线勘察，募集海外资本的工作也同步启动。在京汉铁路筹建时，盛宣怀就曾与以美国参议员华士宾Senator Washburn为代表的美国资本家取得协议，勘测路线。[⑤]

詹美生就是在中国要大规模建设铁路，美国政府与财团积极染指中国铁路建设经营的背景下，于1895年辞去爱荷华大学教职，来华工作。

## 四、1895—1898参与中国铁路选线勘察、矿业工程

1895年7月13日，詹美生带着爱荷华大学董事会主席D.N.Richardson给美国驻北京使馆的推荐信来到中国天津，以政府临时官员的身份参与中国自主铁路选线工作。当年冬天北上内蒙古进行铁路选线工作[⑥]，回津的途中考察了辽宁建平金矿的金厂沟梁Kin Chang Kao Liang分局[⑦]，建议购置新型机器设备，得到李鸿章的认同，并于1897年投入使用。

1896年9月，詹美生率队携带测量仪器，从天津出发，经太原府、长治Chaw /Chao Tien[⑧]（应为漳河上游城镇），至怀府[⑨]（今沁阳），东到彰德府Chang Te Fu（今安阳市）北漳河边南岸的丰乐镇Fung Lo Chien[⑩]，溯漳河而上至长治Chaw/chao Tien，然后再顺漳河返回中途折而向南穿越太行山大峡谷，到达平原地带（安阳西南一带），再乘骡车向东北120英里左右到达运河边上的Sun/Luan Wang Miao，12月15日在此登船（图7），19号早晨在距天津13英里的地方因河水结冰无法继续前行，随后乘马车回到天津的驻地。詹美生一行，历时三个月，对山西东南部、河南北部的煤炭、铁矿进行了考察，选定了河南、山西矿产运出的路线，完成了600英里（约1000千米）的路线调查报告，排除了沿太行山峡谷修筑铁路连接河南、山西煤矿的可能。[⑪]

① 这部分参考了2016年2月4日中国社会科学网刊载的:雪珥:《鹰龙之舞:晚清中美战略对话》,登录时间:2020年2月23日,http://pol.cssn.cn/zgs/zgs_zw/201602/t20160224_2881778.shtml。

② 见王铁崖编:《中外旧约章汇编》(一),生活·读书·新知三联书店,1954年。

③ 金士宣:《中国铁路发展史》,中国铁道出版社,1986年,第27页。

④ 见余明侠:《李鸿章和甲午战争前后的铁路建设——兼论洋务运动在甲午战后的新发展》,《江苏社会科学》1994年第6期。

⑤ 见[英]肯德(P.H.Kent)著:《中国铁路发展史》,李抱宏等译,生活·读书·新知三联书店,1958年。

⑥ 这一工作在其1896年11月给其母亲的日记式信件中提及:"November 25th, I am much better out-fitted for this trip than I was for the one in Mongolia."。

⑦ 见霍有光:《中国近代金矿开发概貌》,《西安地质学院学报》1993年第15卷第2期。

⑧ 从詹美生日记中记载,从丰乐镇溯漳河而上至Chaw/Chao Tien共计100英里,该地也是从太原出发在此中转向南考察晋城(泽州)、怀府(焦作)的起点。以上两个条件相结合可确定Chaw/Chao Tien应在长治一带。综合水陆交通要道、有煤矿、商业繁华等条件,初步推测Chaw/Chao Tien可能是长治襄垣的厐亭(Si ting),长治方言读(Su ting),其位于浊漳河南源东岸,是当时重要的交通驿站,集贸中心。

⑨ Record of Charles Davis Jameson中记载为Luan Fu,对照1896年11月写给母亲的日记式信函所描述的行程距离,及河南黄河北部煤矿分布情况,所载应为Huai Full,即怀府,今焦作沁阳。

⑩ 丰乐镇是漳河南岸的名镇,乾隆皇帝南巡曾驻跸于此。

⑪ Charles Davis Jameson Papers : A Letter to his mather Nov.20? to Dec.19 1896. Box1, Collected at The library of Brown University.

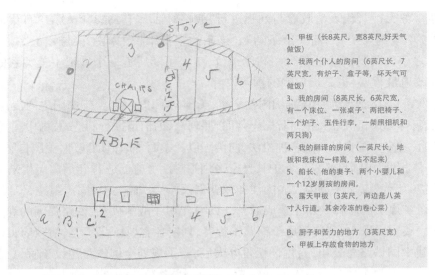

图7　詹美生回津搭乘的游船平面示意图(引自詹美生日记)

1、甲板（长8英尺，宽8英尺，好天气做饭）
2、我两个仆人的房间（6英尺长，7英尺宽，有炉子、盒子等，坏天气可做饭）
3、我的房间（8英尺长，6英尺宽，有一个床位、一张桌子、两把椅子、一个炉子、五件行李，一架照相机和两只狗）
4、我的翻译的房间（一英尺长，地板和我床位一样高，站不起来）
5、船长、他的妻子、两个小婴儿和一个12岁男孩的房间。
6、露天甲板（3英尺，两边是八英寸人行道，其余冷冻的卷心菜）
A、
B、厨子和苦力的地方（3英尺宽）
C、甲板上存放食物的地方

1897年他又两次赴山西考察五台地区的煤矿、铁矿，并撰写勘察报告。[①]上述两次的调查报告都提交给了李鸿章，后因时局变化，清廷未及落实。但詹美生参与上述工作的经历，也成为其随后被英福公司延聘的资本。

詹美生的天津住所位于法租界，在为清政府工作之余，他还担任了法租界的工程师。1896年的春夏两季他在法租界设计修建了七座砖房、一家商店和一座专为神父建设的大型中国剧院。[②]从时间上来看，他设计的这些作品都是法租界早期建筑，应位于大沽南路至海河一带。遗憾的是，詹美生日记、信函并未透露这些建筑的名称、位置，而且1900年义和团之后英法租界更新，早期建筑大都被拆除，其在天津的设计作品也难觅踪影。

## 五、1898—1902受聘福公司从事煤矿管理运营

在清政府奋发图强，广制造、兴矿政、修铁路的同时，西方列强也积极活动，瓜分中国的矿权、路权。1896年，英国资本家的代理人意大利籍的安杰洛·罗沙第，用代理牧师的身份，以"调查中日战后情形"为名来到北京、山西、河南一带开展探矿活动。在初步确认1870年德国地理学家李希霍芬"山西矿藏丰富"的判断后，立即返回英国，于1897年春在伦敦组建福公司(The Peking Syndicate)。[③]

福公司成立后，即在天津设立办事处，延揽各类人才。此时旅居天津，又有山西、河南矿产考察，铁路选线经验的詹美生可谓是福公司的不二人选。1898年1月7日，詹美生与福公司签约，出任福公司中国总工程师。

在中国买办刘鹗以及李鸿章亲信马建忠等人的协助下，1898年5月21日詹美生与福公司的代表罗沙第、萨利昂一道，和山西商务局总办贾景仁、帮办曹中裕签订了《山西商务局与福公司议定山西开矿制铁以及转运各色矿产章程》(图8)[④]。同年6月21日，福公司代表罗沙第与豫丰公司商董吴式钊又签订了《豫丰公司与福公司议定河南开矿制铁以及转运各色矿产章程》。[⑤]考虑到两次合同签订的时间接近，地点都是在清政府总理各国事务衙门，詹美生参与第二次协议签订应在情理之中。上述两份合同签署后，福公司获得了山西盂县、平定府、潞州府、泽州府、平阳府以及河南黄河以北怀庆一带的煤矿让与权。转年福公司派葛拉斯(G.H.G.Glass)带队，在詹美生已有工作的基础上去勘察煤田、铁矿的蕴藏量，

①② Charles Davis Jameson Papers, 1900–1911, Box2, Collected at The library of Brown University.

③ 见薛世孝：《论英国福公司在中国的投资经营活动》，《河南理工大学学报(社会科学版)》2014年第2期。

④ 照片引自：http://book.kongfz.com/120255/240385904/ 登陆日期2020.02.19，网站标注信息如下："从右至左分别为：贾景仁、哲美森、罗沙第(S.Luzzatti)、萨利昂(音译)、曹中裕，照片是1896年或1897年他们签订山西矿权时的合影"。根据相关文献判断，照片的拍摄时间应为1898年5月21日，右侧站立的非福公司董事长哲美森(Jamiesen)而是其所聘请的美国工程师詹美生(Jameson)。

⑤ 见薛世孝：《论英国福公司在中国的投资经营活动》，《河南理工大学学报(社会科学版)》2014年第2期。

同时观察如何修筑铁路把矿区与水路连接起来。[1]

1900年5月，詹美生受福公司委托，带领包括一名苏格兰采矿工程师、总监，一名威尔士煤矿监工，以及中国官员在内，总计26人的队伍，去山西南部、河南北部落实已授权区域的煤矿开发工作。他们5月21日从天津出发，沿京杭大运河至临清，在入卫河西行，因水浅该走陆路经卫辉，于6月中旬到达目的地怀庆（焦作）。他们在途中就曾受到义和团的威胁，到达怀庆后，在煤矿上又数次受到威胁和无礼对待，人身安全已无法保证，更无法进行煤矿开发建设工作。与他交好的当地将军也要在7月1日之前北上，之后不能为其提供任何保护。詹美生一行不能滞留原地，更不能原路返回，最终决定从怀庆东南40英里的詹店Chang Tien渡口，过黄河南下，从汉口坐船至上海。[2]

受时局所限，河南煤矿开发工作被中断，詹美生在到达上海后不久，便返回美国。何时再来中国，其自述材料并未言明：

义和团运动后从福公司辞职返回美国。处理一些私人事宜，接洽到一些私人事宜其中包括没有得到酬金的金矿事宜，直到1904年俄日战争爆发。（战争期间担任了《纽约先驱报》的代表。）[3]

时任福公司买办刘鹗在其《抱残守缺斋日记》中多次提到与福公司詹美生接触：

一月十七日（2月24日）同沙（彪内）詹美生处。

三月初九日（4月16日）午前，沙彪内来。本约詹美生两点后会晤……至詹处谈大略。两点半至公司，哲美森（福公司总董）亦于今日归也。[4]

詹美生档案中有一份文档 Gold Mine at Zhang Tze Kou，简要记录其1903年1月受聘于金矿开采者 Alfred Denny，前往Chang Tze Kou（推测为代县张寺沟）金矿做技术指导，处理金矿酬金拖欠事宜。另一份日记 Extracts from the Diary of a Trip through Eastern Mongolia during May and the first week in June，1904 记载了他为《纽约先驱报》工作的一次考察，大致路线是从北京—古北口—热河—平泉州—朝阳—锦州—山海关—北京。[5]

综上可以推断，詹美生1898年1月受聘福公司，1900年下半年因义和团运动返回美国，1901年回中国继续服务福公司至1902年底。1903年受聘Chang Tze Kou金矿，1904—1905年日俄战争爆发期间担任美国《纽约先驱报》代表。

## 六、1905—1909受聘为清政府外务部监理工程师和建筑师

关于这段经历，詹美生在其自述中有简短描述：

1905年在北京被任命为中国帝国政府（外务部）工程师。设计建造了政府迎宾馆以及其他建筑，为皇室做了很多工作。1909年12月辞职。[6]

詹美生具体受聘机构和职务，在其发表的一篇文章[7]署名为"Supervising Engineer and Architect to the Imperial Chinese Board of Foreign Affairs，Peking，China"，即外务部监理工程师与建筑师。

外务部成立于1901年5月14日，由总理各国事务衙门改组而成，冠于六部之首。[8]办公地仍在原总理各国事务衙门（东城区堂子胡同），同时在颐和园东宫门外修外务部的派出机构，即颐和园清外务部公

---

① 见[英]肯德（P.H.Kent）：《中国铁路发展史》，李抱宏等译，生活·读书·新知三联书店，1958年。

② Charles Davis Jameson Papers：A Letter to his mather Nov.20? to Dec.19. 1896. Box1，Collected at The library of Brown University.

③ RECORD OF CHARLES DAVIS JAMESON："Resigned from the "Peking Syndicate" after Boxer trouble，made visit to the United states of America. Private schemes including non-paying gold mines，until Russian-Japanese War in 1904. (Represented the New York Herald during this war)".Charles Davis Jameson Papers，1900-1911，Box2，Collected at The library of Brown University.

④ 见（清）刘鹗：《抱残守缺斋日记》，刘德隆整理，中西书局，2018年。

⑤ Charles Davis Jameson Papers，1900-1911，Box2，Collected at The library of Brown University.

⑥ 原文："1905. Appointed as Engineer of Chinese Imperial Government，Peking. Designed and erected Government Entertainment Palace，other buildings，and much work for the Imperial Household. Resigned Dec.1909." 见 Charles Davis Jameson Papers，1900-1911，Box2，Collected at The library of Brown University。

⑦ Charles Davis Jameson，*The Status of Chinese railways*，Railway Age Gazette .V59.No14，1915，p. 602.

⑧ 见[日]川岛真：《晚清外务的形成——外务部成立的过程》，薛轶群译，《中山大学学报（社会科学版）》2011年第1期。

所(今颐和园管理处),作为外务部侍驾临时办公以及驻华公使等外国友人颐和园觐见慈禧太后与光绪皇帝的临时休憩之所。

1907年为迎接可能到访的德国皇太子,外务部决定在外务部附近已经废弃的宝源局旧址(今外交部街33号院)改建迎宾馆(东楼),1910年落成。[①]

外务部迎宾馆东楼,就是其自述中明确提到的"Government Entertainment Palace",实际上它也同时指向了颐和园外务部公所(大堂)。这两座建筑建造时间相近,一个靠近紫禁城,一个紧邻颐和园,均为外务部重要的接待场所。

根据第一历史档案馆光绪三十四年(1908)二月十一日《为咨查颐和园外务部公所拓展地基添造房屋应用官地应归何处管辖请转饬遵照事致内务府》[②],以及上文提到的光绪三十四年(1908)二月二十五日《詹美生至司员恩厚函》,所反映的工程进展,颐和园外务部公所大堂应于1907年就已经动工。由此可以推断其建设动因也应是为迎接德国皇太子。

两座用于接待外宾的建筑因所处环境不同,詹美生也采用了不同的建筑风格,迎宾馆东楼纯西方建筑式样。颐和园外务部公所大堂处于中式传统建筑群之中,他沿用了传统的大屋顶,但是通过钢木混合的人字屋架,获得了跨度达16米的开敞空间,既满足了功能要求,其造型也与周边建筑相对和谐。

除了上述两座建筑外,在1905—1909年之间外务部的建筑工程,也大都应有詹美生负责设计或监理建造,即其自述中提到的"其他建筑",这些建筑的具体指向还有待于结合外务部的档案材料进一步考证。

1909年12月詹美生从清政府外务部辞职返回美国(图9)。

图8　协议签署后的合影(站立者为詹美生)(来源:孔夫子旧书网)　　图9　詹美生生活照(来源:布朗大学藏)

## 七、1911—1918参与中国水利调查规划

清末随着中国门户的被迫开放,大批传教士来华传教、兴办教育,同时积极募集资金参与各类灾民救助。美国传教士在多年参与黄淮流域洪荒灾民救助的过程中发现,美国红十字会募集的资金及其清政府的救灾款都用于解决灾民的温饱问题,以至于很多外地的乞丐都加入到了灾民大军之中,而针对洪灾频发的原因却未能得到充分的关注,更没有尝试从源头上解决问题。[③]

针对上述现象,美国红十字会和国务院决定委派一名工程师对这一洪荒区进行全面考察,希望可以提出降低洪水水位、适当整治河道、排干沼泽和浅湖供农业生产的方案。在E.T.Williams博士的推荐下,詹美生被任命为美国红十字会工程师。1911年7月16日詹美生又一次回到中国[④],在清政府的全力配合下,他以清江浦(淮安)为驻地,开展现场考察;在上海最有名的酒店浦江饭店(Astor House)内完成了

---

① 见中国建筑设计研究院建筑历史研究所编:《北京近代建筑》,中国建筑工业出版社,2008年。

② 见中国第一历史档案馆藏,档号:05-13-002-002020-0007。

③ 见霍有光:《中国近代金矿开发概貌》,《西安地质学院学报》1993年第15卷第2期。

④ Charles Davis Jameson, Flood Control In China, *Transactions of the International Enginering Congress : Waterways And Irrigation*, 1915, San Francisco, California. 254-278.

规划、绘图与报告的撰写工作。[①]

受辛亥革命的影响,他的研究报告与规划方案一直到1913年才完成出版。报告回顾了淮河、黄河发展变化的历史,对黄河以南、长江以北、太行山以东区域的地形、气候、降雨、河流湖泊、农业、工业,以及津浦铁路路堤等进行了考察分析,指出淮河入海不畅,下游雨水倒灌是淮河流域洪灾的主要原因。进而针对不同的河流、湖泊、沼泽、乡村提出了相应的整治方案,并做出了3700万比索的预算,计划6—7年实施完成。[②]

1913年,他带着计划和报告返回美国向相关部门汇报。1914年与美国陆军工程师Sibert上校、威斯康辛大学Mead教授、美国水利工程总工程师Arthur P.Davis一起返回中国,对其方案进行了评审及细节上的修改。[③]

有了这段水利工程调查、规划的经历,随后他又被民国政府聘为中国水利委员会的总顾问,并于1915年9月20日—25日在旧金山召开的"渠与农业灌溉国际工程大会"上代表中国介绍了中国洪水治理的经验(图10)[④]。1917年6月18日,他又被聘为中国北方水利调查的总工程师,一直工作到1918年6月15日,完成了相关规划与报告。

# 八、总结

1918年,63岁的詹美生返回了他的家乡班戈(Bangor),1927年2月13日在佛罗里达州去世,享年72岁。[⑤]从1895年詹美生第一次来到中国,到1918年离开中国,他在中国工作了二十三年,参与了一系列清末民初中国的铁路选线、建筑设计营建、矿业开发、水利规划等工作,积极向国际社会介绍中国铁路建设以及传统水利智慧,在推动中国近代工业化,促进国际社会了解、认识中国等方面发挥了重要作用。詹美生作为那个时代西方来华工程师的代表,其工作经历、相关日记著作与遗存的建筑作品都是清末民初中国与国际形势风云变幻的见证,是解读那个时代的重要材料,也是西方列强在清末民初染指中国各项事务,企图瓜分中国的物证。

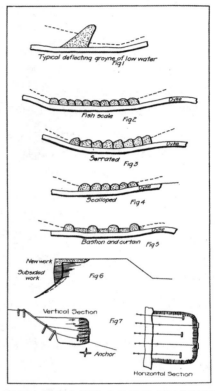

图10 詹美生报告中绘制的中国传统堤岸防护构造措施

① Charles Davis Jameson Papers:A Letter to his mather Nov.20? to Dec.19. 1896. Box1,Collected at The library of Brown University.

② Charles Davis Jameson. *River, Lake and Land conservancy in portions of the Provinces of Anhui and Kiangsu, North of the Yangtsze River*, Printed by the Commercial Press, Limit, Shanghai.1913:2-3.

③ Charles Davis Jameson Papers,1900−1911,Box2,Collected at The library of Brown University.

④ Charles Davis Jameson, Flood Control In China, *Transactions of the International Enginering Congress:Waterways And Irrigation*,1915,San Francisco,California.254—278.

⑤ In Memoriam Charles Davis Jameson, *The Iowa Transit*, Published by the UI Engineering students, Vol. XXXII: No. 2. Nov.1927:45.

# 我国近代杰出的外籍铁路工程师、胶济铁路总办锡乐巴研究*

天津大学 马交国 宋昆

**摘　要**:德籍铁路工程师锡乐巴是一位在我国近代从事铁路修筑和管理的工程师。本文通过对他教育背景、在华职业经历和时代背景的梳理,探讨外籍铁路工程师在中国近代铁路修建和运营管理中发挥的特殊作用。目的是研究中国近代铁路修筑和运营过程中,外籍工程师与中国本土官员的合作、竞争以及贡献,并纪念这位杰出的铁路工程师。

**关键词**:锡乐巴;近代建筑史;胶济铁路;外籍建筑师

在参与我国近代铁路建设的工程师中,德籍工程师海因里希·锡乐巴(Heinrich Hidebrand,1855—1925)的经历非常特殊。他自1892年开始的十七年间,先后参与了我国湖北、上海、山东等地四条铁路的建造。他先后受雇于中国政府,又服务于德国殖民当局,担任山东铁路公司总办长达十年之久,在胶济铁路建设中的地位举足轻重,在技术支撑方面可以说是独一无二。在他的影响下,他的弟弟彼得·锡贝德①(Peter Hidebrand)、路易斯·韦勒②(Luis Weiler)等一批德国工程师相继来华,参与我国近代铁路建设。

近年来,国内外历史学者、技术史学者在相关研究中对锡乐巴的个人经历、在华工程实践有所涉及。③笔者在此基础上结合新挖掘的史料,梳理锡乐巴在华铁路工程实践,从中国近代铁路史和建筑史视角,考察他在中国近代铁路建设中的地位和作用。

## 一、锡乐巴的教育背景和职业经历(1855—1891)

1855年3月12日,锡乐巴出生于德国莱茵兰-普法尔茨州的比特堡。1874年毕业于特里尔的弗里德里希·威廉高级中学,在比特堡地区建筑督察处任教一年后,于1875年到柏林高等技术学院④学习工程学、建筑学和经济学。1879年底,锡乐巴通过国家考试,成为工程领班,并在柏林铁路公司工作。1884年又通过工程技师考试,成为政府建筑工程技师。在完成一年的兵役后,他被任命为科隆铁路局局长。⑤后又主持了德国西部艾菲(Eifel)等地区的支线铁路建设,这成为他国内铁路工程建设生涯的起点。1888年起,锡乐巴主持了科隆中央车站的大型改建工程,并负责科隆及其周边的铁路桥梁建设。⑥

* 本论文为济南市哲学社会科学课题:高质量发展导向下济南深度对接京津冀协同发展研究(JNSK21B04)阶段性成果;山东省艺术科学重点课题:文物保护单位时空演化及文化空间结构的影响研究(L2021Z07070399)。

① 彼得·锡贝德(1864—1915),曾在德国参与柏林铁路建设,1899年1月参与胶济铁路建设,此前曾在淞沪铁路工作。津浦铁路开工后,他主持北段勘测工作。1908年10月后接替锡乐巴担任胶济铁路总办。

② 路易斯·韦勒(1863—1918),又译名魏勒尔、魏尔勒等,德国铁路工程师,时任普鲁士皇家建筑工程师,此前曾在德国、俄国和西班牙从事铁路建设。

③ 见张国刚:《新发现锡乐巴档案中的华德铁路公司合同》,南开大学出版社,1998年;王斌:《争议铁路人:晚清时期德国工程师锡乐巴》,《工程研究——跨学科视野中的工程》2017年第9卷第5期。

④ 柏林高等技术学院的历史可以上溯到1823年,该校最早雏形为教授和研习园艺修建技校,1878年改建为柏林城建技校。

⑤ Wilhelm Matzat. Hildebrand, Heinrich(1855-1925) und Hildebrand, Peter(1864-1915) / Eisenbahningenieure. WordPress.org.2010.

⑥ NEU P, *Bitburger persönlichkeiten: Frauen und Männer aus 2000 Jahren Bitburger Geschichte. Bitburg*, Kulturgemeinschatft Bitburge. V.2006,pp.115-116.

自19世纪80年代开始,德国财团和重工业把铁路建设和资本渗透作为德国出口经济在中国最重要的目标。[①]在此背景下,德国首相俾斯麦根据驻华公使巴兰德的建议,决定派遣两名铁路工程师到中国,以使馆见习翻译作掩护,搜集中国铁路技术发展的情况。这两名工程师就是时维礼(Scheidtweiler)和锡乐巴。前者于1890年被安置在湖广总督张之洞处,担任工厂、水闸及各种工程建设的顾问,从而为德国重工业安排了大量订货。[②]1891年,锡乐巴进入德国外交部,同年9月作为铁路专家被派到德国驻京使馆。在北京的第一年里,锡乐巴学习了中国的语言、历史和文化。1897年,由其编著的《北京大觉寺》一书由柏林建筑师协会出版。[③]

## 二、锡乐巴在我国早期的铁路工程实践(1891—1898)

我国早期铁路的建设,除了资金之外,人才也是很大的限制因素。中国政府对雇用外国技师持积极态度。[④]这些技师分为两类:一类是受雇于中国政府,一类是受雇于外国政府。我国早期铁路的技师主要是英国人,而德国在普法战争中的胜利,使中国人非常推崇德国军事技术。

1889年8月,张之洞由两广总督调任湖广总督,督办芦汉铁路南段。1891年,汉阳铁厂破土动工,同时运矿铁路——大冶铁路[⑤]和大冶王三石煤矿也相继施工。1892年,锡乐巴来到张之洞处供职,开始中国铁路工程实践——主持大冶铁路的修建,参与了其勘测、定线和施工全过程。这条铁路自1893年6月开始修建,起点铁山铺,蕴藏着丰富的铁矿石。[⑥]1894年12月建成通车,以运输铁矿石为主,兼营旅客运输。

1894年,锡乐巴奉命勘测芦汉铁路[⑦],不久由于甲午战争爆发而推迟建设,后来该铁路由比利时公司承办。芦汉铁路属于清政府南北干线,锡乐巴负责芦汉铁路第二段汉口玉带门至黄陂的测量设计,是铁路修建的核心技术力量。锡乐巴定期向德国驻京使馆报告他与张之洞的谈话,他的报告被转呈柏林外交部,然后交给首相本人。[⑧]有了大冶铁路、芦汉铁路的工程实践,锡乐巴逐步成长为拥有德国和中国境内铁路工程经验的工程师、建筑师,进而得到了洋务派张之洞等人的青睐。1894年,张之洞调任两江总督后,上奏清政府,提议修筑沪宁铁路,曾委派锡乐巴勘测沪宁铁路。[⑨]

1876年,英商秘密建成吴淞铁路,后由于清政府强烈反对,最终商定由中国赎回并拆毁。1895年,锡乐巴协助两江总督刘坤一勘测吴淞至上海、苏州和南京的铁路[⑩]。1896年,清政府委派盛宣怀[⑪]督办的中国铁路总公司再筑淞沪铁路。1897年,在张之洞的举荐下,锡乐巴被盛宣怀聘为中国铁路总公司顾问并担任淞沪铁路[⑫]的负责人。[⑬]锡乐巴缜密细致的工作精神得到了盛宣怀的认可。综合考虑技术、经济、安全因素,锡乐巴及其团队确定了淞沪铁路上海站的位置和淞沪铁路线路的走向。[⑭]淞沪铁路于1898年9月1日正式通车,尽管铁路的主权已经归中国,但是英方掌握了实际决策权,中方则争取将铁路控制在华界的范围内。经历了此次铁路工程的锡乐巴,由于受聘中国铁路总公司,积累了与英方谈判

① SCHMIDT V, *Die deutsche Eisenbahnpolitik in Schantung 1898-1914:ein Beitrag zur Geschichte des deutschen Imperialismus in China*, Wiesbaden:O.Harrassowitz, 1976, p.65.

② 见王斌:《争议铁路人:晚清时期德国工程师锡乐巴》,《工程研究——跨学科视野中的工程》2017年第9卷第5期。

③ Wilhelm Matzat. Hildebrand, Heinrich(1855-1925) und Hildebrand, Peter(1864-1915) / Eisenbahningenieure. WordPress.org.2010.

④ 见李海霞:《中国近代铁路建筑遗产的保护现状与对策——以胶济铁路为例》,清华大学2013年博士学位论文。

⑤ 大冶铁路,自铁山铺至石灰窑,全长28千米,标准轨距,采用德国的技术设备。

⑥ 见湖北地方志编纂委员会编:《湖北省志·交通邮电志》,湖北人民出版社,1995年。

⑦ 芦汉铁路由卢沟桥到汉口,后延长至北京,称京汉铁路,始建于1889年,后因故暂缓,1895年复工,1906年4月1日全线通车。

⑧ NEU P., *Bitburger persönlichkeiten:Frauen und Männer aus 2000 Jahren Bitburger Geschichte*, Bitburg:Kulturgemeinschatft Bitburge. V.2006,pp.115-116.

⑨ 见江苏省地方志编纂委员会编:《江苏省志·铁路志》,方志出版社,2007年。

⑩ 即1894年提议、1908年建成的沪宁铁路。

⑪ 盛宣怀(1844-1916),江苏武进人,曾任轮船招商局督办、中国电报局总办、华盛纺织总厂和中国铁路总公司督办等职。

⑫ 淞沪铁路由上海至吴淞炮台湾,长16.1千米,1898年9月建成通车,1903年作为支线并入沪宁铁路。

⑬ 上海市地方志网站:http://www.shtong.gov.cn/dfz_web。

⑭ 见张晓春、闻增鑫:《设施、隙地与市政:近代城市进程中的上海北站》,《建筑学报》2021年第2期。

的实际经验。锡乐巴日后的事业发展与张之洞、盛宣怀等人的力荐密不可分,德国水利专家乔治·弗朗鸠斯①(Georg Franzius)曾说:"盛道台尤其信赖德国技师……对锡乐巴也是如此。"②在此期间,他既代表中国铁路总公司与英方交涉,同时还借此实现了当初来华之初许下的承诺,即"观察了中国在铁路技术上的动向"③。当时,德皇威廉二世正在推行"世界政策",加之1897年11月胶州湾事件爆发,中德随即展开交涉,并通过中德《胶澳租借条约》获取了在山东修筑胶济铁路④的权益。

## 三、锡乐巴在任胶济铁路总办期间的贡献(1898—1908)

### (一)从事胶济铁路勘测和选线

在中德《胶澳租借条约》签订之前,以礼和洋行为首的山东辛迪加委托普鲁士皇家技监、高级工程师阿尔弗雷德·盖得兹(Alfred Gaedertz)到山东考察铁路建设条件。盖得兹于1898年4月至6月间,考察并完成了《山东考察旅行报告》。在报告中提出了铁路选线方案,并进行了技术经济论证。⑤

1898年9月,锡乐巴与德国辛迪加的主要领导者德华银行签订为期三年的聘用合同,由锡乐巴到山东主持铁路建设。1898年9月—11月,锡乐巴做前期的勘测工作,另一名德国工程师韦勒(Luis Weiler)负责将勘测结果绘成地形图。韦勒在1898年11月的一封信中对锡乐巴勘测工作效率给予充分肯定。⑥1898年12月28日,锡乐巴向德国驻京使馆报告称沿线人口稠密、土地肥沃、煤炭蕴藏丰富。⑦1899年1月,锡乐巴和韦勒完成的胶济铁路工程总计划寄回德国,随后寄回了部分铁路的纵剖面图。

1899年6月14日,山东铁路公司成立,代替了德华银行在合同中的位置。山东铁路公司在柏林有管理团队,在青岛有经营团队。1899年6月28日,德国首相正式任命锡乐巴为山东铁路公司青岛总办,任期五年。⑧在盖得兹和锡乐巴的共同努力下,1899年6月底,确定了铁路线由青岛至济南的走向,同年8月,铁路线获得胶澳总督和德国驻京公使的批准。⑨在铁路修建过程中,锡乐巴又代表山东铁路公司与山东巡抚就铁路线路进行多次协商。"在决定省城济南府火车站位置时,开明的山东巡抚周馥甚至要求,将已规划的东西火车站移近济南城,并在省城的西北门增加一站。"⑩

### (二)主持胶济铁路建设和运营

1899年8月25日,胶济铁路从青岛开始动工修建。锡乐巴在主持铁路建设过程中,将铁路分为六个工段,分段施工,分段通车。第一工段由具有丰富铁路工程经验的韦勒负责,锡乐巴的弟弟锡贝德参与了两个工段的建设管理工作,其余三个工段由其他工程师负责。在铁路施工材料方面,锡乐巴按照德国政府《铁路许可权》⑪的要求,尽量使用德国生产的材料;在路轨方面他坚持采用钢枕,不用木枕;他将桥梁建设委托给德国的桥梁公司。他在铁路沿线设置了六十座车站,架设了铁路电报,还考虑当地条件,订购了德

① 乔治·弗朗鸠斯(1842—1914),德国河海工程专家。1897年,他奉命对胶州湾进行了考察,得出胶州湾非常适合作为德国在远东的军事和贸易基地的结论,为德国决定侵占胶州湾提供了重要工程技术参考。

② [德]乔治·弗朗鸠斯《1897:德国东亚考察报告》,刘姝、秦俊峰译,福建教育出版社,2016年,第100页。

③ 王斌:《争议铁路人:晚清时期德国工程师锡乐巴》,《工程研究——跨学科视野中的工程》2017年第9卷第5期。

④ 胶济铁路由青岛至济南,1899年8月开工,1904年6月1日全线通车。

⑤ Gaedertz, Bericht über eine Recognoszierungsreise in der Provinz Shan-tung. 青岛档案馆档案号:B-4-11,184-239.

⑥ FALKENBERG R., Luis Weilers Briefe aus China (Dez.1897-Aug.1901), Materialen zur Entwicklung in Qingdao und zun Bauder Shandong-Bahn // KUO Heng-yü, LEUTNERM, Berträge zu den deutc-Chinesichen Beziehungen, München:Minerva Publikation,1986,p.121.

⑦ NEU P., Bitburger persönlichkeiten:Frauen und Männer aus 2000 Jahren Bitburger Geschichte, Bitburg:Kulturgemeinschatft Bitburge. V.2006,p.123.

⑧ Schantung-Eisenbahn-Gesellschaft an Heinrich Hildebrand (4 Juli 1899). 比特堡郡博物馆锡乐巴遗物。见王斌:《争议铁路人:晚清时期德国工程师锡乐巴》,《工程研究——跨学科视野中的工程》2017年第9卷第5期。

⑨ SCHMIDT V, Die deutsche Eisenbahnpolitic in Schantung 1898-1914:ein Beitrag zur Geschichte des deutschen Imperialismus in China, Wiesbaden:O.Harrassowitz,1976,p.70.

⑩ Betriebsdirektion der SEG an den Kaiserlichen Geschäftsträger Legationsrat(16.5.1906). 青岛档案馆档案号:B1-2-43、71—72,见王斌:《近代铁路技术向中国的转移(1898—1914)——以胶济铁路为例》,山东教育出版社,2012年。增加的火车站为济南府西北站,即今北关车站。

⑪ 1899年6月1日,德国政府授予联合辛迪加在山东修建和经营铁路的许可权,对胶济铁路的建设运营主体、铁路定线、铁路工期、铁路材料、铁路费率等进行了明确规定。

国产的标准型号机车,选址建设了四方机车厂。① 在他的主持下,1904年6月1日,胶济铁路全线通车。②

　　为了与正在酝酿中的中国国有铁路津镇铁路③相衔接,山东铁路公司在规划济南府火车站时,决定在济南建东、西两座火车站,并得到了清政府的批准。在选择济南府西站还是东站作为中央车站问题上,锡乐巴与胶澳总督府意见相左。锡乐巴认为应选济南府东站作为中央车站,但最后铁路公司还是决定将济南府西站④作为中央车站,以便对津浦铁路产生较大影响。

　　锡乐巴十分注重对铁路职员的培养。山东铁路公司成立后,他向设在青岛的斯泰尔教会⑤提议建立一所铁路学校。1899年秋,铁路学校建立,这是山东铁路公司在中国设立的第一个学徒学校。这些学徒后来成长为胶济铁路沿线各站的站长、车站助理、电报员、机车司机、列车员等。到1907年,山东铁路公司的中国职员已有400多人,比例达到87%。为方便工作人员了解铁路操作规程,锡乐巴还主持拟定了《山东铁路记号章程》(图1)。

　　胶济铁路通车后,客运稳定发展。从1904年到1908年客运增长了48.3%,客运收入增长了51.7%,货运量增长了1.7倍,货运收入增长了43.3%。⑥

**图1　山东铁路记号章程⑦**

### (三)参与青岛火车站、青岛德华银行等建筑设计

　　青岛火车站的选址,锡乐巴发挥了关键作用。在1898年8月16日青岛的第一部城市规划方案中,港口建设负责人格罗姆施(Gromsch)将青岛火车站安排在栈桥北侧附近,意在强化铁路与海运的联系。在这份方案草图中,铁路轨道的走向在靠近栈桥之前有一个凸出的弧形,锡乐巴认为这一选址不合理,技术难度太大。1899年3月13日,韦勒报告了锡乐巴关于火车站选址的意见,胶澳总督府表示反对。此后锡乐巴据理力争、一再坚持,胶澳总督府最终同意了他的选址意见,火车站西移到栈桥以西的位置。⑧

　　锡乐巴还参与了青岛站等建筑的设计。托尔斯滕·华纳所著《德国建筑艺术在中国》一书中提到青岛火车站的建筑师为路易斯·魏尔勒(Luis Weiler)、锡乐巴和阿尔弗雷德·格德尔茨(Alfred Gaedertz)。

---

　　① 见王斌:《近代铁路技术向中国的转移(1898—1914)——以胶济铁路为例》,山东教育出版社,2012年。

　　② 见王斌:《争议铁路人:晚清时期德国工程师锡乐巴》,《工程研究——跨学科视野中的工程》2017年第9卷第5期。

　　③ 津镇铁路最初由江苏候补道容闳提议建设,由天津经山东德州到江苏镇江,当时督办芦汉铁路的盛宣怀担心津镇铁路会夺走芦汉铁路的运量,于是百般阻挠,加上德国抗议该路经过其势力范围山东,容闳只得作罢。后英、德达成妥协,共同修筑该路,1899年清政府与英国和德国代表签订了《津镇铁路借款草合同》。后由于沪宁铁路即将通车,将终点改为浦口,即津浦铁路。

　　④ 济南府西站位于济南城西的五里沟附近,今经一纬七路口附近,现已不存。

　　⑤ 接受德国保护的天主教分支,曹州教案发生后,该教会由鲁南扩展到青岛租借地。

　　⑥ Schantung-Eisenbahn-Gesellschaft.Geschäfts-Berichte 1905-1913.青岛档案馆档案号:B1-3-9,B1-4-25。

　　⑦ 见王铁崖编:《中外旧约章汇编》(二),生活·读书·新知三联书店,1959年。

　　⑧ FALKENBERG.R., *Luis Weilers Briefe aus China(Dez.1897-Aug.1901)*,Materialen zur Entwicklung in Qingdao und zun Bauder Shandong-Bahn // KUO Heng-yü,LEUTNERM.*Berträge zu den deutc-Chinesichen Beziehungen*,München:Minerva Publikation,1986,p.26.

而根据相关档案,这三位建筑师即是参与胶济铁路修筑的三位德国工程师,仅汉语译名不同,德文名与相关档案完全一致。①青岛站于1900年动工修建,1901年冬竣工②。整个建筑主要由钟鼓楼和候车厅两大部分组成,从规划布局上看是作为太平路海滨大道东端的道路对景而设置(图2)。1991年拆除重建,1993年竣工,其东立面为旧楼的重现。

图2 青岛火车站(1901年竣工)③

图3 青岛火车站现状图

锡乐巴还参与了青岛德华银行的设计。④该建筑位于太平路与青岛路交叉口,类似于香港的英国殖民地建筑,出于对气候的考虑,西面和南面设两层通风的券柱式外廊,层高约四米。青岛德华银行(图4)大楼的建造时间为1899年到1901年,与青岛火车站设计在同一时间。该建筑位于青岛市南区广西路14号院,太平路与青岛路交叉口,现为全国重点文物保护单位。

图4 1901年的青岛德华银行⑤

### (四)代表德国政府与中国政府交涉

自1898年9月与德华银行签约后,锡乐巴就成了德国公司的雇员,代表德国政府参与中德两国间的一系列交涉活动。

山东铁路公司成立后,与当地民众发生了几次暴力冲突。第一次发生在1899年6月,胶澳总督派军队对中国民众进行了血腥镇压。第二次更大规模冲突发生在1899年底,铁路建设在此中断。新任山东巡抚袁世凯于1900年3月21日与山东铁路公司签订了《胶济铁路章程》,而签署章程的德方官员正是锡乐巴。章程中明确了铁路公司与山东省官府的关系,保障了铁路建设的继续进行。依据该章程,山东铁路公司与各县官员绅士分别签订了土地合同(图5)。1900年6月,义和团团民抢劫了铁路工程师并袭击

---

① 这与乔治·弗朗鸠斯(Georg Franzius)在其著作《东亚考察报告》提到锡乐巴设计了青岛火车站相一致。也与德国汉学家卫礼贤(Richard Wilhelm)日记中的说法相符。与锡乐巴曾主持德国科隆火车站改建工程的经历也相吻合。卫礼贤(1873—1930),德国汉学家,翻译出版《论语》《道德经》等大量著作。1897年德占胶澳后来华传教,1920年离鲁。在其著作《卫礼贤博士一战青岛亲历记》中,提到锡乐巴设计了青岛火车站,插图名称为:由德国人海因里希·锡乐巴设计建造的青岛老火车站。

② 见[德]乔治·弗朗鸠斯:《1897:德国东亚考察报告》,刘姝、秦俊峰译,福建教育出版社,2016年。

③ 胶济铁路博物馆提供。

④⑤ 见[德]华纳:《德国建筑艺术在中国》,Berlin:Ernst&Sohn,1994年。

了德国人住处,锡乐巴曾多次要求胶澳总督采取军事行动,惩罚破坏行为,保证此类事件不再发生。①

同时,袁世凯还与山东矿务公司②的代表锡乐巴签订了《山东华德矿务公司章程》,规定了中国人参股、土地购买、雇用中国工人、保护采矿设备等内容。正是由于锡乐巴丰富的中国铁路工程经验,使得中德两国保持了良性互动,为胶济铁路通车和中德贸易发展奠定了基础。

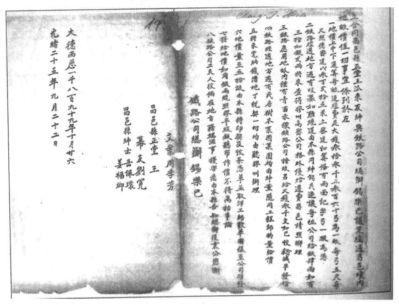

图5 山东铁路公司与昌邑县签订的土地合同③

1904年3月,胶济铁路通车至济南府东站。该站距小清河只有2.5千米,但小清河码头与铁路车站没有实现联运,山东铁路公司有意修建一条支路连接小清河码头。然而根据《胶济铁路章程》第十三款规定,山东铁路公司"不准擅行另造支路","每造一岔路,必须预禀山东巡抚,以备查核"。于是,锡乐巴向山东巡抚周馥请示修建小清河岔路。经过谈判,得到了许可。由山东巡抚委托山东铁路公司承办小清河岔路修建,而铁路路权归中国。1905年1月,山东省农工商局同锡乐巴签订《小清河岔路合同》(图6)。④小清河岔路1905年开工,当年建成,实现了小清河和胶济铁路之间的联运。

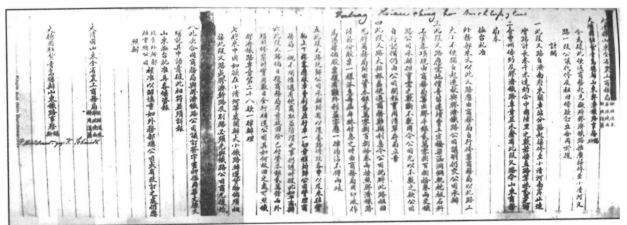

图6 小清河岔路合同⑤

① 见[德]余凯思:《在"模范殖民地"胶州湾的统治与抵抗:1897—1914年中国与德国的相互作用》,孙立新译,山东大学出版社,2005年。
② 1900年成立于德国,1912年因经营亏损与山东铁路公司合并。
③ 青岛市档案馆藏,档案号B1-2-36、B1-2-39。
④ 见王铁崖编:《中外旧约章汇编》(二),生活·读书·新知三联书店,1959年。
⑤ 青岛市档案馆藏,档案号B1-2-42、B1-2-70—B1-2-72。

## 四、锡乐巴在我国近代铁路建设史上的地位

主持胶济铁路建设为锡乐巴带来了巨大荣誉。1898年12月和1901年6月,德皇威廉二世分别授予他"四等红鹰勋章"和"皇家工程顾问"称号。1902年,清政府赏给锡乐巴二等第三宝星。[1]1908年10月,锡乐巴因健康原因辞去胶济铁路总办职务回国,由其胞弟彼得·锡贝德接任山东铁路公司青岛总办。1911年应邮传部尚书盛宣怀邀请再度来华襄助铁路建设,因辛亥革命爆发而作罢。[2]锡乐巴回国后被选为山东铁路公司监事会成员,任期到1913年,1925年8月21日,锡乐巴在柏林去世。

锡乐巴是我国近代杰出的外籍铁路工程师之一,先后参与了大冶铁路、淞沪铁路、芦汉铁路、胶济铁路等多条中国近代铁路的修筑,见证了中国近代铁路建设和建筑设计的一系列重大历史事件,为中国近代铁路建设做出了重要贡献。他与中国政府既有过合作,又有斗争,甚至有流血冲突。尽管有其为本国利益服务的立场,但是其丰富的实践经验客观上为中国早期铁路的建造和运营提供了重要的技术支撑。

---

① 见张国刚:《晚清的宝星及锡乐巴档案中的宝星执照》,载南开大学历史系、北京大学历史系编:《郑天挺先生百年诞辰纪念文集》,中华书局,2000年。

② 上海市地方志网站:http://www.shtong.gov.cn/dfz_web。

# 我国传统建筑匠帮"宁绍帮"的发展与变迁研究（1840年始）*

上海交通大学　　蔡军　　毛杨杨

**摘　要:**宁绍帮是我国江南地区的一个重要传统建筑匠帮,但学界关于"宁绍帮"的发展与变迁研究却非常少见。本文以对"宁绍帮"工匠的访谈记录为主要研究依据,结合文献阅读、建筑调研与实测等,分析近代以来"宁绍帮"的发展与变迁。可分为四个历史时期:①工匠转型分化时期(1840—1895);②营造厂大力发展时期(1895—1949);③以国有营造厂(公司)为主时期(1949—1978);④百花齐放的多种经营时期(1978年至今)。本研究的开展,期望能对"宁绍帮"的研究有所补充,并为多匠帮影响下的江南地区传统木构建筑的区划与谱系研究奠定基础。

**关键词:**宁绍帮;发展与变迁;转型分化;经营模式

如今,人们提到"宁绍帮"①,似乎更多地会联想到宁绍地区的商帮,而忽略了其在传统建筑营造业中的匠帮身份。但我国建筑史学界却认为宁绍帮作为宁绍地区的一个建筑帮派,曾与东阳帮、香山帮齐名,在我国江南地区传统建筑帮派体系中处于重要地位。②目前关于"宁绍帮"的称呼并不统一,如宁绍帮、宁波帮、绍甬帮等。总体来说,"宁绍帮"出现的频率更高,本文亦统称其为"宁绍帮"。③宁绍地区拥有悠久的历史及深厚的建筑文化。河姆渡遗址是七千年以前宁绍地区先民的建筑技术结晶,遗址中发掘出精细的榫卯构件,说明早在新石器时代宁绍地区就拥有了高超的木作营造技术。北宋大中祥符六年(1013)建造的江南地区现存年代最久、保存最完整的保国寺大殿,其四木合成的瓜棱内柱、月梁、组合多变的斗拱等,展现了宋时建筑风采。为我们今天更好地理解《营造法式》、特别是研究其与江南地区的渊源提供了很好的遗构样本。且尚有宋代有明州(现宁波)工匠陈和卿渡日指导东大寺建造的历史记

---

\* 国家自然科学基金面上资助项目:多匠系并存语境下的江南地区木构架设计体系区划与谱系研究(批准号:51978394)的阶段性研究成果。

① 如万方数据(www.wanfangdata.com.cn)中,以"宁绍帮"为关键词进行检索。238篇相关论文中就有219篇将其定义为商帮,仅19篇将其作为建筑匠帮提及,占比仅为8%。同时,人们还习惯于将其分解为宁波帮或绍兴帮。如《宁波帮大辞典》(宁波出版社,2001年)中将宁波帮定义为:"近代以来在宁波地区以外的一定区域从事工商活动的宁波籍人士。"展览宁波商帮历史及文化(其中,包含建筑营造业)的宁波帮博物馆《近代宁波帮建筑研究》(宁波出版社,2010年)中,将宁波帮建筑定义为由宁波商帮人士作为投资人或实际建造者的建筑。

② 见王仲奋:《东方住宅明珠·浙江东阳民居》,天津大学出版社,2008年。

③ 大多数学者习惯于将其称为"宁绍帮"。例如,沈黎在《香山帮匠作系统研究》(同济大学出版社,2011年)中"杭州民居建筑中显示出明显的南部东阳帮和东部宁绍帮的特征",即选用"宁绍帮"一词:娄承浩在《老上海营造业及建筑师》(同济大学出版社,2004年)中,有时会将宁波、绍兴两地分开,分别称呼为"宁波帮"和"绍兴帮"。如"本帮以上海本地人为派,外埠在上海做工的结成宁波帮、绍兴帮、苏州帮等";有时又将其合称为"宁绍帮"。如清代光绪八年(1882)6月宁绍帮木工罢工,要求增加薪水,租界巡捕房出动警察将2名工匠逮捕。金其鑫著的《中国古代建筑尺寸设计研究——论〈周易〉著尺制度》(安徽科学技术出版社,1992年)中同样称其为"宁绍帮",如"'徽州帮'建筑工匠建造的徽州建筑,'宁绍帮'建筑工匠建造的浙江民居等"。沈善洪在《浙江文化史》(浙江大学出版社,2009年)中同样称呼为"宁绍帮",并且直接称其为建筑行帮,而将商业行帮称为"宁波帮"。如"由于此地(宁波)在历史上一直是个经济繁荣的区域,建筑艺术、商业经营发展历史悠久,并形成了具有地域特点的行帮,如建筑行帮'宁绍帮',商业行帮'宁波帮'等"。但也有学者习惯于将其称为"宁波帮",如王仲奋即用了"宁波帮"而非"宁绍帮"(见《东方住宅明珠·浙江东阳民居》,天津大学出版社,2008年)。丁艳丽则将其称为"绍甬帮"(见"浙东匠帮基本特征研究",建筑历史研究与城乡建筑遗产保护国际学术研讨会,2015年)。

载,说明宁绍地区工匠的营造技术一直保持先进水平。后宋室南迁,于临安建立京城,召集各地能工巧匠,其中就有宁绍帮[1]工匠。

1840年始,西方建筑技术与风格传入中国。西式建筑营造的大量需求,给宁绍帮的发展带来勃勃生机。首先,"宁绍帮"一词的出现与使用。虽然我们尚未进行严格的考证,但基本可认定为宁绍地区工匠大量外出做工,外地人为与其他地域匠帮进行区别,而开始称宁绍地区的工匠为宁绍帮。其次,宁绍帮的急速分化。一部分工匠继续留在宁绍地区,另一部分工匠则外出营生。而不论其位于何地,宁绍帮在继续进行传统建筑营造活动的同时,还开始学习新技术及改善经营方式。其中,一部分工匠迅速转型,且转型速度大于同时期的其他帮派。宁绍帮对我国特别是上海近现代建筑业做出了巨大贡献,营造了许多闻名于世的建筑[2],关于宁绍帮的记载或研究亦均集中于其在上海、武汉等地进行近现代建筑营造活动和相关事件。截至目前,人们对于近代以来宁绍帮整体的发展与变迁研究仍然非常少见。[3]本研究以大量仍在进行建筑营造活动的宁绍帮工匠访谈记录为主要研究依据,结合文献阅读、建筑调研与实测等,分析近代以来宁绍帮的发展与变迁(表1)。[4]本研究的开展,期望能对宁绍帮的研究有所补充,并对多匠帮影响下的江南地区传统木构建筑的区划与谱系研究奠定基础。

近代以来,宁绍帮的发展大致可分为以下四个历史时期:①工匠转型分化时期(1840—1895);②营造厂大力发展时期(1895—1949);③以国有营造厂(公司)为主时期(1949—1978);④百花齐放的多种经营时期(1978年至今)(图1)。

# 一、工匠转型分化时期(1840—1895)

宁波自唐朝建制以来,就孕育形成了各类多姿多彩的文化。如以王阳明、黄宗羲为代表的浙东学派文化、以天一阁为代表的藏书文化,以及历史悠久的越窑文化等。其中,浙东学派倡导的"经世致用"思想深深地影响着宁绍地区。同时,宁波地处东海之滨,宝庆《四明志》中记载:"南通闽广,东接倭人,北距高丽,商舶往来,物货丰溢。"说明宁波人自古以来就热衷于经商贸易。经商中最重要的就是善于变化、抓住机遇。受经商思想影响下的宁绍帮工匠在近代西方文化进入我国建筑市场时,迅速抓住了这个机会。

1844年宁波开埠。由于西方建筑思想的影响、建筑功能、空间的需求及建筑材料、技术的完备,大量西式建筑开始进行营造,部分宁绍帮工匠逐渐转型。这一时期,宁绍帮通常采用泥木作坊的形式来承

---

① 关于宁绍帮的起源问题,学界存在多种说法。如王仲奋在其论文《东阳传统民居的研究与展望》(《中国名城》2009年第6期)中写道:"宋室南迁至临安后,东阳亦农亦工的老司、乡民被征召至临安参加京城建设,当时的建设队伍中主要有东阳、宁波和苏南香山(吴县)的工匠。人们习惯以工匠所属的地区来分帮派,并以地名称帮。'东阳帮''宁波帮''香山帮'就此而生。"由此可以看出,王仲奋将三个匠帮的产生时间定位于南宋临安建都之时。但也有专家将宁绍帮的起源发展时期归结为自清朝道光年间开始发展至民国初年。如《上海档案史料研究·第十三辑》(生活·读书·新知三联书店,2012年)中"自清朝道光年间开始发展至民国初年,逐渐形成了本帮、川沙帮、宁绍帮、香山帮等多个地域帮派。"因此,关于宁绍帮的起源问题,尚需要进行大量的研究与调查工作。故不在本文研究范围之内。

② 如协盛营造厂施工建造的上海东方汇理银行大楼(英商通和洋行设计,1911)、新仁记营造厂施工建造的上海沙逊大楼(英商公和洋行设计,1929),张继光(宁波籍营造厂主,上海协盛营造厂创始人之一)之子张乾源曾参与设计的上海联谊大厦(1985)等。

③ 宣统三年(1911)敕刻的上海《水木同业公所缘起碑》碑文,详细记述了宁绍地区匠人在上海水木业中的重要地位。"上海为中国第一商埠,居民八十万,市场广袤三十里。屋宇栉比,高者耸云表,峥嵘璀璨,坚固奇巧。盖吾中国最完备之工业,最精美之成绩。业此者惟宁波、绍兴及吾沪之人,而川沙杨君锦春独名冠其曹。"上海1919年6月11日的《新闻报》中记载:"本埠水木工人有本帮、宁绍帮、苏帮之分。此次风潮发生之后,该工人等激于义愤,久欲与学商两界一致行动,经该业董等极力抚慰,暂且有待。至昨日(10日)起,该董等无法劝阻,遂一律罢工。"由此可以推测,本帮、宁绍帮、苏帮此时在上海营造业中平分秋色。王志远在其编著的《长江流域的商帮与会馆》(长江出版社,2014年)中:"(汉口的)行帮中,按地区分,较著名的有湖北帮(又称本帮)、汉口帮、湖南帮、江苏帮、宁波帮(又称浙宁帮、宁绍帮)、四川帮、广东帮(含香港)、江西福建帮、山西陕西帮(又称西帮、含甘肃)、山东帮、徽州帮、云贵帮、河南帮、天津帮等。"据此,清末民初宁绍帮在武汉亦应参与了营造活动。张乾源、丁言鸣的"宁波帮建筑业筑起我国建筑业的辉煌"(《宁波通讯》2009年第12期),以及庄丹华的"宁波帮与中国近代建筑业发展研究"(《浙江工商职业技术学院学报》2018年第1期)中,研究了宁绍帮在近代建筑业中所做出的发展,阐述了其在上海、武汉等地成立营造厂,建造了众多著名的现代建筑等历史记录。

④ 宁绍帮的核心活动地域虽在宁绍地区,但宁波与绍兴地区的传统建筑不论梁架体系、还是构件细部均存在一定差异,而宁波的传统建筑更具特色。因此,本文对于宁绍帮匠师、传统建筑案例等,均以宁波为主要地域进行选取。

接项目。由作头①承包工程后召集工匠进行营造,主要承接一些民居、祠堂等中小型传统建筑。当作头本身就是工匠时,通常是由其带着两个徒弟来承接项目,如遇人手不够的情况下,则会去同村或隔壁村落召集一些帮工,称为"伙计"。②木工、泥工、石作等行业匠人,往往有一个重要的制定行规、管理行帮及交流议事的聚集地——鲁班殿。宁绍帮在宁波的鲁班殿位于大沙泥街,清道光元年(1821)初建、光绪十九年(1893)重修。③

早在清道光三年(1823),已有部分宁波工匠赴上海务工,由于人数较多,在上海成立了宁波帮水木作公所。参加公所的除了甬籍水木作工匠外,还有上海、绍兴籍工匠,并制定了相应的规矩来约束工匠的行为。④1843年上海开埠后,营造需求比以往更大,引发了一批宁绍帮工匠前往上海的热潮。同时,也有少量宁绍帮工匠去往南京、武汉等地。前往外地的宁绍帮工匠往往是有组织的,将有技术的工匠集结起来,或者由一位师傅带上徒弟们组成一个小队,一个营造项目往往需要几个或几十个小队。⑤宁绍帮初到上海时,也曾将鲁班殿作为其集会议事的场所。⑥

## 二、营造厂大力发展时期(1895—1949)

1895年,甲午战争的失败激发了全民族的觉醒,人们意识到了改革和进步的重要性,宁绍帮营造业也掀起了改革的浪潮。1900年,宁波本地第一家宁绍帮营造厂——邬全顺营造厂正式成立。随后,又相继成立了一批营造厂,如胡荣记营造厂、陈永记营造厂等。在宁波本地,宁绍帮成立的营造厂得以发展,主要是由于宁绍帮工匠具有不拘泥于传统、可快速学习新技术、向新方向转型的特点。另外,则是来源于在外地发展的宁波商帮的支持。宁波商帮在外谋生时,为了团结家乡民众,建立了各种行业公所,十分注重合作精神。由于宁波商帮在外发展形势极好,许多商帮人士纷纷回乡营造自己的住宅。其中,也包含其他中国传统样式建筑。⑦这些人士发迹后不忘投资建设家乡,并将新技术新风格带回家乡,更促进了宁波本地宁绍帮工匠的转型分化。因此,这一时期宁波地区宁绍帮营造厂数量相当可观,但同时承接一些小型建筑项目的传统泥木作坊亦存在。⑧

表1 宁绍帮工匠访谈简表

| 序号 | 姓名(工种) | 访谈时间 | 访谈地点 | 主要代表性作品 | 职位 | 组织形式 | 年龄(截至2021年) |
|---|---|---|---|---|---|---|---|
| 1 | 庄永伟(大木) | 2021.6.12 | 海曙区天一阁工地 | 天一阁内修复与新建 | 把作师傅 | 个体 | 59岁 |
| 2 | 陈德华(大木、小木) | 2021.7.3 | 溪口镇工匠家中 | / | 把作师傅 | 个体 | 69岁 |
| 3 | 唐香海(大木、小木) | 2021.7.10 | 奉化区工匠家中 | 城隍庙新建及修复工程、保国寺观音殿修复、雪窦寺山门 | 把作师傅(已退休) | 个体 | 72岁 |
| 4 | 竺爱民(大木、小木) | 2021.7.4 | 溪口镇工匠家中 | / | 把作师傅 | 个体 | 73岁 |
| 5 | 夏天宏(大木、小木) | 2021.7.4 | 溪口镇工匠家中 | 萧王庙药师寺修复、各村镇寺庙修建 | 把作师傅 | 个体 | 54岁 |

① 为手工业作坊主或本身即为工匠。

② 根据宁绍帮工匠唐维昌的访谈记录整理而成。

③ 见俞福海:《宁波市志》,中华书局,1995年。

④ 娄承浩、薛顺生:《老上海营造业及建筑师》,同济大学出版社,2004年,第3页。

⑤ 根据宁波文化遗产研究院徐炯明书记的访谈记录整理而成。

⑥ 该殿位于硝皮弄。由上海本帮石匠朱顺高于清道光十三年(1833)捐地建造,后逐渐成为上海水木业活动中心。见娄承浩、薛顺生:《老上海营造业及建筑师》,同济大学出版社,2004年。

⑦ 如秦氏支祠是由商帮人士秦际瀚出资,由胡荣记营造厂承包建设。

⑧ 1932年城区发放建筑许可证的泥木作坊549户,次年727户,1934年为604户。至1946年,鄞县城区登记注册营造厂211家,资本总金额9805万元。其中甲等营造厂14家、乙等16家、丙等34家、丁等147家。见浙江省建筑业志编纂委员会编:《浙江省建筑业志》(上),方志出版社,2004年。

| 序号 | 姓名（工种） | 访谈时间 | 访谈地点 | 主要代表性作品 | 职位 | 组织形式 | 年龄（截至2021年） |
|---|---|---|---|---|---|---|---|
| 6 | 唐维昌（大木、小木） | 2021.7.12 | 余姚市工匠家中、溪口镇雪窦寺工地 | 雪窦寺修复、郑氏十七房修复、上海安化路住宅（现代） | 把作师傅 | 个体 | 70岁 |
| 7 | 孙从文（大木、小木） | 2021.2.7 | 溪口镇红木家具展馆 | 宁波老庙修复、庆安会馆修复、柬埔寨国家大酒店（现代）、上海大剧院（现代） | 把作师傅 | 个体 | 75岁 |
| 8 | 孙业中（大木） | 2021.6.12 | 海曙区天一阁工地 | 天一阁内修复与新建 | 把作师傅 | 公司 | 72岁 |
| 9 | 江仁波（大木） | 2021.6.12 | 海曙区天一阁工地 | 天一阁内修复与新建 | 把作师傅 | 公司 | 57岁 |
| 10 | 柴世文（大木） | 2021.5.21 | 北仑区工地 | 韩岭花间堂、南塘老街、大隐玉佛寺 | 把作师傅 | 公司 | 52岁 |
| 11 | 陈小余（伙计） | 2021.5.21 | 北仑区工地 | / | 伙计 | 公司 | 52岁 |
| 12 | 章思祖（泥瓦匠、大木） | 2021.3.28 | 海曙区宁波市文化遗产管理研究院 | 城隍庙修复、天一阁修复、保国寺修复 | 公司管理者 | 公司 | 76岁 |
| 13 | 周丁惠（大木） | 2021.6.12 | 鄞州区工匠家中 | 桐照村白云寺修复 | 把作师傅 | 个体 | 73岁 |
| 14 | 应友灿（大木、小木） | 2021.4.4 | 余姚市唐田村工匠家中 | 奉化亭下湖仙灵庙 | 把作师傅（已退休） | 个体 | 88岁 |
| 15 | 柴大考（大木） | 2021.8.22 | 奉化区阮家村工地 | 阮家村文化礼堂 | 把作师傅 | 公司 | 62岁 |

与此同时，上海大量营造厂也应运而生。各营造厂厂商延续了传统习惯，在茶馆里交流沟通，不同行帮不同籍贯的工匠均有其固定的茶馆，例如上海成都路西安茶馆，以宁绍帮、苏北帮工匠为主；浙江北路同芳居茶馆，以宁绍帮为主。[1]宁绍帮也继续成立新的水木公所，同业公所仍是同籍同业人士组织、规范团体的主要场所。1908年沪宁绍水木公所成立，将本帮（上海地区匠帮）与宁绍帮组织在一起。[2]这一时期上海本地近代建筑市场大多被宁绍帮、本帮以及川沙帮占领，传统建筑市场则主要被香山帮占领。[3]其他地区的宁绍帮工匠们也大量成立营造厂，建造了一批在中国近代建筑中具有重要地位的建筑作品。[4]并将新技术、新概念带回家乡，使宁波地区营造厂的技术、管理模式更加进步。[5]

1930年，水木公所改组为上海市营造厂同业公会，公会取代公所成为上海各营造厂的组织形式。[6]与此同时，工会作为一种崭新的工匠联络体系也出现了。同业公会是工人与业主共同的组织，而工会则是工人自己的组织，强调保护工人利益。工会出现后，工人们纷纷脱离公会、公所等组织，加入了工会。[7]例如奉化市（现为宁波市奉化区）于抗战胜利后建立了奉化木作职业工会，鄞县（现为宁波市鄞州

---

① 娄承浩、薛顺生：《老上海营造业及建筑师》，同济大学出版社，2004年，第15、22页。

② 邢建榕主编：《上海档案史料研究》（第8辑），上海三联书店，2010年，第26页。

③ 据1946年资料统计，上海营造行业中，上海籍的营造厂占一半略强，为53.2%；浙江籍（以宁绍帮为主）占25.2%；江苏籍（以香山帮为主）占18.9%，其余各省籍的占2.7%。见何重建：《上海近代营造业的形成及特征》，载中国近代建筑史研究讨论会：《第三次中国近代建筑史研究讨论会论文集》，中国建筑工业出版社，1991年。

④ 如张继光于1901年创立上海协盛营造厂，其代表作品有上海大清银行、上海英商福利公司等；沈祝三于1908年在汉口创立汉协盛营造厂，其代表作有武汉汇丰银行、花旗银行等。

⑤ 上海石库门住宅的营造厂商中有很大一部分就是宁波人。因此，宁波石库门住宅的建设很快引进了营造厂这一新的建筑施工组织模式，迅速实现了从最初的由传统工匠依照联排木屋住宅的建筑依样画葫芦建设—有组织的水木作—专业的营造厂这一转变。宁波本地第一家营造厂为1900年成立的邬全顺营造厂，其代表性作品有宁波青年会会所、宏全坊等。见宁波帮博物馆编：《近代宁波帮建筑研究》，宁波出版社，2017年。

⑥ 见邢建榕主编：《上海档案史料研究》（第8辑），上海三联书店，2010年。

⑦ 见浙江省建筑业志编纂委员会：《浙江省建筑业志》，方志出版社，2004年。

区)于1938年成立了木匠职业工会。1931年侵华战争爆发,日军占领东三省,1932年制造上海事变。各产业遭受致命性打击,各大营造厂生意惨淡。部分营造厂在抗日战争期间宣布解散,就此消亡。也有一些营造厂在抗战胜利后重新组建或新建。

图1　宁绍帮发展与变迁四个历史时期(1840年始)

## 三、以国有营造厂(公司)为主时期(1949—1978)

　　1950年,宁波已有营造厂138家,后逐年减少。取而代之的是建筑公司,管理较营造厂更为规范、规模也更大。20世纪50年代,实行社会主义改造,出现了手工业合作社、国有营造厂或公司等,各类工匠都被分配进入这些组织工作。这一时期传统建筑遭到严重破坏,人们追求破旧立新,传统建筑营造业停滞不前。即使是大木工匠也不得不进行一些小器物的创新创造，例如插秧机、抽水机等。此时的宁绍帮工匠亦工亦农，若组织内没有营造活动，则工匠会回家务农以补贴家用。[①]同宁绍帮工匠参与近代建筑营造一样，这一时期也开始投入到现代建筑营造上来。这些工匠成立了各种联社、国有营造厂及国营建筑公司进行现代建筑施工，进入这些公司的一部分人员是由原本的宁绍帮工匠转变而来。[②]许多处于外地的宁绍帮营造厂厂主的后代更是子承父业，但此时的他们已脱离了工匠身份。如选择出国留学学习现代建筑知识，回国后投身到现代建筑创作中。[③]

新中国成立后，各同业公会消亡。《鄞州建设志》中：宁波先师鲁班殿的最后一次"公祭"是在1951年。从此以后，石匠、木匠、瓦匠等匠人先后进入宁波建筑公司，同业公会自行消亡。[④]而工会作为维护工人利益的组织更加完善与发展，促进了建筑营造业的发展。

## 四、百花齐放的多种经营时期（1978年至今）

1978年改革开放后，私营企业得到快速发展。一些宁绍帮工匠成立公司，承担大型古建项目的建造活动。代表性公司有：宁波环宇古建园林工程有限公司、象山古建筑建设有限公司等。这些公司有自己的培养体系，具有稳定的工匠团体。此外，仍有很大部分宁绍帮工匠延续了之前的经营模式，以个体为单位营生。即以一个把作师傅以及徒弟为核心，召集相熟的伙计帮忙，一个小队或多个小队组合，以这种形式承接项目。亦工亦农，有项目时就做工，无项目时就做别的或回家休息，他们承接的主要是民居、祠堂等小型建筑项目或建筑修复。以个体营生的工匠也分两类，一类以个人名义承包项目，其承接项目往往较小，以村落的祠堂、寺庙为主；另一类工匠则由于技术较好，且营造经验丰富，会被不同公司邀请，往往能参与较大项目的营造。

1978年至今，宁绍帮工匠虽主营传统建筑的建造与修复活动，但也参与现代建筑的设计与建造，灵活变通。如工匠孙从文曾参与过上海大剧院、柬埔寨国家大酒店的建造，工匠唐维昌曾参与过上海安化路住宅房的建造等。除原有工会外，还陆续成立了各种建筑协会以及建筑学会，他们与工会保护工人利益的职能不同，更注重于新技术的交流、跨学科的交流。

## 五、结论

宁绍帮工匠自近代以来进行了大规模的转型，营造范围涵盖了中国传统、近代乃至现代建筑领域。且其经营模式多变，从手工作坊到营造厂、建筑公司，逐渐发展成为百花齐放的多种经营模式。究其缘由，主要可归结为以下三点：首先，从历史角度来看，宁绍地区自古以来就存在高超的建筑营造技术，为工匠去外地务工打下了坚实的基础；其次，从地理位置来看，宁波与上海地缘相近且都临海，为宁波工匠转型提供了更适宜的孕育场所；最后，受"经世致用"思想的影响，宁绍帮能够迅速抓住各种有利时机，使自身得以有效发展。宁绍帮在各种因素作用下，学习新技术、新的经营模式，及时抓住近代、现代建筑市场。同时，一部分工匠依然坚守在传统建筑营造领域，传承了宁绍帮传统建筑营造技艺。直至今日，宁绍帮仍对江南地区建筑产生着深远的影响。

---

[①] 根据与工匠应友灿、唐维昌访谈内容整理。

[②] 如1951年成立了宁波公营建筑工程公司，1965年成立了手工业建筑联社组织等。

[③] 如上海协盛营造厂厂主张继光的第二、三代都从事建筑业。其儿子张乾源曾任华东建筑设计院总建筑师和总工程师，孙子张永勤设计了深圳招商银行总部大楼。

[④] 见胡纪祥主编，鄞州区建设志编纂委员会编：《鄞州建设志》，鄞州区住房和城乡建设局，2014年。

# 近代日本"满铁"在中国东北的建筑教育研究<sup>*</sup>

沈阳建筑大学　刘思铎　刘鹤

**摘　要:**近代日本以"满铁"为主要开发机构对中国东北进行殖民侵略,为满足"满铁"附属地大规模城市建设对建筑设计人才的需求,"满铁"管理机构在中国东北成立了建筑学培养院校,其毕业生成为"满铁"城市建设的主要力量。本文在前人既有研究的基础上通过将其与同时期日本本国,以及我国近代时期自创建筑教育院校的课程设置进行比较;通过对就业途径、设计作品、影响力等方面进行分析,从市场需求、就业环境等方面总结近代"满铁"在中国东北培养建筑技术人的独特性,挖掘日本"满铁"在中国东北的教育理念,以及对当代建筑教育的启示。

**关键词:**近代;日本"满铁";中国东北;建筑教育

清光绪三十一年(1905)日俄战争后,俄国将旅大地区的租借权,长春至大连的铁路及其一切附属权全部"转让"给日本,1906年4月,南满洲铁道株式会社成立,简称"满铁"。1907年3月,"满铁"株式会社总部迁往大连,作为"满铁"附属地的最高权力机关。

满铁株式会社在其成立之初设有负责建设铁路附属地内的市政、土木、教育、卫生等必要设施的配套建设的官方机构——"满铁"建筑课。其职责担负起"满铁"在东北地区的城市规划与建筑设计任务,铁路、港口、地方办公建筑、学校、医院、图书馆、旅馆等公共设施,与工业相关的工厂、公司宿舍等建筑设计,各附属地的规划建设都在其业务范畴。<sup>①</sup>具体承担:建设土地建筑物的管理及贷付,市街施设(市区计划道路、桥梁、上下水道、公园、市场等),卫生施设(医院、疗养院、卫生研究所、细菌检查所等),教育设施(学校、青年训练所、图书馆等),警备施设(消防所、市街照明等),产业设施(农业施设、商业施设、产业助成等)等建筑项目。

1907年"满铁"建立时,日本人在南满地区总共占据4981栋、708416平方米的建筑物。这些建筑物绝大部分是从俄国人手中接收的,分别属于"满铁"、关东都督府民政部、日本陆军三个殖民机构;其中"满铁"拥有4110栋、535082平方米建筑。到1935年<sup>②</sup>,"满铁"在不到30年的时间里共投资兴建各种建筑物17599栋、3979392平方米。<sup>③</sup>从日本官方的统计数据中,可以看出"满铁"在附属地开发建设的速度与工程量。

如此大规模的城市建设需要大量的建筑技术人才,对于近代中国来说设计西式(现代)建筑的"建筑师"尚属"新兴"行业,根本无法满足"满铁"快速城市建设的需求,因此1911年"南满洲铁道株式会社"为了给铁道建设的发展培养技术力量,在大连开办中等技术学校——"南满洲工业学校",其办学目标即是"授予将来在南满洲从事工业者必然的知识技能"<sup>④</sup>。其中,建筑学专业的毕业生成为日本在东北的建筑设计的生力军。

---

\* 辽宁省社会科学规划基金项目(L19BKG003)。

① 见《南满洲铁道株式会社十年史》。

② 1937年12月,日本当局在东北全境已沦为日本殖民地的情况下,从排斥其他列强入据东北出发,打着"取消外国在东北的治外法权"的幌子,正式宣布取消"满铁"附属地,其原属地域交给各所在城市。

③ 见《满洲开发四十年史》。

④《南满洲工业学校创立十年志》。

本文在前人既有研究①的基础上通过将该院校与同时期日本本国，以及我国近代时期自创建筑教育院校的课程设置进行比较；通过近代东北建筑师从业环境、毕业流向、设计作品、影响力等方面进行分析，希望从市场需求、人才培养等方面总结近代日本"满铁"在中国东北建筑教育理念的特点。

## 一、近代东北"满铁"附属地的城市建设标准与发展定位

"满铁"在我国东北附属地的建设得到日本本国政府的政策和经济的支持，为了让"满铁"附属地真正成为日本控制整个东北的基地，在建设之初就定位为高标准的殖民地设施。其目的：一是为了保证在"满铁"公司工作的日本移民安心在中国东北生活；二是为了吸引更多的日本人向东北移民；三是希望良好的城市基础建设吸引东北地区甚至国际资金和资源流向附属地，为日本掠夺东北资源打下基础；四是希望笼络和麻痹中国人。所以高投入、大力发展"满铁"附属地成为日本政治扩张的必要保证，可以说日本对"满铁"附属地的建设之初定位于当时东亚地区城市建设的最高水准。

针对"满铁"附属地的发展定位，"满铁"从日本本国源源不断的派出各种考察团、投资团来沈阳参观，吸引投资，作为城市发展的先行者建筑业更是如此。如《盛京时报》②中记载"日技师来满视察——据闻日本外务省建筑课技师西奈甚太郎为视察南北之建筑事业，于昨十九日乘安奉车来奉寓某旅馆当于日内视察各处之建筑一等竣事再行北上云。"；"建筑参观团去奉——东京大阪建筑家组之东大建筑参观团一行十四人于三日来奉旅馆所有奉天之建筑胜迹如东陵北陵宫殿庙宇城垣分日参观兹已竣事于六日由奉去安东转道回国云。"③从中不难看出日本本国建筑师对中国东北的关注。因此，建设之初，"满铁"附属地不仅得到日本官方的重视，同样也吸引了大量民间投资者和日本本国的财团，大量资金和人才的投入使"满铁"附属地城市建设迅速发展获得经济支持和技术保障。

## 二、近代东北"满铁"附属地建筑师的来源与受教育情况

近代"满铁"附属地的日本建筑师大概分为四类④：①从日本直接进入中国东北的日本建筑师，如太田毅⑤、横井谦介⑥等，这类建筑师大都是为"满铁"等政府机构服务而来，特别是到"满铁"建筑设计鼎盛时期的建筑师如狩谷忠磨、平野绿等建筑师，都是大学毕业后直接加入"满铁"面对中国东北更广阔的建筑市场；②以台湾为驻地而进入中国东北的日本建筑师，如小野木孝治⑦，1902年受总督府委托之职去了台湾。1903年正式成为台湾总督府技师，在台湾设计了很多官方大型重要建筑。后跟随后藤新平转任"满铁"的技师而加入；③以朝鲜半岛为驻地而进入中国东北的建筑师，如著名的日本建筑师中村与资平，1908年到朝鲜负责第一银行京城支店的设计与施工，1917年又负责朝鲜银行大连支店的设计与施工，于是在大连开设事务所以及工事部而进入东北，设计有朝鲜银行奉天支店；④由中国华北、华东等地方进入中国东北地方的建筑师，如植木茂，就曾任职在中国青岛守备军经理部。

通过这四种渠道进入中国东北的日本建筑师，以第一、第二种渠道为主，在"满铁"建筑事业初创期，虽然从俄国人手中得到南满地区部分建筑物，但这些不能满足日本对中国东北"建设高标准的殖民地设施"的发展目标。所以大量日本本土和已经在台湾发展建设的有经验和资历的建筑师被调往中国东北的"满铁"建筑机构，广阔的建筑市场同样吸引了具有向海外开拓市场野心的日本本土建筑师们。

分析近代"满铁"所属建筑师资料⑧，其中登录其受教育情况的159位建筑师（图1），分别来自23所学校，其中来源最多占35%的是日本工手学校，其次是近20%的毕业于南满洲工业专门学校（其前身为

---

① 见陈颖、陈沈、李张子薇：《南满洲工业专门学校建筑教育研究》，《工业建筑》2016年第46卷增。

② 1923年6月22日。

③ 1923年5月8日。

④ 由日本陆军技员转为建筑师的高冈又一郎，在1928年"怀古漫说"里回顾日俄战争之后的情形时提到。

⑤ 太田毅（1876—1911）于1901年大学毕业成为司法省技师，1905年时兼任日本大藏省监时建筑局技师，1907年更身兼任上述二职而就任"满铁"的技师。

⑥ 横井谦介（1878—1942）于1905年大学毕业后隶属于住友监时建筑部，1907年3月成为"满铁"的技师。

⑦ 小野木孝治（1874—1932）于1899年大学毕业成为海军技师，任职日本海军吴镇守府之后经历文部省委托之职师。

⑧ 根据西泽泰彦1996年东京彰国社出版的《海を渡った日本人建築家》中记载信息统计整理。

636

南满洲工业学校），另外占较大比例的两所学校是东京高等工业学校和东京帝国大学。

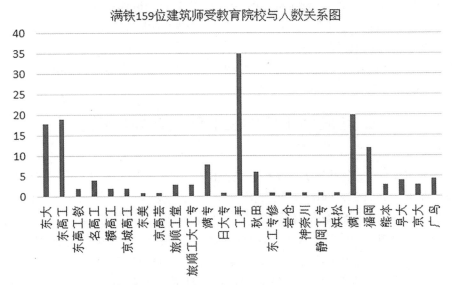

图1　"满铁"159位建筑师受教育院校与人数关系图

日本工手学校是1888年成立的工业学校，其办学理念是"为了培育大学出身的技师的助手"，这或许正是在"满铁"附属地内从日本工手学校毕业的建筑师人数比例最多的原因，该校毕业生在"满铁"的代表建筑师为1905年毕业的太田宗太郎[①]、1907年毕业的相贺兼介[②]。

源于1877年英国建筑师康德尔受聘主持政府所设的"工部大学校"造家科的东京帝国大学建筑学教育是日本开设的第一个真正意义上的西式建筑教育，奠定了建筑技术和学术发展的基础。在"满铁"，毕业于东京帝国大学的日本建筑师（表1）被称为日本第二代建筑师。他们继承第一代建筑师[③]扎实的建筑设计基础，在"满铁"附属地高强度的工作节奏中大胆尝试与创新，迅速成长。

表1　毕业于东京帝国大学在中国东北"满铁"附属地就职的建筑师

| 建筑师 | 毕业时间 | 毕业院校 | 所学专业 |
| --- | --- | --- | --- |
| 三桥四郎 | 1893年 | 工部大学 | 造家学科 |
| 松室重光 | 1897年 | 东京帝国大学 | 建筑学科 |
| 小野木孝治 | 1899年 | 东京帝国大学 | 建筑学科 |
| 太田毅 | 1901年 | 东京帝国大学 | 建筑学科 |
| 前田松韵 | 1904年 | 东京帝国大学 | 建筑学科 |
| 横井谦介 | 1905年 | 东京帝国大学 | 建筑学科 |
| 中村与资平 | 1905年 | 东京帝国大学 | 建筑学科 |
| 市田菊次郎 | 1906年 | 东京帝国大学 | 建筑学科 |
| 长谷部锐吉 | 1909年 | 东京帝国大学 | 建筑学科 |
| 竹腰建造 | 1912年 | 东京帝国大学 | 建筑学科 |
| 植木茂 | 1914年 | 东京帝国大学 | |
| 宗象主一 | 1918年 | 东京帝国大学 | 建筑学科 |

① 太田宗太郎（1885—1959），1905年日本工手学校毕业，在警视厅当技师。1907年3月进入"满铁"。1910年8月离开"满铁"，9月到美国哥伦比亚大学读预科，1915年9月进入同大学建筑科，1917年6月哥伦比亚大学毕业。1921年9月同校研究所毕业，成绩优异，欧洲考察留学一年。1924年1月任职小野木横井市田共同建筑事务所。1929年4月再次回到"满铁"，1937年1月在"满铁"任大连工事事务所长。1937年4月任"满铁"本社工事课长。1937年12月任"满铁"大连工事事务所长。1938年9月任"满铁"北支事务局建筑课长。1939年4月在华北交通工务局任建筑课长。1941年4月离开华北交通，加入奉天上木组。1945年1月离开上木组，1948年归国。

② 相贺兼介：横井建筑事务所共同建筑事务所工作再回到"满铁"，曾为该"官厅营缮组织"之国都建设局建筑科主任。

③ 1879年11月从工部大学造家学科最早毕业的4名毕业生即辰野金吾（1854—1919）、片山东熊（1853—1917）、曾弥达藏（1852—1937）、佐立七次郎（1855—1922）。到1885（明治18）年5月第7届有20名（整个工部大学有112名）毕业生，主要是在官厅、学校工作，被称为日本第一代建筑师。

东京高等工业学校始创于1881年,原为职工徒弟学校,1901年改称东京高等工业学校。1902年创立建筑科,其源于职工徒弟学校的木工科和1894年附设的工业教员养成所的木工科课程。东京高等工业学校和东京帝国大学工科大学不同之处为前者更重于实践。我国近代著名建筑教育家柳士英、刘敦桢分别为该校1920年、1921年建筑学毕业生,回国后在1922年在上海创设了中国最早的国人建立的事务所之一"华海建筑事务所"并于1923年创办了苏州工专建筑科,从而对中国近代建筑教育事业的启蒙与发展起到重要的推动作用。[①]

## 三、南满洲工业学校的创办与办学特色

### (一)创办历程

1911年"南满洲铁道株式会社"为了给铁道建设的发展培养技术力量,在大连举办了中等技术学校——"南满洲工业学校",1922年调整为"南满洲工业专门学校"。学校设有土木、建筑、电气、机械、采矿五个科目。办学目标是"授予将来在南满洲从事工业者必然的知识技能"[②]。

首任校长今景彦,1870年(明治三年)出生于日本秋田,师范学校毕业后,在小学担任教职期间,推荐入东京高等工业学校进修,1895年毕业后投身实业教育。担任过日本岩手县工业学校校长、东京府立职工学校校长、东京府立工业学校校长,并于1911年出任满洲工业学校校长,并曾负责大连市立商工学校创校事物,曾出国两次,经验丰富。1922—1925年出任南满洲工业专门学校校长兼工业学校校长。[③]今景彦校长的治学理念在其1903年其著作中可见一斑,他认为"工业教育需要培养设计者,进行工业创始、改良以及技术移转的同时,也是施工者,必须动手做,以进行生产、改良。工科大学、高等工业学校是培养设计者的学校。"我国近代教育的主要倡导者温州刘绍宽在其《厚庄日记》中记载当年到日本观摩教育时,曾到下谷区林町职工学校,当时的校长正是今景彦,他说:"本校之目的,在养独立之精神,就自治之技艺也。"可见其治学理念是"重实践、重创新、重应用。"在南满洲工业学校的教育方针中更是将他的自学理念体现得淋漓尽致。"工业学校不是上级学校的预备学校,而是培养实地业务技能;不只是听从教师的指示,而是需要进行自己思考、动手的'主动主义'教育;培养学生'勤劳主义'思想,训练其耐劳苦、爱劳动之精神。"[④]

南满洲工业专门学校的校长冈大路,1912年东京帝国大学建筑科毕业,1925年2月进入南满洲工业专门学校任教授,1935年4月任南满洲工业专门学校校长。"满铁"建筑科科长,满洲建筑学会会长,满洲国建筑局局长;1943年在日本出版《中国宫苑园林史考》。

该校建筑学教育其他任课教师有小野木孝治,1899年毕业于东京帝国大学建筑科,在《满洲开发四十年史》中明确记载他在"满铁"开创时期的作用与贡献。"官方的旅顺关东厅民政部土木科长松室重光和民间的大连'满铁'地方部建筑科长小野木孝治参加了铁路附属地及其沿线的经营。"

村田治郎,京都帝国大学建筑科毕业。南满洲工业专门学校教授、京都帝国大学工学部教授;在中国东北进行中国东北的古建筑调查,发表有《东洋建筑史系统史论》《支那的佛塔》《元大都的都市计划》。

伊藤清造,京都高等工艺学校图案科毕业。1929年《支那及满蒙的建筑》、1926年《奉天宫殿建筑图集》。

从南满洲工业专门学校建筑学科的师资力量中可见其教育理念的实用性以及建筑学教育的专业化。在"满铁"由南满洲工业专门学校毕业的优秀学生有铁路总局工务处工务课荒井善治、"满铁"奉天铁道事务所工务课建筑系大庭政雄、奉天铁路总局工务课建筑系小泉正维、"满铁"奉天地方事务所山田俊男等。这些由南满洲工业专门学校培养的优秀人才在日本"满铁"附属地的建筑界有着重要的地位和引领作用。

### (二)建筑学课程设置比较分析

通过上文的分析,南满洲工业专门学校与日本东京帝国大学、日本东京高等工业学校有一脉相承的

---

① 见徐苏斌:《东京高等工业学校与柳士英》,《南方建筑》1994年第3期。

② 《南满洲工业学校创立十年志》。

③ 见《日本统治末期台湾工业技术人才养成探讨》。

④ 陈颖、陈沈、李张子薇:《南满洲工业专门学校建筑教育研究》,《工业建筑》2016年第46卷增。

师承关系,又有在日本本土与中国殖民地教育的政治目的与地域环境的差异性;该校与沈阳近代奉系军阀创办的东北大学建筑系有同时期、同地域的同时空发展关系,与苏州工专建筑科具有同时期、同师承、不同地域的关联与特性,所以将这些相关而又各有不同的近代高等学校的建筑学教育课程(表2)进行比较研究,探索现代建筑教育不同路径下的教育发展之路。

表2　近代部分高等学校建筑学课程对比

| | 日本东京帝国大学 | 东京高等工业学校(1907) | 东北大学建筑系(初期) | 苏州工业专门学校(1924) | 南满洲工业专门学校(1922) |
|---|---|---|---|---|---|
| 公共课 | 数学(1) | | 国文、英文、法文 | 伦理、国文、英文、二外、体育 | |
| 专业基础课 | 应用力学(1) | 应用力学 | 应用力学(1) | 应用力学(1) | |
| | 地质学(1) | 地质学 | | 地质学(1) | |
| | 应用力学制图及演习(1) | 应用力学制图及实习 | 图式力学(2) | | |
| | 水力学(2) | | | | |
| | 地震学(3) | 地震学 | | | |
| 技术课 | 建筑材料(1) | 建筑材料 | | 建筑材料(2) | |
| | 家屋构造(1) | 家屋构造 | 铁石式木工(3)木工式铁石(2) | 西洋房屋构造学(1) | 构造设计(2,3) |
| | 日本建筑构造(1) | 日本建筑构造 | 营造则例(1) | 中国营造法(2) | |
| | 铁骨构造(2) | 铁骨构造 | | 钢筋混凝土(2,3)及铁骨架构学(3) | |
| | 卫生工学(2) | 卫生工学 | 卫生学(2) | 卫生建筑学(2) | 建筑卫生工学(2,3) |
| | 施工法(2) | 施工法 | | 施工法及工程计算(3) | 施工用诸机械(3)实物(施工会计)(3) |
| | 建筑条例(3) | 建筑条例 | 营业规例(4) | 建筑法规及营业(3) | 关系法规(3) |
| | 测量(1) | 测量 | | 测量学(2) | |
| | 测量实习(1) | 测量实习 | | 测量实习(3) | |
| | 制造冶金学(3) | 制造冶金学 | | | |
| | 热机关(1) | 热机关 | | | 附属设备(2) |
| | | | | 土木工学大意(2) | |
| | | | | 工业经济 | |
| | | | | 工业簿记 | |
| | | | | 金木工实习(1) | |
| | | | 合同估价(4) | | |
| 史论课 | 建筑历史(1) | 建筑历史 | 宫室史(西洋)(2) | 西洋建筑史(1,2,3) | 建筑历史(1,2) |
| | 日本建筑历史(1) | 日本建筑历史 | 宫室史(中国)(3) | 中国建筑史(3) | |
| | 美学(2) | 美学 | 美术史(3) | 建筑美学 | |
| | 装饰法(2) | 装饰法 | | 内部装饰(3) | 意匠装饰法(2,3) |
| | | | 东洋美术史(4) | | |
| 图艺课 | 应用规矩(1) | 应用规矩 | 图式几何(1) | 规矩术(2) | 制图(1,2,3) |
| | 自在画(1,2,3) | 自在画 | 图画(1,2,3) | 美术画(1) | 自在画(1) |
| | 装饰画(2,3) | 装饰画 | 图案(1,2,3,4) | 建筑图案(1) | |
| | 透视画法(1) | 透视画法 | 透视学(2) | 透视画 | |
| | 制图及透视画法实习(1) | 制图及透视画法实习 | | | |
| | | | 阴影(1) | 投影画(1) | 阴影与配景画法(2) |

| | 日本东京帝国大学 | 东京高等工业学校(1907) | 东北大学建筑系(初期) | 苏州工业专门学校(1924) | 南满洲工业专门学校(1922) |
|---|---|---|---|---|---|
| | | | 水彩(3,4)雕饰(3)炭画(4) | | |
| 设计课 | 建筑意匠(1,2) | 建筑意匠 | | 建筑意匠学(2,3) | 意匠设计(2,3) |
| | 计画及制图(1,3) | 计算及制图 | | | 规划及制图(3) |
| | 日本建筑设计画及制图(2) | 日本建筑计划及制图 | | | 特种建筑设计法(2,3) |
| | 实地演习(2,3) | 实地演习 | | | 实验与检查(3) |
| | | 实地实习 | | 建筑(设计工程)实习(2,3) | 现场实习 |
| | | 卒业计划 | | | |
| | 都市计划法(1920) | | | 都市计划(3) | |
| | 庭园学(1920) | | | 庭园设计(3) | |
| | | | | | 建筑学(2,3) |

1.课程设置比较

第一,在专业基础课中,日本东京帝国大学、东京高等工业学校都设有地震学课程,同一师承的苏州工业专门学校、南满洲工业专门学校在中国的地质条件下并没有设置这门课程。其中苏州工业专门学校设有地质学、沿袭美国宾夕法尼亚大学学院派建筑教育体系的东北大学建筑系初期的课程体系里没有设置地质学。

第二,技术课程。日本近代建筑教育体系下的日本东京帝国大学、东京高等工业学校、苏州工业专门学校、南满洲工学专门学校除基础的西洋房屋构造学(铁石式木工、木工式铁石)外,均设有新技术、新材料的钢筋混凝土结构的相关课程。同时,日本本国的高校设有日本建筑构造,中国东北大学与苏州工业专门学校均设有中国营造法相关课程,而南满洲工业专门学校并没有设置有关中国或者日本的传统建筑构造课程。日本近代建筑教育体系下的建筑教育均包括建筑测量、建筑设备以及建筑施工课程,其中苏州工业专门学校与南满洲工业专门学校除建筑法规与项目合同等相关课程外,还增设建筑施工造价的课程。东北大学建筑系成立初期课程计划里"技术课"板块缺少测量、设备与施工方面的系统课程。

第三,建筑史论课。无论是美国学院派体系还是日本近代建筑教育体系在史论课的课程设置都很丰富。日本本土建筑教育设置日本建筑历史课程,中国国人自主设置的建筑教育课程里设有中国建筑史课程,而南满洲工业专门学校仅设置建筑史课程,并没有细分为西洋、中国或日本建筑史。这或许是日本在中国的殖民地内设置建筑学教育,其目的是为培养在中国殖民地执业的建筑师而出现的畸形教育意识形态所导致的。

第四,图艺课。东北大学建筑系在"图艺课"板块的课程设置增添了水彩、雕饰、炭画等美术课程,这也正是其学院派建筑教育的特色体现。在日本近代建筑教育体系下的院校,南满洲工业专门学校的"图艺课"课时最少,在相同的学时配置下,"图艺课"课时的减少多用于建筑技术课程与实习课课程。

第五,建筑设计课。在建筑设计课程中,南满洲工业专门学校除课时最多的实习环节外,有针对性的增加了"特种建筑设计法""规划与制图课程",这正应对了最初"满铁"建筑课所承担的"满铁"附属地的建筑设计任务。

2.市场对建筑人才的需求

从1929年沈阳市政公所设定的建筑技术人员资格考试考题中(如下)来审视近代时期东北建筑市场对建筑人才的评定标准以及能力需求。

1929年六月建筑技术人员资格考试考题[①]：

（1）构造强弱学

梁之断面4×8时向垂直载重于长边与载于短边其强度之比较如何？

就沈阳市冬季风雪关系，旧式住宅应如何改善，并用何种材料方较经济与耐久，试详言之。

最强洋灰砂，需用洋灰、石灰、河砂及水各几分之几掺和而成。

沈阳市最优砖与最劣砖比较，其吸水量各为砖重之几分之几？

（2）建筑材料学

泥土地层墙基，必入土中较深。如遇有汽孔及引湿材料时，须用何种方法，可免潮湿上升。并举有汽孔及引湿材料之种类。最强洋质沙，需用洋灰石灰河砂及水各几分之几掺和而成。

（3）建筑施工法

拟在泥土地建筑二层楼房一座。关于该楼之地基，用何种施工法为相宜，试用挖槽述之工竣。如遇石砾地层与砂土地层，其地基应如何做法，试各言之。

（4）实地设计

某居家族十人，内有小孩三人（在十岁以下）外有男仆三人，女仆二人，拟在罄折形黄土地皮上，建筑住宅一所，预备工料费现洋费一万五千元，试计划其房屋及围墙，应如何建筑，其工料费用简单说明，并绘具平面图及主房正面图。注意：比例用中国营造尺百分之一，工业区及成城图各大街及楼房应绘正、剖、平、侧、背五面并须附带说明之。

考题涉及建筑材料、建筑构造、建筑施工、建筑造价、场地设计、建筑设计、地质学、地域气候与环境等相关知识，可见，近代时期对一位合格的建筑技术人员的要求不仅仅是建筑设计与图纸的规范绘制，同时涉及建筑项目的方方面面。以此反观以上学校的建筑教育，南满洲工业专门学校与苏州工专建筑科在课程设置与人才培养上更适合中国近代建筑市场的需求。细思其原因：东北大学建筑系是由梁思成夫妇留美回国后直接创办，他们没有在中国的实践经验，所以创办初期课程设置以模仿在美国宾夕法尼亚大学的教育体系为主，这点或许通过同是宾夕法尼亚大学留学归国后接任东北大学建筑系主任的童寯先生对其课程体系的调整中能得到证实。苏州工专建筑科的创办人柳士英、刘敦桢两位先生，留学归国后有实际的建筑工程设计的经历，所以更了解中国当时的国情以及对人才的需求，而南满洲工业专门学校创办之初的目的就是培养实用型人才。所以，苏州工专建筑科是自下而上推进建筑教育的发展，南满洲工业专门学校是自上而下推进，但两者对社会现状与人才缺口是十分了解的。

日本自明治维新开始，通过在政治、经济、文化等方面一系列改革措施，迅速走上具有资本主义性质的全盘西化与现代化改革之路。其中针对建筑教育，以英国建筑师康德尔引领的日本东京帝国大学建筑学学科为旗帜的现代建筑教育在日本逐渐"生根结果"。不仅陆续培养了日本本国第一代、第二代建筑师，同时也成为有意愿接受建筑学教育的中国留学生的理想选择。这些早期接受正规建筑学教育的学生在日本与中国的建筑教育发展之路中起到各自不同的作用与影响。其中，在中国东北由日本"满铁"主导的建筑教育中体现出特殊历史背景与环境的地域文化特征。

# 四、结语

近代日本"满铁"在中国东北的建筑教育院校虽数量不多，但师资雄厚、办学目的明确，人才培养针对性强、重视实用。专业教师在中国东北除教学工作外，或对中国的古建筑、古文献进行调查研究，或在"满铁"建筑从事建筑设计与管理工作，教师队伍初步具有产、学、研相结合的工作模式。同时，在中国东北设置的南满洲专门学校与日本本国的建筑教育交流密切，师资流动频繁，有利于建筑设计思想的沟通与传播。但是，南满洲工业专门学校办学不可避免的具有殖民地教育特点，不仅体现在课程设置中，而且在中日学生招生比例、就业渠道，以及继续深造途径等方面均有体现。

---

[①] 见市政公所档案。

641

# 《新中国建设月刊》
## ——外交视野下抗战前夕产业建设再探*

同济大学　朱晓明　吴杨杰

**摘　要:**本文选择中国人自办的英文期刊《新中国建设月刊》为研究对象,它属于外交视野下中国近代产业进展的一手文献。该刊对全面阐释全民族抗战前夕政治、经济与工业发展的综合关系,研究中央政府与民间资本、国际社会的交流途径具有直接的价值;对客观评价中国建筑师和工程师的实践,进而探索近代中国科学精神与文化诉求相结合的技术贡献具有积极的意义。

**关键词:**新中国建设月刊;工业;教育;中华国际工程学会;灌溉;铁路

## 一、问题的提出

在建筑工程界,老期刊主要包括地产月刊、工程学会的会刊、上海交通大学等名校的校刊、铁路市政建筑的专业杂志,目前通过"全国报刊索引"等资料可查阅。2021年《中国建筑史料编研(1911—1949)》(全200册)首发,堪称还原中国近代建筑交融碰撞的巨著,另辟蹊径地将工程技术规范与建筑历史相结合[1]。毋庸置疑,近代期刊是研究我国建筑工程史、抗战史、外交史、社会史、企业史极为有利的工具,挖掘工作具有重大的学术价值。由于内容错综复杂,既有积累在勾勒民国如火如荼的实业建设方面依然具有拓展空间。首先是观念方面,1949年之前的产业建筑研究受到了史源的限制,1949年后政权更迭又挖下了一条认知界线的鸿沟,有待以客观的视角分析我国早期工业化的进程并做出评析。其次《字林西报》等外国人在华所办的报刊得到了建筑学界的关注,而中国人创办、反映国内建筑发展的英文期刊尚未被揭示,它至少在读者上当年考虑了不同的受众,可显示国际化背景下中国建设的政策和策略演变,最终促进中国建筑工业历程的图景建构。基于上述短板,本研究拟以一份新发现的民国近代期刊回应。

## 二、神秘的《新中国建设月刊》

"新中国"这一称谓何时开始的呢? 1919年五四运动在思想准备上极大促进了中国的近现代化。1928年国民党形式上统一了中国,通过首都计划推动南京的城市建设。社会团体"新中国建设委员会"诞生在1932年,以"集合全国有志致力学养,共图国家及社会之新建设"为宗旨展开了争鸣,团体中包括在行政、铁路和高校等机构的权力知识精英[2]。由此,从"五四"运动开始萌生了追求民族复兴的新中国理念,从民间团体到南京政府均曾不遗余力地推动重建中国的事业。

"如果你想了解发生在变迁中国重建前线的一切活动,请订阅《新中国建设月刊》。"《新中国建设月刊》(*The China Reconstruction and Engineering Review*)是一本全英文月刊(以下简称月刊)。它创刊于1934年元月,至1937年6月停办,广为人知的《建筑月刊》1932—1937年开办,两者的时间接近,共属中国杂志的一个高峰时期。有几个奇怪的现象:首先期刊的中文和英文不匹配,英译是"中国重建和工程

---

　*国家自然科学基金资助项目(51978471)。

　[1] 清华大学建筑学院编:《中国建筑史料编研(1911—1949)》(全200册),天津人民出版社,2021年。

　[2] 宋青红:《新中国建设学会性质及地位考略》,《重庆交通大学学报》2020年第3期。

评论"。中国重建是指1932年"一·二八"淞沪抗战之后的中国工程进展,英文刊名强调了重建过程,而中文刊名明确指向了建设新中国的目标。第二个奇怪的现象是没有编委会,仅在内页上标有"编辑主任 E. H. Chu(朱艾华)",从他撰写的两篇报道看具有专业技术背景。有关朱艾华的情况在《上海租界内中国出版界的实况》中提及,他是半月刊《市声》的编辑主任之一,《市声》是汪伪政府为中日合作而办的一本市民之声刊物,污名点点也令月刊蒙上了一层阴影。第三个疑点是广告零零星星,期刊做出来,推销总是老大难,每期1美元(12期6美元),比起建筑月刊每期0.5元(约0.2美元)不便宜,其面向的读者群非同寻常。最奇怪的是刊物出现在1937年《the China Hong List》、1992年《近代中国华洋机构译名手册》上,但仅天津大学等极少机构显示有藏本,社会影响力不足。幸运的是,同济大学图书馆馆藏了该刊1934年1月—1937年6月的18期(2期为双月合刊),尽管1935年全年缺失,仍可以将一束光线投向它。

月刊社址最初是在上海市九江路C字一号,所在大楼是外滩华俄道胜银行(图1)。经过一番查询,1934年的驻家颇享新闻业界的威名,如英文报民族周刊(Chinese Nation)、国民新闻社(Kuo Min News Agency)、美国联合新闻社(Unites Press of Associations of America)。在1932年11月17日杂志尚在酝酿之时,《字林西报》上有一则通讯,"将在九江路1C召开英国政府独立董事会的财务会议",这正是最初的社址。作为全英文期刊,中文仅出现于创刊号扉页:"本刊以国内工业、航空、铁道、公路、电信、市政建筑的建设消息供给社会,尤注重于消除国外人士对于我国近日之进步之隔膜。本服务之精神持不偏不倚之态度,以期达此目的,既无言论之派别,复无宣传之作用。"这样看,月刊的资助有的来自英国政府,周边近邻是国际喉舌,源自官方背景的可能性颇大。1934年第10期《中国国民党政治指导之下的政绩统计》证实了猜测:"外交部准新中国建设月刊来函,略称该月刊最大目标在将中国重要建设事业全力散布,籍与日本及其他国新闻界之恶意宣传相抵抗,但因经济拮据,拟申请补助。"接着表示,每期发刊后200份将寄往驻外各使领馆、各个机构和名人,以利宣传。原来,这本杂志的重要读者是驻外的使馆及国内外的社会名流。同济大学的杂志上盖有"交通大学图书馆珍藏"的专用章,它来自1952年院系调整后的资源流动,当时该刊也被著名高校所购赠。

图1　上海九江路C字一号,现外滩15号

种种迹象表明这是一本与"特情"部门有关的、宣传国内重要建设进展的大型综合性英文期刊,与南京政府外交部有关。月刊是展现新中国民族复兴思潮的舆论阵地,办刊时间在兵临城下抗战全面爆发的前夜,这与《建筑月刊》等专业杂志拉开了距离,补充了更为澎湃的社会背景。近代中国在匪盗猖獗、水灾连年下推进了一些重要工程,专业人才经受了实践的淬炼,成为中华人民共和国的宝贵财富。史实跨越近现代,理应得到足够的关注,月刊凭自身魅力大放异彩。

## 三、印有中国地图的封面展示出栏目概况

现存1934年1月—1937年6月的历次封面均为中国地图,右上角标有期刊纲领性主题:产业、航空、铁路、公路、造船、无线电广播和市政建筑(Industry, Aviation, Railways, Highways, Shipping, Radio, Public Works,图2)。工业和农业始终是核心的产业部门,工业对保障国防和国家独立具有战略意义,因此是月刊的重中之重。产业涉及了国民经济的各个行业,涵盖了保证城乡基础设施运转和生产生活运行的所有领域,产业要达成最终的结果,方方面面都不能缺席。月刊遴选了代表性的七大类,这不仅是急需投入力量发展的重点领域,而且也是得到英、美、德资助的对象(图3)。

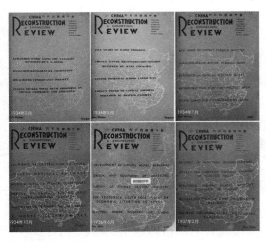

图2 月刊封面

| 时间\内容 | 1934(上) | 1934(下) | 1936 | 1937(上) |
|---|---|---|---|---|
| 航空 | ●● | ●●● | | ●●● |
| 铁路 | ●●●●●● | ●●● | | ●●● |
| 公路(桥梁) | ●● | | | ● |
| 船舶 | ●● | ●● | | |
| 无线电播 | ● | ● | | |
| 市政建筑(煤气 电力) | ●●●● | ●● | | ●●● |
| 金融 财政 庚子基金 | ●●●●●● | ●●● | ● | |
| 建筑学 | ● | ● | | ● |
| 高等教育 | ● | | | ●● |
| 机械 车辆 | ● | ●● | ● | |
| 农业 灌溉 水利 | ●● | ● | ●● | ● |
| 纺织 面粉 茶叶 造纸 | ●● | ●● | ● | |
| 钢铁 水泥 | ● | ●● | | |
| 酒精 | | ● | | |
| 煤矿 其他矿产 | ●●●●●●● | ●●● | | |

图3 月刊刊登的内容统计

从1934年6月起,月刊正式成为中华国际工程学会(The Engineering Society of China,ESC)的会刊,作为1901—1941年活跃在上海的国际工程师组织,该学会以上海工部局总办、圣约翰大学教授和浚浦局总工程师为核心,建立了较为广泛的技术交流网络。学会在41年之间每年出版一本会刊,新中国建设月刊上发表了其中的优秀论文。[①]20世纪20年代,中国经济和文化的重心逐渐转移到了上海,申城可代表中国市政和工业建设的突出成就。除了中华国际工程学会外,中美工程师协会(The Association of Chinese and American Engineers)在我国北方发挥了优势,它的会员在中国国际饥荒救济委员会(China International Famine Relief Commission)等担任要职[②],也有多篇论文扩充了相关项目上的史实,月刊综合显示了南京政府与国际学术团体的密切关系。

1934年月刊转载了圣约翰大学工程系系主任艾利教授(Pro. J. A. Ely)的致辞,他在1933—1936年担任中华国际工程学会主席一职,是将月刊和学会衔接的灵魂人物。艾利强调了工程领域的社会价值观:"我们应该超越纯技术,着眼于更大的社会和文化领域,与社会学、经济和金融领域的专家合作,旨在解决我们的技术问题,为中国人民尽力提供服务。"[③]该演讲很好地说明了工程师善于利用大自然来谋求人类的福祉,而在一系列工程奇迹的背后是社会和经济问题。从1936年8月—9月开始,在封面右上角增加了金融(Finance),月刊关注到香港独特的金融地位、中国银行的利率、国际贷款用途,1933年曾公布了一篇上海中部和东部地价在三十年里上涨了10倍的论文[④]。超越技术领域,工程专家和中外友人通过月刊对中国的政治文化、社会经济进行了纵览。

月刊稿件抛砖引玉、质量高端,文章大标题下通常会出现一段概要。选题来源分为给月刊撰写的特稿,高级专家、著名学者、实事评论员回应了八大议题,如1934年3月茅以升发表"钱塘江大桥的施工特点";多数是从中外期刊中遴选出的主题,内容被编辑过,但标题是原创的;转载则明确标注了属于中华国际工程学会的论文。杂志青睐中国一线技术人员的实践,优秀专家多在国外接受教育,可以用英文写作,并在自然灾害高发的地区从事着复杂的科学工作,论述均呈现了他们的学术理想与独立思考,该刊对淮河治理、京沪铁路、实业部主持的上海复兴岛渔市厂、中央机器厂、氮肥厂、淮南煤矿等均有实录。

# 四、国家大型工程的蓝图

## (一)从火车轰鸣到展翅蓝天

民国时期的铁路规制思想是中国铁路发展思想的重要组成部分,铁路对产业发展、资源流动构成了决定性影响。在创刊不久,月刊报道了民间集资建造的杭江铁路,盛赞其为中国新铁路运动之

---

① 见郑红彬、刘寅辉《"中华国际工程学会"的活动及影响(1901—1941)》,《工程研究——跨学科视野中的工程》2017年第6期。

② 吴翎君:《美国大企业与近代中国的国际化》,社会科学文献出版社,2014年。

③ J. A. Ely:Social Values in Engineering Stressed by Prof. ELY,《新中国建设月刊》1934年第11期。

④ Shanghai Real Estate Shows Marked Rcovery in 1933 From Severe Estback Recorded in Previous Year,《新中国建设月刊》1934年第2期。

父。[1]杭江铁路发挥了当地工商业的优势,完全由中国资本和中国工程师承造,采用了轻质钢材的标准轨距、沿途设计了标准化的铁路桥梁,南京政府对民间资本的介入颇为肯定(图4)。1928年成立的铁道部确立了铁道国营的战略,陇海铁路是我国东西交通的脊梁,宝(宝鸡)天(天水)段地质条件恶劣,当时被称为"盲肠",遇水塌方造成沿线肠梗阻,1934年12月竣工通车的陇海铁路堪称巨大的铁路成就,1936年再建西安至宝鸡的延伸段,逐渐向基础薄弱的西北延伸。1936年8月—9月刊详细报道了陇海铁路的盛况,铁道部通过各类贷款和中国银行的低利率寻找资金,再以英中之间的合作金融公司勉力推进建设[2]。采访展示了从比利时远途订购的列车车厢,车厢分为一、二、三等,重点为三等车旅客提供舒适的旅行服务,还有28间带卫生间的豪华双人卧铺包厢(图5)。管中窥豹,詹天佑等一代先贤在铁路设计上已功勋卓著,但火车车厢、火车头还要高度依赖进口。与史诗般的铁路线相比,人性化在月刊尾页的国家列车时刻表和乘车指南上略有呈现,民国乘火车与今天相比不同,如儿童不是凭借身高而是按照年龄购票,超过12岁便是全票了。[3]当谈论现代生活时,主要指的是物质世界,而车厢暂时成为一个封闭的社会,力图展现一个可以与工业文明媲美的窗口。

图4　杭州到江山的民办列车　图5　陇海铁路火车与车厢
沿线风光

从火车轰鸣到展翅蓝天,中国要抵抗日本的侵略就必须要壮大空军。1934年2月—12月,蒋介石共有五次在杭州、南京和南昌的航空学校发表讲演,强调空军要担负起国家兴亡的己任。[4]有一篇发表于1934年11月的特稿,将镜头瞄准香港九龙的飞行训练学校[5](图6),南京政府一直试图以外交途径回收香港,月刊将香港视为中国神圣的领土。通过历史图片展现出沿袭英国的航空学院教学体制,校舍、训练场所和生活状况。

**(二)最难的是农村问题**

墨菲指出:"对整个中国来说,水路和铁路为主要运载工具的变革,仍然是远在未来的事,不仅因为这必然是缓慢的,而且因为中国有得天独厚的水路网,跟美国不同,中国的主要河流,尤其是长江。"[6]沿着铁路线的勘测伴随着铁路的发展形成了方向和线索,促进了国土普查,特别是在与铁路交会的黄河、长江农业地区投入了极大的力量。从测量开始打响了符合现代工程标准的战役,1931年华中地区爆发了世所罕见的水灾,中国接受了700万美元的美国赈灾援助,实施了首次航空大地测量。地形图和其他水文数据为精心核算成本和效益提供了支持,大地测量与工业发展、中国广大农村的抗灾紧密不分,也

---

① E .H. Chu:Hangchou-Kiangshan Railway is Important Milestone in Transportation Progress of China,《新中国建设月刊》1934年第2期。

② New Coached for Lung_Hai Railway offer Maximum Safety and Comfort,《新中国建设月刊》1936年第8、9期。

③ Railway between China Border and Saigon Completed,《新中国建设月刊》1936年第8、9期。

④ 任志胜:《九一八后蒋介石的民族复兴思想研究》,湖南师范大学2013年硕士学位论文。

⑤ Flight Lieutenant A.D.Bennett:Through Aviation Courses Offered by Far East Flying Training School,《新中国建设月刊》1934年第9期。

⑥ [美]罗兹·墨菲:《上海——现代中国的钥匙》,上海人民出版社,1986年。

为积极筹备未来战时状态的军事部署提供了准备。

1936年7月国民政府启动了汾河灌溉工程,在中国国际饥荒救济委员会总工程师奥解托德(O J Todd)的指导下进行了两次实测,重点放在沿着河谷的介休、平遥和汾阳地区,主要精度采用了5英尺的等高线,考虑到五点①:(1)政府需要有一个良好的开端;(2)山西治安好,广大人民谋和平,境内匪盗罕见;(3)气候和土地肥沃,产粮区地理位置优越,可以通过铁路向北方其他省份调配粮食;(4)山西自然环境优美,有利于农民安居乐业;(5)从投资效益角度改善汾河防洪和保护灌溉的计划是合理的,与山西一期电力发展的十年规划吻合。该计划综合了自然禀赋和农民的能动因素,以及军阀混战中相对安宁的建设条件,是产业建设综合社会、文化和技术要素的代表作,对省级地方的水利史研究作用显著。

20世纪20年代中国农村社会发展史上出现了十分重要的社会运动,乡村建设运动到30年代中期达到了高潮,至今在一些华北、西南乡村都存有它的痕迹,旧址被确定为"国宝"。1934年许仕廉(Leonard S. Hsu)发表长文,回顾了中国乡村重建的三个阶段,指出增产、抵抗世界经济危机向中国蔓延、消解城市工业发展不足导致的乡村衰落就需要进行乡村建设运动。②许仕廉是一位社会学家,身份横跨外交部参赞、行政院农村重建委员会委员、工业部参赞,并担任《美国社会学与社会研究杂志》的编辑,可见社会学家斡旋于重建项目,承担了重要的参谋角色。然而中国的农村问题异常复杂,一叶随风忽报秋,在一篇总结洛克菲勒基金会帮助华北农村重建委员会(NCCRR)的报告中,尖锐地指出在该基金会的资助下,1935—1946年中国开展了农村重建的计划,但"没有解决土地改革的核心问题,任何重建项目都难以在中国成功,没有美国基金会能帮助做到这一点。"③

### (三)励精图治培养高端人才

近代中国经济重建的障碍之一是缺乏本土技术人员,能出国留学的毕竟是极少数,月刊追踪了筚路蓝缕的办学成效,教育的本质是追求科学发展,培养具有现代意识的人。1934年广州岭南大学举办了蚕丝科学展览,通过广泛搜集标本来创建实验室,将以传统手工业为主的国粹丝绸推向科学研究领域。从岭南教会大学到上海国立学府,高等教育异彩绽放。1934年有一篇文章题为"每年为中国重建培养250名机械、电机和设备方面的青年俊才",论及国立交通大学(上海本部)为国家输送了急需的后备力量。"交大"是教学、科研和创收三结合的楷模,这一定程度缓解了办学的经费压力。它逐步更新了液压、电力和材料实验室,接受国家经济委员会和地方工厂的委托④,南京政府1932年颁布的《奖励工业技术暂行条例》对获得专利的厂家给予税收减免。工业产品的质量评定必备检测报告,"交大"的材料实验室也是实业部所属的检测机构,南京首都计划中全面采用的泰山面砖即属于"交大"提供检测证明的专利产品(图7)。如果说"交大"是老牌劲旅,那么位于上海杨树浦工业区的莱斯特工业技术学院就是初生的婴儿了。它于1934—1947年开办,是英国企业家馈赠给上海的厚礼,该校毕业生昵称"Lester Boy",建筑规划家陈占祥即为其中代表。特殊性在于沿用了英国的教育体系,是一所为招收华人而设的、仪器精良的高等工业技术专科学校,培养动手能力强的技师,当时印有一本工程专业学生的指导手册。校长贝塔穆·黎黎(Betrtam Lillie)对学校建设,特别是对实验室和学校公共空间考虑缜密,虽然未配发照片,但对通风、隔热、电力、燃料等均有类似说明书的总结,建筑师博斯维尔(E.F.Bothwell)强调"为车间和实验室提供服务的管道、开关和烟道至关重要"⑤。由于所留原始档案有限,有关该校的成果未能在"遗产与记忆"基础上突破⑥,月刊属于一手文献,对即将拉开更新帷幕的该上海市优秀历史建筑而言,显示了值得保护的重点要素。

① Regulation of Fen Ho Planned for Both Floof Protection and Irrigation,《新中国建设月刊》1934年第7期。

② Rural Reconstruction in China,《新中国建设月刊》1934年第1期。

③ Rockfound, Beyond Medincine and Public Health, *Pacfica Affairs*, Vol. 10, No. 3, Sep.1937.

④ Chiaotung University Trains 250 Yoths Annually For Technical Enterprise in Chinese Reconstruction,《新中国建设月刊》1934年第2期。

⑤ Construction Begun of Lester Technical School in Shanghai for Training of Chinese in Engineering Work,《新中国建设月刊》1934年第5期。

⑥ 见房芸芳:《遗产与记忆——雷士德、雷士德工学院和她的学生们》,上海古籍出版社,2007年。

图6 香港九龙飞行训练学校

图7 1933年"交大"工程试验室提供的报告(上)及南京民国子午线上的泰山砖系列(下)

南京政府求贤若渴,人才选拔竞争激烈。根据1931年《中国赔偿(申请)法》[The China Indemnity (Application) Act, 1931]的条款,在月刊创刊号中推出了中英教育互换基金(the British Boxes Fund)的通知。1934年8月进一步公布了选拔细则:28岁以下,17名锅炉、航空、机电、水利等专业的工科毕业生,必须精通英语,且在中国一流的技术学校接受过教育,可以承受体力劳动。莘莘学子争取留英一年培训的机会,这些领域均是急需的工业要害部门。

## 五、在大上海的建筑师和工程师们

月刊的卷首是董大酉所撰"行政中心统领上海天际线",他为月刊发来3篇有关大上海计划的文章。①文中专门提到了大上海计划的专家团队美国工程师协会的前主席Dr. C.E.Grunsky、美国规划家Mr.Asa E. Phillips、德国柏林大学教授Herman Hensen。董大酉斩攘臂一呼:大上海计划不仅是新中国的伟大丰碑,而且也将为全国的总体城市规划运动树立榜样。他在所配发的照片中加注"在左侧黄浦江入海口已经建成吴淞码头",吴淞码头具有工业和战略地位,日军将建造码头继续推进,上海恒产株式会社1939年制定的上海都市建设计划将所有客运和大部分的货运迁移到浦江沿岸。董大酉文章的论述沉甸甸,但缺乏详细图纸。令人欣慰的是,1934年月刊登出了协泰建筑事务所设计的虬江码头(Jukung Wharf),此为大上海计划中独特的工业类型,此前从未被披露。②协泰建筑事务所1952年公私合营后并入了华东工业建筑设计院,创立者汪敏信和汪敏勇是著名的结构工程师,他们为码头设计了220×80英尺见方的钢结构堆栈,构件方便组装和拆除移位,可为吴淞码头提供辅助的技术参考资源(图8)。

求医问药是近现代大都市的福利,1936年2月上海中山医院奠基,一年后竣工,300床位的医院具有诊疗、学生实习的双重目的,为中产阶级服务,也试图通过差异化治疗将一部分富人的红利转移到平民身上。1934年9月,月刊公布的是项目初期的规划蓝图③,此后在《建筑月刊》上刊载的是竣工图,两者对照,医院规模缩减,但医院的硬件70万美元的医疗设备得到了保证。月刊对中山医院的筹建过程倾力记录,可呈现众人拾柴火焰高的场面,以及耶鲁大学医学博士、总干事颜福庆的人格魅力,他为创办一家官办医院汲汲追寻(图9)。

---

① Da You Doon:New Civic Center Dominates Shanghai Skyline,《新中国建设月刊》1934年第1期。

② T.L.Soong:Planning and Central Development of the Jukong Wharf,《新中国建设月刊》1934年第6期。

③ Huge Medical Center to Be Built in Shanghai,《新中国建设月刊》1934年第9期。

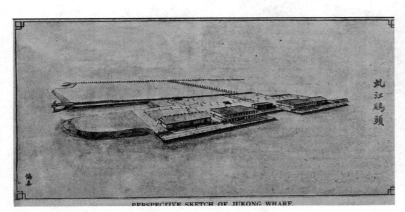
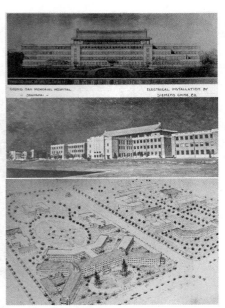

图8 协泰建筑事务所设计的虹江码头堆栈(上)

图9 1935年的中山医院设计图(上)、
1936年发表于"建筑月刊"的竣工图
(中)、月刊发表的规划设计图(下)

　　李锦沛1934年10月发来特稿《上海建筑师生活的复杂性》①。李锦沛1929—1933年、1936年担任中国建筑师学会的主席,特殊的职业地位给他带来了很多机会。②1928年,他与范文照合作了上海八仙桥基督教青年会大楼,其位置在法租界与老城厢、公共租界的交汇处。该文侧重于20世纪30年代上海中外建筑技术和土地规则的纠葛,中国建筑师的收费标准通常是工程造价的6%,建筑师属于高收入阶层,因为当时的工程造价很贵,钢材进口、国产玻璃不过关,高级卫生洁具和瓷砖依赖进口。但是建筑师的职业要求苛刻,很多要求彼此对立、各奔东西,土壤承载力、桩基、卫生、消防、给排水、照明和通风等建筑规范很多,英法租界和上海工务局的规定都不同,必须向业主提供更专业的服务。1934年8月《工程周刊》记载,中国工程师学会鉴于国内各项工程无统一标准,决定先编订钢质量构造规范,钢筋混凝土规范等,计划出台时间与李锦沛的文章接近,显示了编制工程规范的急迫性。李锦沛最后抱怨:"在一个建筑设备发展水平国产化极低,各种建筑标准、度量衡、电压不统一的上海,建筑师的日子并不惬意。"该文蕴涵了实践感悟,反映了建筑管理和土地支离破碎带来的建设顽症。

　　月刊包含建筑设计论文10篇,均为南京政府和上海市主持的重大公共项目,数量虽然不多,但分量颇重。童寯操刀的南京外交部大楼是唯一在上海之外的案例③于1934年登上月刊。南京政府强调建筑的民族复兴风格,一个令人满意的公共建筑应该在"民族的"与"现代的"两者之间取得平衡,既有研究多针对风格进行论述,而月刊中的南京外交部大楼则更多地披露了设计团队、设备采购等技术资料。与其他论文不同,建筑设计专栏雅俗共赏,秉承了月刊的办刊宗旨"使普通阅读者也津津有味,不忍释手"。

　　作为中华国际工程学会的会刊,月刊文章对既有上海近代建筑研究构成了强有力的补充,其中的3篇尤其值得推荐。上海沙泾路宰牲场旧址已经成为"国宝",相关考证研究颇为缜密④,而月刊1934年6月长篇转载了它的设备安装及详细的设计职员表,提供了全设计链的又一力证。另外两份均与遗产保护密切相关,一份是1934年12月及1937年5月横跨2年的杨树浦煤气厂记述,目前煤气厂在上海浦江贯通中尚未被全面保护改造。最后一份针对的是上海特殊的软地基,复兴岛的研究浮出水面。学会主席法布尔(Mr. S.E.Faber)是土力学专家,他谈到说:"……过去的14年,上海的高层建筑可以达到22层,土壤是一种

　　① Poy G. Lee:Complications in life of Shanghai architect by Poy G. Lee,《新中国建设月刊》1934年第12期。

　　② 见丹尼森:《中国现代主义:建筑的视角与变革》,电子工业出版社,2012年。

　　③ The Chinese Ministry of Foreign Affairs,《新中国建设月刊》,1934年第七期。

　　④ 见何巍:《上海工部局宰牲场建筑档案研究》,同济大学2008年硕士学位论文。

建筑材料,我选择了最卑微,但具有无限可能的土壤加以研究。"①有关湿陷性土壤桩基的研究得益于浚浦局的大项目扬子河道(the Yangtsze Bar),即今天上海复兴岛的吹填工程和运河疏浚。在1934年10月刊发了长文详细记录了这一堪称当时世界上最大疏浚工程之一的原委,要填挖出一座工业岛屿和一条1千米长、9米深的航线。工程从1911年进入长江口调查,历经20年筹备,最终发出了世界范围的国际挖泥船招标。②16家国际公司参与竞争,鉴于通航和大容量挖泥船往来运输的诸多矛盾,结果不令人满意。1932年再度招标,1933年与德国企业施豪(Messrs. F. Schiehau)签订了合同,工程一直在上海港国际咨询工程师委员会监督下完成,集结了航道、水文和土木领域的顶级专家(图10)。复兴岛曾为上海地基技术和航道管理提供了深厚的调研沃壤,中华国际工程学会会员屡到现场参观学习。③1939年在浚浦局总工程师查理博士(H.Chatle)的倡议下,复兴岛成果登上了在美国麻省剑桥召开的国际会议(first international conference on foundations and soil mechanica),该次会议在地基工程上堪称里程碑。④复兴岛是上海内环独一无二的工业岛屿、静静的处女地稀缺性很高,其历史研究已取得了初步成果⑤,但只运用了上海市档案馆的中文文献,月刊可以展现全球视野中的复兴岛以及它领先的填挖技术成就。

图10　复兴岛现状(右)与1934年对比图(左)

# 六、结语

老期刊留住了时光,时代隐身于文字和图像背后,提供了全面抗战前夕近代中国工业建设的特定图景,一本期刊综述了特定时期近代中国产业进程的综合框架,建议月刊被遴选编译出版。

《新中国建设月刊》史主要涉及领域包括:①历史人物、机构团体;②直接与建造、加工活动相关的技术演进,如建筑规范、施工组织管理;③与建造相关的新学科发展,如建筑机械、建筑设备;④与技术演进相关的辅助系统,如高等教育、出版传媒。从中可见,月刊纵跨工业建设的核心门类,对建筑技术史均有独到论述。它没有以邻为壑,而是占领了较为客观的国际舆论前哨,具有明确的反抗日本侵略的办刊目的,民族复兴的意识形态在抗战时期最终形成。技术历史的研究只有保持着与政治、意识形态之间的相对独立性,才能使思考它们之间的关系成为可能;只有跨越近代、现代与当代的界限,才能更加有助于考察中国产业成长的背景,建立在国际比较视野上的结论才更有启发性。

挖掘档案不易,档案要具有超越时代的气质,同时可以创造新的知识脉络。除了月刊独家发表的论文可以补充学界的既有研究,深化遗产保护等议题之外,值得关注的是政治与工业的关系。政治常被理解为权力斗争,这是对政治的粗陋理解,政治界定权力与责任,包括考虑如何合理地分配社会资源来达成推进工业建设的目的。神秘重重的《新中国建设月刊》对此有所折射,工业化和工厂化具有高度的组织协同性,要培养懂社会环境、专业技术精湛、善于运用金融手段的人才,只是命运在每个微小的工程师身上发挥了作用。大地测量、统一度量衡、工业标准化不仅属于技术领域,而且属于政治范畴,凝心聚力

① Mr.Faber's Presidental Address to the Engineering Society of China,《新中国建设月刊》1937年第1期。

② Port of Shanghai Exteaordinarily Well Situated on World Trade Map; Harbour Constantly Being Enlarged & Improved,《新中国建设月刊》1934年第10期。

③ 见郑红彬、刘寅辉:《"中华国际工程学会"的活动及影响(1901—1941)》,《工程研究—跨学科视野中的工程》2017年第6期。

④ 见吴翎君:《打造摩登城市与中国的国际化——"中华国际工程学会"在上海(1901—1941)》,载苏智良、蒋杰:《从荒野芦滩到东方巴黎——法租界与近代上海》,上海社会科学院出版社,2018年。

⑤ 见朱晓明、夏琴:《上海复兴岛历史沿革与特征研究》,《住宅科技》2018年第12期。

维护国家统一。1931年南京政府经济部开始工业化和统一度量衡的工作,下沉到各省推进,但因为战争逼近以及国力的贫弱,诸多计划沦为泡影。结合目前开放的美国国防部档案等,可以加深对抗战前夕中美、中英合作关系的理解。庚子赔款中超过美方和英国实际损失的部分均在月刊中施以重墨,然而,根据美英开放档案,很多条款中设置了无线电、钢材、船舶等物资的定向来源,美国和英国的产品可以销往中国,在月刊中对此鲜有深入讨论,这是由弱国无外交决定的。"因购外国铁路用品关系债务累积五亿六千万",中国工程师大声疾呼创建钢厂、铁路机车厂、沿途广种铁路用材[①],显示出科学态度与民族复兴不可分割的使命感。一个国家组建工业化的起步阶段异常艰难,近代中国政局危如累卵,月刊至1937年已气息奄奄,所反映的工业成就和农村社会变革汇聚在1934年,抗战前后密集的备战活动难以在月刊呈现。一直到1949年后,经过战争的洗礼,新中国才从废墟中重新繁荣起来。假如月刊进一步与中华人民共和国所取得的工业成就比较,如国际传播下的工业建设、广泛国家干预下的自主进程、重点项目的后续进展。那么以史为鉴,《新中国建设月刊》将提供更多的分析框架,有些问题或许未来或者过去可以给出答案。

---

① 见柏冠冰:《路事与国事:中华全国铁路协会研究(1912—1936)》,华中师范大学2017年硕士学位论文。

# 《英华·华英合解建筑辞典》编撰始末及梁公勘误考*

沈阳建筑大学　周益竹

同济大学　徐优　朱晓明

**摘　要**：1936年杜彦耿编撰的《英华·华英合解建筑辞典》是我国建筑学专业字典的开篇之著。一方面，基于字典服务对象、未达成的名词分类办法以及参考文本来源，对字典体例结构进行分析。另一方面，梁思成在《中国营造学社汇刊》中的书评和杜彦耿的回应，构成了字词细化部分的讨论。研究发现，这本字典以日本建筑学会《英和建筑语汇》为基础修改而成，而日本字典参考自法国《艾德琳艺术辞典》（Adeline's Art Dictionary）的美国译本，艾德琳的辞典又源于对英国费尔霍尔特《艺术术语辞典》内容的吸收。中外建筑水准上的内在矛盾使字典杂糅遗漏不可避免，但本研究对刻画我国近代建筑术语与国际接轨时的发轫历程，客观评价它在我国近代建筑发展中的推动作用具有积极价值。

**关键词**：英华·华英合解建筑辞典；英和建筑语汇；杜彦耿；民国建筑术语；梁思成

## 一、研究问题

20世纪30年代，民国社会处于传统与现代的历史交汇点，在生活水平、认识水平、技术手段上都远落后于欧美。西学东渐之风盛行，使中英文互译成为当务之急，字典出版蔚然成风。学术社团、行业协会、建筑师、营造商、买办、通事都开始着手编写字典。与建筑学相关的专业字典，可以追溯到1915年詹天佑《新编英华工学字汇》和1928年中国工程学会出版的《英汉对照工程名词草案》（图1），在工学词汇框架下，所选词汇部分与建筑学重叠。1936年，中国建筑学第一本英汉双解辞典《英华·华英合解建筑辞典》（以下简称《合解建筑辞典》，图2）问世，由上海市建筑协会出版[①]，杜彦耿[②]编纂。作为开山之作，研究这本辞典对认识中国近代建筑术语统一之初的发轫历程意义重大。

由于辞典是工具书，可读性有限，现有研究对其分析主要集中于现代建筑术语系统的形成轨迹[③]、学科现代分化的术语词表[④]、术语史料梳理[⑤]及个别术语引用[⑥]等方面。王凯曾将这本字典的编撰作为一次"现代性"实践来解读，体现了全球与地方市场的连接、传统术语与现代术语的转换，致力于切实地

---

\* 国家自然科学基金资助项目（51978471）。

① 上海建筑协会（The Shanghai Builders' Association），1931年成立于上海，是由营造业发起组织，集合建筑施工、建筑材料以及建筑设计于一体的新型跨行业建筑同业团体，是近代中国囊括专业人员门类最为齐全的民间建筑同业团体。

② 杜彦耿（1896—1961），笔名杜渐彦、杜渐、渐，上海川沙人。上海建筑协会发起人之一，协会执行委员，主持学术及宣传，协会杂志《建筑月刊》主编。撰写了"建筑辞典""营造学""建筑史"等连载专栏。后将"建筑辞典"专栏内容编撰成《英华·华英合解建筑辞典》一书。

③ 王凯：《近代建筑术语统一与建筑学科的形成》，载《建筑历史与理论第十一辑（2011年中国建筑史学学术年会论文集·兰州理工大学学报，第37卷）》，2011年，第85—90页。

④ 见余君望：《术语·课程·图集》，东南大学2018年硕士学位论文。

⑤ 见钱海平：《以〈中国建筑〉与〈建筑月刊〉为资料源的中国建筑现代化进程研究》，浙江大学2011年博士学位论文。

⑥ 见朱宁：《"造屋"与"造物"：制造业视野下的建造过程研究》，清华大学2013年博士学位论文。

推动中国建造业现代化进程。①潘一婷认为《合解建筑辞典》是中英建筑贸易正式化进程的一个重要事件,指出了这本辞典与杜彦耿在《建筑月刊》上发表的《营造学》之间的关联。②可以看出前述研究是基于评述者视角对辞典进行主观解读,有待以编纂者视角对辞典进行客观评价。首先是切入点,直接纠缠于个别词语会缺乏对编者整体编撰思路的把握,而编者构思来源、单词选择标准才是认清民国建筑学在现代化进程中以何种方式自立的关键。其次,现有研究大多关注于梁思成书评中的评价部分,对他勘误的重点词总结不够。梁思成作为中国现代重量级的建筑学者其视角具有代表性、权威性,他的观点及思考框架还有待细剥。最后,不可否认杜彦耿在辞典编著中的历史贡献,但该辞典暴露出的矛盾性和杂糅性尤其值得关注,它折射了中国近代建筑发展中的特殊历程,目前缺乏研究成果。针对上述问题,笔者对辞典尚不为人知的一面展开探究。

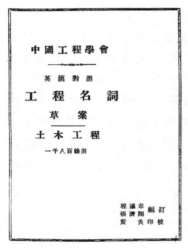  

图1 《英汉对照工程名词草案》,1928 图2 《英华·华英合解建筑辞典》与杜彦耿照片③

本研究以《建筑月刊》《营造学社汇刊》《申报》等文献相关资料为基础,找寻辞典编纂动机、目的及服务对象等基础信息。对参考辞书层层溯源,笔者发现上海市建筑协会《合解建筑辞典》、日本建筑师学会《英和建筑语汇》、法国《艾德琳艺术辞典》、英国费尔霍尔特《艺术术语辞典》四者之间存在明显的承袭关系,尝试复盘杜彦耿的编纂思路。同时梁思成在《中国营造学社汇刊》中的书评及杜彦耿在《建筑月刊》中的编者回复属于直接的史源,为深入剖析辞典的优势与矛盾提供了依据,本研究对梁公所列出的69个可待商榷之处进行详细分析。《合解建筑辞典》显示了近代建筑术语学术传播的清晰轨迹,也为客观评价民国建筑术语统一初期的努力及时代影响提供了依据。

## 二、编撰体例

### (一)《建筑月刊》上的初稿

《合解建筑辞典》页尾上显示,这本书出版于1936年,布面精装实价国币拾元,编译者为杜彦耿,上海市建筑协会出版(图3)。

上海市建筑协会成立于1931年2月28日,是中国近代第一个以营造业人员为主的综合性民间建筑行业组织。编译者杜彦耿为杜彦泰营造厂主之子,是协会主要发起人、主席团成员、执行委员,主要负责学术及宣传工作。1932年11月,协会杂志《建筑月刊》问世,杜彦耿任主编,从此,《建筑月刊》成为杜彦耿学术发声的主要阵地。至1937年停刊,《建筑月刊》总计700余篇稿件中杜彦耿写了123篇,占刊物稿件总量的17.3%。④所撰写连载专栏包括建筑辞典、工程估价、营造学、建筑史(杜彦耿译)等。"建筑辞典"既为《合解建筑辞典》的初稿,先行刊登在杂志上,广求更正意见,修正后发行单行本。杜彦耿认为编

① 彭怒、王凯、王颖:《"构想我们的现代性:20世纪中国现代建筑历史研究的诸视角"会议综述》,《时代建筑》2015年第5期。

② 潘一婷:《"工学院运动"下的英国建造学发展:以米歇尔〈建造与绘图〉及其对杜彦耿〈营造学〉的影响为例》,《建筑师》2020年第3期。

③ https://www.44api.com/t/79192.html。

④ 黄元炤:《〈建筑月刊〉的介绍,及建筑师发表在〈建筑月刊〉文章之观察》,《世界建筑导报》2017年第32卷第4期。

写字典是后续写作“营造学”①的基础。②此专栏从1933年第1卷第3期起，到1934年第2卷第9期，共计连载17篇，以A字母单词“嵌子”（Abaciscus）开始，以V字母词组“菜圃”（Vegetable garden）草草结束，未能完成26个字母排序的完整编辑。杜彦耿致歉并解释道“按建筑辞典自本刊一卷三期刊载以来，从未间断，深得各界赞许，目为建筑工程界之唯一要著；而催促单行本之函件，日必数起；本刊为酬答爱护诸君起见，拟于本刊中刊完，以便整理后发行单行本，奈以篇幅关系，只能刊至V字（已较平日增加一倍），以下拟不再续刊。”③与最终单行本相比，“建筑辞典”只有英华之部上部词汇。英华之部下部和华英之部为出版单行本时添加内容。

### （二）文本结构与服务对象

专业字典作为一种实用性书籍，通常具有明确的服务对象。反而言之，了解字典的服务对象也将有助于对作者编撰思路和文本结构的梳理。“建筑辞典”连载结束当期，《建筑月刊》即发出单行本发售预约广告（图4）；文中特别说明了单行本辞典结构，“为便利起见，先以英文字母为序，附以华文释义；再以华文笔画为次，附以英文原名。”④方便查阅是辞典下部为汉英结构的主要考虑因素。通过月刊上其他预约广告⑤可知，编者设想的服务对象为三类：一类为专业建筑人员，如建筑师、土木工程师、营造厂及营造人员、土木专科学校教授及学生；二类为工程技术人员，如公路建设人员和铁路建设人员；三类为事务性人员，如律师等（图5）。

英華・華英
合解建築辭典
著作者有 翻印必究
中華民國二十五年六月初版
布面精裝 實價國幣拾元
編譯者 杜彥耿
出版者 上海市建築協會 上海南京路大陸商場
印刷者 恰順涂記印務號 上海西門路四九四號

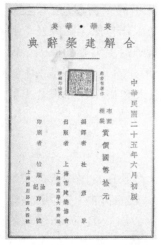

图3 《英华·华英合解建筑辞典》出版信息页面

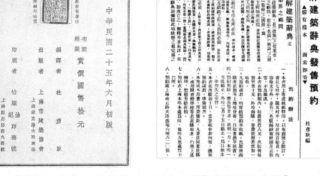

图4 辞典发售预约广告⑥

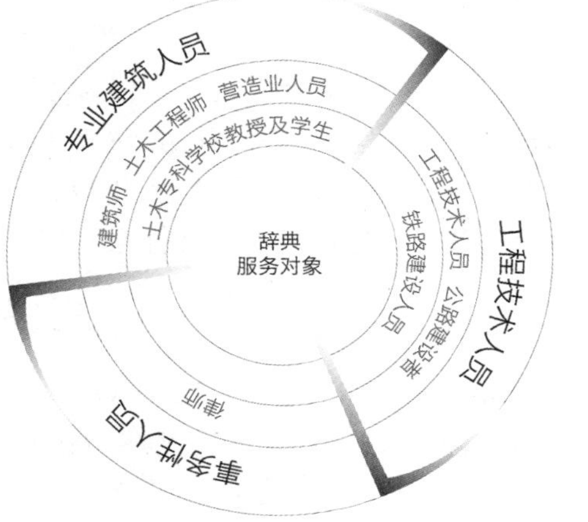

图5 辞典服务对象分类图

身为营造商的杜彦耿希望字典有广泛地受众，简便易用。因此，最终发行《合解建筑辞典》由英华和华英两部分构成；其中英华之部又分为上下编，分别按字母顺序排列，配以释义和插图；华英之部既按照偏旁部首笔画数排序，较之英华部更为简洁，只用英文单词对应中文翻译，去掉了解释说明。英汉、汉英双解的体例结构在当时工程字典中实属创举。对于英华之部词汇为何分开编辑，杜彦耿解释为“系因初稿陆续在建筑月刊中登载三年，预算汇集单行本，加以华英之部，当有八百页。迨英华之部排印将竣，觉距预料之页数不足，故增下编。”⑦由此可见，排版篇幅不足导致临时增加英华之部下部。印刷技术的不成熟和编译的仓促使得字典文本编辑有很大的随机性。

---

① 营造学绪言中记载“余乃先将初步工作——建筑辞典，逐期发表于月刊。盖《营造学》书内，建筑名词繁多，我国建筑名词之不一致；为统一名词计，为编著本书计，此余不得不先从事于建筑辞典之编著也。现在辞典行将出版，名词既经统一，‘营造学’亦得从事编著矣。”见杜彦耿：《营造学（一）》，《建筑月刊》1935年第3卷第2期。

② 见杜彦耿：《营造学（一）》，《建筑月刊》1935年第3卷第2期。

③ 杜彦耿：《建筑辞典》，《建筑月刊》1934年第2卷第9期。

④ 上海市建筑协会：《英华·华英合解建筑辞典发售预约》，《建筑月刊》1934年第2卷第9期。

⑤ 见上海市建筑协会：《英华·华英合解建筑辞典发售预约》，《建筑月刊》1934年第2卷第9期。

⑥《建筑月刊》1934年第2卷第11—12期。

⑦ 渐（杜彦耿）：《编者琐话》，《建筑月刊》1936年第4卷第7期。

### （三）名词分类办法

名词分类方式体现了对字典最初的结构设想。上海市建筑协会曾在"建筑辞典"连载前做了两次筹备工作，第一次是1932年11月22日分函沪地建筑师、工程师及营造家，发起组织建筑学术讨论会，"以确定建筑技术及材料等之统一的名词范围"，沈怡、庄俊、汤景贤，皆回函表示赞同①；第二次是同年12月25日举办筹备会议，确定了起草委员会成员、辞典编撰办法和每周会议时间。分工决定由工程经验丰富的庄俊草拟建筑材料名词；董大西草拟装饰名词；杨锡镠草拟地位名词、杜彦耿草拟英文字母排列之名词。②可见，杜彦耿最初分工是作为统稿人和其他未尽事宜的编写。"地位"指所在空间或区域的部位，可以理解为地点名词。董大西对"装饰"的关切，恰巧可以从他宴谈间一番话③中看出，杜彦耿将其记录于《建筑月刊》，文中所示"建筑材料的图案，很为重要。吾人每因一图案的探求，往往翻遍参考书籍，费时不少。例如门锁的式样，要适合门与这一室的环境。比如要一圆的图案，偏偏找寻无着，只得以方代之，削足适履，至感痛苦。"④几位建筑师将自己最擅长也最关切的方面作为分工方向。但后续字典编写，并没有按照既定名词分类分工完成。根据字典自序，杜彦耿以一人之力完成了编撰工作，原因是"各人忙于业务，起草委员会复不能如期举行"。其他人业务繁忙更像是一种托词。庄俊曾在回复建筑学术讨论会分函中表明，辞典编撰"为俊素耿耿而常欲提议者也"⑤，用词恳切。究竟是什么原因使几位建筑师退出了编撰工作？笔者分析至少有以下两点原因。首先，上海市建筑协会当时是一个成立不久由营造厂主组成的松散团体。⑥编写字典极耗费时间精力，需要专业技术团队不辞辛劳、反复开会讨论。当时上海的建设蒸蒸日上，留学归来的建筑师业务繁忙，对字典编写的浩繁工作自然无暇顾及。其次，趋易避难，有方便的范本直接参考编译，不再需要讨论，或许是导致几位建筑师退出编委的原因。民国社会的中英字典出版氛围和建造业的实际需求，刺激了杜彦耿继续工作。《合解建筑辞典》不是一本独立的字典，而是与建筑设计、夜校教育、施工建材、设备买卖等都有关联，是形成人和物以及知识合力的一个环节。上述促使杜彦耿排除万难推进字典编撰，他本人没有留学背景，极为不易。

## 三、是原创还是引荐或抄袭

参考文献溯源是探究杜彦耿字典编撰结构和学术路径的另一线索。虽然杜彦耿在自序中未提及参考书目，但是以如此快的速度在期刊上发表，一定有比较确定和成熟的参考书。"建筑辞典"专栏前一篇文章为"英和建筑语汇编纂始末概要"⑦。这篇文章翻译于1919年日本建筑学会出版的《英和建筑语汇》⑧（图6），详细说明了编纂时一切经过。笔者通过仔细比对发现《合解建筑辞典》英华上部按字母排列顺序的名词与《英和建筑语汇》单词表非常相似（图7），仅有15%左右新加单词，其余按日本词表顺序抄录，释义与插图为新加（表1）。字母A词表中共有157词，杜彦耿新加入21词，其中7词为材料名词。另外《合解建筑辞典》中新加入了设备名词，所配插图均比同页图比例大（图8）。至于英华下部单词来源，很多是将上部中所删减《英和建筑语汇》单词重新加入，上下部单词也多有重复，如：Abutment桥座、墩子；分别在第1页和第204页重复出现。杜彦耿之后编写的《营造学》《建筑史（译）》中的插图也多出现在《合解建筑辞典》中。字典仅有的两张彩图与《建筑月刊》中杜彦耿译"建筑史（二）"⑨埃及建筑插图一致（图9）。

---

① ⑤ 上海市建筑协会：《通信栏——本会为组织建筑学术讨论会分函》，《建筑月刊》1933年第1卷第2期。

② 见杜彦耿编译：《英华·华英合解建筑辞典自序》，上海市建筑协会，1936年。

③ 1936年4月15日中午，梁思成先生邀宴于功德林素食处，到者有朱桂辛，叶恭绰，沈君怡，李大超，关颂声，董大西等20余人，后彦毕集，席间所谈，有足记述者，特录之如后。见杜彦耿：《座谈追述》，《建筑月刊》1936年第4卷第3期。

④ 杜彦耿：《座谈追述》，《建筑月刊》1936年第4卷第3期。

⑥ 见杜渐（杜彦耿）：《营造业改良刍议》，《建筑月刊》1933年第1卷第1期。

⑦ 日本建筑学会：《英和建筑语汇编纂始末概要》，《建筑月刊》1933年第1卷第3期。

⑧ 《英和建筑语汇编纂始末概要》，《英和建筑语汇》，日本建筑学会，1919年。

⑨ 杜彦耿译：《建筑史（二）》，《建筑月刊》1935年第3卷第8期。

图6 《英和建筑语汇》封面，1919年

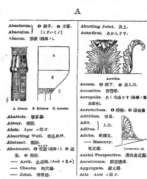

图7 《英华·华英合解建筑辞典》与《英和建筑语汇》第一页图

表1 《合解建筑辞典》与《英和建筑语汇》对比表

| 名 称 | 合解建筑辞典 | 英和建筑语汇 |
| --- | --- | --- |
| 编 纂 者 | 杜彦耿 | 日本建筑学会：<br>曾尔达藏、中村达太郎、长野宇平治、<br>大泽三之助、关野贞、三桥四郎 |
| 出 版 者 | 上海建筑协会 | 丸善株式会社 |
| 出版时间 | 1936 | 1919 |
| 册 数 | 1 | 1 |
| 部 类 | 英华上部、英华下部、华英之部 | 英和 |
| 排序方式 | 英华上下部分别按英文字母排序<br>华英部按偏旁部首笔画数排序 | 英文字母排序 |
| 语 数 | 英华上2367、下514、华英3094（重复） | 原语4096、复语2709 |
| 图版数 | 440 | 178 |
| 编次方法 | 一人专断编纂<br>期刊发表征求意见<br>修订发单行本 | 以会议式决定 |
| 两书比较 | 英华上部词表顺序与"英和"85%左右相似<br>英华下部词汇部分摘录至"英和"词条下拓展词<br>多加了汉译英部分 | 主词条下拓展词组丰富<br>释义简洁<br>版式更为清晰 |

从杜彦耿的名词选择方式可以看出，他更加注重材料、设备等名词，不惜篇幅加入字典中，这跟他营造商的身份背景是分不开的。

《合解建筑辞典》中包含很多西方古典主义的装饰纹样。在20世纪30年代，上海众多"摩登"式样中，最为普遍的是"Art Deco"，即"装饰艺术"风格。[1]但杜彦耿字典并没有将这种流行式样纳入其中。笔者对书中古典装饰纹样的来源进行研究发现，《英和建筑语汇》的参考书之一为美国1891年出版的《艾德琳艺术辞典》（图10）。[2]

这本字典1884年由法国画家兼历史学家朱尔斯·艾德琳（M.Jules Adeline）编著，法文名为 *Lexique des Termes d'Art*[3]，中译为《艺术术语辞典》（图11）。

---

[1] 见赖德霖：《中国近代建筑史研究》，清华大学出版社，2007年。

[2] M. Jules Adeline, *Adeline's Art Dictionary*, New York, D. Appleton and Company, 1891.

[3] M. Jules Adeline, *Lexique des Termes d'Art*, Pairs, Société française d'éditions d'art, 1884.

《英和建筑语汇》与这本书具有相同的体例结构，词表内容也很相似。进而，笔者又查找《艾德琳艺术辞典》的参考书。英文版《艾德琳艺术辞典》的序言中写到，“尽管艾德琳的名字出现在词典的扉页上，但是在这本书中，有大量的定义和插图并不属于这本书。朱尔斯·艾德琳的《艺术术语辞典》之所以这么杰出有权威性，是因为吸收了F. 弗雷德里克·威廉(F.W.Fairholt)的《艺术术语辞典》中的大量内容。”① F. 弗雷德里克·威廉是英国雕刻家和考古学家，擅长做版画为出版物配插图；1854年他编著了《艺术术语辞典》(*A Dictionary of Terms in Arts*②，图12)书中术语选择包括大量西方古典建筑、装饰纹样及艺术考古学词汇，这与当时英国所处时代背景关系密切。这一时期，英国正处在“工业革命”初期，前工业化时代传统文化与工业革命新文化相互交织，考古之风盛行，建筑风格上追求古典复辟与样式折中。受此影响，F. 弗雷德里克·威廉《艺术术语辞典》中含有大量古典建筑线脚、浮雕、纹饰、图案等。这也间接影响了《艾德琳艺术辞典》《英和建筑语汇》以及《合解建筑辞典》的术语风格，使其先天的带有古典装饰纹样的基因。

BAR 18

Bar 法官席，酒吧，閂，條
Bar room 酒吧間
Bar tracery 栅條花心
Barbacan 城牆眼，壓簷牆之空洞，臨時瞭望臺
Barb bolt 龜頭插脊
Bargeboard 山頭封簷板 [見圖]
Barge couple 簷口人字木 [見圖]
b. 山頭封簷板
c. 簷口人字木
d. 簷口出線
Barge course 簷口出線 屋頂瓦片，石板或石綿瓦片在簷口凸出部份；瓦片下口，山牆最上一皮磚之挑出部份。[見圖]
Barn 農產倉庫
Barrack 兵營，兵房，兵舍或軍士守駐之處
Barrel bolt 彈子套，管插筍，圓管筍 [見圖]
Barrel drain 圓瓦筒

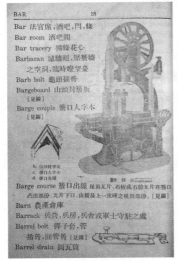

图8 《合解建筑辞典》中的设备插图P18

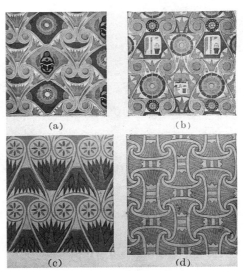

图9 《英华·华英合解建筑辞典》埃及装饰纹样插图P223

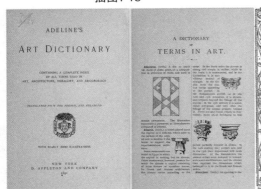

图10 《艾德琳艺术辞典》，1891年③

图11 艾德琳《艺术术语辞典》法语版封面，1884年④

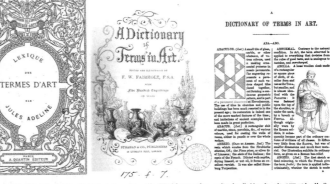

图12 F. 弗雷德里克·威廉《艺术术语辞典》，1854年⑤

① “*Adeline's Art Dictionary*” 艾德琳艺术辞典的序言原文如下：“Although Adeline's name appears on the title-page of this Dictionary, there will be found within its pages a large number of definitions and numerous illustrations which are not contained in that work. While nothing that has made M. Jules Adeline's " Lexique des Termes d'Art " so excellent an authority has been omitted, a large amount of information has been incorporated from Mr. F. W. Fairholt's "Dictionary of Terms in Art."。

② F.W .Fairholt, *A Dictionary of Terms in Arts*, London, 1854.

③⑤ https://books.google.co.jp/.

④ https://upload.wikimedia.org/.

# 四、辞典引起梁思成的关注

对于这样一本具有开创性的字典,民国建筑学界对此评价可以从梁思成"书评"[①]中一探究竟。1936年9月,距《合解建筑辞典》出版后三个月,梁思成在《中国营造学社汇刊》上发表书评,对杜彦耿辞书遗漏、错误详细分类指正。营造学社汇刊上的文章以调研和古建筑调查为主,质量高端。1932年至1935年,梁思成在华北、中原进行古建筑考察,在汇刊发表文章及译作共计22篇,较为注重建筑结构、演变体系及造型美术,常将中国建筑结构与古希腊正规的"order"相类比。梁思成建筑思想源于美国宾夕法尼亚大学求学经历。宾大建筑系以"布扎"教育体系(Ecole des Beaux-Arts,巴黎美术学院)为范本,强调建筑秩序(order)、组构(Composition)、画法几何,将结构理性与类型学理性交织在一起。[②]受过"布扎"训练的建筑师对古典建筑语言和渲染技法烂熟于心。从这个思想线索看梁思成对《合解建筑辞典》的回应,他的评判标准和词语选择提供了很多信息。

在以结构理性主义、类型学、美术相互交织的"布扎"建筑体系中,可以较为清晰地看到学院派教育影响下的建筑师评判思路。书评中梁思成指出了七大类修改意见:①无必要增订英华部下编;②重要遗漏15处;③意义含糊20处;④释译错误21处;⑤译名前后不一致2处;⑥释名错别字或不雅驯6处;⑦插图不合适6处。笔者将一些词汇重新梳理,将所勘误字词分为秩序、要素、组构、场所、分类、装饰;其中秩序、要素属于结构范畴;场所即最初辞书构想中的地位与分类同属类型范畴;组构涉及元素的组合构成,是三大类的交叠区域;装饰纹样是美术审美的体现。在所分三类中,梁思成对结构词汇关注度最高(图13)。

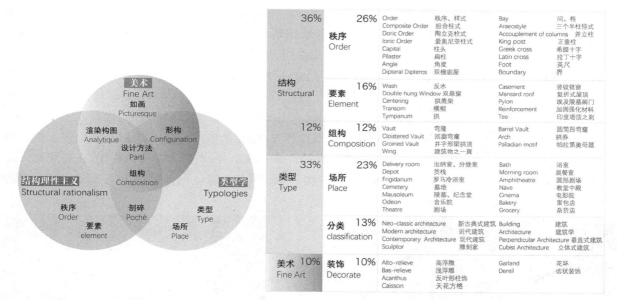

图13 "布扎"体系及梁思成书评勘误词汇分类图解

五柱式(Five orders)、拱券(Arch)、穹隆(Vault)等词是西方古典建筑语言体系构建的基石,杜彦耿的编写疏漏显然是对建筑体系认识不足。以"order"一词为例,梁思成在《蓟县独乐寺观音阁山门考》中提到"斗拱者……其在中国建筑上所占之地位,犹 Order 之于希腊罗马建筑;斗拱之变化,谓为中国建筑制度之变化,亦未尝不可,犹 Order 之影响欧洲建筑,至为重大。"[③]"order"是西方古典建筑生成的原则,基本原理是以柱径为基本单位,按照比例,计算出柱础(Base)、柱身(Shaft)和柱头(Capital)的整个柱子的尺寸,更进一步计算包括基座(Stylobate)和山花(Pediment)的建筑各部分尺寸。对于这个西方建筑学核心词汇,杜彦耿未给与特别重视,字典中对经典五中柱式的英文收录不全,译文前后不一,其中混合柱

---

① 梁思成:《书评》,《中国营造学社汇刊》1936年第6卷第3期。
② 江嘉玮:《顺沿班纳姆与柯林·罗,重读布扎与现代建筑》,《时代建筑》2018年第6期。
③ 梁思成:《蓟县独乐寺观音阁山门考》,《中国营造学社汇刊》1932年第3卷第2期。

式(Composite order)一词未被收录。梁思成在书评中前后两次提及"order"相关词为重要遗漏。拱"Arch"及拱顶穹隆"Vault",是西方最古老的建筑类型,罗马教堂中大量使用筒拱形屋顶"Barrel Arch Roof",没有其他结构支撑,仍然经受住了时间考验。《英和建筑语汇》中"Arch"词条下共有111个词组,可以看出其在建筑术语中的地位,但杜彦耿只选取了两个。梁思成拓展了词组群,强调在"Vault"词条下,除回廊拱顶"Cloistered Vault",其他各种穹隆"Valt"如交叉穹顶"Groined Vault"、筒形穹顶"Barrel Vault"等皆应加入;同时他也注意到用于拱券施工的支撑桁架"Centering"杜彦耿没有与普通壳子板加以区别(图14)。①

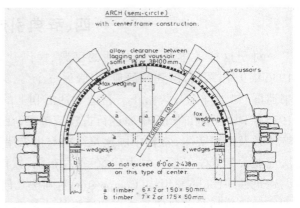

图14 用于拱券施工的中心支撑模板"Centering"

由"Vault"到"Centering"是拱券由类型到生成的建造系统,对系统没有整体认识,在字典编写时自然没有办法把词汇串联到一起。

《合解建筑辞典》释文错漏等现象可以总结为由以下四方面原因造成:第一,日文直录而造成语义不清,如:Fountain日文译为"喷水",梁思成更正为"喷泉";Alto-relieve日文"高肉彫",更正为"高浮雕";第二,日本字典释义正确,杜彦耿翻译中文时出现了语义的偏差。如:Mausoleum这个单词,日本字典中译为"1.墓2.庙";杜彦耿翻译为"纪念堂",以广州中山纪念堂照片为插图(图15)。梁思成指出"Mausoleum原义是Caria王Mausolus之墓,后世用为纪念堂之统称。"他认为应该加入单词的原义,但并没有对中山纪念堂用Mausoleum表示出异议。1926年美国权威建筑杂志对中山纪念堂的翻译用的是"Memorial Hall"一词。中山纪念堂与陵墓分开布置,所以不能混用,中文解释与配图的确出现了意义的含混。杜彦耿在语意细微差异上还认识不足。梁思成的更正通过分析词源对单词深层意义进行解读。第三,杜彦耿字典中,俚语与术语并行,如:"Bearing"译为"搭头,持,负荷,载力";"Elevation"译为"面样,立面图"。第四,编者知识结构决定了选词偏好,如Palladian motif帕拉第奥母题(图16),梁思成称其为"Palladian建筑中最特殊的,未指出颇觉美中不足"。安德烈亚·帕拉第奥(Andrea Palladio)可以说是西方世界最为著名的建筑师。他擅长"古法"设计,严格遵循古典建筑语言,重新塑造和谐秩序,在赛利奥(Serlio)拱基础上形成了著名的帕拉第奥母题。这一组构常为后世建筑师使用,使受过专业训练的建筑师提到帕拉第奥就会想起这个特殊元素。②

图15 广州中山纪念堂,吕彦直设计,1931年

图16 帕拉迪奥设计巴西利卡,维琴察,采用帕拉第奥母题双层券廊,1546—1617年②

书评结尾处,梁思成批评得很委婉。他强调辞书出版要慎重行事,不能操之过急。最后提到定价过高问题。杜彦耿在《建筑月刊》中的回复,对字典遗漏、意义不明、释义错误等学术问题一带而过,对一些

① 克拉姆·伊恩《石匠艺术》第79页中插图,https://archive.org/。
② 罗伯特·塔弗诺《帕拉第奥和帕拉第奥式建筑风格》插图第35页,https://archive.org/。

细枝末节问题着墨很多。[1]针对梁思成所说译名雅驯问题,他认为实用性是第一位考虑因素,强调俚语行话的重要性。又用三分之一篇幅对梁思成所提定价问题展开说明。梁杜的隔空对话,梁思成偏重建筑体系和学术的准确性,而杜彦耿关心的是行话、造价等实际操作层面问题;梁思成建议要深积淀、广求证而后出准确权威性字典,杜彦耿想以字典工具书做基础、拓展业务、提供教材、编译图书。这些都是知识背景和编撰目的不同产生的差异,导致两人的对话其实并不在同一频道。但讨论仍有价值,可以看到建筑学术语译文未确定时期,建筑师和营造家不同视角地解读,为之后的术语统一奠定了基础;也为今时今日回看这段历史提供了一个参考脚本。

# 五、结语

从历史进程中看,杜彦耿《合解建筑辞典》对日本和欧美词典的参考存在必然性,其中也蕴涵着不可调和的矛盾。民国时期新旧文化交织、东西文化分野,欧美及明治维新后的日本成为新知识与新文化的输出国。通过这本字典的微观案例研究,看到建筑学术语从欧洲、美国、日本再到中国,西学东渐的传播轨迹。也体现了从近代开始,中国在世界建筑学语境中话语权的丧失。此时的中国内忧外患,缺乏现代建筑学术积累,只能求助于体系完备、技术领先的他国资料。受外来文化的影响,杜氏字典中审美情趣、建筑经验都非常西化,与民国时期中国建筑审美、建造能力存在明显的疏离。

《合解建筑辞典》编写基于实用主义,过程是一种拿来主义,而不是基于本土建筑文化和技艺。中国传统建筑体系在此时成为研究"旧式"建筑的狭窄领域,与以西方建筑体系主导下的古典到现代建筑浪潮产生了难以跨越的鸿沟。此时中国第一批留学归来的建筑师,看到了中国传统建筑体系在世界中的独特性、重要性,以营造学社为团体开始专心研究传统结构、历史,蓄意编写营造辞典,希望夯实传统而后发展。而无留学背景,却对商业极为敏感的营造商群体看到了时代的浪潮不可阻挡,对西方先进建造技术、建造文化是一种全盘接受的态度,无筛选和甄别能力,但却勇于尝试。

《合解建筑辞典》另一个特点是杂糅。体例上,英华上下部分开,造成阅读逻辑上的混乱;单词与词组间缺乏层级关系,致使词组都按照首字母排序散见辞典各处,造成了重要词汇的疏漏。内容上,西方古典建造术语和插图为基础的文本中,夹杂着埃及装饰纹样、印度塔顶、中国蓟县(现天津市蓟州区)独乐寺珈蓝图还有大量商业广告机械照片和力学计算图示,这些元素的叠加和不太讲究的排版,让字典拼凑情况严重。虽然有杰出的参考母本,这本字典最终还是打上了编者自己知识谱系的烙印。

建筑学术语统一不能一蹴而就,需要时间和经验积累。二十二年后,庄俊韬光养晦,再编建筑字典。虽然没能成为《合解建筑辞典》的编者,但庄俊对建筑术语辞典编纂一事一直放在心上。1954年至1958年,在庄俊担任上海华东工业建筑设计院总工程师期间,终于完成《英汉建筑工程名词》一书的编订(图17)。英汉单词一一对应,结构清晰、版式简明,无释义和插图,译文更为准确。[2]编撰字典需要编者高屋建瓴,从而引导人们对规范性知识的探寻;同时也要耐得寂寞,黄作燊、陈占祥在郁郁寡欢的时候都被分配编写字典。经过二十多年的时间沉淀,很多重要专业名词的翻译已经确定。回看《合解建筑辞典》,矛盾杂糅,却也丰富异常,俨然成为时代孤本。辞典折射时代,时代中的语汇不是一成不变的,不变的是编写辞典的意图和逻辑关系,这种逻辑关系建构了中国近现代建筑材料生产、设计策略、施工、设备和建筑风格样貌的全景。

图17 《英汉建筑工程名词》,1958年

---

① 见渐(杜彦耿):《编者琐话》,《建筑月刊》1936年第4卷第7期。

②《英汉建筑工程名词》全编包括建筑工程上习用和重要的名词约17000条,并对名词做了更为详细的分类,包括建筑的历史、材料、工具、机械、设备、设计、管理、施工、城市规划方面的词汇,以及与建筑工程有关的地质、钻探、测量等方面的重要词汇。

# 解析丰子恺著《西洋美术史》一书中对"现代的建筑"与"新兴美术"的客观描述

ADA研究中心中国现代建筑历史研究所　黄元炤

**摘　要:**《西洋美术史》一书是丰子恺先生编写美术理论丛书中"最早"的成果之一。他试着从告知大众西方美术建筑的新气象入手,构建新的美术思潮的体系与框架,依序书写现代美术、建筑的思潮。书中定义这一思潮的衍生是架构在时代演进之下,进化与革命是其姿态,本质与观念是其追求,并展现出艺术化、单纯化与自由化的表达,彰显形式与技术的纯粹。若观察本书从落笔成书到发行的时间段(1928年),以及对比其他同期的出版物,坦率地说,《西洋美术史》是中国近代时期"第一本"介绍现代建筑思潮的著作,是值得被剖析、讨论与记录的,其本文是构建"中国现代建筑理论"的关键性依据并提供了重要帮助。

**关键词:**《西洋美术史》;丰子恺;现代建筑思潮;新时代精神;本质与观念;建筑的艺术化与单纯化;新兴美术;客观的存在

1928年,一本关于美术知识的专著出版,即《西洋美术史》(图1),作者是丰子恺(图2)。丰子恺,本名丰润,字子恺,汉族,1898年生,浙江省嘉兴市桐乡市石门镇人,是中国近代著名画家、散文家、漫画家、书法家、美术教育家与音乐教育家。丰子恺自幼爱好美术,1919年毕业于浙江省立第一师范学校,先后在上海专科师范学校、浙江上虞春晖中学、上海大学、复旦大学、浙江大学、上海艺术大学任教,也曾短暂赴日考察并学习绘画、音乐和外语,1924年与友人创办上海立达学园,1925年成立上海立达学会,之后任上海开明书店编辑,1942年任重庆国立艺专教授兼教务主任,1943年结束教学生涯,专门从事绘画和写作,1952年后历任上海文史馆馆员、中国美术家协会上海分会副主席、中国美术家协会常务理事、上海市对外文化协会副会长、上海市文联副主席、全国政协委员、上海中国画院院长、中国美术家协会上海分会主席,上海文学艺术界联合会副主席等。

图1　丰子恺著《西洋美术史》①

图2　丰子恺②

---

① 见丰子恺:《西洋美术史》,开明书店,1928年。

② http://blwb.kf.cn/html/2013-05/15/content_119351.htm.

# 一、编写美术理论书籍中"最早"的一本专著，油印讲义 与读《西洋美术的知识》节录内容的共同构成

丰子恺一生出版的著作多达180部，而这本《西洋美术史》就是由上海立达学院（1924年丰子恺与朱光潜、夏丐尊与上海文化界人士叶圣陶、刘大白等人创办，设美术科、音乐科、文学科，丰子恺任常务委员兼西洋画科主任）西洋画科的油印讲义与丰子恺读《西洋美术的知识》的节录内容（丰子恺在此书的序言写道："我并不照译，只是节录其重要部分，略加增补"）共同构成，由上海开明书店（1926年成立，创办人章锡琛，取开明即启蒙的意思，1928年由刘叔琴、杜海生、丰子恺、胡仲持、吴仲盐等人发起改组为股份有限公司，新中国成立后，由叶圣陶在北京主持，改名为青年书店，后与青年出版社合并成为中国青年出版社，丰子恺曾在此任编辑）出版发行（图3），以时间为顺序阐述了美术在人类文明历史中的发展与演变，包含了建筑、雕塑、绘画等艺术相关的各个领域，配有不少插图（因原书的插图不清楚，大部分由丰子恺与友人黄涵秋另行搜集而成），向中国近代社会一一做介绍、分析与评述，整本书读起来通俗流畅，浅显易懂，是一本学习美术或爱好艺术的入门读物，也是丰子恺编写关于美术理论书籍中"最早"的一本专著，并从中确立了他自己对于艺术的观点——"艺术必须大众化，艺术必须现实化"。

图3 《西洋美术史》由上海开明书店出版发行①

朱光潜是丰子恺在办学上的同事，两人也是好友。毕生从事美学理论研究的朱光潜，极少对美术家或美术作品发表评论，唯一破例的一人就是丰子恺。朱光潜对丰子恺的人品与画品有过深刻的点评，他说："……子恺从顶至踵是一个艺术家，他的胸襟，他的言动笑貌，全都是艺术的……他的基本精神还是中国的，或者说，东方的……他的人物装饰都是现代的，没有模拟古画仅得其形似的呆板气……他的画极家常，造境着笔都不求奇特古怪，却于平实中寓深永之致。他的画就像他的人……"由此可知，朱光潜很是欣赏丰子恺，情有独钟，他用了清、和两字概括了丰子恺的人品，用美学的角度来体察丰子恺所具有的"诗画同源"和"书画同源"的艺术修养。丰子恺所著的《西洋美术史》也应该得到朱光潜高度的评价，那么，就必须来了解它。

## 二、美术思潮的体系与框架，赞扬了现代建筑

在《西洋美术史》专著中，丰子恺在美术的大体系中纳入了对各个时期的建筑、雕刻及绘画等美术思潮的介绍，分有三大框架：①古代美术；②近代美术；③现代美术。在古代美术框架中分有：①原始时代（古石器时代、新石器时代）；②古代埃及（金字塔时代——古王朝期、帝国时代）；③美索不达米亚与米诺亚（自古 Babyronia 至 Chaldea、自 Creta 至 Mycenae）；④古代希腊（最古时代、黄金时代、白银时代、希腊风时代）；⑤古代罗马（自 Etruscans 人至共和时代、帝政时代）；⑥基督教艺术的发端（Catacomb 与 Basilica、Byzantium 的艺术）；⑦中世纪的美术（Romanesque 的建筑、Gothic 建筑与雕刻）。在近代美术框架中分有：①文艺复兴初期（Giotto 与 Fra-Angelico、初期 Florence 的建筑与雕刻、Florence 的绘画与 Botticelli）；②文艺复兴盛期（各地的画派、文艺复兴三杰、盛期与后期的绘画）；③北欧的文艺复兴（十五六世纪的 Flanders 画家、德意志十五六世纪的画家）；④Baroque 时代（17世纪的 Flanders 画家、荷兰画家、西班牙画家、Baroque、18世纪英吉利的绘画）；⑤19世纪前半的美术（前半期的建筑与雕刻、古典主义的绘画、浪漫主义的美术）。在现代美术框架中分有：①现实派与自然派（英吉利的自然派、罢皮仲派、三个民众画家）；②新理想派（拉费尔前派、法兰西的新理想派）；③印象派及其后（印象派与新印象派、后期印象派）；④德意志的现代美术（写实派的人们、理想派的人们、自然派与分离派）；⑤北欧南欧的美术（意大利西班牙比利时、荷兰与斯干底纳维亚半岛、俄罗斯及其附近、英吉利与亚美利加、法兰西绘画的现状）；⑥现代的建筑、雕刻及工艺（现代的建筑、现代的雕刻、现代的工艺美术）；⑦新兴美术（立体派与未来派、表现派

① 见丰子恺：《西洋美术史》，开明书店，1928年。

与抽象派、新雕刻)。(图4)

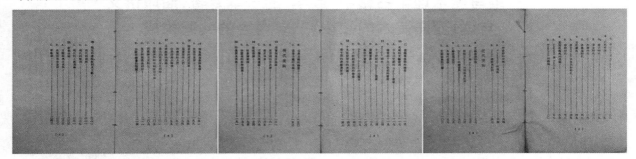

图4 《西洋美术史》目次①

　　由以上《西洋美术史》专著的体系与框架中可以观察到,丰子恺以纵向、时间轴的顺序一一介绍、阐述与分析了美术在大历史发展中各个时期、各个领域所演绎的过程,把西洋美术史从头到尾说了一遍,从原始的石器时代出发,经过数万年的堆积并经过了埃及时代、希腊时代、哥特时代、文艺复兴时代,来到了近代,而对于现代的建筑、雕刻与工艺(现代的建筑、现代的雕刻、现代的工艺美术)与新兴美术(立体派与未来派、表现派与抽象派、新雕刻)的介绍就出现在现代美术的框架中,丰子恺把现代建筑与现代美术一同介绍给外界,并且放在专著的最后部分。

　　而丰子恺对于现代建筑是如何理解的? 他从美术的视角认为现代建筑是时代的产物,反抗于古典形式,亦是艺术化、单纯化的精神表述,对建筑文明的发展来说实为一种"革命"。不难发现,丰子恺高度赞扬了现代建筑所给予的划时代的意义。

## 三、介绍现代建筑思潮,时代演进的进化与革命

　　丰子恺在序言中写道:"……直名之为《西洋美术史》,或将见笑于识者。然而在中国现在买不到较新的这种书,只得暂以代用……"而这本书是1928年出版,由此可知,丰子恺谦虚地表达了这是在中国近代时期最新的一本由中国人自己撰写介绍(参考外文书,形塑自己的观点)美术知识的专著,当然也可以这么理解,也是在中国境内第一本介绍现代建筑思潮的专著(过往尚无此例)或是现代建筑思潮首次跃上台面,出现在专业出版物。然而,写这本书《西洋美术史》的初衷,丰子恺主要还是为了要引进西洋美术,并对中国近代的美术进行一切的变革,他说:"……引入西方美术乃刺激中国美术由古典转为近现代形态的必经之路,但这条路是艰难曲折的……"不管怎样,对于现代美术或现代建筑的介绍,丰子恺就像是一个先行者,以此对中国近代时期给予文化与道德上的养分,他关注的是社会的回应与成效,就像鲁迅致力于美术的普及化一般,鲁迅曾说:"……我们所要求的美术家,是能引路的先觉,不是公民团的首领……"所以,丰子恺就是鲁迅笔下的美术家、引路的先觉,有着一份责任,他冀望《西洋美术史》一书是更能贴近于大众的、现实的,这也是丰子恺的艺术立场——"艺术必须大众化,艺术必须现实化"。

　　丰子恺介绍现代建筑是循序渐进的。在现代美术框架中的"现代的建筑、雕刻及工艺"篇幅中(图5),丰子恺用一种历史演进的视角来解读现代建筑。常言道:建筑是"凝固的音乐",丰子恺也认同这一点,在书中便写道:"……划分时代的前半与后半的,有三大建物,即伦敦的国会议事堂、比利时Brussels的大法衙与巴黎的Grand Opera歌剧院。三者大体都可说是有坚强之感的、反抗古典形式而显示新时代的、浪漫主义的表现……国会议事堂……全体平整、美雅,稳坐地面,实为现代杰作中的杰作……大法衙……有浪漫风的,delicate的多样,不负凝固的音乐的名称……然打破传统而给新时代样式的改革的……"丰子恺觉得这些建筑打破传统体现出新时代精神是一项改革。丰子恺的"新时代精神"的"改革说"也与同一时期或稍后的其他人(中国建筑师、中国文学家)的观点趋同,即在时代演进下产生了建筑创新、现代建筑是一项革命、改革,有:刘既漂于1927年在《东方杂志》发表一篇名为"中国新建筑应如何组织"的文章中直接点明了建筑创新与时代演进之间的关系,他把视点锁定在进化与革命;林徽因于1932年在《中国营造学社汇刊》发表的《论中国建筑之几个特征》一文中阐述了建筑革新与时

────────────

① 见丰子恺:《西洋美术史》,开明书店,1928年。

代演进之间的关系，以及建筑的实用、坚固与美观的要素；傅雷于1932年在《时事新报》杂志发表的《现代法国文艺思潮》一文中以文学与美术评论的角度解释"现代的"（moderne）这个名词的含义，以及阐述了时代的演进、建筑也不寻求垂之永久的方式；郑祖良在《新兴建筑在中国》一文中阐述现代主义所产生的新建筑是新时代的象征与一种情感的投射，代表着现代科学的精神。从以上得知，"时代演进的进化与革命观"是中国近代时期部分人论述到现代建筑产生原因的其中一项说法与认知，丰子恺更认为这些时代演进下产生的建筑创新、现代建筑，形式婉美，材料珍奇，是一大惊艳、一大惊奇。

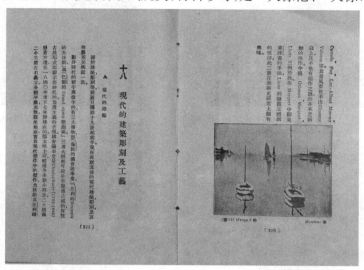

图5　现代美术框架中的"现代的建筑、雕刻及工艺"①

## 四、思想的喷发，自由的驱使，本质与观念，建筑的艺术化与单纯化

接着，丰子恺认为人类在思想上的喷发后其自由驱使了种种材料的出世，而这些材料也给了建筑一个契机发展为各种式样，实行了建筑的现代化，丰子恺还认为"铁"作为一项新材料用于高层项目上、其本身构造上的特性让建筑取得了重大的突破，对建筑"现代化"的推进具有重大的意义，更是对现代人在生活上的一项重大革命，他写道："……铁材的自由使用，在现代人生活上实为一种革命。向来用石材或砖瓦的堆积，现今改用长短粗细自由，而富于挠曲性、耐强力的铁材为骨干，于是在建筑的各方面起一大革命……"，由此段话可以得知丰子恺对于现代建筑的产生是架构在材料革命的基础上，"铁"是主角，催破了"古典"的樊篱，并争得了在时代上的高度，丰子恺更认为19世纪下半叶就是一个"铁时代"，建筑师开始试行铁骨构造或用铁骨石壁的技术工法来建造大建筑，并发挥出一种特殊的工业美，风靡于世界，他写道："……最初以铁材作纯构造的，是Alexandre Gustave Eiffel（1832）。他解决了之前所认为困难的、铁石构造的大问题，遂于1889年世界大博览会之际，在巴黎的须因（即塞纳）河畔筑一仅用铁骨的高层塔（图6），高一千余呎，名曰Eiffel塔，这是铁时代的建筑的模范，对于近今的高层建筑及铁桥有很大的影响。"其实，在19世纪中叶，水晶宫（图7）比埃菲尔铁塔更早使用到钢铁这个材料，水晶宫当时作为一个世博会的展览馆展出从世界各地搬来的植物，让人们在一个大的空间场所同时看到世界不同地方的物品，瞬间开拓了人们的视野而不再局限于单一的国家、地域或民族，在水晶宫里就看到了一个世界，也在新材料玻璃和钢铁所构成的现代物体之内看到了一个世界——我的理解这才是现代建筑的真正的价值所在，谈的是本质问题，关键性的概念。接着，丰子恺也把大建筑的产生归因于经济的因素，当经济衰退时，建筑就会走向保守，经济向好时，建筑就会奔放地迎来革命、寻求突破，他说："……铁骨的大建筑伴随了现代的资本主义而风靡了世界……在财力与国力丰厚的北亚美利加，尤为盛行，竟有四十层至八十层的高层……为全建筑界的革命……"确实，在丰子恺另一本专著《西洋建筑讲话》（图8）中也提到了"北亚美利加"的"财力"这件事，他说："……现今商业的中心地，要算财力最雄厚的北美。纽约本是世界第二大都，现今已变成了世界一等的商场……"而财力雄厚的北美也建造出不少的摩天楼，丰子恺将此

---

① 见丰子恺：《西洋美术史》，开明书店，1928年。

摩天楼称为"Sky-scraper"（图9），在纽约最盛行。

图6　法国巴黎埃菲尔铁塔，1889年建成，由钢铁构件组成①

图7　英国伦敦水晶宫，1851年建成，以钢铁为骨架、玻璃为主要建材的建筑②

图8　丰子恺著《西洋建筑讲话》，1935年出版③

图9　摩天楼④

　　不只是铁，丰子恺也认为有一种新材料的生成与铁筋的混合使用造就了建筑更大的自由度，指的就是混凝土，它让建筑可彻底的艺术化、单纯化，有了更新、更全面的革命，他写道："……最近又有concrete（混凝土）的利用，与铁筋的驱使协力而把各大都市的建筑高山化。在平面上、立体上均极自由，可以表现彻底的艺术化、单纯化，为建筑上的更新的革命。例如Erich Mendelssohn所考案的思斯坦塔（即德国波茨坦爱因斯坦天文台，图10），Bruno Taut所做的Korn共进会（即德意志制造联盟）的色玻璃屋（即德国科隆玻璃展览馆，图11），即是其例……"这方面的描述与建筑史学家阿兰·柯宽恩（Alan Colquhoun）的论点接近："……建筑变成纯粹的工具，因此工具的造型完全等同于功能……另一方面，建筑变成是纯粹的艺术，并遵循建筑本身的法则……"建筑的艺术化、单纯化是新的共通价值。所以，铁和混凝土是丰子恺认为其作为新材料对建筑产生革命性影响的重要因子，这样的观点也同样在《西洋建筑讲话》一书中出现，丰子恺在书中先介绍了Erich Mendelssohn设计的Schocken商店（即德国开姆尼茨朔肯百货商店，图12），提到这是一栋"横向"、新颖的建筑样式，是铁材建筑，其特色"……柱子所占地方极少，而且不须支在建筑物外部"，也因此让建筑外部立面"可用带状不断的横长的玻璃窗和白墙"，这就是新材料的使用对建筑产生革命性影响，而让建筑有了更大的发挥，丰子恺还认为新材料所产生的现代样式给予了建筑"单纯明快"之感，与过往古典建筑的"琐碎华丽的装饰风"有所区别的让现代人喜欢，更是一项时代进步的象征。回来说，最后，丰子恺提到必须关注到海上浮城，他写道："……入20世纪后的建筑的惊异，

　　① http://wm.sc115.com/weimei/18866.html.

　　② 见Keaneth Frampton：《近代建筑史》，贺陈词译，（台湾）茂荣图书有限公司，1984年。

　　③ 见丰子恺：《西洋建筑讲话》，开明书店，1935年。

　　④ 见丰子恺：《西洋美术史》，开明书店，1928年。

为各国竞投巨资,实现海上浮城的大军舰。这也应该当作新建筑考察……"

图10 德国波茨坦爱因斯坦天文台①

图11 德国科隆玻璃展览馆②

图12 德国开姆尼茨朔肯百货商店③

## 五、美术的革命,新空气郁结,现代建筑的萌生,纯粹的自由诗

在现代美术的框架中,丰子恺以新兴美术(图13)作为《西洋美术史》一书的最终章节。取名新兴美术,即是新兴艺术之意,丰子恺重点阐述了美术史上的革命,他开宗明义用了一段话引出新兴美术中几个重要的流派,他说:"自19世纪末,时代的新空气郁结。入20世纪,爆发而为后期印象派,为野兽群的运动。到了1910年前后,就演出新奇的美术上的革命,即立体派与未来派,及其后的表现派。从而美术,到这时候根本地一变其面目……"而丰子恺说的"根本地一变其面目"也让之后20世纪30年代的中国近代艺坛受现代美术思潮的影响而出现了转变,从一些现代美术团体的宣言里即可得知:"……我们厌恶一切旧的形式,旧的色彩,厌恶一切平凡低级的技巧。我们要用新的技法来表现新时代的精神。20世纪以来,欧洲的艺坛突现新兴的气象,野兽派的呐喊,立体派的变形,Dadaism(达达主义)的猛烈,超现实主义的憧憬。20世纪的中国艺坛,也应当现出一种新兴的气象了……(决澜社《宣言》,图14)"从上面两段文可以观察到,丰子恺的文与决澜社的《宣言》都揭示了现代美术思潮正在全球范围内开展开来,也说明了中国近代艺坛企图与世界接轨、同步地徜徉在现代美术思潮当中,虽然只是少部分的人士与团体。之后,丰子恺就用了相当的篇幅阐述了这些美术史上的革命流派,这些对于当时的入门者都是新的玩意儿,是新的美术思潮,每个流派既有自我的论述也有作品的抒发,丰子恺说:"……立体派是把物像的形体来变为理论化、原理化之后而表现的;未来派则是作者郁积的感情的爆发。立体派是空间方面的解决,未来派是对时间方面的解决。这两派,于现今的青年人的美术的表现上有很大的影响……"由此可知,丰子恺也认为立体派作为20世纪现代艺术的始源,是最具有革命性的思潮之一,虽然短命,可是对抽象艺术、纯粹主义等同时代的现代艺术,都带来莫大的影响,未来派则是把工业技术引进现代艺术中的领先性,而勒·柯布西耶则将立体派的时空观念融入现代建筑之中,并加以表现了同时性(视觉的穿透)与运动性(空间的移动)(图15)。毋庸置疑,这两流派对年轻人的影响都很大,也对现代建筑的萌生起到了影响。

图13 现代美术框架中的"新兴美术"篇幅④

图14 决澜社酝酿于1930年,1932年正式成立,基本成员有庞熏琹、倪贻德、王济远、周多、周真太等人⑤

图15 法国巴黎普瓦西萨伏伊别墅⑥

---

①②③⑥ 见 Keaneth Frampton:《近代建筑史》,贺陈词译,(台湾)茂荣图书有限公司,1984年。

④ 见丰子恺:《西洋美术史》,开明书店,1928年。

⑤ http://auction.artron.net/20130121/n302716.html。

接着,丰子恺广泛地介绍其他新的现代美术思潮,他先写道:"……除立体派、未来派、表现派等革新运动以外,20世纪尚有几种艺术的主张。其中最显著的,是俄国Kandinsky的抽象派,瑞士的Picabia的达达派(Dadaism)及以劳农俄罗斯为根据的Tatorin(即Tatlin)等的构成派……"而丰子恺更重点地阐述构成派,作为现代主义先锋之一的出现在1917年俄国十月革命之后,吸收了立体派(崇尚基本的几何形)与未来派(表现速度、动力与时间,赞扬科学与机械)的思想精髓,是俄国自己诱发出的思想派别,他写道:"……一方面在大战前后的虚无的思想的弥漫中,出现了社会主义的革命思想,其积极的行动就是俄罗斯的苏维埃共和国的出现。这是社会主义国家在历史上初次的成功。于是俄罗斯的艺术就根本性革命,实行生活的积极化、元素化,这表现就是构成派……"因此,构成派是集各派之所长得到的结果总和,可以看作是一个纯粹的自由诗,一种非客观、非社会、非功利艺术的清晰与持久的理论,极具浪漫与科幻感,其认为真实太遥远,以及知觉世界是虚幻的,最重要的意义是感觉。而构成派的代表性人物弗拉基米尔·塔特林(Vladimin Tatlin,1885—1953)的第三国际纪念塔(图16)成为丰子恺笔下的新时代的创作,集艺术与造型于一身,他写道:"……构成派其主张为用科学征服世界,及积极的构造化的新创造。从构图(Composition)到构成(Construction)! 可说是他们的标语。这主义最初出现于建筑上,其实例就是1902年Tatorin(即Tatlin)所造的第三国际纪念塔的模型……这是明示着艺术为造型(即造形)的本意所取代的、新时代的制作……"丰子恺又写道:"……塔为铁骨的,张玻璃的圆筒形,螺状重积而成。高四百米突(即米),实为世界第一的大高塔……"从前文得知,丰子恺视"铁"作为一项新的材料对驱使建筑朝向"现代化"有重大作用,这边再次提出"铁骨",也再次强化"铁"对建筑"现代化"的推进,极具重要的意义。虽然,丰子恺在论述现代建筑或现代美术时,并无涉及太多政治的引题,然而第三国际纪念塔就是一个政治艺术品,"它"象征无产阶级和共产主义,那螺旋形的钢结构如同无产阶级的脊梁骨,而人类的解放运动就以

图16　第三国际纪念塔[①]

螺旋线从地面向上腾起,并螺旋解放,因此,纪念塔被赋予了巨大的使命,但最终未建成。之后,构成派也没落,仅发展十年多就被社会主义现实主义艺术所取代,苏联全面走向共产秩序的实践。

## 六、结语:第一本介绍现代建筑思潮的专著,客观的存在

　　在《西洋美术史》一书的最后,丰子恺写道:"……以上已把西洋美术解说了一遍。凡历史,没有始端与结末,一切皆在时间中从无限流向无限……"他把历史比喻成无限,是没有限制、无始无终的东西,唯有通过有限才让其有了存在的意义,就如同马克思说的:"……这个存在物首先是一个独特的存在:在它之外别无他物,它是孤独的……"那么现代建筑作为一个存在物就是一个独特的存在,也许是孤独的,但这段历史是有价值的,而《西洋美术史》一书作为第一本介绍现代建筑的专著,在当时来说是新的价值,但丰子恺也写道有可能在未来变成旧的价值:"……昨日的新在今日是旧;今日的真又可为明日的伪……"而丰子恺也谦虚地表示"关于其本质与将来的意义,现在不敢涉及",即使这样,它仍是第一本介绍现代建筑思潮的专著,是一个客观的存在,值得被记录,对尔后构建中国现代建筑、中国现代建筑理论提供真实且必要的参考养分。

　　① 见Keaneth Frampton:《近代建筑史》,贺陈词译,(台湾)茂荣图书有限公司,1984年。

# 《郑州市新市区建设计划草案》作者陈海滨生平考略

## ——兼论近代规划史研究视野向基层规划师的拓展

清华大学　　宋雨

**摘　要**：本研究通过挖掘民国时期的报纸、期刊、书籍、档案等史料，对《郑州市新市区建设计划草案》作者陈海滨的生平履历进行考证。陈海滨曾先后就读于青岛特别高等专门学堂农林科和上海同济医工学校土木工科，毕业后历任京绥铁路工务局练习生和工务员、郑州市工务局技士、福州市工务局第一课课长、陕西省建设厅科长等职，在交通规划和建设方面做了很多工作。期间，陈海滨曾与林兢、赵守钰、丁士源、董修甲、林恩溥等各界专家名人有所交集，并参与了西北考察、中华全国道路建设协会路市展览大会等重要事件。本研究希望以陈海滨为例，探讨基层市政规划人员在近代规划史上的作用和影响，以促进规划史研究视野向基层规划工作者的拓展。

**关键词**：陈海滨；生平；民国；规划史

1928 年 3 月，经南京国民政府批准，郑州析县设市。同年 10 月，郑州市政府聘请陈海滨为技士，负责新市区的规划工作。自 1928 年 12 月起，由陈海滨编写的《郑州市新市区建设计划草案》在《郑州市政月刊》第 3 期至第 7 期上陆续发表。[1]这是近代以来郑州乃至整个河南省域范围内第一部系统编制的规划文本，也是田园城市和分区方法在我国城市规划实践中最早、最系统的尝试之一[2]，具有重要的历史和理论价值。

然而，对于该规划草案的编写者陈海滨，目前学界仍知之甚少。既有研究仅援引了 1928 年 12 月 20 日郑州市政府向河南省政府呈请聘用陈海滨时所提交的履历资料[3]：

"查陈海滨曾在青岛德华特别高等专门学校及上海同济医工大学校土木专科毕业，历充福建军政府民政司科长及直隶省长公署技正、天津特别市公用局技正等职，技学高深，经验宏富，于十月四日聘为职府技士，月余以来，一切设施深资得力，理合缮具该员履历一份，备文呈请。"[4]

遗憾的是，这份文件并未对陈海滨的个人情况（如年龄、籍贯等）及其教育和工作经历做出更加详细的介绍。

本研究将以此为基础，进一步挖掘民国时期的报纸、期刊、书籍、档案等史料，以考证陈海滨的生平履历，从而尽可能地还原陈海滨其人，并考察他与当时重要的事件、会议、人物、团体之间的联系。

## 一、教育经历：青岛特别高等专门学堂和上海同济医工学校（1912—1917）

据考证，1912 年至 1917 年间，陈海滨先后就读于青岛特别高等专门学堂农林科和上海同济医工学

---

① 见陈海滨：《郑州市新市区建设计划草案》，《郑州市政月刊》1928 年第 3 期；陈海滨：《郑州市新市区建设计划草案（续）》，《郑州市政月刊》1929 年第 4 期；陈海滨：《郑州市新市区建设计划草案（续二）》，《郑州市政月刊》1929 年第 5 期；陈海滨：《郑州市新市区建设计划草案（续三）》，《郑州市政月刊》1929 年第 6 期；陈海滨：《郑州市新市区建设计划草案（四续）》，《郑州市政月刊》1929 年第 7 期。

② 见韦峰、陈克克、崔敏敏：《民国〈郑州市新市区建设计划草案〉田园城市规划思想研究》，《现代城市研究》2019 年第 12 期。

③ 见韦峰、陈克克、崔敏敏：《民国〈郑州市新市区建设计划草案〉田园城市规划思想研究》，《现代城市研究》2019 年第 12 期；崔敏敏：《民国〈郑州市新市区建设计划草案（1928）〉研究》，郑州大学 2018 年硕士学位论文。

④ 赵守钰：《郑州市市政府呈为聘请陈海滨为技士请鉴核备案由》，《郑州市政月刊》1928 年第 3 期。

校①土木工科。

1913年青岛特别高等专门学堂向教育部呈报的学校情况一览表显示,陈海滨当时正就读于该校高等部农林科旧班(另有农林科新班)。②另外,据《青岛特别高等专门学堂章程》第四条,该校农林科为三年制。③考虑到至1914年该校停办之时陈海滨仍未毕业④,其入学时间应为1912年,1913年就读于农林科二年级。

1914年8月,一战爆发,胶州湾沦为战区,青岛特别高等专门学堂有停办之危。1914年8月28日,江苏省巡按使韩国钧致电教育部,提议青岛失学学生"暂附"上海同济医工学校继续学业⑤,教育部随即对此表示赞同⑥。9月初,上海同济医工学校也在招生广告中公开表达了免试接收青岛特别高等专门学堂工科、医科和预科学生的积极意愿⑦,随后江苏巡按使公署更是多次在《申报》上公告确认了这一消息⑧。考虑到当时国内开展医学和工学德语教学的学校并不多,青岛特别高等专门学堂的医科和工科学生很多决定前往上海继续学业。就农林科而言,虽然上海同济医工学校并未设立农林科,也不具备接收农林科学生的能力,但仍有部分农林科学生选择来到上海旁听基础课程,他们期待曾任日本帝国札幌大学农学教授的马克思·米勒(Max Miller)可以回到上海执教,但这一期望后来未能实现。⑨陈海滨很可能便是在此后选择转入上海同济医工学校土木工程专科,他也是青岛特别高等专门学堂农林科正式转入上海同济医工学校的唯一学生;此外,陈海滨在土木工科的同班同学有三人(朱福鹏、董惇、秦之麟)由青岛特别高等专门学堂工科转入,而市政大师沈怡也曾有相似的转学经历。⑩

至1916年冬,据上海同济医工学校同学录显示,陈海滨当时已经成为工科四年级土木工科的学生(图1);同时,该同学录还记录了在读学生的个人基本信息:陈海滨,字雪峰,时年二十四,籍贯福建闽侯,通信处为福州城内南营香台里。⑪1917年,陈海滨由上海同济医工学校土木科毕业。⑫

图1　上海同济医工学校土木工科1917届学生合影,右三为陈海滨⑬

① 由1907年创立的上海德文医学堂和1912年创立的上海德文工学堂合并而成,也称"上海德文同济医工大学(学堂、学校)"。
② 见褚承志:《青岛特别高等专门学堂》,《山东文献》1981年第6卷第4期。
③ 见《青岛特别高等专门学堂章程》,《教育杂志》1909年第1卷第8期。
④ 据褚承志,台湾教育部档案中,青岛特别高等专门学堂毕业的农林科学生仅有一届,于1909年冬季或1910年春季入学,至1912年12月毕业考试,次年1月呈报教育部批准毕业;此后,至学校停办,再无农林科学生毕业。另外,法政科共有两届毕业生,第一届学生与此届农林科同期入学和毕业,而第二届法政科学生则于1911年8月入学,1914年6月毕业。(褚承志:《青岛特别高等专门学堂》,《山东文献》1981年第6卷第4期)考虑到法政科和农林科学制皆为三年(《青岛特别高等专门学堂章程》,《教育杂志》1909年第1卷第8期),陈海滨等第二届农林科学生的入学时间应不早于1912年。
⑤ 见韩国钧:《致教育部电请示维持德校方法由》,《江苏教育行政月报》1914年第15期。
⑥ 见《致省教育会函部电青岛高校学生暂附同济能否悉行收录由》,《江苏教育行政月报》1914年第15期。
⑦ 见工科监督倍伦子:《上海同济德文医工学校广告》,《申报》1914年9月8日—10日。
⑧ 见江苏巡按使公署:《青岛特别高等专门学校江苏学生览》,1914年10月11日、13日、15日、17日、19日、21日。
⑨ Bericht des Schulbeirats der deutschen Gesandtschaft, Dr. Wilhelm Schmidt, Peking, den 2. Juni 1915, Bundesarchiv, R 9208/1260;见李乐曾:《一战期间上海德文医工学堂接纳青岛德华大学学生探析》,《德国研究》2019年第34卷第2期。
⑩ 见褚承志:《青岛特别高等专门学堂》,《山东文献》1981年第6卷第4期。《同济德文医工大学同学录》,1916年。
⑪ 见《同济德文医工大学同学录》,1916年。
⑫ 《校友名录:1917届土木科》:https://structure.tongji.edu.cn/info/1569/5232.htm。
⑬ 见《同济德文医工大学同学录》,1916年。

## 二、工作经历：京绥铁路工务局期间(1917—1928)[①]

1917年9月,陈海滨加入京绥铁路工务局,此后十余年间历任练习生、工务员等职。[②]期间,他参与西北地区考察以及丰镇至绥远段铁路建设等工作,积累了经验和人脉。此外,1917年9月以前陈海滨曾担任福建省立高等学堂德文教习[③],1928年10月以前曾任天津特别市公用局技正、直隶省长公署技正[④],但具体时间如何,尚无法考证。

### (一)铁路勘察与建设

这一时期,京绥铁路工务局的主要任务是将铁路向西延伸建设至绥远乃至包头。1918年9月,丰绥线的勘测工作开始展开,至1919年初测定完成;1919年8月,丰绥线停工四年后首次复工,1921年5月全线完工。同时,绥包线也于1920年冬至1921年8月间完成勘测,同年10月正式动工,至1922年12月修筑完成。[⑤]可见,陈海滨在京绥铁路工务局的时间完整覆盖了京绥铁路西北区段勘测和建设的全过程,而他也确实为此做出了自己的贡献。

1918年11月至1919年5月间,陈海滨参与了京绥铁路管理局组织的新疆考察工作,与林競[⑥]、邵善闻[⑦]等人同赴西北腹地,实勘西北铁路建设的可能性。林競《查勘绥甘新路线意见书》中记叙了此次考察的基本情况:去程几人经南路同行,由包头出发,经宁夏、兰州、凉州(今甘肃武威)、甘州(今甘肃张掖)、肃州(今甘肃酒泉)、哈密,最后抵达迪化(今新疆乌鲁木齐);返程分途,林競与陈海滨分别行经内蒙古草原的南北两侧,林競途经归化(今内蒙古呼和浩特),陈海滨则取道包头,邵善闻走中路,经西套蒙古[⑧],至包头与陈海滨汇合后同返北京。[⑨]陈海滨之所以能参与此次考察活动,很可能是因为他对西北情况相对熟悉,正如1919年1月《全国铁路职员录——京绥线》所示,陈海滨当时作为京丰总段阳丰分段的练习生,跟随驻丰镇工务员梁伯蕃工作,很可能常驻丰镇的。[⑩]

考察结束以后,陈海滨又参与了丰绥线的建设工作。根据1920年1月《中华国有铁路京汉京绥线职员录》,陈海滨当时已派赴平绥新工总段,跟随总段长张鸿诰充任练习生;此时,梁伯蕃任平绥新工总段第十九分段的工务员,其分段长为周良钦。[⑪]张鸿诰、邵善闻、周良钦等人同为山海关北洋铁路官学堂第一届毕业生,而且都曾亲受詹天佑教导,参与京张、汉粤等铁路建设。[⑫]因此,陈海滨能够跟随张鸿诰参与铁路新工段的建设,很可能是得到了梁伯蕃或邵善闻的举荐。

1920年以后,陈海滨的具体职务已不可查。考察这一时期相关人员的任职情况[⑬](表1),陈海滨若

---

① 1928年6月20日以后,北京改称北平,京绥铁路随之改称平绥铁路;1920年1月,京绥铁路又与京汉铁路合并,合称为"京汉京绥铁路"。本文统一称京绥铁路。(见《中央政治会议(百四四次)》,《新闻报》1928年6月21日第4版;段海龙:《京绥铁路工程史》,科学出版社,2019年。)

② 见京绥铁路管理局编:《全国铁路职员录——京绥线》,1919年。《局令第四六七号》,《平绥铁路管理局公报》,1928年第2期。

③ 见京绥铁路管理局编:《全国铁路职员录——京绥线》,1919年。另,1915年"福建省立高等学堂"改名为"福建省立第一中学",因此陈海滨在此就职的时间或者是1914年短暂失学期间,或者是1912年赴青岛特别高等专门学堂求学以前。

④ 见赵守钰:《郑州市市政府呈为聘请陈海滨为技士请鉴核备案由》,《郑州市政月刊》1928年第3期。另,鉴于1928年6月20日南京国民政府决议将直隶省改名为河北省,且郑州市政府的呈请函件中对陈海滨工作履历的叙述遵照从近期到早期的顺序,因此陈海滨担任天津特别市公用局技正和直隶省长公署技正的时间大概率是在他从平绥铁路离职以前。关于"天津特别市"的称谓,鉴于1924年、1928年天津曾两度设为特别市,因此并不能直接确定相关经历发生在1928年以后。(见《中央政治会议(百四四次)》,《新闻报》1928年6月21日第4版;《国务院呈准内务部咨呈拟定十三年六月一日为直隶天津特别市施行市自治制日期呈请鉴核由》,1924年第123期。)

⑤ 见段海龙:《京绥铁路工程史》,科学出版社,2019年。

⑥ 时任京绥铁路总务处翻译课课员。(见京绥铁路管理局编:《全国铁路职员录——京绥线》,1919年。)

⑦ 时任京绥铁路工务处工程司。(见京绥铁路管理局编:《全国铁路职员录——京绥线》,1919年。)

⑧ 即贺兰山以西、河西走廊以北,清末阿拉善厄鲁特旗和额济纳土尔扈特旗所在地区。

⑨ 见林競:《查勘绥甘新路线意见书》,载《西北丛编》,神州国光社,1931年。

⑩ 见京绥铁路管理局编:《全国铁路职员录——京绥线》,1919年。

⑪ 见京汉京绥铁路管理局编:《中华国有铁路京汉京绥线职员录》,1920年。

⑫ 见詹同济编译:《詹天佑书信日记选》,北京燕山出版社,1989年。

⑬ 见京绥铁路管理局编:《全国铁路职员录——京绥线》,1922年;周颂尧:《鄂托克富源调查记》,绥远垦务总局,1928年;京绥铁路管理局编:《全国铁路职员录——京绥线》,1926年。

想参与绥包线、甚至是后来的包宁线(包头至宁夏)和平洮线(平泉至庞江)的建设都是可能的,而这些铁路工程师扎根西北、参与西北开发和铁路建设实务的贡献是毋庸置疑的。截至1928年,陈海滨已累升至工务员。[①]

表1　相关人员任职情况一览表

| 时间 | 相关人员任职情况 | |
|---|---|---|
| 1922.1 | 张鸿诰 | 丰绥总段总段长,兼平十分段长 |
| | 邵善闻 | 绥包新工第一大段总段长兼第二分段分段长 |
| | 梁伯蕃 | 绥包新工第一大段第一分段分段长 |
| | 黄觉悟 | 绥包新工第一大段第三分段分段长 |
| | 周良钦 | 绥包新工第二大段总段长 |
| 1925 | 周良钦 | 包宁线路线测勘主任及勘测甲队队长(另两队队长不明) |
| 1926.1 | 张鸿诰 | 丰绥总段总段长,兼平十分段长 |
| | 邵善闻 | 绥包第一大段总段长,兼管绥包第二大段事务 |
| | 梁伯蕃 | 绥包第一大段第一、二分段分段长,兼管第三分段事务 |
| | 黄觉悟 | 绥包第一大段第三分段分段长,借调平洮线 |
| | 周良钦 | 绥包第二大段总段长,借调包宁线 |

### (二)关于西北开发的思考

开发西北是民国时期的重要战略。早在1919年,孙中山在《实业计划》中已经提出了西北铁路建设对于发展的重要意义。[②]20年代初,随着京绥铁路丰镇至绥远、包头路段相继建成,铁路建设继续向西延伸的动议层出不穷,北洋政府交通部于1925年发布的《铁路建设计划大纲》也确认了将京绥铁路延展至新疆的建设蓝图。20年代末以后,随着国内、尤其是东北局势变化,西北边疆开发问题引发了越来越多的关注。

1930年,《新亚细亚》杂志创办。1931年,陈海滨与丁士源共同署名的文章《蒙新青藏经济开发之初步》在《新亚细亚》上发表,反映了当时陈海滨对于西北开发的思考,很大程度上受到了此前京绥铁路西北区段工作经历的启发。文章提出,蒙新青藏的交通线路建设须在两三年内建设完成,应结合铁路、公路、飞机等各种交通方式,其中内蒙古草原上绥远至新疆等路段尤须以汽车为主;若全部依赖铁路建设,"时间金钱,两不经济"。[③]文中关于经由内蒙古草原经巴里坤、古城至迪化的经验,很可能来自陈海滨1918年至1919年西北考察的经历。而该文章之所以与丁士源合署,可能是因为丁士源于1917年至1920年任京绥铁路局局长,此次西北考察是在丁士源的支持下得以成行的。

## 三、工作经历:福州市工务局期间(1928—1932)

1928年6月29日,陈海滨的离职申请获准[④],离开了他工作十余年的京绥铁路工务局;随后,他回到福建,充任福州市工务局课长[⑤]。陈海滨辞职的具体原因目前已不可考,但考虑到他随后即返回老家福建福州并升至课长,他的辞职很可能是考虑到这次升迁机会,或许也有其个人家庭的因素;另一方面,也可能与当时工务局局长张鸿诰的停职有关[⑥],随后不久邵善闻也被停职[⑦]。

---

① 见局令第四六七号:《平绥铁路管理局公报》1928年第2期。

② 见孙文:《建国方略》,商务印书馆,1927年。

③ 见丁士源、陈海滨:《蒙新青藏经济开发之初步》,《新亚细亚》第2卷第4期。

④ 见局令第四六七号:《平绥铁路管理局公报》1928年第2期。

⑤ 1928年10月陈海滨调任至郑州任工务局技士时,其履历中已经有"福建军政府民政司科长"(见赵守钰:《郑州市市政府呈为聘请陈海滨为技士请鉴核备案由》,《郑州市政月刊》1928年第3期)。因此,推测陈海滨在前往郑州前,已经在福建任科长一职。

⑥ 见局令第四五六号:《铁路公报平绥线》1928年第2期。

⑦ 见局令第三〇九号:《铁路公报平绥线》1929年第50期。

关于陈海滨在福建的职务，福州自1927年成立市政筹备处以来，虽然一直未能设市成功，但一直称"福州市"，其城建事宜由福建省建设厅和福州市工务局分别负责管理和执行。根据1927年《福州市工务局暂行组织条例》，福州市工务局局长之下设置第一课和第二课，第一课主要负责规划和建设相关的工程事项，第二课则负责经费相关问题。[①]鉴于福建省选派了陈海滨负责前往1931年中华全国道路建设协会路市展览大会汇报福建道路建设情况，可以推断陈海滨应为第一课课长。

### (一)郑州市政府技士和郑州市市政府建设委员会委员

1928年10月，陈海滨受聘为郑州市工务局技士。当时的郑州市市长是前西北国道筹备处处长和绥远都统署参谋长赵守钰，而郑州市政府之所以会选择聘用陈海滨，很可能是因为此前在西北赵守钰已经对陈海滨有过接触和了解。当时，陈海滨亲赴郑州开展规划工作，编制了《郑州市新市区建设计划草案》，并出席了郑州市市政相关的一系列会议。[②]1929年3月，陈海滨还当选了郑州市市政府建设委员会委员，参与建设决策。[③]

### (二)福州市道路建设与1931年路市展览大会

1927年起，福州市大力推进道路建设工作。1931年9月，福建省建设厅选派陈海滨，参加中华全国道路建设协会在上海举办的路市展览大会[④]；这一决定应该是考虑到陈海滨对相关工作较为了解。会上，福建提交展览的图片包括福州市道路现状图、分区计划图、新市区道路系统图、现有各种路面设计图、新市区大路横断面标准图、新市区各区干线断面标准图等121份图纸和照片资料，反映了福州市的规划和建设成果。[⑤]陈海滨向福建省建设厅厅长许显时提交报告，介绍了会议情况：

"王部长、孔部长、劳动大学校校长王景歧等到会，对于吾闽建设情形，查问甚详，海滨除将近年闽省各种实施事业分别报告外，更将计划森林公园向孔部长条陈，大暨深蒙赞许，在开幕第一星期中，为公开展览之期，吾闽成绩品颇得中外人士之好评，王部长尤极口称赞。盖以吾闽近来改造成都，实非彼等意料所及也。"[⑥]

除陈海滨以外，此次路市展览大会还有很多民国著名市政专家出席。例如，曾与梁思成合著《天津特别市物质建设方案》(1930)的张锐，代表天津和中华市政学会出席会议；著有《市政学纲要》(1928)、《市政问题讨论大纲》(1929)等专著的董修甲，著有《市政管理ABC》(1929)、《市政组织ABC》(1930)等专著的杨哲明，作为中华全国道路建设协会特聘专家出席会议；等等。这是近代以来，我国首次举办以道路规划和建设为主题的会议，对于"吸收新知识、融合各地经验"具有重要意义。[⑦]

---

[①] 根据《福州市工务局暂行组织条例》："第六条，第一课掌握下列事项：(一)划定市区规划新旧市街设计各种工程；(二)监督修建市内道路、桥梁、码头、堤岸、河道、沟渠及一切公共场所；(三)采办保管一切材料、工具及估价投标；(四)测量及收用支配市内土地，并绘造舆图工程图样；(五)检查及取缔市民建筑工程，并发给凭照；(六)其他工程事项。第七条，第二课掌握下列事项：(一)筹划及征收工务经费，并保管、出纳款项；(二)办理工务统计及经费预算；(三)保管公园及公共场所；(四)取缔市内不合式之公共交通用具。"(见《福州市工务局暂行组织条例》，《福建省政府公报》1928年第16期。)

[②] 陈海滨出席的会议包括：郑州市市政府第六次市政会议(1928年12月12日)、第七次市政会议(1929年1月14日)、第八次市政会议(1929年2月18日)、中山公园筹备委员会(1929年2月20日)、第九次市政会议(1929年3月4日)、郑州市市政府建设委员成立会和第一次会议(1929年3月16日)、第十次市政会议(1929年3月18日)、郑州市市政府建设委员会第二次会议(1929年3月21日)、郑州市市政府建设委员会第三次会议(1929年3月27日)、郑州市市政府建设委员会第四次会议(1929年3月29日)、郑州市市政府建设委员会第五次会议(1929年3月30日)。(见《郑州市市政月刊》1928年第3期至1929年第6期。)

[③] 见《郑州市市政府建设委员会成立会会议记录》，《郑州市市政月刊》1929年第6期。

[④] 见《呈省政府：路市展览会开幕，已派陈海滨为代表，带同陈列品，前往参加，并与会议，请察鉴由》，《福建建设厅月刊》1931年第5卷第9期。

[⑤] 见《路市展览大会国内外陈列品汇录：福州市工务局》，《道路月刊》1931年第35卷第1期。

[⑥]《福建省政府建设厅指令：令福州市工务课长陈海滨呈一件呈报出席全国道路展览会经过情形由》，《福建建设厅月刊》1931年第5卷第10期。

[⑦] 见《大会开幕宣言》，1931年9月26日第1版。

表2　1931年路市展览大会参会人员一览表[1]

| 河北 | 陕西 | 浙江 | 安徽 | 江苏 | 湖南 | 云南 | 河南 | 山东 |
|---|---|---|---|---|---|---|---|---|
| 阎鸿勋 杨配章 | 寿天章 赵祁基 武少文 傅玺 | 李育 钱士敏 | 李支厦 | 叶家俊 | 谢世基 周凤九 石略 欧阳缄 童恩炯 | 李培天 | 杨得任 郑传霖 | 唐襄 鲍连瑞 |
| 湖北 | 江西 | 辽宁黑龙江察哈尔 | | | 察哈尔 | 陕西 | 甘肃 | 天津 |
| 胡越 | 陆志鸿 | 杨配华 | | | 阎鸿勋 | 程起程 | 陈树楷 | 张锐 |
| 南京 | 青岛 | 上海 | 贵州 | 汉口 | 北平 | 杭州 | 铁道部 | |
| 袁侠民 费霍 | 王轶陶 | 莫衡 | 吕济 花莱峰 | 胡越 | 李雄飞 | 刘元钻 | 濮登青 | |
| 中华市政学会：张锐 中华市政协进会：任作君 道路会特聘路市专家：陈树棠、程德谓、董修甲、顾在霆、郑宝照、杨哲明、舒伯炎、施芳南、罗齐爱 道路协会董事部：殷汝骊、朱少屏、吴山 道路协会干事部：吴栅山、陆丹林、刘郁樱 路展会执委代表：曹云祥 | | | | | | | | |

# 四、工作经历：陕西省建设厅期间（1932—1934）

1932年7月，赵守钰任陕西省政府委员兼建设厅厅长。同年底，陕西省政府即向国民政府行政院提请任命陈海滨为陕西省建设厅科长。[2]由此可见，陈海滨赴陕任职，很可能是受到了老上司赵守钰的邀请。1934年，陈海滨和赵守钰的相继离职很可能也是派系斗争的结果。[3]这一时期，赵守钰、陈海滨以及陕西省建设厅在交通建设，尤其是公路和电话建设方面做出了重要工作。正如赵守钰在《陕西一年来之交通》中所述，"年来道路电话之建设，实今日体国经野最要之谋，若舍此不图，则开发西北、救济农村将无一可言"[4]。

1934年以后，陈海滨的履历均不可查。此处需要指出，《津浦铁路日刊》曾于1937年表彰其员工陈海滨开办员工子女小学[5]，但这并非本文所讨论的陈海滨；此人表字子泉，1879年出生于河北天津，长期就职于铁路机务部门[6]。在考证中，应对重名情况加以妥善分辨。

至此，陈海滨1934年以前的生平履历已经基本确定。陈海滨，字雪峰，1892年出生于福建福州，先后就读于青岛特别高等专门学校农林科和上海同济医工学校土木工科，1917年毕业。此后历任京绥铁路工务局练习生和工务员、福州市工务局第一课课长、陕西省建设厅科长，并曾任天津特别市公用局技正、直隶省长公署技正、郑州市工务局技士等职（表3）。1917年至1934年间，陈海滨最高仅达到科长级别，但不可否认的是，在多年的实务工作中，陈海滨为西北铁路建设以及郑州、福州、陕西等地的市政建设做出了贡献，尤其在道路和铁路交通的设计、规划和建设方面取得了实践成果。

本研究选择陈海滨为研究对象，以期弥补基层规划师在此前以精英规划师、经典规划项目为焦点的近代规划史叙事视野中的缺失。诚然，较沈怡、董修甲、张锐等市政规划名家而言，陈海滨的专业成就、职级层次和社会影响力并不突出，这也是此前他一直未引起学界关注的主要原因。但他仍在多年实践中为多地的规划建设做出了切实贡献。事实上，正是以陈海滨为代表的广大基层规划从业人员，构成了

---

①《路政会议出席之代表》，1931年9月26日。

②见《国民政府指令京字第一七七号》，《国民政府公报》，1932年。

③1937年，《西北导报》撰文讽刺了赵守钰和陈海滨的继任者雷宝华和张介丞舞弊一事（见《国民政府指令第七九三号》，《国民政府公报》，1932年；《咨建设厅奉》，《陕西财政旬报》1934年第10期），似乎又从另一个侧面印证了这一观点。

④赵守钰：《陕西一年来之交通》，《交通杂志》1934年第2卷第5期。

⑤见《本局训令文字第五五七号》，《津浦铁路日刊》1937年第1879期。

⑥见津浦铁路管理委员会：《中华国有铁路津浦线职员录》，1934年。

近代中国规划和建设事业的中坚力量。本研究的目的并不在于使规划史研究的焦点转向基层规划工作者,而市政大师们也始终应该是规划史的首要研究对象。相反,本研究旨在以点带面,阐明规划史发展历程中不同层次规划人员之间的联系以及他们的不同作用和影响,从而还原近代市政规划的真实和完整图景。

表3　陈海滨生平一览表

| 时间 | 个人履历 |
| --- | --- |
| 1892 | 出生于福建福州 |
| 1912—1917 | 就读于青岛特别高等专门学校农林科和上海同济医工学校土木工科 |
| 1917—1928 | 历任京绥铁路工务局练习生、工务员,曾任天津特别市公用局技正、直隶省长公署技正 |
| 1928—1932 | 任福州市工务局第一课课长,1928—1929曾任郑州市政府技士 |
| 1932—1934 | 任陕西省建设厅科长 |
| 1934—? | 不详 |

# 新加坡华人会馆文献所载建筑信息研读

## ——以《新加坡华文碑铭集录》为例*

浙江工业大学　赵淑红

**摘　要**：以会馆组织民众是新加坡华人社会典型特征，其会馆数量众多，会馆文献相应丰富，在官方史志缺乏的情况下，这些文献成为解读中国近代海洋移民异地营建的重要史料。本文聚焦新加坡华人会馆文献所载建筑信息，以《新加坡华文碑铭集录》为例，对日据以前华人营建的主要类型、变化趋向、营建组织、建筑形式等分解耙梳，借此"切片"抽取观察，希冀对中国近代海洋移民异地营建状况有所把握，并呈现会馆文献对早期海外华人移民建筑研究的史料价值。

**关键词**：新加坡；会馆文献；碑铭；建筑

## 一、引言

海外中国研究近年得到学界普遍重视，跨越国别、从历史流动本身进行现象解读被广泛接受，建筑界亦然。新加坡是中国近代海洋移民主要的输入地，其早期华人移民尚未脱离中国国籍，作为特殊群体，他们在新加坡的营建应被视为中国近代建筑不可或缺的组成，是区别于以中国内陆为中心的边缘地带。但考察既有研究，目前国内学界多聚焦新加坡高密度花园城市建设经验，少有对其历史时期华人建筑的专门探索。从新加坡看，由于移民群体构成的特殊性，其早期亦鲜见华人先民建设的系统梳理，而以 *A History of Singapore Architecture* 为代表的当下英文书写，既缺少中文史料佐证，又在案例取舍、观点阐述上不免他者眼光的偏颇。因此，发掘华人移民史料，回归社群内部审视中国近代海洋移民于新加坡异地营建状况成为必然。

会馆文献是由会馆自行编撰、记录会馆祖籍地渊源、迁入地发展、组织运作等事宜的纪念特刊、征信录、会员名录、碑铭等文字与图像，属民间文献的一种。1819年开埠后，新加坡成为中国闽粤等省份移民的主要输入地。异地生存压力下，这些移民重新组合抱团，形成以闽、潮、广、客、琼等方言为界分基础、帮派色彩浓烈的各地方性组织，其名称虽然各异，但都接近何炳娣先生所说的"广义的会馆指同乡组织"这一内涵，故本文统以会馆称之。新加坡华人会馆数量众多，类似会馆名录全书的《新加坡华族会馆志》在进行草创（1819—1890）、发展（1891—1941）、停顿（1942—1945）、复兴（1946—1959）各阶段梳理后，仍遗憾表示"未列入第一、二、三册的会馆将继续搜集资料和撰写，以期将来再版时编入"[①]，因于此，新加坡华人会馆文献丰富。从建筑角度观察，这些文献在追溯历史、记录仪式、缅怀先人时总会提及有关空间场所，甚至是专门的建筑记录，在多数历史建筑移位消失的当下，这些信息成为新加坡早期华人移民留存的唯一营建实录，但迄今其史料价值并未得到充分发掘。

基于上述，本文以新加坡会馆文献为基础资料，聚焦文献所载建筑信息，选择日据以前为关注时段，通过对信息分类耙梳，希冀对中国近代海洋移民异地营建状况有所把握，并呈现会馆文献对早期海外华人移民建筑研究的史料价值。

---

* 国家自然科学基金资助项目（51978616）。

① 吴华：《新加坡华族会馆志（第一册）》，南洋学会，1975年，第12页。

## 二、会馆文献概况

新加坡华人会馆文献大致分为两类：一是碑铭，二是纪念特刊。

碑铭是我国传统颂功记事文体，刻于金石之上，相较纸帛能保留更久的时间，因而是后世探访历史究竟、佐证纸质文献的重要依据。中国近代海洋移民将碑铭记事习俗带至新加坡，"自通都大邑，以至穷乡僻壤，所在多有"①，会馆碑铭即是典型（图1）。20世纪70年代，基于"华侨先辈之有关记载迄今未作完善之整理，日月逾迈以至史料残缺不全……后人虽欲发其潜德幽光，亦以史料所限为叹"②及市区重建中大量碑铭随华人建筑拆除被毁的双重现实，香港中文大学中国文化研究所对新加坡全域华文碑铭进行抢救性调查搜集，最终合成《新加坡华文碑铭集录》一册（以下简称《集录》），目前该书是新加坡最早、最全面的华文碑铭集合。《集录》共蒐集碑铭119篇，时间自1830年至1943年，涵盖了新加坡从开埠到20世纪40年代全部发展时段。类型上，这些碑铭被分为庙宇、会馆、公冢、宗祠、书院、医院、墓志铭、教会、纪念碑九类，涉及新建落成、重修重建、条规、捐题劝捐、人物事件等内容。1942年新加坡沦陷，此后日据三年半时间几乎所有华人社团均宣告停顿，各社团文件档案被毁，因此这些"字字珠玑、句句真实"的碑铭成为记录日据以前新加坡华人移民生存实态的稀缺史料。

图1　新加坡现存碑铭示例

表1　《新加坡华文碑铭辑录》类型与时间分布

| 时段 | 庙宇 | 会馆 | 公冢 | 宗祠 | 书院 | 医院 | 墓志铭 | 教会 | 纪念碑 | 合计 |
|---|---|---|---|---|---|---|---|---|---|---|
| 道光 | 3 | 2 | 4 | 0 | 0 | 2 | 1 | 0 | 1 | 13 |
| 咸丰 | 3 | 2 | 0 | 0 | 2 | 3 | 0 | 0 | 0 | 10 |
| 同治 | 4 | 1 | 1 | 0 | 2 | 0 | 0 | 0 | 1 | 9 |
| 光绪 | 18 | 10 | 6 | 3 | 2 | 0 | 0 | 1 | 3 | 43 |
| 民国 | 16 | 5 | 3 | 5 | 1 | 0 | 4 | 8 | 1 | 44 |
| 碑铭合计 | 44 | 20 | 14 | 8 | 7 | 6 | 5 | 9 | 6 | 119（篇） |
| 建筑合计 | 27 | 12 | 6 | 5 | 3 | 1 | 0 | 0 | 0 | 54（座） |

纪念特刊是为纪念周年与事件刊印的纸质文献，其目的在于对本会馆历史溯源、组织架构、重要事件人物等"加以详细记录，存之于册中，而留给下一代的检讨"③。笔者曾对新加坡国立大学中文图书馆现存30余份会馆纪念特刊整理统计，发现其时间跨度为1949年至当前，可见刊印纪念特刊是新加坡华人会馆延传久远的习俗。一些会馆甚至会连续刊印，如潮州八邑会馆分别于1969年、1999年、2009年三

　　①陈育崧、陈荆和：《新加坡华文碑铭集录》，香港中文大学出版社，1970年，第3页。

　　②陈育崧、陈荆和：《新加坡华文碑铭集录》，香港中文大学出版社，1970年，第1页。

　　③《绿野亭坟山迁葬回忆录》，载《福德祠绿野亭沿革史特刊》，1963年。

个年度刊印了四十、七十、八十周年纪念特刊,显示了该会馆的历史与生命力。纪念特刊一般为A4期刊大小,厚度不等,早期纸质单薄简陋,近年多为铜版印刷。装帧考究视会馆经济实力确定,如福建会馆近年刊印的《南海明珠》《波靖南闽》等都是与其雄厚财力匹配的特刊精品。

碑铭与纪念特刊存在替代关系,"民国初年,印刷术发达与普遍应用,华人社团刊行纪念特刊、会员录、征信录之风气日盛,致使古来建碑之习逐渐衰微"[①],如《集录》中收录有1943年"广惠肇碧山亭醮超度幽魂万缘胜会序",而广惠肇碧山亭组织于1958年以纸质形式刊印了《广惠肇碧山亭庆祝118年纪念特刊》,并未延续碑铭记事传统。虽然前后替代,但碑铭与纪念特刊有明显传承,如《福德祠绿野亭纪念特刊》编后语表述该刊"内容依据石碑记载有历史性文献"[②],说明纪念特刊部分信息来自之前碑铭。相较碑铭,纪念特刊有记载容量大、图文兼具等明显优势,因此对碑铭信息具扩充补足作用。不仅如此,《集录》收录的碑铭最近时间为1943年,而所见纪念特刊以1949年为最早,两类文献时间相继,客观上构成一套前后关照、互为补充的新加坡早期华人移民建筑研究的史料系统。限于篇幅,本文仅对日据以前碑铭整理耙梳,例证会馆文献的价值。

# 三、碑铭信息研读

《集录》中与建筑有关的碑铭为庙宇、会馆、公冢、宗祠、书院、医院六类,总计99篇,占碑铭总量的83%左右,关联建筑54座。六类碑铭信息呈现方式大致相似,除续碑外,一般均由碑题、碑文、立碑人、立碑时间四项内容构成,透过这些内容可对日据以前华人营建的主要类型、变化趋向、营建组织与建筑形式等做粗略把握。

**(一)重要建筑类型**

六类建筑碑铭中庙宇、会馆、公冢三类最多,三者合计88篇,占碑铭总量的74%,关联建筑45座,其数量之多显示三类建筑应是早期华人移民营建的普遍类型。从时间分布看,三类建筑最早碑铭均出现于道光年间,即距新加坡开埠约二三十年内,早于书院、宗祠等建筑,表明三者在移民生活早期扮演着重要角色,而三者所能承载之外的一些功能只有在社会稳定后才成为移民生活的考虑。其中,公冢恒山亭碑铭出现时间最早,约为开埠后11年,显然客死他乡的无常使死后身葬成为移民营建最先关注的事情。此外,三类碑铭存续时间长,几乎涵盖了从道光至民国的全部时段,暗示三类建筑在移民从迁入者到定居者的身份转变中始终起到关键场所作用。出现时间早、数量多、存续时间长,庙宇、会馆、公冢三类碑铭大致勾勒出日据以前华人移民公共建筑营建的基本框架。

三类建筑中又以庙宇碑铭数量最多,共44篇,关联建筑27座。开埠初,以追逐经济利益为根本的英殖民政府并未将社会事业与公众福利纳入管理范畴,民间公众事务只能仰赖华人移民自己结社运作,"虽仗神明而设立,实寓联络感情,敬恭桑梓之意也"[③],神灵崇拜作为中国传统社会的稳固根基相应成为移民社群团结与社区结成的主要动力,庙宇碑铭数量之多即与它在移民整合中的动力作用密不可分。从碑铭时间看,日据以前华人庙宇营建性质以光绪年为界分两个阶段,前者以地方庙宇为主,后期佛教场所涌现。地方庙宇主要供奉地方神祇,移民通过对供奉对象的认同取舍,即经由"哪里来"进行身份识别,而后通过塑造"我是谁"实现社群归属。在此逻辑下,地方庙宇成为移民分群的壁垒,其数量越多,意味着群分越琐碎,而这正是新加坡开埠之初"华侨社会零散、分割的局面"的真实写照。1892年"皇清光绪六年新建万寿山观音堂壬辰年碑记"是《集录》中最早出现的佛教碑铭,在它之后,同善堂(1894)、双林寺(1902)、龙山禅寺(1927)、清德禅寺(1932)、光明山放生园(1935)、普觉禅寺(1936)、济公堂(1937)等佛教建筑碑铭相继出现,显示佛教在华人移民中的影响壮大。作为普世宗教,佛教力量的增强或可表明原本排他的移民小群体开始放弃狭隘的地方观念,逐步交融成对本地认同的大族群,而同期"新加坡中华总商会(1906)等超帮组织的出现也印证了庙宇营建与华人移民整体转向的内在关系。通过地点梳理,可以看出早期地方庙宇多集中于莱佛士开埠初期划定的华人聚集区内,即今天牛车水一带,而佛教

① 陈育崧、陈荆和:《新加坡华文碑铭集录》,香港中文大学出版社,1970年,第31页。
② 《编后语》,载《福德祠绿野亭沿革史特刊》,1963年。
③ 《重建浮济庙碑记》,载陈育崧、陈荆和:《新加坡华文碑铭集录》,香港中文大学出版社,1970年,第111页。

场所则突破这一空间界限在全域选址建造,两者对比,呈现出日据以前华人移民以庙宇为核心的空间发展轨迹。

表2　各类建筑碑铭最早出现时间

| 类型 | 建筑 | 对应碑铭 | 出现时间 | 最初地址 |
|---|---|---|---|---|
| 庙宇 | 金兰庙 | 金兰庙碑 | 道光十九(1839) | 纳喜士街(牛车水南) |
| | 天福宫 | 建立天福宫碑记 | 道光三十年(1850) | 直落亚逸街(牛车水中心) |
| 会馆 | 应和会馆 | 重建应和会馆碑 | 道光二十四年(1844) | 直落亚逸街(牛车水中心) |
| | 宁阳会馆 | 重建宁阳会馆石碑 | 道光二十八年(1848) | 劳明达街(牛车水中心) |
| 公冢 | 恒山亭 | 恒山亭碑 | 道光十年(1830) | 石叻路(牛车水西南) |
| 医院 | 陈笃生医院 | 陈笃生医院碑文 | 道光二十四年(1844) | 珍珠山(牛车水西) |
| 书院 | 萃英书院碑文 | 萃英书院碑文 | 咸丰十一年(1861) | 直落亚逸街(牛车水中心) |
| 宗祠 | 保赤宫 | 保赤宫碑记 | 光绪四年(1878) | 麦根新路(牛车水东北) |

**（二）主要建设趋向**

六类建筑碑铭中以"重修""重建""迁建"为题的共计40篇,关联建筑32座,显示重修重建应是日据以前华人移民营建的重要表现。碑文内容表明,时间朽毁与经济变更是重修重建的主要原因,如下:"金兰庙,清水祖师神殿,创于道光十年,迄今日久岁深,栋宇崩颓,垣墉废坏……于是庀材鸠工,择吉鸠工,故革鼎新"[1]"广肇二府属人,久侨斯土,前人创建广福古庙于十字路口,以求庇荫我侨民,唯是日久年深,风凌雨蚀,故有梁木其坏之憾"[2],等等。此类营建多为原址重建,偶有迁建,规模形式增壮是建成后的普遍趋势。在祖籍地与迁入地"推—拉"机制下,移民人口数量、阶层构成、经济地位等持续受两地政治、社会、经济等影响,支撑人群行为的空间场所亦不断调整变更。日据以前新加坡华人重修重建动作频繁符合移民建筑多变的共性,但在英殖民政府干预及与中国内陆互动中又有自身的建设趋向。

碑文显示,部分重修重建受到了英殖民政府的强推,如"光绪丁未,英政府逼迁寺地,移山为海堤,估赏五万金,别购后巴窑之毛咸曼苏丹律,得英度四万三千八百二十五有四尺,地券九百九十九年期,年纳地租银二十二元"[3]。"逼迁"两字尽显华人在空间争夺重建的无奈。新加坡为英国殖民者建立的商港,这决定了作为依附者的华人移民从一开始就处于力量的弱势,在有限的空间中,面对殖民政府推行的社会改革与城市扩张,身处被控制地位的华人虽有抗争却只能妥协。结合纪念特刊纵向审视,英殖民政府的干预始终是华人营建历程中无法摆脱的梦魇,在此外力作用下华人移民的建筑从外在形式到深层结构均有着根本改变。

从碑铭整体时段看,重修重建在光绪与民国两个时期格外突出,其中光绪年关联13座建筑,时间集中于1880年前后,民国关联10座建筑,时间集中于1930年前后。不仅如此,这两个时期新建亦很明显,以"募建""新建"为题的会馆、宗祠碑铭数量尤多,前者12篇,后者6篇,占各自类型的大多数。结合移民趋势看,1930年为新加坡进入20世纪后华人涌入的第一个高峰,而1880年在坡华人数量经由1864年太平天国亡、1869年苏伊士运河开通等推动亦处峰值,因此光绪年与民国应是日据以前新加坡华人移民在人口激增下形成的黄金建设期。与动荡的早期不同,此时趋于稳定的移民不再将借由神灵崇拜进行结社视为首要,而是在"出入相友,守望相助"[4]的新需求下,将能够承载"联络感情、交换知识、互相合作、共谋同人福利"[5]的独立会馆、宗祠作为主要营建对象(图2)。

**（三）营建组织程序**

日据以前华人移民营建均属民间自发行为,从人群组织、资金筹措到建设实施具有一套稳定的程序(图3)。

---

①《重建金兰苗碑记》,载陈育崧、陈荆和:《新加坡华文碑铭集录》,香港中文大学出版社,1970年,第55页。

②《丁未年重修广福古庙捐签碑记》,载陈育崧、陈荆和:《新加坡华文碑铭集录》,香港中文大学出版社,1970年,第138页。

③《重建凤山寺碑记》,载陈育崧、陈荆和:《新加坡华文碑铭集录》,香港中文大学出版社,1970年,第106页。

④《新建番禺会馆碑记》,载陈育崧、陈荆和:《新加坡华文碑铭集录》,香港中文大学出版社,1970年,第205页。

⑤《新加坡琼州会馆章程》,载《新加坡琼州会馆琼州天后宫大厦落成纪念特刊》,第87页;见《新加坡华族会馆志》。

《集录》中的碑文内容普遍可拆解为两部分：一是立碑缘由，二是过程中的参与人。位列参与人之首的往往是本次营建的主导者。建设之初，营建对象所属的组织首先推举在本组织或本地有声望的人出面组成建设主导，"由是金举坡众之有声望者分董其事，重新起盖堂二"[①]。这些人一般具有经济实力雄厚、积极参与组织活动、热心公共事业等品质，负责整个营建活动的谋划与实施。从排列顺序看，他们在营建中以层级结构发挥作用，第一级1—3人不等，一般称大董事或大总理等，具统领作用，第二级2—30人不等，称协理或首事，对前者起辅助作用。有时还有以大信士等冠名的第三层级人名存在。在开埠初期，由于投身公共事业借以扩张自身影响力是成为组织领导核心的一条有效途径，因此主导人群层级背后反应的常常是基于经济实力与家族势力的较量博弈。

主导人群确立后，即展开资金筹措。碑文中紧随主导人群的是捐题芳名列表，人名罗列常达数百，表明"随缘乐助，集腋成裘，共襄盛事"[②]是日据以前华人营建资金的主要来源（碑铭显示唯一例外是玉皇殿，该建筑由富商章芳琳独资建造）。捐赠者有个人，也有船户或商铺等集体，捐赠金额多寡不均，最多者3000元以上，最少为0.5元，显示了移民不同的职业构成与经济状态。营建活动中，捐赠金额最高者多为主导人群中的大董事，"董事为谋金同，自捐多金以励众志"[③]是主要原因。相同运作模式下，金额多寡决定了营建对象的规模与精美程度。通过对各碑铭捐赠总额、人数及捐赠区间统计比较，可知天福宫建设金额为碑铭关联的54座建筑之最，其以总额31425.79元、人均78元遥遥领先于其他建筑。与之相称，建成后的天福宫"宫殿巍峨，蔚为壮观，即以中殿祀圣母神像，特表尊崇，于殿之东堂祀关帝圣君，于殿之西堂祀保生大帝，复后殿之后寝堂祀观音大士，为我唐人会馆议事之所，规模宏敞，栋宇聿新"[④]，仅正殿木工一项就达"九千一百二十一工，银四千五百八十元零五角"[⑤]，远比其他组织营建总额还高出数倍。历史图片证实，落成后的天福宫一直是牛车水一带最醒目的地标建筑，其壮丽程度在所有地方庙宇中无有出其右者（图4）。

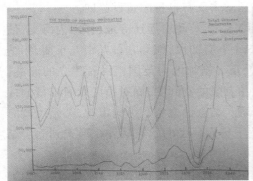

图2　20世纪前期新加坡华人移民趋势[⑥]　图3　碑文中的主导　图4　建成后的天福宫[⑦]
　　　　　　　　　　　　　　　　　　　　　人群及营建细节示例

资金筹措完成后即展开建设。《建立天福宫碑记》《紫云建庙碑记》《重建顺天宫碑记》《重建琼州会馆碑》等部分碑铭在捐赠芳名后列有营建开支条目，显示建造过程是以包工包料形式完成的，"造戏台后新厝七间，对薛华包工包料造，去英银一万零六百七十四大元"[⑧]"开金福裕号木工木土工料全盘包造及贴价，计去大银三千六百一十元整"[⑨]等。建筑规模越大，分工建造越细化，开支条目也越多，如天福宫"计七十条合共开出大银三万七千一百八十九元九角八占半"[⑩]，而紫云庙"计十条合共出银二千一百一十

①《重建顺天宫碑记》，载陈育崧、陈荆和：《新加坡华文碑铭集录》，香港中文大学出版社，1970年，第153页。
②④《建立天福宫碑记》，载陈育崧、陈荆和：《新加坡华文碑铭集录》，香港中文大学出版社，1970年，第58页。
③《紫云建庙碑记》，载陈育崧、陈荆和：《新加坡华文碑铭集录》，香港中文大学出版社，1970年，第99页。
⑤《建立天福宫碑记》，载陈育崧、陈荆和：《新加坡华文碑铭集录》，香港中文大学出版社，1970年，第67页。
⑥ A Study of Chinese Migration to Singapore (1896–1941)，p.23.
⑦ 陈雄昌：《南海明珠》，花城出版社，1990年。
⑧《重修天福宫碑记》，载陈育崧、陈荆和：《新加坡华文碑铭集录》，香港中文大学出版社，1970年，第69页。
⑨《重建顺天宫碑记》，载陈育崧、陈荆和：《新加坡华文碑铭集录》，香港中文大学出版社，1970年，第154页。
⑩《重修天福宫碑记》，载陈育崧、陈荆和：《新加坡华文碑铭集录》，香港中文大学出版社，1970年，第68页。

二元"①,显然同类建筑营建的复杂程度是极不相同的。

表3　主要地方庙宇建造金额统计

| 建筑 | 主神 | 碑铭 | 时间 | 总金额(元) | 总人数(人) | 捐赠区间(元) |
|---|---|---|---|---|---|---|
| 金兰庙 | 清水祖师 | 金兰庙碑 | 道光十九年(1839) | 995 | 66 | 360—2 |
| 天福宫 | 妈祖 | 建立天福宫碑记 | 道光三十年(1850) | 31425.79 | 402 | 3074—24 |
| 海唇福德祠 | 大伯公 | 重修大伯公庙 | 咸丰四年(1854) | 1835 | 541 | 210—1 |
| 丹戎巴嘎大伯公庙 | 大伯公 | 重修丹戎巴嘎大伯公祠庙 | 咸丰十一年(1861) | 955 | 287 | 50—1 |
| 紫云庙 | 吕洞宾 | 紫云建庙碑记 | 同治七年(1868) | 1788.5 | 77 | 260—5 |
| 凤山寺 | 广泽尊王 | 新加坡重修凤山寺序 | 同治七年(1868) | 2030 | 104 | 190—5 |
| 浯江浮济庙 | 圣候恩主 | 浯江浮济庙碑记 | 光绪二年(1876) | 13453 | 148 | 1300—10 |
| 广福古庙 | 齐天大圣 | 重新迁建广福古庙捐题工会碑记 | 光绪六年(1880) | 2025 | 357 | 100—1.5 |

### (四)建筑空间形式

迁入陌生环境后首先对祖籍地建筑形式模仿延续是移民的本能,《集录》中的碑铭亦对此有所显示。以地方庙宇为例,"兹将大修本宫工料,并建造戏台后厝七座"②"惟是祠前之地,乃为演戏酬颂之场"③,显然"祭祀场所+戏台"是此类建筑常见空间组合,并且这一组合被视为标准得到自觉维护与强化,"每年于十一月望之前后日,两府酬神,梨园演剧,脊邀神鉴,以表众诚,颇称热闹,独惜无实在戏场,以为歌舞之地,仅以竹木篷板盖戏台焉;然而演戏台成,戏毕台毁,数日兴尽,一旦寂然,未免有事过景迁之叹矣。且往来行人,孰知此间有演戏一事,不知其事即不知其神之灵也,于是建戏台之举也,众特商之,爰集同人妥议一劳永逸之计,作堂皇壮丽之观,于是有建戏台之举也"④。在对神灵供奉与会众酬神两类传统生活延续中,"祭祀场所+戏台"组合显示出移民对祖籍地建筑形式的模仿与遵循。不过《集录》中载有戏台信息的碑铭并不多,1954年天福宫戏台亦被拆除,这表明以水平布局为典型特征的中国传统建筑在新加坡人口激增、土地紧缺环境中的不断改写。

人口不断增长,使空间有限的新加坡人地矛盾日趋紧张。1826年4月英殖民政府举行第一次土地登记,此后华人移民营建中的用地问题始终是一个无法回避的制约因素。碑铭显示,营建用地有资金购买与个人捐赠两种。前者只适宜具有一定财力的组织,如"购地建设长泰会馆于长泰街"⑤"开买地基三座大银五百零五元五角"⑥等。地块大小决定了建筑的布局,天福宫由于具备购买大块土地的实力,"买厝地八所并费银一千九百四十四元"⑦"置本宫戏台后空地七间大七千三百五十以脚具,去银一万二千六百六十零三角九占"⑧,因此该建筑能够保持闽南大厝纵横平铺、中轴两厢、前后三进的完整型制,中轴上依次排布的三川殿、正殿、后殿等主体建筑也都开间宏阔、步架广深。但对大多数组织来说,其财力无法支撑大块土地的购买,"酬金买置地基一所"⑨,小地块上的建设无法实施中国传统建筑以进、跨组织的组群,因此营建对象多为小体量的独栋单体,这也是日据以前华人公共建筑的主要形式(图5)。除自身购买外,有些组织甚至仰赖捐地建造,如重修海唇福德祠时"福建章芳林乐助边地一片凑方"⑩、重建顺天宫时"粤商梅端成号捐献地址而增拓之,合旧址得英度长五丈八尺许广丈三尺有奇"⑪,在拼凑

①《紫云建庙碑记》,载陈育崧、陈荆和:《新加坡华文碑铭集录》,香港中文大学出版社,1970年,第101页。
②《建立天福宫碑记》,载陈育崧、陈荆和:《新加坡华文碑铭集录》,香港中文大学出版社,1970年,第68页。
③《建筑福德祠前地台围墙序》,载陈育崧、陈荆和:《新加坡华文碑铭集录》,香港中文大学出版社,1970年,第85页。
④《新建广福古庙戏台石碑记》,载陈育崧、陈荆和:《新加坡华文碑铭集录》,香港中文大学出版社,1970年,第133页。
⑤《重修长泰庙碑记》,载陈育崧、陈荆和:《新加坡华文碑铭集录》,香港中文大学出版社,1970年,第144页。
⑥《重建琼州会馆碑》,载陈育崧、陈荆和:《新加坡华文碑铭集录》,香港中文大学出版社,1970年,第209页。
⑦《建立天福宫碑记》,载陈育崧、陈荆和:《新加坡华文碑铭集录》,香港中文大学出版社,1970年,第65页。
⑧《重修天福宫碑记》,载陈育崧、陈荆和:《新加坡华文碑铭集录》,香港中文大学出版社,1970年,第69页。
⑨《茶阳会馆碑记》,载陈育崧、陈荆和:《新加坡华文碑铭集录》,香港中文大学出版社,1970年,第202页。
⑩《福德祠大伯公碑记》,载陈育崧、陈荆和:《新加坡华文碑铭集录》,香港中文大学出版社,1970年,第85页。
⑪《重建顺天宫碑记》,载陈育崧、陈荆和:《新加坡华文碑铭集录》,香港中文大学出版社,1970年,第153页。

而成的用地上,建筑形式只能因地制宜自由发挥了,如"区域界线,随其势就之,高下而砌以石青,后有数弓余地,突起作半月形,可植花卉竹木;寺前庭宅高下相去大许,上层以石为栏,其左右升降阶级,如神龙卷鬃;下层为宅,左侧为门,其右有矮屋属橡为寺产,可收租供费"①。后期,华人建筑形式垂直发展趋势明显,如光绪二年(1876)浮济庙建设时并没有采用中国传统水平布局,而是进行上下功能分区,"庙之中堂崇祀圣候恩主……而庙之后殿则奉祀福德正神……楼上则恭立禄位以隆配享"②。到1931年重建时,"筑楼三层,最高为庙堂而会馆在焉,其下出赁挹赀,籍注经费绰然有余"③,从二层到三层,建筑在垂直方向上又迈进了一步。

**图5 独栋单体庙宇④**

透过碑铭可以看出,日据以前新加坡华人移民营建中至少地方庙宇呈现出从水平铺展、独栋矗立到垂直叠加的阶段性变化,因此在对中国传统建筑形式从遵循到用地制约后的自由发挥,华人移民建筑的面貌在背离祖籍地原状的道路上越来越远。

# 四、结语

近代以来大批中国海洋移民跨海谋生,在环中国海各海岸带聚集生存,成为中国国界之外的边缘存在。现代国别差异下,他们的营建活动始终缺席于中国近代建筑研究。然而,中心仰赖边缘存在,关注边缘才能促成中国近代建筑体系的完整,本文聚焦新加坡早期华人移民营建即是希望借此边缘补充助力中国近代建筑完整图景的实现。遥远、弱势、底层是中国近代海洋移民的标签,他们背离故国家乡,再难以进入官方视野,正史记载的缺失,使他们留存的碑铭、纪念特刊等几乎成为洞察其异地生存实态的唯一资源。相较其他,这些资源因出自移民本身又格外真实可信。通过对日据以前碑铭信息的研读,新加坡早期华人移民营建的艰辛复杂跃然纸上。面对内部方言群分野、外部英殖民挤压、远方中国冲击三重驱动的纠缠,从重要类型、主要趋向、营建程序、建筑形式四个方面对新加坡日据以前华人移民营建状况仅进行切片观察,不过是这一议题初步探索的权宜之法,即便如此,每一切片本身也都蕴涵着值得深入探索的巨大空间。因此,挖掘华人会馆文献,捕捉、整理、分析隐于移民思想、信仰、观念、运作等文字背后的建筑信息,让中国近代海洋移民异地营建历史清晰透彻起来。

① 《重建凤山寺碑记》,载陈育崧、陈荆和:《新加坡华文碑铭集录》,香港中文大学出版社,1970年,第106页。
② 《浯江浮济庙碑记》,载陈育崧、陈荆和:《新加坡华文碑铭集录》,香港中文大学出版社,1970年,第107页。
③ 《重建浮济庙碑记》,载陈育崧、陈荆和:《新加坡华文碑铭集录》,香港中文大学出版社,1970年,第111页。
④ 陈育崧、陈荆和:《新加坡华文碑铭集录》,香港中文大学出版社,1970年,第10、12页。

# 清末民初北京文物保护机构变迁初探*

清华大学　杜林东

**摘　要**：中国现代文物保护事业诞生于清末民初，对机构沿革的梳理是理解该事业建设的重要路径。文章以北京为中心，梳理清末新政至北洋政府时期文物保护相关机构的建立与沿革，辅以清中前期以对比。新政官制改革初步从混杂体系中剥离文物保护，北洋时期延续强化清末官方机构系统，并出现独立文物保护机构，同时出现相关民间学术机构。总体呈现三个特征：在机构独立与文物相关概念方面均体现文物保护成为独立事业之趋势；此时段文物保护工作集中于法规制定、案件处理、文物普查、收集、展览与研究；形成中央政府与民间学术团体两股主要的文物保护力量，前者集中在政务与教育两条路径。

**关键词**：机构史；文物保护；官方与民间；政务与教育

清末民初是中国近代重要的转型时期，观念、制度、物质空间等在此时发生了总体性变革。民族意识的高涨，西方学科的渐入，催生中国现代文物保护事业的出现。1930年中国营造学社创立，其在理论与实践层面为中国文保事业提供了开创性经验。1928年隶属于大学院的古物保管委员会成立，在法规制定、文物盗卖、涉外事件上发挥重要作用。这是国民政府期间明显的两条文物保护路径——官方机构与民间学术团体。而实际在清政府时期，未有独立的文物保护事业与机构[①]，所谓的建筑修缮也多为皇权、礼制之下的维修利废。从清一代至国民政府，文物保护究竟如何从混杂的体系中独立？这是理解中国现代文物保护（或扩大为文化遗产保护）事业的重要一面。

北京作为清及北洋政府之首都，其中中央机构与地方机构的沿革具有全国性意义，对彼时北京文物保护机构变化的厘清是解答上述问题的一种路径。

## 一、清末新政下的初步革新

清中前期未形成明确的文物保护概念，若以1909年《保护估计推广办法章程》中的分类为判断，此时文物保护大致可分两类，一为金石学下对彝器、石刻、陶器等鉴藏、考证，二为在礼制与皇权统治下对城市及重要建筑的修缮。前者乘"乾嘉学派"之风兴于文人圈，集中于庙堂，与维护王朝统治相结合[②]，后者则有相对完整的机构。另有礼部下设清档房、书籍库保存册档与书籍，1906年增设礼器库，保存祀、宴器具。[③]

北京城市建设管理在清一代处于双重体系——中央与地方之下。地方政府系大兴、宛平县与顺天府多重管理。顺天府设顺天府尹掌治京师，但其管理内容多与礼制相关[④]。物质性的城市与建筑营建、

---

* 国家自然科学基金资助项目(51778318)。

① 需要说明的是，虽晚清至国民政府，有多种文物概念，如古迹、古物、风景名胜等，且未形成统一体系。但均与现代意义上的文物概念相关，本文遂以文物保护统称之。

② 见马洪菊：《叶昌炽与清末民初金石学》，兰州大学2011年博士学位论文。

③ 见李鹏年等：《清代中央国家机关概述》，黑龙江人民出版社，1983年。

④ 如监督所管官吏、管理刑法、地方治安、祀事、顺天乡试、地方钱粮。

修缮主要交中央政府中的工部，另有内务府管理皇家建筑、苑囿修缮。[①]

工部下属营缮、虞衡、都水、屯田四司。营缮清吏司"掌缮治坛庙、宫府、城垣、仓库、廨宇、营房"，屯田清吏司"掌修缮陵寝，供亿薪炭"[②]。营缮清吏司对掌治工程根据类型有严格范围、规制、经费、流程的限定[③]。对于皇家陵寝，由营缮清吏司营建，交屯田清吏司每年修缮。[④]

内务府主掌清宫廷事务，并隶于内务府的有奉宸苑、武备苑、上驷院，奉宸苑下管南苑、圆明园、清漪园、静宜园，"凡苑囿、亭台、池沼、林麓、船坞均由苑随时稽察，应修理者，即为葺治"。[⑤]另外，内务府下属七司：广储、会计、掌仪、都虞、慎刑、营造、庆丰。营缮司"掌理造作、兼司薪炭"，承担皇城墙及紫禁城内工程建造修缮，但较大规模与耗资较多的工程需奏交工部，小型工程亦需转咨工部。[⑥]

清前中期北京的文物保护实质主要存在于维护王朝统治下的城市建筑修缮中，且没有以市为单位相对独立的机构管理城市建设，工部、内务府分工不明，而建筑以外的文物并无明确对应机构，总体呈现一种交杂重叠的状态。

1901—1911年间，清政府在西方冲击下主动发起官制改革，企图建立君主立宪制。[⑦]同时自1845年英国领事在上海签署第一次《土地章程》到1908年清政府颁布《城镇乡地方自治章程》，地方自治思潮高涨并初步出现市政雏形。自19世纪中后期，西方世界对中国频繁的侵略、西方考古学重心的东移，使得中国本土文物大量外流。[⑧]由此中央机构与地方机构出现革新，文物保护初步从混杂系统中剥离。

1900年八国联军入侵使得北京权力暂时真空，地方绅商与西人联合设立安民公所，以保护私人财产、救济贫困、修葺街道沟渠等公用设施。[⑨]1901年清政府以安民公所为模式设善后协巡营，后改工巡总局，直属皇帝。[⑩]1902年与1905年先后设立内城工巡局与外城工巡局，并称内外城工巡局。1905年9月该局撤销改巡警部[⑪]，该部下设内外城巡警总厅，其行政处下分建筑科，掌管建筑审查及准驳，工筑物品保管及修缮，测量标识设置及绘画图表等事务。[⑫]1908年清政府颁布《京师地方自治章程》，强调京师作为行政建制的特殊地位，规定自治范围："内外城地方以巡警总厅所辖区域为境，其外郊地方以京营所辖地面为境界"，自治事宜中的"本地方之善举"包含"保存古迹"一项。[⑬]

1906年清政府筹备立宪，开始对官制进行大规模调整。奕劻等人此前已提出，前中央官制存在"权限之不分""职任之不明""名实之不符"情况，应"分权定限"。[⑭]对于中央行政系统，归并、改设、新设十一部二院，下分司、处、科，以科层化治事。[⑮]其中与文物保护密切相关的为民政部与学部。

① 见周执前：《国家与社会：清代城市管理机构与法律制度变迁研究》，巴蜀书社，2009年。

②《大清会典》卷七十《工部》。

③ 如对于坛庙，其限定了圜丘、方泽、太庙、社稷坛、日坛等详细规制。另提"凡修葺坛庙工程，由部会太守寺估修，循例奏销，至每届祭期，先时整饰，及岁修祭器，各工均由太守寺官经理，计一岁所需，豫请由户部支给，年终奏销。如有工钜费繁者，绘图上请选官任事钦命大臣督率，动支户部库帑，工竣奏销，在工官议叙有差。"（《大清会典》卷七十一《工部·坛庙》。）

④ "岁以冬十月察明应修之所……春融部遣官会修"。见《大清会典》卷七十《工部·山陵》。

⑤《大清会典》卷九十二《内务府》。

⑥ 如："凡修造紫禁城内工程，小修大修建造皆会工部大内，缮完由内监匠人。皇城墙垣由应修理者，奏交工部，均由钦天监取吉兴工。宫殿、苑囿春季疏濬沟渠，夏月搭凉棚，秋冬禁城墙垣，芟除草棘，冬季扫除积雪，均移咨工部及各该处随时举行。"（《大清会典》卷九十一《内务府》。）"顺治十八年定凡乾清门以外，紫禁城以内有修理工程物价在二百两以上，工价在五十缗以上者，奏交工部。不及此数者，呈堂转咨工部办理，仍会同本司官监修。其葺补小修仍由工部（即今之营造司）办理。"（《大清会典则例》卷一百六十五《内务府营造司》。）

⑦ 见谢俊美：《政治制度与近代中国》，上海书店，2016年。

⑧ 史勇：《中国近代文物事业简史》，甘肃人民出版社，2009年，第27—63页。

⑨ 史明正：《走向近代化的北京城》，北京大学出版社，1995年，第28页。

⑩ 田涛，郭成伟：《清末北京城市管理法规》，北京燕山出版社，1996年，第3页。

⑪ 李鹏年等：《清代中央国家机关概述》，黑龙江人民出版社，1983年，第259页。

⑫ 尹钧科，魏开肇：《北京城市史：历代建置与机构》，北京出版社，2016年，第353—355页。

⑬《宪政编查馆奏定京师地方自治章程》，《国风报》1910年第1期。就笔者目前获取史料，尚未见此时京师地方自治机构。

⑭ 朱寿朋编纂：《光绪朝东华录》第5册，中华书局，1958年，第111—112页。

⑮ 岑红：《清末民初政府管理模式的现代性流变》，商务印书馆，2019年，第129页。

1906年7月,清政府改巡警部为民政部,并包含原礼部、吏部、户部、工部之部分职能,管理全国地方行政、地方自治、户口、风教等①。下设承政厅、参议厅,民治、警政、疆里、营缮、卫生五司,并直辖内外城巡警总厅。其中营缮司掌理民政部直辖土木工程,稽核京外官办土木工程及经费报销,保存古迹,调查祠庙各事②,后两者交该司古迹科掌管③。由此,在机构组织方面,相较原工部,已将文物保护作为相对独立之事项。

相应地,民政部于1909年颁布《保存古迹推广办法》,列具需要调查与保护的古迹种类。需调查包括:周秦以来碑碣、石幢、石磬、造像及石刻古画、摩崖字迹等;石质古物、古庙名人画壁或雕刻塑像精巧之件、美术所关较之字迹;古代帝王陵寝、先贤祠墓;名人祠庙;金石诸物。需保护种类在包含以上之外又添古人金石、书画、陶瓷,非陵寝祠墓而为古迹者④。并制定统一表格,要求以州县为单位调查,开文物普查之先河,但因彼时清政府权势羸弱,调查成果寥寥无几。⑤

1905年11月清政府兼收国子监事务以设学部。⑥下设总务、专门、普通、实业、会计五司,专门司设专门庶务科,"关于图书馆、博物馆、天文台、气象台等事,均归办理"。这指向两个层面,一为场馆本身的建造管理,二为馆内藏品的收集。1909年学部筹建京师图书馆⑦。1910年通饬各省将所有古迹切实调查并妥拟保存之法报学部备案,区别于民政部,调查集中于器物:"碑碣、石幢、石磬、石刻、古画、摩崖字迹等项先行搜求。"⑧但这仍与民政部调查之内容有所重叠,使得实际操作产生不可避免的矛盾⑨。

综上,晚清文物外流使得政府重视文物保护,出现相对清中前期明晰的文物概念。新政官制改革从机构层面初次使得文物保护相对独立于维护礼制、皇权而存在,但其仍属内政部与学部基本构架中,并未出现专门管理或研究机构。同时可以看出官方已出现政务与教育两条文物保护管理路径。另外1905年出现的巡警部作为市政机构雏形,已涵盖对北京城工筑物品保管修缮。

## 二、官方延续强化与民间学术机构兴起:北洋时期

1912年清王朝灭亡至1928年国民政府取得相对统一,整个北洋时期政权处于持续动荡状态,在军阀割据与联省自治风潮下,新型知识分子取代传统绅士形成活跃的民间社会力量。在构建民族国家的背景下,民族意识高涨,对于文物展现出了更强烈的保护意识,如1914年大总统发布《限制古物出口令》等。同时都市建设又成为彼时实现民族国家的重要手段,进而催生官办市政的出现。

北洋时期官方系统中开始出现独立的文物保护机构,如古物陈列所等。官办市政京都市政公所又处理了部分前清遗迹利废问题。民间学术机构以北京大学国学门以及其发起的中国学术团体协会为代表。

### (一)官方机构

北洋政府改晚清民政部为内务部,学部为教育部。因国体、政体频繁变更,中央政府管理模式亦被频繁设计,但总体呈现延承清末官制改革,中央下分数个行政部门,再细分科室以分权治事。对该两部而言,整个北洋时期所管理事务未有大的变化。

以1913年《修正内务部官制》为例,内务部下分民治、警政、职方、典礼、考绩五司。民治司掌"关于保存古物事项",典礼司掌"关于祠庙事项"⑩。相应的,内务部陆续出台全国范围内的文物法规、调查文件,并处理数项文物出口、盗卖事件。如1913年《寺院管理暂行规则令》,1921年《著名寺庙特别保护通

①③⑥ 见李鹏年等:《清代中央国家机关概述》,黑龙江人民出版社,1983年。
② 见《大清光绪新法令》第二类京官制《民政部奏部官厅制章程折》。
④ 见《民政部奏定保存古迹推广办法章程》,《浙江官报》1909年第12期,法令类甲年。
⑤ 见史勇:《中国近代文物事业简史》,甘肃人民出版社,2009年。
⑦ 在1909年《学部奏分年筹备事宜折》中,拟于1909年于京师开办图书馆并附古物保存会。见《学部奏分年筹备事宜折》,《预备立宪公会报》1909第2期。
⑧《通饬查报保存古迹》,《大公报(天津)》1910年12月17日第5版。
⑨ 如民政部长王荣宝曾提到:"发掘古物一节,敝署曾屡有电致督抚设法禁止,闻学部亦颇注意于此,容更当与宝、李两侍郎商之。"见上海图书馆:《汪康年师友书札一》,上海古籍出版社,1986年。
⑩ 商务印书馆编译:《中华民国法令大全》,上海商务印书馆,1920年。

则》①,1916年《保存古物暂行办法》。暂行办法中"古物"包括"历代帝王陵寝,先贤坟墓;古代城郭关塞,壁垒岩洞,楼观祠宇,台榭亭塔,堤堰桥梁,湖池井泉之属,凡系名人遗迹;历代碑版造像,画壁摩崖;故国乔木,风景所关;金石竹木,陶瓷锦绣,各种器物及旧刻书帖、名人书画"②。1913年起,通知各省长、都统对寺院及其财产进行调查,并制定相应统计表。③1916年10月,通知各省展开对古物的调查,"制定调查表及说明书……按表填注、藉便考查",将古物分类:建筑类、遗迹类、碑碣类、金石类、陶器类、植物类、文献类、武装类、服饰类、雕刻类、礼器类、杂物类。④整个北洋期间又处理如河南北邙山挖掘古物;山东盗卖四面佛古石;云岗、龙门石窟造像大量外流等事件。

同时内务部成立了专门文物保护机构,影响最大为古物陈列所,另有古物保存所等。

古物陈列所系在彼时内务总长朱启钤向袁世凯提议下创办,1913年12月颁布《古物陈列所章程》与《保存古物协进会章程》,首任所长为治格,隶属内务部。古物陈列所目的为:"博物院之先导。综吾国之古物与出品二者而次第集之,用备观览,或亦网罗散失,参稽物类之旨所不废欤!"⑤保存古物协进会为"筹办博物院之预备,暂行附属于古物陈列所,专事征求中国历史上应行保存之古物,以协助赞陈列所之进行。"⑥

该所首批文物来自热河行宫,并于紫禁城外廷武英殿陈列办公,后又陆续扩充文华殿、太和殿、中和殿、保和殿为陈列室。前述《保存古物暂行办法》及各省文物调查表均系该所拟定。古物陈列所建立以来,除收集文物,编制目录外,亦对"所辖之殿宇楼阁城台,凡应修理者,每年均加以修",其利用故宫外朝开放游览是为文物利用之一种。1924年,该所拟在已有基础上筹设国立博古院,因经费问题"遂至无形停顿"。1928年北伐成功后,国民政府将其接管,1930年行政院通过《完整故宫保管》提案并入后文之故宫博物院⑦。

1912年10月1日,内务部于京拟设古物保存所,区别于古物陈列所,后者系作为博物院之先导,前者则为博物馆成立以前,在京设立之保存古物专门场所⑧,"专征取我国往古物品,举凡金石、陶冶、武装、文具、礼乐器皿、服饰、锦绣以及城郭陵墓、关塞壁垒各种建设遗迹,暨一切古制作之类"。1913年1月1日在先农坛开幕,并于其内设多种文化社,"以发思古之幽情,动爱国之观念"⑨。后在袁世凯尊孔思想下,1914—1915年短暂更名为礼器保存所,1916年恢复旧称,至国民政府时期撤裁⑩。1914年,在顾维钧提议下,内务部又以"古物陈列所,虽聊甚于无,而纷若列市,器少说明,不适学术之研究"呈袁世凯,拟于3月14日成立中华博物院,"搜求陈列并研究关于自然科学及工业的、美术的、历史的各种品物"。⑪

对于教育部,以1912年公布《教育部官制》为例,其下分普通教育司、专门教育司与社会教育司。社会教育司掌关于博物馆、图书馆,调查及搜集古物等事项。⑫

---

① 值得一提的是,此时内务部提出对寺庙的保护主要目的系保护宗教以维持社会秩序,巩固国群团体。(见《关于保护佛教僧众及寺庙财产的令文》,载中国第二历史档案馆编:《中华民国史档案资料汇编》第三辑《文化》,江苏古籍出版社,1991年。)

② 《保存古物暂行办法》,载中国第二历史档案馆编:《中华民国史档案资料汇编》第三辑《文化》,江苏古籍出版社,1991年,第199页。

③④⑧ 见《内务部为调查寺院及其财产致各省长都统咨》,载中国第二历史档案馆编:《中华民国史档案资料汇编》第三辑《文化》,江苏古籍出版社,1991年。

⑤ 《内务部公布古物陈列所章程、保存古物协进会章程令》,载中国第二历史档案馆编:《中华民国史档案资料汇编》第三辑《文化》,江苏古籍出版社,1991年,第268页。

⑥ 商务印书馆编译:《中华民国法令大全》第五类《内务》,上海商务印书馆,1920年,第14—16页。

⑦ 《古物陈列所二十周年纪念专刊》,1934年;故宫博物院:《故宫博物院八十年》,紫禁城出版社,2005年。

⑨ 古物保存所:《内务部古物保存所开幕通告》,《政府公报》1912年第238期第8册,第817页。

⑩ 见李飞:《北京古物保存所考略——兼论其与古物陈列所之关系》,《中国国家博物馆馆刊》2016年第9期。

⑪ 《顾维钧等筹设中华博物院的有关文件》,中国第二历史档案馆:《中华民国史档案资料汇编》第三辑《文化》,江苏古籍出版社,1991年。以笔者搜集史料,此机构似乎只停留于纸面。

⑫ 《教育部官制》,《东方杂志》1912年第9期,《中国大事记》。

在上述职能范围内,1912年7月于国子监设国立历史博物馆筹备处,"搜集历代文物,增进社会教育"。1914年教育部呈袁世凯以改国子监设国立历史博物馆,并拟建欧式博物馆房舍,但绌于经费未能大举兴办。1918年,又以国子监偏僻狭小,提议将故宫前部之端门、午门作为其与京师图书馆之馆址,次年开始迁移并陆续增加藏品。直至1926年10月国立历史博物馆正式开馆。筹备期间,国立历史博物馆组织多项文物保护工作,如对京兆、直隶、山西、陕西、河南、塞北等省区进行古物调查,在直隶巨鹿、河南信阳等处发掘古物并运回。[①]国民政府时期改为教育部下属之北平历史博物馆。[②]

如同晚清内政部与学部,前述已看到内务部与教育部两部权力有所重叠,在调查搜集古物、制定法规上亦出现矛盾。如1914年出现对于热河避暑山庄及沈阳故宫文物运京后归属问题争论,1915年《四库全书》归属问题等。[③]1924年内务部制定《古籍古物暨古迹保存法草案》,教育部以内务部误解宪法为由向国务院力争制定权。[④]

北京故宫是在内政与教育两线索以外较为特殊一例。1912年南京临时政府与清政府签署《清室优待条件》,1923年北洋政府正优待条件,溥仪是年11月5日出宫,7日国务院组织"善后委员会"同清室人员协同清理公私财产,并预备宫室开放后"备充国立图书馆、博物馆等项之用"[⑤]。1925年9月29日,善后委员会在清点古物完毕基础上,决议《故宫博物院临时组织大纲》,10月10日正式开放。后因政局变动又有一定调整。至1928年南京政府统辖北京,10月5日颁布《故宫博物院组织法》规定其直隶于国民政府。[⑥]

在发展都市以建设民族国家背景下,1914年朱启钤向袁世凯提议成立京都市政公所,成为北京首个官办市政机构,主要负责城市总体规划与基础设施,如道路、沟渠之建造与维修。期间处理正阳门瓮城拆除工程,并请德国建筑师洛克格(Curt Rothkegel)对城楼进行改造设计。另利用前清坛庙为新时期公园,如1915年辟社稷坛为中央公园,又陆续开放先农坛、天坛、北海等地,可视为早期历史建筑改造利用雏形。[⑦]

### (二)民间学术机构

北洋系近代中国民间势力较为活跃时期,新型知识分子依托报纸、学堂、学会形成集中于北京、上海、湖南的公共空间网络。[⑧]前述晚清地方自治中的文物保护系仍由地方绅士办理善举为基础,且相对势微。随着民族国家建立、教育改革,知识分子意识中文物保护变为"整理国故"之民族事业,同时依托近代公共空间——于文保而言的重要机构——现代大学及其成立的研究所,形成活跃的民间文物保护势力。北京之典型为北京大学国学门[⑨],以及以斯文·赫定来华考查为导索,以国学门为牵头创办的中国学术团体协会。

自蔡元培出任北大校长后,即效仿德国为学校创建研究所。1917年《北京大学研究所简章》公布,依照文、理、法三科所属各学门分别设置创立研究所。1921年起草《北京大学研究所组织大纲》,类聚各科,设四种研究所:国学门、外国文学门、自然科学门与社会科学门。国学门于1922年率先设立,研究之旨趣为"整理东方学以贡献于世界"[⑩]。

① 《教育部筹设历史博物馆的有关文件》,中国第二历史档案馆编:《中华民国史档案资料汇编》第三辑《文化》,江苏古籍出版社,1991年,第274—284页;《发刊词》,《国立历史博物馆丛刊》1926年第1期。

② 见梁吉生:《中国近代博物馆事业纪年》,《中国博物馆》1991年第2期。

③ 见周慧梅:《鲁迅与北洋政府时期的教育部社会教育司——社会生活史的视角》,《宁波大学学报(教育科学版)》2020年第42卷第5期。

④ 见《教部对于内部之争议》,《申报》1924年7月31日。

⑤ 《大总统发布清室宫禁充作博物馆令》,中国第二历史档案馆编:《中华民国史档案资料汇编》第三辑《文化》,江苏古籍出版社,1991年。

⑥ 见故宫博物院:《故宫博物院八十年》,紫禁城出版社,2005年。

⑦ 同样在早期市政领域,市政学家白敦庸在1928年出版的《市政述要》一书中提出《北京城墙改善计划》,反对拆除城墙,认为其为"天然之古物陈列品"。

⑧ 见许纪霖:《近代中国的公共领域:形态、功能与自我理解——以上海为例》,《史林》2003年第2期。

⑨ 另有如清华大学国学研究院。

⑩ 沈兼士:《国学门建议书》,载《沈兼士学术论文集》,中华书局,1986年,第362页。

国学门成立之初，下设考古学研究室、歌谣研究会、风俗调查会、整理档案会。1923年，考古学研究室下设古迹古物调查会①，1924年改考古研究室为考古学会，宗旨为"用科学的方法调查、保存、研究中国过去人类之物质遗迹及遗物"。初创会员12人，包括马衡、沈兼士、叶瀚、李宗侗、陈万里、韦奋鹰、容庚、徐旭生（炳昶）、董作宾、李石曾（煜瀛）、铎尔孟、陈垣，马衡为主席。②考古学会成立后即着手计划古迹古物之调查、发掘、保存。调查范围为"古迹，如城市、宫室、关隘、营垒、坛庙、坟陵及其他一切之建筑物；古器物，如礼器、乐器、兵器、钱币、符印、简牍、碑刻及其他一切服用之器物；古美术品，如图画、雕刻、摹塑之品皆是"。调查方法大致五种：记录、图画、照相、造型、摹拓。

至1927年，国学门考古学会已经组织包括调查河南新郑、孟津两县出土周代铜器，大宫山明代古迹，洛阳北邙山出土古物，甘肃敦煌古迹，发掘朝鲜汉乐浪郡汉墓。1926年，又与日本东京帝国大学考古学会、京都帝国大学考古学会合组东方考古协会。③

北京大学国学门影响最大事件为组建中国学术团体协会。1927年瑞典探险家斯文·赫定（Sven Hedin）经由北洋政府批准来华考查，国学门以沈兼士、马衡等为首的学者认为此举威胁中国主权。是年3月5日召集北京重要学术团体，组织"北京学术团体联席会议"，3月19日改称"中国学术团体协会"④，反对斯文·赫定依照自己意图对中国西北进行考查。该协会由国立北京大学研究所国学门、国立历史博物馆、国立京师图书馆、中央观象台、古物陈列所、故宫博物院、清华学校研究院、中国天文学会、中国地质学会、北京图书馆、中国画学会、中华图书馆协会十二家机构联合组成，旨在"保存国境内所有之材料为主旨。以古物、古迹、美术品，及其他科学上重要及罕有材料"，暂借北京大学研究所国学门为会址⑤。同年4月26日，该协会与斯文·赫定签署《西北科学考查团协定》，掌握考查主权，斯文·赫定作为协助。西北科学考察团组成在上述十二机构基础上，增加历史博物馆与地质调查所。中方团长为徐炳昶，外方团长为斯文·赫定⑥。在此后的考察中，考察团进行了关于地质学、地磁学、气象学、天文学、人类学、考古学、民俗学等方面的广泛调查。⑦

1927年8月，奉系军阀下的北洋政府将北京大学并至京师大学校，国学门改为国学研究馆，叶恭绰出任馆长，此时研究经费较之前已严重不足。⑧1927年蔡元培被任命为南京国民政府教育行政委员会委员，筹建大学院以取代北洋政府之教育部。1928年颁布《修正中华民国大学院组织法》提到"大学院因事务上之必要得设专门委员会"⑨，同年蔡元培组建古物保管委员会⑩，其成员构成大部分来自北京大学国学门与西北科学考察团⑪，工作主旨"专管计划全国古物古迹保管、研究、及发掘等事宜"⑫与国学门考古学会、中国学术团体协会具有明显承接关系。1928年改大学院为教育部后古物保管委员会改隶教育部⑬，1934年7月改为中央古物保管委员会，直隶于行政院⑭。同时1928年6月，北京在向国民政府政过

① 《国立北京大学概略》，1923年，第37页。

② 见《研究所国学门考古学会开会纪事》，《北京大学日刊》1924年6月12日。

③ 见《国立北京大学研究所国学门概略》，1927年。

④ 《中国学术团体协会西北科学考查团报告》，王忱：《高尚者的墓志铭：首批中国科学家大西北考察实录》，中国文联出版社，2005年，第529—549页。

⑤ 见《中国学会团体协会章程》，《东方杂志》1927年第24卷第8期。

⑥ 理事9人：高鲁、袁同礼、周肇祥、徐协贞、俞同奎、刘复、李四光、徐鸿宝、梅贻琦。中国团员：袁复礼、黄文弼、丁道衡、詹蕃勋。见《中国学术团体协会西北科学考查团报告》，王忱：《高尚者的墓志铭：首批中国科学家大西北考察实录》，中国文联出版社，2005年。

⑦ 见《西北科学考查团协定》，《东方杂志》1927年第24卷第8期。

⑧ 见《国立北京大学校史略》，1933年。

⑨ 见《修正中华民国大学院组织法》，1928年。

⑩ 见《古物保管委员会工作汇报》，1935年。

⑪ 古物保管委员会，主任委员：张继，委员：朱家骅、蔡元培、李煜瀛、马衡、翁文灏、胡适、顾颉刚、袁复礼、沈兼士、李济、张人杰、陈寅恪、李四光、徐炳昶、傅斯年、徐悲鸿、林风眠、易韦齐、易培基、李宗侗、高鲁、刘复。

⑫ 《大学院古物保管委员会组织条例》，《大学院公报》1928年第1期。

⑬ 见中国第二历史档案馆：《中华民国档案资料汇编》第五辑第一编《教育一》，江苏古籍出版社，1991年。

⑭ 从1930年《古物保存法》第一条来看，中央古物保管委员会至少1930年已经开始筹建。见《中央古物保管委员会工作纲要》，中国第二历史档案馆：《中华民国档案资料汇编》第五辑第一编《教育一》，江苏古籍出版社，1991年。

渡的短暂动荡局势下,由国学门部分成员组建北平文物临时维护会,是年9月并入古物保管委员会①。

以上,北洋时期,中央机构在延续晚清政务与教育两条路径之下,进一步出现文物保护专门机构。官办市政的出现使得北京有明确的城市建设机构,但彼时所谓的历史建筑改造利用系在现代市政体系之下,尚未形成现代意义上的保护。相较于清代,民间组织的兴起是一重要特征,北京大学国学门为国民政府古物保管委员会建立起到奠基作用。

# 三、结语

经过以上梳理,基本可形成晚清至北洋时期北京文物保护机构发展之概貌。可以看出,在中国营造学社及古物保管委员会这两个近代重要且独立的文物保护机构成立以前,近代文物保护事业在机构上经历了明显的从清代混杂状态逐步剥离清晰的过程,其中有来自多方的力量且具有相对清晰的沿革路径,总体呈现以下几个特点:

1. 文物保护逐步成为独立事业

这体现在两个方面:一是机构的独立,二是文物概念的逐步清晰。

清中前期北京对于建筑物的修缮掌管于工部于内务府,对于礼器、古籍等保存掌于礼部,另有更大范围之金石学于士大夫阶层,这几者本质都处于维护礼制、皇权构架之下,且对于建筑的修缮系主要混杂在营缮清吏司与屯田清吏司之下。晚清新政发起大规模官制改革以分权治事,在新立之中央机构中,民政部与学部与文物保护事业密切相关。民政部营缮司下设古迹科,掌保存古迹调查祠庙,学部之专门庶务科掌关于图书馆、博物馆等事项,进而涉及对藏品之调查收集。北洋政府在内政部与学部基础上建立内务部与教育部,基本延续上述路径的同时进一步出现独立的文物保护机构,典型为内务部之古物陈列所,收集文物并协助制定法规。另出现北京大学国学门考古学会等民间机构。总体呈现从混杂于中央机构,到中央机构下分独立科室,进而建立专门机构的发展路径。

另外,从此阶段内政部、内务部、北京大学国学门对文物相关概念的划定亦有从模糊到清晰并逐步拓宽的过程。1909年内政部《保存古迹推广办法》初次将混杂于工部、内务府、礼部、金石学的文物概念进行了统一划定。1916年内务部《保存古物暂行办法》在清政府基础上融入"故国乔木,风景所关"。值得一提的是,此两部法规均未将宗教相关建筑纳入,如前述,内务部平行于《保存古物暂行办法》颁布了保护寺庙相关法规,另有1913年袁世凯发布《尊崇孔圣令》,此时对宗教建筑的保护更多趋于巩固政权之目的。另外,此两部法令对于文物的分类较为具体,北京大学国学门考古学会分类则更具灵活性与概括性,统为古迹、古器物、古美术品三类,其下列举具体项目。以上的概念与分类,在国民政府1928年颁布《名胜古迹古物保存条例》②,1935年中央古物保管委员会制定《暂定古物之范围及种类大纲》中均有明显体现③。但总体上,近代对于文物相关概念的定义与分类尚未做到完全统一。

2. 文物保护工作主要集中在法规制定,案件处理,文物普查、收集、展览与研究

法规制定与文物普查、收集等工作自晚清民政、学部即开始。后伴随西方考古重心的东移动、战争侵略导致文物流失严重,北洋政之内务部在展开法规制定与文物普查基础上,处理多项文物盗卖与外流案件。古物陈列所、古物保存所、国立历史博物馆等机构的出现为文物的收集展览集中提供物质空间,正如前两个机构的定位,此时的收集展览实际集中在博物馆之界中。北京大学国学门考古学会及中国学术团体协会成员构成主要为新兴知识分子,工作、研究更具西方之科学性。以普查为例,1916年内务部制定之《古物调查表》仅普查名称、时代、地址与保管单位,考古学会调查方式则包括记录、图画、照相、造型(仿做其形式)与描拓。此外,虽然在《保存古物暂行办法》中针对每种类型制定了保存策略,但基本

---

① 是为古物保管委员会北平分会。见李飞:《北平文物临时维护会史事考略》,《中国文化遗产》2019年第6期。

② 名胜古迹包括:湖山类、建筑类、遗迹类。古物包括:碑碣类、金石类、陶器类、植物类、文玩类、武装类、服饰类、雕刻类、礼器类、杂物类。

③ 古物之种类:古生物、史前遗物、建筑物、绘画、雕塑、铭刻、图书、货币、舆服、兵器、器具、杂物。

限于对古物环境的维护整理,设立标志,督促地方维修等,远未形成一种体系或理论。①

上述特点也体现在彼时对文物保护工作的认知中,如1920年叶恭绰提振兴文化八条意见,认为文物保护法规制定内容不外乎五点:古物登记、发掘之管理、强制收买、专员之派定、订定限制古物出口之法规。②

3. 形成中央政府与民间学术团体两股主要的文物保护力量,前者又有政务与教育两条路径(图1)

晚清官制改革已经展现出中央机构下政务与教育两条路径,北洋政府在此基础上延续。政务路径之内政部、内务部主要负责法规制定、文物普查与案件处理,教育路径之学部、教育部主要集中于筹建图书馆、博物馆,以展览为基础展开文物收集调查。两者由于权责重叠问题使得在实际普查工作中不可避免地出现矛盾。

另外随着租界的建立、清末地方自治、北洋联省自治思潮的出现,在发展都市以寻求民族国家建设下催生出官办市政,新兴知识分子又替代传统绅士形成新的民间活跃势力。对于前者,以京都市政公所为例,文物保护活动尚处于现代市政建设构架之下。对于后者,则依托现代大学形成专业的学术团体,对普查、研究、文物主权维护起到重要作用。

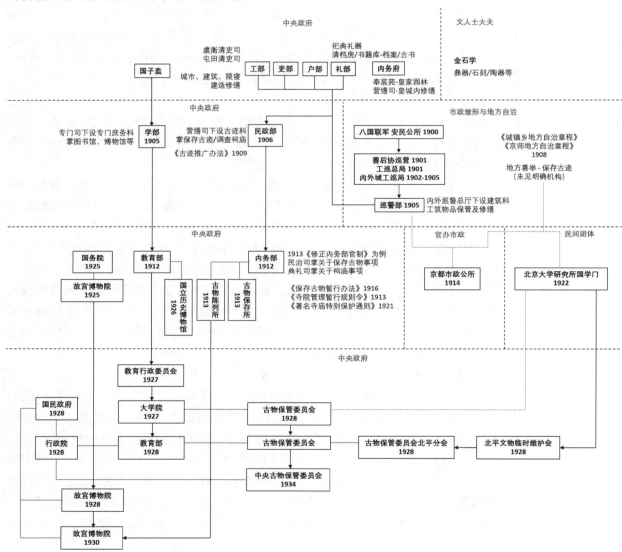

图1　清末至北洋北京文物保护机构变革关系图

① 1931年中央古物保管委员会制定的《古物保存法实施细则》亦只是零散提到"采掘古物不得损毁古代建筑物、雕刻塑像、碑刻及其他附属地面上之古物遗物或减少其价值"。(见《中央古物保管委员会会议事录》第一册,1935年。)

② 见《教育总长傅岳棻致大总统呈》,中国第二历史档案馆编:《中华民国史档案资料汇编》第三辑《文化》,江苏古籍出版社,1991年。

中国现代建筑史
研究领域之拓辟

# 1959年北京"十大建筑"的若干新研究成果综汇*

清华大学　刘亦师

**摘　要:**为了庆祝新中国成立十周年在北京兴建的"十大建筑"是新中国建筑史上的大事件,历来为中外学界所重视,但既有研究在史料及相关历史认识等方面仍存在提升空间。北京市文物局于2020年6月召开了有关"十大建筑"的研究和保护策略等问题的座谈会,并于2021年春以"北京十大建筑相关研究"为题,委托清华大学建筑学院联合其他相关机构开展针对"十大建筑"的系统调研和资料收集、整理工作,旨在廓清"十大建筑"具体所指及其建设背景、过程和保护价值,裨便为将来制定相宜的保护策略提供理论和技术支持。本文择要简述这次针对"十大建筑"的若干新研究成果,以求获得对新中国建筑发展得更深刻的理解。

**关键词:**新中国;北京;十大建筑;机构史;设计思想

## 一、研究缘起

2019年底,建成于1959年的北京站车站大楼被公布为第八批全国重点文物保护单位之一,是庆祝新中国建立十周年的"十大建筑"中最先进入该序列者。在此背景下,"十大建筑"的其他剩余建筑(现8项)的保护级别如何确定? 这批建筑建成仅六十余年且均在正常使用中,如何制定有别于古代甚至近代文物的保护策略? 它们的建筑特点何在、保护价值是什么,又应该如何加以保护? 这是当前文物保护管理和研究工作中已经面对和应该解答的问题,而当务之急则是针对"十大建筑"散佚较严重的资料进行系统整理、开展历史研究。

为此,北京市文物局牵头展开针对"十大建筑"的新一轮调查和研究。在研究过程中,我们采用将档案材料和研究成果与建筑本体相参比,并组织座谈及访谈以了解更多关于建筑管理和使用的切身、直观感受,从而形成多重证据相比照、印证的方法。除对北京市档案馆、北京市城建档案馆、国家图书馆、首都图书馆、清华大学图书馆等地的相关资料进行了广泛深入的检索和梳理外,在北京市文物局和使用单位的协助下,我们在2021年5月首先对北京站开展了深入的实地调研,着重考察了作为当时技术创新典范的双曲面薄壳结构和车站的复杂流线设计等内容。此外,我们还多次对全国农展馆、国家博物馆、军事博物馆、民族饭店、民族文化宫、工人体育场、钓鱼台国宾馆等处建筑进行了一般性的实地调研。本研究在占有大量此前较为不易获得的资料和实地调查的基础上,获得了若干新认识,分述如次。

## 二、"十大建筑"之决策及新设立的主持机构

中共中央于1958年8月17日至8月30日在北戴河召开了政治局扩大会议,会议期间决定兴建一批"包括万人大礼堂在内的迹象重大建筑工程"。时任北京市副市长、后来负责全面领导"十大建筑"工程的万里参与了此次会议,他在9月8日向北京1000多名在京的建筑和设计专家的动员大会中传达了党中央对此的决策背景:

开始我们不想大规模庆祝,因为国家还是穷国家,钢这样少,但苏联已经成立了庆祝中国国庆十周

* 国家自然科学基金资助项目(51778318);北京市文物局研究经费(2021)。

年的筹备委员会,要求大规模庆祝。我们却是小规模庆祝,这总不行吧？这次中央政治局扩大会议决定我们也大规模庆祝。

明年大庆祝,农民也要放假,是庆祝老规矩就要请客,请洋客。六亿人民小里小气是不行的……还有全国运动大会也在这个时候举行,也要请洋客……客人都是带着眼睛来的,国家建设这样伟大,北京长安街、天桥还是这样破破烂烂,那能行？ 在座的都是建筑师,不能这样泄气。①

动员会上,万里列出中央最初议定的建设项目名单,共七大类,即人民大会堂(提到5000人宴会厅)、国家大剧院(2500座以上)、7个博物馆(革命、历史、农业、艺术、民族、兵器、科学技术)、几个大旅馆、外交部大楼、天桥改造和大百货楼。按此统计,则即使不算新旅馆("十大建筑"中实际建成3处大旅馆),也拟建12幢大型公共建筑。

上述拟建建筑与新中国的国家形象密切相关,"一方面供使用、一方面供观瞻"。因此中央决定在建筑标准上对"适用、经济、在合适的条件下注意美观"的建筑方针加以调整,提出"适用、坚固,在这样的基础上来讲经济",更重要的是"要求这些建筑在全世界面前显示首都的高度水平"。而美观的标准"不是洋标准,是要求我国的民族特点:民族形式"。这说明,党中央在1958年北戴河会议上已决定新建的这一批公共建筑要采用民族形式,之后为指导实践又进一步提出"古今中外,一切精华,皆为我用"的指示,但民族形式毕竟是主导的。这一指导方针也体现在"十大建筑"的最后建成外观效果上,其无一不力图在建筑形式上融入传统建筑语汇。

在这一方针指导下,对建筑师当时感到踌躇不安的建筑艺术风格问题,尤其是在体现民族形式上要不要大屋顶的问题,万里传达了中央指示:

要不要搞大屋顶、琉璃瓦？ 如果你认为大屋顶、琉璃瓦能搞出高艺术标准,就可以搞。我们反对过大屋顶,怎么现在又同意？ ……这就是辩证法、唯物论。当时反对大屋顶是反对普通建筑一搞就是大屋顶,大屋顶形成风气、形成公式,不反对就不行。现在,如果在天安门前面搞几个永久性的反映民族特点的东西,就可以搞几个……如果有其他更好的形式不用大屋顶就更好,如果没有其他东西,只有大屋顶、琉璃瓦才行,那就也可以用……琉璃瓦工厂以前都解散了,如果要用,可以收回来。

这说明,在观察到1955年至1958年的新建设不能很好地体现时代精神和民族气质的情况下,党中央明确指示在建筑创作可以采用大屋顶,这也是在当时技术经济水平下,为了实现民族形式可以采取的最为现实的方法。但是,党中央对可能造成的浪费,明确指出"浪费了还是不行……要花钱,但不一定是浪费。要节约,但要把'美观'突出出来。""十大建筑"中采用了大屋顶的几项工程——北京站、民族宫和农展馆,都采用的是攒尖顶而非之前浪费很大的庑殿顶,而且集中在建筑的局部,其余部分则多用琉璃瓦盝顶,可视作贯彻此指示的实践。此外的那些项目虽未直接采用大屋顶,但或在园林布局上取法中国造园手法,或在外立面装饰或内装修装饰上融入民族语汇,也体现了民族形式的新探索,已不同于1955年前的简单模仿。

由于这些工程必须在1959年10月1日前施工完竣、投入使用,时间异常紧迫。"边设计、边施工,这情况恐怕是定了的",这就是后来在这些工程中普遍采取的"三边"——边设计、边备料、边施工,这也是在非常情况下的决策。万里解释"在中国'边'字是重要极了,抗日时代这边区那边区,又是边打边建……"鼓舞建筑师和工程专家迎难而上。在报告的结尾,万里提到"首都力量大,只要搞好协作,调动全国一切积极因素,相信是可以做到的。"实际上,"十大建筑"在具体设计和施工中体现的社会主义大协作也是"十大建筑"殊为珍贵的遗产之一。

万里的这份报告后来收入《万里文选》和《万里论城市建设》等著作中,但关键性内容如前引诸段皆被略去,使一般读者很难了解北戴河会议决策的背景和相关内容,对"十大建筑"的决策过程也因此笼罩在迷雾中。此文件的发现和解读对廓清历史谜团具有重要作用。

"十大建筑"的具体项目和数目并非从一开始就定下来,而是随着设计情况和备料、施工的进展而有所增删。但万人大礼堂始终是"十大建筑"中最为重要的项目,早经毛泽东主席指示布置在天安门广场、

---

① 见《1958年9月8日万里同志报告纪要》,北京市档案馆,档卷号:131-1-323。

人民英雄纪念碑西侧。后经北京市规划管理局总规划师赵冬日确定了天安门广场改建的基本原则:人大会堂和革命历史博物馆相对而立,二者的正门不正对人民英雄纪念碑;1958年的广场改建仅对北半部进行建设,广场宽度定为500米;保留前门及其箭楼,不予拆除。

为了改建天安门广场和为人民大会堂建设腾清场地,在周恩来和北京市委第一书记彭真的布置下,组建天安门广场拆迁五人领导小组,以北京市副市长冯基平为主任,董文兴(市建工局局长,该局下设之建筑工程公司负责各项目施工)为副主任,东城区区长、西城区区长和市房管局负责人参与其事。10月中旬拆迁完毕,计"拆迁机关单位67处,房屋1823间;迁移居民684户,拆房2170间",腾空广场面积13.73公顷。①除大会堂和革命历史博物馆外,北京站、工人体育场等也迅速开展拆迁工作②,并动员各相关部门提供宿舍和突击新建一批住宅,尽力解决群众安置和上学等问题。"工期虽然紧迫,但各项准备工作还是有条不紊的。"③

为全面领导"十大建筑"的设计、施工及备料、定制加工等工作,北京市政府又成立了"国庆工程办公室",由国务院副秘书长齐燕铭、国家计委副主任兼国家物资供应总局局长韩哲一、中央建工部部长刘秀峰、北京市主管城建工作的副市长万里及中央对外贸易部办公厅主任林海云组成"五人领导小组",负责决策国庆工程的重大问题。从这种人事组成可见,"十大建筑"的设计、施工及建筑材料的调拨、加工及设备的供应等,皆由中央各归口部门领导领头负责,如齐燕铭负责协调国务院各部门工作,刘秀峰负责配合北京市的设计和施工,并调拨了若干大型施工器械和专门人才支援建设,等等。可见,"十大建筑"是一由中央领导的全国性大协作工程,发挥了举国体制、集中起当时国内各种优质资源,这也是其短期内能成功建成并投入使用的重要条件。"国庆工程办公室"以下分设秘书处及订货、施工等具体办事机构,并成立超脱于具体事务之外、专门研究具体科学技术问题的科学技术委员会(图1)。

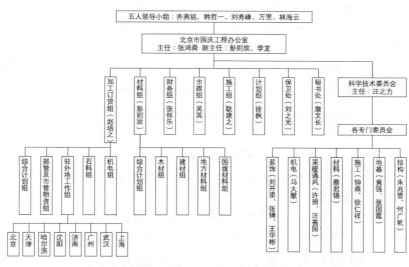

说明:1. 这是1958年12月以前的情况,12月以后与建工局合并办公,改用建工局的原有机构;
　　　2. 本表仅凭记忆,可供参考。

**图1　国庆工程办公室组织机构简图④**

除国庆工程办公室外,北京市建工局副局长张鸿舜、城市建设委员会主任赵鹏飞、规划管理局设计院院长(原北京市建筑设计院)沈勃、规划管理局局长冯佩之等均参与其事。国庆工程办公室是主持"十大建筑"具体工作的主要机构,其上由万里、冯基平两位副市长领导,并向彭真随时汇报进展和疑难。

"十大建筑"各工地均成立施工指挥部,分段施工、平行推进,如工人体育场将椭圆形场馆工地分为24段,有的工地甚至按军事单位组织施工,如农展馆将工地分为若干战区。另如,大会堂是"十大建筑"中最为关键的项目,工地成立总指挥部,下设四个分指挥部(中央大厅、大礼堂、宴会厅和人大常委办

① 见沈勃:《北平解放、首都建设札记》(内部资料)北京城市建设档案馆,2004年。
② 见《北京市工人体育场用地范围内需要拆迁民房和安置意见》,北京市档案馆,档卷号:101-1-584。
③ 沈勃:《北平解放、首都建设札记》(内部资料)北京城市建设档案馆,2004年,第109页。
④ 《市计委和国庆工程办公室成立科技委员会和后勤等机构》,北京市档案馆,档卷号:125-1-1221。

公楼),其下再设若干工段,形成三级指挥系统,市政府特调张鸿舜为人大会堂工地总指挥。

考虑到第一线参与工程的设计单位和施工单位工作紧张,工程中的技术、艺术问题如地基处理、结构安全和装饰主题等需冷静研究和决策,张鸿舜和沈勃提议在国庆工程办公室之下设立科学技术工作委员会,万里、赵鹏飞等商议决定由建工部建筑科学研究院牵头,邀请各设计院和大学的专家参与,并于1958年11月成立了科学技术工作委员会,"比较超脱,考虑问题视野开阔"。其下设七个专门委员会,由建工部建筑科学研究院院长汪之力主其事[①]。另外还成立了由工人中能工巧匠组成的技术协作组,在解决具体施工问题中也发挥了很大作用。

本项目关于"十大建筑"的决策、定位及新设立的专管机构等问题的澄清和梳理,均为学界首次,对"十大建筑"和新中国初期的建筑史研究均具有重要意义。

## 三、"十大建筑"之得名及其内容演化

前文提到在1958年8月的中央政治局扩大会议上提出了新建12—15幢"永久性"大型公共建筑的设想,并由万里在9月8日向在京的建筑设计和施工单位传达。经过数日紧张的筹备和计划所需建筑材料、人工、施工器械等条件,国庆工程的内容已发生了显著变化。清华大学建筑系主任梁思成的工作笔记上记载了1958年9月13日参加市委会议的记录,其上已出现"十大建筑"的名称,其内容为:人民大会堂、历史博物馆、革命博物馆、大剧院、两处大型旅馆、文化艺术展览馆、科学技术展览馆、农业展览馆,外加1955年已建成的苏联展览馆,一共十处。其中,人民大会堂的预期建筑面积仅6万平方米(实际建成超17万平方米),革命、历史两个博物馆尚未合并为一,因当时天安门广场扩建的规划尚未确定,确有一批方案将革命、历史两馆分别设在广场南段。整体而言,梁思成在9月13日所记的"十大建筑"事后证明是过于保守了,甚至将已竣工多年的苏联展览馆(当时计划改作工业展览馆)也列入名单中。但也反映出当时建筑师和施工单位在面对前所未有的大型设计任务,且在时间促迫的条件下,为保证完成工程任务而提出的可行性计划(图2)。

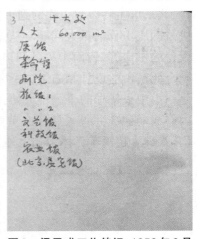

图2 梁思成工作笔记,1958年9月13日(来源:清华大学档案馆藏)

国庆工程办公室领导成员之一、北京市规划管理局设计院院长沈勃回忆:

为了进一步明确国庆工程范围落实设计任务,1958年9月15日,赵鹏飞、冯佩之、张鸿舜和我参加了由万里同志召开的会议,进一步研究了有关国庆工程项目问题。初步决定:人民大会堂、国家剧院、革命历史博物馆、农业展览馆、美术馆、军事博物馆、民族文化宫、科技馆、迎宾馆及一个新建旅馆等十项为既定项目;电影宫和工人体育场为争取项目。并决定把农业展览馆、美术馆、电影宫技术设计和施工图纸,交由建工部领导的工业设计院负责;国家剧院和科技馆交由清华大学负责具体设计;其余的工程则全由北京市建筑设计院负责解决。

可见,当时已将拟建设项目分为"既定项目"(后亦称"必成项目")和"争取项目"(后亦称"期成项目"),其总数也超过十项。

1958年10月11日,北京市委上报周恩来总理及中央的报告中首次明确提到"国庆十周年十项工程"的提法,并初步计算了投资总额和单方造价。名单中包括了艺术馆(美术馆)、科技馆和国家剧院3项后来缓建的项目,同时革命博物馆和历史博物馆虽合并建立(二馆合一)但仍分开计算,总计为10项。这一名单中尚未包含北京站和民族饭店(表1)。

---

① 其机构设置为:1.主体结构专门委员会(召集人朱兆雪、何广乾);2.地基基础专门委员会(召集人张国霞等);3.施工专门委员会(召集人钟森等);4.材料专门委员会(召集人蔡君锡等);5.采暖通风专门委员会(召集人许照等);6.建筑物理及机电设备专门委员会(召集人马大猷等);7.建筑装饰委员会(召集人刘开渠、张镈等)。

表1 国庆十周年十项工程建筑面积和投资估算表[1]

| 工程项目 | 建筑面积<br>（平方米） | 建筑投资<br>（万元） | 单方造价<br>（元） | 说明 |
|---|---|---|---|---|
| 总计 | 372450 | 14447.6 | | |
| 人民大会堂 | 60000 | 3600 | 600 | （开会、展览、演出、办公所需的家具和设备不包括在内，另由使用单位编造预算报国务院核批） |
| 国家剧院 | 30000 | 1500 | 500 | |
| 革命、历史博物馆 | 40000 | 2000 | 500 | （两馆合建） |
| 民族文化宫 | 26300 | | | （已有投资，总投资不再包括） |
| 科学技术馆 | 25000 | 750（900） | 300 | （最近又提出再增加5000平方米） |
| 艺术馆 | 12000 | 360 | 300 | |
| 解放军博物馆 | 95000 | 4275 | 450 | （军委提出得到造价标准及面积） |
| 农展馆 | 25000 | 750 | 300 | （已建成标准较低的展览馆18121平方米，再增建标准较高的20000平方米和办公服务用房5000平方米） |
| 迎宾馆 | 59150 | 1212.6 | 205 | |
| 注：除人民大会堂外，其余各项工程的建设投资均未包括内部设备的投资。 | | | | |

值得注意的是，上述各名单中均未提及北京站。这说明1958年10月间党中央并未决心建新车站，仍准备沿用位于前门附近的老京奉总站。但由于前门车站面积太小不敷使用，与作为北京十年国庆的"门户"地位不相称。铁道部决心以该部的资源为主、争取北京市和相关单位支援，提出了建设新车站的倡议，并于10月中旬获得党中央的认可。此后，选址、拆迁、设计工作顺利进行，最终建成了极具民族特色并融合了新技术、新形式的新车站大楼。北京站的立项和建设是由建设单位——铁道部发起的，这与其他国庆工程项目由中央决定完全不同。其跻身"十大建筑"之列，也体现了负责具体工作的铁道部领导同志（武竞天等人）的积极主动性[2]，在其领导和鼓舞下，北京站的建设才能后来居上，最终顺利竣工。

1959年初，各处正在紧张施工的工地有十四五处之多，均为国庆工程的必成或期成项目。1959年2月28日，周恩来召开各部委主管领导会议，讨论国庆工程压缩问题，北京市由万里、赵鹏飞、沈勃等国庆工程办公室领导成员参与会议。该会议决定，科技馆、国家剧院、电影宫和美术馆四个项目推迟缓建。其中前两个由清华大学建筑系设计，后两个由建工部北京工业建筑设计院设计。当时，科技馆的基础已做好，大剧院、美术馆也已开挖基础。负责人民大会堂、民族文化宫、民族饭店三处建筑设计的张镈后来回忆："周总理当机立断，为了保证人民大会堂的规模，宁可舍掉科技馆和国家剧院等子项。可以说是果断的、适时的。稍一犹豫就会在千军万马齐上阵的战役上出现难救的局面。"[3]

此次会议之后，最终确定1959年国庆工程共十项：人民大会堂、革命历史博物馆、民族文化宫、民族饭店、华侨大厦、迎宾馆、工人体育场、军事博物馆、全国农展馆和北京站，这就是广为人知的"十大建筑"。其中前八项为北京城市规划管理局设计院（后改名北京市建筑设计院）主持设计，后两项为建工部北京工业建筑设计院设计。可以看到，"十大建筑"的名称和内容是经过多次变化才最终确定下来的，这一过程也反映出最高领导层平衡政治理想和社会现实的决策过程。

# 四、"十大建筑"之设计思想及建筑价值

## （一）"十大建筑"的设计思想及创作原则

1949年以后我国建筑设计向苏联学习，除引入"社会主义内容、民族形式"等口号外，同时仿效苏联公共建筑的设计思想，即要求以疏朗开阔、轴线分明的空间布局，象征社会主义建设朝气蓬勃、蒸腾日上

---

① 《市委关于纪念国庆十周年工程的筹建情况和问题的报告》，北京市档案馆，档卷号：47-1-60。

② 见刘惠强：《北京站建站纪实》，载北京政协文史资料委员会编：《北京文史资料》（49），北京出版社，1994年。

③ 张镈：《我的建筑创作道路》，中国建工出版社，1994年，第174页。

的革命气概。轴线、对称布局和采用古典主义手法设计的恢宏建筑在阔大的广场中占据视觉焦点，建筑被赋予象征政治制度和社会面貌的寓意。这样设计的典型例子，是20世纪50年代中期清华大学东校区规划及其主楼的设计。

1955年"反复古主义"运动中，大屋顶和其他浪费较大的民族形式被批判而暂时销声匿迹。1958年"十大建筑"设计中，由于中央指示要在设计中体现民族形式而且不反对采取大屋顶，建筑师得以放下"包袱"，以实用主义的态度在设计中因地制宜地采用大屋顶或其他简化的民族形式，真正具象地使用大屋顶的是民族文化宫、农展馆和北京站三项，且均为屋顶面积较小、易于处理的重檐攒尖顶，此外缓建的美术馆同样如此。其他建筑虽未直接采用大屋顶这一语汇，如革命历史博物馆甚至有意避免简单的模仿，而重新设计装饰主题或对空间布置加以处理，"通过这次尝试，更加强了我们的信心，就是不用大屋顶，不用斗拱彩画，脱离了营造法式，也可能创造出为广大人民群众所喜欢的形式"（《建筑学报》1959/9+10）。但无论是否使用大屋顶，所有项目无一例外地都使用了琉璃作为装饰材料，力图在建筑色彩上与民族传统取得呼应，即色彩明快、多种颜色冷暖协调等，造成"心情舒畅、朝气蓬勃的感觉"。"十大建筑"的建造也促使我国现代琉璃工业取得重要发展。

同时，"十大建筑"因其重要的政治意义，延续和发扬了前一时期对"社会主义风格"的设计原则。彭真曾指示建筑色彩"既要庄重又要有朝气，活泼而不轻佻，要能充分反映中华民族的朝气勃勃、踏踏实实的作风"。在各幢建筑的设计总结报告中，都不约而同地提到其设计目旨在"显示出六亿人民'大跃进'的壮阔形势，反映了新中国十年来的辉煌成就"（人民大会堂）"为了表明革命事业的崇高目的、革命乐观主义精神、体现中国革命的伟大胜利，建筑体型首先应力求庄严伟大，简单朴素，明朗愉快，生机勃勃"（革命历史博物馆）"朴素大方，表现出我国青年体育事业焕发的蓬勃精神，要求开朗、明快，采用大玻璃窗、轻快有力的柱子"（工人体育场），等等。

"十大建筑"的建设为那个时代的建筑师提供了对民族形式在建筑上的体现方式，进行较为自由地探索的契机，也造就了像农展馆、北京站那样强调凸显民族风格，和人民大会堂、革命历史博物馆那样简化民族题材等两类不同的创作路径，为之后建筑创作提供了标准范例，也为建筑创作的繁荣奠定了基础。时任中央建工部部长的刘秀峰将新技术和民族形式的制宜应用，结合起来命名为"社会主义新风格"。这种风格确实有别于此前"彷徨无措、左右摇摆"的经验，也是对新中国建筑设计思想和手法发展的理论总结。"十大建筑"在新中国设计思想方面的历史意义正是在于其为"新风格"的初次成功尝试。

**（二）建筑艺术价值**

建筑艺术价值是"十大建筑"中最为突出的保护价值。上文论述了"社会主义新风格"的设计原则和寓意，而对具体建筑单体的创作，则具体反映在平面空间的周详推敲、复杂流线的妥善处理、建筑装饰的精心设计等方面。

平面空间除需满足使用方提出的功能外，为了取得庄重、宏大的艺术形象，建筑师还着重对建筑平面的轴线部分进行了处理。例如，清华大学建筑系师生参与设计的科技馆和革命历史博物馆，都在主轴线最后结束部分将小空间放大，成为可容数百人的大型厅堂，并将之命名为"共产主义大厅"，进一步加强了"十大建筑"的政治和文化寓意。(图3)

在解决复杂的建筑流线方面，人民大会堂在设计中反复修改，最终确定将中央大厅和大礼堂居中，宴会厅位于北翼、人大常委会办公楼位于南翼的布局。在宴会厅部分则注意到楼梯和回廊的布置方式，"避免宾主直望，留下充分回旋余地"，此外当时已考虑到必须使用轮椅的年纪较大代表入会和通过的无障碍设计。另一流线复杂的例子是北京站，其采用条形布局，采用上下分层、左右不同出入口，将入站、出站、行李托运、售票等不同流线区分开，并设置了郊区铁路的专用出入口，至今仍正常使用中，满足现代需求。

此外，社会主义设计原则要求"对人的关心"，因此在北京站内设置了空间较大的母婴室（母子候车室），"孩子们在母子候车室里，玩得比家里还高兴"。这一类空间是20世纪50年代建筑设计的重要特征之一（王府井百货大楼中也设置了装修典雅的母婴室），但随着市场经济和消费主义的兴起而消失或大幅收缩（图4、图5）。

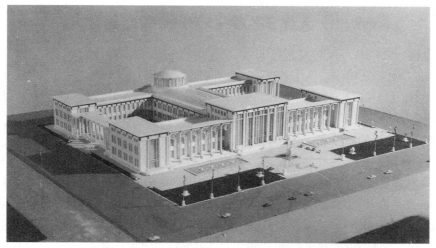

图3　中央科技馆方案模型临长安街一侧，后部为共产主义大厅（来源：费麟先生提供）

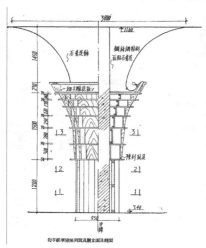

图4　北京站母子候车室[①]

图5　母子候车室细部[②]

图6　《北京新建筑的石膏花饰》[③]

　　至于"十大建筑"的装饰艺术，是由建筑师和工艺美术家通力合作的成果，这也是"社会主义新风格"的主要特征之一。这些装饰主要表现在室内灯具设计（奚小彭做出了重要贡献）、室内吊顶石膏装饰、柱子柱头的民族主题装饰和柱身沥粉贴金，丹陛、墙面纹饰以及窗户及护栏等装饰，都颇有可观，且有深刻的文化、政治寓意可深究。而对于建筑本体而言，入口部位和檐下的琉璃装饰则为重点，也出现了不少脱离传统既有语汇而创造的主题。所用材料，除琉璃外，还广泛使用石膏、塑料、水泥等。（图6）这一部分可深入挖掘。

　　（三）建筑技术价值

　　"十大建筑"的技术价值在于在不同工程中采用的新技术、新结构和新建造（施工）方式。新技术方面以北京站中央大厅35×35米双曲面薄壳的设计、预制和施工为典型，此外在高架候车厅上采用跨度稍小的双曲面薄壳，解决了大跨无柱空间的屋面结构问题。除薄壳技术外，在混凝土施工上还采用了当时先进的预应力张拉技术，增强了结构合理性和可靠性。在大跨无柱空间问题上，最典型的是人民大会堂的万人礼堂部分，其屋顶采用12榀钢桁架，跨度达60.9米，因此每榀钢架重55吨、高7米。此外，礼堂的两层楼面也不用任何下部支撑，而采用桥梁工程上常用的悬臂结构，最大悬挑长度达29米。这些工程问题的解决出自朱兆雪等结构工程师的反复计算，而其施工则是由现场工人设法完成。

---

　　①《中国画报》1959年第12期。

　　②《建筑学报》1960年第5期。

　　③《装饰》1959年第10期。

# 五、"十大建筑"相关若干问题之再思考

对于"十大建筑"的评价,一般易见非黑即白、二元化的现象。对"十大建筑"的建筑质量质疑者,常罔顾大量史料和事实;同样地,赞颂"十大建筑"者也易同样落入窠臼,体现出"选择性"叙事的倾向。同时,由于"十大建筑"过于光芒耀目,也常易使人忽略与之同时进行的其他建设活动。下文仅列举二三例,略述将来可能的研究方向。

## (一)"十大建筑"采用的新技术

"十大建筑"中采用新技术最典型者是北京站中央大厅(设计文件中称"广厅")屋面所用的大跨度双曲面薄壳(亦可称双曲扁壳)。薄壳结构"是较经济、合理的结构形式之一,由于它具有自重轻、刚度大、节省建筑材料、体型灵活等优点,所以近年来,在建筑工程中得到较广泛的应用"[1]。北京站采用三种不同尺寸的薄壳屋面,其中最大、覆盖广厅的双曲薄壳尺寸为35×35米,双曲薄壳的厚度仅80毫米,从跨度和覆盖面积而言是当时国内先进的结构和施工技术的例子(图7、图8)。

图7　北京站高架候车室薄壳,2021年5月

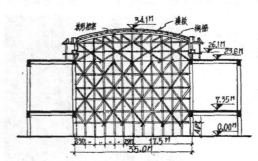

图8　中央大厅薄壳施脚手架搭设

图9　《建筑学报》1959年12月期封面

茅以升在总结新中国十年以来建筑结构发展的文章中也高度赞扬了这一新技术:"薄壳空间结构是一种能充分发挥材料作用的高效能结构形式,早在1950年即开始应用,其后大跨度的长壳、短壳、双边扁壳、球壳等都经建造……1958年全国纺织工业厂房盖起薄壳屋面结构,展全部钢筋混凝土结构厂房的81%左右。1959年建造的北京铁路车站大厅,以双曲扁壳的钢筋混凝土作屋顶,跨度35×35米,矢高7米。"[2]可见,北京站的双曲薄壳技术是作为我国结构设计方面的重大进展,从其建成时即得到公认。

然而,茅以升在文中也提到薄壳技术早在1950年即在苏联等地得到广泛应用,力学性能和施工技术已逐步成熟。1958年在莫斯科举办的"新建筑新技术展览会"(其为1958年国际建协大会的一部分)上,"全场最后陈列着一个18×18米钢筋混凝土预制正体双曲薄壳屋面结构的实物"[3],该薄壳展现了苏联结构技术的进展和成就。登载该文的《建筑学报》1958年第12期(图9)则以展出的该薄壳结构作为其封面的一部分。这说明,双曲薄壳结构的计算和施工在当时已经成熟。

在跨度方面,35×35米固然可观,但茅以升在同一篇文章中还提到"今年(1959年)7月建成的广东番顺县大良人民会堂,采用了扁球形钢筋混凝土薄壳屋顶,跨度55米,矢高7.5米",其结构选型与北京站一样,跨度甚至更大,"在我国目前建成的这种类型的薄壳结构是全国最大的"[4],而且其设计和建成实践与北京站基本同时。这说明,北京站的新技术虽然在全国而言是位于前列的,但采用的是国际上成熟的技术,而且跨度并非最大。除北京站外,农展馆的一些场馆也采用了类似的双曲薄壳机构,但跨度小得多。其他如折板结构、大跨度钢桁架结构等,在评析其技术价值时均应在国际视角和国内实践的语境下,持客观公允的态度。

---

① 胡世平、郑秀媛:《北京新车站双曲扁壳设计和施工(下)》,《土木工程学报》1959年第9期。

② 茅以升:《建国十年来的土木工程》,《土木工程学报》1959年第9期。

③ 杨芸:《莫斯科新建筑新技术展览会》,《建筑学报》1958年第12期。

④ 罗崧发:《广东省番顺县建成目前全国最大跨度的钢筋混凝土薄壳》,《土木工程学报》1959年第8期。

**(二)苏联专家在建设过程中的作用**

我国独立自主工业体系的基本框架是由苏联援建、在"一五"计划期间逐步建立起来的。当时,在"建成学会"思想的指导下,我国设计人员跟随苏联专家学习城市规划和各类现代建筑设计的方法,但同时苏联模式的弊端逐渐暴露出来,如刻板的工作方法和规章制度和苏联模式的复杂的等级制度。

毛泽东在1955年底就提出"以苏为鉴",他在"十年总结"一文中说:"前八年照抄外国的经验。但从1956年提出十大关系起,开始找到自己的一条适合中国的路线……1958年5月党大会制定了一个较为完整的总路线,并且提出了打破迷信、敢想敢说敢做的思想。这就开始了1958年的'大跃进'。是年八月发现人民公社是可行的。"[①]可见,从新中国成立之初"一面倒"地依赖苏联经验和苏联模式,中国开始摸索符合自己国情的建设道路,在坚决摒除了之前的各种陈规旧习后,急迫地希望形成一套新理论和新方法。与1958年5月八届二中全会提出的"多快好省"社会主义建设总路线一样,"两条腿走路"方针也是面对如何尽快建成富强的社会主义国家而做出的现实选择。

一般认为,1957年或1958年以前全面学习苏联时期,苏联专家在大型建设项目中发挥了重要作用,而"十大建筑"工程是由我国自己的技术人员进行设计、施工,并装配国产设备的成功尝试。就设计而言,无论赵冬日、张镈、张开济,还是清华大学建筑系师生,均在这些项目中发挥了巨大作用;就建筑设备而言,北京站中央大厅(广厅)内配置的四台国产电梯和人民大会堂配备的传译设备、空调设备,亦均为国内首先试产成功并运用者。

但在施工方面,苏联专家仍起到一定帮助作用。当时北京市建工局的苏联施工专家是保尔特,其意见仍得到相当的重视。现北京市档案馆仍保存着他在建工局副局长、建筑专家钟森的陪同下每周数次巡视"十大建筑"工地,并提出具体意见和建议的大宗文献,其中不乏有价值的历史信息。例如,1959年4月15日,保尔特在铁道部、建工局及设计和施工单位负责人陪同下视察了北京站工地,批评了工地的混乱无序和钢材的浪费情况。此事得到铁道部和相关部门重视,重新调整了施工次序和管理。5月8日,保尔特重到北京站工地,对关键性的双曲薄壳混凝土浇灌(薄壳钢筋已在工厂预先绑扎好),提议分段浇灌。后经现场结构工程师和施工单位协商,对此意见进行过详细讨论,认为其"施工过于复杂,施工缝数多于需要",而汲取其分区浇灌的优点,采用了分段分片的浇灌方案(图10)。

图10 施工中高架候车室底部的双曲薄壳结构[②]

此外,还有不少文件说明苏联专家对工地具体问题的意见,其中不少被采纳,如要求工人体育场的设计和施工单位参考苏联当时新盖成的大体育馆,修改其防水设计,等等,都在后来的设计总结文件中得到反映。[③]这说明,苏联专家对"十大建筑"工程中有其不可忽视的贡献,也考虑到介绍国际先进经验,但整个设计和施工的决策确为我国建筑师和工程师结合国情和工地的实际进展决定的。

**(三)"十大建筑"建设期间北京的其他建设工程**

建造"十大建筑"的决策是1958年8月间做出的,当时在各行业尤其是工业"大跃进"的形势下,北京市已布置了大量建设任务。1959年初北京市建委和建工局的建设计划中,按建筑性质分类统计了1959年的建设计划:工业建筑375万平方米;科学研究类建筑238万平方米;学校109万平方米(其中高等院校74万平方米);军事类建筑40多万平方米;统建住宅177万平方米;公共福利设施及其他650万平方米;使馆及外事用房11万多平方米;国庆工程50万平方米[④]。虽然同一文件中提到"必须有计划的推迟和削减一部分",但国庆工程的10项建设任务无疑只占全北京建设总量的很小部分。但因国庆工程的

---

① 毛泽东:《十年总结(1960.6.18)》,载《建国以来毛泽东文稿(9)》,中央文献出版社,1992年,第213页。

② 见《新建北京车站纪念画刊》。

③ 见《北京市规划管理局设计院体育场设计组.北京工人体育场》,《建筑学报》1959年增刊1。

④ 见《北京市城市建设委员会关于建筑业情况和问题的汇报提纲》,北京市档案馆,47-1-66。

建筑标准高、政治意义大，所以得到极大关注，而其他建设包括道路拓宽等市政工程则较少提到。事实是，在"十大建筑"建设期间，北京的市政、工业、教育和民生保障方面的建设量更大，也反衬出"十大建设"兴建过程中筹措物资、遵循进度以及平衡国家城建发展各方面关系之不易。

## 六、若干结论

首先，开展北京现代建筑史的研究，对廓清新中国成立后建筑创作思想的发展历程及当前对社会主义初期建筑遗产的认识与保护，都具有重要的意义。而1959年竣工的"十大建筑"是北京现代建筑中的重要案例，也是新中国成立后建筑设计、技术和艺术创作成就的集大成者，其设计创作思想承上启下，并有不少制度创新。但这些内容尚未得到系统整理和研究，资料也散佚各处。因此，对"十大建筑"开展系统研究非常必要，对于"十大建筑"的设计思想、技术水平和艺术价值，尤应在国际比较框架下、采取较宽的视野加以评价，力求客观、准确、公允。

"十大建筑"是举国体制造成的结果，社会主义大协作的方式造就了我国建筑史上的奇迹，但其弊端如造成大量浪费、大众动员和高度热情的不可持续性等值得加以历史性反思。但如何形成有效、可持续的建筑设计、施工的工作制度，并在建筑创作得到正面反映，应继续加以研究。

"十大建筑"尚存的八处均由使用单位正常使用中，唯因应时代发展需做若干扩建（如国博、农展馆）或改建（如人民大会堂之日常维护）。对于建成年代较近、建筑质量较高、尚在正常使用中的现代建筑，如何借鉴国内外有益的经验加以正确地保护、是否保护策略有别于传统意义的各级别"文物"建筑，此为值得进一步讨论的课题。

# 近代中国建筑工匠人物群体研究初步
## ——以20世纪50年代重庆市建筑工人档案为核心

同济大学　张天

**摘　要**：本文基于新发现的90余份1952—1953年重庆市建筑工人登记表，初步研究近代与现代早期中国建筑工匠、工人的来源、技能培训状况、内部组织形式。在此基础上初步讨论近代知识分子与建筑工匠之间的关系，并对这一研究的可能发展方向进行初步讨论。

**关键词**：近代工匠；工匠转型；近代建筑施工

## 一、研究缘起：近代建筑史研究中的"儒""匠"之别

自营造学社提出"沟通儒匠"[①]以来，建筑生产过程似乎就自然分为了两个部分，即负责设计的"儒"和负责建造的"匠"。在这一划分体系中，建筑师的前辈们无疑将自己划分在了"儒"之列，他们掌握了全球化的知识，致力于以知识改造国家与地方。无论这一改造是以采用新材料新技术为模式，还是以整理国故、再造文明为模式，终究是以使知识系统化、科学化作为其目标的。而"匠"在这一层关系中即成为被沟通的一方。其后的建筑学研究者也多以"儒"作为研究的核心，即以建筑师和建筑案例作为近代建筑史研究的重点。这一分类方式一直延续至今日，例如，在2021年末东南大学主办的近代建筑历史与理论讨论研讨会中，亦着重强调了"儒"与"匠"的分类。[②]

这一分类自然对建筑史研究十分有益，它使得学者能够快速界定自己的研究边界。但在近代世界，二者的分野、沟通方式等方面是否如同今日一般，这一问题是值得讨论的。随着近代建筑技术史的讨论越发深入，如潘一婷[③]等学者开始研究近代的技术文本、书籍、手册等等，使对"儒"的研究逐渐出现了些许向"匠"的方向的偏移。但如果我们以当时普通建筑工匠的心态揣摩，就会发现，一旦我们开始讨论写就于书本、杂志上的"知识"（Knowledge），就会重新回到以"儒"为中心的视角里。

但近代建筑并不是仅凭近代建筑师独立完成的作品。如高曼士[④]、潘一婷[⑤]的一些研究，已经指出了近代建筑建设中建筑工匠的情况以及对于最后建造结果的影响。如果想要探究完成的探讨近代建筑的产生过程，可能"匠"的近代转型过程也是无法避开的一部分。目前的研究较少涉及这一方面，且常常将"匠"扁平化理解。以至于我们在谈论近代建筑工匠时不得不先问，他们是谁？他们从何而来？他们内部有怎么样的组织与管理方式？他们的技术来源是什么？

本文即以90余份1952—1953年重庆市建筑工人登记表的统计研究为核心史料，试图初步分析近代建筑工匠的来源、组织管理模式、技术源头等问题。首先对研究的基本材料做出概括，再分类讨论工匠来源、技术来源、内部分类与组织等问题，进而讨论这一研究的意义与未来可能继续的方向。

---

[①] 焦洋：《浅析"沟通儒匠"在〈营造法式〉中的表征》，《南方建筑》2017年第6期。
[②] 会议2021年12月11日由东南大学建筑学院主持召开，主题为"建造与思想的互动——2021近现代建筑历史与理论研讨会"。
[③] 潘一婷：《"工学院运动"下的英国建造学发展：以米歇尔〈建造与绘图〉及其对杜彦耿〈营造学〉的影响为例》，《建筑师》2020年第3期。
[④] 高曼士、徐怡涛：《舶来与本土——1926年法国传教士所撰中国北方教堂营造之研究》，知识产权出版社，2016年。
[⑤] 潘一婷：《隐藏在西式立面背后的建造史：基于1851年英式建筑施工纪实的案例研究》，《建筑师》2014年第4期。

## 二、建筑工人登记表的基本状况介绍

本文所采用的《重庆市建筑工人登记表》共有92份,为1952—1953年重庆市建筑工程劳动力调配处、重庆市建筑业工筹会对重庆市工人情况进行统计的表格。1951年中共中央西南局签发《关于统一建筑工业管理的决定》,指出重庆地区建筑工人"仍处在封建把头的统治剥削之下";次年成立了建筑工人统一调配机构即调配处,负责工人的登记、统计、调配工作,任何国营和私营企业都不得私自招收工人。[1]私营营造厂的社会主义改造和工人的统一登记调配是全国各城市的这一时期的工作重点之一,在各地均成立了统一的工人调配站。

表格基本样貌如图1所示。在表格的最上方即展示了工人的调配站号及组别,右侧上方为工人的市级、区级调配编号。本文采用的92份表格因为是从不同来源搜集而来,调配编号并无规律,但其随机性也使这一样本能够在一定程度上反应总体的情况。

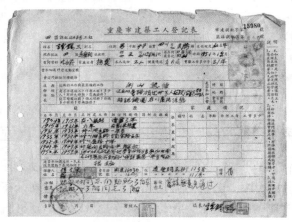

**图1  建筑工人登记表的基本样貌**

表格的第一大项是工人的基本信息,含有工人籍贯、文化程度、年龄工龄、是否参加过社会组织、家庭信息等情况,能够反应工人的最基本情况。本研究所采用的登记表中,最为年长的工人出生于1894年(清光绪二十年),最年轻者出生于1937年;其中出生于1901—1910年、1921—1930年的工人最多,分别为27人与28人。

第二大项是技能信息。包括技术特长与经验、工作简历两部分。表格右侧特别要"技术特长栏必须具体,如水泥钢骨、架大木、粉水、油漆门面等,有特殊技术能力者,可填入备考栏内"。技术特长与经验部分最为看重熟练工作、领工经验、能否识图与估工估料。

第三部分是其他情况与意见,包含是否参加过反把[2]、民主改革运动等,以及小组意见、保证人信息等。表格的最下方是年份、审核人和填表人签字。因为有部分工人并未在前几部分中承认自己是当时代表着"反动"的"把头",所以这一部分也是工人分类的重要参考内容之一。

## 三、建筑工匠的基本情况:受教育程度与工匠来源[3]

被统计的工匠受教育程度普遍较差。92人中有36人为文盲,小学三年学历(含私塾三年)以下为73人,占总人数的79.3%;学历最高者为罗某生[4],高中肄业。受教育程度是一个相对独立的指标,受教育的高低并不能决定工人的技能层次、社会地位等。有特殊技能的14位工匠学历都在小学三年以下,有一半是文盲、稍识字这样的教育水平。有领工经验的8人中有7人学历在小学三年以下,只有马某荣[5]

---

① 见余楚修主编,重庆市地方志编纂委员会编:《重庆市志·第七卷》,重庆出版社,1999年。

② 即反对前文所述的封建把头。

③ 本文为避免侵犯他人隐私,将文中所有被登记的工匠名,第二字以"某"字代替,需要以图片形式出现的工人除外。

④ 罗某生,1929年生于巴县,平工工人,能做土石方工作。高中肄业学历。1952年后才参加建筑业,之前大部分时间从事店员等工作。

⑤ 马某荣,1925年生于南充,木工工人,大小木都擅长,能估工,有十余人的领工经验。曾参与青帮。小学肄业学历。1936至1939年在南充学艺,1939—1945年在重庆复兴面分析工作,1949年后打领工至重庆解放后。

是小学肄业,且其中有 3 人是文盲。

重庆的工人大多来自重庆周边各县(1952 年隶属四川)。92 人中只有一人来自重庆市区,为出生于 1931 年的小木工匠曹某[1],以及有一名工人来自 1952 年归属于重庆市区的北碚。有两人来自四川省外,为来自湖南郴州的邓某清[2]、山东普县的冯某波[3]。依照 1952 年行政划分来看,在专区、市一级,有 44 名工匠来自江津专区,23 名来自南充专区;在县一级,来自巴县的工人最多,为 14 人;来自江北、江津、武胜、涪陵的工人数量次之,为 8 人;再次之的是广安、合川,各 7 人。

首先,近代中心城市吸收了来自周边郊县的技术工匠。其次,重庆作为中心城市,其工匠最多来自近郊的江津辖区;稍远的南充、遂宁、涪陵等专区,则呈现出距离重庆越近,提供工人数量越多的情况。围绕中心城市,形成了城区—近郊—远郊的同心圆形态。

如果将上海的情况与重庆做出对比,则可以看出两地的不同之处。笔者亦对 1946 年上海 922 位营造同业公会会员的籍贯进行了统计[4],来自上海本市、上海周边(川沙、南汇、浦东等)、宁绍周边[宁波、鄞县(现鄞州区)、绍兴、余姚、奉化等]的会员各占四分之一左右,其他地区的会员(南通地区、扬州泰州地区、太湖沿岸地区)合占另四分之一。尽管这些会员作为营造厂经营者不一定是匠人出身[5],但这种对比也能反映出上海匠人来源的一定状况。在 1946 年的木工、泥水工等工会的普通工人统计表[6]中,也可以大致得出相同的结论。相较于重庆而言,上海的工匠来源更加广泛,能够吸引周边城市如宁波的工匠;同时上海的工匠相较于重庆来说,存在着地理与技术的依赖关系,例如上海木匠与红帮(宁波)木匠的区分[7]。

另一个不同是城市是否能够培养工匠的不同。对重庆而言,大部分工匠来自周边区县。而对于上海来说,其城市自身培养了四分之一的营造厂经营者,工匠名单中上海籍的也不在少数。似乎进入现代化更早的上海,也更早开始培养工匠,可能可以理解为城市在近代逐渐代替乡村,成为技能交流与技能生产的空间。

## 四、建筑工匠的技能分类与技能来源

目前统计到的工人共分为土石方、木工、解[8]工、捆建、砖料、普工六种。

其中土石方工人分为开山(开山场或山厂)、安碑、安砌三种,开山工负责开采石料、基础挖掘等工作[9],安碑和安砌负责石材安装砌筑的工作。木工分为大木和小木,另有大槽板、小木车身、木工小据工人各一名。解工负责将大木材分割为可以使用的小木材。捆建工应来自民国时期的竹篾工[10],负责搭

---

① 曹某,1930 年出于重庆,小木工人,能识小木图纸。小学一年学历。1941—1943 年在重庆学木工,出师后在重庆做木工至新中国成立后。

② 邓某清,1912 年生于湖南郴州,小木工人,识全图,1952 年时担任伐木公司代表,曾参与袍哥仁字五排。小学一年学历。1927—1934 年在家乡学习木工,1934—1938 年在湖北做一等兵,受伤退伍后 1938 年在重庆申新纱厂做木工,1939—1943 年在重庆某厂(此处模糊)做木工,1943 年后在遗爱祠做木工,后任伐木公司代表。

③ 冯某波,1908 年生于山东普县,普工土石方工人。曾参与袍哥,具体堂口排数不明。文盲。1952 年开始从事建筑行业,此前为厨师。

④ 数据统计自民国政府对上海全市营造同业公会会员的登记表格,会员为上海市全市所有营造厂的经营者。其中甲级会员 389 位,乙级 160 位,丙级 233 位,丁级 141 位。笔者对这共计 993 位会员的籍贯、地址、资本数,逐一进行了整理。原数据见上海文献汇编委员会编:《上海文献汇编·建筑卷 9》,天津古籍出版社,2014 年。

⑤ 上海近代的营造厂经营者中有相当大一部分起源于建筑工匠。见娄承浩、薛顺生:《老上海营造业及建筑师》,同济大学出版社,2004 年。

⑥ 该统计表来自上海档案馆,因其含有的工人数目过于庞大(约有 3000 余人),目前还在整理统计中。档案名称:《上海特别市水木业工会概况与会员名册》,档案号:Q7-1-133-56。

⑦ 在笔者对上海老工匠的采访中以及文献中都可以找到这一分类的依据。上海营造业的同业公会也长时间处于上海、川沙工匠与宁绍木匠单独成立同业公会的局面。在西方人的雇工价格表中,也将在上海工作的木匠分为 Shanghaier 和 Ningboer。Brooke, Tw J , The China architects and builders compendium, North-China Daily News &, 1928, p.89.

⑧ 原表中为该字为金字加解字组合而成,且所有 12 名该工种工匠的写法是一致的。与重庆市老工匠李世碧确认后,得知此字在重庆话中读"改"。解工主要负责将大木材分割为小木材的工作。此处感谢李世碧先生赐教,感谢吉林建筑大学硕士李林杰的协助。

⑨ 这一工种在很多重庆地区民俗歌谣中有记载,例如《石工号子》。见重庆市北碚区民间文学三套集成编委会编:《中国歌谣谚语集成重庆市北碚区卷》,西南师范大学劳动服务公司印刷厂,1989 年,第 1 页。

⑩ 见重庆市城乡建设管理委员会:《重庆建筑志》,重庆大学出版社,1997 年。

设脚手架,做棚房等工作,在统计工人中也发现了捆建工人学习竹篾做法的记录。①砖料工类含有泥工、水粉工、砖工,负责砌筑与装饰,可能是民国时期泥水工与漆工的结合。②普工又称平工、土工,大部分从事技术水平较低的体力劳动。

学徒经历是重庆近代建筑工匠的主要技能来源。92名工人中有65人有学徒经历;由于92人中存在普工(平工)13人,因而技术工人中从学徒经历里获得技能的占82.3%。另外没有学徒经历的技术工人有一部分是通过直接工作获得了技能,例如1931至1933年在修建川陕马路中学得土石方技能的谭某三③、1921至1927年帮助同乡做"装傢"学会了安砌技能的刘某安④。此外还有依靠继承祖业习得技能的工匠,例如1913—1923年一直与父亲一同做木工的洪某祥⑤。

是否需要学徒、学徒时间长短都是与所学习的技能相匹配的。在35位木工中,仅有3位既无学徒经历,亦无擅长木工的亲属。解工10人中,有2人没有学徒经历。土石方工种则有一半的人缺乏学徒经历。无技能的普工12人中,只有一人有学徒经历。木工除却极端案例外,大部分有4—5年的学徒时期,其中四年为最多,占总数一半。解工大部分需要2—3年,土石方工人则为3—4年。

开始学徒的年龄也与工种有一定的关系。对于所有工种来说,16—20岁开始学徒的工匠最多,为28人;11—15岁次之,为21人;最小的学徒起始年龄是7岁,最大的是35岁。木工的学徒年龄相较于其他工种较小,所有的10岁以下开始学徒的工匠都是木工;11—15岁与16—20岁开始学艺的木工都是14人。土石方工人则是15—20岁开始学徒的工匠最多,这可能与土石方工种需要更成熟的体魄相关。捆建工人陈某华⑥的履历也说明了这一点,他自述1937—1939年"学石工,力小,受不下苦",因而才在1939—1942年转行学了捆建。

另一值得关注的问题是工人学艺地点的变迁。在1924年以前学徒的13位工匠中,只有两人是在重庆学艺的(卢某全⑦、任某安⑧),其中任某安仅是从江北到重庆,距离相对比较近。而在1925—1937年,34名工匠中有一半到重庆学艺。1948年后的13名工匠中有12名都来到重庆学艺。这似乎也说明了前文所述的,近代以来城市逐渐代替乡村,成为技能交流的主要场所的观点。

在技能特长一项中,共有14名工匠认为自己有某项特长,其中能估工估料者5人,能识图者9人,两项技能兼备者仅2人。其中,杨某章⑨能识家具图纸、做房屋构架;杨某云⑩略能识图、能估家具工料;其

---

① 捆建工人李某林曾在1911—1912年在家乡巴县与父亲一同做竹篾工,后又自己做竹篾工至1930年,1931年做捆建。李某林,巴县人,生于1894年,文盲,曾参与袍哥仁字九排。

② 见重庆市城乡建设管理委员会:《重庆建筑志》,重庆大学出版社,1997,第24页。

③ 谭某三,1905年生于武胜,开山工人。自述为"熟练开山"。私塾三年学历。没有学徒经历,1931年前在家务农;1931—1933年修川陕马路;1933—1937年修川湘马路;1937—1947年修川康马路,并在此期间内领工30余人;1947—1949年修万开马路;1950年后在政府组织下学习,而后参加成渝铁路修筑至登记。

④ 刘某安,1906年生于武胜,安砌工人。文盲。曾参加过土匪。能估工估料,有过领工50余人的经验。1920年前在家务农,1921—1925年在乡中帮一位名为胡代乾的人做"装傢",1926—1927年又为同乡胡双和做"装傢",1928—1929年在各地卖小菜、补锅维持生计,1929年后修北川铁路至登记。

⑤ 洪某祥,1896年生于巴县,大木工人。稍识字。擅长大木门窗。1913年前在家乡务农、割草;1913—1923年在家乡随父亲做木工,1923年父亲亡故;1923—1925年在重庆武器修理厂做木工,因病重返乡回家;1925—1952年在重庆零星做工至登记。

⑥ 陈某华,1916年生于合川,捆建工人。文盲。曾参与袍哥德字老幺(即为最低等)、民兵组织。1937—1939年在重庆两路口学石工,因力小受不下苦,1939年改在重庆菜园坝学习捆建,1942年出师,而后在重庆市区工作至登记。

⑦ 卢某全,1900年生于武胜,安碑工人。小学半年学历。1913年经朋友介绍来到重庆,至1918年在重庆从事挑泥巴的工作,1918年开始学徒石工,1921年出师,1923年起在重庆做石工至登记。

⑧ 任某安,1901年出生于江北,解木工人。小学一年学历。曾参与袍哥德字九排。曾领工四人。1919—1920年来到重庆学解工,出师后工作至1936年,而后失业,在1937年从事抬轿子工作,1938—1941年从事解工,1942—1943再次失业,卖花样两年,1944年后做解工至登记。

⑨ 杨某章,1925年出生于江津,小木工人。识字。曾参与袍哥幺大。能做房架,能识门窗图。1938—1941年在江津白溪学徒,出师后在江津工作至1947年;1948—1949年在江津开小木铺子,因缺乏本钱失败;1950—1951在江津与重庆之间做木料生意;1951年起在重庆市文化宫劳工人民医院做工至登记。文化宫及其附属建筑始建于1951年,猜测杨某章参与了修建过程。

⑩ 杨某云,1910年出生于江津,小木工人。私塾二年学历。略能识图,能估家具工料。1922—1930年学徒,1931—1938年在江津木工合作社工作,1939—1952年在江北王家坡工作。

中还有一位可"识全图",猜测为家具、房屋图纸都能够看懂,为前文提到的小木木匠邓某清。

总的看来,近代城市的发展使得城市代替了乡村成为技能交流的中心,工匠在学徒后进入近代的建筑工业系统中。但工匠中能够识图、估工估料的仍然相对少见,因而与近代建筑、工程知识分子之间可能仍然很难直接交流。而领工的"把头"等职业、营造厂等单位,可能是使知识分子与工匠能够交流的"中间团体"。

## 五、建筑工匠的组织形式

工匠的组织既有内部的分工、管理结构,也有工匠团体之间、与知识分子之间的沟通模式。

按照统计的档案来看,工匠内部存在"把头""掌墨师"[①]两种管理工匠与管理技术的"身份"。在被统计的92人中,存在领工经验的有5人,掌墨师只有1人。"把头"领工人数从十余个到50人不等。在登记过程中,这几位工匠几乎都被要求对自己做"把头"期间的"剥削"行为进行"坦白",而后重新准许登记进入工人队伍。

"把头"更类似于一个小包工头,大部分的"把头"有领工经历,但也有少数"把头"不承担施工任务,同时有领工任务的匠人也不一定就是"把头"。安砌工匠刘某廷,他自述没有领工经验,仍然被评为"小把头"(图3)。刘某廷的经历反映了新中国政府对旧工匠的改造过程。他1904年出生,19岁开始学艺,1948年前一直在铜梁乡下工作,1949年初因"乡村无工作"到重庆南纪门开山场,新中国成立后回到铜梁卖菜,1950年开始回到主城区大坪做安砌工匠,次年被公营重庆建筑公司吸纳为工人。

这种做工和失业轮换出现的情况在匠人中非常常见。比如领工4人的解木工匠任某安(图4),曾在1937—1939年、1942—1943年两次失业,从事抬轿子、卖花样[②]的工作;他本身是解工,但做小木工匠的领工。即便能够避免失业,也需要四处游走打工,例如前文提及的有领工十余人经验的木匠马某荣,他在南充学徒后随舅父进入重庆,而后1939—1945年一直在复兴面粉厂做木工,之后就一直在打零工,直至新中国成立。猜测他可能仅是在复兴面粉厂期间有领工经历,登记表中并未将他算作"把头"。前文提到过的谭某三更能说明这类情况,他在1937—1947年修筑川康马路期间领工三十多人,也未被算作"把头"。"把头"似乎是自负盈亏的承包商,与是否领过工关系不密切。

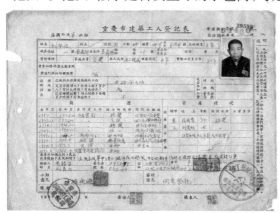

图3　刘某廷工人简历

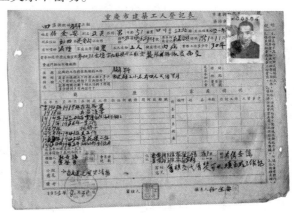

图4　任某安工人简历

掌墨师则更具技术性。掌墨师是工匠的首领,起到指挥施工、统领全局的作用,在没有建筑师时掌墨师也有能力负责基本的建筑设计。92人中唯一的掌墨师是安砌工匠曾某山,他的履历也是所有人之中最长的(图5、图6)。他1910年出生,1924年开始在铜梁安居乡(现安居镇)学艺,1928年出师;之后来到重庆,在化龙桥修马路;1931—1933年返乡,半工半农;1934年,由乡村派去綦江县(现綦江区)、梓潼县修马路;之后至1936年在彭水做工,完工后又回到安居乡半工半农;1938年之后开始作为小把头,在重庆各地领工,而后在1941年开始失业卖小菜,直至1950年;1950年之后他可能是由于失业,也可能是

---

① 这一名称在1949年以前的历史资料中很难找到。目前找到的材料除却本文采用的工人统计表外,最早的出自1956年的《儿童文学选》,其中将鲁班称为掌墨师,见中国作家协会:《儿童文学选》,人民文学出版社,1956年。

② 卖花样指卖旧式衣物、鞋面上的图样花纹。

由于其他原因,转业从事石工,此后在重庆主城各地工作,直至1952年登记。可以看出从学徒结束后到成为掌墨师,需要相当长的一段时间。而且成为掌墨师也不意味着能够找到相对稳定的工作。实际上不少技术工人都存在着在城市与乡村之间不断折返的工作模式。

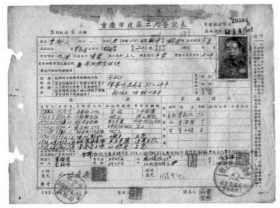

图5　曾某山工人简历正面

图6　曾某山工人简历背面

除却内部的分层之外,工匠本身参与社会组织的情况也值得重视。所统计的工人大部分都参与了一些帮会,例如袍哥、青帮等。其中参与袍哥活动的工匠是最为常见的,约占工人总数的1/4;其余还有参与国民政府组织如成为甲长、参与军队的,也有做过土匪的,还有一位游击队员。尽管成分复杂,但袍哥仍然是组成工匠的最重要的秘密社会组织。袍哥内部设一、二、三、五、六、八、九、十共八个"排",排数越小地位越高。[1]统计中地位最高的是安砌工匠黄某发[2],为"仁字三排"。其中"仁"为堂口名称,除此之外还有"德""礼"两个堂口名在统计中出现。建筑工匠与秘密社会的联系一直是十分紧密的,在上海也是如此[3]。

建筑师工程师对于工地状况有着直接指挥的权力。通常建筑师、工程师、营造厂都会雇佣监工、看工,来保证按图施工。建筑工匠内部由"把头"负责招工以及管理,"掌墨师"负责现场把控。"把头"所掌控的施工队有时会与营造厂合作,有时则会与营造厂竞争,甚至还出现过营造厂施工效率不如小承包商的情况[4]。营造厂有着自己的施工队伍,例如土石方工人秦某[5]就是"治成营造厂"的工人。但以目前的统计情况来看,加入营造厂、木材厂等固定单位的工匠占比不大,大部分工匠仍处在有工即做,无工即散的状态。大部分的"把头"也只是临时的,甚至出现了前文中做完领工回乡务农的情况。

闲散工人通常在"茶社"聚集,等待招工,"介绍职业并无一定之手续,失业者多以茶社为介绍所,城内则在较场小米市德万茶社、雷祖庙之友三茶社、双榀某茶社汇聚,城外则在储奇门外忠信茶社,千厮门外一栈茶社邓处汇聚,自行觅工,一般雇主需人时,亦于上列各处招雇。"[6]

# 六、总结、讨论与后续研究

由于本文仅仅讨论了与登记表相关的工匠情况,实际上还有很多细节问题未能深入研究。例如重庆工匠本身有着行会制度、工会[7],这二者与袍哥组织的关系如何;工匠是否从袍哥组织中吸收部分仪

① 参见王笛:《"吃讲茶":成都茶馆,袍哥与地方政治空间》,《史学月刊》2010年第2期。

② 黄某发,1898年生于蓬溪,安砌工人。文盲。曾参与袍哥仁字三排。1927—1930年在蓬溪乡下学石工,1927—1934年在遂宁做石工,之后1934—1938年在泸州、江津做石工,1938—1949年在重庆附近做石工,1950年后在重庆做石工至登记。

③ 可参见赖德霖记录的汪坦回忆中讨论徐敬直、陆根泉、陶桂林之间关系的部分。其中陆根泉就与军统、青帮等有一定的关系。见汪坦、赖德霖:《口述的历史:汪坦先生的回忆》,《建筑史》2005年第1期。

④ 参见《下水道工程成绩营造厂商不如小包商》,《征信新闻(重庆)》1947年第589期。

⑤ 秦某,1911年生于蓬溪,土石方工人。私塾三年学历。曾参与袍哥三排。1950年前一直在药铺、酒厂等单位做店员,1950—1952年在重庆治成营造厂工作。

⑥ 国民革命军第二十一军政治训练部:《重庆市各工会调查报告录》,国民革命军第二十一军政治训练部,1930年,第55页。

⑦ 例如重庆市大小木工会。其最早由十八个"神会"在1920年联合成立,当时以具有统帅地位的"九门铺户会"作为名称,1927年去除内部的"神会",成立工会组织,命名为重庆市大小木工会。见国民革命军第二十一军政治训练部:《重庆市各工会调查报告录》,国民革命军第二十一军政治训练部,1930年。

式进入建筑行业中;"掌墨师"这样的技术骨干的经历是否有着相同的规律;新中国成立后对建筑工匠的再教育,等等。但仍可以从对登记表的统计中得出有关近代建筑工匠的一些认识。

首先,近代城市发展过程中,周边乡村的工匠为城市发展提供了主要的技术劳动力,且技能产生与交流的中心随着近代城市的发展逐步由乡村向城市转移。对重庆建筑工匠籍贯与学艺地点的分析可以作为这一点的佐证。近代工匠作为劳动主体,将近代城市的"现代"与乡村的"传统"相结合,脱离了传统乡村手工业满足本地需求的状况,为城市市场而生产劳动。

其次,近代工匠,至少对于重庆来说,仍是以师徒传承为主流方式获得技能的,但其技能得以发挥的场所、应用的形式,由建筑师、工程师等知识分子来控制。从统计表中要求填写的"能否识图"一项就可以看出,图纸是沟通知识分子与工匠的重要媒介。与此同时,建筑师与工程师通过把头、监工等对施工过程进行控制。设计的权力由传统的工匠,转移给了掌握现代知识的建筑师、工程师。

这一过程与欧洲工业革命时期手工业、学徒制的变化十分相似,师父、工匠、学徒这样的等级体系逐渐被领工、熟练工、半熟练工、劳工这样的新等级所替代。[1]前者只在一个狭小的地域空间内活动,按照工种分类;后者则更适合于工业生产,按照对工作熟练程度分类。工业化的生产模式导致了知识(knowledge)、技能(skill)、技术(technology)的分裂。在前现代社会中,三者聚集于工匠这一身份之中。而在近代社会,从传统师徒制的体系中出身的工匠,与越发标准化的现代施工技术、管理模式,以及流转于知识分子之间的科学化的知识,二者之间如何相互学习与相互塑造,构成了近代建筑施工过程中的一大张力。

这一张力逐渐削弱的过程,即近代工匠转型为工人的过程。在近代社会,虽然我们仍旧将拥有技术的劳动者称为"工匠",但在实际的工程实践中,尤其是大型公共工程的实践中,称呼这些劳动者为"工匠"还是"工人",也是值得讨论的。1948年,中国工程师学会会员李伯宁[2]出版了《实用工程手册》[3]一书,该书抛弃了过去的工程书籍充满计算、公式的特点,将所有工程知识浓缩为一本手掌大小的手册。该手册有"工作率"一节,其中将工人分为技工、半技工、小工三类。在这样的分类中,"工匠"已经几乎完全转变为"工人",或者说变为可以计算的"劳动力"。

这一过程如何转型完成,有哪些因素的作用,又在建筑上有哪些体现,仍需要后续的研究。这一方面有大量的官方档案需要整理,亦可以采访老工匠,进行口述史调研。这一问题也可以再向前拓展,去探讨近代工匠与传统工匠的继承问题;或向后探讨,讨论新中国早期建筑的施工问题等。笔者也在针对重庆、上海的工匠档案进行更大范围的搜集整理,期待有新的发现。

---

① 见关晶:《西方学徒制的历史演变及思考》,《华东师范大学学报(教育科学版)》2010年第1期。

② 李伯宁,1910年生,浙江海宁人,1934年毕业于天津北洋工学院,参与过钱塘江大桥等工程的设计,在新中国成立前后各出版《实用工程手册》一本。

③ 李伯宁:《实用工程手册》,开明书店,1948年。

# 1954年设计之同济大学砖砌混合结构建筑物研究

同济大学　余君望

**摘　要:**本文以同济大学档案馆馆藏的20世纪50年代校园建筑蓝图为分析对象,选取1954年由同济大学建筑设计院设计的三栋砖砌混合结构建筑物展开研究:同济大学南北教学楼、机电馆、西南楼学生宿舍。通过对平立剖面、节点大样、施工建造之分析,结合实地考察发现:三栋建筑在平立面设计上既体现了轴线、比例的控制关系,又反映了实用、功能、空间等观念;在造型上除了明显的剖屋顶、平顶和双曲拱顶之分,也都在细部表现了精致的中式元素;在剖面上呈现了构造的精美、建造材料的多样(砖石、混凝土、钢、木材等)和结构受力的合理。在新中国成立初期物质匮乏的背景下,同济的建筑与结构工程师,以砖砌混合结构为骨架,设计出了"经济、适用、美观"的现代校园建筑。

**关键词:**同济大学南北教学楼;机电馆;西南楼学生宿舍;砖砌混合结构;建筑设计;构造节点;结构受力

## 一、前言

砖砌混合结构在新中国成立后的民用建筑中得到广泛应用,大部分新建建筑采用承重砌体砖墙和钢筋混凝土楼板,这一结构体系与近代时期多层建筑中较多使用的框架结构和空斗砖墙有着明显不同,无论是材料力学性能,或是结构计算方法都较以往有了发展进步,建筑设计的手法、观念亦不同于以往。20世纪50年代初,同济大学"校舍设计处"成立,完成同济校内多处重要建筑物之设计,其中大部分为砖砌混合结构,本文以其中三栋建筑:南北教学楼、机电馆、西南楼学生宿舍为研究对象,试图探索在新的结构体系下,建筑和结构工程师又做出了哪些努力(图1)。

图1　同济大学南北楼(左上)、机电馆(右上);[①]西南楼学生宿舍(下)

---

① 陆敏恂主编、同济大学宣传部编:《同济老照片(修订版)》,同济大学出版社,2007年。

在以往研究中,丁大钧[①]梳理并概述了新中国成立以来我国砖石结构的材料发展、规范演变和工程实践等;朱晓明、祝东海[②]指出同济电工馆的"双曲砖拱"是苏联建筑技术在中国转移的实证;吴皎[③]厘清了50年代初同济校园规划和建设实践中的建筑案例和历史事实;彭怒、谭奔[④]研究了中央音乐学院华东分院琴房的结构体系、建造逻辑、构造形式等;李海清[⑤]指出红砖砌筑的中国霍夫曼窑之于建筑学的价值和意义;夏珩[⑥]考察了1957—1958年华南工学院土木系在广东新会所做的砖薄壳结构试验。由以上综述可知,对新中国成立后建筑技术史的研究近年来已取得重大成果,但与近代史研究相比仍然式微,对1949年以后砖砌混合结构体系的研究仍在起步阶段。本文在前述研究的基础上,重点指向建筑本体,分析平立面中体现的轴线、比例、体块组合关系,同时从剖面入手,对其构造大样、结构构成、承重体系等加以剖析,在建筑与结构之间揭示50年代砖混建筑的价值。

## 二、南北教学楼

1953年底,同济开始筹划以满足本校教学需求之中心大楼,在设计阶段,冯纪忠、谭垣、哈雄文、黄家烨、李德华等同济建筑系教师都提交了建筑方案,其中既有以北方官式建筑为样本的"民族形式",也有以南方民居为范本带有"马头墙"的苏南风格,以及纯粹的现代"功能主义"建筑方案,最终提交方案共有21个,初选15个,最后以吴景详、戴复东、吴庐生设计,采取北方官式建筑立面形式的方案获选。[⑦]1954年底,全国掀起"反复古主义"风潮和"反浪费"运动,与此同时建筑系教师亦"上书中央",以经济性差为由请求停建大屋顶和部分中式装饰,后经同济大学建筑系教师集思广益,对已获选方案进行修改,形成最后方案,施工图修改则由朱亚新和吴庐生负责,最终于1955年建成。[⑧]南北楼的结构设计则由结构系副主任张问清[⑨]教授负责,结构系叶书麟[⑩]、俞调梅[⑪]、曹敬康[⑫]等均有参与,张问清率领结构团队开展现场荷载试验,最后成功提升了建筑场地的地基承载力。

原中心大楼方案呈"H"形布置,经修改后仅保留南北两侧翼建筑,因此称之为南北楼,两栋大楼平面布置基本一致,由中厅、东西段、尽头处阶梯教室组成。中厅开间14.24米,进深19.4米,室内四根圆混凝土柱将中厅分为前、中、后三部分空间,尺度比例分别为5:3、4:1、2:1,前部大堂两层通高,与主入口柱廊空间形成前后序列,中部与两侧教室交通廊道相对,后部为局部两层,以两侧的双跑楼梯联系上下。东西段以中厅轴线呈镜像关系,由两侧八个教室(11270×6400毫米),中间过道(宽2.4米),和尽端之疏散楼梯间、厕所、休息室组成,交通空间比例张弛有度。尽头处阶梯教室长宽为18×12.6米,室内无柱,由钢筋混凝土钢架梁支撑该大跨空间,尽端为专门疏散楼梯间,长宽为8.8×2.6米。

立面造型上将原方案中大屋顶去除后,建筑师仍以适宜的比例关系控制立面:在大色块比例上可分为三段:浅色石灰基座、砖红色墙面、浅色女儿墙收顶;在材质做法上可分为四段:底部混合胶泥粉刷石

① 丁大钧:《中国的砖石结构》,《砖瓦》1996年第3期。

② 朱晓明、祝东海:《建国初期苏联建筑规范的转移——以同济大学原电工馆双曲砖拱建造为例》,《建筑遗产》2017年第1期。

③ 吴皎:《新中国成立初期同济校园建筑实践中本土现代建筑的多元探索》,同济大学2018年硕士学位论文。

④ 彭怒、谭奔:《中央音乐学院华东分院琴房研究:黄毓麟现代建筑探索的另一条路径》,《时代建筑》2014年第6期。

⑤ 李海清、于长江、钱坤、张嘉新:《易建性:作为环境调控与建造模式之间的必要张力——一个关于中国霍夫曼窑之建筑学价值的案例研究》,《建筑学报》2017年第7期。

⑥ 见夏珩、吕竞晴、张骐、林兆海、苏嘉杰:《广东早期砖薄壳结构的建构技术研究——1957—1958年新会的"逼拱"实验》,《建筑学报》2021年第12期。

⑦ 见同济大学建筑与城市规划学院编:《同济大学建筑与城市规划学院五十周年纪念文集》,上海科学技术出版社,2002年。

⑧ 见同济大学建筑与城市规划学院:《吴景详纪念文集》,中国建筑工业出版社,2012年。

⑨ 张问清,1936年毕业于上海圣约翰大学,是我国土木工程界和岩土工程界知名的专家学者,长期从事结构工程、岩土工程学科的教学。

⑩ 叶书麟是我国地基处理领域的开拓者与资深专家,1951年毕业于同济大学土木系结构专业,经分配留校任助教,辅导钢筋混凝土结构,1953年调至本校校舍建设委员会担任设计工作。

⑪ 俞调梅,1934年毕业于交通大学土木系,1946年后历任交通大学、同济大学地下建筑与工程系教授、名誉系主任,是我国著名老一辈土力学与基础工程专家。

⑫ 曹敬康,同济大学教授,曾负责同济大学建筑工程设计处第二设计室之结构设计。

子须弥座,一层以混合胶泥粉刷墙面,二到四层以红砖砌筑窗间墙和层间墙,屋顶女墙以石灰粉刷砖砌之镂空栏杆(主体)和实心栏杆(侧面),构成1:2:5:1之比例关系。在不同功能处立面处理手法相异:主入口处以砖柱廊形成灰空间,上承三层通高传统中式窗格栅,屋顶部分设计图上以局部加高女墙的方式凸显主入口,但实际落地仅将镂空栏杆以石灰涂实表示不同;东西段立面中部四层处,有四跨外墙面以水泥粉刷并凸出红砖墙面一定距离,下部以叠圆弧形牛腿支撑,从而打破了过长红砖立面带来的单调感;侧立面则充分利用平面上楼梯间、阶梯教室、普通教室的前后关系和进深大小,依次形成了前后三层立面关系,打破了均质化的立面构成(图3)。

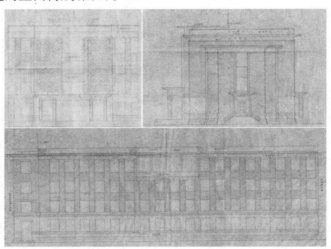

图3 南北楼主入口立面(左上)、侧立面(右上)、南立面(下)

从剖面上看建筑的承重构件和构造细部:竖向承重构件以砖墙为主,在中厅和阶梯教室处以钢筋混凝土柱将荷载传至基础;水平承重构件视功能空间不同各有差异,教室部分采用8厘米厚的钢筋混凝土楼板浇筑在木格栅(次梁)之上,木格栅(东北杉木)以螺栓拴接在预制混凝土大梁上,大梁则以混凝土垫块为过渡落在370砖墙上(图4);而在阶梯教室,混凝土楼面浇筑在连续的密肋小梁之上,预制密肋小梁则落在柱梁一体的钢筋混凝土刚架之上,从而形成12米跨度的无柱空间;中厅则局部形成了框架结构,楼板落在次梁上,次梁落于主梁,主梁则与柱子预留的钢筋浇筑而形成整体。基础部分是砖墙顺着平面位置延深至地下构成条形基础,砖墙下面是钢筋混凝土底脚(底面为方形的四角锥),其标号仅为140号,与现今常用的300号混凝土相比强度差了不少,在钢筋混凝土底脚和砖墙之间浇灌约莫10厘米厚的90号纯混凝土作为过渡(图5)。

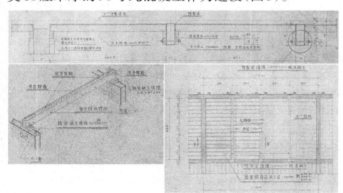

图4 南北楼教室楼板构造(上)、教室预制梁搭接示意(左下)、教室楼板平面布置(右下)

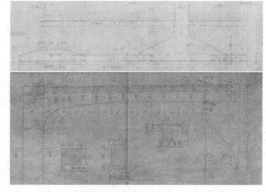

图5 南北楼基础示意(上)、南北楼阶梯教室钢筋混凝土刚架(下)

在节点大样上,在尽端阶梯教室立面处,以现浇钢架混凝土构件去模仿传统中式建筑中的檐口细部做法。

南北教学楼的设计,综合了同济大学建筑系和结构系师生的共同努力,在业已施工又面临方案调整的情况下,建筑系教师以纯熟的职业技巧,设计出平面功能合理、空间张弛有度、立面比例适宜、造型简约又体现中式意味的教学大楼。结构系教师合理安排各承重构件,面对不同功能空间的尺度需求,给予不同的力学解决方案,合理组合不同建筑材料:混凝土、红砖、杉木等,使其充分发挥其力学性能,其中木—预制梁楼板和砖墙下置四角锥形混凝土底脚皆是设计中的巧思。

# 三、机电馆

同济大学机电馆更为熟知的名称是"电工馆",因设计蓝图上称其为机电馆,故在本文中沿用该称谓。机电馆落成后以其独特的双"三联拱"造型有别于校园内其他建筑,该建筑设计于1954年,从图签上看,建筑设计为"机电馆组",审核罗维东[①],制图秦国昌,校核徐馨祖,也有建筑设计室主任吴景祥的签字。结构设计为周利吉、张祖番,审核陆子明,校核欧阳可庆[②],结构系副主任张问清同样负责该项目的试验研究和结构设计。正是两个专业高水准人才的参与保证了机电馆设计与建造的质量。

机电馆原建筑总面积约3250平方米,建筑平面南北对称布置,主体功能为机电试验室和砖木工坊,各分别对应一个"三联拱"屋面,"三联拱"纵向长约33米,由13道小拱波构成。中间以12米长的平屋顶建筑相连,值得注意的是在东西立面中部处,先以虚墙(漏窗花台门洞)与主立面齐平,经过一重院落后方为实墙入口,以虚实结合营造入口空间序列。同时中段局部升起,以高侧窗采光,在进入中部实验室处,以玻璃板壁反射更多天光,这些细节皆能反映出设计者的巧思(图6)。

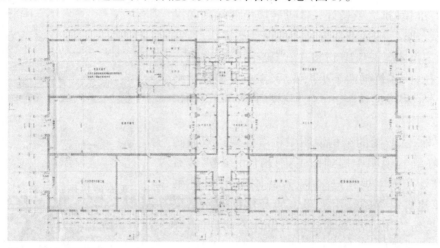

图6 机电馆平面

此外,张问清在《双曲砖拱的调查与研究》中认为双曲砖拱房屋不宜过长,因各地气候与土壤条件不同,结构物应慎重布置变形缝,并建议布缝间距在40米为宜,地质条件不好的间距应为30米,机电馆单个"三联拱"房屋长度恰在二者之间。2006年,南侧"三联拱"和中部连接体被拆除,如今仅余北侧一栋"三联拱"建筑屹立。

从侧面看,山墙迎合拱的形式,以黑灰筒瓦压顶,形成连绵起伏的拱曲线,端部仿马头墙式样做砖叠涩,三个入口上方各开了三条竖向花格窗,东西拱跨13.43米,中间拱跨13.49米,在砖拱与山墙的交界面,则有与拱轴线相同形式之钢筋混凝土圈梁,两拱交接处(即纵向370内砖墙顶)浇筑钢筋混凝土枕梁,同时拱脚处以水平金属杆拉接。建筑基础则顺应砖墙位置做条形基础,砖墙落在约1500×50毫米的1:3:6石灰碎砖三合土之上,且以140号钢筋混凝土圈梁加固墙体下部(图7)。

---

① 罗维乐,1946年毕业于中央大学建筑系,后赴美师从密斯学习,1953—1956年任同济建筑系教师。

② 欧阳可庆,1943年毕业于上海圣约翰大学土木系,同济大学教授,从事钢木结构方面的教学和研究工作。

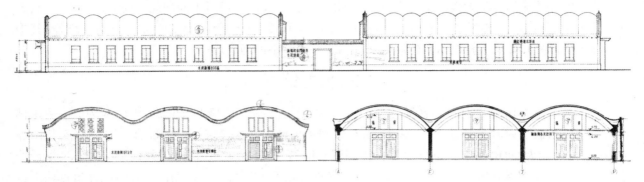

图7 机电馆纵向立面(上)、侧立面(左下)、侧向剖面(右下)

双曲砖拱则用100号机红砖(最低破坏强度每平方厘米100千克)砌筑,拱顶为二分之一砖厚,侧向立砌,小拱波也以砖的侧向顺着拱轴方向砌筑。在结构施工图中描述了该砖拱建造的四大步骤:①设立室外和室内水平基准点;②在砖墙顶基座砌筑完成7天后,安装活动三铰模架,标定"三联拱"高度,放置钢拉杆,支好准模(拱之弦长处);③砌砖应由两端砌向拱顶,必须用满刀灰[1]砌法,砖数及灰缝尺寸按设计严格执行,譬如在模架顶依标记每米弧长应砌17皮砖,当砌至拱顶合龙后,就可拧螺帽压紧拉杆;④每砌两个小拱波后,需要在模板中维持36小时,然后才能将模架移至下一组,移模时要防止已砌筑之砖拱不受损害(图8)。

除建造次序外,从蓝图的结构说明中也可发现该双曲砖拱的计算之法,在结构说明中提到该工程设计可参考《砖石双曲拱型砌体设计及施工规程》[2]一书,查阅该书可知,此书由苏联中央工业建筑科学院经由大量试验和房屋使用结果编著而成,由中央纺织工业部基本建设局设计公司翻译,详

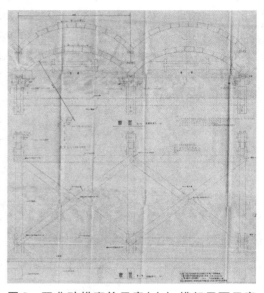

图8 双曲砖拱砌筑示意(上)、模架平面示意(下)

细叙述了拱形砌体的选材、设计、施工和计算。就双曲砖拱的静力计算而言,该书认为可按计算平面双铰拱的方式求得,在计算时引用一个拱波的横断面即可。两铰拱是一次超静定结构[3],力法方程只需求解一个未知力即可,求解较为简单,因此在《规程》中列出数据表格以供设计者选用,给出了支座给双铰拱水平和垂直作用力在均布、倒三角和半均布荷载条件下的计算公式(图9),其中的水平推力H可验算水平拉杆强度。拱轴线上断面所受轴力及弯矩按下式计算即可:

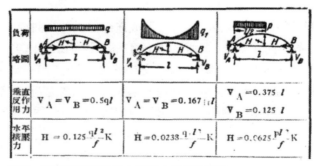

图9 抛物线型双铰拱支座反力计算图表[4]

---

① 满刀灰又称披刀灰,是指左手拿砖,右手用泥刀将砂浆满抹在砖的砌合面上,头缝处也满披砂浆,然后,将砖砌到墙上,并轻轻揉压至与准线齐平的砌砖操作方法。

② 张问清:《双曲砖拱的调查和研究》,《同济大学学报》1957年第1期。

③ 见龙驭球:《结构力学》,高等教育出版社,2003年。

④ 苏联工业构筑物中央科学院编:《砖石双曲拱型砌体设计及施工规程》,中央纺织工业部设计公司翻译组译,纺织工业出版社,1953年。

$$N = Q_0\sin\varphi + H\cos\varphi, \quad M = M_0 - Hy$$

其中 $Q_0$ 和 $M_0$ 为与拱相同跨度、截面尺寸的简支梁相应断面之剪力和弯矩，$\varphi$ 为拱轴之弧线切线与水平线的夹角，$y$ 为相应截面处矢高。由上式亦可知，正是水平推力 H 和矢高 $y$ 的乘积，减小了拱截面上所受弯矩，理论上也存在一条弯矩 M 处处为零的拱曲线，称为合理拱轴线。砖石结构因其抗压而不受拉的材料特性，通常作为竖向承重构件，在双曲拱中，正是截面所受弯矩的大幅减少，同时轴力压紧了各皮砖，使其可作为横向承重构件，同时可以比相应简支梁的跨度更大。

## 四、西南楼（学生宿舍）

1953 年底开始设计，1954 年 6 月完成施工图的同济大学西南楼（学生宿舍），建筑由黄毓麟负责，结构由叶书麟、陆子明、潘亦培设计，是同济 50 年代校园建设的一部分。西南楼作为学生宿舍楼，平面功能以宿舍间为主，位于主楼东侧和翼部南北侧，配套设置洗涤室、更衣室、浴室、厕所、储藏间、文娱室等，布置在主楼的西侧和三个翼部的端侧，通过中间走廊串联。上下楼梯间则置于主楼和翼部的中心对称轴处，满足交通及人流疏散的距离要求。平面设计在比例推敲上同样考究，建筑基地比例为 5:2，可由两个比例为 5:4 的矩形叠合而成，"E"字形平面围合而成的两个矩形入口广场比例为 5:8。主楼朝东的宿舍间比例为 5:3，而三个翼部南北向宿舍间比例为 4:3，辅助房间比例有 4:9 和 4:5 两种（图 10）。

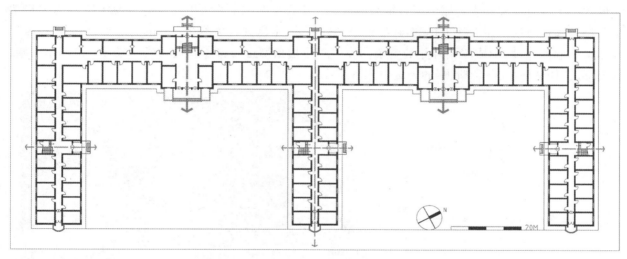

图 10　西南楼平面[①]

在立面形式上最显著的特征就是传统的中式坡屋顶，设计上采用了有弧度的四坡屋面，并在檐口、屋脊、漏窗、花格和入口等处做了中式细部处理。基座、墙身、屋顶将主立面划分为典型的三段式布局，正对广场的庑殿顶主入口门楼、和翼部尽头处的三坡顶次入口，综合呈现出"横三竖五"的古典立面效果。其基座高 1.5 米，墙身高 9 米，屋顶高 4.5 米，整体展现出 1:6:3 的比例关系。

轴线作为控制设计的重要手段，在西南楼对称的平立面布局中反映出，"E"字形的布局由南北向"匚"字形平面绕中轴线镜像而来，朝东的四层高门楼连同翼部楼梯间处轴线，在水平和竖直方向上共同控制着入口广场。在主立面上，主入口门楼中轴和端部三坡屋顶中轴线将立面划分为互为对称的四段。主楼朝东侧宿舍间局部外墙以 4.2 米间距形成 4.2×14.1 米（0.6 米+9 米+4.5 米），各段相同的分段立面。平立面的控制轴线在此并不孤立，黄毓麟以空间轴线综合考虑平面布局与立面造型。（图 11）

① 图 10—图 12 均为作者依据同济大学建筑设计研究院同济大学基建档案绘制。

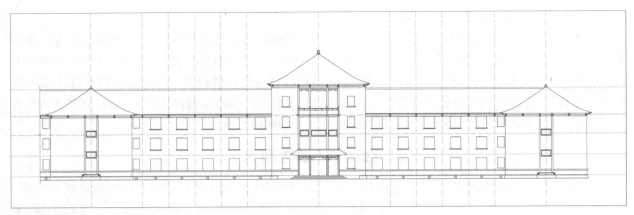

图11 西南楼主入口立面

　　西南楼造型上最为凸出的特征就是其"大屋顶"的民族样式,这一样式是由何种结构技术实现的?通过对同济档案馆所藏蓝图的识读可知,主入口处四层庑殿顶与"E"字形角部屋顶由木—钢混合桁架承重,由木梁构成桁架的上弦、下弦杆和斜腹杆,细长的钢拉杆构成了桁架中的竖向直腹杆,既与各木梁相联系成为整体,又承担了轴向的拉压应力。而翼部建筑中有坡度的瓦屋面则落在直径140毫米的杉木桁条上,木桁条通过150×250×250毫米的水泥垫块,将力传递到砖砌筑的横墙上。很明显,同济西南楼的木—钢混合屋架并未遵循中国传统坡屋顶关于清式举架或宋式举折的规定,圆木桁条沿着木桁架上弦杆的固定坡度由屋脊往下排列,在靠近纵向外墙处,木椽则直接落在升高的砖墙上,从而使得屋顶在檐部折起些角度,形成屋檐升起的效果,同时"E"字形角部也布置了屋角飞檐和屋脊推山的木构架,从而形成"如鸟斯革,如翚斯飞"的传统中式屋顶效果。(图12)

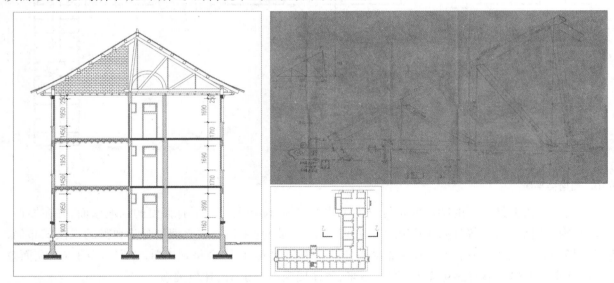

图12西南楼剖面(左)、剖切位置(右下)、剖切处屋架示意(右上)

　　与同时期建造的北京西郊宾馆、北海办公楼等其他"大屋顶"建筑相比,同济西南楼并未因传统"法式"要求而改变木桁架的合理形式,屋顶形式在这里服从于结构的受力规律,坡度基本保持一致,飞檐和推山的效果用构造措施达到。此外,屋架的布置也与建筑的平面功能和尺度密切相关,譬如在乙-乙剖面中可以看到,支撑双坡屋顶的圆木桁条分别由横向砖墙和木-钢混合桁架承重,这里的三角桁架并不是完整的,而是切去了左边部分三角而剩余的多边形,这与该处平面功能布局密切相关,这里东侧是宿舍间,西侧是辅助的厕所洗浴空间,宿舍开间4.2米,洗浴室开间8.4米,圆木桁条在大跨度下所受弯矩更大,设计截面就要增加,这显然是不经济的,而三角桁架只需要几个受力点就可以将上部屋顶的重量传递到承重砖墙,故而在开间增大的洗浴室和中间走廊之上选用桁架承重无疑是合理的,而切去的部分三角也并不影响其几何稳定性。应对不同的功能空间和尺度限制,选择砖墙与屋架共同传递屋顶荷载无疑是合理的选择。

除屋架外,木材、混凝土、砖石构成了建筑的整体承重结构,两个主入口处的门楼、翼部的楼梯间,以及主楼西侧的辅助房间(跨度较大)都布置了混凝土板以传递楼面荷载,4.2米开间的宿舍以断面为75×200毫米的方木每隔400毫米横跨在两侧砖墙之上,方木间以剪刀撑相连从而形成整体木格栅楼板以承担荷载,纵横砖墙则将整栋建筑物的荷载传递至基础,外墙在坡屋顶下加设的混凝土圈梁保证了结构的整体性和稳定性。在建国初期经济建设中节约三材(钢材、木材、水泥)原则的指导下,这种组合结构形式可以将各种材料的优点充分发挥,避免了浪费。

西南楼的设计既体现了建筑师黄毓麟深厚的"布扎(Beaux-Arts)"体系设计功底:重视比例、轴线和组合关系①,又反映出黄毓麟对功能、朝向、流线和空间等现代主义设计观念的重视。此外,西南楼的"大屋顶"也非浪费材料和形式主义,相反该楼功能合用、受力合理,与其说西南楼是在特定时期遭受"复古之劫"的建筑物,倒不妨说是黄毓麟和叶书麟等工程师在面对设计上的新要求:增设"大屋顶"与体现民族特征的情况下,综合考虑平面、功能、尺度、民族形式特征等建筑学问题,以及稳定、受力、施工等结构工程问题,从而设计并建成这样一栋看似复古,却体现着结构理性光辉的现代建筑。

# 五、结语

砌体混合结构在新中国成立后的很长一段时间内,普遍应用在民用建筑的建造上,并节省了大量混凝土和钢材,在20世纪50年代物质条件匮乏的情况下,极大助益了国家的基本建设并改善了民生。物质条件的匮乏并不意味着建设质量的低劣,与之相反,同济大学南北楼、机电馆、西南楼的设计者们在合理利用各建造材料的基础上,以卓越的设计手法、科学的结构组织,给同济校园留下了一笔珍贵的建成遗产。三栋楼所体现的理性、复杂性和现代性远非几个看似简洁、起伏、复古的立面所能概括,建筑物作为一个复杂、综合的体系,对其研究必然是复杂且多元的。本文在平立剖面分析的基础上,试图在建筑、构造和结构的相互关联间做初步努力。

---

① 见钱锋:《探索一条通向中国现代建筑的道路——黄毓麟的设计及教育思想分析》,《南方建筑》2014年第6期。

# 基于口述历史方法的甲方技术负责人研究
## ——以连云港花果山风景建筑设计实践中的张爱华为例

东南大学　李常红　李海清

**摘　要:**本文采用口述历史方法,重点记录张爱华在连云港花果山风景建筑设计与建造中的独特身份与角色定位,以呈现一个设计者在面对风景建筑设计复杂性及多变性时所能采取的立场和策略,揭示设计工作所本应具有的主体性。

**关键词:**风景建筑;张爱华;施工图设计;口述历史;复杂性

# 一、引言

　　风景建筑既是人们观赏的对象,同时也为人们提供观赏风景的场所。[①]风景建筑设计与建造要充分考虑周边环境,与自然环境相协调的基础上更要为环境增色,同时还要满足其功能性要求。传统类型建筑活动建筑师主要通过图纸设计对建造全局进行把控,而风景建筑由于所处场地自然环境的复杂性以及不可预见因素的影响,简单地通过图纸设计来操控承建商负责现场建造过程,可能会出现工程无法实施以及实施效果不尽人意等不利情况。因而,在风景建筑设计实践中,设计主体(designer)在复杂的现场环境中究竟如何应对施工图设计与真实场地信息之间的偏差,应采取何种技术模式与工程模式,应做出怎样的综合性判断以及具体回应?[②]有关上述事项与决策,常涉及所谓驻场建筑师,在其之外,尚有一种"甲方技术负责人"。然而,既往研究对于建造模式中的角色分化与配置关注不够,更少有涉及驻场建筑师和"甲方技术负责人"者,为本研究留下了较大工作空间。

　　在连云港花果山风景建筑设计项目中,张爱华作为甲方技术负责人,发挥了不可或缺的作用——她承担了辅助方案设计、施工图设计以及施工现场的管理等工作,工作内容远大于今天意义的驻场建筑师。2016年由潘谷西先生口述,李海清、单踊编书完成《一隅之耕》,书中记录了连云港花果山风景建筑相关设计过程;2021年应笔者的邀请,张爱华撰写了连云港花果山风景建筑设计回忆录(图1);1985年潘谷西先生发表在建筑学报的《"花果山"三元宫的重建》,详细说明了花果山风景建筑设计的相关设计思想与过程,三者是本文研究的重要资料。本文采用口述历史方法,记录与分析张爱华在该项目风景建筑设计与建造过程中发挥的独特作用,将有助于建筑从业者了解20世纪80年代风景建筑与一般城市民用建筑设计与建造的不同,同时加深对山地建筑实践中设计者之主体性的理解。

----

　　① 见杜顺宝:《风景中的建筑》,《城市建筑》2007年第5期。

　　② 见李海清:《实践逻辑:建造模式如何深度影响中国的建筑设计》,《建筑学报》2016年第10期;李海清:《建造模式:作为建筑设计的先决条件》,《新建筑》2014年第1期。

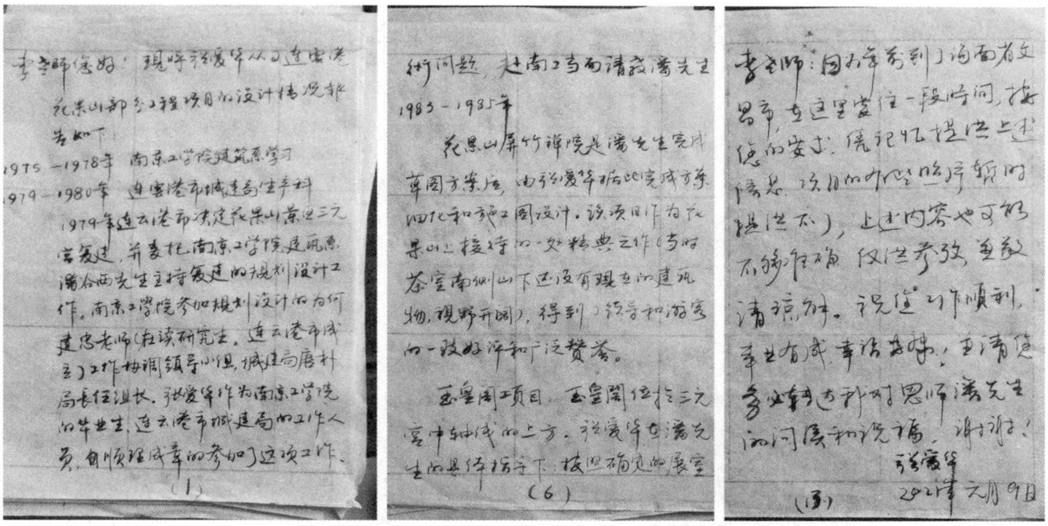
李老师您好：现将张爱华从事连云港花果山部分工程项目的设计情况报告如下：
1975—1978年 南京工学院建筑系学习
1979—1980年 连云港市城建局生产科
1979年连云港市决定花果山景区三元宫复建，并委托南京工学院建筑系潘谷西先生主持复建的规划设计工作。南京工学院参加规划设计的有何建忠老师（在读研究生）。连云港市成立了工作协调领导小组，城建局唐朴局长任组长。张爱华作为南京工学院的毕业生，连云港市城建局的工作人员，自愿很荣幸的参加了这项工作。
（1）

術问题，赴南工当面请教潘先生
1983—1985年
花果山屏竹禅院是潘先生完成草图方案后，由张爱华据此完成方案细化和施工图设计。该项目作为花果山上接待的一处精典之作（当时茶室南侧山下还没有现在的建筑物，视野开阔），得到了领导和游客的一致好评和广泛赞誉。
玉皇阁项目：玉皇阁位于三元宫中轴线的上方。张爱华在潘先生的悉心指导下，按照确定的展室
（6）

李老师：因为年前到了海南省文昌市，在这里要住一段时间，按您的要求，凭记忆提供上述情况。（项目的照片暂时提供不了），上述内容也可能不够准确，仅供参考，望敬请谅解。祝您工作顺利，事业有成，幸福安康！并请您务必转达我对恩师潘先生的问候和祝福，谢谢！
张爱华
2021年元月9日
（13）

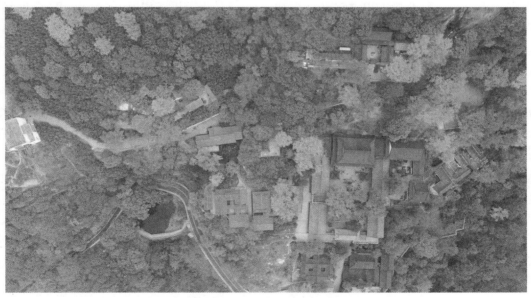

**图1 张爱华回忆录的第1、6、13页记录(来源:张爱华书写,李海清收集)**
**(应李海清微信电话沟通要求,张爱华于2021年1月9日撰写该回忆录)**

## 二、花果山风景建筑设计概况

花果山,明朝时称云台山,原都在海里面,大概到清代时和陆地相连。花果山距市区仅7千米,其中花果山玉女峰是江苏省最高峰,海拔624.4米。花果山风景区也是江苏省唯一的山海结合的滨海风景点,因古典名著《西游记》中所描述的"齐天大圣老家"而闻名海内外。①唐宋年间,云台山上虽有佛寺,但规模不大。明朝时,云台山的香火兴旺起来。明万历年间,大事扩建山上的三元宫,并得到皇帝颁赐《大藏经》的殊荣。天启四年,又做了重修和扩建,使三元宫当时达到了第一流佛寺的水平。到清初顺治年间,清朝廷下令封锁海岸,云台山居民撤离,庙宇被毁。康熙十六年,取消海禁,又重修了庙宇。此后也屡有修葺。抗日战争时,三元宫被日本侵略军炸毁,成为一片残垣。②花果山云台山上的三元宫,是山上主要的建筑群。

1979年连云港市决定花果山景区三元宫复建,并由南京工学院建筑系潘谷西先生主持复建的规划设计工作,并先后完成了三元宫(展览用)、屏竹社(即屏竹禅院,接待贵宾用)、茶庵(旅游茶室),以及九龙桥、飞泉、老君堂、海清塔等景点的规划设计(图2)。③

**图2 花果山风景区航拍图(来源:花果山管理处拍摄,李海清收集)**

① 见朱丽、杨涛、王轼:《旅游景区交通规划技术要领——花果山景区交通规划示例》,《旅游规划与设计》2012年第1期。
② 见潘谷西口述,李海清、单踊编:《"建筑名家口述史"丛书:一隅之耕》,中国建筑工业出版社,2016年。
③ 见潘谷西:《"花果山"三元宫的重建》,《建筑学报》1985年第6期。

## 三、张爱华在花果山风景建筑设计与建造中的独特身份与角色定位

花果山风景建筑规划设计工作(复建工作)主要分为两部分,承担文化功能的风景建筑复建工作与承担辅助功能的附属用房设计建造工作,两者的目标和意义不同,其所对应的工作方式也有一定的区别,笔者将选取两类中代表案例——三元宫和屏竹禅院来着重陈述与探讨。

### (一)张爱华简介及其在花果山风景建筑建设过程中的主要工作

1975—1978年张爱华在南京工学院建筑系学习,1979—1980年任职于连云港市城建局生产科。1979年连云港市决定花果山景区三元宫复建,张爱华作为南京工学院毕业生和连云港市城建局的工作人员,顺理成章参加了这项工作,主要参与规划设计方面的具体技术工作,承担与南京工学院的联系工作。三元宫复建总体规划方案通过批准后,张爱华主要承担项目的施工图设计,也因此返回母校,边学习中国古建筑知识,边开始了长达两年的三元宫施工图设计工作。1981—1982年因花果山风景区管理的隶属关系由市城建局划归市园林局后,张爱华的工作关系也随之转入市园林局。其主要职责是上与南京工学院建筑系潘谷西先生对接规划设计事项,下与施工人员一道解决现场具体问题。1983—1985年,在潘谷西先生团队完成方案设计后,由张爱华据此完成屏竹禅院、玉皇阁、九龙桥、茶室、草堂庵项目的方案细化和施工图设计。1985—1987年在这期间,张爱华完成的重点工作是以上项目的方案设计和施工图设计,以及施工现场的管理工作。张爱华后于1987年7月调入北京市园林古建筑设计研究院,在古建筑设计方面取得了一定成绩。1991年,张爱华任北京市园林古建设计院副院长,并于2010年退休,创办了张爱华设计工作室,直至2019年工作室关闭。

连云港花果山风景建筑规划设计,特别是三元宫的设计,使张爱华得以重返母校,进行前后两年的学习。南京工学院建筑系潘谷西先生以及其他有关老师的指导,使她逐步成长为中国古建筑设计研究的专业人士,为其后来专门从事有关建筑设计工作打下了坚实基础,并在该领域做出了一定贡献。除此之外,参与现场施工管理与技术指导,也使张爱华积累了较丰富的解决实际问题的经验。可以说,连云港花果山三元宫复建等工程项目的开展为张爱华之后从事古建工作提供了一个很好的实践锻炼机会。

### (二)张爱华在三元宫复建工程中的角色定位

1.在施工图设计阶段主要职责

三元宫原名三元庙,有上千年历史,曾是"天下名山寺院"之一,著名的"水帘洞"就在寺的东北侧。现存有一张三元宫明代时的图。20世纪80年代初,三元宫依旧是断壁残垣,大殿屋顶没了,只留下不足二三米的残墙,建筑物质量也比较低。中殿只留下几块柱础石,山门只留下拱券和殿身,上面覆以树木、杂草一类。三元宫作为云台山的主体建筑,具有深厚的历史文化底蕴。充分发掘三元宫的文化价值,以动态、发展的方式展现历史的深度,反映我国丰富久远的文化,是设计者首先要考虑的设计因素。根据现存部分遗址与相关历史资料,经讨论后确定,三元宫按明代官式建筑格局式样修复,大殿形制采用清初单檐歇山,中轴线上的主体建筑作为陈列展览用房,其他用作管理、商业与休息游览中心等辅助用房。结构上采用钢筋混凝土基础、柱、额,斗拱以上全为木构,以期提高抵御蚁害与腐蚀的能力,并减轻屋盖重量,以利抗震和维修。①

确定了主要的设计方案后,张爱华主要承担施工图设计工作。由于是第一次承担古建筑施工图设计,张爱华感到任务繁重,压力很大。为能完成任务,张爱华在南工建筑系的帮助下,在潘谷西先生的关心和指导下,返回母校,与1979级学生同吃同住,与当时的何建忠、刘晓惠、黎志涛等硕士生同在一个教室,边学习古建知识,边开始了长达两年的三元宫施工图设计工作。这两年里,张爱华认真学习了《清式营造则例》,查阅了大量有关书籍,时常向老师请教,得到了潘谷西先生等老师们的具体而精心的指导。在绘制斗拱分体图时,反复对照建筑系里的斗拱模型分析学习,并得到模型工戴慧宗师傅的悉心指导。如此先后完成了三元宫山门、天王殿、大殿、配房的施工图设计,顺利实现了施工图设计目标。

三元宫整组庙宇坐落在海拔370—410米高度的一块陡峻的台地上,自头山门起,由蹬道联结若干

---

① 见潘谷西:《"花果山"三元宫的重建》,《建筑学报》1985年第6期。

台地组成大小院落多处。东、西、北三侧为起伏的山峰，南面敞开，视野开阔，环境清幽，风景迷人。限于当时的条件，设计者缺乏准确的地形测绘图，而基址上的几株古银杏树，参天挺立、枝叶丰茂，既标志着这组建筑的古老历史，也是重建时形成古刹气氛的有利条件。随着工程建设的逐步展开，张爱华作为甲方技术负责人，办公地点也由市区搬至花果山园林管理处。其主要职责是与南京工学院建筑系、潘谷西先生对接规划设计方面的事项。为充分配合与利用周边自然景观，尤其是古银杏树的悠远意境，潘谷西先生曾三改设计图纸，不惜牺牲原方案中一些建筑构图上的要求。①三元宫的施工图设计，基本上是自制图签，没有盖设计图章一说。方案及初步设计得到潘谷西先生认可后，即进入施工图设计阶段。虽然三座建筑采用同样的形制，但是设计者充分利用场地高差与距离，并且利用银杏树作调节，使得这组建筑群颇具变化和层次感（图3、图4）。

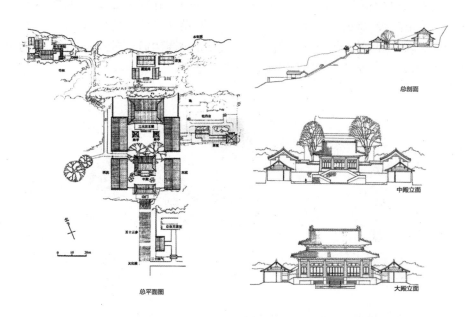

图3　三元宫修复工程设计图②

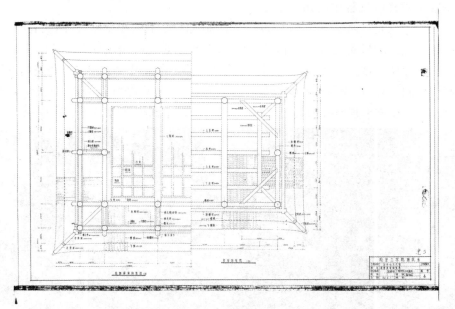

图4　三元宫梁架屋架仰视图（设计制图：张爱华　工程负责：何建中　审核：潘谷西）
（来源：花果山管理处提供）

---

① 见潘谷西：《"花果山"三元宫的重建》，《建筑学报》1985年第6期。

② 见潘谷西口述，李海清、单踊编：《"建筑名家口述史"丛书：一隅之耕》，中国建筑工业出版社，2016年。

### 2.在施工建造阶段的角色定位

工程承建单位是连云港市花果山风景区施工队,也是初次承担古建筑施工,没有任何经验。所以在这时,张爱华的工作主要是解决现场施工人员的具体问题。她一方面对施工单位骨干人员进行古建知识的普及,详细讲解施工图,研究制订施工方案;另一方面带领施工队骨干五赴山东曲阜学习取经,同时在山东曲阜订制了工程所需的砖瓦材料(三元宫所有的古建材料均来自曲阜)。施工单位的木工技术负责人江宁、土建技术负责人张学超、李守才也成为三元宫建设的主要建设者和见证人。

### 3.小结

在三元宫复建过程中,张爱华作为甲方技术负责人在各个阶段都发挥了重要作用。她边学习边进行施工图设计,同时制订施工方案、下施工现场具体指导,如遇重大技术问题,则前往南京工学院当面请教潘谷西先生。笔者试以分析图对其角色进行诠释(图5)——她如同纽带一般,既承担各类工作职责,又串联起各方。在各个阶段,她的工作都是多向与动态的;设计阶段与建造阶段不是两个相对独立的过程,她穿插于其中,对内与规划设计、方案设计总师、工人等协调沟通,支撑起整个流程的运行;对外与材料厂商、同行单位技术人员等交流,确保工程实现的良好进展。

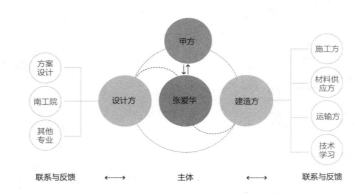

**图5 张爱华在项目中角色定位**

### (三)张爱华在屏竹禅院工程中的角色定位

屏竹禅院基地位于三元宫西侧不足100米处,基地前临悬崖,后倚峭壁陡坡,两侧有浓密的竹林屏障。甲方意欲建成一处庭院式的贵宾接待室,因而如何发挥基地景观优势是设计者思考的主要问题。具体设计处理是临悬崖建屋,留出内院。入口用一段曲廊做引导,旨在调整尺度感。在主庭院周围配置小院二三方,方亭一榭,厢房两间,使之产生体形变化和层次深远感,院内植物以竹为主调。①其设计充分利用险要地势、现有景观与植物,在狭小基地范围限制下做出了别有洞天的空间布局设计(图6—图9)。

图6 屏竹禅院门          图7 屏竹禅院景观          图8 屏竹禅院廊道

(来源:李海清拍摄)

---

① 见潘谷西:《"花果山"三元宫的重建》,《建筑学报》1985年第6期。

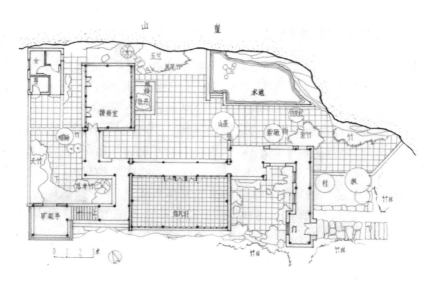

**图9 屏竹禅院平面图设计①**

该项目先由潘谷西先生团队完成方案草图,交由张爱华完成方案细化和施工图设计。经仔细察看、比较设计文件档案发现,20世纪80年代所做方案设计图、竣工图以及2018年的修缮设计图②,多处有变动,并不完全吻合。笔者分析,在方案设计阶段虽有对地形环境进行多方考量,但在实际施工时,因缺乏精准测绘图,或受植物、光线等具体影响,适时进行施工图设计微调是最直接和便捷的方式——如曲廊宽度、辅助用房大小及庭院尺寸的改变等,都是为了更贴合与适应具体环境。在此过程中,张爱华作为施工图设计者,是面对风景建筑现场复杂环境因素的主要考量者(图10)。

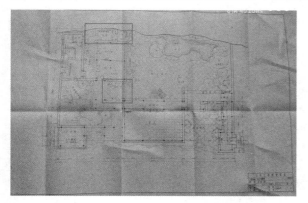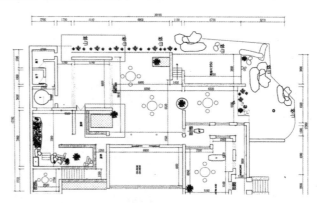

**图10 屏竹禅院施工设计图与修缮时测绘图对比(来源:花果山管理处提供,作者绘制分析)**
(施工设计图中设计制图:张爱华 工程负责:张爱华 审核:潘谷西)

屏竹禅院作为花果山风景区接待场所中的一处经典之作(当时茶室南侧山下还没有现在的建筑物,视野开阔),面积虽不大,在园林设计上却达到了较高境界,具有很高的文化价值和艺术欣赏价值。山地环境中的风景建筑,其设计、建造过程受相关因素影响甚多,所以其设计不仅在方案设计阶段应考虑整个建造过程的复杂性③,预留提前量;在建造阶段也可能会出现未曾预见的因素,如张爱华这般角色的、超越"驻场建筑师"职能的甲方技术负责人,在应对如此复杂环境中的工程建设时便是不可或缺的。尤为可贵之处在于,她不仅在技术上代表甲方(业主),某种意义上又在专业设计上代表乙方(设计者),既是"主人"也是"匠",是身兼多重角色、复合多重身份的"能主之人"。

---

① 潘谷西口述,李海清、单踊编:《"建筑名家口述史"丛书:一隅之耕》,中国建筑工业出版社,2016年。

② 2018年,由江苏省建筑园林设计院负责连云港花果山屏竹禅院修缮工程设计工作。

③ 见陈烨:《景相意随:景观与建筑之间的自然营造》,《风景园林》2015年第12期。

## 四、结语：建筑社会生产网络中的甲方技术负责人

结合潘谷西先生《"花果山"三元宫重建》这篇重要文献和张爱华口述记录来看，风景建筑设计的难处主要有以下三个方面：一是经费困难，不易保证，且干扰因素较多，项目各相关利益方常提出各种修改意见；二是在设计阶段，如何结合地形控制体型及远近视觉效果；三是在施工阶段，如何处理地基、冬季施工如何面对温度影响、如何保证施工品质等。张爱华作为甲方的技术负责人，亲身参与到项目每一个阶段之中，发挥了传导各方信息、协调全局的作用，即应对现场随时出现的每一种情况，既要对上级汇报和主案设计者沟通并具体修改设计，又要指导、协调工程施工的进一步实施，还要向其他有关单位进行专业技术咨询和学习——在这样一张复杂的建筑社会生产网络中，甲方技术负责人如果还能身兼设计者之职能，那么其存在的价值和意义将远胜技术上的"路由器"，更超出制度层面高高在上而实际又难当重任的"特派员"。南京工学院建筑系和潘谷西先生团队培养出了张爱华这样的甲方技术负责人，充分体现于她的成长之于具体设计工作的回馈，也折射出建筑学科作为实践型学科的"知行合一"教育理念和"在做中学"的人才培养路径。[①]

综上所述，风景建筑是建筑和人文科学相结合的一种类型，其建成效果应使之和环境结合得贴切、优美，而不应过多取决于设计者的爱好和个人风格。同时，无论以何种材料和建造模式，无论是建造何种建筑类型，无论处于方案阶段还是施工阶段，设计者都要有一种随时应对条件变化的思想准备——坚守在现场的"能主之人"——甲方技术负责人可以为之去做出调整与适应。正是这种面向现实需求和环境条件改变的及时调适，使得建筑设计工作更加富有塑造"人工环境"的高远意义，也促发建筑实践者在变化中不断学习经验、提高综合处理问题的能力。[②]甲方技术负责人的效能正是体现于制度上的联系纽带和观念上接受调适的姿态——生活之树常青。

---

[①] 见陈薇：《循序发展和关联学习的共同指向》，《建筑学报》2021年第10期。

[②] 见陈薇、朱光亚、胡石：《不可预见因素对建筑设计的影响——从三台阁设计谈起》，《建筑学报》2003年第9期；马景忠：《中日两国建筑设计程序的比较》，《建筑学报》2003年第8期。

# 文化迁移视角下的香港建筑师在前海实践

## ——前海深港青年梦工场 2013—2020 建设简述*

北京大学深圳研究生院–深圳市前海建设投资控股集团有限公司　肖映博

深圳市前海建设投资控股集团有限公司　刘劲　荆治国

**摘　要**：梦工场项目是深圳前海践行深港合作的重点项目。在前海1.5级城市开发项目受限的时空环境下，内地与香港两地建筑专业人士充分交流，发生理念与工作方式的碰撞与融合。前海的特殊建设环境将香港建筑专业模式与"惯习"的边界一次次重建，从而形成了建筑视角下的文化迁移效应。本文就是对这一重要历史进程的记录与论述。

**关键词**：前海；深港合作；深港青年创新创业梦工场；文化迁移；时空压缩

## 一、前海与深港合作

### （一）前海与深港合作

前海位于深圳南山半岛西部，面向香港，是粤港澳大湾区的重要门户，拥有优越的区位优势，是连接国内及国际市场的重要枢纽。2011年，国家正式将深圳前海开发纳入"十二五"规划纲要，作为"粤港澳现代服务业合作示范区"，前海优越的地理位置及一系列逐渐建设完善的软硬件配套设施，将进一步深入推进深港两地的合作。

前海建设发展战略在国家"深港合作"顶层设计使命中发挥了不可替代的重要作用。根据2013年的相关会议纪要，为了推动深港合作，前海方面自上而下，积极组织调动各种资源，开拓进取，成效显著。前海的筹建过程中积极落实相关创新性政策措施，让深港共享前海开发红利。例如，在一次性出让的5宗地块中即拿出2宗地块，定向出让由港企主导开发，推行港人港资港服务。这样的努力拓展了香港在深圳发展空间，为香港的社会经济结构优化发挥了一定的杠杆作用。但是从本质上来讲，前海为香港的企业拓展发展空间，其实也是拓展了深圳城市自己的发展空间，前海为香港的产业结构优化发挥杠杆作用，同时深圳乃至于中国的产业结构也得到了优化。[①]

### （二）梦的主题

除了"深港合作"使命以外，作为"特区中的特区"，前海远远不是为深圳这座一线城市再创造一些GDP的经济增长点，而是从一开始就担负着为国家的改革开放战略做试验的重任。2012年前海筹建工作正在如火如荼进行之时，2012年11月29日，习近平总书记在参观《复兴之路》展览时提出和阐述了"中国梦"。从这时起，"中国梦"就成为全党、全国乃至全世界都高度关注的一个重要思想观念，现在已经深入人心。这也成为指导前海新城建设的重要理念源泉。2013年，深圳市市长王荣表示，前海要打造现代服务业发展的"梦工场"。[②]对于前海的定位也变成了"五个区的叠加，即新一轮改革开放

---

* 国家自然科学基金资助项目：跨区域机构史视角下的边界口岸群现代转型研究——以粤港澳湾区为例（52078340）。

[①] 相关观点来源于深圳市前海管理局局长张备在2013年8月的会议纪要。见张备：《践行群众路线教育实践活动 全力推进前海大开发大建设——在前海管理局党的群众路线教育实践活动座谈会上的讲话》，深圳市前海管理局，2013年。

[②] 相关观点来源于中共广东省委常委、深圳市委书记王荣在2013年7月的会议纪要，见王荣：《前海开发建设领导小组会议》，深圳市前海管理局，2013年。

的先行先试区,特区中的特区,深圳人打造中国梦的试验区,深圳现代化、国际化先进城市的门户区,追求"质量造就未来"的样板区。"从这时开始"梦"与"筑梦"相关的内容,就变成了前海重要的主题符号反复出现。

**(三)土地创新1.5级开发**

前海合作区从成立开始,就在一片滩涂景象中迅速进入了高强度、复合型城市开发建设的滚滚洪流之中。但是新城的建设往往需要时间与人气的积累,尽管已有大量的企业在前海注册,但是前海域内的高层写字楼项目开发才刚刚开始,所以在前海早期建设过程中,新区现状基础设施与城市服务功能的完善,远远滞后于快速增长的新城生产生活需求。如果依赖传统的一级、二级开发模式,将会使得前海长期处于施工工地状态,也会导致宝贵的土地资源不能得到充分利用。

针对前海"大规模、高密度城市开发"与"快速呈现新城形象、聚集人气、拉动土地价值"这一对棘手矛盾,前海管理局创新性制定并出台国内首个土地租赁的管理细则——《深圳市前海深港现代服务业合作区土地租赁管理办法(试行)》,借助前海土地政策优势,提出"土地阶梯开发利用模式"(表1),充分利用区内开发时序较晚的闲置土地资源,创新性地打造一系列1.5级土地开发建设项目。这些具有快速建造、临时性特色的建设项目,却发挥出了深度挖掘土地价值,形成滚动开发的效果。建海建设投资集团直接参与实践了这一模式,也见证了土地创新开发利用模式为前海开发建设、营商环境提升,以及与深港合作等目标所做出的重要贡献。[①]

表1 土地阶梯开发利用模式

|  | 开发主题 | 说明 |
| --- | --- | --- |
| 0级开发 | 简历网络虚拟平台 | 城市开发建设前,建立前海网络虚拟平台。实现三维展现、虚拟入驻、电子商务、智慧运营、信息服务等。 |
| 0.5级开发 | 区域环境整治 | 进行土地、海域、沟渠等受污染区域的环境整治,为城市建设提供一个好的建设基础。 |
| 1级开发 | 城市基础设施建设 | 城市基础设施建设,形成城市后续建设运营的结构骨架。 |
| 1.5级开发 | 土地预热,滚动开发 | 根据基础设施建设情况和土地开发时序,选择基础设施完备、土地出让较慢、土地价值空间高的地块,采用建设可移动、可生长建筑和设施,开展品牌及影响力活动,在建设过程中展现前海未来形象,挖掘土地价值,形成滚动开发。 |
| 2级开发 | 地产开发,城市建设 | 商业、办公、服务配套、居住等地产开发和城市建设等。 |

前海企业公馆(图1)就是实践"土地阶梯开发利用"的典型案例。2013年,为了满足大量在前海注册企业的实体办公区域需求。在前海展示厅与前海管理局临时综合办公楼西北侧,由万科集团和前海投资控股有限公司合作开发建设整个前海自贸区第一个落地产业园区,由64座独栋式企业办公建筑单体构成,这个园区的建成为以金融机构与科技服务行业为主的入驻企业提供了进行办公、展示和会晤的成熟场所。其中,有32%入驻企业位居世界500强。

随着前海在土地1.5级开发模式上的创新性持续实践,一系列涵盖规划展示、政府、商业、办公室与孵化器、公寓宿舍与会展等多种业态的项目逐渐集中于前海大道、梦海大道、前湾二路、与月亮湾大道所围合出的区域内,由深圳市建筑科学研究院股份有限公司策划,依次安排了前海门厅、企业公馆、贸易服务中心、青年创新创业梦工厂、集中临建区、滨水公园、生态公园等特色项目[②]与前海正在进行施工场地实现有效的隔离,并且呈现出连续、完整的新城风貌。

这个区域原本规划为文化商业用地,但是尚未出让,也适宜通过1.5级开发一系列临时性建筑进一步推高地价再出售。这个区域毗邻前海蛇口自贸区形象大门,是当时出入前海的交通最为便捷的区域。该区域在助力前海土地灵活、集约、高效利用的同时,成为在前海"成长"过程中承接未来城市风貌想象的展示区域。(图2、图3)

---

① 观点来自集团内部报告,见李彦仪、叶松涛:《前海土地梯级开发利用模式》,载郭军:《筑梦2011—2021——前海控股开发建设创新经验集萃》,深圳市前海建设投资控股集团有限公司,2021年。

② 深圳市建筑科学研究院股份有限公司 前海深港现代服务业合作区1.5级土地开发方案策划(专项规划类)编制时间:2013年4月25日—2015年1月5日。

本文所重点论述的前海青年创新创业梦工场也是1.5级开发的重要示范案例，作为前海实现深港青年创业梦想的平台，也选在了临时建筑集中的区域，设立于前海企业公馆的西侧，并期望创业青年企业家与前海企业公馆内世界500强等企业学习、合作、交流。而当青年企业家从孵化器成功创业后，也可以顺势入住更为宽敞的企业公馆办公场地。

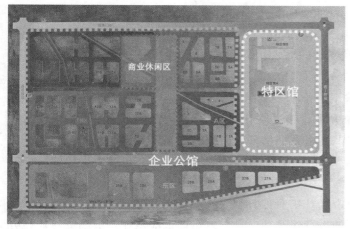

图1 前海企业公馆/特区馆平面图

图2 前海片区地块建设进展（2021年）黄圈标识为前海1.51级土地开发集中组团①

图3 前海1.5级土地开发集中组团鸟瞰索引与建设时间
①前海蛇口自贸区形象大门（2015）
②前海展示厅（2011—2013）
③前海管理局（临时综合办公楼）
④前海企业公馆/特区馆（2013—2015）
⑤前海深港青年梦工场（一期：2013—2015；二期：2019—2020）
⑥前海深港创新中心（2014—2016）

# 二、梦工场一期

## （一）梦工场的孕育

2013年，前海管理局开展深港合作顶层设计和重大项目的研究，探索建立深港共享前海开发红利的利益机制。通过完成《前海深港合作总体方案（初稿）》，构建完成了前海深港合作开发的整体格局和思路。其中对接香港青年人的部分，主要聚焦于2.7万平方米的"前海深港青年梦工场"项目，目标是建成硅谷似的青年国际社区，为深港、东南亚地区乃至国际青年提供科技竞技的"奥林匹克赛场"。

2013年底在深港合作会议上，前海管理局与香港青年协会达成协议，共建深港青年梦工场，项目正式开始启动。前海深港青年梦工场成为前海为香港及内地青年提供的一个环境优良、配套完善、支援服务、激发创意的创业实践基地，也是为香港与内地，以及亚太地区创业青年提供一个互动交流、拓展创新机遇的发展平台。前海管理局与香港青年协会、深圳市青年联合会三方，在前期为推进梦工场运营做了大量准备工作，最终达成梦工场公益型市场化运营的共识。深港青年创业梦工场的签约，完善了三方合作机制，使基地内除可享受前海现有优惠政策外，还将通过设立专项基金、创新创业辅导和提供开放平台等措施，扶持两地青年以较低的运营成本和商业风险实现创业。②

---

① 图2、图3、图14深圳市前海建设投资控股集团有限公司提供，作者后期处理。

② 观点来源自深圳市前海管理局与香港青年协会、深圳市青年联合会于2014年所签署的《前海青年创新创业梦工场合作框架》

### (二) 梦工场的设计

前海深港青年梦工场,位于前海早期开发的黄金地带,园区占地面积5.3万平方米,一期总建筑面积2.7万平方米。来自香港的何周礼建筑设计事务所(Barrier Ho Architecture-Interiors,简称BHA)的方案设计最终脱颖而出,成为这个项目的主创团队。在获得梦工场项目之前,BHA更多以优秀的香港青年设计师形象呈现给建筑界,在他的作品集宣言中,他引用了B. Doshi的《没有形容词的建筑》概念来阐述自己的城市建筑主张。在他的论述中,亚洲的建筑市场被欧美"明星建筑师"符号性的空间生产所垄断,这种打断本土传统亚洲文化与建筑现代性之间延续的输入建筑形式,在满足了投资者和决策者创造吸引眼球的视觉刺激需求的同时,仅仅做到的是形式上跟随时尚和标签作用,并没有任何功能。[1]

BHA所希望争取的建筑实践,是创造出基于对于本土文脉与场景的尊重,创造出解决问题根源的建筑结果。[2]在他所成长与执业的香港,他不断从香港市井文化中汲取营养:在柴湾利用天桥下面的剩余空间所做的社区服务中心,揭示出一种在香港高密度拥挤环境下独有的城市建筑特征;而在Zebrano项目中,在九龙城一片"低矮"老城区中建造"高耸"的建筑来示范城市的蜕变。在与香港青协所合作的青年旅社等室内项目中,他也顺利实现了让业主与用户满意的效果。

尽管BHA在2000年初就开始"北上"内地市场开拓业务,但当他在2014年初开始梦工场项目设计时候,他跟21世纪第一个十年在大陆开展业务的香港建筑师一样[3],要迅速适应从在香港高度专业化分工,经年累月的时间积累才能了解建筑这个行业的环境。迅速转换到了中国内地快速城市化建设开放的大环境下,至于梦工场项目在前海这个特区中的特区,又是在1.5级土地开发以追求快速建造满足空间需求的临时性建筑,无疑将深港看似相似的实践背景差异进一步放大。

从时间节点上看,在2014年2月28日,前海管理局与香港青年协会、深圳市青年联合会三方签订前海青年创新创业梦工场合作框架的同时,BHA已经开始提交室内设计图纸。3月18日,BHA提交效果图以作报建用途。4月30日施工单位开始施工——所以在这种高速迭代的环境下,如何将香港成熟建筑市场所孕育的专业性与个人奇思妙想,高质量、高效率付诸实践成了以BHA为代表的香港建筑师在内地跨文化实践所面临的突出问题。

在前海深港青年梦工场这片被设计师称为"将是一个令人惊叹的大型项目"中,需要设置青年创业园区、展览及创业服务中心、青年创业学院、青年创新中心、人才驿站和智慧云中心等8栋建筑。建筑师选择了四个要素来生成建筑群。

1. 前海与深圳和中国关系的意义

在设计说明中,BHA所描述前海中的城市建筑成果应该是具有"创新、开放与外向精神",前海的大胆创新精神同样也是青年人所独有的特征,而前海对于青年特别是深港青年创业的关照,帮助他们"圆梦"也可以与2014年被广泛讨论的"中国梦"概念相吻合。

2. 前海创意青年创业梦工厂的意义

前海合作区的未来,将成为推动深港合作,甚至与国际接轨的主要支点。这样的特点和未来潜力应该让深港年轻人看到实现梦想的希望。

3. 青年梦工场在前海扮演的角色

有别于前海其他项目的开发,更为关注青年创业者需求的青年梦工场将在前海扮演前驱的角色,并且通过这个场所的开放特质,将前海创新的精神通过青年人的交流从前海到深港,甚至国内外向更远的范围传递,从而产生更多创意可能性。

---

[1] 原文为 The dilemma and difficulties of Contemporary Asian Architects are the confrontation of the invasion of the Western Architectural Superpower introducing brutally their Architectural Labels in Asia on top of the ambiguity of Asian Architects' response on Re-defining the continuation between Asian Culture and Modernity。

[2] 原文为 Architectural Outcomes follow the origins of the Problems。

[3] 根据香港贸发局统计,2003年CEPA实施后,香港建筑师所承接的中国内地项目,占了香港建筑设计服务输出市场份额的60%以上。见牛建宏:《香港建筑设计业:内地项目占了60%》,《中国经济周刊》2007年第27期。

4．"梦想"的要素

"梦"似乎遥不可及，在青年人身上却是代表无限的可能和机会。BHA所创造的前海青年创新创业梦工场就是这么一个让青年人把天马行空的想法，有效地落地并且继续发展延伸的场所。

（三）梦工场设计分析

在设计说明中，BHA考虑用"创新、创意、探索、启发、无边际、机会、灵活、幻想、体验、原创"十个概念来体现"梦"的元素。在组团建筑单体设计上，BHA选择用空间的手法来呈现对于"梦想"要素的解读，以互动校园式设计（Quadrangle Campus）做设计蓝本，即以开放式院落空间的形式塑造梦工场这个平台，希望促进和加强世界各地，特别是深圳和香港的青年企业家之间的文化交流和分享。通过互动交流，让青年创业者实现多元化的统一（图4）。

图4　梦工场一期建筑单体推敲①

院落式校园空间（Quadrangle Campus）一直是香港对于校园空间想象的一个重要范式，也寄托着香港人对于青年求学生活的美好回忆。何周礼先生曾经在采访中表示香港著名建筑师何弢（HO.Tao）对他职业生涯产生了非常深刻的影响②，除了建筑设计与事务所运营之外，何弢博士也是一位活跃的思想家，特别是在20世纪八九十年代，他经常在中国内地与欧美演讲，倡导中国传统思维与现代主义建筑的结合③他所设计的相关浸会大学教学楼（1989）也是多层建筑与穿透式院落的有机组合。一代代香港建筑师持之以恒地尝试将传统的四合院转化为新的空间形式，从而消解香港这样高密度环境下的空间局促感受，增强场所内人与人、人与环境的良性交流。直到现在香港大学王维仁建筑设计研究室"都市合院主义系列"还在源源不断地为这种建筑范式提供新鲜样本。

但是在容积率仅为0.7梦工场项目中，BHA所采用的"开放式院落"实际上被放置在了更为开敞的景观绿地环境上，当一个陌生人从景观环境进入到BHA所构建的"校园院落式"单体建筑中时候，往往更多体验到这个院落对内是围合感受。从这个角度看，院落模型在梦工场一期的环境下实际上提供了一种对外抵抗周边未建成环境所产生的负面影响，对内为使用者提供世外桃源式"庇护"的效果。

虽然作为临时建筑的梦工场建设时间节点非常紧迫，但是BHA仍然在2013年底提供了一些多方案比对，在早期方案中，设计师似乎更为关注配以不规则的空间设计与建筑单体边界的模糊，并且期望通过连续的景观与绿化，让青年创业者能够走出办公室的室内环境的束缚，在更为开放的环境中交流与工作。（图5左）

但是随着"校园院落"这一建筑单体元素的确认，方案开始向着按照功能需求划分出不同主题的8个小建筑，以其不规则的边界，围合成大大小小的公共空间，然后再根据空间特性处理院落开放与封闭程度转换。为了迎合"孕育梦想的平台"这一主题，设计师在总图体块基本确定后，用近乎直白的方式往繁体字"夢"字形态去做调整（图5右—图6）。整个园区的视觉也被控制在"黑、白、灰"三色作为建筑的主色调，隐喻着在纯白的画布上让青年人涂抹色彩丰富自己光明多彩的未来，对应着深港两地青年人利用自己的智慧完成自己创意梦想的项目期许。

---

① 图4—图13、图15—图17均为深圳市前海建设投资控股集团有限公司提供。

② 见司阿玫：《融汇文化艺术 反映时代民生——访香港何周礼建筑设计事务所创办人、设计总监 何周礼》，《设计家》2009年第11期。

③ 见薛求理：《营山造海》，同济大学出版社，2015年。

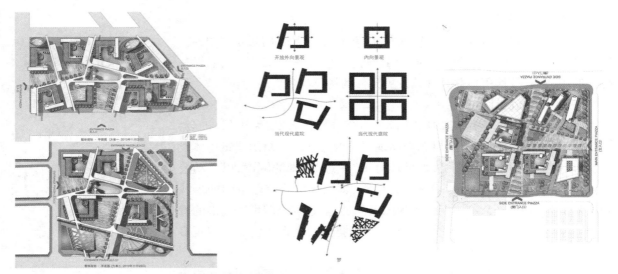

图5 梦工场一期总图的调整,设计说明中明确了提及(空中看形同积木搭成的 图6 梦工场一期总图
"梦"字)

从总图(图6)上面来审视梦工场方案,主入口的设置同样值得分析。结合周边建筑现状,BHA将主入口设置与东南侧,与前文提到非常重要的前海企业公馆相呼应。从主入口开始设置了宽阔鲜明的入口大道与青年广场轴线,几乎所有的建筑园林都朝向核心部分的青年广场开放,使得这里成为一个非常重要的具有校园社区感觉的空间,同时也成为公开报道中前海梦工场最为常见的呈现角度(图7)。

但是另一方面,设计师似乎有意无意地忽视了项目基地东北和西北方向所紧邻前湾一路(城市主干道,现为前海大道)和建设中的梦海大道(城市次干道)。尽管当时前海规划建设的专家一再强调这两条干道沿街立面的重要性,但是设计师还是坚持从当时2013—2014年的基地状况出发,选择用较为谦逊沿街立面对应前海大道沿线(图8),然后在基地西北方向(梦海大道方向)布置了一系列体育设施,打造具有轻松休闲的后花园。建筑群中立面设计的最为低调沉稳的设备用房,却被安置在了前海大道与梦海大道的交叉路口旁边。在总图(图6)上面设计师关注到了左上角地铁用地,却没有标出基地周边的道路名称,也从一个侧面表现出BHA很难在很短的时间内在到处都是建设热土的前海,寻找出未来城市的精准文脉。

图7 梦工场最主要的呈现角度

图8 企业公馆(左侧黑色区域)沿着前海大道向梦工场
(右侧白色区域)方向鸟瞰

## 三、梦工场二期(西区)

### (一)梦工场二期的筹建

2014年底开幕的梦工场逐渐成为推进深港合作的重要阵地、服务深港及世界青年创新创业的国际化服务平台。但是随之而来的是相关用房面积逐渐紧张,2015年10月开始不断出现"租赁面积不足"的请示报告。

2018年,前海计划在梦工场的基地中增建二期建筑,以解决租赁空间不足问题。而另一方面更为重要的考虑,则是作为最早一批前海项目,梦工场见证了前海片区的迅猛发展。一期项目仅仅建成3年后的基地周边,建成环境已经发生了较大的蜕变。BHA在一期选址的主入口相对应的鲤鱼门街,由于周边城市建设的迅猛发展,转变成了一条沿街停车的支路。而一期建设围合院落所抵抗的基地东北侧的前海大道和西北侧的梦海大道,都发展成为前海重要的景观轴线,在这两个重要的景观轴线上面,一期梦工场却选择作为"后花园"布置了一系列体育场地与功能用房。

### (二)梦工场二期的设计

二期东区设计的一个核心任务,就是在这个1.5级开发的临时建筑群体上面,做出积极应对,从而尊重前海时空背景环境的变化。在这片被一期项目全铺满的基地上面,只有基地西北侧靠近梦海大道的球馆与后院花园可以用于放置新的二期建筑。新的建筑也将给梦工场园区定义新的主入口,从向东南侧的企业公馆华丽转身,变成朝向北侧梦海大道与前海大道相交的十字路口。

图9 梦工场向企业公馆的方向鸟瞰(图下侧为靠近梦海大道的球场与后花园)

建设项目方案二期,共两栋六层建筑,基地西北角为孵化器办公楼,以中小型研发办公为主;而东北角为加速器办公楼,集合了实验室,大型工作室等较大体量的研发用房。两栋办公楼依然以1.5级开发模式为设计依据,为设计使用年限50年的钢结构临时建筑,将会为梦工场增加约1万平方米的建筑面积。两者的中间区域,是新增的梦工场建筑群面对梦海大道的主入口广场。

二期方案所遇到最大的挑战,正是源自一期工程设计时候对于当时正在建设过程中的梦海大道的忽视,根据相关深圳城市建设规划法规规定,城市次主干道沿街建筑必须从基地红线向后推线6米,加上对一期已有建筑的推线。这使得在原本依照体育设施与景观用地标准而规划的二期建筑用地变得十分狭长(图11)。在这种情况下,出于对临时建筑变通考虑,前海方面与规划部门协调,使得二期新增建筑在不影响已有办公建筑采光环境的情况下,可以实现建筑物0米退线,仅在两栋建筑首层与地下室做退线处理,BHA设想的中庭院落所串联的6层办公与公共活动空间才得以最终实现。(图10、图12、图13)

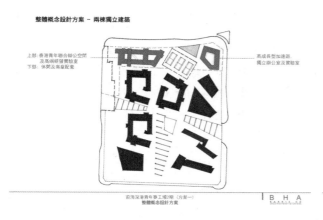

图10 梦工场二期方案一(不考虑退线)

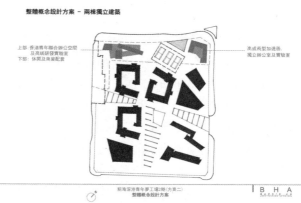

图11 梦工场二期方案二(如果考虑梦海大道的6米退线方案)

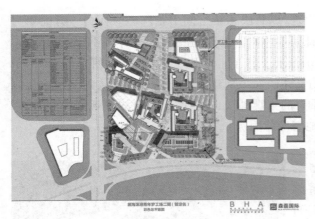

图12 梦工场二期的平面图

图13 梦工场二期的鸟瞰图

### （三）总建筑师全过程负责制

香港何弢博士除了建筑设计作品以外，也参与了很多装置与艺术作品（包括香港特别行政区区旗与区徽）的设计，何弢博士凭借其卓越的天赋与勤奋工作，践行着包豪斯时代就开创的建筑，室内和产品一体化设计路线。何周礼先生同样也是这一理念的忠实信众，出于对于引入香港建筑师行业规范实验的期望，前海深港青年梦工场建设，首次引入"项目总建筑师全过程负责制"的设计管理方式，纳入设计系统管理的范畴，从传统的"建筑设计"扩展成为建筑、景观、室内、幕墙、等六大专业让总建筑师给予设计理念与把控（图14）。

本建筑物重要细部，
不得擅自修改或改动。

承包商需建造样板，
以供总建筑设计师BHA批核，
不得擅自大量兴建生产。

本建筑物之建材物料必须按照总建筑
设计师BHA设计，
不得擅自以任何理由更改。

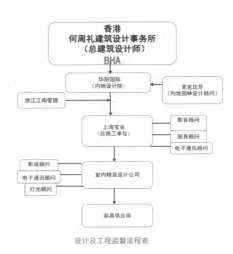

设计及工程监督流程表

图14 BHA汇报文件中关于项目总建筑师全过程负责制的汇报说明

作为坚定执行"项目总建筑师全过程负责制"的示范项目，梦工场项目从方案阶段就开始设置的物料表，极大程度上实现了统筹所有材质材料的要求，并且一直贯彻到施工的选材阶段。对于香港建筑师而言，他们已经习惯于在香港建筑行业高度精细化分工的环境下，把握"控制"与"合作"的分寸，但是内地的实践则是同时需要建立新的建筑类型与新的"建筑师—业主—社会"组织关系。

BHA在一期项目中，虽然由于设计周期被压缩到了极限，将香港经验在前海移植过程中很多群体设计方面考虑并不周全。但是在建筑施工与室内设计方面，则充分体现出了香港建筑行业从业者的专业性和职业精神，尤其是总建筑师对于建筑细部从设计到实现落地的把控力度，乃至这种在内地—香港两地不同背景各种复杂工种之间协调合作，并且充分贯彻设计师意图的项目控制能力给前海的合作专家留下了深刻的影响。

图15 梦工场二期立面渲染

Morphosis, Hypo Alpe Adria Bank @ Austria

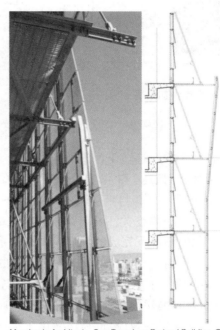

Morphosis Architects, San Francisco Federal Building @ USA

前海深港青年梦工场2期
外国成功案例

BHA
BARRIE HO
森磊国际
SLD INTERNATIONAL

图16 梦工场二期立面意向图对于Morphsis项目的引用"外国成功案例"

　　二期造型在延续一期立面色彩元素的同时,BHA考虑到了6层楼的办公空间虽然也有中厅串联,但是应该以更为完整的沿街形象出现。所以改变了一期所呈现出的多建筑院落组团形式。而在两栋建筑沿街外立面采用幕墙结构,虽然孵化器办公楼立面幕墙有应对西晒的绿色建筑考量,但是BHA更多的幕墙设计精力放在了紧邻南海大道与梦海大道路口的加速器办公楼360度的幕墙结构,这无疑显示出设计师对于立面设计特别是幕墙造型所营造出有别于梦工场一期谦逊风格沿街形象的期许。(图15)

　　在设计说明中,BHA也多次在"外国成功案例"环节,引用何周礼先生所非常推崇借鉴的美国建筑事务所Morphsis项目,特别是幕墙节点的构造。汤姆·梅恩认为"表皮与身体的分离是一种重要的解放,让建筑拥有了更多探讨空间虚实的可能性。"[①]Morphsis在建筑外层所构建的幕墙体系,使得这些的项目呈现出一种表皮与建筑本体若即若离的模糊感受。(图16)但是,当BHA在梦工场二期尝试移植这种成功模式的时候(图17),何周礼先生则面临着相比于梦工场一期低层建筑与室内节点控制更为棘手的阻

---

　　① [美]汤姆·梅恩、李菁琳、鲍思琪:《有方讲座实录 | 汤姆·梅恩:墨菲西斯的实践》[EB/OL]。http://www.archiposition.com/items/20181121065235.

力,内地幕墙施工图合作者以安全法规、行业规范等各种理由修改"Morphsis式"的轻薄幕墙节点,使得最后的幕墙实际呈现效果更为敦实(图18)。这也在一定程度上展示了"项目总建筑师全过程负责制"在目前深圳城市实践环境下的实践边界。

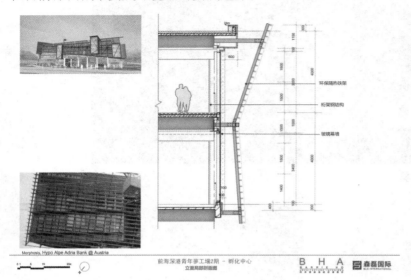

图17 梦工场二期立面细部做法      图18 梦工场二期立面细部实景

# 四、结论

本文是笔者对于前海环境下深港合作的一个重要的研究案例,梦工场工程一二期跨越了前海建设至今的十余年历程,而且是一个深港合作策划,香港专业人士主导设计建造,为深港特定人群服务的特色项目类型。这个项目具有与生俱来的深港合作多文化背景基因,从策划开始,就得到内地与香港多方、多层次的深度合作、高度关注与前海各级相关部门的倾力支持,何周礼先生的创作与实践可以说是在一个相当理想化的环境下完成的。但是同时又是一个需要迅速建成,充满深港合作试验性意味的1.5级开发示范建筑。特别是放置在前海的深港融通的背景之下,在以"前海开发"大事件为诱因的"时空压缩"①过程中,在这十年时间内,迅速地使深港建筑行业各专业、各类文化背景的元素发生充分的碰撞与融合,与前海日新月异的建设需求,一次又一次地冲击着香港专业人士在成熟的建筑市场中所形成的惯习,从而形成一种文化迁移效应,也为跨文化建筑批评提供了丰沃的土壤。

就何周礼先生而言,他有着"建筑形式应对基于对于本土文脉与场景的尊重,创造出解决问题根源的建筑结果"的坚持,并且希望以此抵抗西方明星建筑师的标签化"建筑快消品"在全球特别是东亚地区的消费主义格式化等建筑设计范式。但是当他面对专业生涯中,所从未面临的"梦工场"这种相对于香港成熟建筑类型经验而言,功能更为复杂新颖、基地周边又缺乏文脉支撑的项目机遇时,他同样也会产生士为知己者死的使命感,欣然接受前海为其所打上的"香港建筑师"标签,并且努力迎合业主的预期。

BHA在这个项目中,也面临着香港建筑师在内地实践中所必须面对着的典型问题:一方面就是时间问题,由于1.5级开发的临时建筑条件所限,BHA在梦工场项目中的设计时间周期甚至被压缩得更为极端,如果考量下香港电影最为辉煌的80年代,很多经典作品都是在很短时间内、很仓促的环境下孕育出来的,形成香港社会的快节奏社会文化。所以香港专业人士并不是忌讳快速与粗犷的生产方式,而是缺乏寻求一种从香港长期浸润在浓厚商业氛围与高密度城市环境下的专业分工协作所形成的"基于充足商业计划的高效率"习惯,过渡到中国背景下在更为宏大的背景下解决时间问题的路径。另一方面则是香港建筑行业在内地市场上,在办公楼与房地产项目上展现出了较强的竞争力。但是相比香港本土建筑市场,内地建筑实践合作程度越来越高,香港建筑师也面临开始超越"香港经验"的建筑类型与建筑组织方式,同样需要做出积极应对,在不失去对于设计品牌与设计执行力的前提下,尽可能提高效率以

---

① [美]戴维·哈维等:《后现代的状况——对文化变迁之缘起的探索》,阎嘉译,商务印书馆,2013年。

应对内地广大市场与快速变化的城市化时代拓展机遇。

他山之石,可以攻玉。从前海的角度看,我们应该在成果丰硕的深港合作历史背景下,充分了解香港新时代的需求与目前深港合作的不足,深入分析前海在深港融通策略下,在构建现代服务业体系的实施方案中,探索所能准确落位的立足点。毕竟前海是深圳为数不多的增量建设区域,聚焦爆炸式的空间增长和物质空间建设落后于经济增长速度问题,才能更好地实现前海"扩区"背景下,持续深化深港合作,探寻大湾区可持续发展的最优区域建设发展途径。

# 《清华大学建筑学院院史(1946—1976)》(初稿)撷要*

清华大学　刘亦师

**摘　要：** 本文介绍2018年开始的关于清华大学建筑学院院史研究工作的阶段性成果,系《清华大学建筑学院院史(1946—1976)》(初稿)的绪章部分,包括研究背景、研究目标、资料来源、清华大学建筑系早期发展的分期,而以"三阶段"分期(自建系至1952年春为第一阶段,从1952年开始的全面学习苏联时期到1958年为第二阶段,1958年以后为第三阶段)为论述重点。最后缕列该书稿的体例和篇章结构。

**关键词：** 清华大学建筑系;梁思成;中国现代建筑教育

## 一、研究背景和问题的提出

为了筹备2021年的清华大学建立110周年庆典,清华大学校史研究室于2018年发起了全校各院、系、所编写发展史工程,亦称为"院史工程"。清华大学建筑学院的相关工作主要由笔者承担。这几年来,我们以编写一部较为完整的院史为目标,以机构史的方法开展资料收集和研究工作,在既有成果的基础上梳理了建筑学院(系)发展的历史轨迹,进行了数十次对老教师和老校友的访谈,于2021年初完成了第一阶段工作,即从1946年建筑系成立到1976年这前三十年的书稿初稿,共计八章三十余万字。

在研究过程中,我们发现有不少问题需要解答。首先,相比20世纪20年代就创办建筑学的苏州工业专门学校、国立中央大学、国立湖南大学等,清华大学建筑系①创建时间相对较晚,它经历了哪些发展阶段、为何在很短时间内能跃升为国内最重要的建筑教育重镇之一? 清华大学的建筑教育思想是什么,其如何发展演进? 这些思想如何落实到教学中、取得了哪些实效? 相比当时其他兄弟院校,清华建筑系的教学具有哪些特色,其毕业生又具有哪些特征?"考世系,知终始",这些是开展清华建筑学院发展历史及至中国现代建筑教育史研究必须解答的问题。

在清华大学建筑系早期的发展历程中,取得过举国瞩目的众多成就。除向建筑领域各战线输送了大批合格的"红色建筑师"以外,建筑系师生还设计了不少国内外著名的大工程。例如,新中国成立伊始的国徽和人民英雄纪念碑设计,在1958年通过竞赛取得了国家大剧院、中央科技馆和革命历史博物馆等3项国庆十周年工程的设计权,还参与了密云水库设计,此后又投入遍及城乡的居住区规划和建设工作。这些项目均曾向周恩来等最高领导层进行过汇报,并得到了中央的肯定和支持。此外,清华大学校园面貌在这一时期的巨大改变也多是建筑系师生设计工作的成果。作为清华建筑教育重要组成部分的这些实际工作是怎样与当时的教学具体结合在一起的? 由于建筑系系馆数次迁改,上述工程除个别例外,大部分历史资料如珠玑遗散,尚未加以系统地整理和总结。这说明,清华大学建筑系早期发展的相关史料和史实亟待梳理。

一个有趣的现象是,清华大学建筑系的老毕业生,每一级在其50周年毕业或入学的年份都会编纂

---

\* 国家自然科学基金资助项目(51778318);清华大学院史工程项目(2018—2021)。

① 清华大学建筑学院的名称在历史上多次改动,初创时为建筑工程学系,新中国成立后改为营建学系,1952年按高教部的要求改为全国统一的建筑系。1960年清华大学建筑系与土木工程系合并为土木建筑系,1970年又改名为建筑工程系,至1982年恢复为建筑系。1988年成立建筑学院,下分建筑系和城市规划系。本书之后所说"建筑系"泛指从1946年以后各时期的清华建筑教育的发展。

纪念文集,校友各自撰文述录在校期间的生活见闻、感受并附若干老照片,收存在建筑学院资料室,留下了颇多鲜活、珍贵的史料。从1946年第一级开始一直到20世纪60年代中的毕业班,无不如此,有些年级甚至编辑、出版了多部文集。校友们这种连续不断编写纪念文集的传统,似乎是我国建筑院校中所仅见者,显示了校友们对建筑教育滋养的感怀和铭记,体现出师生们均以建筑系为"家"和对"清华建筑人"身份的高度认同,从另一个侧面反映清华建筑教育的与众不同之处。

在我们这次梳理院史早期发展的过程中,发现清华大学建筑系教师和毕业生还有不少其他的共同特点。这些特点形成于历史发展过程中,既与当时代的政治、文化环境有关,也是清华大学教育政策潜移默化、润物无声的结果。我们看到,清华大学建筑系有其明确的教学思想为纲领,在梁思成这一中枢人物的学术和人格魅力感召下,其周围逐年纷集了一批业务能力强而兢兢业业从事教学、育人工作的教师,在清华园培育出了大批受益且感恩于这一教育体系的学生——之后他们奔赴四方,不少人成长为领导干部和行业翘楚,使清华建筑教育的影响力扩及政治、社会和经济建设的各个领域。

对历史研究来说重要的是,能不能从这些建筑系的发展过程中能否总结其教学、研究与实际生产相结合等诸方面的若干特征,以更好地理解"清华精神"或"清华学风"的本质及其内涵? 以史为鉴,如果能从对当时的教育思想、教学组织、课程设置等历史研究中发现对今天教学改革有所启发的经验,从当时无法绕避的陷阱中获取有益的教训,则更加理想。

以上种种问题、现象及其研究前景都提示我们有必要尽快进行清华大学建筑学院院史的研究。由于时间、精力所限,我们这一次暂将主要力量集中在讨论本系早期即1946—1976年的发展。这一时期,清华大学建筑系的发展与社会主义国家建构的历程相辏葛,是本系历史上最为跌宕起伏和震撼心魄的时期,同时也是史实相对模糊、资料散佚较为严重、口述史料亟待获取的研究时期。改革开放以后建筑系进入新的发展阶段,在政治环境、教育政策和办学条件等很多方面不同于前30年,但去今不远,资料相对充实,将来的写作会有更好的条件。

## 二、相关研究:领域、积累及其前景

中国近代建筑教育是中国近代建筑史研究中的重要方面。我国的近代建筑教育开始于苏州工业专门学校,其发展与我国最早一代建筑师的留学背景有很大关系,受美国(学术思想的源头则是法国)影响,建立了以中央大学、东北大学等为代表的"布扎"体系,此后成为近代建筑教育的主流。而留学日本及德国归来的建筑师则推重工程技术的系统学习和应用,在北平大学、勷勤大学、圣约翰大学建立以现代主义教学体系为主的建筑系。细而察之,美国东海岸与西海岸的建筑院系毕业者其侧重大相径庭,而同属现代主义流派的勷勤大学与圣约翰大学在课程设置上亦有颇多差别。同济大学钱锋发表的一系列论文,有力推动了对近代中国建筑教育流派及其分布的研究。[①]

1946年梁思成在建立的清华建筑系中所推行的"体形环境"(Physical Environment)教学,有别于前述两种建筑教育模式,并在清华建筑系早期的发展中不断对这一教学思想进行修订和完善,形成了围绕建筑学五大主要学术方向(建筑学、城市规划、园林、工程技术和美术)并举、兼重西方古典和中国传统建筑、强调文化和艺术修养、重视与生产实际相结合、与国家经济建设需求密切配合的等特点。这是本书此后各章将要详细讨论的内容。

另一方面,对第一代近代建筑师的研究——其成长、求学等历程及其职业成就,也是近代建筑史研究中时常浮现的内容。早期,赖德霖、王浩娱等人将近代中国建筑师及建筑设计机构汇编成书[②],近年童明、汪晓茜、黄元炤等进一步推进了此议题的研究[③],并且渐具较宽阔的国际视野,将对第一代建筑师

① 见钱锋、潘丽珂:《保罗·克瑞的建筑和教学思想研究》,《时代建筑》2020年第4期;钱锋、王森民:《20世纪20年代美国宾夕法尼亚大学建筑设计教育及其在中国的移植与转化——以之江大学建筑系为例》,《时代建筑》2019年第2期。

② 见赖德霖、王浩娱等编:《近代哲匠录:中国近代重要建筑师、建筑事务所名录》,水利水电出版社,2006年。

③ 见童明:《范式转型中的中国近代建筑——关于宾大建筑教育与美式布扎的反思》,《建筑学报》2018年第8期;汪晓茜:《规训与调适——有关毕业于宾夕法尼亚大学的中国第一代建筑师实践的思考》,《建筑学报》2018年第8期;黄元炤:《柳士英》,中国建工出版社,2015年。

置于20世纪初的全球视野中加以讨论。

不过，一方面搜集未经著录或所知不多的建筑师及事务所等史料工作固然还需持续进行，另一方面还应注意到，除迁移散离大陆者外，在近代受训和成名的建筑师经历了1949年生产资料所有制的巨大变革后，如何进行自我调整和适应新的政治、文化和生产制度？近代中国的私营建筑事务所在1949年以后何以自处，其成员去从如何？这些均为此前研究中少见涉及的内容。

从研究思路看，要深入开展中国现代建筑史，除了要搜罗散佚的资料、认真讨论1949年以后留在大陆的第一、第二代建筑师的自我调整及其他们事业之赓续，还需要从比较宏观的视角研究他们与其所属的机构（如高校、机关、设计院）的种种关联。因此，机构史的研究视角既有利我们扩充研究思路、拓宽史料种类，也为我们提供了能够操作的具体方法。所谓机构史视角，即以系统研究新中国时期建筑单位的设立、演进和发展为线索，系统考察其教学或生产和各种规章、管理制度的创立与演变，重点研究制度与当时政治、社会、事件、人物的关联，进而探究机构的演进与社会主义国家建构、城市面貌和生活变迁等过程的互动与影响。近年针对高校设计院和中国建筑学会的一些研究可视作这方面较典型的成果。[①]

在中国现代建筑史的研究中以机构史的方法对若干重要的建筑系（学院）逐一加以讨论和比较，进而形成比较完整的图景，这一研究路径是可取的。此前各校在这些方面已有一定积累。在具体的研究方面，清华大学建筑学院、华南理工大学建筑学院和东南大学建筑学院相继在其院庆60周年、80周年和90周年时出版了各自的院史资料汇编[②]，以条目形式缕列它们历史上每年的重要事件，体例类似大事记和配以历史照片的年表。天津大学建筑学院在2008年也曾出版过一部资料集，体例更加简略。[③]比较偏近"史"的成果，则如施瑛研究华南工学院建筑系早期建筑教育的博士论文[④]，较为典型。此外钱锋、伍江编写的《中国现代建筑教育史（1920—1980）》[⑤]，涉及近代以来各建筑院系的课程安排的比较，且该书作者近年持续推进这方面研究。

应该看到，虽然近现代建筑教育史早已是学界关心的课题且成果丰硕，但着眼比较宏观，以建筑教育所涉及的政策迁变、机构演进和教学的具体内容及其成果和经验为研究对象，综合讨论一个建筑系自创建到不同阶段发展的历史，在国内尚未见先例。我们期待，在本书之后，兄弟院校关于自身教育发展史的专著陆续面世，从而能有效地开展各院系的比较研究，推进对中国现代建筑教育发展图景的认识。

此外，与本书研究直接相关的领域是中国近现代教育史。可以说，清华大学建筑系在1949年以后的发展历程是清华大学乃至新中国高等教育发展史的一个缩影。1952—1966年任清华大学校长的蒋南翔曾兼任教育部副部长和部长，他以清华大学为"试验场"进行了一系列改革举措，如他提出清华大学要培养"红色工程师"，号召清华大学学生"为祖国健康工作五十年"，在学生工作中实行"双肩挑""劳卫制"、大力支持体育队和文艺社团，在教学中要求"真刀真枪做毕业设计""大兵团作战"，进而对20世纪60年代以前的清华大学发展历程及评价归纳成经典的"三阶段、两点论"。清华大学建筑系正是在这些教育政策的具体指领下开展教学和其他活动的，并成为实践这些政策的突出代表，进而融汇为"清华精神"特征的一部分。同时可以看到，机构史的研究范围和最终着眼，不唯在某个具体单位自身，而是旨在加深对一个时代的政治、文化、思想制度与不同单位及其人、事间互动关系的理解。

## 三、本研究的资料来源综述

本书的主要参考资料源自以下六方面。首先，清华大学建筑学院资料室是本书开展研究最重要的资料来源，其下又可分为三类，即工程、科研档案，历年学生作业和内部资料集和研究报告等成果。这些

---

① 见华霞虹、郑时龄：《同济大学建筑设计院60年（1958—2018）》，同济大学出版社，2018年；刘亦师：《清华大学建筑设计研究院之创建背景及早期发展研究》，《住区》2018年第5期；刘亦师、范雪、李晓鸿编：《中国建筑学会60年》，中国建筑工业出版社，2013年。

② 见清华大学建筑学院编：《匠人营国：清华大学建筑学院60年》，清华大学出版社，2006年；彭长歆、庄少庞编：《华南建筑八十年》，华南理工大学出版社，2012年；东南大学建筑学院学科发展史料编写组：《东南大学建筑学院学科发展史料汇编（1927—2017）》，中国建工出版社，2017年。

③ 见宋昆编：《天津大学建筑学院院史》，天津大学出版社，2008年。

④ 见施瑛：《华南建筑教育早期发展历程研究（1932—1966）》，华南理工大学2014年博士学位论文。

⑤ 钱锋、伍江：《中国现代建筑教育史（1920—1980）》，中国建筑工业出版社，2008年。

资料均为建筑系师生历年从事教学和设计工作的成果汇集,从不同方面反映了清华建筑教育的发展过程和所取得的成就。

清华大学建筑系资料室的正式建置是20世纪50年代全面学习苏联教育模式的结果。当时在清华大学工作的苏联专家建议每个系和每个教研组都设立自己的图书室和资料室,后来二者合并为系图书馆和系资料室。资料室对建筑系的教学过程和学生作业集中收档,并要求师生对他们参加的工程及科研项目的调研、图纸均做整理和总结,然后将文、图分门别类存放。此外,一些当时在系内油印、供教学参考的资料集和研究报告也是外界再难找到的孤本。在清华大学建筑系,这一制度从20世纪50年代即遵照执行,而学生作业更可上溯至20世纪40年代创系时,论其完整程度,全国建筑院校无出其右。对于中国现代建筑教育史的各种研究来说,清华大学建筑学院资料室都是不可忽视的巨大宝藏和重要史源。

其次,清华大学档案馆的教学、科研档案是我们整理建筑系不同时期的学程和教学计划的直接依据。这些材料通常是以教学计划表的形式呈现,但间或对某些教学计划的修订也有相当详细的说明,如《1958年"大跃进"共产主义教学计划》,这为我们理解建筑系教学的具体组织提供了翔实的资料。因本书撰写过程中遭遇新冠疫情,这些资料胥赖此前左川教授到清华大学档案馆查找和拍摄,并由几位博士研究生帮助整理出来。查找这些档案中的残落不全者,当是今后我们继续推进院史的一项重要工作。

校档案馆的文书档案和基建档案涉及建筑系师生参与清华校内外各种工程的部分材料,这是我们开展相关具体案例研究,如"三校建委会"建设、清华大学主楼工程、铁道以东校区规划等课题时所大量参考的资料。

再次,建筑系老校友的纪念文集,除少数正式出版外,大量都存放在建筑学院资料室。这也是我们了解当年建筑系内教学情况和课内外生活的关键资料。

复次,清华大学作为国内的著名大学,在1910年代就由清华学生自主创办了《清华周刊》,生动地呈现了"老清华"的校政和学生生活。清华园解放后,在校内相继发行《人民清华》和《新清华》作为清华大学的周报。尤其是1953年创刊的《新清华》,登载的内容丰富广泛,涵盖从时事政治、校领导报告到各系的教学和文娱活动等各种新闻,是了解新中国初期清华校史的重要史料。

又次,清华大学建筑学院自1986举办"梁思成先生诞辰85周年、创办清华大学建筑系四十周年纪念会",并出版《梁思成先生诞辰八十五周年纪念文集》[1]以来,出版了一批与院史相关的书籍,如1996年建院(系)五十周年时出版的《清华大学建筑学术丛书》[2],2006年出版的《匠人营国:清华大学建筑学院60年》等。还分别在梁思成和林徽因诞辰一百周年时出版了纪念文集[3]。此外,清华大学校史研究室编写出版的《清华大学志》[4]《清华大学一百年》[5]和《清华大学史料选编》等文献也为我们梳理建筑学院的历史发展脉络提供了不少线索。

最后,清华大学建筑系一批前辈教师撰写了回忆录、文集或传记,如《良镛求索》《周卜颐文集》《汪国瑜文集》《建筑院士访谈录·李道增》[6]等,没有正式出版的也不少,如罗征启、陶德坚等人的回忆录。此

---

① 《梁思成先生诞辰八十周年纪念文集》编辑委员会编:《梁思成先生诞辰八十五周年纪念文集》,中国建工出版社,1986年。

② 秦佑国、李晋奎、赵炳时、胡绍学:《建筑物理研究论文集》,中国建筑工业出版社,1996年;吴焕加、吕舟、赵炳时、胡绍学:《建筑史研究论文集》,中国建筑工业出版社,1996年;关肇邺、孙凤岐、赵炳时、胡绍学:《建筑设计城市规划作品集》,中国建筑工业出版社,1996年;赵炳时、陈衍庆、胡绍学:《清华大学建筑学院(系)成立50周年纪念文集》,中国建筑工业出版社,1996年;高亦兰、赵炳时、胡绍学:《梁思成学术思想研究论文集》,中国建筑工业出版社,1996年;左川、郑光中、赵炳时、胡绍学:《北京城市规划研究论文集》,中国建筑工业出版社,1996年;刘凤兰、赵炳时、胡绍学:《美术教师作品集》,中国建筑工业出版社,1996年;胡绍学、栗德祥、周榕:《建筑学研究论文集》,中国建筑工业出版社,1996年;栗德祥:《学生建筑设计作业集》,中国建筑工业出版社,1996年;吴良镛、赵炳时、胡绍学:《城市研究论文集(1986—1995):迎接新世纪的来临》,中国建筑工业出版社,1996年。

③ 清华大学建筑学院编:《梁思成先生百岁诞辰纪念文集》,清华大学出版社,2001年;清华大学建筑学院:《建筑师林徽因》,清华大学出版社,2004年。

④ 陈旭等编:《清华大学志》(1—4卷),清华大学出版社,2018年。

⑤ 清华大学校史研究室:《清华大学一百年》,清华大学出版社,2011年。

⑥ 吴良镛:《良镛求索》,清华大学出版社,2016年;周卜颐:《周卜颐文集》,清华大学出版社,2003年;汪国瑜:《汪国瑜文集》,清华大学出版社,2003年;中国建筑工业出版社编:《建筑院士访谈录:李道增》,中国建筑工业出版社,2016年。

外,曾昭奋在《读书》杂志发表的一系列关于清华建筑教育的文章,后来被收入他的《国·家·大剧院》[①]一书。除清华教师以外,建筑系校友如费麟、张锦秋、马国馨等人都出版过专著[②],其中不少篇幅涉及当年清华大学建筑系的情况。这些资料对我们从人物成长的视角了解建筑系发展的历程大有裨益,常能起到烛隐显微的作用。

与此同时,我们从2018年开始,陆续访谈了几十位老教师和老校友,就清华大学建筑教育的具体问题向其请教和讨论。他们的有些口述回忆能与档案文献交相佐证,使历史图景更加生动鲜活;另一些内容如他们回忆老先生们的音容气概、性格特征,以及建筑系内一些决策背景和历史事件的经过,均为官方档案所不存,则只能通过这些亲与其事者的口述才能略为廓清历史的谜团。我们希望之后能将这些访谈稿整理、汇编成册,这无疑是将来深入研究现代建筑教育史的重要文献。

## 四、清华大学早期建筑教育发展之分期

清华大学建筑教育的早期发展既是清华大学发展历程的缩影,也从一个侧面折射出我国高等教育的走向,同时反映了作为我国社会主义建设事业一部分的新中国建筑教育事业如何不断革新、力求与社会主义国家建构和建设形势相适应的艰苦努力。

清华大学建筑工程系由梁思成创建于1946年,此后20年间的发展历程大致可分为三个阶段,即自建系至1952年春为第一阶段,包括"老清华"时期由无到有、筚路蓝缕的创建过程,以及在新中国最初几年改名"营建学系"时期的积极探索。第二阶段是从1952年开始的全面学习苏联时期,建筑系将学制一举改为6年,并在苏联专家的直接帮助下陆续确立了相应的教育指导思想、培养目标,并逐步完善了教学计划、教学大纲、教学方法和教学内容,同时翻译教材、开设新课。第三阶段则开始于1958年,是在中央"教育与生产劳动相结合"的教育方针下进行的进一步改革,经过20世纪60年代初的调整,直至"四清"运动开始后,教学秩序渐被打乱。

在第一阶段,梁思成创建的建筑工程学系隶属国立清华大学工学院,学制4年。梁思成在清华大学建筑教育的初始发展阶段中,发挥了决定性的影响。根据他对国际建筑界的密切关注和分析,以敏锐的学术洞察力果敢地提出清华建筑教育要摆脱"颇嫌陈旧"的"布扎"体系的笼罩,改弦更张以取法现代主义建筑教育模式。同时,梁思成亲自选聘了建筑工程系的几位年轻教师,并利用自身在学术界和社会上的关系,经常延请各界名人到系里讲座借以拓宽系内师生的视野,是他的"大建筑观"在教学实践中的体现。

1947年夏,梁思成自美国访学近一年后回到清华,根据他在美国的亲历见闻,对建筑工程学系课程加以修订和改革,添设了"抽象图案"(平面构成和立体构成)和市镇计划(城市规划)等课程,逐步完善了他的"体形环境"(physical environment)教育思想,即课程的讲授不再局限于建筑设计,而扩及市镇规划和更大尺度的区域规划,以及"庭院、家具、器皿、装饰等附属部分",旨在解决"生产、工作和居住的环境的问题"[③]。这些改革举措显示了与欧美建筑教育同步发展的趋势,也为之后"营建学系"的改制做了铺垫。

在创系之后的最初几年,"老清华"的厚重传统和学术氛围对建筑工程学系产生了影响。清华大学自创建以来,在选拔优秀学生和聘用师资方面,标准十分严格,而且素来有严谨的学风,这些都是清华自创立以来的优良传统。梅贻琦于1931年接任校长后,于抗战前夕筹建工学院,"为国储才",成为文学院和理学院之外的"第三擎"。同时,梅贻琦付与教授"发展学术和培育人才"的双重使命,这也给梁思成以充分权力以选聘青年教师,后者陆续成长为建筑系发展的中坚力量。另一方面,梅贻琦仿效美国的高等教育制度实行"博雅教育",亦即"本校第一年文理法三院不分院系……工学院分院不分系"的通才教育。事实证明,相比其他学校的"专业教育",清华大学在培养人才方面,"最后的结果,我们是绝对不弱于他们"[④]。

① 曾昭奋:《国·家·大剧院》,天津大学出版社,2015年。

② 费麟:《匠人钩沉录》,天津大学出版社,2011年;张锦秋:《从传统走向未来》,中国建工出版社,2016年;中国建筑工业出版社编:《建筑院士访谈录:张锦秋》,中国建筑工业出版社,2014年;马国馨:《长系师友情》,天津大学出版社,2015年。

③ 清华大学营建系:《清华大学营建学系课程改革总结(1951.3.6)》,载清华大学校史研究室:《清华大学史料选编(第五卷上)》,清华大学出版社,2005年,第297页。

④ 王铁藩:《清华传统何在》,《粤海风》2001年第3期。

梅贻琦特别重视教授对学生的言传身教,他对学校的作用和师生关系有过一段"大小鱼"的形象比喻:"学校犹水也,师生如鱼也,其行动犹游泳也。大鱼前导,小鱼尾随,是从游也,从游既久,其濡染观摩之效,自不求而得,不为而成。"①我们在早期建筑系学生的回忆录和口述访谈中不难看到,梁思成、林徽因等教授经常参与系内的学生晚会,或邀集学生到家中以实物启发学生思考,也多发现青年教师与学生打成一片、互相进步。"老清华"的这些良好学术传统迅速浸渗到建筑系成长的基因中,成为建筑系日后教育特色的重要组成部分。

1948年底清华园解放后,梁思成及其建筑系师生共同迎来了新的时代。至1949年夏,《光明日报》刊载了梁思成擘画下《清华大学营建学系学制及学程计划草案》,明确提出用将系名改称"营建学系",拟在将来扩建为"营建学院",下设建筑学系、市乡计划学系、造园学系、工业艺术学系和建筑工程学系等五系。各系虽然与今日的名称略为不同,但五系合一的架构设想是梁思成"广义的'体形环境'"思想的集中反映,"成了以后建筑系的学术思想纲领"②。

新中国成立的最初几年,清华大学营建学系在梁思成的领导下设计了国徽、人民英雄纪念碑等重大项目,在林徽因主持下设计了新景泰蓝特种工艺品,并积极参与了北京市的建设和城市规划工作。在清华建筑教育的创始阶段,通过师生坚卓地努力,在环绕建筑学的各个领域进行了成果斐然地探索和创造,在"体形环境"教育思想的统率下已经逐渐形成了自己的特色,并渗透到建筑系之后的发展历程中。

清华建筑教育发展的第二阶段和第三阶段都发生在蒋南翔任清华大学校长期间。正如梅贻琦"通才教育"等政策和要求教师作止语默、特重以身示范等举措对处于褓襁的建筑系产生影响一样,蒋南翔在清华大学实行的教育改革和创建的一系列规章制度,也给处于成长关键时期的建筑系打上了深刻印记,具有鲜明特点。

1952年底蒋南翔到校履职,成为新中国时期清华大学的第一任校长。当时清华大学校内的思想改造和院系调整工作已经结束,蒋南翔就任后即首先抓教育改革,努力在清华大学为全面学习苏联教育制度建章立制并创造经验。他利用大批苏联专家到清华工作的有利条件,参考苏联经验,设置专业、制定新的教育指导思想和完整的教学计划,组建各教研组、发挥教师的集体力量,确定了讲课、实验、课程设计、生产实习和毕业设计的完整教学环节,要求"要有扎实的理论基础,要有基本的、先进的该工程技术,要让理论联系实际"③,在此基础上提出"又红又专"工程师的培养目标。

蒋就任校长3个月后即致函中央,建议将清华列入由高等教育部重点领导的少数几所基础较好的大学,并将学制由4年改为5年,其中"有的专业甚至可以五年半(如北大、清华有关利用原子能的专业)、六年(如清华的建筑系和北京医学院医疗系等)"④。1955年蒋南翔在全国高校会议上重点介绍了清华独特的办学措施,其中有政治辅导员制度、理工结合、劳卫制等具有清华特色的政策和措施。"这在当时产生了全国性的影响,不少兄弟院校亦从中多有借鉴。"⑤

同时,作为20世纪30年代曾在清华园中就读的蒋南翔熟知"老清华"的优良传统,如师生勤奋向学和重视体育锻炼和文体活动等,这些内容在他主导的教育改革中也成为具有清华特色的重要组成部分。蒋南翔积极贯彻中央"培养学生全面发展"的教育方针,德、智、体、美、劳五育并进,提出"为祖国健康工作五十年"号召,除绝大多数同学都参加的体育锻炼、义务劳动和社会工作外,从各系选拔擅长体育项目的普通学生分别进入校队、市队和国家队参加集训,在取得优良成绩的同时,也是同学们锻炼意志品质的宝贵经历。此外,"成立了文学、戏剧、音乐、舞蹈、美术等13个社团",1955年参加各种校级社团的学生总数达800多人,"此外还有更多的同学参加本系本班的各种文娱小组。这些社团除了每年有几次全

① 梅贻琦:《大学一解》,载吴剑平编:《清华名师谈治学育人》,清华大学出版社,2009年,第11页。

② 吴良镛:《良镛求索》,清华大学出版社,2016年。

③ 张光斗:《南翔同志为发展新中国的教育事业不倦工作》,载清华大学《蒋南翔纪念文集》编辑小组:《蒋南翔纪念文集》,清华大学出版社,1990年,第244—245页。

④ 蒋南翔:《当前北京市高等学校的几个问题的汇报》,载中国高等教育学会、清华大学编:《蒋南翔文集(下)》,清华大学出版社,1998年,第650页。

⑤ 刘超、李越:《蒋南翔与"新清华"之塑造——兼论其对宏观教育之贡献》,《清华大学教育研究》2013年第34卷第6期。

校性的和校外演出以外,更经常的是在本系本班进行文娱活动。如诗歌朗诵、小说讨论、音乐欣赏、绘画、舞蹈以及其他各种活动。学校行政领导上都尽量给以精神的或物质的支持……对培养学生乐观主义和集体主义精神,都有很大意义"①。建筑系学生素来积极参与体育队和文艺社团,也成为清华建筑教育别具特色的重要原因之一。

在清华建筑教育发展的第二阶段,建筑系参考苏联经验,在1952年即将学制变为6年制,并在苏联专家的指导下制定了严密的教学计划。相比全国其他建筑院校的5年制学习,清华建筑系参照苏联模式,更注重系统的劳动实践和工程实习。同时,在苏联专家阿谢甫柯夫等三位专家的帮助下,新开设了工业建筑设计、建筑构造等课程。除翻译苏联教材外,又以苏联专家在建筑系的讲义为基础编纂了一系列教材,充实了建筑系各教研组的教学资料。此外,和其他系一样,建筑系青年教师的培养得到很大重视。除选送朱畅中等5人到苏联进修和深造外,还在全国范围内招收一大批研究生跟从苏联专家开展专门研究,他们后来补充到清华大学及兄弟院校的师资队伍中。总之,在这一阶段,一套新的教学体系与制度在学习和摸索中逐渐确立,"有了稳定的教学秩序,教学质量不断得到提高"②。

与前一阶段不同的是,新的教学计划是在苏联专家的指导下制定、由高教部核准、"全国高等工业学校执行统一"的方案,个人的作用已不像之前(如梁思成之擘画营建学系课程)那样具有决定性。同时,新的教学计划的具体内容如课程的学时及其次序甚至内容也根据教学总结而每年有所调整和增补。如九字班(1953年入学)即通过申请和讨论,在大四暑假增设了建筑实习的内容③。

在全面学习苏联的同时,苏联模式的一些弊端和"学苏"过程中暴露的缺陷也引起各层领导的反思。蒋南翔在1956年曾指出"我们在学习苏联的这一经验时也有两个重大的缺点,一是统一得太死,一是分量太多"④。1958年,毛泽东主席提出"教育为无产阶级政治服务、教育与生产劳动相结合"的教育方针及一系列有关教育的指示,清华大学在蒋南翔领导下积极响应、努力贯彻。1958年结合清华工科大学的特点,南翔提出实行教学、科研、生产三结合,进行"真刀真枪"的毕业设计,取得了成绩,创造了经验,把"教育和生产劳动相结合"落到了实处,也被广泛认为是对苏联经验的突破。对于"大跃进"中学校一度出现的劳动过多、教学秩序受到某些冲击等问题,蒋南翔领导下的清华大学"努力做到不听课去搞政治运动和生产劳动"⑤。

建筑系在从1958年开始的第三阶段发展中可细划为三个小段,即1958—1960年的"大跃进"运动和从1964年开始越来越频繁的政治运动,这两段时期对教学秩序有所干扰,而处于这两段之间的四五年则相对平静。在此期间清华建筑系配合国家经济调整、充实的大形势继续完善其6年制教学计划。同时,在梁思成等老教授的带领下,在古代建筑史、建筑物理、建筑构造、室内装饰、环境设计和装配式施工等不同科研方向上均取得长足发展,系统地提升了清华建筑教育的科研水平,也反映了通过全系十来年的艰苦奋斗,梁思成最初提倡的"广义的'体形环境'"教育思想在这一时期取得了切实的成果。

在"大跃进"时期,清华大学建筑系响应中央"教育和生产劳动相结合"的号召,组建了建筑设计院作为建筑系的"实习工厂",并参与了首都国庆10周年的几项大工程,取得国家大剧院、革命历史博物馆、中央科技馆等项目的设计权。在1960年与土木工程系合并后为土建系后,又陆续设计完成了清华大学中央主楼、9003大楼、垂杨柳及左家庄小区等一系列校内外工程。这些实际工程成为蒋南翔"真刀真枪做毕业设计"的典范,把教学、科研和生产结合起来。正是在"国庆工程"和其他实际项目作为毕业课题的设计过程中,体现了清华"大兵团作战"磅礴气势,锻炼出一批人才。这也是清华建筑系早期发展历史

① 蒋南翔:《清华大学怎样执行"培养学生全面发展"的教育方针(1955.4)》,载中国高等教育学会、清华大学编:《蒋南翔文集(上)》,清华大学出版社,1998年,第552页。

② 吴良镛:《在清华建筑学院的五十春秋》,载赵炳时、陈衍庆编:《清华大学建筑学院成立50周年纪念文集》,中国建工出版社,1996年,第11页。

③ 郑光中访谈,清华大学建筑学院,2020年9月29日。

④ 蒋南翔:《当前北京市高等学校的几个问题的汇报》,载中国高等教育学会、清华大学编:《蒋南翔文集(下)》,清华大学出版社,1998年,第653页。

⑤ 张光斗:《南翔同志为发展新中国的教育事业不倦工作》,载清华大学《蒋南翔纪念文集》编辑小组:《蒋南翔纪念文集》,清华大学出版社,1990年,第246页。

上熠熠生辉的篇章。

1959年清华大学各专业的学制均改作6年。因建筑系自1952年开始就已是6年制且一直在对教学计划进行修订和完善，除国庆工程期间高年级停课投入设计外，所受干扰相对较小，而且之后针对建零班和建一班对所缺课程进行了"填平补齐"，维持了较高的教育水准。以1963年古巴吉隆滩国际竞赛为例，当时同济大学、南京工学院、华南工学院和全国重要的设计院共17个单位参与了中国建筑学院组织的国内初赛，当时各单位都倾力准备。在初选的30个方案中清华大学建筑系占4个(13%)，而在最后选送出国的20个参赛方案中，清华建筑系有2个方案，占全部方案的10%。从这一次全国性设计和制图评比中可见清华建筑系教育质量之高，为学界和业界所公认。[①]

1961年，在蒋南翔参与制定的《高教六十条》颁布后，我国的高等教育重新走上健康发展的道路[②]，这一时期清华大学土建系编写出的一批高水平教材和科研的蓬勃发展均是在新的教育政策下取得的成绩。但是，随着分子政策的摇摆和"左"的思想影响逐渐增大，清华大学各专业自1963年就开始缩减学制，从6年制逐步减少至5年半制，又在1965年缩为5年制。1964年"四清"运动开始后，又占用课堂教学时间，进一步干扰了正常教学秩序。在种种不利条件下，蒋南翔领导下的清华大学仍坚持"以学为主"，直至1966年5月"文化大革命"爆发，清华全校停课参与运动，建筑专业也随即停办。

对清华大学的办学发展经历，蒋南翔总结为著名的"三阶段、两点论"："第一阶段是老清华，第二阶段是一九五二年学苏，第三阶段是一九五八年以后。"其中第一阶段以学习美国为主；第二阶段以学习苏联为主，苏联是社会主义国家；第三阶段：1958年中央提出要创造我们自己的教育方针，教育为无产阶级政治服务，教育与生产劳动相结合。[③]作为清华大学组成之一的建筑系从1946—1966年这二十年所经历的上述三个主要阶段，基本符合蒋南翔描述的"三阶段"，而高等教育作为我国社会主义建设事业的一部分，也必然要与全国社会主义建设的形势发展相适应。这启示我们重视高等教育史和清华大学校史的研究，在此基础上形成较为深刻地对建筑系发展历史的认识。

蒋南翔教育思想中的"两点论"就是对上述三阶段的每个阶段都要一分为二的分析，"每个阶段好的都应保留，有缺点都应想办法克服"，正、反两方面经验都应客观、公允地加以评价和总结。蒋南翔曾批评夸耀新清华经验样样都好、自诩高明的心态和做法，警戒清华师生"不要有推广'清华香肠'的想法"，指的是不能骄傲自大和搞宗派主义，而应集思广益地对每个历史阶段认真加以反思和总结，"寻找道路，设法使工作改进一步"[④]。

以建筑系早期发展的三阶段具体而言，在"老清华"和营建学系时期学术风气较为自由，这体现在课程学习和对建筑教育方案的探索与实践上。这一时期，建筑系名师汇集，除梁、林外，美术组教师也阵容强大，罗致了高庄、李宗津、李斛等名家。得益于通才教育的选修课政策，最初几班同学能够在诸多选修课中挑选自己志趣所在者，例如不少同学跟从高庄从事木匠活，从另一个层面加深了艺术的理解且增加了对建筑学系的兴趣，对之后形成建筑观念不无裨益[⑤]。梁思成当时邀集社会学、人类学、城市规划和城市地理等各方专家到系里讲座，所讲课题多元而庞杂，一方面拓宽了建筑系师生的学术视野，也起到促进学科交流的作用，1949年以前的一些外系同学正是因为建筑系风气活跃而转入本系。[⑥]

另一方面，梁思成以其宽阔的学术视野和对建筑发展的学术敏锐，在梅贻琦支持下创建了当时中国独特的建筑教育体系，从盛行国内的"布扎"模式转向现代主义教育体系，并以"体形环境"为纲领擘画了

① 见刘亦师：《1963年古巴吉隆滩国际设计竞赛研究——兼论1960年代初我国的建筑创作与国际交流》，《建筑学报》2019年第8期。

② 董宝良编：《中国近现代高等教育史》，华中科技大学出版社，2007年，第313页。

③ 蒋南翔：《三阶段 两点论——在清华大学党委工作会议上的讲话(1962年8月26日)》，载国高等教育学会、清华大学编：《蒋南翔文集(下)》，清华大学出版社，1998年，第812—813页。

④ 蒋南翔：《调整关系、加强团结，发扬"五四"革命精神和科学精神》，载国高等教育学会、清华大学编：《蒋南翔文集(下)》，清华大学出版社，1998年，第749页。

⑤ 楼庆西访谈，清华大学荷清苑住宅区，2020年10月15日。

⑥ 如关肇邺从燕京大学物理系转入，陈志华从社会学系转入，吴焕加从航空系转入。他们都在转系前听过梁思成或建筑系举办的讲座。

将来多科系并进的建筑教育发展的前景。1949年后,梁思成得以详细陈述"营建学院"的组织形态和5个科系各自的发展重点与课程安排,并率先在"营建学系"加以实践。梁思成在这一时期发挥了不可替代的重要作用,当时正处于社会主义课程改革的"探索期"[1],各校得以在专业发展、课程设置等重要问题上各抒己见,营建学系的课程计划就是在这一背景下拟定的。

但是,在"老清华"时期,建筑系的招生数很少,如1946年第1届建筑系总共招生15人,至1949年第4届也仅招生20人,远远满足不了国家大规模经济建设的需求。1950年营建学系招生规模突增至57人,已显示出在培养目标和方式上明显的改变,至1951年进一步增加至78人,此外还有园林专业8人和专修科13人。在1952年全国普遍扩大招生的背景下,营建学系更招收建筑专业本科生57人、专科生79人,另招收园林专业10人,较之1949年扩大了7倍以上。急剧扩大的学生规模给教学带来沉重压力,亟待补充师资。为解决教师人手不足的问题,除通过院校调整合并而来的原北京大学和建筑工程学校教师外,也将一批毕业生留系任教,如第4届同学于1953年毕业,超过一半(13名)同学留系,此后1954年和1955年也同样将大批毕业生留系任教。这显示出中央政府对清华大学建筑系的支持,但要适应当时不断更新的教学计划和教学方式,这些新留校的年轻教师也还需一段时间继续学习和适应。

因创系不久,各种经验尚在积累中,梁思成曾反思头几届学生建筑设计的"业务水平很差",在教学方面还以后很大提升余地。[2]同时,因梁思成提出的《清华大学营建学系学制及学程计划草案》在全国高等教育课程改革的大背景下,在短短两年多时间内经历了多达11次调整,距离形成稳定的教学秩序尚远。以上种种情形无疑都影响了教学效果和质量。所以蒋南翔到校后即向中央提出削减专修科,集中力量办好本科教育,并指出"清华过去的工科毕业生并不能马上担负工程师的工作,一般只能当技术员或见习技术员。今后我们不能再满足于过去的水平或仅仅比过去稍高一点的水平(此点现在已可达到),而是要把学生的业务、政治水平大大提高一步,提高到清华毕业生都能担任独立解决生产中实际问题的工程师的任务"[3]。这也表明了在全面学习苏联的新形势下新的教育实践即将展开,其目标不再是若干精英人物而是培养出大批合格的红色工程师,而这种新的教育政策的实施脱离开中央政府的各种支持是不可想象的。

建筑系在1952年至1957年的第二阶段,通过直接聘用苏联专家来系协助工作,逐步完善了教学计划并形成了较为稳定的教学秩序,虽然至1958年才有第一批6年制学生毕业奔赴工作岗位,但这一时期清华建筑系创造了不少有益的经验,进一步强化了自身的教育特色,也为其他兄弟院校培养了一批年轻教师。

但是,应该看到,"在清华施行的苏联专业化培训模式学科面窄,内容难,训练极为严格。学生从一进校就被安置在一个特定的专业,一系列规定好的课程,而且课程的具体内容也是严丝合缝规定死了的……苏联教育哲学强调团体及组织的需要,它不鼓励明星学生,并抵制把学生按能力分成不同班级的做法"[4]。当时,参考苏联经验制定的新教育制度具有高度权威,不容许任何人质疑和挑战这种标准化的教育及其评价方式,而且连一个专业教学计划和各门课程的教学大纲都是全国统一的,在一段时间内甚至不容许各校根据其具体情况稍加修订。[5]这种强求一致和整齐划一的做法是1951年底院校调整以后我国教育政策的重要特征,也因此不可能发展多元的教学方式和评价标准,从而遏制了一部分师生创新的能力和意愿。

这是全国高等教育的普遍性问题。就清华大学而言,时任教务长的钱伟长曾提出大学教育应以打好基础、培养学生的自学能力为主,且大学专业不应分得过细、事事均依赖课堂讲解,"工程师必然是在

---

① 日本学者大丰塚将自1949年至1956年的课程改革分为两个时期,其中1949年至1951年前半期为我国社会主义课程改革的"探索期",自1952年开始则进入另一阶段,即"全面苏化时期"。[日]大丰塚:《现代中国高等教育的形成》,黄福涛译,北京师范大学出版社,1998年。

② 见清华大学营建系:《清华大学营建学系课程改革总结(1951.3.6)》,载清华大学校史研究室编:《清华大学史料选编(第五卷上)》,清华大学出版社,2005年,第300页。

③ 蒋南翔:《向习仲勋、杨秀峰、中宣部、北京市委并中央的报告(1953.3.31)》,载中国高等教育学会、清华大学编:《蒋南翔文集(上)》,清华大学出版社,1998年,第452—453页。

④ 安舟(Joel Andreas):《红色工程师的崛起:清华大学与中国技术官僚阶级的起源》,何大明译,香港中文大学,2017年,第50页。

⑤ 见董宝良编:《中国近现代高等教育史》,华中科技大学出版社,2007年。

长期建设工作的实践中锻炼成长的,不可能在大学的'摇篮'里培育出来"[1]。同时,建筑系的一部分师生也提出在教学中系统介绍西方城市建设发展和现代主义设计手法,作为当时教育方式的补充。这些意见在当时都没有被采纳,并通过对这些意见的批判更加增强了"苏化"教育模式的权威性与不可挑战性。长期以来,清华毕业生以"专业过硬""听话出活"为共同特征,但缺少足够的质疑精神和批判性思维也限制了创新能力发展的空间。

在从1958年开始的第三阶段里,在中央"教育与生产劳动相结合"的教育方针指导下,清华建筑系创造了令全国瞩目的新成绩。这一时期也是6年制建筑系本科生完成学业、走向工作岗位和留校工作的时期,清华建筑系前一时期在教学上的投入陆续开花结果,开始向建筑界各领域输送大量合格的工程人才。

但是,这一时期虽然批判了在学习苏联教育模式过程中的呆板和僵化,对教学内容和评价方式提出了改进意见,如蒋南翔提出"真刀真枪做毕业设计",但旨在树立新的权威性标准而非鼓励不同方向的探索。建筑系在1958年初开始的"双反"运动中,严厉批判了在设计中重视构图的倾向和采用现代主义的设计手法,进一步扼制了对西方建筑思想发展的学习和反思。例如,在吉隆滩竞赛中,西方各国包括苏联和东欧国家的纪念性建筑设计方案都体现出构思灵活、结构新颖、注重经济性和富含寓意等趋势,而我国参赛方案普遍趋同,仍注重构图的完整和制图的精细,在立意和构思上已显示出与国际建筑界发展的距离。蒋南翔后来也反思在"双反"运动过程中提出"新富农"等提法过于偏激而试图加以改正。[2]

总之,1952年以后建筑系的发展,虽然取得很多重要成绩并积累了大量经验,但与清华大学各系一样,在专业划分和教学计划方面过于严格和孤立,选修课程很少而难以扩展对建筑行业和相关领域发展的认知。单一的教学计划和评价标准虽然保证了在毕业时学生能达到一个标准水平,但也从体制层面遏制了部分同学的创造力。此外,在具体的设计课和历史课教学中,由于长期批判现代主义设计手法,导致对西方当时的城市建设和建筑发展造成隔阂,对外国的优秀成果难以为我所用,甚至无法系统地进行介绍。

上述种种虽然是那个时代全国各建筑院系共同的局限性,但清华大学因地近中央,其建筑教育除在创建的最初时期积极切合西方现代主义潮流所向之外,此后在守正和创新两造之间愈发持重,也渐成为清华建筑系给外界的普遍印象。

1966年开始的"文化大革命"及之后的十年是清华建筑教育发展的另一时期。在此期间此前艰难建立的各种章程和制度被悉数破坏,建筑专业停办六年之久,不但图书资料被大批毁坏,教师也损失严重,建筑专业元气大伤。1972年土建系开始招收"工农兵学员",此后又连续招收了四届。这一时期提出的"开门办学"等做法,其本意是推进"教育与生产劳动相结合"的教育方针,旨在彻底破除苏联式的专业划分和区隔,但在实施过程中被程式化而丧失了灵活性,再次形成了不可不遵循的唯一标准,其轻视正常教学秩序的负面作用显露无遗。清华大学在这种特殊时期开展的建筑教育一直持续到1976年。这一段历史虽然去今未远,资料文献散佚相比"文化大革命"之前却更加严重,今后仍待整理发掘。

## 五、《清华大学建筑学院院史(1946—1976)》(初稿)的篇章结构

该书稿是《清华大学时间简史》系列丛书之一,系为庆祝清华大学校庆110周年动员各院系编纂其发展史,而将各院系的阶段性成果汇集出版。因此,整套丛书在篇章格局上有相对统一的要求,如以机构设置和演替、师资组成、教学组织、人才培养、学生生活为主要研究对象,在目录上形成比较一致的体例。

在具体章节布局上,第二章追溯了清华学校时期(1912—1928年)的教育政策。北洋时代在清华园内成长起来一批后来成为中国近代第一代建筑师中的领袖人物,如关颂声、赵深、朱彬、梁思成、杨廷宝、陈植、童寯等。在清华园内的八年同学时光使他们熟悉彼此,也高度认同共同的成长经历,所以在他们从美国学成归来后,组建了我国近代历史上享有盛名的一批建筑事务所:基泰工程公司、华盖建筑事务所、东北大学时期的梁林陈童蔡营造事务所,以及后来董大酉与王华彬在大上海计划时期的默契合作,

---

[1] 清华校友总会:《清华校友文稿资料选编(第五辑)》,清华大学出版社,1999年,第72页。

[2] 见蒋南翔:《三年来的估计和问题——在清华大学教师大会上的讲话(1961.6.30)》,载中国高等教育学会、清华大学编:《蒋南翔文集(下)》,清华大学出版社,1998年。

主要成员都是当年的清华同学。"老清华"鼓励体育、智育、德育和美育"四育并举"、提倡通才教育等政策以及历来养成的演进学风，为1946年以后建筑教育的发展造成了良好氛围，也是建筑系发展的坚实基础。

第三章至第七章按时间发展顺序，分阶段论述清华大学建筑教育的发展历程。第三章讨论建筑工程学系的筹办和最初几年的教学开展，这是清华建筑教育从无到有、一经创立即努力以新教学思路进行开拓和试验的时期。第四章是富含朝气、蓬勃发展的营建学系时期，并在"体形环境"教育思想指导下进行了各方面都富有成效的实验，直至1952年春院系调整将全国建筑教育指引向统一的、全面苏化的发展轨道上。第三章和第四章统归为清华建筑教育的"发轫期"，是其筚路蓝缕、以启山林的开创时期。

第五章和第六章是在蒋南翔教育政策下开展教育实践的时期。其中，第五章从1952年院系调整和思想改造运动结束至1957年，我们称之为"全面学苏联时期"。这一时期，通过一批苏联专家来校进行指导，清华大学建筑系认真学习了苏联的建筑教育制度，开始组建教研组、编译苏联教材、选送青年教师到苏联进修，很早（1952年）就将学制改为6年制，并不断完善了教学计划。这一时期是清华建筑教育制度化和规范化的重要时期。

第六章涵盖了从1958至1966年，大致可分为早期的"教育大跃进"、中期的调整和充实发展，以及后期受政治运动影响的三个时段。1958年，针对高等教育全面苏化带来的问题，以毛泽东主席为首的党中央提出"劳动必须与生产实际相结合"的方针和一系列指示，清华大学则开创性地提出"真刀真枪做毕业设计"和打破专业区隔的"大兵团作战"，尝试突破苏联教育模式。建筑系师生在这一时期创建设计院、参与校内外各种实际工程，尤其积极参与了"国庆十周年首都十大工程"，切实落实了这些教育政策。虽然"教育大跃进"带来了一些负面影响，但在20世纪60年代初即进行了调整，此后数年也是建筑系各个方向科研成果涌现、学术梯队建设卓有成效的时期，直至1964年"四清"等政治运动开始越来越多地干扰正常教学秩序为止。我们把这个时段称为清华建筑教育的"自主探索及调整时期"。

第七章简要记述了"文化大革命"十年间清华大学建筑教育经历的辍止与接续。

最后一章为全书"结论"，再次概略地描绘清华建筑系的三个主要发展阶段，这与蒋南翔关于清华发展"三阶段、两点论"的观点大致相符，并尝试总结了清华早期建筑教育的十方面特征，以图加深对"清华精神"或"清华学风"内涵的认识。

我们要指出，本书是我们正在开展的清华大学建筑学院院史部分工作和阶段性成果。由于时间限制了研究的规模和细致程度，目前的版本只能很粗疏地勾勒出清华大学建筑系在早期的发展概貌。我们在本次工作中，力求梳理清楚发展的脉络、涵盖主要的历史事件，并保留较多的史料和不同人物的观点以交相佐证，至于深入分析比较不同阶段之延续与突变及其原因，使之能更好地与改革开放之后的建筑教育发展相结合，并总结其经验教训以为当下所借鉴，则是尚待深入的长期的工作内容。

尤其遗憾的是，这次的工作没有细致到刻画众多富有激情和干劲、对共同的事业充满理想和执着的"人"。除梁思成外，书中材料没有很好地展现其他建筑系老先生的性格和教学特点。即便是对梁思成，限于篇幅也只能点到即止。所幸通过这次的工作，我们发现了不少与梁思成相关的史料，多为《梁思成全集》所未载，如何这些新材料用于建构热情饱满的人物形象、还原富有张力的历史细节，是我们将来研究和书写院史时将要用力的重要方面。

# 《新清华》与1958年清华大学建筑系"教育革命"始末

清华大学　杨一钒

**摘　要:**报刊是近代建筑史研究中重要的史料补充。1958年前后的"教育革命"是清华大学建筑学院办学史上的重要事件。本文整理了1950—1961年间清华大学官方刊物《新清华》中的相关登载,对此次"教育革命"的缘起、开展过程及成果进行梳理,并探讨其历史与现实意义。

**关键词:**清华大学;建筑系;教育革命;《新清华》

报刊作为重要的信息载体,反映了当时当地的社会现实及人心取向,也通过舆论影响社会,具有"时人记时事"的特征。尤其在信息技术并不发达的过去,报刊更是宝贵的史料,在近代建筑史研究领域已被广泛应用。[1]20世纪90年代以前的史料散佚较为严重,而创刊于1953年的《新清华》作为清华大学最主要的官方刊物,记录了清华办学治校的历史沿革和校内师生的生活面貌,更从侧面反映了社会大环境的动态,为研究建筑学院发展历史提供了重要资料,但目前对其中史料的挖掘较少。

20世纪50年代末60年代初是新中国社会发生巨大变革的时代,也是清华建筑学院(当时仍为建筑系)办学史上发生重大变化的时期,尤其是1958年"大跃进"背景下的"教育革命",对学院后来的发展产生了巨大的影响。当时,在建筑系主任梁思成先生、系副主任吴良镛先生和汪坦先生的领导下,在周维权、高亦兰等教师和同学们的参与下,教学大辩论、教学大纲修订以及设计院成立等事件先后开展,尽管其中具有急功近利的部分与明显的时代局限性,但也涌现出一系列意义深远的思想与现实成果。在笔者重点整理的1957年至1961年间《新清华》报刊中,有大量关于这一过程的直接报道和生动记载。本文将基于此,结合已知的档案材料,分阶段对50年代末清华建筑系的教学改革进行梳理,一方面作为已知史实的细节补充,另一方面也为后续的研究提供史料参考。

## 一、预热

1957年,复古主义批判告一段落,"反官僚主义、反宗派主义和反主观主义"的整风运动以及随后"反浪费反保守"的"双反"运动又接连掀起。建筑学领域的思想批判也同样反复而激烈,以"反对形式主义、主张节约"为主流。[2]在响应政治运动的同时,许多教师和学生也对建筑系当时的办学风气和评价标准做出了批判,梁思成先生、吴良镛先生都曾在《新清华》上发表过自己的观点,同时也有不少记者对其进行采访的报道。尽管部分看法是当时政治环境的产物,但其中也有不少具有思考价值的观点,并对后来的"教育革命"起到了思想预热的作用。[3]

针对复古主义和形式主义批判的"不彻底",梁思成先生提出相应的批判,指出片面强调节约会走向另一种形式主义:"……在北京城市改建过程中对于文物建筑的那样粗暴无情,使我无比痛苦,拆掉一座城楼像挖去我一块肉;剥去了外城的城砖像剥去我一层皮。对于批判复古主义的不彻底,因而导致了片面强调节约,大量建造了既不适用,又不美观的建筑,同时导致了由一个形式主义转入到另一个形式主

---

① 见刘亦师:《中国近现代建筑史史料类型及其运用概说》,《建筑学报》2018年第11期。

② 见王军:《1955年建筑思想批判追述》,《建筑史学刊》2021年第2卷第3期。

③ 注:以下内容仅作为建筑系教学改革前时人的一些观点的客观摘录,并不对意识形态等做任何评价。

义,由复中国之古转入到复欧洲之古,复俄罗斯之古……"①

吴良镛先生则在《学习与争鸣》一文中指出了当时建筑学中脱离实际与国情的问题:

"……在我们思想方法中的确存在了很大的问题,思想每每绝对化,简单地肯定一切,否定一切,主观盲目地搬用国外经验,对中国实际的情况包括人民大众现实的生活习惯,国家经济情况的体验和认识,就非常不够,思想既脱离实际,跟不上时代,是必然严重地阻碍了业务上的开展……"②针对这样的情况,吴先生提出:"……今天面临着提高教学质量,提高科学水平的一些根本性问题,要恰当地解决这问题,必须解决教学计划中的培养规格问题,各种课程的比例,配合和衔接问题,以及教学法上的一些问题(如何培养学生独立工作能力的一些问题),等等……"③,将教学计划的调整提上日程。这些想法后来也反映在教学改革的内容之中。

在"双反"运动中,吴先生针对建筑系存在的"资产阶级倾向"进行了反思,并指出了在当时的情况下结合政治、经济和技术实际、培养社会主义的建筑师的必要性:

"……在业务上,科学报告会中我脱离实际的科研受到批评,在毕业设计评图中,校外有关部门来参观后也严厉批评了我们搞的城市规划脱离国家政策,不按照多快好省的方针而追求远,大、高、美,开始认识到自己业务上问题严重性……

"……在业务方面,过去我脱离实际,严重脱离政治经济以至技术。过去也知道,但自认有自己一套构图能力,是看家本事,而不接受同志的批评……

"……为什么我们培养出来的学生对社会主义建筑缺乏热情:为什么长期以来我们的建筑思想是颂古非今,厚古薄今? 为什么有的学生喜欢看英美建筑杂志,崇拜资产阶级或封建的建筑,甚至有人要到香港去? 这些都说明我们在建筑教育上资本主义方向未破,社会主义方向未立……"④

相关的文章反映出对当时建筑形式主义、办学中"唯艺术论"、脱离实际等进行了揭露,其中所提到的诸多问题也成为教学改革过程中首要针对的问题,为后来的教学改革进行了思想上的预热。

此外,建筑系师生也在实践的过程中先行尝试了"联系实际"的原则。如建筑系构造教研组的讲师车世光,用了四周的时间亲手搭建了一座长6米、宽4米、高3米的实验性夯土房,以研究黄土建筑,在这一过程中,他发现了许多施工中暴露出来的、设计中未曾考虑的问题——"……如模板太薄,一夯就膨胀,模板的接合不好,每次装卸比夯土所花的时间还多;又如通过劳动才体会到要从地里掘出一立方米的土也不是容易的,这使得车世光同志认真地考虑是否可以减小墙的厚度,以减小用土量……"⑤这些实践与探索也为后来教学大辩论中"设计不可脱离实际"的观点提供了依据。

这一阶段,建筑系师生对于建筑思想及教学的反思尽管主要是在政治运动驱动下进行的,带有较强的意识形态色彩,但是其中部分关于建筑教学和评价的观点以及对现实问题的关注仍有可取之处,也为即将到来的"教育革命"提供了一个较为活跃的思想环境,并预示了其价值取向与意义。

## 二、开展

1958年,在延续1957年政治和思想运动的同时,全国性"超英赶美"的"大跃进"运动掀起。一方面要进一步确立党组织在教育、教学活动中的领导权,另一方面要保证教育为政治服务、为生产服务,在这种情况下,"教育革命"势在必行。⑥在"教育必须为无产阶级政治服务,教育必须与生产劳动相结合"⑦这一教育方针的指引下,全国高校调整人事安排,修正教学计划,办工厂、建农场,"把教育同生产劳动结合起来"。"教育革命"轰轰烈烈地开展了。

---

① 梁思成:《整风一个月的体会》,《新清华》第196期。

②③ 吴良镛:《学习与争鸣》,《新清华》第180期。

④ 吴良镛:《破个人主义 树立建筑系的无产阶级方向——建筑系负责任吴良镛同志的发言》,《新清华》第274期。

⑤ 陶德坚:《建筑系教师自己动手盖土房——进行黄土建筑的科学研究》,《新清华》。

⑥ 见李庆刚:《"大跃进"时期"教育革命"研究》中共中央党校,2002年。

⑦ 陆定一:《教育必须与生产劳动相结合》,《红旗》,1958年第7期。

清华大学也不例外,发动全校师生开展了教学大辩论,"搞清楚教学上的两条道路的是非问题"①。教师的辩论主要围绕"红"与"专"的问题,在争论的过程中教学目标逐渐调整为培养"劳动人民的知识分子"和"工人阶级的知识分子";而学生的辩论则大多结合自身的学习情况,关注发展方向,评价标准等。②建筑系也对此做出响应,于1958年1月16日召开了民用建筑设计教学座谈会,分析往届学生作业的优缺点,并对之后的工作提出指导意见。各教研组针对这些意见召开了数次组会,并围绕以下问题进行了辩论——

"1. 教学改革以来成绩是不是主要的?"

"2. 技术能不能以政治作为统帅?技术为谁服务?脱离政策和辩证唯物主义的教育能不能培养出真正的专家来?能不能忽视劳动观点和集体主义的教育?"

"3. 究竟应该按什么方法来培养祖国需要的建筑师?包括教什么和怎么教的问题。"③

经过辩论,下一学期课程设计和毕业设计的题目进行了修改:如将北京市区中心设计改为小城市市中心设计,把教授小住宅设计改为工人住宅设计,把"5200座国家剧场"设计改为"五道口教工剧场"设计等。这次座谈会仅仅是建筑系教学大辩论的一个开始,在此基础上,各教研组进行了更为彻底的辩论,对诸如建筑设计的标准、城市规划的原则等话题的讨论陆续开展,推动着教学改革的进行,并接受着实际效果的检验。

为了更好地开展教学大辩论,建筑系的城市规划、工业建筑设计和民用建筑设计三个教研组举办了展览会。在这次展览会上,技术脱离政治、建筑设计脱离党的方针(即"实用、经济、在可能条件下美观")等问题成为众矢之的,具体表现为片面强调"构图技巧"、建筑设计任务标准过高脱离群众。④

针对前者,在辩论中许多人提出了不同意见:

"从这些观点出发,就将'大师'作为培养学生的目标。'大师'的标准又是'构图'很棒,艺术修养高,笔下很'涮',有味道,实用经济无所谓,红不红更不管。拆穿来讲,所谓'大师'的标准就是与资本主义的大师没有太大的不同……这种脱离政治的教育观点很具体地反映在设计评分标准上。突出的表现在过去建筑设计教研组评建9王炜钰先生指导的姚伏生的电影院设计。该设计问题是很明显的,为了追求光墙面,不开窗。"⑤

"在建筑系里,相当多数的人认为,建筑师的看家本领是'构图技巧'(指尺度、比例、权衡、对比、空间组合等等),它可以脱离实用、经济和国家的政策独立培养。"⑥

"在学校里培养同学最根本的还是在于提高他的构图能力,这才是一个建筑师的看家本领。很多同志不同意这种看法,认为就是因为把实际知识当副产品的思想,使建筑师不深入了解使用要求,最后设计出的房子在使用方面出问题,严重的简直无法使用。"⑦

对构图的追求导致设计任务的"高标准",也成为辩论过程中争议较大的话题。"民用建筑设计教研组的展览也说明为了训练'构图技巧',设计题目都采用一些高标准的建筑物。认为低标准建筑物限制多、造价低、装饰少,不能发挥同学的'自由创作'能力。因此高班是大剧院、大旅馆,低班也是非教授住宅不可。"为此,设计题目中许多国家的定额指标都被放大,如将国家规定的每人4平方米的居住面积定额加大到6平方米以致9平方米、在两万人的工人小镇中按北京市的要求设计公共建筑物等等。在城市规划设计中,也存在类似的情况,如"长达250公尺的两排商业建筑物"⑧等。

建筑系学生也组织了多场讨论会,对"建筑的任务是什么?""在学校工程技术要少些,再少些?""联系实际会束缚创造性吗?"⑨等问题各抒己见。而针对"什么是衡量建筑的标准?"这一论题,许多人反思

① 《蒋南翔校长在全校教师月会上谈学校工作》,《新清华》第258期。

② 见唐少杰:《清华大学一九五八年"教育革命"考》,《社会科学论坛》2014年第2期。

③⑥⑧ 《建筑系积极准备教学大辩论——连日召开座谈会 展出历年设计作业》,《新清华》第258期。

④ 见《为谁服务——建筑系教学展览巡礼》,《新清华》第286期。

⑤ 黄报青:《技术脱离政治行么?》,《新清华》第285期。

⑦ 《建筑系辩论构图可以脱离实际吗?》,《新清华》第296期。

⑨ 《联系实际会束缚创造性吗?》,《新清华》第297期。

过去"为了个人名利,树立人工纪念碑,考虑问题的出发点只是迎合业主的口味,追求新奇"的做法,也有人提出"资产阶级的一切建筑观点,包括功能主义也好,反映了资产阶级的要求,里面夹杂着大量形式主义的东西,同样是我们所要搞臭的资产阶级观点;至于资产阶级某些建筑技巧,适合我们社会主义建设需要的,仍然可以拿来应用。"这样一分为二看问题的观点。①

配合"双反"运动,建筑向政治靠拢、迎合阶级斗争的思想也反映在教学大辩论过程中对城市规划组以"哈罗新城"为优秀案例的批判上,指出其"实质是英国工党假借社会主义的政治骗局""工厂布局、道路交通设计片面化"②等问题。此外,建筑历史教研组的"厚古薄今"也遭到了批判。③

1958年8月,在教学大辩论的基础上,建筑系总结了这一阶段的辩论与反思中所揭露的教学问题,将其归纳为"八多八少"——"①业务技术多,政治挂帅少;②个人兴趣多,实用经济少;③消费观点多,生产观点少;④艺术构图多,工程技术少;⑤主观假想多,调查研究少⑥书本知识多,劳动实践少;⑦外国资料多,中国资料少;⑧因循抄袭多,革新创造少"④。基于此,对教学大纲进行了修订,主要包括以下几个方面:

一是对设计题目的修改。"课程设计的题目要反映为总路线服务,培养多面手的要求,内容有工业、农业、民用建筑、城乡规划。土洋并举、大中小相结合,小至公共厕所、农业社的养鸡场,大到主型厂房、公共建筑物。在高年级的设计中不仅要做建筑设计,还要做结构、施工、水暖电等设计。为了便于联系实际参加生产,提出了设计课相对集中和集体协作的办法,这样可使同学全面解决生产问题,深入地掌握知识,同时培养集体主义精神,彻底粉碎建筑系的'个人纪念碑'思想。"同时也提出了设计之前调查研究和实际劳动感知的必要性。

二是对技术类课程的改革。对于施工课和构造课,要求走出课堂,"到劳动实践中现场教学",不仅要参加建筑工业的劳动,还要求参加一次农业劳动,"使同学深入了解农村中劳动人民的生活和生产需要"。对于力学课和结构课,以"实践—理论—实践"的唯物主义教学方法为指导,提出"数学要为力学服务,力学为结构服务"的方针,将系列课程合并为"建筑力学""建筑结构"两门,删去重复的部分,根据实践的需要调整教学内容。

尽管教学计划和大纲的修订体现了为共产主义建设服务的基本原则,但也提出了"在毕业设计中增加科学研究部分,课程中增加尖端科学部分,贯彻一切为了总路线,能土能洋、能大能小的精神",对科学、艺术和历史仍有一定的考虑。

综上所述,建筑系的"教育革命"坚决贯彻党的教育方针,在轰轰烈烈的教学大辩论中不断碰撞观点,针对脱离实际的问题进行了调整,最终汇总到教学大纲的修订上。在新教学大纲这一基础成果之上,建筑系师生在教学与实践的过程中也产生了其他成果,关于此将在下一部分中具体展开。当然,教学改革并非一蹴而就,在后续实践的基础上对其进行了进一步的调整,而一些争论也会再次反复,如1960年对"艺术神秘论"的再次讨论⑤及对城市规划中修正主义的批判⑥等。不可否认,此次"教育革命"在当时的政治环境下具有许多明显的片面性和局限性,但其中的一些观点,如对调查研究和实践的重视等,至今仍具有价值。

## 三、成效

除了教学大纲的修订,建筑系"教育革命"还催生了清华建筑设计研究院(时称土建设计院)的诞生;而建筑系师生在"教育与生产相结合"的课程设计和毕业设计中,广泛参与国家工程,也留下了许多影响深远的设计作品。

---

① 见《什么是衡量建筑的标准?》,《新清华》第297期。

② 吴焕家:《破除洋人的迷信树立建筑上的共产主义风格——解剖程应铨吹嘘的这只小麻雀——英国的哈罗城》,《新清华》1958年6月11日。

③ 见《愈古愈好么? ——建筑历史教研组教师的厚古薄今思想》,《新清华》第287期。

④《提出了一系列的革命措施——记建筑系修订教学大纲》,《新清华》第332期。

⑤ 见《艺术神秘论的真相》,《新清华》1960年1月14日。

⑥ 见《在城市规划理论中扫清修正主义毒素》,《新清华》1960年8月8日。

1958 年 7 月 1 日，在吴先生、汪先生等的倡议下，清华大学建筑工程公司成立，这既是对"全国高校办工厂"的回应，也是"大跃进"浪潮下承担本校建设任务和国家工程下派任务的必然选择，"不仅是建校力量，也是北京市建设力量之一"①。成立当日，公司承办的第一项工程，即本校露天游泳池工程及小学校，也举行了开工仪式，被视为清华第一项"共产主义工程"②。

建筑工程公司成立之后，土木系与建筑系在 7 月 24 日联合成立了土建设计院。土建设计院是如今清华大学建筑设计研究院的雏形③，成立之初便"设有工业建筑、民用建筑、城市规划、给排水、暖气通风、供电等六个专业设计室，目前已担负起本校建厂的任务"④。其扮演着建筑系学生"实验室"的角色，是"产、学、研结合"的实践基地；此外，设计院还与相关产业部门合作，与系内师生一起积极参与了许多重点工程——包括"二通"（北京市第二通用重型机械厂）⑤设计、国家大剧院的竞标等；彭真同志⑥、万里同志等也都曾亲自到访。

除了设计院，为了配合"教育与生产相结合"的方针，建筑系的图书室、模型室以及资料室也在这一阶段得到了发展。结合特定的课题需要，图书室为同学们提供了大量的资料索引，翻译了外文书刊，为同学们做好"后勤服务"⑦，涌现出郑国卿等一批优秀积极分子⑧。模型室也在师傅们的努力下不断克服技术难题⑨，并发展成为"包括金工、木工、石膏工、塑料工等的综合性车间"⑩，以做出更多更好的模型配合教学和生产的需要。而资料室也扩展了业务范围，在整理过往资料的同时，与"全国许多省市的 65 个生产单位与科学研究机关建立了联系"⑪，并调整了开放时间，更好地配合同学们的需求。

在设计院的带领、教师的引导以及相关科室的配合下，建筑系同学们在"真刀真枪做毕业设计"的过程中创造了许多优秀的成果。

建 9 同学分民用建筑专门化、城市专门化、工业专门化等几个大组，参与了十项的毕业设计题目，这些题目都是生产部门委托的生产任务。⑫其中，国家大剧院的设计是一项重点毕业设计项目，也是首都重要工程之一。

为了做好剧院的设计，建 9 同学做了大量的调研，"对北京各大小剧院的视线、音响、疏散、舞台等进行了深入调查，并对演员、观众进行了 700 多人次的访问，收集、分析了世界各国 322 个剧院设计资料及 30 多篇有关剧院设计的论文"⑬，甚至对剧院的厕所配置都做了研究。基于此，仅在形体选择的问题上，就结合剧院具体要求提出了六大类型的方案，并根据声学、结构、艺术效果等，结合与文化部的商讨，最终采用了梨形的观众厅。⑭在设计的过程中，设计组还遇到了许多前所未有的问题，并攻坚克难找到得了良好的解决对策。如针对剧院观众厅的最佳混响时间这一声学问题，专门组成"剧院声学组"，进行了大量的调查及音响测定分析，完成并发表了《北京天桥剧场音质测定分析》及《天桥剧场改建的建议》等论文，并整理出近十万字的《剧院中的声学问题》初稿⑮，为建筑设计提供了理论支持。落实到方案上，

①《建筑工程公司"七一"成立——说干就干承办修建本校游泳池》，《新清华》第 317 期。

②《第一项共产主义工程 露天游泳池完工》，《新清华》第 333 期。

③ 见刘亦师：《清华大学建筑设计研究院发展历程访谈辑录》，《世界建筑》2018 年第 12 期。

④《土建设计院和材料生产组成立——正在进行发电厂机械制造厂等设计工作 并将建立两个水泥厂》，《新清华》第 327 期。

⑤ 见《在跃进的道路上——记设计"二通"的人们》，《新清华》1958 年 9 月 21 日。

⑥《彭真同志在土建设计院》，《新清华》1958 年 11 月 11 日。

⑦《行政职工开创性地为三结合服务——建筑系资料室、图书室同志作出好榜样》，《新清华》第 502 期。

⑧ 见《共产主义的青春——记建筑系图书管理员郑国卿》，《新清华》第 506 期；《响应全市文教系统群英会号召，建筑系职工开展社会主义竞赛——主动为中心工作服务》，《新清华》第 513 期。

⑨ 见《英雄天下无难事 半把锉刀办工厂》，《新清华》第 527 期。

⑩《建筑系模型室正在成长》，《新清华》第 491 期。

⑪《彭真同志在土建设计院》，《新清华》1958 年 11 月 11 日。

⑫ 见《敢想敢干与科学分析相结合——建 9 毕业设计胜过往年》，《新清华》第 461 期。

⑬《获得先进集体称号的班级和团体事迹简介》，《新清华》第 423 期。

⑭《庄严的时刻——记建 9 剧院组、声学组毕业设计答辩》，《新清华》第 461 期。

⑮ 见《推动毕业设计在前进 建 9 举办毕业设计展览会》，《新清华》第 446 期。

对于舞台反射面、观众厅锦缎墙面的声学性能也都做了设计。[①]针对国内少见的机械化舞台,同学们参考了国外的已有案例,并结合国内京剧、越剧等剧种的需求做了创造性的设计。[②]建9剧院组的国家大剧院方案在答辩和竞赛中都得到了认可,并承担下了最终的设计任务。

此外,建9年级其他组别的同学还完成了徐水人民公社设计、垂杨柳居住区规划、承德避暑山庄规划及别墅设计等。其中,在徐水人民公社的规划中,以"大集体,小自由;既要集体生活,又要家人团聚;既要公共食堂,也要家庭自己能做饭"[③]为原则,打破了规划中的一些旧习。承德规划组曾在河北省城市建设会议上被评为省一级的红旗。[④]在五个月的毕业设计中,建9同学共完成了"图纸700余张、调查研究报告280余份,写出科学论文10篇,其中若干篇已发表在建筑杂志上"[⑤],被评为先进集体,得到了多方的肯定。[⑥]

而建0同学的毕业设计同样内容丰富,包括解放军剧院、科学技术馆、垂杨柳居住区、清华主楼、9003大楼、北京市第二通用机械厂等。[⑦]其中,剧院组的同学在建9年级经验的基础上,充分利用已有资料,并根据解放军剧院的特殊限制条件和艺术风格的要求进行调整,发挥独创精神。"为了在不增加建筑总长度的条件限制下仍能体现建筑的气魄,他们发现所有剧院都有室外台阶,就创造性地把一部分台阶移到室内入口大厅中,这样就大大增强了大厅的雄伟气魄,丰富了室内空间。这个方案就打破了目前一般大型公共建筑前厅处理老一套的手法,而具有独创的风格。"[⑧]在舞台设计上,也进行了创新,"满足了乐池升起演出的要求,而且可以将转台开到乐池上将演区拉出了4米",以便使演区能够接近观众。而立面设计是剧院组同学面临的最大难题,开工不久,军委领导认为设计的立面还不能够"充分体现解放军的特色、反映60年代的新风格"[⑨],且与1959年某些首都重点工程较为雷同。在这种情况下,建0的同学在教师、职工及校外代表的协助下,经过十多天突击,重新设计出能够反映解放军精神面貌的立面,并在军委的批准下正式开工。[⑩]同时,同学们还整理出一部剧院设计手册初稿,作为建筑系资料手册化的先行者。[⑪]

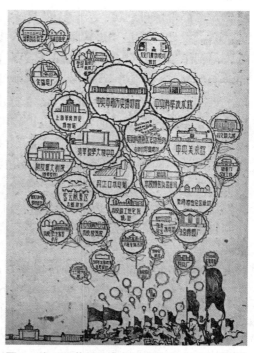

图1　建0同学积极参与国家建设(来源:《新清华》1959年12月15日)

垂杨柳居住区设计组的13名师生也取得了突破。在500人食堂设计中,基于实地调研和居民需求统计,确定了共产主义居民食堂的新要求:"仅要使居民在舒适的环境里吃饭,炊事员同志要有良好的劳动条件,厨房布置灵活,给一切炊事用具以机械化、自动化的可能性;同时,居民食堂还应该成为日益丰富的群众文化活动的中心,应该有会议用的讲台,还可以放电影演戏,食堂外平台上还可以开大会,面积的定额也要突破原有规范,根据发展趋势加以调整。"[⑫]在这一原则的指导下,设计组的同志们打破传统的专业壁垒,"担当起各工种的综合设计",协调各专业之间的矛盾,最终完成了包括建筑、结构、水、暖、

①② 见《获得先进集体称号的班级和团体事迹简介》,《新清华》第423期。

③《党的领导使我们建筑专业走上正确的方向》,《新清华》第408期。

④《敢想敢干与科学分析相结合——建9毕业设计胜过往年》,《新清华》第461期。

⑤《彭真同志在土建设计院》,《新清华》1958年11月11日。

⑥ 见吴良镛:《从一个设计组看毕业生的质量》,《新清华》第462期。

⑦ 见《辨明了思想 鼓足了干劲——建0毕业设计工作热气腾腾》,《新清华》第489期。

⑧《既善于学习 又敢于独创——建0同学设计解放军剧院获得丰收》,《新清华》第489期。

⑨《解放军剧院立面的诞生》,《新清华》第512期。

⑩《军委批准解放军剧院立面方案 剧院组各兵种协同作战突击基础图》,《新清华》第512期。

⑪ 见《打破旧框框 革掉老一套——建筑系师生员工大闹设计革命》,《新清华》第523期。

⑫《垂杨柳设计组大破陈规》,《新清华》第523期。

电在内的全套设计。①

此外，建1年级的同学也在毕业设计中大展身手，对标准住宅设计、建筑设计装饰等都做了详细的研究。②

"短短一年中，建筑系师生完成了55项工业、民用建筑设计任务其中有首都重点工程、北京某重点工厂、本校校舍建筑等。建筑面积24万多平方公尺，其中有16万多平方公尺已开始施工，超过了解放后建筑系所完成的设计任务的总和。"③

在"大跃进"的背景下，这些成果中不可避免地存在着急于求成或是高指标、浮夸风的问题，因此对于这一时期的一系列成就应当辩证地看待。随着三年困难时期的到来，许多工程项目被迫中止，如国家大剧院、解放军剧院等，虽然中标且开始施工，却未能最终建成。尽管如此，也不能全盘否认"真刀真枪做设计"的成果与收获。在这个过程中，同学们熟悉了调查分析、初步设计到绘制施工图的全套流程，并在实地操作中对于施工有了更深刻的认识，锻炼了集体协作和个人探究的能力。而建筑系师生也在这一过程中建立了新型关系，实现了思想和业务上的共同提高。④

# 四、结语

1958年的"教育革命"是新中国教育史上一件大事，其中的一些措施影响至今，尽管在政治运动的驱动下其存在许多如今看来不甚科学之处，但也并非全不可取，还应辩证地看待。清华大学建筑系师生在这一过程中的许多成果为中国近现代建筑史留下了浓墨重彩的一笔。关于建筑形式、设计与实际的关系的讨论、前期调研、研究等思想和方法，至今也仍有值得借鉴的价值。而设计院、图书室、模型室、资料室等，也仍然在建筑学院中发挥着其力量。

通过整理可以发现，《新清华》作为报刊，展现了这一过程中许多生动的细节，弥补了这一时期史料的不完整。尽管受社会环境和政治宣传需要的影响，一些报道未见得客观准确，但也因此而提供了以当时之人看当时之事的视角，对于史学研究仍然具有独特的价值。

---

① 见《短评——破得好 立得高》，《新清华》第523期。

② 见《精工练巧匠——建1部分毕业生研究设计建筑装饰》，《新清华》1961年7月21日；《向教师学习 向书本学习 向实际学习——建1同学认真研究住宅设计》，《新清华》1961年7月28日。

③《建筑系的十年》，《新清华》第475期。

④ 见《建筑系形成新的师生关系——教师和学生提高了业务水平和思想觉悟》，《新清华》1958年12月28日。

# 集体主义背景下三线厂矿食堂空间特征研究

华中科技大学　李登殿

**摘　要**：职工食堂作为三线厂生活区的代表性建筑,保障了一线职工在生产过程中的基本生活,是几代三线人的共同回忆。从计划经济到市场经济期间,三线厂区经历了时代的变革,职工食堂作为三线厂区的基本组成单元,在时代的背景下呈现出不同的空间特征。本文通过大量的田野调查结合相应的文献资料对职工食堂的发展脉络进行梳理。在规划层面上:职工食堂与厂区呈现出在生活区内、生产区内、生活区与生产区之间三种空间布局关系。在建筑层面上:职工食堂的建筑风格、结构、材料、内部空间等呈现出不同的时代特点。

**关键词**：三线厂区;职工食堂;空间特征

　　三线建设初期生活设施不够完善,职工食堂以简易芦席棚或租借农民房子为场地,设施简陋,食堂饭菜品种单一,职工很难吃到一顿可口的饭菜。①据负责建厂的湖北工业建筑有限公司的老职工艾金汉回忆:当时哪里有什么食堂,都是吃大锅饭,吃的饭菜就是一些粗粮,吃完就继续干活,抓紧建设二汽。在先生产,后生活的指导原则下,1973年,二汽下属的各专业厂开始修建职工食堂,职工食堂的类型以干打垒食堂为主(干打垒是吸取北方地区盖房子采取的一种夯土建造技术,以黏土为主要材料,用木板作为模板,将土填入模板中间,用外力夯打坚实。)此时的食堂在餐饮设施上相对完善,职工的生活有所保障。这一时期,由于职工活动场地匮乏,二汽下属的各专业厂修建的食堂大部分为三用食堂,主要为餐饮、文艺、体育活动三类功能的整合,三类活动在时间上能够分时使用,这一建造模式是建筑设计方面的创新,也是三线勤俭节约精神的体现。这种模式也有一定的缺点如食堂油烟大、建筑通风采光等不足。从当时的实际出发,这种空间多重利用的方式是利大于弊的。

　　20世纪80年代,改革开放的春风吹遍神州大地,三线建设时期建造的干打垒食堂早已破败不堪,冬天漏风、夏天漏雨。此时二汽经济状况富足,各个专业厂开始修建自己的新食堂,这一时期的食堂多为砖混、框架结构的,与干打垒食堂相比,这一时期的食堂更加现代化、样式新颖,功能划分明显,时代特色鲜明,食堂也随着时代进行更新发展(表1)。据二汽厂志记载:1983年底,二汽共有正规职工食堂61个,食堂工作人员4603人,其中管理人员61人,炊事人员1245人,服务人员3297人。设有早点供应点42个、小炒部25个、服务部45个,职工食堂日平均就餐人数3.2万人。②从统计数据可以看出,这一时期的职工食堂规模庞大、发展迅猛。进入21世纪,整个社会的经济文化发展迅猛,职工思想逐渐解放,厂区职工的生活轨迹逐渐和整个社会重合,这一时期的食堂的功能逐渐弱化,由最初的提供早中晚餐到仅仅提供午餐,大多数职工会在厂区外由社会人员开设的小餐馆内就餐,种类丰富,可选择性大,深受职工的喜爱。

---

　　① 见中国人民政治协商会议、湖北省十堰市委员会文史和学习委员会编:《十堰文史(第十五辑)三线建设》102卷(上、下册),长江出版社,2016年。

　　② 见东风汽车公司史志办公室:《第二汽车制造厂厂志(1969—1983)》,1986年。

表1　职工食堂各时期发展脉络表

| | 建厂初期 | 稳定发展时期 | 飞速发展时期 | 多元化发展时期 |
|---|---|---|---|---|
| 时间 | 1969—1973 | 1973—1980 | 1980—2001 | 2001—至今 |
| 建筑类型 | 芦席棚 | 干打垒 | 砖混、框架 | 临厂商业 |
| 就餐人群 | 建设者及工人 | 单身职工为主 | 职工及职工家属 | 厂区职工及社会人员 |
| 管理部门 | 厂区有关部门 | 行政科 | 食堂科 | 政府部门 |
| 相关影像 | | | | |

*注:作者自制,图片来源自湖北省工业建筑集团有限公司、作者自摄。

# 一、职工食堂布局特征

## (一)食堂选址:便于生产、有利生活

职工食堂作为厂区中最重要的服务类建筑之一,根据所处位置来进行划分,通常分为三类,第一类是建设在厂区中的食堂,使用人群为厂区内职工,第二类,职工食堂介于生产区与生活区之间,使用人群为职工及其家属的日常生活,第三类,布置在生活区内,使用人群为职工家属及职工。

根据功能需要,建造在生产区中的职工食堂,通常分布在生产区的一侧或者生产区的边界线上,规模不大、独立存在,与生产区有一定的距离,其一是避免生产区产生的灰尘以及其他污染物污染食材,其二是保证餐饮的流线与生产区的流线区分开。如二汽车轮厂的食堂、二汽底盘零件厂(图1)均位于生产区的一侧,靠近生产区主要的车间,既方便职工进行就餐,又使二者流线分离。

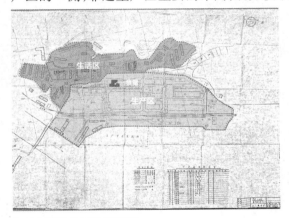

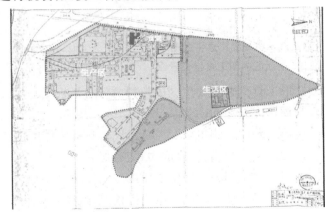

(a)二汽车轮厂总平面图　　　　　　　　　　　　(b)二汽底盘零件厂总平面图
图1　生产区内职工食堂位置图(来源:作者自绘,底图来源自十堰市城建档案和地下管线管理处)

二汽下属的厂区中,大部分厂区的职工食堂处于生产区与生活区之间,与周边的俱乐部、澡堂、商店等服务类设施共同构成厂区的公共服务区,这类职工食堂(图2)面积都是厂区中最大的、菜色种类最为丰富。职工食堂放在生产区与生活区之间,提高了食堂的使用效率。公共服务区的存在,方便了三线职工的生活,体现了"以人为本,科学分区"的建设思想。

(a)二汽通用铸锻厂总平面图

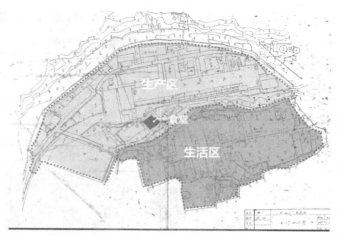

(b)二汽钢板弹簧厂总平面图

图2　生产区与生活区之间职工食堂位置图

　　二汽下属的厂区中,还有一类食堂处在生活区内,此类职工食堂主要给职工家属提供餐饮服务,不过这类食堂数量较少,在生活区,职工在家做饭的居多,食堂的地位就弱了许多,这部分食堂(图3)通常也会在生活区靠近生产区的方向,针对一部分职工的用餐,此类食堂往往自成一体,与周围建筑互动关系较弱。

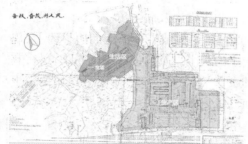

(a)二汽木材加工厂总平面图

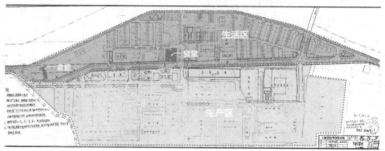

(b)二汽车厢厂总平面图

图3　生活区内职工食堂位置图

　　职工食堂在三线厂区中位置的分布是根据不同人群的需要来进行划分,在建设时,也会充分考虑食堂与周边建筑之间的关系,增强厂区公共建筑之间的联系。三线厂区多处于深山之中,食堂的分布规律受地形地貌的影响也较大,在设计时,顺应山体的走向,也是在规划布局中会考虑的一个因素。

　　(二)周边关系:成片成团、应有尽有

　　职工食堂作为厂区中重要的公共建筑,伴随着公共服务区的产生而得到发展,公共服务区通常有食堂、澡堂、俱乐部、理发店、商店等建筑,这些建筑形成了三线厂区独有的模式语言,也构成了集体生活的一个容器(图4)。

　　在调研的过程中,食堂与其他公共建筑组合的手法最为常见,如职工食堂还和俱乐部结合在一起、职工食堂与澡堂结合在一起,形成了独特的模式语言,这些结合方式多从设计角度出发,不仅丰富了建筑体量,而且丰富了三线厂区的建筑类型。

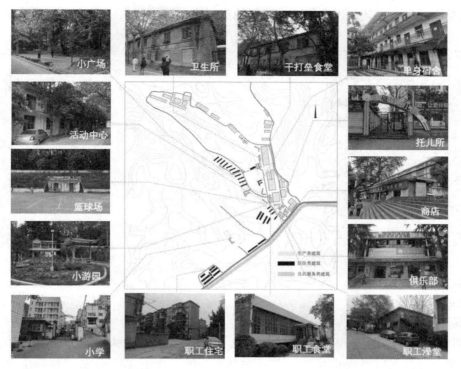

图4　职工食堂周边建筑分布图

# 二、建筑本体分析

## (一)立面构图

三线厂职工食堂立面形式根据时间可分为两类:一类是三线建设时期的干打垒食堂,在立面形式上呈现出简单纯净的现代主义风格建筑,无多余的装饰,多裸露着干打垒的土墙,如二汽通用铸锻厂的干打垒食堂(图5-a),红砖砌筑形成建筑框架,中间填充夯击的三合土、矩形窗分布在干打垒土墙上,整个立面简单粗犷,是三用食堂早期的代表;另一类为改革开放后,厂区自行投资建造的现代化食堂,这一时期的食堂立面通常采用三段式构图手法,底层多为建造的大楼梯,中间为大面积的开窗、楼顶多为平屋顶或者双坡屋顶,瓷砖、涂料等新的建筑材料应用较多,如二汽通用铸锻厂食堂(图5-b)粘贴的米色瓷砖、二汽变速箱厂(图5-c)外墙粉刷的涂料与水刷石等。

a　二汽通用铸锻厂干打垒食堂

b　二汽通用铸锻厂职工食堂

c　二汽变速箱厂职工食堂

图5　职工食堂立面形式图

## (二)平面组织

职工食堂的平面呈工字形(图6-a)、T字形(图6-b)或矩形(图6-c),以就餐与后厨区域组成,部分食堂会附属一些其他功能,如小卖部、粮油店等。食堂内部空间宽敞明亮,不同厂区的食堂虽然面积、体量不太一样,但长宽比都集中在1.5:1和2:1这个区间内。[1]就餐区域,多数食堂以就餐桌椅有序摆放为主,除此之外,一部分食堂会在就餐区域设置一部分包间,满足多元化的需求,早期的干打垒食堂还有

---

① 见白廷彩:《豫西地区三线建设的居住形态研究》,华中科技大学2019年硕士学位论文。

舞台,利用就餐区域进行文艺演出工作。后厨区域由厨房、备餐、储藏、洗碗间等几部分组成,功能流线明确。

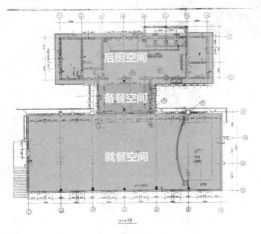
a　工字形平面

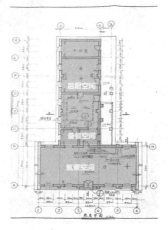
b　T字形平面

c　矩形平面

图6　职工食堂平面组织图

### (三)建筑材料

由于食堂建造年代不同,所采用的建造材料也不相同,三线建设初期的干打垒食堂(图7-a),因地制宜,墙体的填充材料采用当地的黄土、石灰等材料组成的三合土,在关键的墙柱部位会用一些红砖或者青砖砌筑,屋面板部分则主要为预制的混凝土板组合而成、干打垒由于建筑材料的限制,高度一般为1—2层的建筑。改革开放后,计划经济逐渐消退,在市场经济的主导下,建筑材料变得丰富多样,二汽下属的厂区开始大规模完善生活区内的建筑,这一时期的食堂(图7-b)主要采用红砖作为砌块、混凝土柱子作为承重结构,楼板采用预制楼板或者现浇混凝土,外立面会涂刷水刷石、涂料、甚至瓷砖进行装饰,建筑的耐久性得到了保证。

a　二汽通用铸锻厂干打垒食堂

红砖砌筑
干打垒填充
毛石砌筑

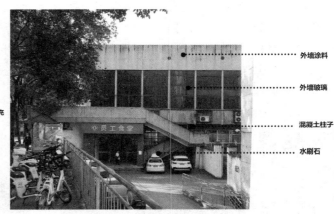
b　二汽变速箱厂职工食堂

外墙涂料
外墙玻璃
混凝土柱子
水刷石

图7　食堂立面材料分析图

### (四)建筑结构

干打垒食堂结构主要采用红砖砌筑或者预制混凝土的柱子上面承接预制楼板,组成食堂的整个框架系统,中间填充墙体采用三合土,主要有石灰、秸秆、泥土等材料,此种结构系统建造速度快,施工简单,在三线建设时期采用较多。[①]但是干打垒建筑具有风雨侵蚀和可溶盐的等问题,墙体极易风化剥落,造成安全隐患。在工程发展中逐步被拆除,改建为其他结构类型的建筑。随着历史的迭代,建筑技术的更新,改革开放后建造的食堂,大都采用混凝土柱子上面承接现浇楼板,墙体采用砌块填充,在屋顶部分,现有的食堂以平屋顶居多,上设女儿墙,采用有组织排水的模式,还有一部分屋顶采用坡屋顶,采用钢制桁架,上面承接机制瓦,形成屋架系统。

---

① 见陈博:《鄂豫湘西部地区三线建设遗存的建造技艺研究》,华中科技大学2019年硕士学位论文。

# 三、成因机制

## （一）国家意志主导建筑形态

新中国成立初期，苏联以及一些西方国家对共产主义与集体生活的探索深深影响了我们国家的城乡空间，1957年开始的人民公社，"毛泽东同志说，我们的方向应该逐步地、有次序地把工（工业）、农（农业）、商（商业）、学（文化教育）、兵（民兵，即全民武装）组成一个大公社构成我国社会的基层单位"。这种基本单元内包含了医院、学校、食堂、商店等建筑，以生产—居住空间的集体生活方式直接影响了三线厂区建设的思路。①

在国家意志的影响下，三线建设时期规划的核心思想是形成"工农商学兵"一体的模式，在城市基础设施落后的情况下，相应的社会服务由单位来提供，单位自己形成了生产、居住、教育、餐饮、医疗的小社会，三线建设时期食堂也是这一时期国家意志的产物。

## （二）集体生活塑造建筑空间

三线企业作为一种特殊的组织，地理位置偏僻，封闭性强，在这样的社会生活环境下，三线厂区形成了一个个独立的单元，每个单元内围绕生产形成了一个集医院、学校、食堂、俱乐部于一体的公共服务区，形成了一个小的"社会浓缩器"②。

三线厂区的核心是生产区，生活区也是重要的组成部分，是职工以及家属解决日常生活最为重要的空间。三线企业多分布在深山内，出行不便，职工及家属的日常生活问题只能在厂区内解决，为解决这些问题，集体生活空间的构建十分必要，在生活区内、学校、食堂、俱乐部、商店等日常生活的基本单位共同构成了厂区的生活单元，这种模式属于典型的企业办社会模式，这种模式影响了厂区内的功能布局。

# 四、结语

三线厂区食堂空间特征变化是三线厂区自身发展的一个缩影，印证了时代的变迁，社会的发展。三线建设以生产作为纽带，集中力量办大事的方式体现了一个国家高效分配资源的能力，也体现了社会主义的优势。在职工的日常生活中，通过集体制度对资源进行分配，满足每位职工的生活需求，体现了集体制度的优越性，食堂、学校、医院均是这种文化的体现。

"一根筷子轻轻易折断，十根筷子牢牢捆成团"，三线建设时期，三线人在面对国家物资急缺、生产设备落后、生产条件恶劣的形势下互帮互助、齐心协力，在大山深处进行科研工作，这种艰苦创业、勇于创新、团结协作、无私奉献的三线精神是老一辈建设者留给我们的珍贵财富，值得当代人学习。

---

① 见徐利权、谭刚毅、万涛：《鄂西北三线建设规划布局及其遗存价值研究》，《西部人居环境学刊》2020年第35卷第5期。
② 谭刚毅：《中国集体形制及其建成环境与空间意志探隐》，《新建筑》2018年第5期。

# 花园城市与东方审美

## ——新加坡裕华园规划设计与建设研究,1968—1975

天津大学　张天洁　程秉钤

**摘　要:**始建于1968年的裕华园位于新加坡西部裕廊工业区,是当时规模最大的海外中式园林,已成为新加坡重要的旅游景点。通过文献资料和实地调查,梳理裕华园的建设背景、目的和规划设计理念。裕华园的建设,一方面基于新型"花园工业镇"规划理念,提供休闲活动的绿色场所;另一方面展现东方艺术,寓教于乐,向民众传播东方审美和价值体系。裕华园糅合了北方皇家园林和江南私家园林特色,同设计师虞曰镇的实践经历和所处社会环境有着紧密的联系。裕华园的设计方案因经费等原因仅部分实现,但该园建成后促进了裕廊工业区居住率和企业入驻率的提高,游园者也多能从中感受到中式园林文化。

**关键词:**花园城市;东方审美;新加坡裕华园;虞曰镇;中式园林

## 一、引言

新加坡的公园建设运动是在其建国初期经济基础薄弱和多元文化割裂的状态下推动的,其中裕华园是新加坡西部的一个重要项目,建成时为中国海外最大的中式园林。该园建于新加坡最大的工业区——裕廊工业区内,在政府强有力的支持下,其有效改善了工业区的环境,吸引了更多企业和居民入驻。同时,该园在有限的场地内展现中国南北方不同地域的园林特色,传播了东方审美和价值体系。

## 二、裕华园建设背景

### (一)"花园工业镇"规划目标

新加坡于1959年脱离英国殖民统治,当时经济基础薄弱,失业率达13%。[1]为解决就业问题,新加坡政府提出发展制造业的计划。新加坡土地资源稀缺,西郊的裕廊镇一带人口相对少,且一直以来有砖、肉类等加工厂。1961年新加坡政府开始在这片红树林沼泽地填海建工业园区,划定6480公顷土地拟发展裕廊工业园[2],创造就业机会,同时辅以城市功能,打造港区城市一体化综合产业新城,以拉动经济增长。

然而,就业人口的增加使得通勤及住房问题日益严峻[3],也限制了该片区的进一步投资发展。1966年,工业区的工人数量有6570人,而工业区恶劣的环境导致很少人会选择在该片区居住,根据1968年R.Skeates的调查,85%的工人居住在区外,往来中心城区和西郊的工人亦增加了交通压力,因此提升该片区的环境品质成为当务之急。

---

[1]Min Geh and Ilsa Sharp, *Singapore's Natural Environment, Past, Present and Future: A Construct of National Identity and Land Use Imperatives*;Tai-Chee Wong, Belinda Yuen, Charles Goldblum, *Spatial Planning for a Sustainable Singapore*, Dordrecht : Springer Science + Business Media B.V, 2008, p.186.

[2] https://roots.sg/learn/collections/listing/1183970.

[3] 该片区最初生活基础设施极为不便,部分员工的通勤时长达1.5小时,而居住在当地的员工需忍受环境污染、蚊虫叮咬的问题。

1968年，基于新加坡"城市型国家"的现实①，新政府认为需重视生态宜居性。李光耀提出了"花园城市"计划②，裕廊集团是该计划的主要执行部门之一。在这一国策的号召下，为避免先发展后治理的困境，裕廊工业区的规划秉持总体观和人文观，欲建设一个清净绿色的"花园工业镇"，综合考虑了人们的工作、学习、生活、休闲娱乐等各种需求。因此，规划建设适度超前的基础设施，"怡人的景致"和"翠绿的园林"③，其中包括了284公顷的裕廊公园④。旨在提高该工业片区的居住人口以及招商进驻企业的数量。

### （二）东方审美和价值体系

20世纪60年代，为使社会环境与迫切的经济发展相适应，李光耀、吴庆瑞等政府领导人认为有必要强调东方传统价值体系。⑤国家刚独立初期，复杂的世界政治环境和多元的族群背景，使得新加坡政府非常注重社会稳定，迫切需要寻求共同的价值观来弥合种族之间的分裂与隔阂。时任新加坡财政部部长的吴庆瑞博士（Dr.Goh Keng Swee），毕业于伦敦政治经济学院的他对经济哲学具有较深刻的理解，认为人民的社会价值观、文化体系等"会对经济力量的运作产生强大的影响"⑥。在号召全体国民埋头苦干，建立一个繁荣国家，并以生产、发展和经济成功为全社会普遍追求的目标下，强调"勤劳俭朴""艰苦奋斗""正直"的东方儒家价值体系得到众多高层领导的认可，"奋斗"扮演了凝聚新加坡社会的价值纽带⑦，并成为政府宣扬官语的固定成分，但迫于公开宣传儒家思想易破坏种族和谐，因此政府常以尊重华族文化，宣扬东方价值观为口号进行相应的文化建设。

此外，培养新加坡人民的艺术审美也是这一时期的重要目标。新加坡在其对外开放学习西方先进生产技术的同时，亦积习了较多西方糟粕风气（decadent West）⑧。新加坡高层领导认为需培养人们的艺术审美，新加坡文化部部长Jek Yuen Thong提出要发扬能代表和反映新加坡的艺术文化的口号。⑨吴庆瑞博士也特别注重新加坡人审美艺术的培养，在新加坡推动了多项艺术中心建设项目。他很认同中国国学及孔孟文化⑩，因此提倡在裕廊公园内建设一座中式园林（裕华园）⑪，既宣扬东方价值体系，又培养新加坡人的艺术审美，还配合当时经济委员会提出的"Instant Asia"目标。

## 三、裕华园的筹备与规划建设

1968年，裕廊公园委员会成立，负责协调裕廊公园的规划及设计。裕廊集团结合裕廊河的治理工程，通过开挖裕廊河道、裁弯取直、治理淤塞，"裕廊河"改造为了"裕廊湖"，并堆造了五个人工岛，南侧两个岛一为鸟类饲养园，另一为日本公园；北侧的两个岛，一为水上饭店区，另一为鱼类养殖区，中央的大岛及紧邻的三个小岛作为裕华园的建设基地。裕华园在五座人工岛中规模最大，达13.5公顷，且位居此片区的中央，将成为该片区的主要景观。

1968年4月，中国台湾地区建筑师虞曰镇（1916—1993）赴东南亚地区考察，得知了新加坡政府计划在裕廊工业镇内建造一座中式园林。虞认为新加坡华裔众多，认为此举亦有助于改善同新加坡的关系，且呼应当时台湾地区的"中华文化复兴运动"，因此主动请缨，义务承担了裕华园的规划设计工作。

---

① 新加坡总面积只有714.3平方千米。

② 在李光耀提出"花园城市"计划后，为确保该计划的落实，1973年新加坡政府成立了花园城市行动委员会（Garden City Action Committee，简称GCAC），其组成成员包括国家发展部、裕廊集团和住房与发展委员会等。见袁琳：《城市史视野下新加坡"田园城市"的再认识及启示》，《风景园林》2010年第6期。

③ 张伟民：《新领域：裕廊镇管理局二十五年》，Times Editions，1993年。

④ 裕廊集团1975年度报告（JTC 1975 annual report）；见张伟民：《新领域：裕廊镇管理局二十五年》，Times Editions，1993年。

⑤ 见王殿卿：《新加坡的文化再生运动与国家的共同价值观》，《思想教育研究》1994年第4期。

⑥ 黄朝翰、戚畅：《吴庆瑞和新加坡的中国研究：从儒学到"现代中国问题研究"》，《东南亚研究》2011年第5期。

⑦ 见匡导球：《星岛崛起：新加坡的立国智慧》，人民出版社，2013年。

⑧ 当时夜总会、吸毒、拜金主义的风气非常普遍。

⑨ Press release, 28 June 1974.

⑩ Chew Emrys, Kwa Chong Guan, Goh Keng Swee, *A Legacy of Public Service*, World Scientific Publishing, 2012.

⑪《建国元勋吴庆瑞逝世 纳丹总统：促成新加坡转型的最重要总建筑师之一》，《联合早报》2010年5月15日；李显龙总理对吴庆瑞逝世的悼词中提及此事。

1968年5月,虞曰镇组织多名建筑师成立规划设计小组①,同年8月完成规划纲要并送审新加坡裕廊镇管理局。1970年3月,新加坡政府公共工程部派遣两名建筑师前往有巢事务所进行为期一周的中式建筑、庭院设计绘图、台湾各地公园设施考察。最后经过多次协商之后,新加坡政府于1972年开始修建裕华园,有巢事务所派遣韩瑞华建筑师前往新加坡与当地的城市规划者、建筑景观设计者共同设计、监工,1975年4月18日该园落成,并取名裕华园②,耗资510万新元,约合3000万人民币,建成时为中国境外最大的中式园林。

**(一)设计师虞曰镇**

虞曰镇(Yuen-Chen Yu),1916年出生于浙江镇海③,1931年上海民智中学初二被迫休学后,1931—1935年间于邬达克建筑师事务所当学徒,并在上海正基建筑工业补习学校读夜校。1935年离开上海前往香港美尔顿大学建筑系学习。抗战时期,虞曰镇曾参与马当要塞的建设。1940—1943年间在赵深、陈植、童寯合办的上海华盖建筑师事务所贵阳办事处担任主任。1941年6月在桂林创办有巢建筑师事务所,曾在上海、杭州、南京、天津、青岛、广州等地执业。1949年5月从大陆转居台湾,一直从事建筑园林等教学和设计相关工作(表1)。

表1 虞曰镇生平活动经历

| 时间 | 主要活动 | 作品 | 文章 |
|---|---|---|---|
| 1916 | 出生于浙江镇海 | | |
| 1931 | 上海民智中学初二休学,进入邬达克建筑师事务所做学徒,并进入私立上海正基建筑工业补习学校读夜校。 | | |
| 1935 | 离开邬达克建筑师事务所 | | |
| 1937 | 香港美尔顿大学(Milton University)毕业 | | |
| 1940 | 华盖建筑师事务所贵阳办事处主任(1940—1943) | | |
| 1941 | 于桂林创办有巢建筑师事务所 | | |
| 1945 | 有巢事务所在上海、南京、天津、青岛、杭州、广州等地执业 | | |
| 1950 | 成为中国建筑师学会登记会员 | | |
| 1955 | | 台湾肥料公司第五厂办公大楼/佩蒂教堂 | 《住宅各室平面组织机能图》(《今日建筑》第11期) |
| 1960 | 创办台湾中原大学建筑系 | | 虞曰镇翻印初版《清式营造则例》和童寯著之《江南园林志》 |
| 1961 | 美国哥伦比亚大学暑期学校研习 | | |
| 1962 | 创办《建筑双月刊》期刊/美国哈佛大学、麻省理工学院暑期学校 | 台大新生大楼/台大数学馆 | |
| 1963 | "中国市政学会"市政研究所主任 | 中国美生总会/台北耕莘文教院/台大农业陈列馆 | 《出国行(一/二/三/四/五)》(《建筑双月刊》) |
| 1964 | | 经济部国营事业馆 | 中国市政学会市政研究所出版虞曰镇撰译《都市更新计划的先驱:美国费城之新面貌》<br>虞曰镇出资刊行汉宝德译《勒·柯比意》 |
| 1965 | | 台东马兰新社区规划 | 中国市政学会市政研究所出版虞曰镇撰译《更新计划的新观念:美国旧金山的蒙哥马利中心》 |

---

① 当时刚独立的新加坡奉行亲东盟政策,除注重东亚文化的传播外,由于战后日本制造业发展迅速,且日本率先承认新加坡为独立的国家并建立外交关系。制造业是强国之本,为吸引日本外资,在规划裕廊公园时,还在裕廊公园内规划了一处日式园林。

② *HON OPENS $5 mil CHINESE GARDEN*, The Straits Times, 1975-04-18 (18).

③ 见赖德霖:《近代哲匠录—中国近代重要建筑师、建筑事务所名录》,中国水利水电出版社、知识产权出版社,2006年。

| 时间 | 主要活动 | 作品 | 文章 |
|---|---|---|---|
| 1966 | | 高雄加工出口区乙种标准厂房、管理大楼及附属建筑工程（虞曰镇+陈其宽） | 《敦煌壁画艺术》（《建筑双月刊》第20期）《谈谈中国建筑古史（一/二）》（《建筑双月刊》第21、22期） |
| 1967 | | 三军总医院汀州院区/高雄大同新社区规划 | 《谈谈中国建筑古史（三/四）》（《建筑双月刊》第23、24期） |
| 1968 | 随台北市东南亚市政考察团，为期17天/会见新加坡裕廊镇管理局局长/完成新加坡中国公园（即裕华园）纲要计划 | | 《谈谈中国建筑古史（五）》（《建筑双月刊》第25期）《新加坡裕廊工业镇中国公园》虞曰镇 |
| 1969 | 与汉宝德、沈祖海、陈其宽创办《建筑与计划》 | | 《东南亚行脚（上/下）》（《建筑与计划》创刊号）《建筑上之模距配合制度》（《建筑与艺术》第9期）《清式营造算例及则例》梁思成著；虞曰镇编辑 |
| 1970 | 新加坡公共工程建筑师前往台北有巢建筑师事务所 | | |
| 1971 | 儿童节出席建筑与计划座谈会——如何美化我们的都市 | 航业发展中心办公大楼/台北市立棒球场 | 《新加坡裕廊镇管理局中国公园》虞曰镇编著 |
| 1972 | 新加坡开始建设中国公园（即裕华园）/《建筑与计划》停刊 | 台湾金龙湖观光风景区之规划 | |
| 1974 | 担任《房屋市场月刊》第16期—28期编辑委员 | | 《台湾工业区与新小区发展之趋势》虞曰镇撰 |
| 1975 | | 新加坡裕廊镇管理局中国公园 | 《一座创举性的公园与市场混合型建筑》（《房屋市场》第18期）等 |
| 1977 | | 台中港海港大楼/幸福碧潭观光游乐园规划报告书等 | 《裕华园—新加坡中国公园》（《建筑师》3卷1期总号25） |
| 1981 | | | 虞曰镇编辑(1981)，《清式营造算例及则例(附图版)》，茂荣图书有限公司 |
| 1986 | 获聘上海铁道学院建筑学顾问教授 | | |
| 1993 | 逝世 | | |

　　虞曰镇对中国传统园林的认知，一方面受到童寯先生的影响。童寯先生曾应刘敦桢先生之邀担任台湾中央大学建筑系客座教授，当时虞正在华盖建筑事务所工作，"因童、刘两教授交甚笃过从甚密，若至校任课时，每每嘱我随时前往观摩教学，令我受益匪浅"[1]。尽管当时《江南园林志》未正式出版，但童寯、刘敦桢先生常将其作为教学素材。虞曰镇之后在台创办中原大学建筑系，还专门组织翻印了《江南园林志》并将其作为教学素材，并在其多次规划设计实践中参考此书。另一方面，虞曰镇曾在苏浙杭执业，该地区园林在《江南园林志》中记载最为翔实，虞在工作之余，多次实地踏勘了杭州西湖、苏州园林等，为其后来的中式古典园林设计实践积累了感性经验。

　　虞曰镇一直致力于中华传统文化的复兴，继承中式传统建筑，推崇中华文化正统的古典式样。[2]20世纪60年代中国台湾地区兴起了中华文化复兴运动，新的大型公共建筑一改闽南地方风格，相继采用北方宫殿式[3]。虞创办的有巢建筑师事务所在中国台湾地区、海外如东南亚、北美地区所做的政府公共建筑与开发规划、建筑及规划方案，大多采用了中华传统复兴式样。虞曰镇担纲设计的裕华园亦不例外。

---

　　① 虞曰镇翻印《江南园林志》时，在"楔子"中所言。
　　② 见郭肇立：《战后台湾的城市保存与公共领域》，《建筑学报(中华民国建筑学会)》2009年第67期。
　　③ 见傅朝卿：《中国古典式样新建筑：二十世纪中国新建筑官制化的历史研究》，南天书局有限公司，1993年。

### (二)裕华园规划设计分析

**1.选址与布局：闹中取静、平地造景**

为给周围工人提供良好的休闲之地，使该花园成为恬静安逸的一处休憩场所，裕华园在减弱干扰及功能上均有较多考虑。由于该园位于裕廊工业区西北，四周为工业、住宅及发展备用地，为保持宁静之感，虞在该公园四周布置了浓密树木，采用绿植遮障法减弱周围工厂及噪音对公园的干扰。另外，由于该片区暂无其他娱乐消闲之地，裕华园的规划亦考虑到了人们多种休闲活动的可能。

裕华园位于地形平坦的人工岛屿上，借以牌楼、照壁、长廊、平台、亭、曲桥、院舍等相互连接，规划美景31处(图1、图2)。居民游览裕华园，自西侧入口过九孔玉带桥——"白虹桥"即可到达位于湖中的园子，桥之尽头矗立一石牌坊，中间题字"乾坤清气"，穿过石牌坊是"鱼乐院"，游客在此处可观赏鱼，鱼乐院两侧是"挹翠苑"和"晓春庭"，其后名为"涵碧轩"的金瓦红墙游园。在裕华园内规划了一面积较小的湖，湖岸设"邀月舫"。湖边设有茶座，可供游人短暂休憩，附近亦设有餐厅，在餐厅东侧规划了野餐区，供周末休息的工人使用，在此处亦可展望河中及对岸良好的景观。裕华园东北侧设有合院型的旅舍，可供人居停。附近设有大片草地，可静坐远眺，享受静谧美景。往南行走，是十二生肖园——"丰园"[①]，亦可看到裕华园的地标——高44.2米的六角7层"入云塔"。在裕华园南侧岛上规划有"中华文化馆"，馆内设厢馆和书廊，以展览中国的文物，供游人欣赏。往南连接另一小岛的为"九曲桥"，水边为"春秋阁双塔"。南侧小岛亦规划有商业街，陈列出售中国手工艺品、特产等。但在实际建设中，限于当时的经费及工期，旅舍、中华文化馆和商业街并没有修建。

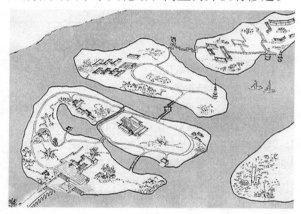 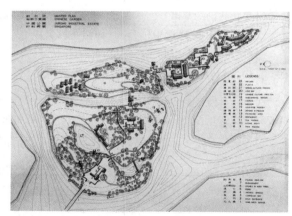

**图1　位于人工岛上的裕华园，图为该园最初的概念规划图**　　**图2　裕华园的主要景点分布**

**2.风格与意境：南北糅合、儒家思想**

设计师虞曰镇指出，裕华园的建设主要在于表现中式庭院与建筑之美。[②]他所完成的设计主要受到童寯先生《江南园林志》和当时台湾地区的中华文化复兴运动的影响。由于该公园周围湖光山色，风景已佳，虞曰镇认为公园的设计不宜过于复杂，因此在整体布局上，借鉴宋朝园林——杭州西湖的营建方式，陈设简约，顺应基地变化[③]。在景观营造上，虞曰镇按照《江南园林志》中关于古典园林的描述进行设计，即以"大中见小、小中见大，虚中有实、实中有虚，或藏或露，或浅或深"等处理手法，使得空间"周延曲折"而又"贯通渗透"。而水体、山石、竹林、杏林、梅林的配置主要采用"因""借"的原则。在建筑设计上，虞认为大体量的建筑若采用北方宫殿式建筑则因华丽而易产生压迫感，失去了公园所应具有的自然情趣与清逸之感，因此裕华园内的中华文化馆、茶座、餐厅等建筑物采用了江南苏式作法[④]，布局简单、素色筒瓦、装修简朴。而牌楼、粉壁、亭、塔等因其体量较小，所以大胆采用了北方官式作法，借鉴了北京颐和园内古建的造型，采用琉璃瓦顶、彩绘挑枋、梁柱及天花，传达中华正统建筑样式。裕华园内因此呈现出南北不同地域特色的传统园林艺术(图3)。

---

①　虞曰镇、贾东东：《裕华园，新加坡》，《世界建筑》1991年第3期。

②　见建筑与计划编辑会：《新加坡裕廊工业镇中国公园》，《建筑与计划》1971年第9卷第131期。

③　The Chinese Garden and Jurong Town public housing estate, https://roots.sg/learn/collections/listing/1183970.

④　虞曰镇：《新加坡裕廊工业镇中国公园》，《建筑师》1971年第9卷第13期。

为使该花园更能展现中华传统园林艺术,建园所用的花卉树木、600吨大理石、100吨小圆卵石均由中国台湾空运至新加坡。园内亦竖立多座石塑,传达"忠贞""家梦"情怀等儒家传统价值观,配合当时政府的诉求,意在教育当地人应保持艰苦奋斗的精神,为美好家园、繁荣国度而努力。①

图3　设计手稿图,宫殿式建筑与江南建筑

# 四、结语

裕华园在规划之初是为裕廊工业园区的工人和居民提供游憩场所。自开放以后,裕华园以其恬静优美的景观成为工人们的休闲安心之所。20世纪70年代末,该片区工人数量达3万余人,约1.6万居住人口,落成的4450户组屋入住率超过97%。

在践行"花园城市"理念的同时,裕华园亦宣扬了东方审美和价值体系。20世纪60年代末,在新加坡政府的支持下,设计师虞曰镇继大陆和台湾实践后,延续了他对中华传统复兴式样的探索。同时受童寯先生等前辈的影响,虞曰镇担纲的园林和建筑设计亦多处借鉴了江南园林的设计手法。裕华园中还多渠道传达儒家传统价值观,寓教于乐,勉励当地人传承东方美德,为美好家园、繁荣国度而努力。尽管裕华园的设计糅合了南北园林特色,但据实地调查访谈,多数游园者能从该园的规划布局和建筑设计中体会到中华优秀传统文化。

---

① 见匡导球:《星岛崛起:新加坡的立国智慧》,人民出版社,2013年。

# 1950年代后期莫斯科住宅设计初探

## ——以"契姆寥型卡"九号街坊为中心*

清华大学　卡玉德

**摘　要:**"契姆寥型卡"九号街坊是最著名的实验性示范区,也是所有未来城市小区的原型。这种实验性到底包括什么,工业化住房建设时代是如何在苏联开始的,以及取代木制房屋的典型板式建筑的重要性是什么,将在这篇论文中讲述。

**关键词:**苏联建筑;住宅设计;实验性示范区;工业化住房建设;典型板式建筑;功能主义建筑

"契姆寥型卡"(Cheryomushki,俄文:Черёмушки)区是莫斯科西南行政区的一个区,以20世纪50年代和60年代建造的赫鲁晓夫楼而闻名。该区域有许多建筑景点和公园。这个地区是以一个以前同名的村庄命名的,这个村庄又是以曾经存在的一个稠李树林命名的。目前,该区域的名字为"新契姆寥型卡"(俄文:Новые Черёмушки)区。

"契姆寥型卡"九号街坊是1956年至1959年在莫斯科"契姆寥型卡"区建立的一个实验性示范区。在九号街坊的框架内,"新契姆寥型卡"区测试了小区的配置和布局方法、新类型的公寓楼、建筑材料以及装饰材料。在九号街坊建造的新公寓楼的设计成为了赫鲁晓夫时期典型的5层高和9层高公寓楼系列的基础。

1953年8月18日,苏联中央统计局提供了一份秘密的《1940—1952年城市住房状况》①,1954年3月,向马连科夫提交了一份关于城市居民公共服务状况的报告。从这些文件中收集的数据表明,苏联政府正准备进行住房改革,以解决严重的住房危机。主要原因是:

1.在1917年革命前就开始了前所未有的农村人口向城市的迁移,并在20世纪30年代加速了这一进程(1917年,城市人口占全国人口的17%,1956年为48.4%)②;

2.城市住房存量的破旧磨损;

3.住宅建筑与工业建筑的显著滞后(在20世纪30年代,随着人口的迅速增长,苏联城市的居住面积增长极为缓慢);

4.1941—1945年的苏德战争及其后果(7000万平方米的住宅被摧毁)。

当时由于缺乏工业基础(电梯和其他设备的生产技术),这个项目仅限于单个实验房屋。1955年,赫鲁晓夫在《关于消除设计和施工中的过度行为》③一书中诋毁了斯大林时期的建筑并确定了建筑的主要任务是解决住房问题。苏德战争以后,严重缺乏的住房必须采用工业方法——快速、高效、廉价。1956年,苏共第二十次代表大会决定在20年内建造6500万平方米的住房,为了克服短缺、安置营房和公共公寓。新的城市规划政策对苏联新古典主义提出了挑战,宣布以建筑和室内设计的非功能细节为浪费,将实用性和经济性原则作为项目的基础。

---

* 本研究受清华大学本科生科研训练SRT项目资助(2022)。

① 已解密;出处:文件集《苏联生活》,1945—1953年。

② 到1960年,有5400万人已搬到城市中。

③ 苏共中央和苏联部长会议的第1871号法令,结束了在苏联建筑和结构的设计和建设中的苏联纪念碑式古典主义("斯大林帝国")的时代。

"新契姆寥型卡"区(以及同名的地铁站)只保留了地名,"契姆寥型卡"村庄(图1)在20世纪50年代位于今天的"学术"区(Akademichesky)的北部。1956年开始动工,委托一个特殊的建筑设计局以及一个研究设计院,(是在建筑学院内建立的,专门用于建造新类型的房屋)。研究所的一个工作室由一位年轻的建筑专家、建筑师内森·奥斯特曼(Nathan Osterman)管理。在战争期间,奥斯特曼为撤离者建造了住房,后来又为重建住房进行了单独的项目。他委托的一个大型项目——一个由16栋新型住宅组成的街区——证明是他工作室的真正礼物。这项任务的新颖之处不仅在于建筑和技术方面,而且在于将整个小区设计成一个单一的有机体。实验性建筑的目的是确定公寓的最佳尺寸和最经济、最技术的设计。所以,虽然从表面上看,小区里的公寓楼是相似的,它们在结构上有很大的不同点:技术和建筑解决方案、立面的分割、公寓规划和各种装修材料的选择。奥斯特曼立即转向小区建设,而不是街区建设,也就是说,街道周围没有巨大的斯大林式房屋,降低了高度:这是更人性化、更经济,没有电梯。100年是项目的估计寿命,但前提是50年后需要进行全面检修。

图1 "契姆寥型卡"九号街坊建造过程①

新的世界趋势:在将住宅建筑与道路分隔开来的车道上,在不同的距离种植了相同的树木,庭院里的各种绿地被组织成草坪。

第二次世界大战结束后,"工业化建房"方法立即在法国得到应用,以快速建造住房。设计方案、工厂的生产技术和施工现场的安装都是为住宅楼开发的。正是在法国出现的第一批公寓楼是苏联的赫鲁晓夫公寓楼的原型。成千上万的板房被建造出来,尽管这种建筑的经济效益至今还没有得到证实。苏联在法国那里买了两个板房工厂;基于法国的技术和苏联的设计,苏联建筑师创造了第一批类型的板块房屋。

"契姆寥型卡"九号街坊(图2)的新建筑在当时是一项成就,因为与其他标准设计相比,其生产成本降低了30%;质量,自然也在下降。九号街坊的公寓楼设计具有不同类型的结构:砖材料建筑法、大块材料建筑法以及大块壁板建筑法,不过,在资源短缺的情况下,莫斯科很长一段时间以来一直在建造带有砖墙(硅酸盐或红色)的公寓楼,同时建造面板和砌块,有时用黄砖装饰立面。建筑师们用细节来补偿新建筑不寻常的禁欲主义外观:用红砖或纹理元素装饰、入口框架、各种各样的阳台格栅、植物穿孔。同时,在该区检查了屋顶、楼板、楼梯和其他节点的新结构,这些结构随后被广泛引入大规模建设。尽管房屋的外观相似,但设计了不同的公寓布局,这样根据现行标准,给小家庭也可以提供单独住房:一居室容纳2—3人(16平方米),两居室容纳3—5人(22平方米)。之前,列宁说过,丰富的住所是房间数量等于或超过一般居住在住所里的人口数量。根据新颁布的标准,公寓必须有储藏室或内置衣柜、卧室(一人6平方米,两人8平方米)、起居室面积不小于14平方米。公寓规划设计解决方案的一个主要特点是在公寓的布局上存在着差异:在一些住所规划中,厨房和浴室是相邻的,在另一些住所规划中是分开的;在一些公寓里,浴室被日光照亮;在一些公寓里,厨房与一个大房间相连,有专门的窗口供食物。住所的小空间影响了设计新家具的必要性,新家具必须是可移动的,并具有多种功能。建筑师们说服工厂经理们制造新家具——小型、紧凑、多功能的家具:滑动餐桌、扶手椅和沙发床。厨房面积为4—5平方米的话,设备必须非常紧凑(图3)。此外,还为新房子生产了新的装饰材料——墙纸与油毡。西方的经验在它们的生产技术中得到了广泛的应用。公寓还配有内置家具和卫生设备,浴室可以配备更短的澡盆、可坐

① Colta 俄罗斯网络媒体:2016年1月16日 —— https://www.colta.ru/articles/art/9784-printsip-ekonomii-byl-opredelyayuschim。

的澡盆或淋浴,在几个一居室里安装了一个新的通用设备——"Poliban",它结合了澡盆、淋浴盘、洗脸盆和洗衣箱的功能(不过,Poliban这个设备失败了,并没有进一步发展)。因此,从"契姆寥型卡"区的公寓开始,出现了20世纪60年代小而紧凑的东西的特殊美学。

图2 "契姆寥型卡"九号街坊当时照片[①]

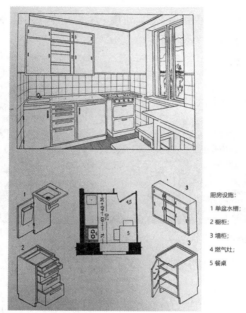

厨房设施:
1 单盆水槽;
2 橱柜;
3 墙柜;
4 燃气灶;
5 餐桌

图3 "契姆寥型卡"九号街坊——赫鲁晓夫楼的
厨房布置(来源:Colta 俄罗斯网络媒体)

然而,由于赫鲁晓夫公寓楼的这些面积限制,城市居民的生活中出现了个人空间的概念。从村庄、军营或公共公寓搬到新的赫鲁晓夫公寓楼后,人们终于可以随心所欲地生活,而不需要经常受到邻居们的关注。例如,居住者可以邀请朋友过来,与他们讨论任何想要的东西——苏联生活的非官方公共领域就是从这种可能性中诞生的。

值得注意的是,这个街区有了新的建筑风格。对人的关怀并不是在"丰富"的正面上表现出来的,也不是在象征性的丰富浅浮雕上表现出来的,而是在建筑环境中表现出来的,这些环境是由简单数量的住宅和公共建筑创造的:它们与公共区域的便利联系、绿化的多样性、小花园装饰形式的优雅。

由于自20世纪50年代以来,莫斯科市的面积扩大了很多,而且就在西南方向,因此现在"契姆寥型卡"九号街坊位于一个非常活跃的市区。九号街坊在交通方面具有很方便的位置,可达性很强。该区西南两边紧邻两条交通繁忙的大路:除了公共交通线路之外,每个方向都有几条线路。东北两边有较小的道路:除了一些停车位置之外,每个方向都有一条线路。"契姆寥型卡"九号街坊内区与周围的道路相连,很容易进入该区空间。九号街坊南侧有地铁站,周围的道路上有很多公交站,所以这里的公共交通系统非常发达,到达这个区域真的很方便。

"契姆寥型卡"九号街坊内部小路(图4)主要是把公寓楼、休闲空间、公共设施以及周围大街联系在一起。大多数小路都相当狭窄,尤其是公寓楼前面的部分。只有一辆车可以在小路上行驶,其他宽度上的空间被停放的机动车占据。不是所有的小路都有人行道,所以人们经常不得不在行驶机动车的小路上行走。整个九号街坊提供的专门停车空间面积挺小的。

① Travel Ask,https://travelask.ru/blog/posts/31469-10-foto-o-tom-kak-vyglyadeli-sovetskie-hruschevki-kogda-v-ni.

图4 "契姆寥型卡"九号街坊现状——内部小路

　　该地区有一些公共设施(图5),如超市、面包房、餐馆、咖啡馆、酒吧、生活服务、小学、中学、音乐学院、其他教育设施等等。这些公共设施主要占用了公寓楼的第一层或新建的1—2层高的建筑物。在九号街坊的北部边缘,还有一栋高的办公楼。公共设施均匀地分布在该区的边缘,毗邻外部街道和大道,因此,不仅是居住在该地区的居民可以享受使用这些公共设施。

图5 "契姆寥型卡"九号街坊现状——公共设施

　　在"契姆寥型卡"九号街坊的南部,离地铁站很近,有一个以胡志明命名的小公园(图6)。在象征性的太阳背景下有胡志明的画像,在太阳盘前是他的雕塑。这个公园毗邻两条城市大道,起到了向九号街坊住区过渡的作用。至于住区本身,其规划方式是,较大的赫鲁晓夫公寓楼排列成街区形状,中间有庭院。这些公共庭院是小公园,为居民提供休闲空间,有花坛、绿地和儿童游乐场,一些居民甚至在那里遛狗。小型赫鲁晓夫公寓楼周围也有绿地。该区有非常多的树木——当时刚刚种的小树已经长得很高。在夏天的时候,一定是一个非常舒适和平静的消磨时间的地方(图7)。

图6 "契姆寥型卡"九号街坊现
状——南侧胡志明公园

图7 "契姆寥型卡"九号街坊现状——内部绿化

　　由于九号街坊是实验性的住区,赫鲁晓夫公寓都是不同的(图8)。建造过程中使用了不同的材料,在外观上也有差异,所以当走在该区时,看起来并不完整:首先映入眼帘的是不一致颜色的砖块和阳台。从20世纪50年代完成建设以来,这些公寓楼没有得到真正的全面检修,只有一些独立的部分得到过修复。这些小修小补导致了现在的建筑外观看起来更加不统一。赫鲁晓夫公寓的整体情况是比较好的,

767

不过有一些砖块脱落的现象,有些地方有水渍等。

**图8　"契姆寥型卡"九号街坊现状——赫鲁晓夫公寓楼**

除了积极的经验外,"契姆寥型卡"九号街坊的建设还揭示了在规划、建筑、公寓类型选择和设计解决方案方面的一些缺陷,在随后的设计和施工阶段被考虑到。设计师与研究机构的员工一起研究了新建筑的安置、微气候、产品质量、耐久性、使用条件等问题。该地区的居民不仅回答了一些问题,而且自己也报告了发现的缺点,并提出了自己的想法。发现的缺点很多,记录和识别缺陷有助于积累改进大规模建设项目所需的经验。

"契姆寥型卡"九号街坊具有很大的宣传效果,并在国际展会上获得了成功。但是很快就发现,这样的住房并不那么便宜:更加简单的K-7系列[1](图9)开始进入大规模建造阶段。

第一批赫鲁晓夫公寓楼的主要问题直接来自尽可能快速和廉价地建造住房的需求。K-7系列的优点在于其廉价和简单,是被赫鲁晓夫亲自选定进行大规模生产的。对制造者来说,建造工程非常容易,这些结构在创纪录的时间内"没有砂浆"就被组装起来。施工的极度简化使得在15天内就能组装好5层高的板式公寓楼,而内部的收尾工作又花了1个月。赫鲁晓夫公寓楼不可避免地成为苏联材料和建筑的传统劣质的"牺牲品":居住者遭受了恶劣的噪音和隔热性能,这些问题在该系列10年生产周期结束时才得到部分补救。在赫鲁晓夫公寓楼设计中,阳台和地下室是不必要的费用,所以在K-7系列中被删除。

**图9　K-7系列的赫鲁晓夫公寓楼[2]**

---

[1] 一系列用框架板建造的5层公寓楼,其中框架部分(柱子和横梁)是面板的组成部分;建于1958年至1970年。

[2] Novostroev开发商的公寓目录:https://novostroev.ru/other/doma-serii-k-7/。

最初,所有的公寓楼都是4层的,因为4层是人们可以安全步行的最大高度①,不需要安装电梯。而为了节省电梯的费用(可以节省8%的预算),正好建了4层。然而后来,当赫鲁晓夫开始越来越多地要求廉价建筑时,苏联建筑师决定纠正规范,再加一层:既然人们已经爬到了4楼,就会莫名其妙地爬到5楼,全国的生活空间也增加了多少。这就是为什么后来还开始建造9层的赫鲁晓夫大楼:允许每个单元有一部电梯的最大层数,9层以上的建筑应该有第二台,即货运电梯。公寓楼的天花板高度从2.7米降至2.5米。

内森·奥斯特曼(Nathan Osterman)和他的同伴参与了数十万莫斯科人从公寓和宿舍的搬迁。苏德战争以后,"契姆寥型卡"区对城市规划的影响是巨大的:在建造"契姆寥型卡"区时,九号街坊的规划方案决定了整个苏联的城市规划,一直到20世纪90年代。

专家和公众对1956年至1959年进行的实验性施工表示欢迎;证明了这种建设的土地集中和在一个单一的方案下实施是完全适宜的,并提供了适当的实验方法和研究工作。因此,莫斯科市执行委员会认为有必要在1957—1963年集中进行十号街坊以及十二号街坊的建设。

正是在"契姆寥型卡"区,开发了一条单一的技术线,后来在莫斯科以及其他城市推广。这是一个非常经济的住宅综合体项目,已成为地区和住房建设合作社的标志。在其他城市里,新的微型区以惊人的速度出现。仅1961那一年,就在莫斯科建造了12.1万套公寓。在"契姆寥型卡"九号街坊建造过程中,该地区成为一所卓越的、成千上万的专家熟悉的流派。难怪苏联的许多城市都有这样的名字:"巴库契姆寥型卡""萨拉托夫契姆寥型卡""塔什干契姆寥型卡"等。新的独立商店、托儿所和其他公共服务建筑也成为常见的配置;规划、建设、美化和绿化的原则也开始流行。

尽管有种种缺点,赫鲁晓夫的简单住房建设解决了苏联的住房危机。到赫鲁晓夫统治结束时,有5400万人搬进了新的公寓,再过5年,这个数字已经上升到1.27亿。苏联经历了大规模的城市化,1961年,苏联的城市人口终于超过了农村人口。

大众住房的建立悄悄地带来了一场社会革命,这是"赫鲁晓夫解冻"时期的主要后果之一。它使国家和公民之间的关系人性化,公民不再因害怕报复而工作,而是出于对得到住宅的渴望。这也注定了官方和日常之间的差距越来越大:生活在一个没有严格等级制度的小区内,个人形成了自己的环境——难以进行严格的意识形态控制。

简化施工、放弃完整的地下室、使用砖块或煤渣混凝土块、钢筋混凝土板、用拼花地板代替镶木地板、油毡或塑料瓷砖使4层高的公寓楼的成本比上一代房屋降低了8—10%,而最大的降价是在8层高的住宅塔楼;而且这个住区只用了22个月就建成了。不过,并不是所有在九号街坊进行的实验都是成功的:一座带有薄壁钢筋混凝土隔墙的大型板房屋,以每平方米消耗最少的建筑材料为特点,但是在未经全面检查的情况下暴露出了一系列问题:运行显示出短命、安装和维护成本高、隔音性和耐热性差。在实验房屋的基础上,开发了一系列典型的5层和9层高的钢筋混凝土板房屋,在苏联各地广泛推广。这项综合工作的成果,在《九号街坊。莫斯科住宅区的示范性建设。"契姆寥型卡"区》中得到了总结并详细描述了设计和施工过程:从总体规划解决方案、通信、基础设施、热线,绿化直到家居装饰的细节。这本书可能是为苏联各地的建筑师和工程师设计新住房的主要教科书。

此外,还与居民进行合作——他们被教导如何在那里正确生活(通常来自村庄的人并没有城市生活的经验)。对品味的关注也很重要,九号街坊的设计特点是一场宣传新的、经济的和舒适的东西的运动,也是室内装饰的例子。在《九号街坊。莫斯科住宅区的示范性建设。"契姆寥型卡"区》中写道:"便利是最重要的:没有什么是多余的——也就是说,没有必要用多余的小玩意儿塞满房间。"

"契姆寥型卡"九号街坊是一个复杂的实验,后苏联城市主义很难与之对比。正是在这个意义上,"契姆寥型卡"九号街坊应该被保存。最近,住宅建筑的保存主题在西方开始被广泛讨论。2008年,有人申请将九号街坊列入莫斯科文化遗产名录,然而,被拒绝了:理由是这些建筑既不独特,也不代表价值。不过,在2012年,九号街坊被认为是有价值的形成城市的对象。

"赫鲁晓夫公寓楼是莫斯科居民生活中的一个重要阶段,他们搬出了公共公寓,并为拥有自己的独

---

① 根据世界卫生组织的建议。

立住房而高兴。我们一定会考虑把一栋典型的赫鲁晓夫公寓变成博物馆。一座赫鲁晓夫公寓本身就是我们城市和国家的历史"——莫斯科市议会文化委员会主席叶夫根尼-格拉西莫夫（Evgeny Gerasimov）。

虽然目前正在积极拆除赫鲁晓夫公寓楼，但也可以在某个街坊选择合适的房子，将其装修成赫鲁晓夫公寓楼的博物馆。赫鲁晓夫公寓楼本身没有任何建筑价值，不过可以重现当年住在公寓楼里的名人住宅的样子。文化遗产部表示，他们准备考虑将一些典型的赫鲁晓夫公寓楼纳入国家文化遗产物品统一登记册的可能性。

俄罗斯建筑师联盟主席安德烈-博科夫（Andrey Bokov）也赞同建立赫鲁晓夫公寓楼博物馆的想法。他认为，这样的博物馆将有助于保护城市的历史碎片。在他看来，当时创建的住区——主要是"契姆寥型卡"九号街坊——比今天的住区更人性化、更恰当、更社会化。

博科夫认为，赫鲁晓夫公寓楼不应该被不可逆转地拆除：需要被改造，以重振这种类型的建筑物。现在应该努力使住房建设不高于树木；对那些属于城市中间地带和外围地带的社会住房来说，情况尤其如此。[①]

第二次世界大战以后，世界上许多国家严重缺乏住房：需要新的住房来取代被轰炸摧毁的房屋，居住在快速增长的城市、村庄、其他地区甚至国家的居民也需要公寓。答案是一个规模空前的预制住房项目：出现了新的地区，乃至是城市，那些地区的现代主义建筑师认为这是一个理想的生活环境。

赫鲁晓夫公寓楼的板式建筑是为住在公共公寓、地下室和营房的人建造的紧急安置房。在满足了最初的需求后，赫鲁晓夫公寓楼的建设不得不停止。在法国，早在20世纪70年代就停止了板式房屋的建设，生产这些房屋的工厂也被停止。这在苏联并没有发生：主要是由于在苏联板式建筑被立法规定为唯一可能的建房方式，建造了生产板式房屋的工厂。为了转而生产另一个"改进的"系列，需要完全重新加工或建造一个新的工厂。在苏联官僚体系和经济问题的条件下，这是不可能的。

尽管苏联的集体住宅经常与灰色单调的环境联系在一起，但20世纪60年代至80年代建立的住宅区仍然是前社会主义城市中最绿色的区域，有大量的公共空间供集体休闲活动。城市绿化带的发展是苏联建筑和城市规划的中心思想之一。从很早开始，人们就把社会主义城市想象成"绿色城市"。一旦建成，"契姆寥型卡"九号街坊的主要功能之一就是教学性的——建筑师和建设者经过短途旅行被带到这里，向他们展示如何建造新的住房。毫不奇怪，外国建筑师来到莫斯科，主要是想看到九号街坊的公寓楼以及住区的规划。那么，莫斯科人对今天的"契姆寥型卡"的住区有何看法？60多年前种下的树已经长得很高了，随着莫斯科的快速发展，九号街坊已经融入了城市的中心地带，也融入了莫斯科的文化。这都给人留下了这样一种印象："契姆寥型卡"是"老莫斯科"的一部分，是一个建立在城市组织和城市记忆中的街区。

---

① 见《城市发展新闻》2016年6月22日。

近现代建筑保护
理论与实践

# 中西部地区矿业遗产的保护与再利用研究
## ——以河南省鹤壁矿区为例

同济大学　温而厉

**摘　要:**长久以来,我国中西部地区的矿业遗产总是因其边缘地位而未能得到足够的关注。在如今产业转型的背景下,这类遗产正在不断增加,更具针对性的遗产保护和再利用研究显得愈发紧迫。本文选择河南省的鹤壁矿区作为主要的研究对象,通过对这一矿区历史发展脉络的梳理和当下现实状况的分析,概述鹤壁城市建设史中矿区与城区之间的复杂互动关系,并揭示鹤壁矿区矿业遗产的真正价值所在。在此前提下,本文进一步为鹤壁矿区内的鹤煤三矿提出一种面向后矿业时代的综合性遗产保护与再利用策略。该策略致力于回应独特的地域性和现实的发展需求,调和长时段转型过程中的采矿活动、生态环境恢复工程、遗产保护以及再开发项目之间的冲突,以期为矿区找到一条通向未来的可持续发展道路。

**关键词:**矿业遗产;遗产价值;保护与再利用;鹤壁矿区

## 一、引言

在我国的中西部地区,分布有数量规模庞大的矿业城市。[①]它们为国民的生产生活提供了大量的矿物原材料,支撑国民经济的飞速发展。然而近些年,随着资源的日益枯竭和产业结构的调整,越来越多的矿业集群开始走向衰落,并逐渐转化为具有丰富样态的矿业遗产。如何正确认识、保护以及再利用这些遗产是矿业城市在后矿业时代所面临的一个关键问题。

目前,国内针对矿业遗产所展开的实践大都指向恢复生态环境、建设矿山公园、发展以旅游业为主导的第三产业这一传统的工作路径。然而事实上,中西部地区因循该模式所展开的实践往往并不理想。一方面,矿业城市的经济因支柱产业的衰退而处于较为艰难的下行阶段,无法持续地支持这样的矿山公园项目来实现地区经济的转型升级。另一方面,中西部地区在区位、资本、人力、技术等方面具有天然劣势,很难给予该类转型项目以持续且有效的支持。可以说,中西部地区的矿业城市所面临的遗产保护与再开发问题十分突出,为此需要建立起一套更具针对性的工作范式。

河南省鹤壁市是我国中部地区的一个典型的矿业型小城市,因煤而立,以煤而兴。在六十余年的发展过程中,煤炭产业深刻塑造了这座城市的空间结构,矿区与城区之间的关系不断演变。如今,该地区的矿业活动已经步入萎缩阶段,遗留下的大量非典型工矿建筑和附属建筑、设备等亟待展开针对性的调查、评估、保护和再利用。本文希望以鹤壁矿区为例,反思矿业遗产保护与再利用工作中的地域性问题,并进一步探索中西部地区矿业城市(尤其是规模较小的城市)在后矿业时代所具有的多种设计可能性。

## 二、鹤壁矿区:煤矿与城区的共同演变

鹤壁矿区位于河南省北部的鹤壁市,依靠呈南北走向的安鹤煤田而建,北起善应河,南至淇河,西始太行山,东临京广铁路,走向长30千米,倾向宽20千米,含煤面积600平方千米。区内地势西高东低,西

---

① 见刘抚英:《中国矿业城市工业废弃地协同再生对策研究》,清华大学2007年博士学位论文。

部山脉连绵,东部丘陵四布,地表起伏较大,山区、半山区占48%,丘陵占49%,小平原仅占3%,最高海拔763.5米,最低海拔140米,矿区内地面标高在140米至250米之间。[①]鹤壁矿区(及其周边)的采煤历史十分悠久,《后汉书·党锢传》中提到,"(夏馥)乃自剪须变形,入林虑山中,隐匿姓名,为冶家佣。亲突烟炭。形貌毁卒,积二三年。人无知音。"这里的"烟炭"即为煤炭。林虑山在今河南省林州市,原属相州,汉时并入汤阴县(鹤壁属之)。由此可见,鹤壁地区早在东汉时期就已经出现了人工采煤用煤的活动。1960年,河南省文化局文物工作队在鹤壁市东头村发现宋元古矿遗址一处,有圆形立井一个,直径约2.5米,深46米。较大巷道约500米,采煤区10个,排水井1处。同时,考古现场还出土了大量辘轳、条筐、扁担、瓷盘、瓷碗、石砚等生产和生活用具。[②]这些考古发现证明了在宋元时期鹤壁地区就出现了数百人之多的煤炭开采活动。(图1)

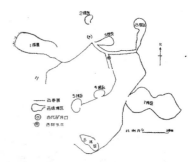

图1　鹤壁市古代采煤区平面图[③]

　　鹤壁矿区的大规模现代化开发始于1954年。[④]矿区的建设不仅推动了地区采矿业的飞速发展,还带来了大量的人口、资金、技术等,开启了鹤壁地区的城市化进程。20世纪50年代初到60年代初是鹤壁矿区建设的黄金时期,矿区内先后建成了一至九矿,煤炭开采能力显著提高。与此同时,鹤壁市北部地区依靠着早期的矿井建设率先发展,形成了今天的鹤山区(该地区也是市政府等机关最早的驻地)。之后随着五矿、六矿等煤矿的建设,南部地区城市建设也随之启动并逐渐发展为今天的山城区。1959年,鹤壁市政府整体搬迁至山城区的大湖片区,此后的四十年间这里一直是鹤壁市主城区。

　　进入20世纪90年代,鹤壁矿区的建设已开始趋于停滞。1994年,位于鹤壁矿区最南端,距离主城区约9千米的十矿开工建设,2000年10月试生产。与此同时,受采煤区塌陷问题的影响,主城区的建设速度也已趋于平缓,地方政府迫切需要找到一个新的区域来展开后续的城市建设。1992年,鹤壁市决定在主城区以南20千米处的平原地带建立新城区,并为其命名淇滨经济技术开发区。1999年5月,新区建设基本成型,政府机关整体搬迁至新区。21世纪初,鹤壁矿区内的许多煤矿开始面临资源枯竭的问题。与此同时,政府和相关部门也提出一系列淘汰落后产能、实施产业升级和低碳发展的战略要求。在上述因素的共同影响下,一批煤矿逐渐关停或转换为其他功能,矿区的生产活动不断萎缩。而依靠煤矿发展起来的鹤山区、山城区也随之快速进入衰退阶段。与矿区脱离的淇滨区凭借其自身的地理区位优势和核心集聚作用得以快速发展,成长为鹤壁市新的主城区。如今,鹤壁地区呈现出的是一种鲜明的两极化景象——一边是欣欣向荣、蓬勃发展的新城,一边是满目凋零、衰败不堪的老城和矿区。(图2、图3)

图2　鹤壁淇滨区CBD

图3　鹤壁山城区汤河桥地段

　　①④ 见鹤壁煤矿史志编纂委员会编:《鹤壁煤矿志》,鹤壁矿务局印刷厂,1995年。

　　②③ 见河南省文化局文物工作队(执笔者杨宝顺):《河南鹤壁市古煤矿遗址调查简报》,《考古》1960年第3期。

# 三、鹤壁矿区的矿业遗产

目前,在鹤煤集团所直属的煤矿中,三矿、四矿、六矿、八矿、九矿仍作为整个矿区的主力矿保持着一定规模开采活动,其他几个煤矿或是直接关闭后变为废弃的状态,或是在停产后转换功能,变为服务于集团其他矿井的非生产性机构。如鹤壁一矿于2015年宣布停产后便被彻底废弃,而鹤壁五矿于2018年停止煤炭开采后转变为鹤煤集团的洗煤厂和煤炭储备基地。

鹤壁矿区废弃或转为他用的煤矿中遗留下了大量的非典型性矿业遗产。这些遗产的价值特征与大型煤矿所遗留的矿业遗产有所不同。从遗产的历史价值层面看,鹤壁矿区大规模的开发始于20世纪50年代,其所能留下的最古老的历史建筑距今不过七十年。况且,地方政府及相关矿企尚未能对这类遗产展开针对性的保护,矿区内目前能以较好状态保存下来的建筑屈指可数。(图4、图5)从遗产的科技价值层面看,囿于地方经济条件和煤矿自身规模等因素的限制,该矿区内的建筑无论是在建筑材料方面还是建造工艺方面,都不具备太多的科技价值。从煤炭的开采、加工等工艺层面看,鹤煤集团虽然曾自主研制出一批新型采煤运煤设备,也积极引进过西德的综采设备①,还获得过多项国家级的科技成果奖。②但总体来看,鹤壁煤矿与诸如大同煤矿、开滦煤矿等一批建设时间长、投入资本大的大型煤矿相比,其在煤炭生产和加工等的技术领域所取得的成就并不突出。事实上,如鹤壁这样的矿业型小城市,其矿业遗产的真正价值在于矿业活动对城市空间结构的深刻影响,以及由此形成的地区矿业文化和集体记忆。鹤壁的煤炭开采推动了地区与煤炭开采相关的工业区、职工生活区等的设立,以及铁路、公路、学校、医院等一大批基础设施的建立与完善,城市空间(尤其是老城)中的"矿业痕迹"几乎随处可见。物理空间在被矿业不断构筑的过程中,也承载起几代鹤壁人筚路蓝缕建设家乡的集体记忆。

图4  鹤煤五矿废弃的办公楼

图5  鹤煤二矿废弃的煤楼

鹤壁矿区矿业遗产的保护与再利用工作面临着诸多复杂而现实的挑战。笔者将其主要归纳为外部层面的挑战和内部层面的挑战两类。

鹤壁矿区的外部环境一直以来都不容乐观。矿区以规模来看在全国范围内只能算是中小型矿区,且没有悠久的开采历史或是特定的历史事件、突出的科技成果等方面的支撑,自然无法获得足够的更高层级的关注。同时,矿区所在的城市是一个经济状况一般、人口刚过一百五十万的中部小城,来自本地区的针对性政策投入和财政支持往往也显得捉襟见肘。矿区与主城区之间长距离的空间分隔更是大大减弱了城市核心所能起到的辐射作用,从而使矿区的外部环境进一步恶化。

从矿区自身来看,其现实困境主要集中于以下两个方面:

(1)环境恶化。鹤壁矿区七十余年的开发积累下庞大的环境负债,其中最主要的生态环境破坏体现在地下煤炭开采引发的地表塌陷以及由开采加工带来的废物、废水和废气污染。③矿区的环境问题不

---

① 见鹤壁煤矿史志编纂委员会编:《鹤壁煤矿志》,鹤壁矿务局印刷厂,1995年。

② 见河南煤炭工业志编纂委员会编:《河南煤炭工业志(1991—2015)》,中国矿业大学出版社、煤炭工业出版社,2017年。

③ 见朱文杰、朱鹤勇:《利用土地生态敏感性分区优化国土空间开发利用分区——以鹤壁市为例》,载中国土地学会:《2015年中国土地学会学术年会论文集》。

仅影响当地居民的生产和生活,还严重损害了地区的转型潜力和可能的投资机会。鉴于目前矿区内仍然进行着的采煤活动,这一问题变得更加棘手,环境负债需要引起足够的重视并花上数十年清理,相关的干预技术和手段、持续性的维护与调整等也都需要被纳入一个综合性的评价体系中加以考量。

(2)大量的非典型工矿建筑的废弃。鹤壁的煤矿在退出生产后遗留下大量的废弃工矿建筑。这类建筑由于早期急于投产,施工质量不高[1],并且其中大多数在后期经过了多次改建或扩建,因此很难称得上是有价值的历史建筑。在此情形下,传统的博物馆式改造模式已显然不适合于这些建筑,更具针对性的再利用方式和灵活的操作手段需要被重新思考。同时,它们在后矿业转型中所具有的潜力也需要在尊重客观现实的基础上展开更深层次的挖掘。

## 四、鹤煤三矿保护与再开发的设计探索

鹤壁市于2018年与省国土资源调查规划院、省城乡规划设计院联合编制了《鹤壁市国土空间总体规划(2019—2035年)》(以下简称《规划》)。《规划》不仅划定了"三区三线",还在全文多处提到老城区的产业转型升级和工矿用地的整治。例如在《规划》的第八章建设生态宜居花园城市中,专门使用一节的内容介绍旧城改造更新,并多次指明培育发展矿山文化旅游、打造特色工矿旅游板块的地区转型目标。

在这一整体性的规划框架下,本文选择鹤煤三矿作为主要的研究对象,进一步探索后矿业背景下的矿业遗产保护与再利用。尽管目前该矿仍在正常生产,但对其展开的遗产类研究却并非是多余的。一方面,该矿经历了60余年的开采,其剩余可采量也并不充足,是一座处于衰退状态的煤矿。另一方面,以长远视角对矿业建筑和遗产进行整体性的规划设计,将有助于地区更好地实现新旧产业之间的平稳过渡和经济的可持续发展。

### (一)鹤煤三矿概况

鹤煤三矿是鹤煤集团公司的主力矿井之一,位于鹤壁市鹤山区中部,长风路中段。地面建筑群(含洗煤厂和煤矸石山)占地约为23.96公顷,其中煤矸石山占地约为3.93公顷。整个厂区被一条自西北向东南延伸的运煤铁路分为两个部分——西侧的厂区主体(涵盖了办公、主副矿井、车间、仓库、后勤、休闲)和东侧的洗煤储煤区。

图6　鹤煤三矿鸟瞰图[2]

该矿始建于1956年,并于1958年投产。矿井设计能力初始为60万吨/年,后经过几次大规模的技术改造,现核定生产能力为135万吨/年。[3]截至2010年底,鹤煤三矿保有资源储量11781.8万吨,剩余可采储量5890.9万吨,剩余服务年限31年。鹤煤三矿现有职工总计4000余人,其中专业技术人员307人,高级工程师8人,工程师24人,具有初级职称的技术人员182人,高级技师9人,技师84人。[4]

---

[1] 见鹤壁煤矿史志编纂委员会编:《鹤壁煤矿志》,鹤壁矿务局印刷厂,1995年。

[2] 鹤煤三矿测量科科长时锋提供。

[3] 见佚名:《鹤煤集团三矿》,《中州煤炭》2008年第5期。

[4] 见时锋、陈丽、呼庆华:《河南煤化鹤煤三矿科技市场化运行管理研究与实践》,《文化产业》2013年第12期。

### (二)鹤煤三矿现状

目前,鹤煤三矿已形成的工业广场可大致分为以下九个部分:行政办公区、矿井设备区、仓储后勤区、娱乐休闲区、配套生活区、基础设施区(包括一座煤矿自用电站和一所瓦斯发电站)、洗煤厂、污水处理厂、煤矸石堆放区。以笔者对三矿所展开的初步调查来看,其建筑的建造时间主要分为四个阶段——20世纪50年代末、20世纪70年代、20世纪80年代和2000年以后。整体来看,鹤煤三矿的工业广场虽然没有一次性建成的矿区所具备的严谨整齐的布局,但也因此而呈现出独特而丰富的历史层次感。

鹤煤三矿内的大部分建筑由于并不具备足够的"历史纪念物"类的重大意义,因而也并不具备由此意义所衍生的文物价值。笔者认为,针对鹤煤三矿的建筑价值评估可以采取一种"个体寓于整体之中"的系统性评判体系加以衡量。事实上,近些年我国工业遗产的价值认知已经开始从"文物"转向"景观",遗存的价值不仅仅取决于其自身,还有来自外部环境的影响。[①]故本研究将整体性价值作为评估鹤煤三矿建筑的核心,同时结合建筑自身价值、科技价值、现状完整度等要素综合进行评判。在笔者所初步完成的建筑价值评估中,位于厂区核心的矿井设备、车间等是价值较高的组群,建议保留并修缮后作为展览建筑群。一些办公类建筑的完整度较高、且适宜于后续的改扩建的,建议保留。位于南部地块的仓储区建筑价值较低,建议在完成产业转型后予以拆除。还有一些建筑(如洗煤厂)在矿业退出后也将失去其本身的服务价值。但由于这类建筑具备工艺流程方面的展示、教育意义,因此可使用低成本方式改造或转化为矿业遗址。

图7 鹤煤三矿的区队办公楼

图8 鹤煤三矿的矿井、皮带走廊等设备

### (三)面向后矿业时代的设计

通过上述的调研与分析,笔者为鹤煤三矿制定了面向后矿业时代的转型策略,并将鹤煤三矿最终的转型目标设定为一个涵盖创意办公、主题旅游、教育科研和生物技术应用的综合性园区。

鉴于目前鹤煤三矿仍在开采煤炭,相关的转型工作可与不断萎缩的矿业活动相结合(图9)。随着矿业活动的减弱,越来越多的矿业遗产将会被关注,并以合适的方式再利用。与此同时,相关的生态修复工作也在不断重塑着矿区的景观,并逐步改善人们对于这一煤矿的直观印象。

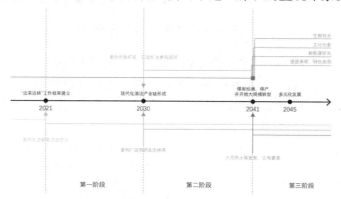

图9 鹤煤三矿的分阶段转型示意

---

① 见鹤壁煤矿史志编纂委员会编:《鹤壁煤矿志》,鹤壁矿务局印刷厂,1995年。

鹤煤三矿的后矿业转型目标是一处综合性园区。其主要涵盖了三个部分：位于最北端的创意办公区，位于中部核心的后矿业遗迹园区，以及位于南端的土地复垦科研站（图10）。其中，后矿业遗迹园区着重于矿业遗产的保护和修缮，以精心保留下来的各种矿业设备和工作痕迹来展现场地独特的记忆。位于遗迹园区东北侧的煤矸石山以人工干预+自然演化的形式构建矿业衰退后的荒野景观，并以其令人印象深刻的演化经历启发人们反思采矿和自然之间的关系。创意办公区以原有的区队办公楼为核心，通过改扩建等手段，将这一具有丰富历史层次的建筑转化为新的产业空间，并将无污染的生产重新引入场地，推动整个地区持续而健康的发展，实现一种"勤劳的城市"（the Industrious City）[①]的美好愿景。最后，位于南端的土地复垦科研站由原有的洗煤办公楼和堆场转化而来。该部分矿业遗产将在以新型都市农业+科研的形式下得以重构，并与整个地区的景观一道构成一个涵盖物理空间、生态、文化、基础设施等在内的综合性生境系统。[②]

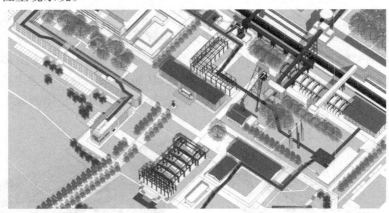

图10　鹤煤三矿转型后鸟瞰图

除了对以上三个主要区域所做的规划外，该方案还希望能够在未来为这一矿区引入更多的活动（表演、运动等）。丰富多彩的活动一方面可以弥补产业转型过程中文化土壤和品牌推广的匮乏，另一方面也能够逐步将转型的矿区与当地居民重新连接起来。[③]（图11、图12）。

图11　鹤煤三矿转型后局部效果图1

图12　鹤煤三矿转型后局部效果图2

## 五、结语：走向一种新范式

鹤壁矿区矿业遗产的保护与再利用面临着诸多复杂而现实的挑战。本文结合鹤壁矿区的地域特点，以转型中的鹤煤三矿为例，设计了一个面向后矿业的综合性矿业改造方案。这一方案不仅强调对矿业遗产价值的重新评判和有效保护，更尝试摒弃传统的"万能药"式的再开发做法[④]，以灵活的方式重新

① Hiromi H, Markus S, et al. *The Industrious City: Urban Industry in the Digital Age*, Zurich: Lars Muller Publisher, 2021, p.161.

② CARLSON M C, KOEPKE J, HANSON M P, "From Pits and Piles to Lakes and Landscapes: Rebuilding Minnesota's Industrial Landscape Using a Transdisciplinary Approach", *Landscape Journal*, 2011, 30(1), pp.35–52.

③ Bozzuto P, Geroldi C., "The former mining area of Santa Barbara in Tuscany and a spatial strategy for its regeneration", *The Extractive Industries and Society*, 2020, 8(1), pp.147–158.

④ 见[德]克里斯塔·莱歇尔、[德]卡罗拉·S.诺伊格鲍尔、王单单：《欧洲地区后矿业空间转型的设计方法》，《世界建筑》2019年第9期。

利用矿业遗产,将其与地区产业转型和经济重振建立新的连接。

　　既往的实践已经证明,中西部地区矿业遗产的保护和再利用需要的是更加合理的价值评判体系、更灵活的遗产保护与改造形式,以及更具针对性和操作价值的振兴措施。只有充分意识到这一点,针对矿业遗产保护与再利用的新工作范式才能开始逐渐建立起来。而以此为框架所形成的一系列工作路径、技术方法、调和策略等,或许才能帮助基础薄弱的中西部矿区在衰落之后逐步摆脱发展困境,走上一条真正意义上的可持续发展之路。

# 济南市上新街近代建筑的修复与保护略析

## ——以上新街108号院为例

山东建筑大学　　薛鑫华　姜波

**摘　要:**本文以济南市上新街108号近代建筑为例,通过实地调查走访、勘察测绘、查阅文献等方式,对其历史深入全面地调查和分析。基于调研中发现的建筑残损现状及病害问题,结合近代建筑的修复原则对其进行针对性修缮保护方案设计,并对该建筑的活化利用进行深入探讨。

**关键词:**济南市;上新街;近代建筑;修复;保护

## 一、济南市上新街108号近代建筑概况

### (一)地理位置及历史沿革

上新街108号近代建筑位于山东省济南市市中区上新街,上新街为南北向,该建筑位于街东侧。

上新街起源于20世纪初,由于齐鲁大学的成立,一批近代中式、西式和中西合璧的建筑也在上新街片区相继建成。而在街道形成初期,上新街被称作"半边店街",后因该街道地势自北向南呈上升之势,继而更名为上新街。

上新街108号为朱桂山的住宅(图1)。朱桂山曾在日本留学,毕业于日本早稻田大学,参加过孙中山领导的中国同盟会。1931年韩复榘利用梁漱溟在山东推行"乡村建设运动",而朱桂山就曾任邹平实验县县长。[1]1937年日本全面侵华战争爆发后,日本攻占了济南,朱桂山随即出任伪济南市市长。[2]

根据建筑样式、建造方式和原主人朱桂山生平等相关资料考证,该建筑建于20世纪30年代初,50年代后作为济南市毛巾厂仓库、宿舍使用,直至2021年住户才全部搬出。2015年,上新街108号近代建筑被山东省人民政府公布为第五批省级文物保护单位。

图1　1946年济南市航拍图,框选处为上新街108号院,从照片上看当时108的院落很大[3]

### (二)建筑整体布局及建筑形制

上新街108号近代建筑是一座特色鲜明的二层欧式红砖洋楼。该建筑坐东朝西,主入口位于建筑西侧,次入口则在建筑东侧。建筑东西总长13.2米,南北总宽8.5米,平面整体呈矩形,一层现有五个房间,穿过西侧的东西向走廊到达通往二层的木质楼梯,二层现有五个房间(含隔断间)及一个小客厅。(图2、图3)

---

①　见牛国栋:《上新街:最难忘绿色大屋檐》,《走向世界》2015年第8期。

②　见刘晓焕:《从革命者到历史罪人——山东早期同盟会员、伪济南市市长朱桂山》,载俞祖华、耿茂华、李绪堂主编:《中国近现代史料专题研究》,中国言实出版社,2011年。

③　作者自绘,底图由姜波教授提供。

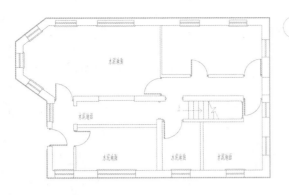
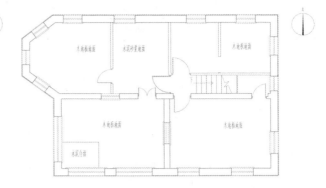

图2 上新街108号院一层现状平面图　　　　图3 上新街108号院二层现状平面图

建筑大致对称,最特别的是西北侧有一个塔楼,塔楼的三边突出于整体建筑外,丰富了建筑外观,而其三边均设有窗户,增强了室内采光。(图4)

上新街108号近代建筑的台基和下碱均采用济南特有的灰石砌筑,块石规整。上部墙体为清水墙,红砖到顶,砖体砌筑整齐,质地细腻,现由白灰勾缝,屋顶瓦采用机制红瓦,屋脊部位均采用红筒瓦合垄。(图5)

图4 上新街108号院俯拍图　　　　　图5 上新街108号院西立面图

整个建筑造型别致,两层共设置窗31樘,二层南立面和西立面开有拱形窗,细节精美,富有变化。

**(三)建筑现状调研**

通过实地调研情况得出,该建筑整体结构保存较为完整,外观基本保持原貌。由于人们的保护意识薄弱,且疏于系统地保护管理,自20世纪50年代后,在长达几十年的使用过程中住户曾对该建筑进行了局部拆改,部分原有的结构被拆毁。(表1)

表1 建筑残损现状及病害问题统计

| 名称 | 部位 | 残损现状及病害问题 | 现状照片 |
|---|---|---|---|
| 室内地面 | 一层地面 | 地面被后来改制,将水泥地面刨开后,大部分为架空木地板,东北侧走廊地面为青砖铺墁 | |
| | 二层地面 | 木地板大面积磨损、起壳、裂缝;部分木楼枋变形、糟朽;水泥地面强度变差导致开裂 | |
| | 楼梯 | 楼梯上加盖了一层后期增设的花纹钢;踢面木饰面及楼梯踏面整体脏污,糟朽严重 | |

781

| 墙体 | 室内墙面 | 室内墙面被重新涂刷过白色漆料,其部分墙面抹灰出现了空鼓、发霉、脱落、污损 | |
|---|---|---|---|
| | 室外墙体 | 墙面砖体局部酥碱、污损;红砖勾缝灰少量脱落,墙面局部被涂料、水渍等污染 | |
| 木构架 | 三角屋架 | 弦杆表面糟朽、局部裂缝,木质吊筋杂乱无章、个别吊筋弯曲变形,部分木构件残损严重 | |
| 木基层 | 苇箔 | 苇箔后人改制,部分苇箔缺失,防水性能降低 | |
| | 泥背 | 泥背为后期改制,整体基本保存完整,但因顶部渗水,现已出现了塌落 | |
| 屋面 | 屋瓦及屋脊 | 多数屋瓦为原始瓦件,部分屋瓦在使用中有小范围补换;原始瓦件出现部分断裂;部分屋脊缺失 | |
| 装饰装修 | 木门 | 一层西侧走廊原始门洞封堵;一层东侧入口木门缺失;木门框、木门槛均有不同程度糟朽 | |
| | 木窗 | 木窗框为原始构造,局部进行了后期改造;窗扇均变形松动;外立面油饰均有破损脱落 | |
| | 吊顶 | 一二层PVC扣板吊顶均为后来改制;二层吊顶有局部在使用中遭到人为破坏 | |

通过对该建筑现场勘查分析,列出了表1残损现状及病害问题,其中木基层部分构件缺失且长时间缺乏检修;北立面多处窗户被封堵;各立面窗楣酥碱等问题(图6),对建筑本体的安全与利用已构成威胁,亟待采取有效的保护修缮措施,以消除安全隐患,为后期的活化利用提供条件。

图6　上新街108号院西南立面窗楣细节图

## 二、价值评估

### (一)历史价值

上新街北邻趵突泉,南邻济南外城城墙和南门——新建门(现已被拆除),西邻万字会(济南道院),东邻广智院、原"济南共和医院",南邻原"齐鲁大学"旧址,区位优势明显。它曾是济南社会、经济、人文荟萃的片区,至今这里仍分布着类型丰富的数十栋历史建筑:位于街南头,建于1934年的济南万字会旧址几乎占据了上新街的一半,高大的石砌围墙里是一座具有清式建筑风格的大型宫殿混凝土仿木建筑群;再往北与万字会一路之隔的是具有清末民初建筑风格的景园;在108号近代建筑南侧四十余米处是著名的京剧表演艺术家方荣翔的故居;上新街中段路东的46—54号和东西向上新街路北的64—78号分别是沙家公馆和田家大院,两处均为典型的里弄式民居,民国式的大门楼,门闩尚存;上新街北段东侧还有济南一代跤王马清宗故居等。上新街108号近代建筑及其历史遗存与这些济南近代建筑群一起,共同组成了一个独具特色的历史文化街区,是济南市历史文化的重要组成部分。

1904年济南开埠后,经过十几年的发展,外来建筑风格渐渐被接受,与中国传统建筑风格进行了部分融合,上新街108号近代建筑则是西式建筑进入济南的例证。该建筑是济南市现存近代居住建筑中保存较好的,通过分析研究此类居住建筑,对其承载的济南近代历史信息解读和济南近代建筑史研究都具有十分重要的价值。

### (二)科学价值

该建筑虽然体量不大,但装饰精巧,它作为较早使用混凝土过梁的近代建筑,对于研究济南近代建筑所使用的建筑材料发展具有重要的参考价值。不仅如此,该建筑为桁架结构形式,建筑材料、五金配件等都在一定程度上反映了当时房屋建造的工艺技巧,为了解济南近代建筑技术的演变提供了科学、翔实的实物资料。

### (三)艺术价值

108号近代建筑是上新街片区乃至全济南市现存不多的西式建筑,该建筑屋顶坡面变化丰富,具有与中式建筑截然不同的造型美感。立面的拱形窗,比例适宜,窗户外皆有形制精美的装饰线脚,表现了极高的审美价值,具有鲜明的民国时期时代特征。墙体虽历经近百年却依旧大部分保存完好,在一定程度上代表了民国初期济南地区近代建筑的审美风格和建筑特色。(图7)

### (四)社会文化价值

上新街仅有450米,成街不到百年,但它却是当时政府官员、富商大贾、文化名流等人的云集之处,尽显民国时期济南人文风貌。基于此,一批近代中西结合甚至是纯西式的建筑都在民国时期相继在上新街区建成。据此,可以看出上新街108号近代建筑具有深刻的人文底蕴及丰富的社会文化价值,也为世人提供了一个了解济南近代建筑风格碰撞融合、了解近代建筑历史演变的重要场所。不仅如此,对该建筑的研究还能够增强公众的文物保护意识,增加济南市的历史厚重感等,加强对其的保护、修缮和研究势必具有重要意义。

## 三、上新街108号近代建筑的修复保护原则

目前上新街108号近代建筑的整体保存情况较差,如木地板由于长期使用,缺乏维护,糟朽已达30%,存在较大的安全隐患;屋瓦经过长期风雨侵蚀,导致其风化、松动,破损面积达20%,这也带来了室内漏雨的问题;屋架多处木构件糟朽变形等。因此我们要解决的重点为保证建筑本体的安全稳固、保留原有建筑样貌并加以展示利用,采取"整体以恢复原状整修为主,部分结构重点修复"的修缮保护原则。

首先,我们要最大限度保存上新街108号近代建筑的历史信息,根据《中华人民共和国文物保护法》第二章第二十一条规定的"对不可移动文物进行修缮、保养、迁移,必须遵守不改变文物原状的原则",我们要坚持完整性原则,不改变该建筑的外观形状、整体颜色、空间格局,只针对其部分现存问题进行科学修缮,如补换松动的屋瓦、保养维护木质楼梯、拆除后期搭建的水泥台面等,避免保护工作对该建筑造成新的破坏,便于后人进一步的修复工作。(图8)

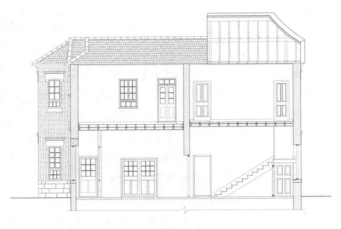

图7 上新街108号建筑整体复原图　　　　图8 上新街108号院南北向剖面复原图

对该建筑进行整体加固措施时,我们所使用的技术和材料要尽量与该近代建筑的原始材料、原始格局和时代特征进行区别,遵循可识别和可逆性的原则。同时注重传统技术的传承保护,挖掘当时济南近代建筑的传统建筑工艺,以期展现出108号院特有的原始风貌。

# 四、上新街108号近代建筑的修缮措施

## (一)恢复原建筑的空间格局

通过对该建筑的深入调查及资料收集,结合现有空间格局及室内窗框残留情况分析,拆除后人改制的室内隔墙,打通二层楼梯上部的封堵门洞,恢复室内原有空间格局。(图9、图10)。

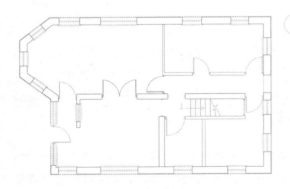

图9 上新街108号院一层设计平面图　　　图10 上新街108号院二层设计平面图

## (二)加固结构

根据现场实地调研勘查情况,上新街108号屋架基本稳定,部分木构件有劈裂、糟朽情况,采用全部揭顶、挑顶维修的方式检查三角木屋架各杆件的残损状态,重点对主要受力杆件的劈裂采用铁箍加固处理。揭顶后,更换锈蚀严重的木构件,对糟朽、严重变形的弦杆进行更换处理,清理木构架并补做防腐措施。(图11)

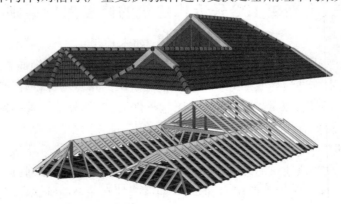

图11 上新街108号院屋架结构复原图

而建筑内部需要在二层木楼板板底及西立面墙体拆除部位增设钢梁及钢柱,以完善建筑的整体结构加固措施。

**(三)保护特色装饰**

在明确了上新街108号近代建筑的原始建造、历史遗存及后期修复改建等信息后,需要对酥碱严重的红砖进行剔补;对外墙原有装饰层的缺损部位进行修补;清理外墙面后期局部涂料、水渍等污染及废弃设施;修复室外墙饰及封护檐结构。(图12)

检查屋面红机制瓦,对可以继续使用的原瓦进行保留,缺失瓦件以现状机制瓦为依据定制。目前108号部分木门、木窗及吊顶为原始形制做法,根据现存的门窗对残损缺失的木构件及玻璃进行补配。同时依据收集的历史照片,恢复西立面大门及两扇窗户的原始形制。(图13)室内拆除后期改建的PVC吊顶,运用传统板条抹灰工艺重新吊顶,以修复该建筑的特色装饰。

图12　上新街108号建筑南立面复原图　　　　图13　上新街108号院西立面复原图

## 五、上新街108号近代建筑活化利用的探讨

上新街108号近代建筑的"活化利用",是在修复保护该建筑,尽可能地保留其历史记忆的基础上,通过对该建筑历史价值、科学价值、艺术价值及社会文化价值等多重价值的全面认识与理解,赋予其新生命。近代建筑活化利用的主要目的不是单纯的商业营利,而是为尊重并保护近代历史建筑,只有坚持这样的底线,城市才会逐步增强其文化内涵,进而提升其文化魅力。

我们要在尊重近代建筑的前提下,坚持以人为本的原则,多途径宣传近代建筑,使市民聆听和感受历史建筑的故事、情感、建筑的艺术,了解城市历史文脉、建筑文脉、生活文脉,了解城市文化的多样性、真实性、完整性,珍视古建筑,保护古建筑。[①]鼓励公众关注并参与到该建筑活化利用方案的探讨中,听取民众的意见,以得到最优的活化利用方案。

公众参与不仅要体现在前期"活化"意见的提出,更要体现在建筑后期的合理利用。上新街地处济南市这座历史文化名城的核心区,人流活力集中。上新街108号近代建筑作为上新街最重要的建筑,不仅是民国时期济南市建筑文化的实证,而且位于街道南口,具备发展为文化艺术活力新地标的基础条件。对该建筑充分利用,发挥其多方面价值,打造属于社会公众的文化交流体验空间,才能使近代建筑真正的"活"起来,"用"起来。

## 六、结语

上新街是济南现存历史建筑最多的一条老街,也是唯一一条没有被改造过的老街,本文通过对上新街108号近代建筑的实地调研分析,进行了相关价值评估并总结出其现状问题,基于以上理论探索与实际数据支撑,提出对该建筑的修缮保护措施及其活化利用方案。

---

① 见魏震铭:《大连历史建筑的"活化"保护对策研究》,《中外企业家》2016年第1期。

使近代历史建筑的价值以一种新形式得到延续并在现代城市的高速发展中展现自己的独特魅力，是我们持续努力的方向。上新街108号近代建筑作为济南市为数不多的近代历史建筑，具有深刻的人文内涵和丰富的历史价值，对于考证济南近代建筑的发展轨迹有着不可替代的历史地位。对其活化利用的思考，不仅能够使这座近代建筑重新焕发活力，也能作为样本为上新街其他近代建筑的修复与利用提供经验借鉴，并进行更深层次的探讨。

# 存量更新视角下近代建筑遗产"真实性"保护与"适应性"再利用的探索

## ——以汉口德国工部局巡捕房为例

华中科技大学 肖文彦 李晓峰

**摘 要:**存量更新是当前城市规划的一种主流方式,同时建筑遗产的改造再利用是延续物质生命的重要途径。如何在存量更新视角下,保留历史建筑在与现代城市接轨时其原有生命活力的真实性,一直备受关注和争议。本文通过对汉口德国工部局巡捕房的调查分析,从建筑项目背景、历史建筑修缮、空间功能延续、博物馆展览策划等方面,对其"真实性"保护与"适应性"再利用的实践进行总结。最后,从建筑遗产效益、历史文化效益和社会记忆效益对巡捕房更新活化的价值进行分析,以期能为建筑遗产的保护开发工作提供借鉴和思考。

**关键词:**存量更新;近代建筑遗产;汉口德国工部局巡捕房;真实性保护;适应性再利用;历史博物馆

## 一、引言

建筑遗产的保护与规划是城市存量更新规划的重要内容,巡捕房历史建筑因其承载社区公共服务功能,相对其他建筑类型而言,更具有存续社区传统文化的历史意义,对其进行保护的重要性更是不容忽视。如何在存量更新视角下,针对近代优秀历史建筑,寻找保护和再利用的策略探索,对当前的城市发展趋向提出了更为严峻的历史挑战。本文以汉口德国工部局巡捕房建筑为例,通过分析巡捕房建筑历史沿革背景,挖掘深层次的建筑与社区变迁动因;从"真实性"保护和"适应性"再利用两个角度,探讨历史建筑的保护与更新的新思路;最后,从建筑遗产效益、历史文化效益和社会记忆效益对巡捕房更新活化的价值进行分析,以期为建筑遗产的保护开发工作提供借鉴意义。

## 二、存量更新视角下近代建筑遗产保护与再利用

### (一)存量更新

存量更新是当前城市规划的一种主流方式,它主要通过存量用地的盘活、优化、挖掘、提升来实现城市发展。① 存量规划概念提出是基于城市发展模式转变和空间增长管理的需求。广义的存量规划是针对城市存量资产运营和管理的规划;而狭义的存量规划主要是指面向存量用地的空间规划,其重在呼吁关注城市建成环境的质量提升和功能结构优化。城市更新除了物质性空间的改善外,还包括城市功能提升、产业转型升级、社区重构、文化复兴等非物质空间内容,具有更广泛丰富的经济、社会和文化意义。而对于建筑遗产而言,其作为城市空间组成的重要元素,应立足于空间结构和社会结构两个层面进行探讨对其保护与利用的策略,以促进城市风貌提升,展现城市特色,延续历史文脉,兼顾完善功能和传承风貌。

### (二)"真实性"的含义与标准

"真实性"的概念作为保护古迹的世界性共识首次被提出是在1964年的《威尼斯宪章》中。其后,1977年的《实施世界遗产公约操作指南》把真实性作为古迹保护的一个重要标准,提出真实性检验包括

---

① 见曹志刚、汪敏、段翔:《从增量规划到存量更新:居住性优秀历史建筑的重生——以武汉福忠里为例》,《中国名城》2018年第1期。

"设计、材料、工艺和环境"四个方面。[1]随着时间的流逝,历史建筑会受到一定程度的损坏或不同时期的复建。复建材料的真实性要求改动部分材料具有可识别性,不能与原物混淆[2];技术工艺的传承和延续是历史建筑由表皮传达的结构逻辑上真实性的体现;建筑与场地存在着相互影响映射的关系,其建筑实体唯有放在场所环境中才能真实地反映特定历史条件下它的建造原因和形态意义。

### (三)"适应性"再利用的含义与原则

适应性再利用的理念在于在尊重历史建筑真实性的前提下,赋予历史建筑适应社会需要的新用途,在保护其历史文化价值的同时,延续其生命周期。具体改造中需遵循三原则:一是真实性,即不改变能体现原有文化意义的建筑实体[3],因为这些实体是作为识别历史建筑特征的景观携带基因;二是可逆性,建筑虽局部改造,但基于改动部分材料的可识别性以及工艺技术的现代化,建筑改造实体大体仍能修复回原状;三是最小干预,建筑改造对周边环境造成的影响可控。

## 三、汉口德国工部局巡捕房概况

### (一)历史背景

20世纪初,在帝国主义瓜分中国的狂热中,租界是中国主权丧失的重要象征。德国在1895年于汉口建立租界,租界区范围从一元路往北到六合路,整体占地600亩。为了有效地控制城市空间,所有的租界建立以后,都要建设一个工部局,用来管理租界的内部事务,其功能相当于现代的公安局处理维护治安的工作。工部局还要建立巡捕房,租界被划分为若干个捕房辖区,每个辖区都由各自的捕房负责治安和防卫工作。巡捕房作为租界的产物,游离于形形色色的势力之间,充当着各种政治势力博弈,和经济利益争夺的工具。作为汉口租界内唯一的巡捕房,德国工部局巡捕房有着极大的重要性和研究的意义。

### (二)建筑概况

汉口德国工部局巡捕房位于武汉市江岸区,汉口胜利街与二曜路交会处,属于武汉市二级历史保护建筑。该建筑1909年建成,是汉口租界区内唯一保留至今的工部局建筑;1993年被列入武汉市优秀历史文化建筑(图1);2018年修复后作为武汉警察博物馆馆址。建筑占地800平方米,总建筑面积2000平方米,由主体建筑和附属用房两部分组成。主体建筑展陈的面积为1200平方米,设有常设展厅、临时展厅、室外展区及文化交流空间。建筑采用砖木结构,整体构图采用德国式文艺复兴样式。墙高窗小,建筑底部用暗红色砂岩垒砌。外窗为圆形拱券,窗框用钢筋水泥浇制。转角处设有突出的塔楼,强化安全防卫功能。在方案设计中,结合汉口闷热的气候特点,建筑师植入具有建筑节能元素的外廊,起到遮阳、避雨、防潮、通风作用。(图2)

图1　德国工部局巡捕房优秀历史建筑铭牌　　图2　德国工部局巡捕房街景图

## 四、汉口德国工部局巡捕房"真实性"保护与"适应性"再利用的探索

### (一)"真实性"保护与修缮

1.建筑构图的真实性

历史建筑的物质实体是真实性依附的核心,经过岁月的洗刷,历史建筑会受到一定程度的损坏或不

---

① 见刘培培、高德宏、赵明哲:《例析历史建筑保护与再利用的"真实性"原则》,《建筑与文化》2017年第11期。

② 见卢永毅:《历史保护与原真性的困惑》,《同济大学学报》(社会科学版)2006年第5期。

③ 见常青:《历史建筑修复的"真实性"批判》,《时代建筑》2009年第3期。

同时期的复建,这就需要我们对建筑进行全面的史料搜集和历史研究,进行可持续的保护与再利用。据史料记载,1944年美军出动飞机对汉口一元路以下至黄浦路一带进行猛烈轰炸,处在二曜路上的特别区管理局大楼就在轰炸区域内。据市档案馆资料记载,由于工部局建筑上的钟楼非常醒目,很可能在此次轰炸中遭到损毁。笔者通过馆内资料记载发现,在修复之前,建筑内部的线性结构大多被损坏。而在新中国成立后,大楼由市公安局接管使用。在2017年,市公安局对建筑实施保护性修缮,对墙面、门窗、屋面、地坪、楼梯间、特色装饰等部分进行了全面修复,并真实性修复了塔楼和屋顶,还原了外廊的建筑形式,再现建筑百年前的历史风貌。(图3、图4)整个修复过程的难点在于塔楼和屋顶的重建,由于原始资料缺乏,只能通过各种途径搜集资料比对分析确定尺寸,最后修复的钟塔高约30米。(图5)

图3　汉口德国工部局巡捕房历史影像　　　图4　汉口德国工部局巡捕房外立面现　　　图5　汉口德国工部局
　　　　　　　　　　　　　　　　　　　　　　　　　状图　　　　　　　　　　　　　　　　巡捕房钟楼

2. 实体材料的真实性

建筑的真实性体现在可由表皮传达的结构逻辑上。技术工艺的价值传承和体验,不管是原物维修还是替换实体都需建立在原初的技术工艺手法上,并继续传承成为后世的蓝本和创新之源①。德国工部局巡捕房这座建筑原来的底部是采用暗红色砂岩垒砌,上部用斩假石粉面。在后期的修复工作中,为了让建筑修复达到"修旧如旧"的效果,施工方请了同济大学的专家合作鉴定,研发了一种粉状材料对建筑底部红色砂岩进行修补,使新旧墙面能完好衔接,并保持原始模样。同时修复室内木质门框,以及简约而独特的花纹雕刻。(图6)从狭长的走廊到通透的侧廊,从木质楼梯到雅致窗户,现如今这里充满了神奇的艺术魅力。(图7、图8)

图6　窗户特色装饰　　图7　屋顶用木梁建造　　　　　图8　汉口德国工部局巡捕房外廊

3. 场所环境的真实性

建筑与场地存在着相互影响映射的关系,包括场所比例、尺度和布局形式,建筑的实体唯有放在场所环境中才能更真实地反应特定历史条件下它的建造原因和形态意义。重塑历史建筑的场所环境,有助于多层次全方位地还原其最初的面貌。②在二战期间,德国工部局是汉口第一特别区警察局办公地点。通过历史照片可以发现,该建筑在此期间,改造对象主要集中在塔楼和临街立面:首先塔楼没有得到修复,而是做成了休憩平台;其次建筑临街立面搭砌出了商铺,完全遮住了建筑原有的正立面。整体的造型和风格与周边的民居融为一体,却少了过去的雄风霸气。然而,在后期保护性改善修复过程中,除了对塔楼的修复之外,还将商铺全部拆除,恢复了原有的建筑立面,还原了建筑场所环境。

(二)"适应性"再利用与活化

1. 场所精神的延续传承

建筑是人类活动和行为的载体,历史建筑更是被赋予了不同历史时期的人类情感和生活状态。是

① 冉晓敏:《历史建筑再利用中的空间匹配设计策略——以武汉美术馆为例》,《建筑与文化》2014年第4期。
② 见常青:《对建筑遗产基本问题的认知》,《建筑遗产》2016年第1期。

否保留了情感生活的真实性决定了建筑能否跨越时间体现情感共鸣。根据资料记载,德租界工部局和巡捕房始建于1895年。1917年北洋政府命令湖北督军王占元收回德租界,这栋楼成为汉口第一特别区警察局办公地点。解放后,则成为武汉市公安局办公场所,一直沿用至今。由此可见,在各个历史时期,该建筑与警察机构结下不解之缘,并且在街区环境中一直扮演着重要的场所精神和标志性作用。

2. 实体空间的创新活化

工部局于1993年被列入武汉市优秀历史文化建筑,在延续原有警署功能的基础上,这座建筑在2018年修复后作为武汉警察博物馆馆址。2019年7月25日,武汉警察博物馆正式开馆,免费向社会开放。该馆定期还会举办爱国主义教育、法治教育、警民互动、警务文化交流、公安文博研讨等活动。笔者于2021年1月前往武汉警察博物馆参观交流。展馆对外开放部分一共三层:一层布置多功能展区、特展区、游客接待中心、博物馆办公区;二层布置武汉警察史基本陈列室以及空中展示平台;三层设置了游客文创中心(图9)。

3. 策展功能的空间再利用

基于工部局内部原有空间格局,策展的功能流线也经过了精心的策划。一层展厅的主题是"武汉公安抗疫主题展",向游客展示了在疫情防控重中之重的湖北,武汉公安挺身而出为全市治安贡献自己的力量。(图10、图11)二层武汉警察史基本陈列厅通过五个小展室串联起全部的展示内容:首先是序厅的"聚集汉警荣光",通过模型重塑了武警经典历史场景,再通过光导纤维时间线聚焦汉警荣光;其次是展区一的"晚晴·开先举新",展区二的"民国·筑基拓能",展区三的"解放·峥嵘岁月",展区四的"改革开放·创新之路"。(图12、图13)此外二层的空中展示平台停放了一架警用直升机,重现了武汉公安肩负伟大历史任务的威武气质,同时也为展览流线画下了句号。(图14)。展览的过程展示了从古代行使警察职能的官吏到近现代警察制度的建立,再到人民公安体制的建立,中国警察制度经历了漫长的发展过程。

由此可见,武汉警察博物馆不仅做到了原有建筑功能的延续,同时还在空间功能上做到了适应性再利用。通过策展方式,不仅很好地利用了建筑空间,同时还将武警的历史记忆和场所精神很巧妙地与这座百年历史建筑结合起来,将其被历史长河洗刷后的斑驳记忆展示给世人。

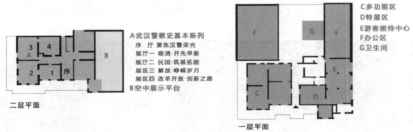

图9　德国工部局巡捕房功能平面图

图10　德国工部局巡捕房一层多功能展区　图11　德国工部局巡捕房一层特展区　图12　德国工部局巡捕房一层内院空间

图13　德国工部局巡捕房展厅楼梯间　　　图14　德国工部局巡捕房二层空中展示平台

## 五、汉口德国工部局巡捕房更新活化价值分析

### (一)建筑遗产效益

基于存量更新的视角,汉口德国工部局巡捕房的保护与更新采取了"真实性"保护和"适应性"再利用的原则。首先,在"真实性"保护方面,通过修复建筑构图的真实性,完善历史建筑物质实体的真实性内核;通过重现实体材料的真实性,促进技术工艺的价值传承和体验;以及通过场所环境真实性的塑造,还原历史条件下它的建造原因和形态意义。其次,在"适应性"再利用方面,通过场所精神的延续传承,使得历史建筑跨越时间体现情感共鸣;通过实体空间的创新活化,延续并衍生历史建筑功能模式;以及通过策展空间的再利用,展现历史建筑所承载的历史文脉和文化内涵。

### (二)历史文化效益

汉口德国工部局巡捕房的保护与更新策略有效地保护了历史建筑及其历史价值,并保证了历史建筑后续维护和活化的可持续性。在充分尊重巡捕房建筑的历史文化的前提下,修复及置换了一些遭损毁的建筑构件,充分修复和展现了历史建筑的原本风貌。同时,作为历史博物馆,汉口德国工部局巡捕房通过向公众开放,承担了汉口警署历史文化的宣传和展示功能。博物馆内部的展览厅、礼品店、内院、外廊空间以及屋顶平台均向公众免费开放,为历史建筑与公众架起了交流互动的桥梁。同时透过展厅中的收藏品,如历史文物、照片、牌匾等,以及相关的宣传手册,向游客和市民展示汉口警署以及汉口租界的文化和历史意义。

### (三)社会记忆效益

城市中的历史建筑,是不可再生的、不可复制的城市独特的文化历史和文化记忆。历经一百多年的洗礼,如今汉口德国工部局巡捕房已改建成武汉警察博物馆,成为一处爱国主义教育基地,市民又多一个了解近代以来武汉警察制度、武汉公安发展历程的窗口。社会的文化记忆,是在特定的地理、历史、经济、政治条件中形成的。从历史上留下来的历史建筑,可以读出人们代代累积沉淀的文化,并且它们渗透在城市生活的实践中。汉口的文化底蕴,依赖市民的共同价值观,依赖城市文化的、历史的建筑所铭刻和记载的历史,依赖于这个城市发展的生活史、文化史和精神史的内涵和积累。通过城市的历史建筑、通过历史建筑所记载的社会文化记忆,我们才能把握生存的历史之根基,梳理城市的人文肌理,发现密切的社区文化认同。

# 六、结语

汉口德租界工部局伫立在大江北岸,陪伴它的是城市的车水马龙。在武汉地标建筑一栋高过一栋的今天,作为租界管理者,这座隐蔽的历史建筑永远存在武汉人记忆之中。作为武汉现存唯一的工部局建筑,对其进行保护和再利用研究对重塑历史建筑生命活力和城市场所记忆,具有重要的研究意义和必要性。本文在对工部局的历史性保护进行分析后,总结了"真实性"保护和"适应性"再利用的实践策略,以期为建筑遗产的保护开发工作提供一定的思考与参考价值。"真实性"保护包括历史建筑原构图形式的重塑,还原历史形象;历史建筑材料和营造技艺的重现,还原艺术表现;历史建筑场所环境的再现,还原场所记忆。"适应性"再利用既包括建筑场所精神的延续传承,使建筑跨越时间产生情感共鸣,也包括建筑空间功能的创新利用,使建筑冲破定义重焕新生。

# 城市更新中建筑元素完整性保护与延续措施研究
## ——以首创新大都饭店园区改造为例

中国人民大学　戴进

首汇企业发展有限公司　王守玉

**摘　要:** 我国基础建设已从增量时代进入存量时代,一些近现代建筑的开发策略已不再是拆除重建,更多的是以城市更新、空间活化利用装入符合新时期的功能需求为主。一部分建筑因其并未归入文保、历史建筑,在改造过程中可能出现一些问题与遗憾。本文以首创新大都饭店改造为首创新大都金融科技园区的建设历程为例,从保留规划变迁所产生的空间印迹以及各时期建筑元素整体延续性原则的角度,分析总结了此类新中国成立后(1949—2000)现代建筑群更新过程中的一些经验与问题。(新大都建设期为1954—2001年,2017至今为更新改造期。)

**关键词:** 城市更新;苏式建筑;单位大院;开放街区;时代印迹;建筑元素保留价值

从大拆大建到精细化的织补城市,保留内城肌理、建筑元素、文脉记忆,北京近几年已跨入存量时代,无论是建设还是管理水平都在不断地提升。新大都饭店最早于1954年开始建设(该时期为北京市财经学校),70年代80年代末90年代末至2000年初均进行过不断地改扩建,整个园区呈现出各时期建筑的不同特征,是了解新中国现代建筑发展的一个缩影。2017年饭店停业,拟改为金融科技园区,在满足新时代功能需求的前提下,如何保护和传承好建筑风貌、细部元素以达到新老结合浑然一体,是该次改建中需要明确的目标和解决的问题。现回顾设计与建设过程,以期给此类城市更新提供一些可供思考研究的经验与教训。

## 一、原新大都饭店概况及建设历史背景、主要问题

园区现存共计14栋建筑,建设时间从1954年至2001年,各楼栋主要信息如下:

表1　园区楼栋统计表

| 楼号 | 原功能 | 面积(平方米) | 层数 | 设计单位 | 设计时间 | 建筑师 | 新功能 | 结构形式 |
|---|---|---|---|---|---|---|---|---|
| 1# | 酒店主楼 | 38297 | 14/-3 | 建设部院 | 1988 | 童光跃/常清 | 商业/办公 | 框架剪力墙 |
| 2# | 教室/配楼酒店 | 5778 | 4 | 北京院 | 1954 | 孙工/赵冬日 | 办公 | 清水砖砌体结构/三角木桁架屋面 |
| 3、7# | 配楼酒店/餐饮 | 4913 | 6 | 建研院标准所 | 1983 | 杨维贤 | 办公 | 砖砌体抹灰 |
| 4#/4A | 学生宿舍/办公楼 | 2729(4A已拆) | 4 | 北京院 | 1954 | 孙工/赵冬日 | 精品酒店 | 清水砖砌体结构/三角木桁架屋面 |
| 5# | 国际会议中心 | 14695 | 3/-2 | 建设部院 | 2000 | 汪恒 | 办公/会议/配套 | 框架 |
| 6、12# | 锅炉浴室 | 4500 | 6/-1 | 建设部院 | 1988 | 常清 | 办公/配套 | 框架 |
| 8、9、10# | 餐饮宿舍 | 2525 | 2 | 北京院 | 1973 | 任琪/王昌宁/黄南翼 | 办公 | 内框架/三角钢桁架屋面 |

| 楼号 | 原功能 | 面积（平方米） | 层数 | 设计单位 | 设计时间 | 建筑师 | 新功能 | 结构形式 |
|---|---|---|---|---|---|---|---|---|
| 11# | 宿舍 | 449 | 1 | 不详 | 不详 | 不详 | 会所 | 清水砖砌体 |
| 13# | 锅炉洗衣 | 960 | 2 | 北京院/建设部院 | 1973/1977/1988 | 任琪/王昌宁/不详 | 餐饮 | 内框架砌体抹灰 |
| 14# | 变电房 | 481 | 2 | 不详 | 1988 | 不详 | 变电房 | 框架 |
| 礼堂食堂 | 礼堂/食堂 | 不详 | 1 | 北京院 | 1954 | 沈启文/赵冬日 | 1988年已拆除 | 清水砖砌体图6:原图纸立面 |

**图1　园区楼栋位置、功能总图①**

《世界遗产文化公约》(1987)将遗产价值分为历史真实性价值、情感价值、科学美学价值及文化价值、社会价值。我们的更新保护重点在前四个价值,兼顾第五个价值。

新大都建筑风貌整体分为红、白两区,从建设历史来看,20世纪50至70年代即其他近现代建筑史文献一般划分的1949年至1976年,建筑以红砖、红瓦为主,划归为红区。80年代至2000年的建筑以砌块外抹白色涂料或浅色石材,将其称为白区。为了更好地理解新大都园区的建筑空间特征,我们把眼光放到更广阔的规划范围及实施时序上来看一下,根据1949年11月苏联专家巴兰尼克夫版北京市分区计划及现状略图,1950年版梁陈方案及百万庄、北京财经学校(新大都园区前身)规划,1953年版北京市总体规划(1954年修正稿),1954年园区规划总图,新大都街区各时期地形图变迁对比,可以看出,苏联方案、梁陈方案在财经学校和百万庄处并不冲突,两方案的分歧是中央办公区的选址,从实施的1953版北京总规来看,财经学校既符合了教育用地定位,也和百万庄居住区一起符合了三里河"四部一会"办公区配套的定位。从总图上看,1954年校园规划呈绝对的轴线对称,车公庄及三里河路这里的道路、公建(住建部)、住区(百万庄),整个区块肌理均符合轴线对称,此外建筑单体也同样呈现出"苏式建筑"②的特点:

①左右中轴对称,中间高起,两侧宽缓舒展,平面规矩整齐;

②楼体呈三段式结构,檐口、墙身、勒脚分明。

从建设的演化来看,经20世纪五六十年代的建设后,园区建筑仍呈严谨的按南北中轴对称,北京财经学校重组迁西安后,园区临时归市委党校使用,"文革"期间党校解散,园区归属市革委会毛泽东思想学习班,此时增改建了8、9、10、13号楼,建筑本身仍呈轴线对称,但规划布局上已不再沿园区的中轴线对称。

80年代,拆除了礼堂食堂,原址兴建了6、12号楼,拆除了4号楼的轴线对称楼栋4A楼,兴建了1号楼新大都饭店主楼,至此,新大都园区在规划形态上已脱离了中轴对称,园区L型的规划结构在此时形成。

① 图1、图5、图6均来源于AECOM景观设计。

② "苏式建筑"通常指20世纪50年代苏联对华援建时期建造的具有坡屋顶和厚砖墙、高度约三四层、整体呈"周边式"布局的建筑,见王浩:《北京20世纪苏式建筑遗产美学特征与文化价值研究》,北京建筑大学2019年硕士学位论文。

793

2000年为满足会议配套需求,修建5号楼国际会议中心之后,新大都园区的新建建筑工作即已最终完成。

新大都园区从20世纪50年代建设至2000年,功能历经学校,毛泽东思想学习班及住宿、4星级酒店,功能与形态均在不断变化,进入21世纪第二个十年,从硬件上看:如同园区对面的百万庄住区一样,昔日建筑的光辉已被不断加建的临时建筑蒙蔽遮挡,构件被涂抹污损,设施老化。从软件上看,酒店长期执行严格的园区内向封闭型管理,与外部交互几乎为零,除了旅客,人们已经忘却了此处拥有一个占地3万余平方米,建筑面积7万余平方米的园区。园区人气不足,后场杂乱,气氛萧条。

为此,制定合理的园区定位、规划建筑更新方案以及合适的管理方式就成为我们重新激活园区、聚拢人气的主要目标。

## 二、主要楼栋的建筑特征和技术要点

### (一)红区各建筑的共同特征

| 楼号 | 材质 | 屋面结构 | 扶手 | 平面形式 | 特色地面 | 特点 | 备注 |
|---|---|---|---|---|---|---|---|
| 2# | 清水红色黏土砖、预制水泥花饰、回文及各类图案、火山灰水泥、普通水泥现抹图案 | 豪式三角木桁架屋面红色陶瓦 | 厚硬木扶手 | 对称 | 卫生间水磨石 | 须弥座、入口发碹、烟囱 | 红区建筑、布满爬山虎 |
| 4#/4A | 清水红色黏土砖、火山灰水泥、普通水泥现抹图案 | 同上 | 同上 | 对称、端部L型 | 卫生间水磨石 | 入口发碹 | 4A已拆除 |
| 8—10# | 清水红色黏土砖、水刷石勒脚、水刷石檐口 | 框架梁、双芬克式三角钢桁架屋面 | 钢栏杆木扶手 | 对称 | 预制水磨石踏步 | 空间高大、烟囱 | 内部空间丰富 |
| 礼堂食堂 | 清水红色黏土砖、水泥现抹线条图案 | 豪式三角木桁架屋面、红色陶瓦 | 不详 | 对称 | 不详 | 烟囱、老虎窗 | 造型优美 |

2号楼共4层,总建筑面积5778平方米,为原北京财经学校教学主楼,后移交市委党校及革委会毛泽东思想学习班,70年代后期转为市四招使用,1983年三千名日本青年访华前加设独立卫生间改造为酒店客房。现改造后功能为办公,为首创环保集团总部所在。二号楼南临车公庄大街,在保留下来的苏式建筑中,体量最大,结构最好,原设计立面优美庄严,细部丰富、花饰较多,做工精良。主体结构清水红砖质量上乘,木屋架保留完好。平面凹字形布局,南北立面均轴线对称分为五段,底层入口处设有须弥座,南立面在三层檐口与中间段装饰线条拉通,顶层每开间设置外挑阳台,中部有一烟囱高耸为制高点。南部主入口中部设一主二辅三个碹口,碹口上使用火山灰水泥和普通水泥绘制了大量花饰。整栋楼体外侧布满了爬山虎。

4号楼也是四层,总建筑面积2729平方米,呈L型布局,与2号楼及4A楼围合出了原中央广场。4号楼及4A楼原为财经学校宿舍,后改为各时期业主单位办公,未来拟更新为精品酒店,4号楼立面、形体较为简洁。主要以空间组合、材料质感、墙面爬山虎绿植及屋面形式体现其建筑特征。

图2　4、11号楼及主广场现状

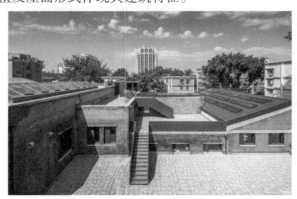

图3　修复后的8—10号楼

8、9、10号楼总建筑面积2525平方米，1973年始建，原为市革委会毛泽东思想学习班食堂，后划归市四招使用，随后相继归属大都饭店、新大都饭店运营（资产归属首创经中公司），此楼作为食堂、办公、宿舍均使用过，更新前为鸭王餐饮楼，更新后为独栋金融科技总部办公。此楼基础垫层37灰土质量上乘，红砖质量一级，后部大厅使用了三角钢桁架屋面系统。楼栋整体比例方正稳重，外柱、勒脚、檐口使用水刷石。前厅空间开阔，梁柱平整，中部有一竖向烟囱，统领整个建筑高点，屋面形式丰富，组合方式多样，内部空间灵活复杂，拥有较多的休憩交往空间的可能。此栋问题是北侧墙面破损和被涂料、瓷砖覆盖较多，需要大面积修复。

11号楼接邻10号楼，建筑1层，无明显特征，红砖色均被灰色涂料覆盖，修复工作量大，但此栋与4号楼围合出的一处庭院，拥有银杏、国槐、塔松等大乔木，绿树成荫，安静闲适。

礼堂由沈启文及赵冬日大师1954年设计，楼栋的建筑及结构设计配合完美，屋架、烟囱、老虎窗等语汇丰富纯熟，立面形式优美，可惜已于1988年拆毁。

（二）白区建筑特征

白区建筑共有主楼（1#）、配楼公寓（3#）、锅炉房（6、12#）、洗衣房（13#）及国际会议中心（5#）五栋

1号楼为新大都饭店主楼，建筑面积3.8万平方米（地上建筑面积2.6万平方米），88年建设部院设计，外墙为空心砌块抹灰粉刷后涂料见白，客房配八角形窗户，整体体量呈竖向线条。顶部红瓦檐口收口，屋面设置四座独立亭子。楼栋一至三层为酒店配套，裙楼屋面设置设备层，四至十四层为客房层（原设计为十五层，受政治风波影响少建一层），顶部两层为机房层。此楼整体为4星级酒店设计标准，但因设计时间早，世行贷款造价控制较严，标准层层高2.95米，高度过低。裙楼亦存在同样问题。外墙未设置保温，涂料水渍污损、剥落较多，内部管道老化。

3号楼4900平方米，1983年建研院标准所设计，外墙为砖砌体外覆白色涂料，砖材酥软，涂料及窗口造型缺损、掉落，危及行人。该楼层高2.85米，立面为空调所破坏，整体艺术价值不高。

5号楼2000年建设部院设计，地上三层地下两层，面积14695平方米。原功能为国际会议中心及配套，现用途为停车场、报告厅、办公及员工食堂，外墙干挂石材，本次除室外工程外，不进行改造。

6、12号楼为1988年建设部院设计，原功能为锅炉房及办公，锅炉房用途部分空间高大，工业建筑特色鲜明，行车、吊车及输煤竖井、供热管道等遗迹雄浑有力，采光为天窗高侧窗。该建筑基地为拆除原园区50年代礼堂食堂建筑而得来。

# 三、本次改造思想策略、措施、遗憾及教训

2018年开始，新大都园区进入了整体更新的时期，如何在新的功能下延续整个园区的空间关系，各时期记忆要素的完整性是这次改造的指导思想。本次改造在规划形态上，保持建筑外轮廓不变，以维持历史的整体建筑关系，同时配合金融科技园区的整体定位，结合拆除、整理园区沿街面工作，对外打开所有口部，人行全部无条件对外敞开，增加东二门作为车行入口配合东一门出口将车行流线限制在园区北部靠后勤部分，开敞的南一门南二门均为人行使用，主楼地库在南一门东侧直接下地下，出口于东侧文兴西街直接出地块，彻底地完成人车分流，保障园区步行的良好感受，形成一个与6/16号线二里沟站无缝对接的轨交加步行优先（tod）园区①，通过"在空间上向城市纳税"②的理念（注：①②来源于清华大学建筑学院大四年级2018年度新大都城市更新优秀课程设计），使园区内外各广场开放空间成为整个区域地块的引力核心，活化建筑吸引、聚集人气，使原本封闭的单位大院转化为开放街区，融和为城市有机生命体的一部分，同时该次改造响应了中央开放街区的规划思路、海绵城市的技术措施（局部），最终期待能在住建部对街建成一个充满生气的开放街区。在建筑要素方面的准则是：红区建筑要突出"苏式建筑"的红砖、红瓦屋面、绿植墙面等主体元素，确认屋架、扶手、花饰、须弥座等主要构件的加固或保护方式，对水刷石、水磨石等历史材料予以尊重，缺损部分使用同样材料进行修补。

白区建筑则因其个体时期及特征不同，分为商业经营类与配套服务类，两类建筑的处理思路不尽相同：商业经营类外部空间特征不明显，主要方式为外墙涂料及窗户改为铝板、石材幕墙体系，内部低矮空间进行楼板局部拆除以获得高大的共享交流空间。相比之下，配套服务类建筑空间高大、构件丰富，相

应策略即为注重不同空间相互组合的体验、融入工业痕迹的保留等。

景观布置同样顺应红、白分区，红区地面主要使用红砖地铺，白区主要以灰黑色海绵沙基透水砖为基底，镶嵌长条状红色海绵沙基透水砖。（车公庄原名车轱辘庄，地面红色长条状印迹既是致敬这一历史名称也是对园区社会主义初级阶段建设遗留元素的一种呼应。）

图4　停业前的新大都饭店
1号主楼

图5　红区院落景观铺地改造

图6　白区南1门主入口景观铺地改造

8—10号楼改造措施：手工清除瓷砖、水泥结合层、涂料，保留了原风道遗留的钢筋头。保留原中部烟囱，增设天窗。8号楼南立面首层壁柱、窗槛墙水刷石为新做，檐部水刷石为清洗修复。9号楼屋面屋架状态如利旧结构已不满足要求，按原设计结构形式重新制作。8—10号楼的勒脚及檐口水刷石均予以修复、保留（图3）。

图7　8号楼原前院

图8　8号楼原南立面

图9　8号楼南立面修复

图10　修复砖面与水刷石

图11　2号楼被封闭的豪式三角木桁架屋面

2号楼的经验与教训：

先来看看有遗憾之处：该栋楼原本细部丰富，但最终花饰、须弥座、清水砖面、磉口均被涂刷覆盖，南向阳台被切割现仅剩余中轴线上一个（图14），屋面结构被吊顶掩盖（图11），西侧墙面绿植被清除，还有北侧主入口未使用超白玻等等事宜，主要因素是2号楼加、改建历史复杂，同时在本次改造中指挥系统不统一，改造标准无法最终落实。

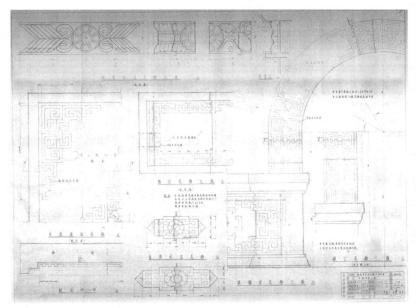

图12 2号楼细部1(磉口已被水泥涂刷)①

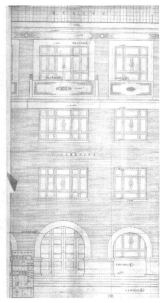

图13 2号楼细部2(右侧阳台已被切除)

图14 南立面改造中现状

图15 东立面保留的爬山虎茎

图16 更新一年后的爬山虎

经验:爬山虎保留主茎,一年即已恢复墙面的垂直绿化。

4号楼(图2)改造将吸取2号楼的教训,清水砖墙面以清洗为主,室内栏杆扶手进行保留并翻新,爬山虎主要茎秆都进行保留,立面主要去除空调机位并进行修补更换合适窗型即可,在管理上达成共识,以上内容形成会议纪要并落实。

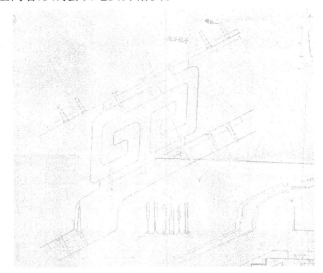

图17 2、4号楼扶手设计

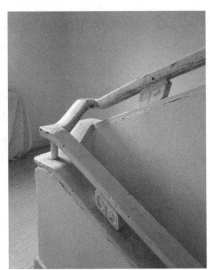

图18 4号楼扶手

---

① 图12、图13、图17均来源于新大都基建档案。

12号楼锅炉房以保留工业建筑空间高大、工业质感厚重的特性为原则进行更新,在原有天窗、高窗基础上继续增设天窗、高侧窗。

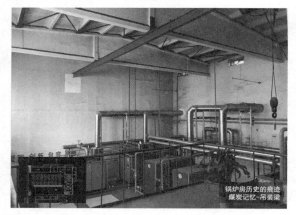

图18　12号楼二层内景①

图19　12号楼改造后内景

1号楼原为新大都酒店主楼,在80年代末的设计中因受时任市领导的要求顶部有多个亭子,与主楼的整体比例关系失调(图4)。主楼主要的窗户构件是八角形窗,呈竖向线条,改造中争论的焦点在于顶部亭子保留与否,从建筑本身的比例关系来看,应该予以调整(笔者原本也是调整路线的支持者),市规委召开了各方面专家参加的会议,会议中专家也是对调整与否持不同的观点,最终意见还是采取了偏保守的意见进行保留,但是调整了瓦屋面的色彩。

图20　主楼开放广场及调整瓦屋面色彩后的立面

图21　西侧视角及南侧百万庄视角

从施工现状来看,亭子在近处依然是与主体比例不协调,但是改灰瓦之后,从百万庄甚至更远的钓鱼台方向来看,这一系列标志物在这一片空旷的天际线中是相当占有视线焦点的,所以如果我们结合该区块的控高(高度控制较严)、天际线和屋顶风貌来看,保存的亭子这一80年代构件并未产生特别的冲突,而这种致敬方式对该街区的风貌仍然是一种加强和统领,所以从记忆元素来讲,让它再存在几十年也是一种手段和方法,等我们最终确认该区的城市街区风貌状态以后,顶部再做妥善审慎的调整也是一种思路和办法。

主立面从竖向线条调整为与办公更相符的水平向较舒展的幕墙线条。

---

① 图18、图19均来源于北京院胡越工作室12号楼方案。

幕墙及屋面系统划分

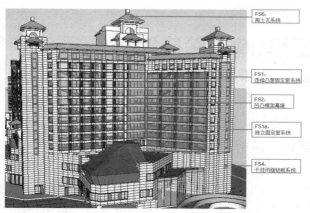

图22 主楼外幕墙系统划分①

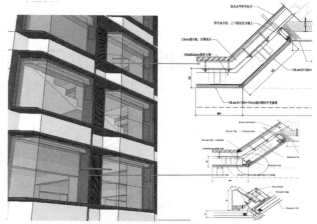

图23 幕墙水平连续窗及无框玻璃转角节点②

主楼标准层层高2.95米,层高作为小空间酒店已较为压抑,在改为大空间办公后此问题更是凸显,我们的策略是在局部挑空两层,空间效果大为改善。

图24 主楼酒店走道原状态③

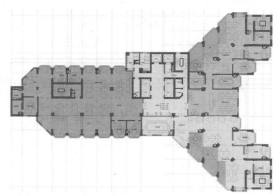

图25 主楼平面(灰色为挑空区)④

图26 施工中的挑空区

我们在城市更新中会制定很多改造的策略以保护空间或元素的历史信息,但是在实际操作中由于业主或者实施主体的不同未必能得到贯彻,从而留下了不少遗憾,未来国内的城市更新可以向日本等发达国家学习,由街区政府、各资本方、规划管理方、设计方共同制定该地段更新的准则,成为所有参与方必须认同与遵守的法则,从而使保护的意图与措施得到最终的落实。

①② 英海特新大都主楼幕墙更新方案。

③ 国贸物业顾问拍摄。

④ gensler主楼方案。

# 工业遗产的价值特征及其阐释途径探析

## ——以大运河杭钢工业旧址综保项目为例

浙江大学　周佳钰　傅舒兰

**摘　要**：工业遗产是工业文明的物质载体。目前,工业遗产的保护实践受到经济效益的驱使,忽略了工业遗产的基本价值,表现出非真实性、非完整性的价值阐述途径。杭州钢铁厂是我国地方代表性现代重工业产业之一,对城市的发展起到了重要作用。本文根据现有研究理论梳理了杭州钢铁厂工业遗产的基本价值,并对其综保项目的价值阐述进行分析,得出目前工业遗产的保护理论与实践存在脱节、工业遗产的价值阐述存在失衡的两点结论,提出整体保护工业遗产、尽快将工业遗产纳入法律保护体系的两点建议。

**关键词**：工业遗产;价值阐述;真实性;完整性;杭州钢铁厂

在以城市更新与存量规划为主导的规划政策背景下,城市建成区用地更新成为热门的研究与实践对象。随着时代的变化,城市工业区所造成的环境问题、对城市发展的阻碍问题日益突出,工业遗产保护的理论与实践越发受到重视。

但是,现下中国工业遗产的保护实践更多的是流于单体建筑的保护①,其价值叙述主体往往由原本的工人群体转化为了精英阶层,关注点仅停留在建构物单体的完整性及其功能再生等。地方政府的土地财政收益愿望,导致了工业旧区改造基本为追求土地经济效益最大化的高强度开发规划方案②,工业遗产的价值受到忽视,表现出非真实性、非完整性的价值阐述途径。

杭州钢铁厂(下称"杭钢"),旧名浙江钢铁厂、半山钢铁厂,始建于1957年,拥有近六十年建设史,是中国地方现代工业建设的缩影,对于杭州城市与地域文化的发展起到了关键作用。受城市发展格局外拓及国家大运河文化带建设的影响,杭钢于2015年12月正式关停,旧址被指定为"主城区大格局发展"中大城北地区的核心区,进行了相应的保护规划设计,主要包括《杭州大城北核心示范区策划及规划方案》《大运河杭钢工业旧址综保项目》(下称"综保项目")等。本文通过对比分析杭钢工业遗产的价值及其综保项目的价值阐述途径,旨在探析现下工业遗产保护理论与实践存在的差异。

## 一、相关研究综述

### (一)工业遗产的研究与实践

工业遗产最早可追溯至20世纪50年代兴起于英国的"工业考古学",当时的关注对象为工业遗存的发掘与研究。其后,国际上诞生了以国际工业遗产保护委员会(TICCIH)、国际古迹遗址理事会(ICOMOS)为代表的工业遗产研究与保护组织,制定了多部重要文件,在工业遗产的概念认知、价值认定、原则特征方面做出了大量探讨,包括《关于真实性的奈良文件》(1994)、《圣安东尼奥宣言》(1996)、《关于工业遗产的下塔吉尔宪章》(2003,下称"《下塔吉尔宪章》")、《都柏林原则》(2011)、《台北亚洲工业遗产宣言》(2012)等。其中,《下塔吉尔宪章》是世界工业遗产保护的纲领性文件,它指出,工业遗产是工业文明

---

① 见刘伯英：《中国工业建筑遗产研究综述》,《新建筑》2012年第2期。

② 见张松：《轻型发展格局中的城市复兴规划探讨》,《上海城市规划》2013年第1期。

的遗存,这些遗存包括建筑、机械、车间、工厂、选矿和冶炼的矿场和矿区,货栈仓库,能源生产、输送和利用的场所,运输及基础设施,以及与工业相关的社会活动场所,如住宅、宗教和教育设施等。

我国工业遗产的相关研究起步较晚,大致始于20世纪末期,主要研究方向包括工业遗产的历史研究与保护研究,前者涉及工业通史、阶段性工业史、地方工业史、地方志、科学技术史、行业史、企业史、民族资本家等,后者则涵盖近代建筑保护、工业遗产调查及价值评价、工业遗产再利用、城市工业用地更新、工业旅游、城市棕地再开发、工业景观、工业遗产保护策略和机制、工业遗产法律保护、保护更新规划与建筑景观的再利用设计等内容。①

(二)工业遗产的价值研究

价值是事物结构、功能、属性在人类社会文化经济系统中体现人类生命本质或有利于人类个体生存发展的功能、属性的总和,不同立场对工业遗产的价值判断各不相同。②《保护世界文化和自然遗产公约》提出文化遗产应具备历史、科技、艺术、文化方面的普遍价值,《下塔吉尔宪章》指出工业遗产具有历史、科技、社会、建筑或科学价值,《都柏林原则》强调非物质文化资源、工业景观对于工业遗产价值认定的重要性,《台北亚洲工业遗产宣言》则进一步强调了非物质文化遗产的价值,认为工艺流程、职工人员、人与土地等是文化价值的重要组成部分。总体来看,国际上普遍认为工业遗产具有历史、科技、艺术、文化四项基本价值。

在我国,工业遗产的价值评价可划分为文保体系与工业遗产体系两个派别。文保体系是指以《中华人民共和国文物保护法》(1982年通过、2017年第五次修正)为核心,另有相关的条例、准则、导则对其实施进行支撑的法定框架,认为文物具有历史、艺术、科学三大价值。工业遗产体系则是指以学术研究支撑、对工业遗产的价值评价具有普适性指导作用的评价框架,但目前尚未形成统一的观点。刘伯英等将工业遗产的价值细分为历史、文化、教育、社会、人性化、情感、创新、产业、技术、艺术、区位、再利用等十二项价值③;天津大学中国工业遗产研究课题组构建了三级评价框架,认为工业遗产具有历史、艺术、科学、社会、文化等五项价值,并可根据稀缺性、代表性、脆弱性等标准进一步讨论④;天津大学初妍将工业建筑遗产区分为生产建筑与民用建筑两个体系,构建了历史、科技、艺术价值及其二级指标的评价体系,为小尺度建构筑物遗产价值评价提供了有效的参考方法⑤;哈尔滨工业大学高飞依则针对廊道遗产的个性特征,构建了历史、艺术、科技、社会文化、经济利用价值及其二级指标评价模型,为大尺度工业遗产巨系统的价值评价提供科学参考⑥;季宏对工业遗产的国际文件进行梳理,强调了工业遗产的价值评定需要综合真实性、完整性等原则。⑦

综上可知,工业遗产具有历史、艺术、科学、社会、文化等基本价值,评定时可结合真实性、完整性、濒危性、唯一性等原则综合考量。但是,工业遗产因其基本价值衍生的经济价值,如所在地的区位价值、建构筑物的再利用价值,是否能够纳入工业遗产的价值认定框架存在一定争议。本文认为,工业遗产的经济价值是其价值认定框架的一部分,但由于经济价值衍生于基本价值,因此在工业遗产的保护实践中,应当优先阐述其基本价值。

## 二、杭钢工业遗产的价值构成

杭钢曾是浙江省主要的钢铁联合企业,主产品为"焦(炭)、铁、钢(锭)、(钢)材",生产工艺流线可简化为"制焦炭,炼铁水,炼钢锭,制钢材"四步,旧有生产空间包括焦耐、冶炼、轧制、生产辅助四个系

① 见刘伯英:《中国工业建筑遗产研究综述》,《新建筑》2012年第2期。
② 见刘伯英、李匡:《工业遗产的构成与价值评价方法》,《建筑创作》2006年第9期。
③ 见刘伯英、冯忠平:《城市工业用地更新与工业遗产保护》,中国建筑工业出版社,2009。
④ 见李松松、徐苏斌、青木信夫:《文物语境下的工业遗产价值解读》,《中国文化遗产》2019年第1期。
⑤ 见初妍:《青岛近代工业建筑遗产价值评价体系研究》,天津大学2016年博士学位论文。
⑥ 见高飞:《遗产廊道视野下的中东铁路工业遗产价值评价研究》,哈尔滨工业大学2018年博士学位论文。
⑦ 见季宏:《近代工业遗产的完整性探析——从〈下塔吉尔宪章〉与〈都柏林原则〉谈起》,《新建筑》2019年第1期;季宏:《近代工业遗产的真实性探析——从〈关于真实性的奈良文件〉〈圣安东尼奥宣言〉谈起》,《新建筑》2015年第3期。

统。①杭钢厂址位于杭州市拱墅区,东倚半山、西邻京杭运河,距离西湖约12千米,厂内铁路可直达杭州北站、艮山门站等货运站,具有较好的交通与区位条件。本文基于现有工业遗产价值评价框架,根据杭钢工业遗产的个性特征适当调整,得出如下价值评价框架(表1),通过规划与建筑学专业视角,结合实地调研、历史研究、文献分析的方法,对杭钢工业遗产的价值进行分析。

表1 杭州钢铁厂工业遗产价值评价框架

| 评价对象 | 价值构成 | 评价细则 | 评价原则 | 价值载体 |
|---|---|---|---|---|
| 杭州钢铁厂工业遗产 | 历史价值 | 历史成就 | 真实性<br>完整性<br>濒危性<br>唯一性 | 建筑物、场所及环境 |
| | | 历史事件 | | |
| | | 规划选址 | | |
| | 科技价值 | 建造技术 | | |
| | | 工艺流程与生产流线 | | |
| | | 科技成果与创新 | | |
| | 社会文化价值 | 企业精神内涵 | | |
| | | 对地区与城市发展的贡献 | | |
| | | 群众情感与社会凝聚力 | | |
| | 艺术价值 | 建筑美学 | | |
| | | 环境景观 | | |
| | 经济价值 | 地块区位 | | |
| | | 建构筑物再利用 | | |

### (一)历史价值

工业遗产是历史的遗存,能够反映一定阶段内工业发展与社会生活的真实面貌,历史事实和历史时序是历史价值的认知与判断原则。

杭钢是浙江省地方自主兴建的钢铁厂,目的在于满足省内生产建设需求。新中国成立以来,我国工农业生产突飞猛进,对钢铁的需求日渐提高,浙江省人口稠密、矿产及水资源丰富、轻工业发达,却始终没有钢铁工业。1956年2月,中共浙江省委和省人民委员会决定新建一个以服务地方为主的钢铁厂。至2015年,杭钢由最初以钢铁生产为主的重工业,发展成为以钢铁智造、现代流通为战略优势产业,以节能环保、数字科技为战略性新兴产业的大型现代企业集团。

杭钢能够反映地方工业发展的历史信息。1958年2月,炼铁车间一号高炉炼出第一炉铁水;1958年10月,82立方米一号高炉多个指标创新纪录,达到全国小型高炉先进水平;1973年10月,经冶金工业部推荐,杭钢作为发展中的地方钢铁企业参加在广州举行的1973年秋季中国出口商品交易会;1987年12月,高炉首次成功冶炼含硅量0.2%—0.3%的低硅生铁,达到世界先进水平;1992年9月,首创国内高炉混合试喷烟煤技术;2007年2月,首创国内高炉安装炉顶布料器技术等等。

杭钢的选址反映了1950年代杭州地区的城市发展与社会生产条件。杭州是当时的省内工业中心,具有生产支援、建设与协作等方面的优势,拥有绍兴漓渚及余杭闲林埠两处主要铁矿原料基地,并建有沪杭甬铁路。钢铁厂备选地有尧典桥、龙王沙、半山,以及萧山西兴镇南、绍兴吴家庄南等。其中,半山的区位、自然、交通、等条件最为综合:适当的距离使得钢铁厂不会过分影响城市的卫生环境,同时便于利用城市的矿产资源、电力系统与铁路系统,可大大降低运营成本;选址毗邻京杭大运河与半山,运河能够提供较好的水路运输条件、工业及生活用水,半山则能够减缓工业设施对城市造成的环境危害;地域隶属于杭州城市规划中的重工业区,能够容纳城市及钢铁厂的远景发展需求。

### (二)科技价值

科技价值是工业遗产区别于文化遗产的核心特征,体现在工业设备、工艺流程与科技创新等方面。

杭钢的生产部门可划分为焦耐、冶炼、轧制与生产辅助四个系统。焦耐系统,由焦化与耐火材料两个分厂构成,为冶炼系统提供燃料焦炭与耐火材料浇钢砖,主要设备有42孔焦炉、备煤、化产和回收设备等。冶炼系统由炼铁、转炉炼钢与电炉炼钢三个分厂构成:炼铁分厂利用焦炭与原料矿石,主要生产

---

① 见杭钢志编辑部:《杭钢志》,浙江人民出版社,1985年。

铁水供转炉炼钢分厂使用,副产品为生铁,可售卖或供电炉炼钢分厂使用,主要设备有255立方米高炉、8平方米球团竖炉和24平方米烧结机;转炉炼钢分厂则利用铁水炼钢,主要设备是2.5吨碱性侧吹转炉;电炉分厂利用回收钢材与生铁炼钢,主要包括三座5吨电弧炉与一座0.5吨电弧炉。轧制系统,由小型轧钢、中型轧钢、热轧带钢、钢管和薄板五个分厂构成,将转炉炼钢分厂与电炉炼钢分厂生产的钢锭按不同规格进行轧制,主要设备包括小型、中型、热带、无缝钢管、薄板等六套轧机。生产辅助系统,包括原材料供应及加工系统、动力系统、运输系统、设备和修建系统及钢铁研究所。

杭钢的工艺流程可简化为"炼焦、炼铁、炼钢、轧钢"四步,整体生产运作逻辑如下。(图1)原材料通过水路、铁路、公路等方式输送至场地后,首先进行分拣、预加工、配比,通过厂内铁路输送至各个分厂。原料煤,输送至焦化分厂与耐火材料分厂;黏土、熟料等运输至耐火材料分厂;矿石等运输至炼铁分厂;废钢材运输至电炉分厂。焦化分厂使用原料煤制成焦炭转运至炼铁分厂,耐火材料分厂制成的耐火材料则用于炼钢分厂。炼铁分厂将焦炭与原料矿制成主产品铁水、生铁(少量)以及副产品水渣、煤气、炉尘等,主产品铁水经铁轨转运至转炉分厂炼钢,副产品则用作热风炉、发电站、竖炉等设备的原料使用。(图2)转炉分厂将铁水冶炼成钢水,通过平板模注成锭,脱模后吊上渣盘,经喷淋冷却,检验合格后运输至轧制系统的五个分厂,用以生产不同规格的钢材。

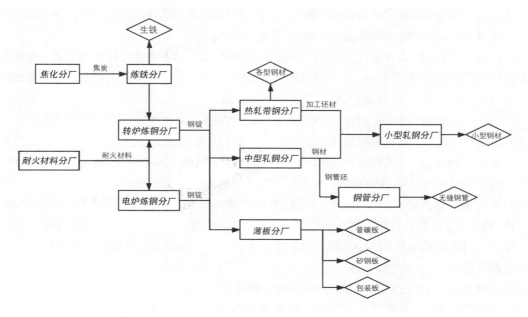

图1 杭钢主要分厂生产流线示意图

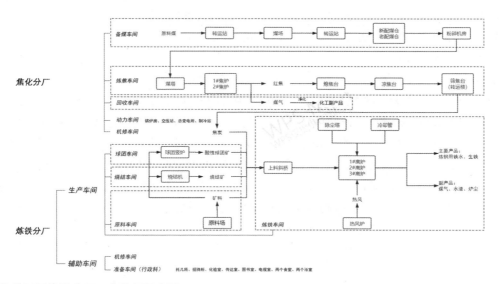

图2 焦化分厂及炼铁分厂工艺流程示意图

另外,杭钢的科技价值还体现在科技成果与技术创新。1978年,球团用钠质膨润土代替消石灰造球试验获省三等奖、省冶金局技术改革二等奖;1982年,球团8平方米新型球团竖炉获冶金部科技成果一等奖;1984年,球团竖炉烟尘回收及净化装置获全国环境保护科技成果奖;1998年,8平方米竖炉球团开炉投产技术服务获中国科学技术协会"金桥工程"奖等。

### (三)社会文化价值

工业遗产的社会文化价值是指工业生产活动创造的精神财富,它承载了劳动人民的情感与记忆,是社会认同感和归属感的重要组成部分,可从企业的精神内涵、对地区发展的贡献、承载的社会情感等进行梳理。

杭钢建厂以来,遭受了"大跃进""前期建设战线过长""文革"等多重挫折,工业生产几度停滞,但同时也涌现了梁福正烈士、高炉铁人林天真、实干家严四海等大批闻名杭钢的劳动模范和英雄人物,他们与杭钢万名职工共同孕育了独特丰富的企业精神内涵:以钢铁意志,做人、建业、报国的杭钢精神;粗料细做、科学炼铁的工作理念。2015年,按浙江省委省政府杭钢转型升级会议指示,杭钢以壮士断腕、破釜沉舟的决心和勇气,坚定推进去产能、调结构、促转型,花费一百五十天全面安全关停半山钢铁基地,平稳分流安置1.2万名职工,实现了"无一人到省市区政府上访、无一人到集团公司恶性闹访、无一起安全生产事故发生"的"三无"目标,被业界誉为"杭钢奇迹"。另外,杭钢主动承担社会责任,积极进行了环境综合治理,包括高炉出铁场除尘、高炉矿槽除尘、烧结机尾除尘、烧结机头电除尘、球团脱硫、烧结烟气脱硫等环保项目,对地区与城市的环境卫生做出了重要贡献。

杭钢建厂前,厂址是杭州农场企业公司的药材种植区与杭州农林牧场,其余为农田、桑园、桃园、梅园等。随着杭钢的建设与不断发展,半山地区逐步推进了城市化,人口与生活服务设施不断增加,山脚下高楼林立,建有百货商店、餐馆、理发店、文化馆、医院、农贸市场等,宽阔的半山街每逢月中会摆起长龙似的摊位、花色繁多的日用品及副食品,形成了风靡一时的"半山一条街"享有"十里钢城"的美誉。

在情感方面,工业遗产再利用的连续性能够对社区居民的心理稳定给予暗示,特别是当他们长期稳定的工作突然丧失的时候。高炉、焦炉、转炉等生产设施是杭钢职工呕心沥血、奋发拼搏的地点;食堂及浴室等生活设施是杭钢职工的休憩点,是钢铁厂内生活气息最为浓郁的场所。食堂一日三餐不重样,夏季提供特制盐汽水与赤豆冰棒解暑,又是职工们闲聊攀谈的一大去处;而浴室则兼有开水房、晾衣房的功能,在当时是先进的"带隔板"的热水浴室,炼铁、焦炉等分厂的职工一天要洗上三回等。职工及其家庭的存在与幸福与企业同呼吸共命运,他们对工业企业的情感是真切的、深厚的和强烈的。[①]

### (四)艺术价值

工业遗产的艺术价值反映着一定历史时期的工业艺术及其给予人的审美感知与体验,包括建筑形态、建筑结构、建筑模式、工业景观、人文景观、遗址景观等。杭钢的建构筑物是以功能为目的、严格按照工程设计图纸进行建设的,在建筑体量、色彩与结构上表现出鲜明的工业美学特征。炼铁分厂拥有杭钢体量最大的三片工业建筑群,包括圆柱体形式的高炉、热风炉、烟囱、除尘设备与线形的上料斜桥、皮带通廊,能够给人强烈的视觉冲击。而曲线形的厂内铁路、开敞的煤场与原料场等空间要素则进一步柔和了工业设施的硬质美感。

### (五)经济价值

工业遗产的经济价值主要表现在区位价值与再利用价值两个方面。20世纪50年代,杭钢所在地是远离城市的一片山麓农田,仅设有一班联系城市的公共交通,周边没有城市化地区。随着城市的不断扩张,杭钢旧址的区位优势日益突出,大规模的工业用地能够为城市新阶段的发展需求提供保障,而场地内的工业建筑具有更新维护快、使用年限长、质量高等优势,能够根据规划需求灵活使用、节省大量经济成本,避免产生大量工业垃圾对城市环境的损害。另一方面,杭钢紧挨半山、毗邻电厂河与杭钢河、内部有马岭山,具备较好的自然资源,能够拔高保护更新规划的经济效益。

---

① 见刘伯英、冯忠平:《城市工业用地更新与工业遗产保护》,中国建筑工业出版社,2009年。

804

# 三、杭钢旧址综保项目及其价值阐释分析

## (一)项目背景

2019年2月,杭州市提出"东整、西优、南启、北建、中塑"的主城区大平台发展总体思路,首个推进大会落在了"北建",即大城北地区。会议指出,高品质推进大城北规划建设是杭州实现老工业区块产业振兴的必由之路,是杭州做好大运河文化保护传承利用的关键举措,是提高城北地区人民幸福感的实际行动。要按照"历史与现实交汇、自然与人文交融、产业与城市共兴"的功能定位,将大城北打造为城市副中心。

另一方面,为深入贯彻落实习近平总书记关于大运河的系列重要指示精神,杭州市发展和改革委员会、杭州市园林文物局(市运河综保委)在2021年6月发布了《杭州市大运河文化保护传承利用暨国家文化公园建设方案》。其中,杭钢旧址所属的《大运河杭钢工业旧址综保项目》是"园"类标志性项目大运河世界文化遗产公园的重点项目之一,要求保护利用工业遗存,导入展览、文化、体育、办公等城市功能,打造杭钢遗址工业文化展示和利用地标。

## (二)项目内容

杭钢旧址综保项目位于杭州市拱墅区原杭钢厂区,总占地面积约55万平方米,总建筑面积50万平方米,是杭州大城北地区的核心区之一,利用工业遗存打造文化地标,目标建成世界级工业遗存改造样板、工业主题文化设施、时尚休闲人文生活集聚地。

设计方案将杭钢旧址定位在由运河文化、半山文化、良渚文化构成的世界级文化走廊,以及大城北核心区平炼路工业遗址带两条主轴线上,遵循"珍视杭钢历史、呵护时间痕迹、谦逊衬托遗存、山水之间造园"的设计理念,要求重视杭钢工业生产史、尊重建筑立面不同肌理、新建建筑衬托补足遗存建筑、构建江南地域性山水园林等。

在具体的设计细节方面,方案展示了旧址的功能布局以及建构筑物的功能设定。首先将旧址划分为七个功能片区,即时尚体育片区、中心广场活动区、潮流音乐/艺文中心片区、文创市集片区、科技娱乐片区、设计酒店片区、游客中心/婚庆会馆片区,较好地回应了大运河世界文化遗产公园"园"类标志性项目的要求,满足了突出文旅功能融合的文化旅游开发需求,同时兼具地区的生活配套服务功能。其次,具体至各建构筑物及其场地的功能安排,包括将高炉打造为具备艺术发布、时尚餐饮、特色商业的艺术文化中心,将焦炉建成筒仓酒店、艺术画廊、特色餐厅等,将凉焦场改造成能够举办各类庆典活动的中央大草坪,将气柜改造为亚洲最深的室内潜水馆,新建马岭山酒店、体育中心、立体绿色连廊与厂房式产业园区等。

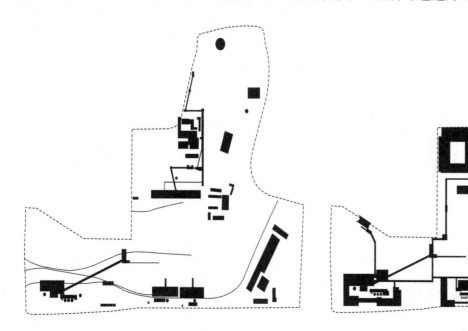

**图3　杭钢旧址(左)及其综保项目(右)建筑肌理对比图**

图4 杭钢综保项目效果图①

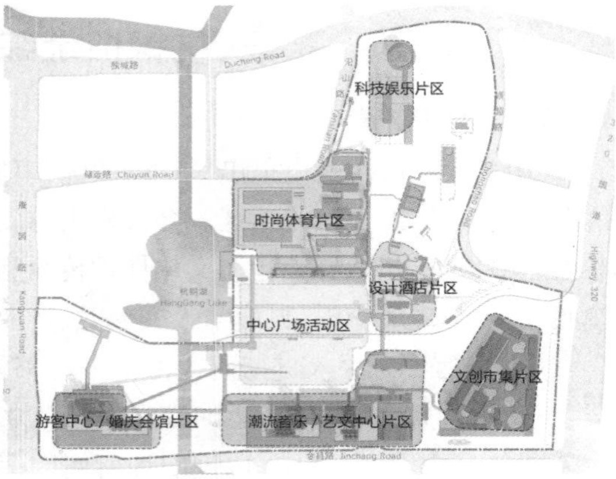

图5 杭钢综保项目功能布局图

### (三)价值阐述分析

将综保项目的设计内容按照"再利用、新增、消去"三条路径进行梳理,可得表2。再利用与新增方面,综保项目保留了杭钢旧址的代表性工业建筑及开敞空间,积极尝试功能的适应性再生,在尊重现有建筑风格的基础上新建建构筑物,场地整体的空间格局与工业建筑风貌基本得以保护,能够较好地阐述工业遗产的经济价值与艺术价值。

相对而言,杭钢工业遗产的历史价值、科技价值与社会文化价值的阐述途径较为薄弱。

《下塔吉尔宪章》指出:"工业遗产保护有赖于对功能完整性的保存,对一个工业遗址的改动应尽可能地着眼于维护。如果机器或构件被移走,或者组成遗址整体的辅助构件遭到破坏,那么工业遗产的价值和真实性会被严重削弱。"相似地,《都柏林原则》同样强调了完整性与真实性对于工业遗产价值的作用:"保护措施应适用于建筑物及其内容,因为完整性或功能完整性对于工业遗产结构和遗址的重要性尤为重要。如果机械或其他重要部件被拆除,或者构成整个遗址一部分的附属元素被破坏,它们的遗产价值可能会受到极大的损害或降低。"从综保项目的消去设计路径来看,杭钢工业遗产的重要组成部分、串联各区块的唯一线索"厂内铁路"被整体拆除,各生产系统如同孤岛一般被保留了下来,在极大程度上削弱了工业遗产价值的完整性与真实性。另一方面,综保项目根据政策背景消去了杭钢河港,新开凿了承担区域水上交通枢纽的杭钢湖。但是,杭钢河港既是传统生产流线上的重要节点,代表着工业遗产的科技价值,同时也是地域形态的重要组成部分,承载着众多职工群众的社会情感。同样地,办公建筑群是杭钢职工科技创新、研发实践的重要场所,食堂、浴室等生活设施群则是杭钢职工生活休憩的重要地点,将这些建筑群整体消去,没有留下部分建构筑物进行纪念,是对地域历史痕迹的破坏,很大程度上削弱了工业遗产的历史价值、科技价值与社会文化价值。

表2 杭钢综保项目设计内容分析

| 设计路径 | 类型 | 要素 | 原生功能 | 设计功能 |
|---|---|---|---|---|
| 再利用 | 建构筑物 | 1#高炉及其附属设施建筑群 | 生产 | 游客中心/婚庆会馆 |
| | | 3#高炉及其附属设施建筑群 | 生产 | 艺术文化/酒店/餐饮/商业 |
| | | 4#高炉及其附属设施建筑群 | 生产 | 艺术文化/酒店/餐饮/商业 |
| | | 焦炉及其附属设施建筑群 | 生产 | 艺术文化/酒店/餐饮/商业 |
| | | 车间主厂房 | 生产 | 文创/商业 |
| | | 气柜 | 生产 | 体育 |
| | | 纳斯球 | 生产 | 花园 |
| | 开敞空间 | 凉焦台 | 生产 | 公园/活动 |
| | | 马岭山 | 防灾 | 景观 |
| 新增 | 建构筑物 | 马岭山酒店 | | 酒店 |
| | | 创意集市建筑群 | | 文创/商业 |

---

① 图4、图5均来源于杭钢旧址综保项目。

| 设计路径 | 类型 | 要素 | 原生功能 | 设计功能 |
|---|---|---|---|---|
| | | 体育建筑群(活力中心) | | 体育 |
| | | 厂房式产业园区 | | 产业 |
| | | 立体绿色连廊 | | 人行交通/景观 |
| | 开敞空间 | 杭钢湖 | | 水上交通/景观 |
| 消去 | 建构筑物 | 办公建筑群 | 办公 | |
| | | 生活设施群(食堂、浴室等) | 休憩 | |
| | | 厂内铁路 | 交通运输 | |
| | | 铁路车站 | 交通运输 | |
| | 开敞空间 | 杭钢河港 | 交通运输 | |

# 四、结论与建议

本文基于工业遗产现有理论研究成果,首先对杭州钢铁厂工业遗产的价值构成进行梳理,其次从工业遗产的价值阐述角度,对杭钢综合保护项目的设计内容进行了分析。将两者进行对比,可得出以下两点结论:①工业遗产的理论研究成果未能在实践中得到充分运用,理论与实践存在脱节;②工业遗产的基本价值阐述失衡,经济与艺术价值的阐述相对理想,而历史、科技与社会文化价值的阐述相对薄弱。

从杭钢综保项目的内在逻辑来看,项目设计的限定要素仅有规划政策背景一个方面,工业遗产的保护实践没有受到法律制约,这在一定程度上破坏了工业遗产建构筑物与环境的完整性、真实性,削弱了工业遗产的基本价值。另一方面,现下城市旧工业区改造项目受到经济效益最大化的驱使,实践过程中仅关注具有较高经济价值、艺术价值的大尺度工业生产建筑,以至于削弱了工业遗产的历史、科技、社会文化价值。

由此,本文提出以下两点建议:①为保证完整、真实地阐述工业遗产的基本价值,应对工业遗产进行整体保护,避免拆除或消去工业遗址的建构筑物与空间;②尽快将工业遗产纳入法律保护体系,要求对工业遗产的价值进行全面评估,严格把控保护实践的设计内容。

# 全域旅游视角下少数民族地区宗教建筑保护与发展策略探析

## ——以呼伦贝尔为例*

内蒙古工业大学　周文博　杜娟

**摘　要:** 全域旅游是空间全景化的系统性旅游,强调跳出传统旅游框架,以现代旅游业为优势产业带动和提升整个区域资源与产业的整合与发展,是一种全域联动和成果共享的全新模式。藏传佛教文化传入蒙古地域后留下了大量的历史文化遗存,形成了该地域独特的宗教文化旅游资源。以呼伦贝尔为例,藏传佛教寺庙建筑长期以来一直是呼伦贝尔旅游业的基础资源之一,然而近些年其产生的 GDP 显示,作为与呼伦贝尔草原旅游并驾齐驱的基础资源,其未能有机系统化地参与到全域旅游的产业融合中。当下,呼伦贝尔藏传佛教建筑文化资源的旅游开发层次较低,旅游资源优势浪费,严重阻碍了区域旅游发展空间的开拓。本文基于田野调查获取的资料与文献研究的结果,从全域旅游视角出发探索少数民族宗教建筑保护与发展的策略,研究的结果可对未来呼伦贝尔市宗教建筑旅游市场的开拓提供相对客观的参考价值,为提升当地旅游开发的文化品位,实现全域旅游与宗教建筑遗产保护的共同发展做出贡献。

**关键词:** 全域旅游;少数民族地区;宗教建筑文化;保护与发展;呼伦贝尔

呼伦贝尔位于内蒙古自治区东北部,大兴安岭以西,是多民族文化交融的地区。呼伦贝尔地区历史悠久,民族文化底蕴深厚,该地丰富的生态环境资源造就了呼伦贝尔在全国旅游重要的地位。然而,由于该地区地理区位相对偏僻,旅游产品单一,开发相对落后,该地旅游业的发展具有一定的局限性,其深厚的宗教文化底蕴与独具民族特点和地域性特征的宗教建筑文化未被挖掘凸现。近年来,呼伦贝尔市深入践行"共抓生态大保护、共推全域大旅游"的战略,试图努力打造"原生态、多民俗、国际化、全域游"定位下的全域旅游新格局。[①]在此背景下,宗教建筑文化的开发被纳入全域旅游的范畴。目前,国内有许多学者从不同角度探讨了以宗教文化为主题的旅游,如李刚在《宗教文化——重要的旅游资源》中论述了宗教文化所蕴涵的旅游文化价值,强调其是一种重要的旅游资源[②];周松柏认为,佛教寺院是佛教旅游的朝圣对象,具有很高的旅游开发价值,作为佛教文化物化形式的佛教寺院,往往表现出某一民族文化综合载体的显著特点,具有各种不同旅游需求的游客都可以在其中找到自己所需要的东西,以实现他在旅游时的娱乐消遣目的。[③]本研究在综合考虑我国生态旅游发展态势的前提下,立足于呼伦贝尔市的区位优势与生态环境资源,探索以宗教建筑文化为主题的全域旅游的开发与发展,提出合理开发藏传佛教建筑与生态旅游项目相结合促成可持续性的生态文化全域旅游新格局意义重大。本文从全域旅游视角的出发对呼伦贝尔市藏传佛教建筑文化遗产的保护与开发提出可行性对策,或可对呼伦贝尔市宗教建筑文化遗产的保护与再利用提供一定的理论参考,同时试图为推动全市乃至内蒙古自治区以宗教建筑文化遗产为主题的全域旅游的开发与繁荣提供相关理论依据。

---

* 内蒙古自治区自然科学基金项目:基于考古报告和 GIS 技术的元上都宫城建筑遗址空间格局及其影响因素研究(2021MS05057)。

① 见呼伦贝尔市人民政府办公室:《呼伦贝尔倾力打造全域旅游新格局》,内蒙古自治区人民政府网 2020 年 4 月 2 日。

② 李刚:《宗教文化——重要的旅游资源》,《天府新论》1990 年第 1 期。

③ 见周松柏:《贵州佛教寺院旅游价值述评》,《贵州社会主义学院学报》2009 年第 1 期。

# 一、呼伦贝尔地区旅游业发展现状

首先,通过近四年呼伦贝尔市旅游业发展数据可知,受新型冠状病毒疫情的影响,2020全年呼伦贝尔市共接待国内外游客仅有783.28万人次,比2019年同比下降71.1%,旅游业总收入192.79亿元比2019年下降73.1%(表1)。[①]通过对在没有疫情发生的2017—2019年中,呼伦贝尔市接待的国内外游客数量这一指标进行对比可以看出,境内游客人数远高于境外游客,由此可知对呼伦贝尔地区而言国内的旅游市场潜力巨大。因此,构建以国内旅游市场为主的旅游发展格局,有利于拉动旅游内需、激活国内旅游市场的发展。其次,从收入方面来看,2017—2019年呼伦贝尔旅游业总收入年均增长5.65%(表2)。[②]在没有疫情发生时呼伦贝尔旅游总收入和外汇收入一直呈持续增加的态势,说明该地域旅游业总体呈现蓬勃发展的良好局面,旅游市场总体向好。然而,受新冠疫情影响,2020年呼伦贝尔地区旅游业的总收入开始呈下降趋势。由此可见,在当下全球疫情仍不乐观的情况下,以国内游客为主进行全域旅游格局的构建对于呼伦贝尔地区旅游业的发展、当地民生经济的提升均至关重要。

表1　2017—2020年旅游人数及增长率表

| 年份/年 | 境内旅游人数/万人次 | 增长率/% | 境外旅游人数/万人次 | 增长率/% | 旅游总人数/万人次 | 增长率/% |
|---|---|---|---|---|---|---|
| 2017 | 1649.54 | 11.1 | 71.56 | 6.4 | 1721.1 | 10.8 |
| 2018 | 1792.94 | 8.7 | 72.04 | 0.7 | 1864.95 | 8.4 |
| 2019 | 2171.78 | 21.2 | 75.61 | 4.96 | 2247.39 | 20.6 |
| 2020 | 628.19 | −71.1 | 2.12 | −97.2 | 783.28 | −65.2 |

表2　2017—2020年旅游业收入及增长率表

| 年份/年 | 总收入/亿元 | 增长率/% | 国际旅游创汇/亿美元 | 增长率/% |
|---|---|---|---|---|
| 2017 | 607.4 | 15.1 | 5.08 | 12.6 |
| 2018 | 685.24 | 12.8 | 5.11 | 0.6 |
| 2019 | 716.34 | 54.54 | 5.644199 | 10.45 |
| 2020 | 192.79 | −73.1 | 0.089477 | −98.4 |

# 二、呼伦贝尔旅游开发中存在的问题

通过实地调研与考察发现,呼伦贝尔地区的旅游开发存在以下几个主要问题:

**(一)淡、旺季旅游发展不均衡**

呼伦贝尔旅游淡、旺季明显,这主要是受呼伦贝尔地区气候条件的制约,该地冬季天气寒冷,除和滑雪等项目有关的旅游外,其他类型的旅游在冬季相对受限,这也导致了当地旅游设施的闲置和浪费。

**(二)同质化竞争严重,差异化不明显**

呼伦贝尔草原文化旅游点雷同现象严重。如已开发的铁木真大汗行营、弘吉剌部蒙古大营、巴尔虎蒙古族民俗村、金帐汗部落旅游等蒙古族民俗文化遗产旅游景点,为旅游者提供的服务项目与内容基本相似。

**(三)文化产品结构单一**

目前,呼伦贝尔地区的旅游文化产品结构较于全国其他地区而言,感知低于期望值,而民俗文化遗产旅游产品结构单一、旅游者感知形式单一、文化遗产旅游产业链有待完善,而这些方面也是造成旅游者满意度不高的主要原因。

# 三、藏传佛教寺庙在呼伦贝尔近现代时期的影响

近代以来,呼伦贝尔形成的基于藏传佛教寺庙的商业网络,极大影响了当时呼伦贝尔的经济文化发展,19世纪后期,沟通大兴安岭东西、呼伦贝尔与东四盟、蒙古高原与齐齐哈尔周边的贸易网络,最终促进了蒙古高原东部、东南部各部分蒙古族经济交往的活跃。以藏传佛教寺庙为中心的商业网络促进了蒙

---

[①] 见张鹏:《论呼伦贝尔旅游业的淡旺季差异》,《营销界》2019年第47期。

[②] 见李金早:《何谓"全域旅游"》,《西部大开发》2016年第11期。

古高原与东北亚文化整合的作用,亦显示了近代国家与疆界定型后,藏传佛教寺庙所继续发挥的积极作用,对中华民族多元一体进程的作用,对于固边的意义,在呼伦贝尔得到了充分的体现。①

**(一)藏传佛教寺庙对呼伦贝尔近现文化的影响**

近代蒙古高原东部,由于呼伦贝尔总管下辖的新巴尔虎八旗是定居聚落城镇出现较晚、建筑景观留存少的区域。作为从喀尔喀蒙古车臣汗部迁移而来的部众,业已形成的藏传佛教信仰也在迁移后依旧保持,在文化传统的保持和文化载体的缺乏的对立之下,寺庙成为有清一代至民国年间最重要的文化载体和文化地理标识,寺庙除了可以储存物资,经营商业,还承担着庙会这种社会经济功能。庙会期人口集中,庙会改变了呼伦贝尔经济文化的格局,创建了内在的市场,将呼伦贝尔放射式的早期商业变成了中心汇聚式,加快了呼伦贝尔文化区的整合力度。②

**(二)藏传佛教寺庙对呼伦贝尔近现代经济贸易的影响**

由于呼伦贝尔沿途寺庙和水源较多,途经重要的牲畜产区的同时又连接了甘珠尔庙与其他藏传庙宇,适于商队出行并且牲畜和畜产品贸易繁华,因此在19世纪后期,草原丝绸之路向东移动,于60年代移至大兴安岭西麓。直至20世纪初,东部商道开辟带来了新的繁荣与藏传佛教寺庙的现代化,因此寺庙更频繁地参与到商业中来,使得海拉尔—甘珠尔庙—多伦诺尔的贸易线路形成了牲畜贸易的古老道路,造就了近代呼伦贝尔贸易新的生机。

**(三)近现代呼伦贝尔藏传佛教寺庙的类型分布**

呼伦贝尔地方寺庙的类型有不同种类,有敕建寺庙的属寺,有各旗色的主庙,有旗下各佐的寺庙,也有家族或个人纪念性寺庙。根据巴兰诺夫的统计,至1912年时,呼伦贝尔新巴尔虎各佐的寺庙系统大体如下③:

镶黄旗,两座,旗庙藏传佛教僧人固热庙,僧人100名左右,营庙,僧人40名左右。正白旗,两座,旗庙铜钵庙,僧人700名左右,100余名为常驻僧人。正黄旗,两座,旗庙沙拉努嘎庙(东庙),距旗庙约六千米处有一佐庙。正红旗,三座,旗庙一座,佐庙两座,位于克鲁伦河沿岸。镶红旗,三座,旗庙一座,佐庙两座。这两座都较为穷困,藏传佛教僧人各自约20—30人。镶蓝旗,两座,旗庙阿斯尔庙,藏传佛教僧人300名,常住不到40名,另一座在乌尔逊河上,称硕腾庙,僧人据称有300名。镶白旗,一座,乌固木日庙(或废庙),正式名称为巴音嵯岗庙,1900年战争废弃,在嵯岗站附近。

总体上看,呼伦贝尔藏传佛教寺庙存在克鲁伦河和乌尔逊河两个集中区。新巴尔虎右翼和左翼地区寺庙新建与扩建的方式有很大不同。新巴尔虎右翼兴建的旗属寺庙以各佐庙宇为主,而建在新巴尔虎左翼的寺庙除了各旗色寺庙以外,佐庙数量不多,更多的是不同个人、家族或部族的纪念寺庙(兼有敕建寺庙和家庙双重性质的德孚庙也可以算在这个序列内)。造成这种现象的原因可能是寺庙规模同影响力的关系。新巴尔虎右翼地区的寺庙规模往往不大,宗教景观本身条件的限制会影响它的吸引力。史料所载正红旗的寺庙就在19世纪末集中到了克鲁伦河沿岸,其经济原因可能大于其他原因。相形之下,在新巴尔虎左翼,镶黄旗人的那木古儒庙和正白旗人的铜钵庙在规模和影响上则要更大。地处呼伦湖东北,贴近中东铁路的镶白旗和接近哈拉哈河,位于新巴尔虎地区东南角的正蓝旗则因为地处偏远,畜牧经济基础一般,且易遭政治动荡波及的缘故,旗庙的维持都非易事,各佐以下再建庙宇就变得更不可能了。④

# 四、作为基础旅游资源之一的宗教建筑文化

历史上蒙古民族信奉萨满教,13世纪中叶时蒙古人开始信仰藏传佛教。18世纪30年代至20世纪

---

① 见孔源:《近代草原丝绸之路东北端的文化景观、经济网络和文化认同——19世纪呼伦贝尔的社会商业网络和认同变迁》,《社会科学》2021年第7期。

② 见孔源:《近代草原丝绸之路东北端的文化景观、经济网络和文化认同——19世纪呼伦贝尔的社会商业网络和认同变迁》,《社会科学》2021年第7期。

③ 见周松柏:《贵州佛教寺院旅游价值述评》,《贵州社会主义学院学报》2009年第1期。

④ 见孔源:《近代草原丝绸之路东北端的文化景观、经济网络和文化认同——19世纪呼伦贝尔的社会商业网络和认同变迁》,《社会科学》2021年第7期。

20年代近二百年间,是藏传佛教在呼伦贝尔地区传播、发展至鼎盛的重要时期。随着藏传佛教文化传入呼伦贝尔草原,藏传佛教建筑成为该地域除了草原文化景观外独特的宗教文化景观。[1]目前,在当地旅游行业较有发展空间的藏传佛教寺庙有甘珠尔庙、广惠寺、达尔吉林第寺等。

### (一)甘珠尔庙

近代以来,呼伦贝尔寺庙体系的中心点就是甘珠尔庙。以甘珠尔为中心的寺庙经济体系的兴衰变化,也反映在甘珠尔庙的历史中。其作为交通节点,在中东铁路修建前,甘珠尔庙的重要性要高于海拉尔城。1781年(清乾隆四十六年),甘珠尔庙全面动工兴建;1784年(清朝乾隆四十九年)主庙和其他主要附属建筑物的建设工作完成,次年乾隆皇帝亲题"寿宁寺"之寺庙匾名。因该寺庙收藏有藏传佛教的重要典籍《甘珠尔经》,故僧众和信徒又称此庙为"甘珠尔庙"。[2]

如今,甘珠尔庙位于呼伦贝尔市新巴尔虎左旗,目前属于国家AAA级景区、文化旅游景点(图1),是目前呼伦贝尔地区最大的藏传佛教寺庙。当下,作为呼伦贝尔地区最大的藏传佛教庙,甘珠尔庙是历年呼伦贝尔那达慕的举办地点,仍然吸引着众多信徒和旅游观光者前来游览。

图1　甘珠尔庙

### (二)广惠寺

广惠寺位于呼伦贝尔市海拉尔区南侧的鄂温克族自治旗首府所在巴彦托海镇,始建于清朝(图2),1732年,清廷派索伦部驻防呼伦贝尔,成为呼伦贝尔最早定居的先民。1784年,索伦左翼旗在南屯(现名巴彦托海镇)建立呼和庙,该寺便成为索伦左翼旗的重要宗教场所。1802年(清嘉庆七年),嘉庆皇帝亲赐蒙、藏、满、汉四种文字书写的广惠寺匾额。一直到新中国成立前,呼和庙都是南屯地区地理、商业、文化、政治的中心,整个南屯的建筑群落也是围绕着寺庙分布的。[3]

图2　广惠寺

① 见石磊、陈炜:《论内蒙古呼伦贝尔藏传佛教文化资源的旅游文化价值》,《怀化学院学报》2014年第33卷第2期。
②③ 见呼伦贝尔盟史志编纂委员会:《呼伦贝尔盟志》,内蒙古文化出版社,1999年。

# 五、宗教建筑文化遗产保护与开发中突出的问题

## (一)保护力不足,宣传力度较低

由于呼伦贝尔地区的藏传佛教建筑大多为在原有寺庙遗址上重建的近现代建筑,故而文化信息严重丢失,优质的文化资源没有纳入到旅游开发中,降低了旅游者对呼伦贝尔藏传佛教建筑文化遗产的认同度。同时,宣传力度的薄弱也使得寺庙的知名度与影响力都不能与内蒙古以及国内其他地区的寺庙相比。

## (二)结构性矛盾突出

呼伦贝尔地区藏传佛教建筑文化遗产旅游开发的结构性问题明显地体现为游客日益增加的人文需求和相对落后的建筑文化遗产旅游发展水平之间的冲突。具体而言,就是感知形式低于期待,藏传佛教建筑文化产品构成单调,游客感知形式单调、全域视角下的旅游产业链有待健全,这些方面都是导致游客满意度不够高的主要因素。

# 六、保护与发展并重的宗教建筑文化全域旅游模式探索

呼伦贝尔地区藏传佛教建筑文化遗产既是历史文化遗存,也是当代城市文化的重要组成部分,具有特定的历史、文化、经济、艺术和学术价值。由此,探索其保护与利用再生的策略越来越成为学术界研究的热点问题。从旅游业的角度看,藏传佛教建筑文化资源与旅游业的结合发展,既能为呼伦贝尔文化旅游业的发展注入新的活力,使该地区的旅游业更具文化内涵,也可以为藏传佛教寺庙建筑的保护与利用开辟新的途径。

## (一)藏传佛教寺庙在呼伦贝尔旅游业中的发展的优势

### 1. 所在地理区位的优势

地理区位的优势是呼伦贝尔地区藏传佛教建筑文化资源开发的主要优点之一。呼伦贝尔位于我国的东北边陲,北面、西面以额尔古纳河为界与俄为邻,西南、西面与蒙古连接,东面与黑龙江相接,南面与兴安盟接壤,交通便利,是中、俄、蒙出入境旅行的主要途径,也是内蒙古东部地区乃至整个中国东北地区旅游一体化宣传的主要目的地。呼伦贝尔由草原、河谷平川及低地三大地貌单元构成,自然地理风貌丰富。呼伦贝尔的人文地理资源优势也很突出。该地域人口由汉、蒙、满、回、达斡尔、鄂伦春、鄂温克、白俄罗斯等三十九个少数民族构成,其内有内蒙古自治区内独特的三个少数民族自治旗,即鄂温克族自治旗、鄂伦春自治旗、莫力达瓦达斡尔族自治旗。

### 2. 文化的地方性、民族性突出,特色鲜明

辽阔无垠的呼伦贝尔大草原上蕴涵着丰厚的藏传佛教建筑文化资源,这些资源又与秀丽的大草原景色交相辉映,人文景观和自然风光的和谐画面成为呼伦贝尔地区藏传佛教建筑文化遗产的独特一面。加之呼伦贝尔地区自古就是民族文化聚集的重要地域,使得本地域藏传佛教建筑文化资源的地域性与民族特色尤为突出。虽然,呼伦贝尔地区的主要旅游资源主要还是以传统的草场、林地等自然景观为主,但作为重要文化旅游资源类型之一的藏传佛教建筑文化遗产,其与草场、林地等自然资源一道作为呼伦贝尔地区诸多文化旅游资源中的亮点,二者从全域旅游的角度出发,合理互补,共同发展是优化当地旅游业的重要手段和基本途径。

### 3. 政府的大力扶持

政府部门的扶持是我国旅游业健康蓬勃发展的重要保障。21世纪伊始,呼伦贝尔市委市政府按照《内蒙古自治区人民政府贯彻落实国务院办公厅有关加速发展旅游业若干意见工作精神的实施意见》的精神制定了一系列文件来推进当地旅游业的蓬勃发展。呼伦贝尔民族宗教事务局、旅游局等有关部门也把重点的工作重点放到了推广和普及藏传佛教文化遗产的方方面面。一系列优惠政策的出台与落实更加强化了地方政府部门对本地区旅游行业发展的引导与扶持,全面促进了呼伦贝尔地区旅游支柱产业的建设进程。例如,新巴尔虎左旗根据市委、市政府提出的旅游业发展总体部署,相继对甘珠尔庙开展了两次大的整修;进一步发展和充实甘珠尔庙藏佛教文化资源类型和旅游商品类型;以举行寺庙开光

典礼、敖包供奉、活佛、藏传佛教僧人传经布道等宗教活动为契机提升宗教文化魅力,吸引游客推动呼伦贝尔宗教文化旅游产业。

**(二)藏传佛教寺庙在呼伦贝尔旅游业中的发展的劣势**

开发深度与水平落后,少数民族地区对宗教人文资源的旅游发展重视程度,直接关系到该区域宗教人文旅游资源的整体发展水平。尽管呼伦贝尔的藏传佛教文化资源丰富,历史影响范围广泛,民族特色、地域性特征比较明显,但其所处旅游发展阶段还比较低,经济发展水平也还相对落后,且寺院建设、雕刻、音乐、宗教节庆活动等文化资源在内蒙古自治区和全国的影响力也相对较低,其影响力和知名度也无法和中国国内其他知名的佛教圣地相比。就中国目前的旅游发展状况分析,除了甘珠尔庙、达尔吉林寺等是对资源的集中开发利用之外,其他省下属各旗县级旅游业多着眼于对自然景观、历史遗存、民风民俗等旅游资源的开发利用。即使是甘珠尔庙所在地的新巴尔虎左旗,目前却将旅游发展的重点置于对自然和少数群体民俗资源的开发利用上,尽管政府也在积极建设甘珠尔庙这个藏传佛教文化品牌,但在发展中却忽略了与之有关的其他活动,也没有建立对藏传佛教文化资源的整合与联动发展模式。其他地方则更不用说了,对藏传佛教人文资源的旅游发展关注得显然不够。游客们对藏传佛教文化资源的认同感还相当低下,还不能真正发展出高质量的藏传佛教文化与旅游商品,比如佛教饮食、佛教服饰文化等。[①]所以,从总体上来看,呼伦贝尔的佛教文化资源还没有得到很全面的发展与利用。同时,由于目前的呼伦尔文化旅游资源发展水平并不高,自然景观也没有与藏传佛教建筑有机融合,没有一个集自然景观、佛教文化于一身的高质量的旅游商品,也造成了藏传佛教文化旅游商品没有足够吸引力与竞争力。

**(三)藏传佛教寺庙在呼伦贝尔旅游业中的发展的机遇**

1. 符合旅游者对宗教文化旅游的心理追求

2000年,世界旅游组织就预测,在今后数年中对宗教旅行的要求将以年均百分之十五的比率增长。因此,许多游客都以高度的热忱参加了各种各样的佛教文化游览活动,而旅游界和宗教界也以前所未有的热忱投身到了佛教文化游览项目的发展之中,佛教文化游览项目产生了"供求两旺"的好形势。随着"宗教旅游热"的出现,传统的佛教文化更加能够引发和满足都市人的兴趣,因此佛教等传统文化旅游活动也获得了更多人的关注。在我国现代化快节奏的社会生活环境中,随着压力的加大、人际交往的复杂化等各类问题的产生,也使得人们对单纯乏味的都市生活日益觉得厌烦,同时人类在追求高度的物质文明之后也会趋向于对精神文明的渴望,所以宗教游客们在参加游览活动的过程中,会有更多的精神人文方面的追求,也需要更多的宗教人文感受和活动体验,这也是近年来中国宗教人文旅游活动蓬勃发展的主要因素。通过感受中国传统的宗教文化,实现了旅游者追溯传承,释放心理压力,再次寻找中国传统文明中那份宁静祥和的心灵空间。并在强调坚持本真为准则下,对呼伦贝尔的藏传佛教文化资源加以旅游开发,用原汁原味的藏传佛教文化魅力吸引旅游者,以满足他们浓厚的佛教人文感受和高品位的旅行文化审美要求。

2. 和周边国家的区域旅游合作前景广阔

呼伦贝尔地区作为我国面积最大的中俄蒙接壤区域,是中国加强中俄蒙旅游合作的重要前沿阵地和桥头堡。综合而言,呼伦贝尔地区在参与中俄蒙旅游合作中具有重要的优势。随着我国东北和俄罗斯远东以及西伯利亚地区经济联合计划纲要的深入落实,以及与中国蒙古东方部和乔巴山地区经贸合作的进一步发展,极大地推动了中俄、中蒙等相邻区域经济旅游合作的长足发展。突出的区域资源优势,把呼伦贝尔地区从中国最初的少数民族边境地区推上到了我国全面对外开放的最前沿,为发展呼伦贝尔经济尤其是呼伦贝尔的旅游产业提供了历史性的发展机会,为呼伦贝尔的旅游业进一步实现区域化、国际化发展创造了历史机遇。因此,呼伦贝尔紧紧抓住了这一千载难逢的发展机会,在旅游交通、整合旅游资源、打造国际旅游线路和联合经营模式等方面做出了不懈努力,集中展现了呼伦贝尔周边地区的主要旅游产业特点,为中俄、中蒙的旅游协作发展提供了平台。

---

① 见石磊、苏洪文:《内蒙古呼伦贝尔藏传佛教文化资源旅游开发的SWOT分析》,《红河学院学报》2014年第6期。

# 七、结语

　　本文基于文献研究和实地调研,总结了呼伦贝尔地区藏传佛教建筑文化遗产保护的现状与突出问题,并对呼伦贝尔地区藏传佛教寺庙在当地旅游业发展中的优势、劣势、机遇进行了相关分析。由此提出,将呼伦贝尔地区藏传佛教建筑文化遗产纳入全域旅游范畴的同时,应将藏传佛教建筑文化旅游与传统的自然景观旅游紧密结合,共同发展,在深入挖掘与合理开发利用呼伦贝尔地区丰富的藏传佛教建筑文化资源的同时,促进该地区藏传佛教建筑文化资源的保护、传承和可持续发展。浅显的分析或可对该地域新旅游市场的开发以及宗教建筑文化遗产的保护与利用提供一定的参考。

# 基于色彩情感的设计理念色彩表达研究
## ——以鄂尔多斯市恩格贝广场改造设计为例*

内蒙古工业大学　崔嘉博　白雪　胡坤

**摘　要**：随着我国中西部地区近现代建筑遗产价值逐渐被认可，中西部地区的近现代建筑研究与保护再利用成为重要议题，色彩情感表达可与近现代建筑旅游开发相结合实现中西部地区近现代建筑研究与保护再利用，但现有研究中基于设计理念的色彩情感表达设计几乎空白。本文依据设计理念拆解情感词语，依据已有研究成果利用情感词语对应的色彩形成配色场景，通过模拟实际场景故事调查广场游览者对配色是否满意，以得出适合设计理念的配色方案。本研究成果为设计理念色彩表达设计提供了实践策略。

**关键词**：色彩情感；设计理念；色彩设计；广场；虚拟现实

## 一、恩格贝历史

恩格贝位于鄂尔多斯达拉特旗境内，处于库布齐沙漠腹地。恩格贝历史上曾绿草如茵、牛马成群，是蒙古人民历代生息的地方。本应安然自得的生活，因为日军的侵略被打破，当地人民被迫一致对外守护家园，中国官兵更是在恩格贝英勇就义、慷慨赴死。1943年3月，恩格贝发生了著名的"西涟沟战役"，傅作义将军指挥的三十二师全体官兵在计划突袭日军兵站途中，在恩格贝与日军遭遇并展开了激烈战斗，日军受到重创，中国五百多名官兵英勇就义。

随着战争时期的结束，恩格贝近代几十年的时间里因为人为的垦荒放牧和战争的摧残，使得弥天狂沙以每年一万亩的速度越过恩格贝向人类的生存空间逼近。尽管当年还没有出现"生态"这个词语，也还没有"生态建设"之类的说法，但是人们仍然本能地意识到人为干预的必要性，于是在1950年相继建立了东胜苗圃、张铁营子苗圃。20世纪60年代，坚持贯彻"谁造谁有"的政策，鼓励社员植树造林。70年代，制定了"以牧为主，全面规划，禁止开荒，保护牧场，农林牧结合，发展多种经营"的方针。20世纪80年代，一批批开发沙漠志愿者进驻恩格贝。经十余年的开发建设，恩格贝终于恢复往日生机。恩格贝生态环境的改善，更是带动了沙产业和旅游业的发展，如今已开发了植树旅游、观沙漠绿洲、观珍稀动物和水上娱乐等旅游项目形成了环境优美的恩格贝生态旅游区。恩格贝广场承载了恩格贝的抗日斗争以及改造自然艰苦创业的历史轨迹，在恩格贝原广场内包含有抗日将士纪念馆、恩格贝展览馆、远山正瑛纪念馆及其雕像、功勋墙等，诸多构筑物反映了恩格贝艰苦创业历程。但原恩格贝广场内构筑物仅做交通整合、景观雕塑的堆砌，缺乏精神表达。

## 二、问题提出

城市与建筑历史研究是城市与建筑设计的重要出发点之一。在当下大规模现代化城市更新中，有

* 内蒙古工业大学内蒙古自治区高等学校科学研究项目：原真性视角下内蒙古民族文化旅游产品空间设计研究——以呼和浩特为例（NJZY21328）；校级大创项目：基于建筑色彩情感的蒙古族传统建筑地方感研究（2021113027）；院级大创项目：建筑场所感的建筑色彩表达研究——以恩格贝劳动公园为例（2020114010）。

深厚历史的城市不可避免地需要向现代化城市转型。在转型的过程中,色彩设计是一个很重要的问题。早在2020年4月,国家住建部,发改委发布了《关于进一步加强城市与建筑风貌管理的通知》,强化城市设计对建筑的指导约束,建筑方案设计必须在形体、色彩、体量、高度和空间环境等方面符合城市设计要求。"色彩设计如何反映城市历史文脉、城市精神"就成了值得思考的问题。

恩格贝的近现代的历史中有较大批史迹,它们见证了城市的发展,融入了时代精神,是一部凝固的历史,是一个城市最宝贵的记忆,也是城市精神的最直接的写照。抗击日寇、治沙创业、改革创新可以概括恩格贝的近现代的发展,其城市精神不难看出包含英勇顽强、无私奉献、不畏艰苦、精益求精、不断创新等。

现城市修建恩格贝广场,以城市构筑物复现城市创业的时代情况,展现城市精神。在公园中有类如"不断创新""爱岗敬业""无私奉献""不惧危难"的纪念性构筑物场景。本研究将结合色彩搭配与人群心理进行色彩设计方法的探索,以色彩展现人群对城市精神的认识。

## 三、理论基础

前人的许多测试验证了色彩可以引起人的情感体验,以墨迹测试为例,它是罗夏开发的一种心理测试,罗夏表示颜色汇入情绪,并且对颜色反应更快的行为表明色彩可以引起人的情感体验。

色彩心理学理论出现时间较早,1810年色彩分类与色彩反映出现在歌德的色彩理论中。歌德基于眼睛的色彩体验建立了他的理论,将色彩与情感联系在一起。戈尔茨坦认为某些颜色对人产生系统的生理反应,这些反应体现在情感体验、认知取向和外在行为上。中川(1964年发文)克鲁利(1993年发文)等研究者表示波长较长的颜色感觉起来温暖,而波长较短的颜色感觉放松或冷。色彩的冷暖感觉是人们在长期生产生活实践中由于联想而形成的。(例如红色让人联想到熊熊烈火、太阳等,而蓝色则能让人联想起清凉的海水,让人觉得寒冷)。在相关的色彩—情感研究中也有诸多解释。有许多研究者研究了色彩对应的情感,例如马恩克(1996年发文说明)、戴维(1998年发文说明)、林顿(1999年发文说明)等。此外,又有心理学家法兰克·吉洛维奇等人对色彩的联想、认知和行为的相应影响上的研究。综上所述,色彩可以引起人的某种情感体验,同时也对应着相应的情感体验。

在国内,在建筑空间方面的色彩情感研究较少,通过文献检索,筛选后得到在核心期刊上发表的文章两篇:《室内环境中的色彩心理分析》(黄友清)、《工业车间环境色彩配置的研究》(刘丽萍、左洪亮)。作者黄友清主要介绍了室内色彩对人们心理活动的影响,描述了色彩的心理功能及介绍了室内环境中的色彩运用。刘丽萍等人在色彩情感的研究中发现明度对应着活动性的变化,饱和度对情绪变化的影响最大,色相不同,色彩带给人的冷暖感也不同。

在国外,较多的研究者在建筑空间方面做了色彩情感方面的研究。在城市设计的色彩设计方面,研究者巴努马纳夫用形容词对情感进行命名,以形容词描述色彩,通过对色彩进行编码,结合问卷调查的方式进行研究。在研究中涉及"色彩—情感联想""色彩偏好评估"。其对于色彩感知有以下理论:色彩不仅唤起瞬间的视觉感受,而且涉及经验、记忆、文化和类似的过程。对于这些论点,可以分为两组:一组是关于色彩偏好(瞬间视觉感受),它与颜色的评价维度有关,如"喜欢—厌恶","舒适—不舒服"。另一组则关注人类的心理物理学结构(描述性维度)。Li-Chen Ou等人表示色彩情感模型适用于单一的色彩情感模型。巴努马纳夫的研究还表明根据情感形容词,瞬间的视觉感受可以与色彩的描述相比较。最后研究表明色彩—情感联想在设计建筑环境、城市环境时是有效的。

在建筑的色彩情感研究方面,巴努马纳夫在其论文中探讨住宅中颜色与情绪的关系。论文中引用了迈克尔·亨普希尔等人的研究成果。迈克尔·亨普希尔等人的研究表明色彩情感联想是主观的,是与个人有关的。Kaya与Crosby等人表明颜色关联似乎依赖于个人以前的知识和经验,不同的颜色样本也会激发同样的情绪反应等。研究要求参与者将给定的形容词列表与根据情绪从目录中的颜色样本进行匹配他们联想到的情绪反应;参与者被要求将目录中的颜色样本与住宅中的不同区域进行匹配。实验最终对所收集的数据进行统计分析,研究最终得出了具体的相关情感对应的色彩设计方案。此证明了色彩情感的研究最终可以应用于建筑设计方面。简·詹森斯在对建筑外部色彩情感的研究中,基于颜色偏好理论做出假设,设计多组实验检验假设,最终得到研究结果。研究结果表明:外部色彩对城市环境整体感知的强烈影响。

在室内的色彩情感研究方面。尼尔根·奥尔贡蒂尔克的目标是发现人类对室内空间中单个颜色的情感反应。研究的三个主要现象是"色彩""情感"和"室内空间",通过设置多种墙壁的颜色,使用问卷调查的方式,将室内色彩与被测试者的情感联系起来。研究最终得出结论,色彩与情感在心理与生理上影响着人们,同时影响着人们的生活质量。在色彩与空间的整合过程中进行有效的规划,可以实现更加敏感和相关的设计。因此,色彩、室内空间、情感这三个重要概念在某种程度上是相互关联的。

综上所述,国外在色彩与情感方面的研究取得了相当程度的进展,色彩与情感的研究已形成系统,研究系统地阐述了色彩可以引起人的情感体验,色彩也对应着相应的情感体验。但对已有设计理念进行的色彩设计研究较少,本文依据色彩与情感理论根据色彩与情感的对应关系,通过将情感转化为形容词进而找到对应色彩,将色彩应用到具体的色彩搭配中以此找到合适的色彩设计结果。

# 四、研究过程

## (一)研究对象

本研究以恩格贝广场改造项目为研究对象进行实验,广场不同区域设计理念为"不断创新""爱岗敬业""无私奉献""不惧危难"。根据设计理念利用计算机虚拟构建四个场景,每个场景对应一个设计理念词。场景中包含公共建筑以及周边环境,场景中设置大量雕塑、步道空间营造场所感。场景中的建筑立面以及石碑等建筑物表面可赋予不同的颜色。在配色方案中主色调的选择对情感有主要影响,不同颜色作为主色调会带给人不同的感受。结合大众对不同配色方案的反应评价以及色彩情感需求,可为每个设计意象场景选出最适合的配色方案。

## (二)设计理念赋色

就从恩格贝的近代历史,时代精神归结出的设计理念,从最新现代汉语大辞典的释义中挑选出合适的情感表达,以业内广泛参考的色彩心理学方面的教科书、色彩词典(如 Clex)等研究成果对情感词语的色彩表达进行梳理获得既有设计意象词对应色彩表(表1)。将得到的颜色依次作为主色调,可形成多种配色方案。

表1　既有设计意象词对应色彩表

| 场景 | 意象词 | 配色方案 |
|---|---|---|
| 爱岗敬业场景 | 奉献、伟大、专心 | 黑色、红色、蓝色 |
| 不惧危难场景 | 不惧怕、不恐惧 | 红色、橙色、蓝色、金色 |
| 无私奉献场景 | 公正、伟大、贡献 | 绿色、红色、黑色 |
| 不断创新场景 | 持续、创造、推陈出新 | 黄色、橙色、绿色 |

在已有的情感色彩的研究成果中发现多数涉及纯色表达,如埃利夫·居恩及尼尔根·奥尔贡蒂尔克在对情感联想的室内色彩方面进行研究时,创建室内空间,并赋予墙壁纯色,来研究室内空间不同颜色对人类情感反应的影响。此外未找到权威的关于情感词与色卡对应的成果资料。纯色有着很强的光感,人类的眼睛对于纯色的感受度也是最强的,纯色是最抓住人的目光以及有着最强烈的视觉影响,可以引起强烈的情感反应。

## (三)调查问卷

调查问卷由三部分组成。首先是参与者的背景信息,其次是色彩感知测试,再次是每个设计理念场景的色彩方案选择。每一个情感意象场景设有多个配色方案,将得到的多个设计理念词依次作为主色调,参与者可在不同配色场景中进行虚拟体验,得出自己认为符合设计理念的配色方案。

## (四)应用技术

该项目应用全景虚拟现实技术,将设计理念场景虚拟化,对多张场景图组合编辑后,生成二维码进行快播和使用。为防止参与者因二维码数量过多而混淆,将二维码的颜色进行处理区分,便于参与者选择。

参与者扫描二维码后即可进入虚拟场景模拟体验真实场景,其内设置路径提示,点击即可完成场景转化,在路径引导下参与者可完整感知场景全貌。在特定场景中参与者可以点击左右方向转换视角,或者将模式切换为VR眼镜,实现360度全景体验。

**(五)公众参与**

这项调查区分背景,是一个在线调查项目,可在网络进行传播,完整的调查问卷可收回数据库进行汇总。参与者可以自由地多次观察虚拟场景,没有时间限制,所有的相关信息都写在了问卷上,比如:"请根据爱岗敬业场景选出你认为最合适的配色方案"。

# 五、结果与分析

**(一)调查问卷结果**

试验共收获80份调查问卷,72份有效问卷(其中8份无效),对配色方案的选择上部分场景因为可选项较多参与者喜好倾向明显,部分场景由于可选项数量少存在数据间相近的情况。色彩本无情感,它给人的感觉印象是由于人对某些事物的联想引起的,不同的性别、年龄、职业,让人们对色彩的理解和感情各有不同。

由各年龄段主色调选择结果可知,年龄段处于5—16岁的参与者在配色方案的选择在散点图可得到较为分散。对粉红色、黄色主色调的配色没有任何选择。年龄段处于17—28岁的参与者同样对以粉红色为主色调的配色方案没有任何选择,对红色、橙色、绿色的主色调选择量较大,其中红色的选择最高。年龄段处于29—50岁的参与者以及50岁以上的参与者对各种颜色的选择比例相当,没有展现出对某一个主色调的偏向选择。(图1)

由各学历段的主色调选择结果可得知,学历低于初中/中专的参与者在主色调选择中倾向红色以及绿色。学历为高中/职中的参与者也同样对红色和绿色表现出明显的选择倾向,除此之外还有主色调为橙色和黑色的配色方案也获得大量的选择数据。学历处于大学本科的参与者的主色调选择数据结果悬殊,对红色、绿色、橙色、黑色作为主色调的配色方案有非常明显的选择偏向,但对粉红色的配色方案没有任何选择。在众多配色中,属红色为主色调的配色票数最高,学历为本科生的参与者对红色展现出极大的选择偏向性。年龄不同、学历不同的人群在主色调选择上有差异,也有相似之处。(图2)

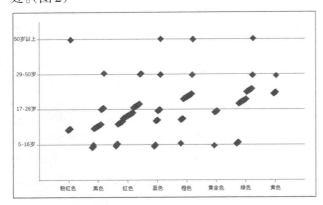

图1 各年龄段配色方案主色调选择结果

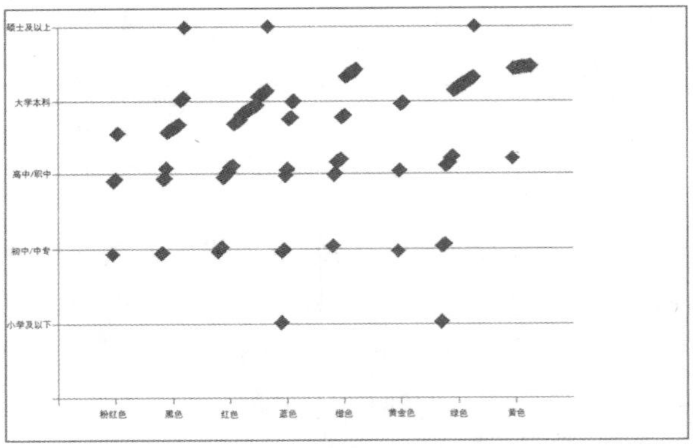

图2 各学历段配色方案主色调选择结果

通过对参与者喜爱结果的数据汇总(图3),可以得到在四个设计理念场景中,"爱岗敬业"与"不惧危难"场景中大众有明显的喜好倾向,在"不断创新"与"无私奉献"场景的选择中出现了票数相近以及平票的结果。考虑到配色方案的选择有限,存在参与者对设计理念有其他联想颜色的可能,设计理念的配色方案仍然需要进一步检验。

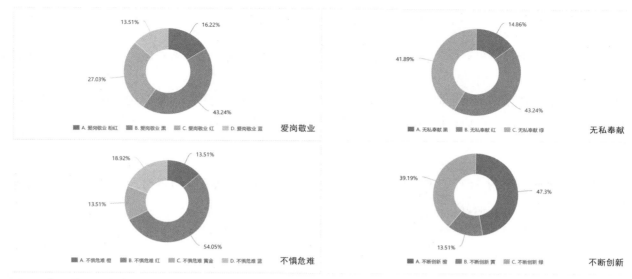

**图3　各场景配色方案主色调选择结果**

**（二）调研验证**

为进一步验证通过调查问卷获得配色方案是否符合大众预期，在调查问卷后设置访谈调研。访谈用户共设置二十位，男女各半，在此前提下随机取样。对"爱岗敬业"和"不惧危难"场景中高票数配色方案进行提问"是否符合设计意向预期？"参与者根据在虚拟现实场景中的体验描述个人感受，回答是否满意此配色方案。对"无私奉献""不断创新"场景中票数相近的配色方案进行列举，参与者在提供的配色方案中选出自己认为合适的配色方案并说明原因。在配色方案都不符合参与者预期的情况下，参与者可提出个人认为合适的设计意向颜色并阐述原因，要求参与者描述原因时尽量采用情感词表达。

统计数据后，发现在访谈中参与者满意配色方案或在已给配色方案中进行选择的人数占比在75%—95%不等，将情感转化为色彩最终应用于色彩设计中的方法是可以实施的。

进一步研究发现，对于"爱岗敬业"场景，参与者新提出的颜色多为红色、黄色系，认为以红色黄色作为主色调形成配色方案会更符合设计意象场景。在色彩情感相关资料中红色象征革命、热情、热心，黄色象征光明、发展、希望。在参与者给出的答案中多为红色系联想到爱岗、积极乐观，黄色系联想到热情、崇高、屹立不倒，并且当红色和黄色搭配时会产生积极热情的情感联想。通过参与者对颜色的情感描述与相关资料成果两者进行联系比对，发现在色彩的象征联想上现有研究成果与参与者的感受上相似，现实情况下参与者反馈的情感词也和研究成果中列举的情感词意思相近。此外在"不惧危难"场景中参与者在不满意红色作为主色调的配色方案后提出采用橙色、金色、古铜色分别作为主色调形成配色方案。参与者认为这类颜色具有热情、不惧危难、引发思考的意象，可以与"不惧危难"场景更好地结合。在梳理参与者的情感描述词时发现这些词与现代汉语大词典以及辞典中提取的情感表达词意思相近，参与者的情感联想符合最初配色方案想要营造的场所感。

调查发现在具有多个选择的情况下绝大多数参与者对给出的配色方案表示满意。在"无私奉献"场景中选择红色为主色调的参与者表示红色代表热烈、质朴、无私的意象更符合"无私奉献"场景，另一部分选择以绿色为主色调的人认为绿色代表的奉献、无私、朴实、淡然的意象正是"无私奉献"场景想要表达的情感。同样在"不断创新"场景中创新一词在不同参与者的眼中是橙色、绿色、蓝色。不同的人对同一个情感词代表的颜色存在差别。

在对男女的回答数据进一步研究发现男女在配色方案的选择以及提出新的颜色方面数据相近，且描述的情感词也存在大部分交叉。对不同性别参与者表达的形容词进行汇总发现：男性表达情感时倾向淡然、无私、质朴、稳重这类形容词，而女生喜欢用温暖、有生气、热情、热烈这类词语描述颜色带来的情感。

**（三）研究结果**

针对甲方要求的设计意象词，本项目结合色彩心理学领域，通过大众对色彩以及情感的感知评价，从而获得最适合的配色方案。在网络调查问卷中,大众给出的配色方案选择存在部分数据相近的情况,为证实大众选出的高票数配色方案,再次列出是否依旧满足大众预期进行访谈验证实验。

在访谈中发现通过针对第一次调查问卷获得的配色方案,大部分参与者在虚拟场景中体验后表示可以在场景中体会到设计理念词表达的氛围,验证了第一次的调查问卷得到的配色结果是符合大众预期的。同时参与者在场景中反馈的情感也同我们在设计配色方案之初想要在场景中利用色彩营造的场所感相差不大。由此可得通过情感词获得配色方案这一方法是可行的,满足大众预期的。

# 六、结论

本文依据色彩情感理论探索了依据已有设计理念得出合理配色方案的设计策略,色彩情感设计是空间氛围的重要部分。本文研究发现建筑设计理念可以通过将设计理念拆解成为对应的情感形容词,再由情感形容词在色彩词典中找到对应的色彩来进行色彩搭配,最后通过调查得出最为合适的配色方案。

相关数据来源于以下网站:

[1] https://www.ndrc.gov.cn/fzggw/jgsj/tzs/sjdt/202005/t20200506_1227549.html

[2] https://www.sohu.com/a/341139034_698850

[3] https://www.imsilkroad.com/news/p/50133.html

[4] http://egb.ordos.gov.cn/lyegb/jsjy/agzyjy/202107/t20210706_2938160.html

# 基于现代GIS技术的建筑遗址保护研究述评*

内蒙古工业大学　宗欣冉　杜娟

**摘　要:**近年来,随着现代GIS技术的发展与进步,该项技术逐步广泛应用于很多领域,我国相关研究人员也一直在探索GIS技术在建筑遗址保护方面的运用。本文基于CNKI网络出版总库中有关GIS技术在我国建筑遗址保护中的相关研究检索,通过对527篇相关文献进行统计、分析与筛选发现,其中的98篇文献重点关注GIS软件和技术的发展历史、GIS技术在建筑遗址保护各方面的应用与实践以及相关的前人研究。通过对98篇重点文献进行分析与研究发现,现代GIS技术在建筑遗址保护方面已经有了很多的研究成果,但有的研究不够深入,继续深入探索GIS技术可以运用的应用和功能,或者通过二次开发获得更适合建筑遗址保护的地理信息处理系统是未来相关工作者的研究重点。本文通过回顾和梳理GIS技术在建筑遗址保护方面的发展与应用并得出相关结论,或可对未来建筑遗址保护的相关工作提供一定的参考与帮助。

**关键词:**GIS技术;建筑遗址保护;文献分析;文献述评

## 一、现代GIS技术

GIS是Geograghic Information System的简称,即地理信息系统。1963年,GIS被一位加拿大测量专家提出后经由不断地发展和完善成为现在使用的以数字化测绘信息产品为主题,采用地理模式分析方法,将航测、遥感、电子地图和国土基础信息系统连成一体可提供空间信息管理和辅助决策的产业体系。简言之,以地理空间为基础的GIS技术通过计算机软、硬件的支持,运用地理模型分析的方法,就可以实现对地球表层空间的地理分布进行可视化和三维空间分析,并且GIS技术是实时开放共享的。

### (一)GIS技术的功用

世界上第一个提出并建构地理信息系统的学者是加拿大测量学家R.F.Tomlinson,随后的其他学者都以此为基础进行不断地开发与研究。GIS技术以地理空间为基础,采用了地理模型分析的方法,给使用者提供了多种立体的空间环境以及动态的地理环境,也可运用计算机技术为人们提供地理研究及决策方面的数字化信息。GIS技术的基本功能是将不论来自任何表格中的数据全部转化为地理图形显示在使用者的眼前,可进行浏览、查阅、操作以及分析。GIS技术给使用者显示的范围可以从洲际地图到十分详细的街区地图,现实对象包括人口、公司的销售情况、运输路线等乃至其他各个领域中的具体内容。

GIS发展起来成为一种地理的普适化技术,它具有高性能的计算能力和各种云端的应用,可通过建模、大科学、数据挖掘、跨学科协同等科学手段和大规模传感器、遥感、无人机、GPS、社会媒体的测量手段互相协作共同处理非结构化的大数据流,并为大众提供保护隐私,开放共享的数据服务,人们可以通过这一技术实现更简洁,更方便,更实时开放的地理信息获取。

此外,GIS技术作为近年来迅速发展的地理空间信息分析技术,可以轻松做到管理空间属性的资源信息以及针对管理系统和实践模式进行反复的分析与测试,研究员得到分析测试后的数据,就可以进行更加精密的研究并做出相对应的分析报告。这种分析测试可以将不同时期的环境情况,地形地貌变化、生

---

* 内蒙古自治区自然科学基金项目:基于考古报告和GIS技术的元上都宫城建筑遗址空间格局及其影响因素研究(2021M505057)。

产活动变化及动物活动情况进行动态分析比较,再将数据收集到数据库中,成为可灵活使用的数据区块。

**(二)GIS的发展历程**

GIS软件在我国的发展历程大致可分为四个阶段(图1):

(1)起步阶段:1987年,GIS软件刚刚开始发展,还是最早的网络编程的那种命令行的样子,后来为方便使用,逐渐有了桌面GIS模式。

(2)发展阶段:1997年,因为互联网技术的不断发展,出现了组件式的软件,原来的桌面GIS借此成为组件式GIS,还根据互联网出现了WebGIS,这也是后来发展GIS软件技术的核心。后来,单独存储的文件方式难以适应丰富的地理空间数据和庞大的数据量,人们建立了空间数据库,方便存储和处理空间数据。

(3)智能阶段:2007年,信息技术应需求将研究的重点转向服务端,随着移动互联网的出现,GIS的运用也更加便利和完整,这个阶段出现了很多种GIS软件的运用,如二维和三维GIS、跨平台GIS等。同时因为移动端的加入,数据的数量和复杂程度的上升,为更好地处理不同来源的不同结构数据,云GIS、大数据GIS应运而生。这些新兴软件不同于传统GIS的使用方法与模式,但具有处理海量空间数据以及存储分析的能力且性能很好。

(4)数字化阶段:2017年,数字化技术的蓬勃发展带来了GIS的高速发展,GIS运用了边缘计算、云原生等技术去提高数据处理能力,使软件更加智能化。同时人工智能引入GIS技术使得地理空间数据提取的精度得到了提升。空间区块链技术也被运用到空间数据库的建造。

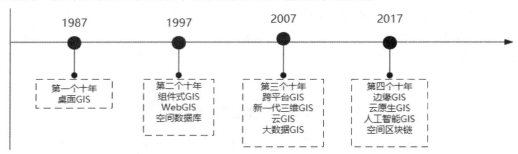

**图1　GIS软件四个十年发展时间轴**

GIS软件一直在不断发展,目前已出现了WebGIS,虚拟现实GIS(VR GIS)、ArcGIS、SuperMap、3D GIS等许多软件,这些软件都将为相关研究提供帮助。

**(三)多元的GIS技术**

GIS的基础功能一开始只有地图图片和图像,因使用者多种多样的需求以及科学技术的发展,GIS的更多功能被不断开发,云计算、大数据、三维技术等技术的出现也为GIS技术的不断发展提供了机遇。

(1)与大数据处理结合:这样的技术可以将空间大数据存储管理并进行分析处理,最后把结果可视化,使得人们可以更直观地理解和感受空间数据。

(2)与人工智能结合:人工智能的算法具有快速和精准的特点,与之相结合,使得GIS技术分析预测GIS模型的能力增强,同样,这种结合也为人工智能带来了空间分析和将其可视化的能力。

(3)与三维技术结合:将从多个渠道(遥感,无人机,卫星中心)收集到的不同结构的数据与二三维GIS结合在一起,实现了二维和三维GIS的一体化。

(4)与网络数据区块结合:将GIS技术分散使用,由此诞生的GIS软件不再有数据类型和容量的限制,而且性能也得到了提高。

(5)与跨平台结合:通过跨平台,可以实现不同平台和操作系统都可以运行GIS软件,并且适应了不同类型的CPU。

# 二、建筑遗址保护

建筑遗址是不可再生的文化遗产,是某一特定历史时期社会形态的具体映射。不同规模的古遗址,其重要性和独特性在于它们之于社会、科学、历史、艺术、自然、精神等层面或其他文化层面存在的价值,也在于它们与物质的、视觉的、精神的以及其他文化层面的背景环境之间所产生的重要联系。对建筑遗址的保护,既是对建筑遗址本体及建筑遗址周边环境的保护,更是对建筑遗址所富涵艺术、技术、文化等多重价值以及历史真实性和完整性的保护。

### (一)建筑遗址

建筑遗址就是一种人类过去在自然界遗留下的不可移动的文化载体,它记录着人类的活动和文明的发展,是独一无二不可复制的宝藏。中华大地历史悠久,文明众多,存在着分布在各个地方,各种文明、朝代的大量遗址。这些遗址见证了文明的历史变迁,为后来的人类提供了丰富的时空记忆,让我们可以从中读取到地域与民族的文化和历史。遗址及周边的环境是一种独有的整体,这种整体还包括与自然环境的关系、其他新式的非物质文化遗产及文化习俗。

### (二)建筑遗址保护

随着经济的发展,城市建设发展迅速,城市的规模不断扩大,很多遗址因建筑破坏、环境污染、自然灾害等原因而遭到破坏。这样的现象引起了国内外学者的广泛关注,建筑遗址作为不可再生的财富,我们应该进行严密的保护,才能保留住人类的历史文化及文明遗留。

由于大多数遗址都存在或多或少的损坏,在这样的现状下,很多不适当的开发和维护都很容易造成不可逆转的伤害,在这种时刻,建筑遗址保护就自然而然出现了。建筑遗址保护首先是及时、恰当地对遗址进行保护和修复,然后是理解、记录、展陈整个建筑遗址,不能让其具有的社会、历史、艺术、自然科学等方面的价值浪费了,最后是可持续的管理及维护建筑遗址。另外,建筑遗址保护方面的法律法规、对遗址具有保护的规划方案、对施工方案是否会对建筑遗址具有伤害的风险评估和对相关人才的培养都属于建筑遗址保护的一部分。

## 三、相关论文的统计与分析

近年来,越来越多的视线聚焦在建筑遗址保护上,对建筑遗址保护所采用的研究方法也变得更加多元。本文以"GIS"和"建筑遗址保护"为关键词在CNKI(中国知识基础设施工程)网络出版总库进行检索,并对检索出来的527篇相关论文进行了具体的统计与分析。

### (一)趋势分析

通过对检索出来的文献进行分析发现,近十年我国关于GIS技术在建筑遗址保护方面的论文呈逐年增长的态势,并且增长的趋势十分明显,充分说明GIS已成为当下乃至未来一段时间内运用于这一领域的主要技术。(图2)

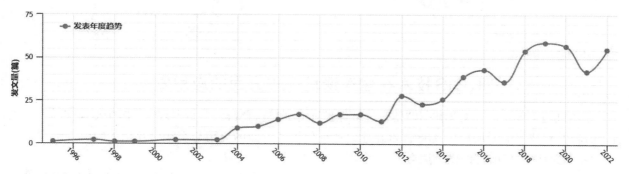

图2　发表年度趋势分析图①

### (二)主题分析

通过对不同主题文献的归类与分析发现,随着各方研究视野转向于GIS技术,建筑遗址保护研究的广度也随之拓宽了,不难看出学界学者开始从不同角度出发运用GIS技术探索建筑遗址保护,如空间分析、数据库、文化发展、环境分析、考古学等多个方面(图3)。这为我们研究建筑遗址保护以及遗址保护中的具体工作提供了更多的理论支撑及可运用的技术参考。

①图2—图4均为CNKI可视化分析图。

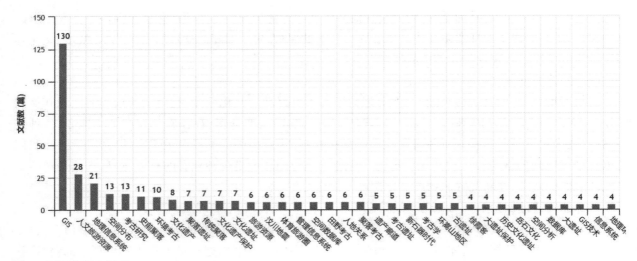

图3　不同主题分析图

### （三）科目分析

经统计发现，利用GIS技术进行相关研究是从不同科目出发的，其中主要以考古（占25.57%）、建筑科学与工程（占17.78%）、自然地理学和测绘学（占16.40%）、计算机软件及计算机应用学（占13.76%）这四个科目为主，其他的科目运用虽少，但近几年也逐渐涌现出了在某学科下将GIS技术运用于建筑遗址保护的学者。这足以说明，在当下以及未来从多学科交叉研究的视野出发，运用GIS技术进行建筑遗址保护是产出重大科学突破的有效途径。（图4）

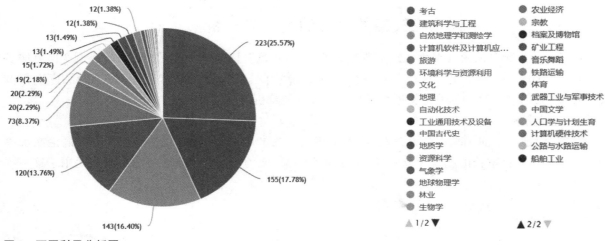

图4　不同科目分析图

## 四、GIS技术在建筑遗址保护方面的应用发展

笔者通过对527篇有关"GIS"和"建筑遗址保护"的文献进行统计、分析发现，其中的98篇文献重点关注GIS软件和技术的发展历史、GIS技术在建筑遗址保护各方面的应用与实践以及相关的前人研究。

### （一）GIS技术目前可提供的服务

目前，GIS技术可提供的服务越来越丰富。例如，全面摸清了地理国情家底，完成了全覆盖、无缝隙、高精度的普查数据生产，普查标准时点核准全部统一数据时相，普查数据库完成建库；初步建立了地理国情监测生产组织和技术体系，完成了"地理国情监测应用系统"国家科技支撑项目；在全国水资源信息系统、全国土壤环境质量信息系统、全国国土资源"一张图"等方面，均进入了运行化服务阶段，等等。目前，业界可以使用下载数据及地图的网站有：

（1）获取地图矢量数据可以从全国地理信息资源目录服务系统（https://www.webmap.cn/main）和全国行政区划信息查询平台（http://xzqh.mca.gov.cn/map）。

（2）下载遥感数据可以在中国遥感数据共享网（http://eds,ceode.ac.cn/sjglb/dataservice.htm）、中国资

源卫星中心(http://218.247.138.119:7777/DSSPlatform/index.html)、地理空间数据云(http://www.gscloud.cn/)、全球变化科学研究数据出版系统(http://www.geodoi.ac.cn/WebCn/Default.aspx)、国家综合地球观测数据共享平台(http://www.chinageoss.org/dsp/home/index.jsp)、美国地址调查局(http://glovis.usgs.gov/)、NASA空间观测数据系统(EDSDIS)(http://sedac,ciesin.columbia.edu/data/sets/browse)、欧空局ESA哨兵数据(http://scihub.copernicus.eu/)等网站下载(图5)。

（3）地球地表覆盖情况(地形地貌)数据可以在卫星地图软件下载。(图6)

图5　国外遥感数据下载网站页面图　　　　图6　卫星地图下载网站页面图

### （二）基于GIS技术的建筑遗址保护

我国在建筑遗址保护工作上使用GIS技术大致是从2000年开始的。在整个建筑遗址保护中至关重要的步骤就是收集和保存建筑遗址的空间信息数据。目前,业内使用GIS软件都可以做到使用3S技术(GPS,遥感)收集数字化空间信息,并进行储存、管理以及可视化展示。GIS技术不仅只有数据管理的功能,同时还具备优秀的空间分析功能,可以运用数字化技术对整个空间进行分析计算,做出科学标准的决策。这种技术可以先对整个遗址进行形态结构层次间的定义并分类,然后确定结构之间的关系,再运用BIM或3S GIS等成像技术为研究者提供空间查询和功能分析的数据参考,最终形成一种信息系统。此外,通过GIS、遥感、无人机、3维激光扫描等技术获取的整个建筑遗址的空间数据可以以图纸及立体影像的形式储存,为了方便管理这些空间数据独立的数据库得以建立,方便后续管理、修复或展示的运用。这种数据库也有多种类型,比如有只作为数据存储中心便于管理的数据库;有作为进行分析对比以便研究的数据库;有作为3维展示,数据可视化以便于展示传播的数据库。这些数据库可以帮助我们针对不同的建筑遗址进行工作,不论是保护修复、还是探索文化溯源、展示传播、分析空间分布、探索人地关系,甚至是研究地理环境、考古分析,都可以运用GIS技术做到。

### （三）GIS在建筑遗址保护中的具体实践

环境GIS拥有很多优点,如可视化、便于扩展、实用、数据完整详细,方便二次环境应用开发。华中科技大学的孙静,为研究中国元上都遗址环境保护监测管理系统运用GIS技术搭建了具有蒙古文网页功能的遗址环保监测管理系统,是一种保护建筑遗址文化传衍的创新。

考古GIS具有丰富的探索和收集数据的能力,可以运用数据组织将考古遗址与所处地理环境融合在一个系统中,这样便于考古研究。吉林大学的程庆花运用GIS技术,针对中国东北东南区域的旧石器时代遗址进行采集信息和数据分析,探究其分布规律,环境对遗址选址的影响,并对人类经济与环境之间的关系进行研究。

景观考古的GIS分析,主要是制图,数据库,研究系统以及遗址预测的模型。中国地质大学的姚娅运用景观考古学针对景观特征建立"数字高程模型"(DEM),并通过水文分析提取基本地貌信息和地形特征,再根据地质矿产、国土资源资料和遥感影像分析各种土地地貌,将之可视化得出不同类型的资源地图,这种资源地图就可以方便地进行多元统计分析,通过分析就可以对人类活动和各种景观特征之间的关系做出解释。以良渚遗址为试验区域,使用GIS工具融合多源考古数据并进行数字化处理、模型构建,为考古遗址数据信息管理研究提出有效的研究方法。再如华东师大的环境遥感考古实验室在田野考古调查中运用了遥感技术,在上海地区发现了二百余处具有遗址特点的地点;河南颍河上游地区聚落考古调查、恒河流域区域考古调查。南京师范大学的李宁借助GIS研究聚落遗址的时空分布及文化演变。

3维GIS拥有将空间可视化并分析的功能，所以可以进行微观的空间视觉感知分析。江南大学的吴振东通过视觉感知的量化研究去实现数字化保护，对古城空间可视化定量分析，并进行元数据构建的研究。

清华大学的吴永兴、党安荣针对遗址数据构建共享模式，研究了基于云计算平台的遗址数据共享平台总体架构，并建立了遗址考古公共服务云GIS平台，在平台上实现遗址保护数据的查询统计、遗迹的模拟复原等功能，为遗址价值评估、遗址保护规划、遗址监测、遗址展示提供完整、一致的数据资料，为考古学家、保护规划编制人员和其他学科研究人员提供统一的技术支撑平台。

Arc GIS的空间分析能力十分优秀，安徽大学的高君运用Arc GIS对遗址的坡度、坡向、高程进行K-S相关性检验，借此研究遗址分布相关性，还通过空间分析对商周时期的遗址做空间聚类分析，再根据遗址空间信息，对不同时期人口密度做统计分析，推测人口相对密集地区的遗址之间路径。

**（四）GIS在内蒙古地区近现代建筑保护中的具体应用**

内蒙古地区存在很多需要保护的召庙建筑、民族建筑以及古建筑，还有近些年比较关注的工业建筑，而这些建筑都包含浓厚的地域特色且形式多样、分布广泛，是内蒙古地区独有的历史文化遗产。

从GIS技术运用在建筑保护中开始，内蒙古地区也开始开发运用此类技术。

内蒙古科技大学的张爱琳等同学最近运用数字化技术为呼和浩特大召寺建立了一套完整的数字保护方案。建筑遗址的修复及重建的数据精度要求极高，数字化技术可以方便地收集和分析建筑的空间三维坐标、室外及室内影像资料、建筑构件信息。

内蒙古农业大学的白璐提出可以利用数字化技术和网络信息技术去研究并开发建设具有民族特色的内蒙古非物质文化遗产的数字化技术支持服务平台，构建内蒙古非物质文化服务体系，形成规模化服务，最终建立内蒙古非物质文化遗产数据库。通过数字化资源管理平台的建设，内蒙古非物质文化的管理模式就会从人工转为现代，这样不仅可以提高效率，还能减少人员和时间消耗，并最终可以提高数据的质量。互联网的特性使得信息交流变得快速便利，从而加强使用、创新、传承和保护内蒙古非物质文化资源。

2006年，内蒙古遥感中心正式使用SuperMap GIS软件进行项目开发。七年来，使用SuperMap GIS完成了数字内蒙古科技系统、内蒙古自治区不可移动文物GIS系统、自然保护区信息管理系统等多个系统的研发工作。

内蒙古自治区不可移动文物GIS系统以《全国重点文物保护单位记录档案工作规范》中记录档案的要求为信息收录和分类标准，主要包括主卷文字卷、图纸卷、照片卷、文物规划及保护工程方案卷、电子文件卷、行政管理文件卷、论文卷、图书卷等；平台的建立实现了对文物单位信息的录入、查询、修改、更新及统计分析、文物单位升级管理、国宝案卷自动生成与打印等功能；另外通过Web GIS的网络发布功能，在满足了浏览需求的同时，初步实现了图形属性双检索，只要输入文物名称或与文物单位相关的关键字，就可快速定位到相对应的地理位置。内蒙古自治区不可移动文物GIS系统为整合地区文物保护信息资源，动态、实时、客观、准确地反映自治区文物管理的整体实力和提供有效的科技决策手段提供了有效平台。

内蒙古地区的藏传佛教建筑研究以内蒙古工业大学地域研究课题组为代表，之前课题组在2006年7月对内蒙古巴彦淖尔地区的藏传佛教建筑寺庙进行了为期十天的普查工作。2010年课题组又对巴彦淖尔地区部分寺庙进行了为期一周的补充调研。普查工作的重点是寺庙建筑现状，由于有些寺庙的地点及相关文字记载均已遗失，所以需要人力去调研，这样获取的数据可以收录进信息管理系统，再运用GIS进行分析处理，就可以为之后的研究提供一个多要素、多层次、多功能的空间型地理信息系统，它能及时、便捷地反映保护区建筑项目信息，提高工作的科学性、准确性和实时性。

这个建立起来的地理信息系统可以连接卫星，观测到建筑周边的地形地貌以及彼此的相对距离，这样就可以分析内蒙古地域藏传佛教建筑形态的影响因素、发展的历史分期以及一般的共性特征等，最后可以在系统中建立全区召庙建筑的档案资料，对全区范围内重要历史遗存的召庙及其建筑进行逻辑整理和系统归档,主要涵盖召庙简介、历史沿革、保存现状、建筑做法、技术档案、测绘图纸等基础资料,同时进行全市历史和传统建筑的补充调查,掌握保存现状、危害程度、管理使用情况等基础信息,建立数据库,作为保护研究的基础资料。这一工作对于内蒙古地区的建筑静态保护和动态发展都具有参考价值。

## 五、结语

本文通过对文献的检索、分类、整理、分析与研究发现,目前我国GIS技术在建筑遗址保护方面已经有了很多的研究成果,比如数据采集、地理信息数据库的构建、跨平台模型系统、保护管理、灾害预测、展示传播等。这些技术的运用可能有助于未来人们对建筑遗址保护研究工作的提升,使得这一方面的工作更加便利和高效。虽然研究者已经在建筑遗址保护的价值评估、空间分析、环境分析、考古、人地关系等方面都做出了研究成果,但有的研究不够深入,继续深入探索GIS技术可以运用的应用和功能,或者通过二次开发,开发出更适合建筑遗产保护的地理信息处理系统仍是相关学者后期的工作重点。

# 老厂房的新生
## ——密丰绒线厂综合楼改造实践

上海大学　武云霞

天津申茂企业管理有限公司　李日昌

华东建筑设计研究总院　郭超琼

**摘　要:**本文在分析密丰绒线厂综合楼单体建筑现状的基础上,归纳出消隐、反射、生长的改造策略,进而介绍了作者提出的两个经济的、富有可操作性的改造方案,最后指出注重历史感塑造是老厂房改造的灵魂。

**关键词:**密丰绒线厂;改造;历史感塑造;经济

密丰绒线厂位于上海波阳路400号,地处著名的杨树浦旧工业区[①]内,该区域有着深厚的历史文化背景。

上海密丰绒线厂又名上海茂华毛纺厂,建于1932年,竣工于1934年,由英国人普伦设计,马海洋行承建。[②](图1、图2)厂内现存老建筑有,六层综合楼厂房一幢(图3)、英式住宅三幢。本次改造任务为六层的综合楼厂房,改造后的综合楼功能定位为服务于当地居民的社区文化中心。鉴于综合楼厂房内部结构完好,出于经济、历史文化考虑,我们决定以立面改造为主。

图1　基地区位图

图2　密丰绒线厂1934年竣工时的厂区鸟瞰图[③]

图3　厂内六层综合楼转角立面

## 一、综合楼厂房单体现状分析

厂房为钢筋混凝土无梁楼盖框架结构,整体保存尚完整。内部采用矩形柱网,跨距7.8×7.2米,在西、北两面边界不平行处转换为梁板框架结构。一至五层室内承重柱由圆柱、倒锥形牛腿、方形柱帽组成,圆柱直径由底层到上层逐渐减小,一、二层直径1.2米,三、四、五层直径0.8米。顶层采用"井"字梁结构,承重柱转换为400×400毫米方柱,顶层局部两跨采用上升式矩形天窗。厂房内采光及通风情况良好。(图4、图5)

---

①上海杨树浦近代工业始于19世纪70年代,经过百余年发展至今,已形成一个包括纺织、轻工、机械和公共事业等门类较齐全的综合性基地,是上海最早的老工业区之一。

②见宝葫网,上海密丰绒线厂,www.aibaohu.com。

③见上海杨浦官方网站,www.shyp.gov.cn。

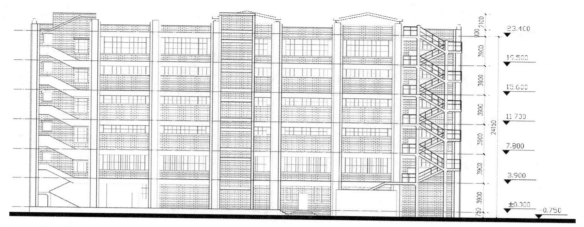

图4 多层综合楼东立面

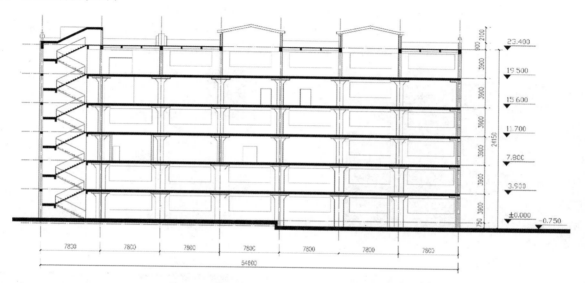

图5 多层综合楼剖面

厂房立面以传统红砖作为围护结构,砖墙不承重。混凝土梁柱框架直接暴露于立面,形成矩形立面构图,立面壁柱突出了竖向装饰线条。各层开窗根据功能的变化而各有所不同,局部几层作为仓库仅开高窗,侧窗及天窗均采用传统铁框材质,锈蚀情况严重。

为保证室内大空间的完整性,厂房垂直交通被布置于建筑一侧,人流与货流分别设有独立出入口,避免了交叉干扰。这样安排不仅为当初生产运输的灵活性创造了条件,而且使立面更富有变化。电梯井、室外疏散楼梯,使整个东立面充满工业特质,但相应的铁质扶手等构件均已年久失修,丧失了功能性。

## 二、改造策略

经过对改造对象的考察、测绘、数据经济分析等一系列前期准备工作,笔者认为本次改造面临三个主要问题:一是针对原立面构造方式,选择合适的改造措施;二是如何利用新介入立面材料,破除老厂房沉闷的立面形式和庞大的建筑体量;三是如何提炼旧厂房符号以延续历史脉络。

厂房原有的无梁楼盖框架结构为改造创造了有利条件:无梁楼盖板可根据改造需要选择局部移除跨间板,以调整平面布局;立面外墙为自承重砖墙,墙体仅作为填充墙起分隔和围护作用,可根据改造需求灵活开洞或整体移除替换;暴露于立面的钢筋混凝土框架可用于支持立面改造所需的干挂结构构件,更为当下流行的双层表皮技术提供了良好基础。因此,原有结构体系为改造提供了多种可能性,可根据改造设想采用"局部改造""整体替换""表皮包覆"等多种经济的改造方式。

原有红砖立面具有较强的可识别性,但由于建筑体量过大及红砖的传统砌筑方式,使整个立面略显呆板、缺乏生机。解决这一问题有两种方式:一是打破原有建筑体量,局部削减,这需要结合后续使用功能综合考虑;二是以新立面材料介入的方式,重新建立立面划分秩序。前者具有一定局限性,而后者则相对较为灵活。新材料的选择需要结合历史场所重构的改造目标进行考虑,以"新旧明显区分"为基本思路,我们认为"消隐""反射""生长"等材料使用策略均可达到理想的效果。

原厂房为多层综合楼,相较于单层厂房而言,工业特征较弱,但仍有诸多工业场所符号可提炼运用:人货分流及大空间的完整性,使建筑东立面丰富生动,室外疏散楼梯及货运电梯井都具有强烈的工业特征;红砖与外露混凝土框架结构的组合是传统工业建筑立面的特有形象;顶层上升式矩形天窗更是厂房的独有构件,虽然淹没于六层庞大建筑体量中,但通过巧妙改造,仍有可能升华为场所符号;原厂房西、北两个立面常年攀附爬山虎,与旧厂房似已融为一体,将这一元素合理地抽象运用,使其成为符号,也能唤起人们的场所共鸣。

## 三、改造实践一

针对沿街两个立面,我们采取尊重历史的态度,予以基本保留。而在东、南两个立面,我们从长年攀爬于厂房原立面上的爬山虎上得到灵感,外加一层钢架表皮,表皮从形式上源自爬山虎,加以抽象建构,使新、旧立面肌理产生鲜明对比。整体构图富有变化,充满生机。(图6—图9)

图6 方案一整体效果图

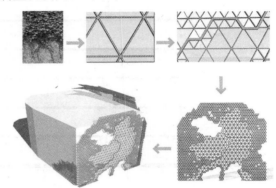

图7 以三角形为母题的立面生成演变过程

图8 方案一改造后入口灰空间

图9 方案一入口天花设计效果图

钢架系统的设计,以爬山虎叶子的基本形态提炼出的三角形为基本母题,局部演变为菱形、六角形。我们将这些不同形状的构架加以排列组合,局部镂空、局部覆以玻璃,产生虚实相间的视觉效果,使旧厂房立面在新钢架系统后若隐若现。这个方案用最少的投入,巧妙地创造出了既不失旧厂房历史韵味,又在原有立面上动态延伸,生动、现代感十足的全新形象。

## 四、改造实践二

为削弱建筑体量的敦实感,同时解决厂房功能置换为社区文化中心后,带来的内部空间采光通风不足等问题,方案二将整体建筑从中间取消一跨,打通东西向立面,这样不仅形成了对外开放的空间,而且为新建筑增加了两个内向立面。(图10、图11)

为了平衡历史信息的延续和现代元素的引入,我们将切入点放在了立面材料的更新上。原有红砖及混凝土梁柱体系的立面,具有历史的厚重感,且与当今设计思潮并不矛盾,我们予以最大程度的保留。

我们将焦点集中在用玻璃塑造二层表皮上,尝试将不同透明度的矩形玻璃有节奏地包覆于厂房外层,尤其是西、北两个沿街立面。为了延续原立面的特征,我们调整玻璃面与原立面的比例,使建筑局部仍可被清晰识读。玻璃渐变的秩序有其内在规律,造成的视觉效果是远处的观者仍能清晰地辨识旧厂房的存在,而近观者体验到的则是外层玻璃幕墙带给人们的强烈现代感。(图12、图13)

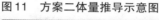

图11　方案二体量推导示意图

图10　方案二鸟瞰效果图

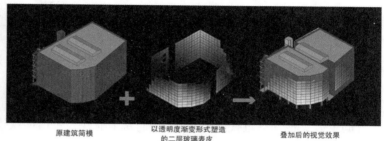

图12　二层玻璃表皮叠加示意图

　　方案二的精彩之处不仅体现在新材料的介入上,而且还在对于原有工业符号的提炼和运用上。我们将厂房从东、西向打断,打断的具体位置确定在顶层的一个矩形天窗下,结合东、西两立面顶层外墙的局部移除,屋顶的上升式矩形天窗便从巨大的建筑体量中凸显出来,一跃而成为东、西两个立面的视觉焦点。两个天窗的山墙轮廓被连接和延伸,旧厂房的特殊工业气质为新建筑带来了全新天际线。(图14)

图13　方案二改造后厂房西北向沿街效果图

图14　突出顶层上升式天窗的厂房西立面改造效果图

　　取消一跨后新产生的两个内向立面更是充满了工业符号,我们将内部具有特殊造型的白色承重柱暴露出来一半,选择深茶色玻璃作为维护材质,深浅相间的色彩搭配,突出了承重柱的立面主角地位。柱子的柱帽部分也经过特殊设计,为了不使凸出于圆柱截面的方形柱帽在外观上显得突兀,我们在柱帽上加建了小阳台,使柱帽自然成为小阳台的承托构件。小阳台的材质则延用外立面的砖墙,一方面与柱子本体明显区分,另一方面也在一定程度上起到内外立面的过渡和提示作用。(图15、图16)

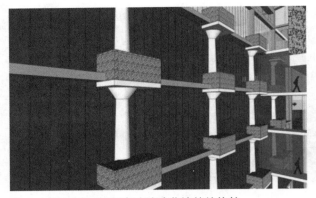

图15 突出于深茶色磨砂玻璃幕墙的结构柱　　　图16　方案二入口效果图

# 五、结语

上海曾是我国的工业生产大基地,近年来上海已逐步转变为国际经济、金融、贸易与航运中心。为了适应新的历史时期城市功能与产业结构的转变,上海的工业用地与工业建筑必然相应地做出调整。如何合理地保护利用现存的产业建筑并使之焕发新的活力,更贴近当下人的现实生活,使其脱去生冷的"机械化外衣",已经成为一个新的热点。

同上海其他优秀近代建筑相比,我们对工业建筑价值的认识较晚,保护工作的起步也较晚,更新改造中出现的问题更多,与国外先进案例差距更大。主要问题有:缺乏整体性、滞后的观念、单一的功能定位、不注意对周边环境的友好性。在这次密丰绒线厂改造设计中,我们巧妙地利用老厂房的产业建筑特征,以注重历史感塑造为设计主线,努力提炼出对一般工业建筑改造具有普适性和可操作性的改造手法。

在老厂房更新再利用时,牵涉的问题很多,需要投资方、建筑师、使用方、经济师等方方面面加强沟通。尝试通过不同的手法对老建筑加以经济的、富有可操作性的改造,在转变其建筑功能的同时,也将这段历史留给后人,是我们当代建筑师的责任。同时,如何针对个案的特点,选择以最经济合理的方式获得最大的社会和环境效益的改造方案,具有重大意义。

上海大学本科生董燕莺、王晟龙、李晓伟、李昀、王凯参与测绘资料整理绘制
虞瑶、李婕参与改造方案一的设计
章倩洁参与改造方案二的设计

# 公众史学视野下的长春吉长道尹公署旧址保护发展的思考

北京建筑大学　张曼　杨梦

**摘　要**：文章应用西方城市公众史学的理论视角研究长春市吉长道尹公署保护发展的问题，将吉长道尹公署作为该地区城市历史景观的组成部分，并置入城市记忆的语境中，基于多重地域感知与重构提出城市历史景观保护的思路与方法，希望能为该地区城市历史景观的保护与发展提供新的思路与参考。

**关键词**：近现代；长春市吉长道尹公署旧址；保护发展；公众史学

## 一、引言

长春市吉长道尹公署旧址，民间俗称道台衙门，位于长春市南关区亚泰大街669号，是目前长春市市区修建最早的古建筑之一，2013年被国务院列为第七批全国重点文物保护单位。[1]长春道台衙署是清末至民国初年长春官署衙门中的最高机关，从历史的不同侧面见证了清末、民国时期日本对吉林省的政治渗透与经济侵略，记录了在抵制日本"满铁"附属地南扩斗争时，长春市政的建设与商埠区的形成与发展。该旧址以其丰富的历史内涵，承载了近代长春的社会变迁与世事沧桑。

现吉长道尹公署旧址经修缮后作为博物馆和方志馆向公众开放，如何更好地发挥价值和作用成为其功能转型发展中急需解决的问题。同时，吉长道尹公署旧址经修缮后保存状况良好，但周围环境保护状况不佳，经城市发展与道路拓宽，较历史格局与机理变化较大。现在，吉长道尹公署旧址已被高楼大厦所包围，湮没在城市之中。（图1、图2）

不同于以往文物建筑保护利用时仅关注文物本体的价值与展示，本文在城市公众史学视野下，将吉长道尹公署作为该地区城市历史景观的组成部分之一，并置入城市记忆的语境中。希望以集体记忆为线索，使公众历史与城市历史景观产生共鸣。基于多重地域感知与重构提出城市历史景观保护的思路与方法，希望能为该地区城市历史景观的保护与发展提供新的思路与参考。

图1　吉长道尹公署旧址及周围环境现状照片

图2　吉长道尹公署旧址及周围环境历史照片[2]

---

① 见孙彦平：《吉长道尹公署旧址沿革与研究》，《溥仪研究》2014年第4期。
② 图2、图4、图5、图8、图9均来源于王志强：《溥仪研究（3）》，吉林大学出版社，2017年。

## 二、基于城市公众史学视角的吉长道尹公署历史溯源

### (一)城市公众史学

公众史学(public history)起源于美国,1978年罗伯特·凯利教授(Robert Kelly)撰写的《关于公众史学的起源、本质与发展》一文中首次提出了公众史学的概念,标志公众史学在美国创立。[①]城市公众史学将空间与社会维度引入公众史学,主要探讨地域(place)、记忆(memory)、身份认同(identity)及历史呈现与保护(presentation & preservation)四个基本概念,并基于这四个基本概念指出城市景观是城市公众历史的物质表述,但不是各部分的简单叠加,而是应以更加宽容的城市历史解读,实现城市历史景观的多重地域感知与重构,并在规划过程中始终贯穿公众进程与公众参与等社会学概念及方法。(图3)[②]

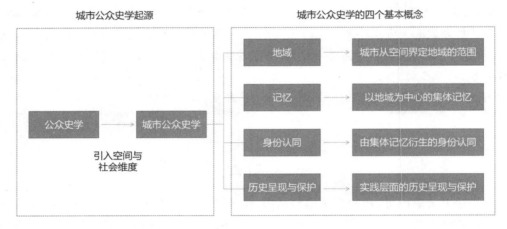

图3　城市公众史学概念结构图

### (二)吉长道尹公署旧址历史溯源

吉长道尹公署始建于清光绪三十五年(1909),是清朝"吉林西南路兵备道"衙门,作为吉林巡抚派出官员的道台衙署,监管长春关税、商埠和对外交涉事物。辛亥革命后改名为"吉长道尹公署"。为防止日本长春"满铁"附属地继续向南侵占商埠地所辖的土地,1909年(清宣统元年),第二任道台颜世清把衙署移建于长春商埠地辖区的北沿,即现址处。1932年,末代皇帝溥仪在这里举行"执政"典礼,也是溥仪到长春后的第一个住所。一个月后,溥仪搬进吉黑榷运局,这里成为伪满初期的国务院、参议府、外交部、法制局的住所。长春解放后这里曾做过东北电信机械修配厂、海原综合材料批发市场等。2018年,作为长春市方志馆(长春道台衙门博物馆)向公众开放。(图4—图6)[③]

图4　1913年吉林西南路观察使公署[④]门楼

图5　1932年国务院大堂

图6　20世纪80年代左右海原综合材料批发市场大堂[⑤]

---

[①] Robert Kelley, "Public History.Its Origins, Nature, and Prospects", *The Public Historian* , 1978, pp.16—28.

[②] 见李娜:《集体记忆、公众历史与城市景观:多伦多市肯辛顿街区的世纪变迁》,上海三联书店,2017年。

[③] 见孙彦平:《吉长道尹公署旧址沿革与研究》,《溥仪研究》2014年第4期。

[④] 吉林西南路观察使公署,1913年1月29日由吉林西南路分巡兵备道衙署更名为吉林西南路观察使公署,1914年5月2日改名吉长道尹公署。

[⑤] 见王新英:《长春近现代史迹图志》,吉林文史出版社,2012年。

吉长道尹公署旧址和其东北一千米左右的伪满皇宫博物馆[①]同为长春近代历史建筑中最具特色与价值的代表,历史与位置关系密切。其周围街道环境虽然近些年改变巨大且现状较差,但大体上延续了历史格局,是长春近代城市规划与建设影响的结果。[②]因此,吉长道尹公署旧址、伪满皇宫博物馆及周围街道环境等作为这个城市厚重文化历史底蕴的真实记忆载体,共同构成展现该地区独特性的历史街区。

# 三、城市历史景观的多重地域感知

## (一)多重地域感知

　　城市历史景观作为地域物质文明与精神文明的重要象征,它深深扎根于其所在的地域环境中,蕴涵了一个地域独特的内涵。城市历史景观与公众史学(集体记忆)产生的共鸣形成了特定历史环境中特有的地域感知,这种地域感知并不是整齐划一的,而是多重与多元的,它随着历史景观与历史感知的不断发展变化。[③]因而对城市历史景观的地域感知的分析研究应从时间和空间两个维度上展开,并结合城市历史景观的价值和地域特色。(图7)

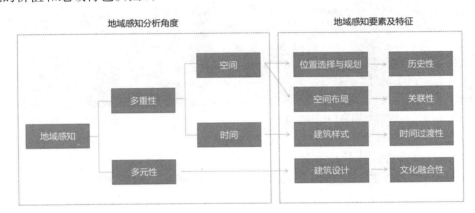

图7　地域感知要素分析图

## (二)吉长道尹公署旧址的地域感知元素

　　位置选择与规划的历史性。吉长道尹公署旧址建筑选址于头道沟南沿上,是受当时局势影响与长春商埠地规划发展的结果。依据日本人伊原幸之助所著《长春发展志》,"在临近附属地边界之高处修建道台衙门,宏伟壮观,中国国旗高高飘扬,恰有居高临下威镇附属地之势"。也有人认为有防止日本长春"满铁"附属地继续向南侵占商埠地所辖的土地之意。据记载,在颜世清着手筹建长春商埠地之前,日本以建立"满铁附属地"为名,早已暗地下手以高价收买了头道沟以北至现在长春站一带的全部土地。因此长春商埠地的面积只能选在旧城区与满铁附属地之间,北起七马路,南至旧城的北门外,东到永长路,西至大经路。在这一区域最北端最高点,颜世清修建了道台衙门。另考虑到道台衙门东面有路有桥(头道沟东五条通桥,旧名长农桥),这条路原是长春城通向农安的大道,因此将大门朝东开设。[④]

　　空间布局的关联性。吉长道尹公署旧址为传统的大空间布局,以东西轴线为主轴,依次布置门楼、大堂、二堂、三堂(已消失),南北轴线为辅轴沿线布置办公、居住性质的房屋,主要建筑都位于两条轴线交叉处的两侧。[⑤]其总体布局仍沿用中国传统院落式布局的旧制,具有明显的轴线串联院落的特点。而位于其东北一千米左右的长春伪满皇宫的空间布局有着与之相似的略倾斜的轴线,布局严谨,强调轴线对称,主要建筑位于轴线交叉处。吉长道尹公署旧址与伪满皇宫的历史息息相关,且距离较近,所处

　　① 见伪满皇宫博物馆:位于吉林省长春市光复北路5号,前身是民国时期管理吉林、黑龙江两省盐务的吉黑榷运局官署。1962年成立吉林省伪皇宫陈列馆,2001年更名为伪满皇宫博物院。

　　② 见刘亦师:《近代长春城市发展历史研究》,清华大学2006年硕士学位论文。

　　③ 见李娜:《集体记忆、公众历史与城市景观:多伦多市肯辛顿街区的世纪变迁》,上海三联书店,2017年。

　　④ 见孙彦平:《吉长道尹公署旧址沿革与研究》,《溥仪研究》2014年第4期。

　　⑤ 见李浩颖、林金花:《折中主义建筑的不同地域性的差别研究——吉长道尹公署与延吉吉林边务督办公署建筑形式比较》,《品牌研究》2018年第1期。

的历史街区也具有历史记忆与文化上的关联性。

建筑样式的时间过渡性。吉长道尹公署旧址修建后经多次修改与修复成为如今的样子,因而它的样式的变化体现的是历史的变迁。其东门门楼最初为中式风格,三角形山花上雕有中国传统的二龙戏珠图案,后改为现在式样,根据史料推测改建年代大致为1914—1931年东北政务委员会管理时期。现门楼正中为凸起的弧形山花墙,中间开半圆形窗,檐口由六对牛腿支撑出挑(图8—图10)。[1]此外,从历史照片可知门楼两边原各有七间耳房,现两侧耳房各存三间,其他建筑样式也同样历经多次改动。初期吉长道尹公署旧址内大堂、二堂、侧堂三座主要建筑的围廊均采用拱形券,但在日本人侵占长春后大部分改为平券。2002年大修时建筑屋面与全部翻修为双层油毡瓦面(该次维修前是铁皮瓦屋面,但也不是初始作法),东门南北两侧耳房维修时在原址修复建筑。但与历史照片对照,将原来坡顶改为平顶,立面划分和门窗式样也被改变。

图8 初建时东门 图9 市政府时期东门门楼样式 图10 作为道台府展览馆时东门门楼山花
门楼山花

建筑设计的文化融合性。吉长道尹公署旧址就其建筑本体而言,在建筑设计整体上是中西合璧的,是清末长春境内最具代表性的近代建筑之一,是欧美在东南亚殖民地外廊建筑样式流传到东北的典型实例,体现了清末、民国长春建筑的最高水平。吉长道尹公署旧址采用当时国际上流行的折中主义建筑风格,代表了长春地区建筑的新潮流。[2]其大堂、二堂和侧堂均采用围廊式设计,但大堂与二堂之间的连廊则是完完全全的中式风格,同时沿用中国传统院落式布局、视线上部分运用了江南园林造景手法(图11、图12)。因此,吉长道尹公署在建筑设计上将中西式建筑风格进行巧妙的融合,展现出中国传统设计手法与西方造型艺术的有机结合,文化的碰撞与融合在这个建筑群中体现得淋漓尽致。

图11 西式风格为主的大堂现场照片 图12 中式风格为主的连廊现场照片

① 见赵洪:《吉长道尹公署新说》,《溥仪研究》2014年第1期。
② 见李浩颖、林金花:《折中主义建筑的不同地域性的差别研究——吉长道尹公署与延吉吉林边务督办公署建筑形式比较》,《品牌研究》2018年第1期。

# 四、基于公众史学的城市历史景观保护

## (一)保留城市空间的各种元素间的渗透性

瓦尔特·本雅明认为城市空间的各种元素相互渗透,而这种渗透性往往能引发一种过去与现在交融的情感。①因此,对城市历史景观的保护要保留城市空间各种元素间的渗透性,保护集体怀旧和公众记忆的真实空间。吉长道尹公署旧址与其东北约一千米的伪满皇宫博物馆同属近代清政府在东北的重要机构,是日本侵略中国的历史见证,而且距离较近,共同构成了该地区独特的历史与文化,是这个城市厚重文化历史底蕴的真实记忆载体。因此,吉长道尹公署旧址可与伪满皇宫博物馆及周围街道环境等形成历史街区,从而进行整体保护发展。在保护发展的过程中除对吉长道尹公署旧址与伪满皇宫博物馆两座伪满建筑进行保护修缮外,还应对其周围环境进行整治,改善环境问题,从环境设施、绿化植被、标识等方面的设计入手,将该地区有机地联系起来,从而延续地域历史与文化。

## (二)建立具有的归属感与认同感的空间表述

公众史学(集体记忆)所传达的历史情感推动人们去试图建立关于过去某种纪念性的联系,加强无论是真实的还是想象的归属感与认同感。因此,吉长道尹公署旧址的功能性不应仅是物质化的,还有人们在精神上产生的深深认同感与依托。吉长道尹公署旧址作为城市历史景观的重要组成部分之一,不单单是价值突出的建筑,它还是这个地区、这个城市的特色历史记忆,联系着人们与过去发生过的事,从而形成难以磨灭的历史构建。当人们置身于这个空间中,仍会产生情感上的变化与精神上的回归。②

吉长道尹公署旧址曾是长春近代屈辱历史和城市发展规划历史的见证者,在它的功能和性质流转的今天,应被赋予不同的时代意义和价值。因此,作为博物馆与方志馆的吉长道尹公署旧址在今天所传达的信息不仅是对历史的纪念和对现代美好生活的珍重,还同时传播着本土文化和地域特色,延续着长春这座城市的历史记忆与历史价值。通过整理相关历史资料,深入挖掘历史文化内涵,开展爱国主义宣传教育、长春历史大讲堂、长春市方志成果和地情主题展览等方式在社会共同的历史记忆层面上形成社会价值。以旧址为依托建设具有地域人文特色的警示教育展示系统,例如利用科技手段重现历史场景等,重新建立吉长道尹公署旧址与历史记忆的联系,营造独具特色的场所,营造地域特色的历史感,从而建立具有的归属感与认同感的空间表述。

## (三)让历史真正回归公众,保留公众真正想要保留的城市历史景观

在城市历史空间的唤醒和修复过程中,应该保留哪些空间或以什么样的方式保留往往成为问题的焦点:我们要保护的是谁的历史、谁的记忆? 同时"局内人"与"局外人"对同一空间的解读有时也会大相径庭。规划师往往建设规整美观的空间,而当地居民却希望保留充满他们记忆的空间。因此,如何解读不同的记忆,平衡意见纷争,让历史真正回归公众,是城市公众历史面临的挑战之一。③

从城市公众史学作为出发点,公众历史的呈现要做到以下三点:首先是公众参与,要通过开展多种形式的共建活动,让公众积极参与到吉长道尹公署旧址的历史景观的建设中,如征集公众意见、招聘公众讲解员等,提高公众参与度;其次是对公众叙述进行主题提炼,结合公众意见、城市文化、历史记忆提炼展览主题,构建内容完整、主题鲜明的展览,提高参与性、观赏性与参usus 性;最后是构建公众交流平台,通过组建讲解小分队深入基层、开展演讲比赛等活动,多途径拓宽交流渠道,以"地域+传统+记忆+居民"的模式让公众成为历史记忆的记录者与传承人。城市历史景观的保护与发展需要倾听各界声音,让公民参与进来,让城市历史景观成为展现公众记忆、公众历史的场所。

---

①②③ 见李娜:《集体记忆、公众历史与城市景观:多伦多市肯辛顿街区的世纪变迁》,上海三联书店,2017年。

# 五、结语

在城市公众史学视野下,吉长道尹公署旧址作为长春城市历史景观的组成部分之一,应与公众历史产生共鸣。基于多重地域感知与重构,可以从保留城市空间的各种元素间的渗透性、建立具有归属感与认同感的空间表述、保留公众真正想要保留的城市历史景观三个方向,激活城市历史景观的生命力和城市公共空间的活力。

五、结语

# 1949—1957年沈阳建筑遗产保护工作的调查研究*

沈阳建筑大学 刘思铎 王春鑫 黄子襟

**摘 要**：沈阳作为国务院公布的第二批国家历史文化名城,拥有大量的文物古迹和历史文化遗产,当然对这些文化遗产的管理与保护要远远早于其评定的时间。新中国成立初期,由于长期战乱的影响,沈阳同我国其他城市一样,百废待兴,在面对急需快速恢复城市运转的困境时如何解决文化遗产的保护问题,如何在建设社会主义城市的探索中守护这些遗产,新中国成立初期的城市建设者与管理者做出了他们的选择与努力。今天我们回望历史,选择新中国成立初到第一个五年计划完成期间(1949—1957),以沈阳的建筑遗产地方保护工作为研究对象,希望从现代文化遗产保护的视角,通过对文献、历史期刊等资料的探寻,去重新解读那一时期的"答卷",目的是从历史中汲取经验与教训,指导今天更好、更科学地开展地方建筑遗产的保护工作。

**关键词**：沈阳;五年计划;建筑遗产;地方;保护工作

中国的建筑文化遗产保护工作虽然始于近代时期,但真正在全国范围内开展并建立具有中国特色的管理体系是在新中国成立后,历经全国普查,梳理"家底",在历时近三十年[1]的探索尝试中逐步建构形成的。其中在新中国成立初期,城市管理面临战后快速恢复生产、满足人们基本生活需求与开展社会主义国家建设等急迫的重任,因此在这一时期,对于建筑文化遗产的保护工作,地方政府会针对不同的城市状况与现实问题做出不同的应对与回答,同时也是这一阶段的工作,对后续无论是名城保护还是人们对建筑文化遗产的认识都起到了关键性作用。这一时期,沈阳作为清王朝的"龙兴之地",近代奉系军阀在东北的政治、经济、文化中心,城市中留有大量的建筑文化遗产,并且作为"共和国工业长子"的沈阳,此时正处于在国家的重点扶持下、全国人民的关注下迅速发展崛起的关键时期。在这样的历史背景以及城市建设需求下,建筑文化遗产保护工作中呈现出典型性和独特性。

## 一、新中国成立前沈阳建筑文化遗产保护意识的觉醒

1948年4月3日,东北行政委员会在哈尔滨市成立了东北文物保管委员会,其中心任务是把在战争期间流落在各地的历史和革命文物搜集起来,为新中国建立后的文物保护和文化建设工作做好准备。同年4月8日,《东北日报》以整版篇幅刊载了《东北解放区古迹古物保管办法》《实施细则》和《东北解放区文物奖励规则》。[2]包含对古代建筑及名胜古迹、碑刻、地下埋藏物、遗址遗迹等不可移动文物的管理规定,其中针对古代建筑及名胜古迹涵盖以下内容："各省应饬市县政府将辖境内所有名胜古迹按照东北文物保管委员会规定逐一详查填报,由各省市分会转呈东北文物保管委员会备案","古代建筑及名胜遗迹,应随时修葺,禁止樵牧","奖励私人报告其发现古迹古物者"……从细则中可以解读出此时形成以市县为基本管理单位,委员会下设分会并对接省级、市级管理机构的管理体制,以及采用奖励政策鼓励大众对文物进行登录、备案以及修葺的规定。这一举措有利于提升大众对文物古迹的重视与关注。

---

* 辽宁省社会科学规划基金项目(L19BKG003)。

[1]《中华人民共和国文物保护法》由中华人民共和国第五届全国人民代表大会常务委员会第二十五次会议于1982年11月19日通过。

[2] 见孟杰主编:《沈阳市志》,沈阳出版社,1989年。

1948年11月2日，沈阳解放。东北文物管理委员会随即迁到沈阳，接手隶属于"民国政府教育部"的"国立大学沈阳历史博物馆筹划联合会"，并创立了东北文物存放联合会，同时回收"国立大学沈阳博物馆古物馆"。这些举措虽然关注的是可移动文物的保护，但也从另一个侧面反映此时管理部门已经充分认识到对战后国家文物及时保护的重要性。

1949年4月24日，沈阳市政府颁布了《沈阳特别市建筑暂行管理条例》，"针对新建增建改修建筑明确规定无论市民、机关团体、部队、公私企业均需先向政府建设局请发建筑许可证，请发时需要提交建筑物图样、说明书；实施工程需由建设局登记合格的营造厂承办"，这一系列的建筑管理规定客观上减少了不明建筑遗产价值的产权人对其进行大拆大建的"遗产事故"的发生。

## 二、国家层面建筑文化遗产保护工作的开展（1949—1957）

1949年，新中国成立，城市建设与国民经济逐步恢复，针对文化遗产的保护工作，我国首先是借鉴了苏联和东欧国家的保护经验，其中影响较大的是苏联1948年颁布的《文物保护条例》和1949年的《属于国家保护下的建筑纪念物的统计、登记、维护和修理工作程序的规定》。[①]这两项有关文化遗产保护的政策法规对新中国成立初期在恢复战乱影响下的文物建筑的保护工作提供了很大的帮助。其中将文物建筑保护工作分成"修补工作"和"修复工作"两类，目的是"恢复或复建纪念物的初始样子，或恢复有科学性的最开始日期的方式"。这也是在当时语境下对文物建筑"原真性"意义的探索。在此影响下，我国在1950年7月由政务院发布各地人民政府加强保护古文物建筑的指示。[②]其中规定"凡全国各地具有历史价值及有关革命史宝的文物建筑，如革命遗迹及古城廓、宫阙、关塞、堡垒、陵墓、楼台、书院、廊宇、园林、废墟、住宅、碑塔、雕塑、石刻等以及上述各建筑物之内原有附属物，均应加意保护，严禁破坏"；"凡因事宝需要，不得不暂时利用者，应尽量保持现观，经常加以保护；不得堆存有容易燃烧及有爆炸性的危险物"；"如确有必要拆除或改建时，必须经有当地人民政府逐级呈报各大行政区文教主管机关批准后始得动土"；"对以上所列文物建筑物保护有功者，得由各大行政区文教主管机构予以适当之奖励。盗宝、破坏或因疏于防范而致损坏者，应于适当之处罚"。该条例首先将文物古迹的保护对象由古代建筑拓展到近代革命文物，并且开始关注文物建筑的"历史价值"，对文物建筑的利用、拆除与改建虽然在管理手段上没有严格的标准，但也提出了明确的前提条件。

随着城市建设实践过程中不断出现的对文物建筑破坏的问题，1953年10月12日中央人民政府政务院颁布了《关于在基本建设工程中保护历史及革命文物的指示》。[③]其中首要任务是提升施工技术人员以及专业人员对文物建筑的主观认识和提升保护意识，"加强对基本施工工地专业技术人员及员工的文化遗产保护现行政策及技术性专业知识的宣传策划和人才的培养"；第二，明确保护工作的路径与管理责任，"要求中央、省(市)级工矿企业、交通出行、水利工程和别的基建项目主管部门在明确规模性工程施工线路、工程施工地区前，应与平级主管部门联络，必需时要商谈施工工地历史文化遗产的具体措施，认真落实"；第三，对文物建筑的转移与拆除强化了限制标准，"一般路面遗址和革命建筑物并不是必要的，不可以随意拆卸。必须拆卸或是转移的，理应根据省主管部门经地域主管部门准许，报中央部门提前准备调研"；第四，在奖励机制的基础上提出了相应的惩戒规定，"对革命纪念建筑物、风景名胜、古代建筑、纪念建筑物、古庙及古名胜古迹等采用暴力心态，随意拆卸、损坏，导致不能追回亏损的，各个主管部门理应报请监管部门给予适度处罚，情节重要的，依规移交法院宣判"。

1956年中华人民共和国国务院专门发出了《国务院关于在农业生产建设中保护文物的通知》。[④]其中首先将文化遗产保护的宣传对象进一步拓展到农村，鼓励采用多种教育宣传的手段，使人民群众认识到保护文物的重要性。其次，将不可移动文物的保护纳入城乡规划工作中。最后，在全国范围内开展普查工作，建档、立标、认定身份。建立分期分批、逐步补充的普查认定办法。

---

① 见彭定安、武斌、丁海斌主编：《沈阳文化史·现代卷》，沈阳出版社，2014年。

② 见《政务院发布指示切实保护古文物建筑》，《文物》1950年第7期。

③④ 见[俄]E.A.绍尔班、奚春雁：《苏联现代文物建筑的保护》，《世界建筑》1991年第6期。

从新中国成立之初到我国"第一个五年计划"结束,国家"自上而下"发布一系列有中国特色的针对文化遗产保护的指示与要求,这些规定呈现"在观察中修正"的特点,即在实践探索中敏锐地发现问题,在问题的解决与避免中完善法制与规定,这也正是事物在探索期所具有的发展规律与特点。而问题的出现与反馈正是来源于地方的城市建设。

## 三、新中国成立初期沈阳对建筑文化遗产的认知与管理状况

新中国成立初期,针对沈阳文物古迹,以沈阳故宫为例,1949年沈阳故宫归属东北文物管理处,从1950年对沈阳故宫銮驾库、大政殿、十王亭、奏乐亭等十多栋建筑进行揭瓦修缮,基本改变了故宫破旧的面貌开始,以后每年都有不同程度的修缮。1954年2月中央人民政府文化部通知:"沈阳故宫陈列所原为清初王宫,其建筑本身即具有艺术价值,因此该所应为艺术性质的博物馆。除选择重点布置原状陈列及当时历史文物陈列外,主要以清代艺术品综合陈列,表现清代劳动人民在艺术上的智慧与创造(其中可以以与建筑本身关系密切的明末清初及康熙、乾隆等时代为重点)。"[①]这是在我国对建筑遗产价值认定提出历史价值后又提出艺术价值的保护案例。1956年全国开展文物普查后,沈阳故宫被辽宁省人民委员会公布为第一批省级重点保护单位。

就在沈阳市政府积极推进沈阳故宫的建筑群保护修缮过程中,1956年5月10日,沈阳市指定沈阳故宫派专人参与城北崇寿寺白塔拆除工作[②],这座近三百年的辽代白塔,因年久失修,影响学生安全而在1957年被拆除,在拆除之前专门派遣沈阳故宫的专业人员进行持续近一年的文物绘图、整理及保管工作,可见当时管理者对文物的理解以及建筑遗产的认知存在片面性和狭隘性。

除对古代的文物古迹保护认知之外,在东北地区尤其是沈阳的城市建设中,特别是对因抗战而陷入瘫痪的工厂开展复工、复产的突击建设过程中,由于当时的经济状况与人们对城市现代化建设的企盼,所以对建筑工程的关注重点在于经济的投入与产出。如1950年3月《东北日报》[③]在《建筑木塔计划不周,修了又拆浪费资财》的报道中记录:"在沈阳市中山广场西面对南站于春节前曾修一个挂伟人像的木塔,建了又拆,浪费国家资源。"另在当时影响比较大的"二十四厂拆毁建筑事件"[④]中,其调查事件发生原因为"一方面是领导上未能严格建立及时检查工作的制度,另一方面各级干部对政策学习不够",将此事件解读为拆除好建筑、修建新建筑,浪费国家资产,并没有意识到其背后非古代建筑的文化遗产的价值。

## 四、新中国成立初期沈阳建筑业的发展重点与遗产的关联性

新中国成立初期,特别是1953—1957年"第一个五年计划"时期,沈阳市政府建筑业发展重点在重工业厂房的恢复、改造和对有发展基础的工业厂房的扩建。为此沈阳市政府进一步加强对建筑工程局的领导,抽调大批领导干部、专业人才,充实建筑业,沈阳市政府先后成立了建设局、建设委员会、修建委员会、建筑工程局等管理机构。并先后发布了《土木建筑业管理暂行条例》《关于统一修建工人工资标准与统一招收修建工人,废除把头制度的暂行规定》《沈阳市水暖业管理暂行条例》等建筑业管理法规[⑤],上述条例和规范中都有部分关于建筑文物的保护工作说明,主要是在工程建设和改建中,避免破坏现有古建筑的地基与建筑外观,对其应采取避让的方式,减少对古建筑的破坏。可见此时沈阳的建筑业管理重点在经济的恢复以及管理体制的完善,从东北总工会开发布的《关于进一步贯彻加强建筑工会工作的指示》文件中可以看出此时对建筑工作的期许是"杜绝材料的浪费,保证施工的质量,推广小型合同责任制"。

① 以文部刘字第5038—4号。

② 见沈[56]文社字第17号令。

③④⑤ 见《东北日报》,东北日报出版社,1953年。

# 五、小结

从沈阳的城市个案中可以看出,新中国成立初期,国家层面在城市建设过程中已经发现对建筑遗产的破坏现象,并认识到建筑遗产对保护中国传统文化以及体现劳动人民智慧和加强民族团结的重要价值与作用,并"自上而下"地积极地推进。但在地方,快速恢复生产,"多快好省"地开展社会主义建设成为人们的普遍意识与精神追求。对建筑遗产保护认知与意识的差异性与断层式的联结,或许是后续对建筑遗产"大拆大建"、缺乏敬畏心的"种子"。所以对于后来建筑遗产的保护工作,建议能够在思想、审美、文化多维度形成管理者、使用者、设计者等相关人群的社会集体共识。

# 后 记

清华大学建筑学院　刘亦师

2017年5月,我和钱毅、刘思铎两位老师到西安建筑大学,和任云英、吴锋、沈婕等老师接洽,确定在西安建筑大学举办第16次中国近代建筑史学术年会,并商定了会议主题是"近代建筑史研究领域的扩展"。2017年6月,我们以"中国建筑学会史学分会近代建筑史学术委员会"的名义发出征文启事,当年年底前收到各方面的论文66篇,在筛选、编目后交清华大学出版社编辑,预计和往次会议一样在7月开会前正式出版。

但这期间出了两件事。首先是2017年底我们接到中国建筑学会的《关于整顿清理三级组织的紧急通知》,近代建筑史学术委员会隶属于中国建筑学会史学分会,即属于被清理整顿的三级学会之一。因此,从那时起我们就不再使用"中国建筑学会史学分会近代建筑史学术委员会"的名义,即将举办的第16次年会也临时改由清华大学建筑学院和西安建筑大学建筑学院联合主办。其次,是2018年,由于种种原因,我们确定了目录、调好格式、已进入编审甚至封面设计都确定的书稿未能正式出版。我临时向清华大学建筑学院申请了一笔打印费,以非正式出版物的方式将论文集打印、装订,供会议代表使用。

2018年7月13—15日在西安建筑大学召开了第16次中国近代建筑史学术年会,到会代表共八十余人。第一天的开幕式上,庄惟敏、吕舟、王树声等教授分别致辞。在全体代表合影后,三位主旨发言人——陈伯超、林源和谭刚毅三位教授分别以"《沈阳近代建筑史》编写综述""陕西地区近代教堂的建筑特征及其源流""新中国前三十年的城乡形态类型与意志呈现"为题进行报告。这些主旨报告和接下来的小组报告都很好地反映了本次会议的主题,体现了研究对象的地理范围的扩充、研究时间范围从近代拓展到近现代,以及史料种类的扩大及其影响。两天的会议结束后,7月16日由西建大师生带领,会议代表们考察了西安的代表性近现代建筑:大华1935、老钢厂、人民大厦、人民剧院、天主教堂。

在7月16号晚的欢送晚宴上,各位老师道相互别,约好两年后再见。2019年春经黄元炤老师热心引介,我们初定在山东建筑大学开下一次年会。2019年9月李海清、冷天、刘思铎、钱毅、元炤和我几个人都去了山东建筑大学,又发了征文启事并收到81篇论文。孰料2020年初新冠疫情爆发,不但迅即改变了人们生活、工作的方式,我们经过和山东建筑大学方面也讨论决定原定于2020年的年会暂缓召开,论文退回各人或留待下次会议结集出版。

到2021年5月间,又因元炤牵线,我们接触了内蒙古工业大学建筑学院的诸位老师,我和元炤、刘思铎三人到呼和浩特实地调研并初步商量了会议的安排及调研对象等事,正式决定以清华大学建筑学院和内工大建筑学院的名义联合在呼和浩特主办第17次年会,会议的主题定为"我国中西部地区近现代建筑研究与保护再利用"。由于距上次会议已四年,从2021年9月发出征文启事,到今年2月收到各方面来稿本次共118篇,最终决定采用其中108篇,编入第17次近现代建筑史会文集,交由天津人民出版社编辑出版。天津人民出版社曾与清华大学建筑学院和国家图书馆合作,将近代的建筑类书刊、杂志影印了355种、结集成200巨册的《中国建筑史料编研(1911—1949)》。这次又动员精干力量编辑本文集,付出很多劳动。因论文数量远超历往,最后决定分成上、下册出版,封面设计在延续传统的基础上也有所改动,并采用新的书名——《中国近现代建筑研究与保护》,反映了本领域研究的现状和走向。这些在张复合老师的"前言"里已做了详细说明。

2022年第17次中国近代建筑史学术年会即将召开,我们准备采取线上线下结合的方式开这次会。时隔四年,大家都觉得应该把新的发现、心得互相交流,我们的年会正为大家提供了这一交流平台。我在联系各位发言人时,大家热情很高,答应得毫不犹豫,各项准备工作推进得十分顺利。近代建筑史研究的开拓者汪坦先生在1980年代就说过,近代建筑史会议就是要把兴趣一致的人招拢起来,通过会议找到志同道合者。我们现在又何尝不是呢？以我而言,我从2012年回国,到今年整十年了。"于兹十年",我通过参加近代建筑史(现在改称近现代建筑史)的年会,更多了解了本领域老专家,结交了志趣相投的中青年学者,也很高兴地看到一些原来尚显稚嫩,但充满热情的年轻学生成长为新一代的研究者。见证着一个学科的发展、壮大,并亲自参与、策动其变化,这也是治学者的一种快乐吧。

　　四年来,我们曾多方尝试,在建筑学会申请成立"中国建筑学会中国近现代建筑研究会",也试过在其他科协管理的学会下成立二级组织,但至目前尚无成效,"力毕而已"。作为存量时代城市更新和改造的主要对象,中国近现代建筑的研究和保护得到越来越广泛的关注,这个领域的研究者理当成立相应的学术组织,在理论研究上加以引导。这件事情当然还需大家共同努力,推进我们共同事业的发展。

2022年8月25日